향과학의 세계

원종옥 지음

자유아카데미

머리말

매년 봄, 신입생들과의 첫 면담을 한다. 많은 학생들이 화학을 전공으로 선택한 이유로 "화장품과 향수"를 꼽는다. 이러한 기대에 부응하여, 전공 분야는 아니지만 개인적인 관심과 화학자의 관점에서 향장화학 수업을 꾸준히 강의해왔다. 화장품에 관한 교재는 비교적 다양하게 있어서 수업을 하는 데 큰 어려움이 없었지만, 고부가 가치를 지닌 향에 관해서는 전문적인 교재의 부재가 큰 아쉬움으로 남아 있었다. 이 분야의 교재가 나오기를 기다리면서, 10년 넘게 수업을 진행하며 학생들에게 자료를 제공하는 수준에 그칠 수밖에 없었다. 그러나 체계적인 교재 없이 진행되는 수업에서 학생들이 어려움을 겪는 모습을 보며, 지금까지 모아온 자료들을 편집해서 교재를 만들기로 했다.

향은 우리 일상 어디에나 존재하며, 화장품, 세제, 샴푸와 같은 소비재에서 성능만큼이나 중요한 선택 기준이 되었다. 더 나아가 개인만의 독특한 향을 추구하는 문화가 확산되면서, 향에 대한 깊은 이해와 지식의 필요성은 점점 커지고 있다.

향은 본질적으로 화학물질이다. 따라서 향을 제대로 이해하려면 화학에 대한 기본 지식이 필수적이다. 이 교재는 화학 초보자도 접근할 수 있도록 기초적인 내용도 포함하였다. 이 교재를 통해 향 과학의 세계를 탐구하며, 향에 대한 과학적이고 체계적인 이해를 넓히는 데 도움이 되기를 바란다.

좋은 책을 만들기 위해 최선을 다했지만 오류가 나올 수 있다. 이 점은 양해를 바라며, 출간 후 나올 수 있는 수정사항은 자유아카데미 홈페이지 자료실(www.freeaca.com)을 통해 게시할 것이니 참고 부탁드린다.

끝으로, 이 책이 세상에 나올 수 있도록 도와주신 자유아카데미 여러분께 감사의 말을 전한다. 그리고 무엇보다도 자료 선정과 수집, 감수까지 사랑과 헌신으로 함께 해 주신 부모님께 진심으로 감사드린다. 사랑합니다.

원종옥

차례

01장 향의 화학적 특성과 역할

02장 향은 유기 화합물

03장 천연 향료

04장 합성 향료

05장 향 분석

06장 향 응용

07장 향의 안전성과 향해

부록

01장

향의 화학적 특성과 역할

우리는 살면서 수많은 냄새를 맡으며 살아간다. 냄새는 휘발성 화합물로 이루어져 있으며, 이 화합물들은 코를 통해 후각신경세포의 말단에 있는 후각수용체에 도달하고, 그 정보는 뇌로 전달된다. 이 수용체들이 냄새 분자를 인식해 후각신경을 통해 뇌로 정보를 전달함으로써 우리는 냄새를 인지한다. 후각수용체와 냄새 분자 사이의 상호작용을 이해하기 위해서는 분자의 구조를 원자 수준에서 분석해야 한다.

냄새는 다양한 생명체에 의해 생성되며, 이들을 구성하는 원소들로 이루어져 있다. 냄새는 생명체 간 의사소통 수단으로 사용된다.

냄새는 행복감을 주는 향과 불쾌감을 주는 악취로 나뉜다. 아로마테라피와 같은 방식으로 정신 건강에 도움을 줄 수 있다. 또한, 가스 누출, 식품 부패와 같은 위험을 경고하는 역할을 한다. 향과 악취에 대한 과학적 연구는 아직 충분하지 않지만, 앞으로 연구를 통해 냄새에 대한 이해가 깊어지면 한층 효과적으로 활용할 수 있을 것이다.

1.1 냄새

우리 일상은 다양한 냄새에 둘러싸여 있다. 표준국어대사전에 따르면, 냄새는 '코로 맡을 수 있는 온갖 기운'으로 정의된다. 냄새 물질은 낮은 분자량을 가진 휘발성 화합물로, 후각세포가 이를 인지하여 뇌로 정보를 전달함으로써 우리는 냄새를 인식한다.

냄새는 동물, 식물, 미생물 등 생명체에 의해 생성되며, 이들을 구성하는 원소들로 이루어져 있다. 주로 수소(H), 탄소(C), 산소(O)로 구성된 냄새 물질에 질소(N)나 황(S) 같은 미량 원소가 포함된다. 냄새 물질은 탄소 골격을 가진 휘발성 유기화합물로, 탄소 원자는 4개의 최외각 전자를 이용해 4개의 다른 원자와 결합할 수 있다. 이러한 특성으로 40만 종이 넘는 다양한 향 분자가 존재한다.

냄새는 생명체 간 의사소통의 주요 수단이다. 동물들은 냄새를 통해 영역을 표시하거나, 짝을 찾으며, 식물은 벌이나 나비 등의 곤충을 유인하거나 해충을 방어하기 위해 냄새를 활용한다. 예를 들어, 개는 자신의 배설물로 '마킹'을 하여 영역을 표시하고, 다른 개의 엉덩이 냄새를 맡아 상대의 나이, 성격이나 컨디션 같은 정보를 파악한다. 스컹크는 위협을 받으면 강한 악취를 내는 분비물을 방출해 적을 쫓아낸다. 이 분비물은 썩은 달걀이나 마늘 같은 냄새를 풍기는 함황화합물로 알려져 있다. 함황화합물은 피부에 닿으면 피부 단백질과 결합하여 비누로 씻어도 며칠 동안 냄새가 남는다.

말을 할 수 없는 식물은 '케미컬 커뮤니케이션'을 통해 자손을 남기고 번성한다. 꽃과 과일은 좋은 냄새로 벌이나 나비 같은 곤충을 유인하여 수분과 씨앗의 전파를 유도한다. 이때 사용하는 물질을 '정보화학물질(Semiochemical)'이라고 한다. 따라서 꽃은 수분을 돕는 곤충이 활동하는 시간대에 가장 강한 향기를 방출한다. 냄새의 방출량은 햇빛에 의해 조절되며, 낮에 활동하는 곤충을 위해서는 낮에, 야행성 곤충을 위해서는 밤에 강한 향을 내뿜는다. 예를 들어, 장미과 식물은 꿀벌이 꽃가루를 운반하기 때문에 아침부터 낮까지 강한 향을 내고, 재스민은 밤에 강한 향을 내어 일부 장수풍뎅이를 유인한다. 냄새에 이끌린 곤충은 꽃의 꿀을 빨고, 그 대가로 수분을 도와주는 공생관계를 형성한다. 과일 역시 성숙할수록 에틸렌에 의해 단맛과 함께 맛있는 냄새를 풍겨 동물이 씨앗을 멀리까지 운반하도록 유도한다. 식물은 해충과 병원균으로부터 스스로 보호하기 위해서도 냄새를 사용한다. 민트와 로즈메리 같은 허브는 테르펜류를 축적하여 천적을 유인하고 해충을 멀리하여 자신을 보호한다. 민트는 콩과 식물에 해를 끼치는 진드기의 천적인 이리응애(Phytoseiidae)를 냄새로 유인해 진드기 피해를 방지하는데, 이 냄새는 주변 농작물의 생육을 돕고 병해(病害) 저항력을 높인다. 이렇게 냄새를 이용해 자신뿐 아니라 주변 식물을 보호하는 역할을 하는 식물을 '동반작물(companion plant)'이라고 한다. 동반작물을 함께 재배하면 농작물의 생육을 촉진하기 때문에, 텃밭이나 무농약 농사를 짓는 농가에서 많이 활용하고 있다.

냄새는 기분을 좋게 하고 쾌감을 주는 '향'과 불쾌감을 주는 '악취'로 구분한다. 향은 일상생활에서 중요한 역할을 하며, 우리의 기억과 감정에 영향을 미친다. 아로마테라피와 같은 방식으로 정신 건강에 유익하게 활용될 수 있으며, 좋은 향은 삶의 질을 풍요롭게 한다. 인류는 수천 년 전부터 향을 사용해 왔으며, 현대에는 아로마테라피뿐만 아니라 '향테리어(향과 인테리어의 결합)' 등으로 생활 속에서 향을 적극적으로 활용하고 있다. 향수뿐만 아니라 샴푸, 비누, 화장품 등을 선택할 때도 향이 결정적인 역할을 하기도 한다. 반면, 악취는 불쾌감을 주는 냄새를 말한다. 대표적인 악취는 단백질이 분해될 때 발생하는 질소를 포함한 부패 냄새이다. 이러한 악취 덕분에 인류는 부패한 음식을 피하고 건강을 유지할 수 있었다. 현대 사회에서도 악취는 중요한 역할을 한다. 예를 들어, 무색, 무취의 도시가스에 첨가된 악취 물질 덕분에 가스 누출을 쉽게 감지하고 위험을 피할 수 있다. 흥미롭게도, 냄새의 농도에 따라 나쁜 냄새가 좋은 향으로 변하기도 한다. 인돌(indole)이나 스카톨(skatole) 같은 질소 함유 화합물은 농도가 낮으면 향을 풍부하게 해주지만, 농도가 높아지면 강한 악취를 풍긴다.

냄새, 향, 악취 및 후각에 대한 연구는 아직 충분하지 않아 좋은 냄새와 나쁜 냄새를 명확히 구분하기 어렵고, 이들에 대한 이해와 활용이 부족한 경우가 많다. 그러나 후각은 기억과 감정을 담당하는 뇌 부위와 직접 연결된 유일한 감각으로, 이 특성 때문에 우리의 일상생활과 정신 건강에 깊은 영향을 미친다. 따라서 후각과 향에 대해 더 깊이 배우고 올바르게 이해한다면 이를 더욱 효과적으로 활용할 수 있을 것이다.

1.2 향료

향기를 내는 데 사용되는 물질을 '향료(香料)'라고 한다. 향료는 크게 '천연 향료'와 '합성 향료'로 나눈다.

천연 향료는 자연에서 얻는 동물의 분비물이나 식물의 꽃잎, 뿌리, 수지 등의 원료에 포함된 냄새 성분을 수증기 증류 등 다양한 방법으로 추출한 것으로, 식물성과 동물성으로 구분된다. 수많은 향 성분의 집합체인 천연 향료는 시간에 따라 변화가 일어나며, 자연 물질에서 추출하는 특성상 수확량, 날씨, 토지, 시기 등에 따라 향에 차이가 나는 단점이 있다. 이러한 문제는 19세기 후반 유기화학의 발전으로 해결되었다. 이전에는 장미꽃 향, 레몬 향과 같은 복합 향 형태로만 느낄 수 있었지만, 이제는 향 물질 하나하나의 냄새를 맡을 수 있게 된 것이다.

천연 향료(주로 에센셜 오일이라고도 한다)에서 물리적, 화학적 처리로 고유의 단독 냄새 성분을 추출하고 정제한 것을 '단리(單離) 향료'라고 한다. 예를 들어, 정향(clove)에서 유제놀(eugenol), 감귤류에서 리모넨(limonene), 박하유에서 멘톨(menthol)을 추출한 것이 이에 해당한다. 단순 분리된 것은 천연 향료 범주에 속하지만, 분리 과정에서 화학 반응 처리를 한 것은 합성 향료로 분류된다.

합성 향료는 식물, 동물의 사체로부터 유래된 화석연료를 유기화학 합성이나 효소화학 방법 등으로, 인위적으로 화학 변환시켜 합성한 것이다. 성분 원소와 화학 구조가 같아도 합성 방법의 차이에 따라 천연 향료와 합성 향료로 구분된다.

합성 향료는 좁은 의미로 '반합성 향료'와 '순수 합성 향료'로 나뉜다. 반합성 향료는 다양한 단리 향료 및 식물에서 유래된 향료를 원료로 하여 화학 반응을 통해 합성된 것이다. 반면, 순수 합성 향료는 화석 원료로부터 각종 화학 반응을 통해 합성된다.

대부분 합성 향료는 천연에 존재하는 냄새 물질과 동일하거나 비슷한 구조를 가진 화학 물질이다. 화석원료나 대량으로 얻을 수 있는 천연원료로부터 합성되기 때문에 대량생산이 가능하여 가격이 저렴하고 품질이 일정한 장점이 있다. 따라서 가격이 비싸거나 구하기 어려운 식물이나 동물에서 유래된 천연 향료 대신 합성 향료를 사용하여 저렴하고 안정적으로 원하는 향을 얻을 수 있게 되었다.

합성 향료에는 이미 동물이나 식물에서 발견된 냄새 물질도 있고, 아직 발견되지 않은 물질도 있다. 예를 들어, 〈그림 1-1〉에 나오는 바닐린(vanillin)은 바닐라콩의

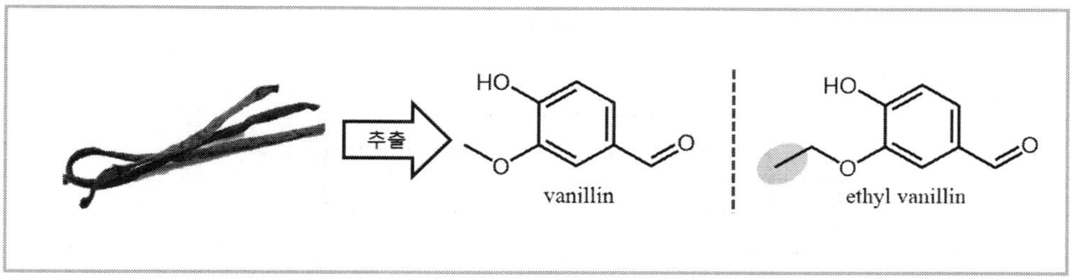

그림 1-1 바닐라콩에서 추출된 바닐린과 에틸바닐린의 화학 구조

주요 성분으로, 달콤한 향을 가진 화합물이다. 천연 바닐라콩은 기후에 따라 생산량이 바뀌며, 이는 천연 바닐린 가격에도 큰 영향을 미친다. 이러한 가격 변동을 해결하기 위해 합성 대체물이 개발되었으며, 대표적인 예로 천연 바닐린과 구조가 유사한 에틸바닐린(ethyl vanillin)이 있다. 에틸바닐린은 바닐린과 거의 같은 향을 지니면서도 향의 강도가 약 2~3배 더 강하다. 또한, 에틸바닐린은 천연 동식물에서 발견되지 않는 합성 향료로, 이처럼 작은 구조 차이로 인해 향기의 강도나 질이 크게 변하는 경우가 많다.

천연 향료 성분을 합성한 합성 향료는 '네이처 아이덴티칼(nature identical)'이라고 하며, 자연에 존재하지 않는 합성 향료는 '아티피셜(artificial)' 또는 '뉴 케미컬(new chemical)'이라고 한다.

다양한 합성 기술의 발전으로 개별 향 소재의 냄새를 인식할 수 있게 되면서, 향을 즐기는 방법도 다양해졌다. 조향 기술을 통해 천연에는 존재하지 않는 향기를 만들 수 있게 되었고, 이는 다양한 향 제품 개발로 이어졌다. 천연 향료와 합성 향료를 조합하여 향의 균형을 맞춘 것을 '조합향료'라고 한다.

한편, 향료는 용도에 따라 두 가지로 구분한다. 향장품 향료는 '프레그런스(fragrance)'라고 하며, 식품 향료는 '플레이버(flavor)'라고 한다. 향료의 분류를 〈그림 1-2〉에 나타내었다.

이제 바닐라를 예로 들어 구체적으로 향료를 구분해 보자.

〈그림 1-1〉에서처럼 천연물인 바닐라콩에서 주성분인 바닐린을 추출할 수 있다. 여기서 얻어진 바닐린은 천연 향료이다.

한편, 바닐린은 천연 물질인 정향에서 분리 추출한 유제놀을 원료로 사용해 합성할 수 있다(〈그림 1-3〉). 여기서 유제놀은 단리 향료이며, 이를 출발 원료로 바닐린을 합성할 수 있다. 이처럼 단리 향료를 출발 원료로 하여 화학 반응을 통해 변형시

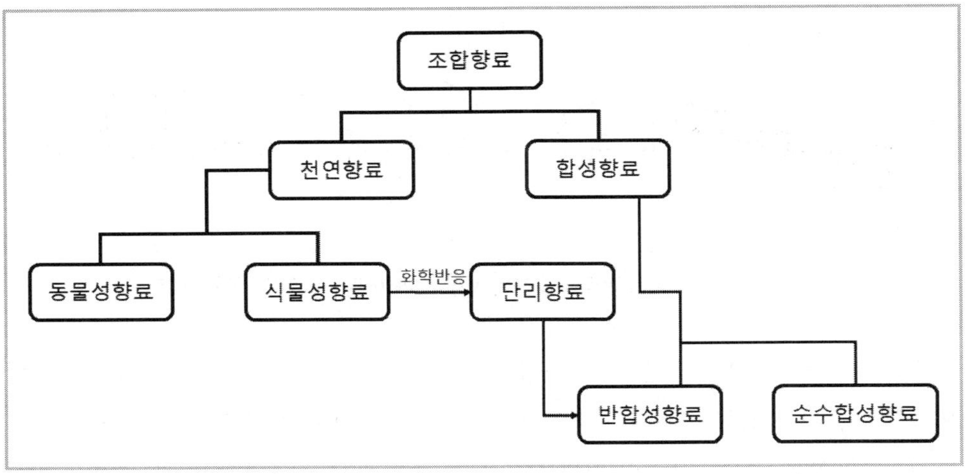

그림 1-2 향료의 분류

켜 얻는 향을 '반합성 향료'라고 한다. 〈그림 1-3〉에 소개한 이 방법은 경제적이지 않기 때문에, 현재 바닐린의 대부분은 〈그림 1-4〉에 나타낸 석유 화학적 경로로 합성된 구아이아콜(guaiacol)에서 대량으로 생산되고 있다.

천연 바닐라콩에서 추출하든, 화석 원료를 이용한 유기합성으로 제조되든, 저렴한 단리 향료로부터 반합성으로 얻어지든, 결과적으로 얻어지는 바닐린은 화학적으로 동일하다.

사회가 복잡해지고 환경 오염 문제가 대두되면서 향 분야에서도 천연 성분을 선호하는 트렌드가 확산되고 있다. 그러나 워싱턴 조약에 따라 동물성 향료는 멸종위기

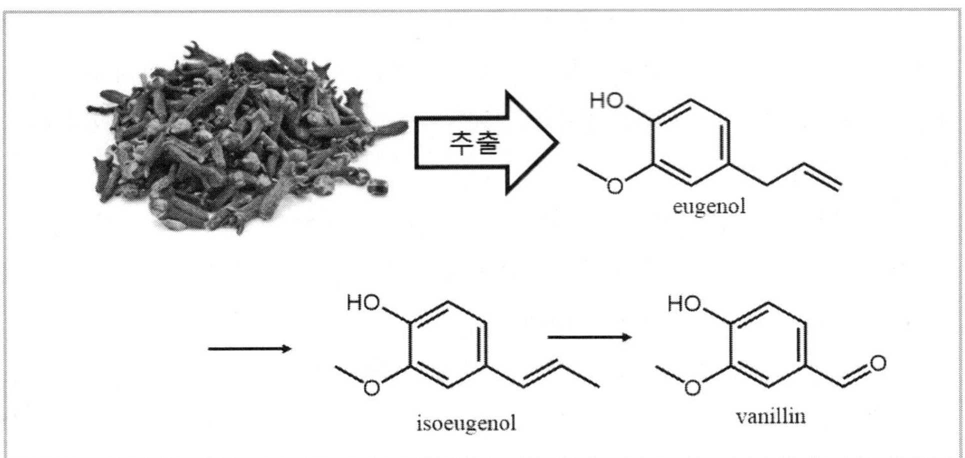

그림 1-3 단리 향료인 유제놀로부터 바닐린 합성

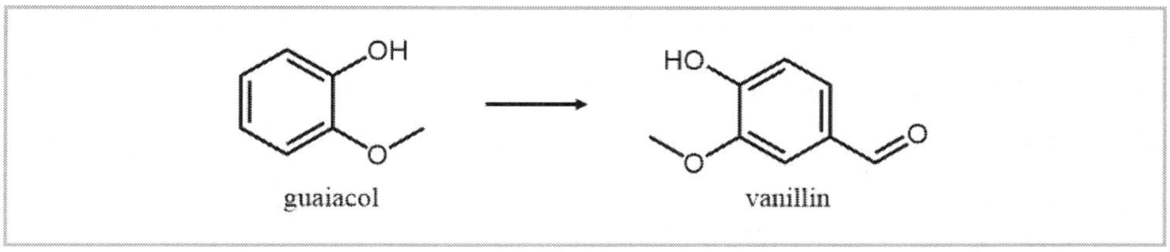

그림 1-4 구아이아콜(guaiacol)로부터 바닐린 합성

종 보호와 동물 복지의 이유로 사용이 제한되어 있으며, 이에 따라 현재는 주로 식물성 향료와 화석 원료를 활용한 합성 향료가 사용된다. 천연에서 유래된 합성물과 동일한 구조를 가지거나 이를 모방한 화합물이 개발되고 있으며, 네이처 아이덴티컬과 뉴 케미컬을 포함해 안전성이 입증된 합성 향료들이 사용되고 있다.

1.3 향의 특성

향을 비롯한 냄새 분자의 특성을 휘발성, 친유성(소수성), 역치와 순응, 밀도, 용해도 등의 측면에서 살펴보자. 향의 강도는 자극의 크기와 지각 강도의 관계로 측정되며, 지속성은 향기의 휘발 속도와 관련이 있다. 휘발성은 향료가 기체 상태로 변해 후각세포에 도달하게 하며, 이는 끓는점과 밀접하게 연관되어 있다. 향료는 일반적으로 소수성이지만, 일부는 친수성 작용기를 포함하여 물과 상호작용을 할 수 있다. 냄새를 인지하는 데 필요한 최소 농도인 역치와 일정한 냄새에 익숙해져 감각이 둔해지는 순응 현상도 중요한 특성이다. 향료의 물리적 특성 중 밀도와 용해도가 중요한데, 에탄올은 대부분의 향료와 잘 혼합되어 향수 조향에 널리 사용된다. 이러한 향의 특성을 종합적으로 고려하면, 다양한 제품에서 향의 효과를 최적화할 수 있을 것이다.

1) 상(Phase)

향료는 일상적인 생활환경 온도에서 대부분 투명한 액체 상태이다. 그러나 휘발성이 높은 물질 중에는 온도의 영향을 받아 계절에 따라 기체 또는 액체 상태로 변하기도 한다. 예를 들어, 사과 등 과일 향 조합에 신선한 향을 표현하기 위해 소량 사용되는 아세트알데하이드(acetaldehyde)는 끓는점이 약 20℃로, 실온에서 무색 기체 또는 액체 상태로 존재한다. 반면, 녹는점이 81℃인 바닐라의 주성분인 바닐린처럼 상온에서 고체 상태인 것도 있다. 상온에서 고체인 향료가 냄새를 풍기는 이유는 향료 성분이 기화되는 성질을 갖기 때문이다. 일반적으로 물질이 기화하기 위한 조건은 분자량이 300 이하, 끓는점이 300℃ 이하로 보고 있다.

고체 향료는 응용에 따라 액체상 용매에 녹여 사용된다. 향료의 일반적 용매로 에탄올(ethanol), 에틸렌글리콜(ethylene glycol), 프로필렌글리콜(propylene glycol), 글리세린(glycerin), 디프로필렌글리콜(dipropylene glycol, DPG), 헥실렌글리콜(hexylene glycol) 등이 사용된다.

2) 휘발성

냄새를 감지하기 위해서는 공기 중의 냄새 분자가 코의 후각세포에 도달해야 한다. 따라서 상온과 상압에서 액체 상태인 냄새 분자는 기체 상태로 변해야 하며, 공기 중에 일정 농도 이상으로 존재해야 냄새를 인지할 수 있다. 이를 위해 냄새 분자는 휘발성을 가져야 한다.

'휘발성'이라는 용어는 일반적으로 물질이 증발하는 속도를 의미하지만, 이는 정확히 정의된 특성이 아니며, 보편적으로 인정되는 기준은 없다. 어떤 물질은 휘발성이 매우 높아 몇 분 안에 사라지는 반면, 휘발성이 낮은 물질은 몇 주나 몇 달까지 오래 남아있을 수 있다. 특히, 향수처럼 다양한 성분이 혼합된 경우, 성분들 사이의 상호작용이 증발 거동을 변하게 한다. 예를 들어 중간 정도 휘발성을 가진 물질의 경우 전체 향수의 향이나 휘발 거동을 지배하기도 한다.

천연원료에서 얻는 향 물질은 대부분 꽃이나 잎 등에 포함된 액체 상태의 물질이다. 액체 상태인 분자의 휘발성은 끓는점과 밀접한 관련이 있다. 끓는점은 주어진 온도에서 액체의 증기압이 주변 대기압과 같아져 액체 표면과 내부에서 기체로 상전이가 시작되는 온도로 정의된다. 압력이 대기압처럼 고정된 조건에서 액체의 온도가 끓는점에 도달하면 액체 입자들의 운동에너지가 충분히 커져 기체로 바뀌어 휘발하게 된다. 휘발성을 평가하는 방법으로 화학 물질의 포화 증기압(vapour pressure)도 같이 고려한다. 포화 증기압은 특정 온도에서 액체(또는 고체)와 그 증기 상태가 평형을 이루는 상태에서의 증기압을 의미하고, 액체의 증발 속도(또는 고체의 승화

표 1-1 알케인계 탄화수소의 분자량에 따른 끓는점 변화

화학 물질	화학식	분자량 (g·mol^{-1})	증기압 (vapour pressure)(MPa)	끓는점 (℃)
메테인(methane)	CH_4	16.04	62.12 (25℃)	−161.5
에테인(ethane)	C_2H_6	30.07	3.8453 (21.1℃)	−88.5
프로페인(propane)	C_3H_8	44.10	0.8532 (21.1℃)	−42.25
뷰테인(butane)	C_4H_{10}	58.12	0.2441 (25℃)	−0.5
펜테인(pentane)	C_5H_{12}	72.15	0.0579 (20.0℃)	36.0

자료: https://www.engineeringtoolbox.com

속도)가 증기의 응축 속도와 동일한 상태를 말한다. 그래서 일반적으로 끓는점이 낮을수록 증기압은 커지고, 휘발성은 높아진다.

예를 들어 유기화학에서 간단한 화학 물질의 휘발 특성을 살펴보자. 〈표 1-1〉에 알케인계 탄화수소의 분자량에 따른 끓는점 변화와 각 온도에서의 증기압을 나타내었다. 비슷한 구조를 가진 화합물 사이에서 분자량이 증가할수록 끓는점도 상승한다. 예를 들어, 메테인(methane)의 끓는점은 -161.5℃인 반면, 에테인(ethane)은 -88.5℃이다. 이렇게 분자량이 증가하면 화학 물질의 휘발성은 감소하는 경향을 볼 수 있다.

휘발성은 분자량뿐만 아니라 향 분자가 가지고 있는 작용기(functional group)에도 영향을 받는다. 끓는점에 대해 다시 생각해 보자. 직쇄 알케인과 같은 무극성 분자들 사이의 인력은 약한 반데르발스 힘(van der Waals forces)뿐이다. 그러나 물질이 극성을 띠게 되면, 극성 분자 사이에 정전기적 인력이 작용하여 이를 떼어내기 위한 에너지가 필요하므로 끓는점이 높아진다.

〈표 1-2〉에는 비슷한 분자량을 가지지만 쌍극자 모멘트가 다른 물질의 끓는점을 나타내었다. 표에서 알 수 있듯이, 쌍극자 모멘트가 클수록 분자 간 인력이 강해지고, 분자가 끓기 위해서는 이러한 힘을 극복하기 위해 더 많은 열을 가해야 한다. 따

표 1-2 쌍극자 모멘트에 따른 끓는점 변화

화학 물질	분자량 (g·mol^{-1})	쌍극자 모멘트 (D)	끓는점 (℃)
$CH_3CH_2CH_3$	44.10	0.08	−42.25
CH_3OCH_3	46.07	1.30	−24
CH_3CN	41.05	3.91	82

자료: Robinson, McMurry, Fay, 일반화학, 제 8판, 자유아카데미

표 1-3 대표적 향 분자들의 특성*

화학 물질	분자량 (g·mol^{-1})	쌍극자 모멘트 (D)	증기압 at 25℃(Pa)	끓는점 (℃)
benzaldehyde	106.1	2.72	133	178
cervolide®	256.4		21.6	170
Lilial®	204.2		0.667	127
limonene	136.2	0	207	176
methyl butyrate	102.1	1.72	4306	102
2-phenylethanol	122.2	1.25	11.6	218

*주로 https://pubchem.ncbi.nlm.nih.gov/에서 발췌

라서 쌍극자 모멘트가 큰 물질은 일반적으로 끓는점이 높다.

많은 향 분자는 4~16개의 탄소 원자를 가지고 있으며, 분자량은 일반적으로 100에서 200 사이에 분포한다. 탄소 원자의 수가 적은 분자의 향은 강하지만, 그 향은 빨리 사라진다. 반면, 탄소 원자의 수가 많은 향 분자는 보다 섬세한 향을 가지며 오랫동안 지속된다. 이러한 경향은 향 분자가 후각수용체와 상호작용할 때 탄소 원자의 수가 중요한 역할을 한다는 것을 의미한다. 〈표 1-3〉에 대표적인 향 분자들의 특성을 나타내었다.

상쾌하고 상큼한 감귤계 향이 나는 리모넨의 증기압은 207kPa로 아몬드 향이 나는 벤즈알데하이드보다 상대적으로 높은 값이다. 한편 머스크 향이 나는 cervolide®는 리모넨보다 증기압이 열 배 정도 작다. 대부분의 머스크 향이 나는 향분자들은 리모넨보다 증기압이 매우 낮다. 벤즈알데하이드와 사과나 파인애플 향이 나는 부티르산 메틸(methyl butyrate)로부터 쌍극자 모멘트와의 상관관계를 볼 수 있다. 두 분자 모두 분자량은 각각 106과 102 g/mol^{-1}로 비슷하지만, 쌍극자 모멘트에 따라 끓는점이 76℃ 정도 차이가 난다. 따라서 증기압이 부티르산 메틸의 경우가 상대적으로 매우 높다. 이렇게 증기압은 기체상에 존재하는 양과 직접적인 관련이 있고, 이들을 고려하면, 왜 리모넨과 머스크 향의 휘발성이 다른 가를 정량적으로 알 수 있다. 향의 화학적 구조와 작용기에 대한 자세한 내용은 2장에서 다룬다.

끝으로, 향의 휘발성은 일정 조건에서 일정량의 냄새 물질이 사라질 때까지의 시간 또는 일정 시간 내에 감소하는 냄새 물질의 양을 측정하여 수치화한다. 한편, 향의 확산성은 일정 조건에서 특정 거리까지 냄새가 도달하는 데 필요한 시간 또는 특정 시간 내에 냄새가 도달하는 거리를 측정하여 수치화한다.

3) 소수성과 친수성

향료를 '에센셜 오일(essential oil)' 또는 '정유(精油)'라고 부르듯이, 대부분 향 분자는 기름과 같은 성질이 있다. 이러한 특성을 소수성(疏水性, hydrophobic) 또는 친유성(親油性, lipophilic)이라고 한다. 한편, 향을 느끼기 위해서는 향 분자가 콧속에 있는 후각수용체와 접촉해야 한다. 후각세포는 수용성 점액으로 덮여 있어, 향 분자가 이 수용체에 도달하고 감지되려면 어느 정도의 친수성(親水性, hydrophilic) 성질도 필요하다. 즉, 향 분자들은 대부분 기름과 친화성을 가진 소수성 물질이지만, 하이드록시기, 카복실기, 에테르기와 같은 친수성 작용기도 함께 가지고 있다.

향 분자는 분자 전체의 극성에 영향을 미치는 작용기가 너무 많이 있지 않으며, 친수성과 친유성의 균형이 잘 맞는 구조를 갖춰야 한다. 이런 특성을 가진 화합물을 양친매성(兩親媒性, amphipathy) 특성이 있다고 한다. 향을 얻거나 향을 이용할 때는 향 성분의 소수성과 친수성 특성에 대한 이해가 필요하다. 예외적으로, 장미의 주요 향 성분 중 하나인 페네틸알코올[phenethyl alcohol, 또는 2-페닐에탄올(2-phenylethanol)]은 물에 잘 녹는다. 그래서 장미꽃을 수증기 증류할 때 에센셜 오일뿐만 아니라, 페네틸알코올이 녹아있어 장미향이 나는 물도 얻을 수 있다. 이를 '장미수'라고 한다.

4) 역치와 순응

생물이 냄새 자극에 반응하는 데 필요한 최소한의 농도를 '역치(閾値, threshold)'라고 한다. 냄새를 느끼는 역치는 '절대역치(絕對閾値, 또는 검지역치検知域値, absolute threshold)'와 '식별역치(識別閾値, 또는 인지역치認知閾値, recognition threshold)'가 있다. 농도가 매우 희박하면 아무 냄새도 맡지 못하지만, 농도를 점차 높이면 냄새의 존재를 알 수 있는 최소 농도를 절대역치라고 한다. 절대역치 농도보다 농도를 더 높이면, 그 냄새가 어떤 냄새인지 식별할 수 있는 최저농도를 식별역치라고 한다. 따라서 식별역치 값은 절대역치 값보다 크다.

냄새 분자에 대한 수용체의 역치는 분자마다 달라서, 매우 희박한 농도에서 활성화되는 것이 있는 반면, 어느 정도 높은 농도가 되어야만 활성화되는 수용체도 있다. 예를 들어, 로자 다마세나(Rosa damascena) 장미 품종에서 발견되는 로즈 옥사이드(rose oxide)의 절대역치와 식별역치는 각각 0.058 μg/L와 0.13 μg/L이다. 반면, 같이 들어있는 네롤(nerol)의 절대역치와 식별역치는 각각 1100 μg/L와 1900 μg/L로, 훨씬 높은 농도에서야 인지 가능하다.[1)]

절대역치나 식별역치 값이 낮은 냄새 물질일수록 강하게 느껴진다. 후각에 관해 이야기할 때 종종 사람의 후각은 동물에 비해 퇴화했다고 한다. 그럼에도 불구하고 도시가스나 연료 등에 부취제로 사용되는 메테인싸이올(methanethiol)의 냄새를 맡으면 우리는 즉시 위험을 인지할 수 있다. 메테인싸이올의 역치는 1.6 ppb[2)]이다. 이렇게 낮은 농도를 감지할 수 있다는 건 위험을 인지하는 데 우리의 후각이 얼마나 중요한 역할을 하는지를 보여준다.

냄새로 위험을 인지하는 또 다른 예로, 우리는 새로운 건물이나 낯선 실내에 들어갈 때 그 공간의 냄새를 쉽게 감지할 수 있다. 이는 새로운 환경에 노출되었을 때 위험을 인지하는 데 후각이 중요한 역할을 한다는 것을 의미한다. 그러나 그 방에 들어간 지 얼마 지나지 않아 그 냄새를 더 이상 느낄 수 없게 되는데, 이는 후각이 그 환경에 익숙해졌기 때문이다. 설령 그 냄새가 악취여도 우리는 그 환경에서 일을 하거나 생활할 수 있다. 실내에 있는 냄새가 사라진 것이 아니라 우리가 주위 환경을 더 이상 위험하지 않다고 느껴 경계를 푸는 것이다. 이렇게 감각기관이 외부 상황에 익숙해지는 현상을 '순응(順應, adaptation)'이라고 하고, 같은 냄새를 계속 맡으면 냄새를 구별할 수 없게 되는 현상을 '후각 피로(olfactory fatigue)'라고 한다.

수십만 종의 냄새 성분이 공기 중에 존재하므로, 완전히 냄새 물질이 없는 공간을 만드는 것은 거의 불가능하다. 우리가 무취라고 느끼는 상태는 실제로는 어떤 환경에 오랫동안 있거나 그 환경의 냄새에 순응한 상태를 의미한다. 그런데 이렇게 순응적 후각 피로 상태에 있더라도 다른 냄새가 나면 즉각적으로 그 냄새를 인지할 수 있다. 이를 '선택적 피로' 또는 '선택적 후각 순응'이라고 한다.

5) 향의 강도

향의 강도는 물리화학적 특성에 의한 '물리적 강도'와 후각이 자극된 결과로 생기

1) https://onlinelibrary.wiley.com/doi/pdf/10.1002/jib.589, J. Inst. Brew. 2020; 126: 131-135
2) https://pubchem.ncbi.nlm.nih.gov/compound/Methanethiol

는 감각적 특성에 의한 '감각적 강도' 두 가지로 표현할 수 있다. 물리적 강도에는 농도, 확산성, 보류성(保留性), 지속성(持續性), 잔류성(殘留性), 휘발성, 증기압 등이 포함되며, 감각적 강도에는 악취 강도와 악취 지수 등이 있다.

향의 강도를 측정할 때는 자극의 크기(S)가 일정하게 변하면 그에 상응하는 지각 강도(perceived intensity, I)가 변한다는 스티븐스의 법칙(Stevens's law)을 따른다. 이 법칙은 다음과 같은 방정식으로 표현할 수 있다.

$$I = cS^k \tag{1.1}$$

즉, 지각 강도의 로그는 자극 크기의 로그와 선형 관계에 있다.

향 또는 악취 강도를 표현하는 방법으로는 일반적으로 사람이 느끼는 감각을 6단계로 수치화한 '6단계 냄새 강도 표시법'이 있다. 이 방법에서는 0을 무취, 5를 강한 냄새로 하여 냄새의 강도 정도를 수치화한다.

표 1-4 6단계 냄새 강도 척도

척도	
0	무취
1	겨우 감지할 수 있는 냄새(절대역치)
2	무슨 냄새인지 알 수 있는 약한 냄새(식별역치)
3	편안하게 감지할 수 있는 냄새
4	강한 냄새
5	매우 강렬한 냄새

냄새 지수는 냄새 농도를 지수 척도로 나타낸 것이다. 이는 특정 냄새를 무취 공기로 희석하여 냄새를 느낄 수 없게 될 때까지의 희석 배수를 지수 척도 수준으로 표시한 것으로, 수치의 크기 차이는 감각적 강도의 차이와 일치하도록 냄새 농도를 로그로 표현한다.

'냄새의 농도와 질과의 관계'를 보자. 식물성 향료는 원래 식물 자체의 친숙한 향기를 제공하여 좋은 기분을 느끼게 한다. 반면, 동물성 향료는 특유의 강한 동물 냄새로 인해 향료 그대로는 불쾌하게 느껴질 수 있다. 그러나 이를 희석하면 독특하면서도 따스한 기분 좋은 향기로 변한다. 대표적인 예로 인돌이 있다. 인돌은 농도가 높으면 똥 냄새와 같은 불쾌한 냄새가 나지만, 희석하면 흰 꽃을 연상시키는 달콤한 향기로 변한다. 실제로 재스민꽃 향에는 인돌이 포함되어 있어 재스민꽃 향의 개성을 나타내는 데 중요한 역할을 한다. 인돌처럼 저농도와 고농도에서 냄새의 질이 다른 분자를 〈표 1–5〉에 정리하였다.

표에서 볼 수 있듯이, 냄새는 질과 강도의 두 요소에 의해 결정된다. 그러나 각 개인은 냄새에 대해 서로 다른 취향과 감수성을 가지고 있으므로, 냄새의 질과 강도를 객관적으로 판단하기는 어렵다.

표 1–5 농도에 따라 냄새 질이 크게 달라지는 화학 물질

화학 물질	화학식	고농도	저농도
디메틸설파이드 (dimethyl sulfide)	$(CH_3)_2S$	부패한 해조류나 양배추냄새	양배추, 버터 같은 냄새
인돌 (indole)	C_8H_7N	불쾌한 똥 냄새	재스민꽃이나 치자꽃 같은 향
푸르푸릴메르캅탄 (furfuryl mercaptan)	C_5H_6OS	부패한 마늘, 타르냄새	커피, 캐러멜, 구운 견과류 향
데카날 (decanal)	$C_{10}H_{20}O$	산패된 기름 악취	오렌지 껍질의 향
스카톨 (skatole)	C_9H_9N	똥 냄새	청량감 있는 꽃 냄새, 오렌지꽃, 재스민꽃
γ–노나락톤 (γ–nonalactone)	$C_9H_{16}O_2$	너무 강한 코코넛 기름 냄새	부드러운 코코넛, 복숭아, 크리미한 향

6) 밀도

실생활에서 사용하는 오일의 밀도(density)는 일반적으로 물보다 낮아서 물과 섞이면 물 위에 뜬다. 예를 들어, 네롤(nerol)의 경우 밀도는 15℃에서 0.881 $g \cdot cm^{-3}$로, 물보다 낮기 때문에[3] 물에 넣으면 물 표면에 뜬다. 대부분 에센셜 오일의 밀도는 물보다 낮지만, 물보다 높은 경우도 있다. 예를 들어, 정향이나 넛메그(nutmeg)의 주요 향 성분인 유제놀의 밀도는 20℃에서 1.065 $g \cdot cm^{-3}$로, 물보다 높다.[4] 이 경우 유제놀을 물에 넣으면 구의 형태로 물 바닥에 가라앉아 있는 것을 볼 수 있다.

3) https://pubchem.ncbi.nlm.nih.gov/compound/643820
4) https://pubchem.ncbi.nlm.nih.gov/compound/Eugenol

7) 용해도

향료를 향수, 샴푸, 화장품 등에 응용하기 위해서는 향료가 매질에 녹아 하나의 상(phase)을 형성해야 한다. 이를 위해 용질인 향료가 용매에 녹아 용액을 형성할 때 필요한 특성을 '용해도(solubility)'라고 한다. 예를 들어 수성 섬유 유연제, 휘발성 실리콘 기반의 발한 억제제, 미네랄오일 기반의 헤어스타일링제 등에서 향료의 용해도가 문제가 될 수 있다. 이는 뿌예짐, 떠다니는 향기 방울, 또는 투명 또는 유백색 층의 완전한 상분리로 나타날 수 있다. 또한, 탈크나 파우더 세제에 액체 향료를 주입할 때 향수 주입량이 기준치 이상이면 파우더의 흐름 특성에 영향을 미치거나 덩어리가 생길 수 있다.

용해도는 '주어진 온도에서 주어진 부피의 용매에 용해되어 평형을 이루는 용질의 최대량(주로 g으로 표시)'으로 정의된다. 용해도의 기본 개념은 경험적으로 얻어진 '비슷한 것끼리 녹는다'는 원칙에 기반한다. 이는 용질이 혼합에 유리한 엔트로피를 위해, 용질 자체와 유사한 화학 구조를 가진 용매에 가장 잘 녹는다는 의미이다. 즉, 극성용매는 극성 물질을 녹이고, 비극성용매는 비극성 물질을 녹인다. 용매 분자와 용질 분자 사이의 인력이 용해를 촉진하는 것이다.

탄소수가 10개로 같은 향 분자인 미르센(myrcene)과 제라니올(geraniol)의 화학 구조를 〈그림 1-5〉에 나타내었고, 용해도는 〈표 1-6〉에 정리하였다. 우리 일상생활에서 가장 적절한 용매는 물이다. 그러나, 미르센과 같은 탄화수소로만 구성된 향

그림 1-5 미르센과 제라니올 화학 구조

표 1-6 미르센과 제라니올의 용해도 비교

화학 물질	화학식	분자량 ($g \cdot mol^{-1}$)	물 용해도 @ 20°C(mg/L)	에탄올 용해도 (mg/L)
미르센(myrcene)	$C_{10}H_{16}$	136.238	불용	용해
제라니올(geraniol)	$C_{10}H_{18}O$	154.253	686 mg/L	용해

료는 물에 녹지 않는다. 반면, 같은 탄소 수를 가지지만 하이드록시 작용기가 있는 제라니올의 경우, 하이드록시 부분이 극성을 띠어 물 분자와 상호작용할 수 있어 물에 대한 용해도가 20℃에서 686 mg/L가 된다. 즉, 아주 소량이지만 물에 녹는다.

대부분 에센셜 오일은 소수성 특성이 커서 물에 녹지 않는다. 그러나 제라니올처럼 하이드록시기와 같은 산소를 포함한 작용기가 있는 향 성분은 부분적으로 물에 녹을 수 있다. 제라니올이 물에 소량 녹는다고 하지만, 물에 더 많은 양의 제라니올을 넣고 섞으면 기름방울은 보이지 않고 용액이 뿌옇게 된다. 이는 물속에서 반데르발스 힘 등에 의해 회합하여 열역학적으로 안정한 회합체, 즉, O/W (oil in water)형 마이셀을 형성하여 콜로이드 특성을 나타내기 때문이다. 마이셀 형성은 6장에서 자세히 다루겠다.

향 성분을 다양한 제품에 응용하기 위해서는 용매 선정이 중요하다. 〈표 1-6〉에는 에탄올의 용해도를 함께 나타냈다. 표에서 보듯이, 미르센이나 제라니올 모두 에탄올에는 농도에 상관없이 잘 섞인다. 이 특성으로부터 향수를 조향하는 데 왜 에탄올이 사용되는가를 확실히 알 수 있다.

8) 맛 인식

비록 부차적인 요소이지만, 음식이 맛있게 느껴지는 데에는 향이 큰 영향을 미친다. 음식의 맛은 물론 그 음식 자체의 맛과 관련이 있지만, 먹기 전부터 느껴지는 향은 식욕을 돋우는 중요한 요소이다. 냄새를 인지하는 후각은 미각과 밀접하게 연결되어 있으며, 이 두 감각이 함께 작용해야만 비로소 음식의 맛을 제대로 느끼고 차이를 구별할 수 있다.

1.4 향의 기능

우리는 매일 '향'을 느끼고, 이용한다. 좋은 '향'은 우리 생활, 아로마콜로지(aromachology) 효과, 릴랙스(relax), 숙면, 다이어트 효과, 미백 효과, 항균 효과 등 우리 삶을 풍요롭게 한다. 이 절에서는 '향'이 갖는 기능을 알아보자.

1) 프루스트 효과(Proust effect)

과거에 경험한 특정한 냄새를 맡으면 기억이 떠오르는 현상으로, 프랑스 작가 마르셀 프루스트(Marcel Proust, 1871~1922)의 소설 『잃어버린 시간을 찾아서』에서 유래된 효과로 알려져 있다. 『스완네 집 쪽으로 1』의 1권 1부 「콩브레」 장에서 시작된 개념으로, 콩브레에서 어머니가 내준 "프티트 마들렌" 조각이 녹아든 홍차 한 숟가락을 맛본 화자는 콩브레에서 그의 고모할머니인 레오니 아주머니가 일요일 아침마다 홍차나 보리수에 적셔서 주던 마들렌 과자 조각의 맛을 떠올리며 잃어버린 줄 알았던 유년 시절의 기억을 되찾는다.[5] 이를 작가의 이름을 따서 프루스트 효과라 부른다. 이러한 현상은 냄새가 기억을 자극하여 과거의 경험에 연관된 이미지와 감정을 불러일으키는 연상 효과로도 알려져 있다. '냄새와 연결된 기억의 즉각성'이라고 저자가 표현했다고 한다.

2) 인지증 개선

고령화사회가 되면서 알츠하이머(alzheimer)병에 대한 우려가 커지고 있다. 향이 학습력이나 기억력에 관련된 대뇌후피질을 활성화하는 것에 착안하여, 인지증 개선 효과에 대한 연구가 진행되고 있다. 예를 들어, 일본 돗토리대학교 의학부의 우라카미 가츠야(Urakami Katsuya) 등이 2010년에 발표한 연구 결과를 살펴보자.[6] 알츠하이머병을 앓고 있는 환자 17명을 포함한 28명의 노인을 대상으로 연구하였다. 참가자들은 오전에는 로즈메리와 레몬 향을, 오후에는 라벤더와 오렌지 향을 디퓨저로 흡입하도록 하고, 인지증 평가를 하였다. 연구 결과, 모든 환자들에게 유의미한 인지능력 향상이 관찰되었다. 비록 에센셜 오일에서 어떤 성분이 인지증 개선에 유효한지에 대한 연구는 계속되고 있지만, 향이 건강한 사람들에게 적용되었을 때 인지증 예방에도 도움이 될 것으로 기대되어 여러 연구가 진행되고 있다.

---

5) 마르셀 프루스트/김희영 옮김, 잃어버린 시간을 찾아서 1, 스완네 집 쪽으로 1, 민음사, 2012, pp85-91

6) https://onlinelibrary.wiley.com/doi/10.1111/j.1479-8301.2009.00299.x

3) 치료 효과

중세 유럽에서는 허브나 아로마오일을 상처에 바르면 빨리 낫는다고 알려져 있었다. 이탈리아 피렌체에 있는 산타 마리아 노벨라 약국(Officina Profumo-Farmaceutica di Santa Maria Novella)은 '세계에서 가장 오래된 약국'으로 알려져 있다. 이곳의 도미니카 수도원 승려들은 수도원에서 재배한 약초나 허브를 이용해 진정 효과가 있는 향유와 약품을 만들었으며, 흑사병이 만연했을 때 치료를 위해 장미수를 사용했다고도 한다.

에센셜 오일을 치료에 사용하는 민간요법을 과학적으로 연구한 최초의 인물 중 하나는 프랑스 화학자 르네 모리스 가테포세(René-Maurice Gattefossé)이다. 1910년, 가테포세는 심한 화상을 입었는데, 이를 라벤더 오일로 치료한 후 에센셜 오일의 치료 효능에 대한 과학적 연구를 시작했다. 1937년에는 『아로마테라피(Aromathérapie)』라는 책을 출판하며 '아로마테라피'라는 용어를 처음으로 사용했다. 이로 인해 가테포세는 '근대 아로마테라피의 아버지'로 불리게 되었다.

제2차 세계대전 중 프랑스 군의관 쟌 바르네(Jean Valnet)는 라벤더와 티트리를 치료에 사용했으며, 특정 에센셜 오일의 장점을 다룬 책을 집필했다. 오스트리아 출신의 아로마 테라피스트인 마거리트 모리(Marguerite Maury, 본명 Margarete Koenig)는 1960년대에 아로마테라피를 영국에 소개했으며, 이는 당시 여성들 사이에서 미용과 휴식을 위한 방법으로 받아들여졌다.

현대 의학이 나날이 발전하고 있는 오늘날에도 향을 이용한 치료법인 아로마테라피에 대해서는 여전히 논란이 분분하지만, 많은 사람이 취미활동이나 진정 효과를 얻기 위한 자기 관리 방법으로 받아들이고 있다.

4) 릴렉스 효과

라벤더에는 스트레스 완화 효과가 있는 것으로 알려져 있다. 2021년 8월까지 보고된 연구 결과를 이란의 과학자들이 분석한 결과, 라벤더 사용 후 스트레스 점수가 대조군보다 유의미하게 감소한 것으로 나타났다.[7)8)] 로즈메리 오일을 흡입한 20명

---

7) Complementary Therapies in Medicine, Volume 68, 2022, 102832
8) https://www.sciencedirect.com/science/article/pii/S0965229922000346

의 건강한 지원자를 대상으로 한 연구에서도, 피험자들이 더 활동적이고 기분이 좋아지는 효과를 보였다.[9] 이 외에도 카모마일, 일랑일랑, 레몬, 베르가모트, 유향 등 다양한 에센셜 오일이 스트레스 완화에 효과가 있다는 보고가 있다.[10] 최근에는 숙면을 유도하는 향기는 사이프러스(Cupressus)나 주니퍼(Juniperus) 속 침엽수의 정유에 포함된 세드롤(cedrol)이라 알려졌다.

에센셜 오일은 비교적 안전하지만, 사용량, 광독성, 그리고 반복 사용에 따른 부작용이 보고된 사례가 있으므로 주의가 필요하다.

5) 체중감소 효과

최근 연구에 에센셜 오일의 특정 휘발성 화합물이 후각수용체와 상호작용하여 중추 신경계를 자극함으로써 식욕 조절, 에너지 대사 조절, 지방 분해와 지방 생성 사이의 균형을 조절하는 것으로 밝혀졌다. 이러한 효과는 교감 및 부교감 신경계의 활성화와 렙틴 및 인슐린 같은 호르몬의 방출을 통해 유도된다고 한다.[11]

예를 들어, 자몽의 에센셜 오일을 실험용 쥐에게 사용한 결과, 후각 자극을 통해 교감 신경 활동이 증가하여 지방 분해가 촉진되고 식욕이 감소함으로써 체중이 감소하는 항비만 효과가 나타났다. 자몽 외에도, 체중감소 효과를 볼 수 있는 향으로는 시나몬(cinnamon), 시트로넬라(citronella), 커민(cumin), 스위트오렌지(sweet orange) 등이 있다. 또한, 라즈베리 향 성분인 라즈베리 케톤(Raspberry ketone)은 고추의 캡사이신(capsaicin)과 유사한 화학 구조를 가지고 있어 지방 분해 및 체중감소 효과가 있다고 알려져 있다. 목서속(Osmanthus) 향도 식욕억제 효과가 보고되어 있다.

---

9) Sayorwan W, Ruangrungsi N, Piriyapunyporn T, Hongratanaworakit T, Kotchabhakdi N, Siripornpanich V. Effects of inhaled rosemary oil on subjective feelings and activities of the nervous system. Sci Pharm. 2013;81(2):531-542. doi:10.3797/scipharm.1209-05

10) https://www.verywellmind.com/aromatherapy-scents-for-stress-relief-3144599#citation-3

11) https://www.ncbi.nlm.nih.gov/pmc/articles/PMC8584325/Int J Mol Sci. 2021 Nov; 22(21): 11832

6) 미용 효과

에센셜 오일은 다양한 미용 효과를 가지고 있으며, 특히 미백 효과와 피부 탄력 개선에 기대를 모으고 있다. 피부에 기미를 일으키는 티로시나아제는 피부 표피에 있는 멜라노사이트에서 멜라닌 색소를 생성하는 효소이다. 장미 성분은 티로시나아제 효소의 작용을 방해하여 기미의 원인이 되는 멜라닌 생성을 억제함으로써 미백에 도움이 된다고 보고되어 있다. 또한, 사향의 주성분인 무스콘(muscone)을 진피에 있는 피부섬유아세포에 첨가하면 히알루론산 생산이 촉진되는 것으로 확인되었다. 피부섬유아세포는 콜라겐이나 히알루론산을 만들어내는 세포이다. 히알루론산은 높은 수분 유지 능력을 가지고 있어 피부의 수분 유지 및 탄력 개선에 효과적이다. 이에 따라 주름과 늘어짐을 방지하는 데 도움을 준다고 한다.

7) 아로마콜로지

아로마콜로지(aromachology)는 냄새가 인간의 행동과 감정에 어떤 영향을 미치는지 연구하고, 감정과 냄새 사이의 관계를 검증하는 학문이다. '아로마콜로지'라는 단어는 '아로마(aroma)'와 '생리심리학(Physiological psychology)'에서 파생되었으며, 뉴욕에 본사를 둔 향기 재단(The Fragrance Foundation)의 한 부서인 Sense of Smell Institute(SSI)에서 처음 사용되었다고 한다.

아로마테라피가 심리적, 신체적 치료를 위해 에센셜 오일을 사용하는 것과 달리, 아로마콜로지는 천연 향과 합성 향을 모두 포함하여 냄새가 인간에게 유발하는 다양한 심리적, 생리적 반응을 과학적으로 연구한다. 학자들은 냄새가 뇌의 후각 경로를 자극하고, 특히 대뇌피질을 자극함으로써 이완, 흥분, 감각, 행복, 안녕감 등 다양한 감정을 유발하는 것을 분석한다. 주로 라벤더, 재스민, 장미 등의 효과가 연구되어 있다.

향이 인간 정신에 미치는 영향에 관한 과학적인 연구가 더욱 진행됨에 따라, 향에 관련된 패션 트렌드뿐만 아니라, 스트레스가 많은 현대 사회에서 삶의 질을 향상시키는 데도 중요한 역할을 할 것으로 기대된다.

1.5 향의 역사

인류는 오랜 기간 식물과 동물에서 추출한 향을 다양한 목적으로 활용했다. 불의 사용은 나무나 수지 같은 물질들이 연소될 때 좋은 향을 발산한다는 사실을 인간이 깨닫는 계기가 되었다. 죽은 시체의 악취를 제거하거나 가리기 위해 향기로운 수지, 또는 향기를 내는 나무 같은 식물을 태웠다. 또한 신을 숭배하는 장소를 신성하게 만들기 위해 향을 피웠고, 하늘로 올라가는 연기를 통해 기도가 신에게 전달된다고 믿었다. 향수나 향을 의미하는 용어인 '퍼퓸(perfume)'이나 '파르펑(parfum)'은 라틴어의 '퍼(per, ~를 통하여)'와 '푸뭄(fumum, 연기)'에서 유래된 것으로, '연기를 통해'라는 뜻을 가지고 있다.

향은 죽은 사람이나 살아있는 사람들을 위험으로부터 보호하고, 질병으로부터 건강을 지키며, 병을 치료하고 즐거움을 선사하는 중요한 역할을 해왔다. 향의 역사를 살펴보면 고대부터 현대에 이르기까지 화학이 매우 중요한 역할을 한 것을 알 수 있다. 향료를 원하는 대로 활용하기 위해서는 에탄올이 필수인데, 이를 얻기 위한 증류 기술은 궁극적으로 향 산업 발전의 기초를 마련했다. 특히 19세기 말부터 발전한 유기화학은 천연 향료뿐만 아니라 합성 향료의 시대를 열었다. 20세기에 들어서 화학과 산업혁명의 결합은 향료의 대중화를 이끌었으며, 향료 사용의 발전을 위한 촉매제 역할을 했다. 이로 인해 전에는 왕족이나 귀족, 소수의 부유층만이 사용하던 향이 일반 대중에게까지 보급되었고, 비누, 샴푸, 화장품 등 다양한 제품에 향이 첨가되면서 우리의 생활은 향으로 가득 차게 되었다. 이제 이러한 향의 역사에 대해 알아보자.

1) 고대 신들을 위한 향

고대에 좋은 향을 내는 식물, 나무 등의 물질을 태우는 행위는 종교적이고 신화적인 의식과 깊이 연관되어 있었다. 사람들은 향기로운 연기를 통해 자신들의 소원이 신에게 더 빠르게 닿을 것이라 믿었으며, 이러한 도취성 연기는 사람들을 종교적 희열에 빠져들게 하였다.

향에 대한 인류 최초의 기록은 고대 아시리아의 점토판에 남겨진 신에게 향을 바쳤다는 기록에서 찾을 수 있다. 기원전 3000년경 메소포타미아 지역에서는 수메르인들이 몰약과 유향 등을 사용하여 향기 나는 오일을 만들었으며, 레바논의 삼나무

(히말라야 삼나무속)를 태워 신에게 드렸다. 함무라비왕 시대에는 바빌론 신전에서 약 29,000 kg의 향을 태워 신에게 바쳤다고 전해진다.

기원전 1200년경 바빌로니아 메소포타미아의 설형 문자 서판에는 타푸티(Tapputi)라는 화학자가 최초의 조향사로 언급되어 있다. 그녀는 꽃잎, 창포(calamus), 향부자(cyperus), 몰약, 발삼을 사용해 물이나 다른 용매를 첨가한 다음 여러 번 증류하고 여과했다고 기록되어 있다. 압착법, 온침법(maceration), 냉침법 같은 고전적인 향 추출 기술들이 개발된 곳도 이곳 메소포타미아였다. 이러한 기술들은 3장에 자세히 소개할 것이다.

2) 이집트는 향 문화의 발상지

약 5000년 전 고대 이집트는 문명 초기부터 향을 사용하는 문화를 가지고 있었다. 이집트인들은 태양신 '라'를 경배하기 위해 해가 뜰 때는 향이 좋은 꽃과 허브, 수지를 태웠고, 태양이 중천에 올랐을 때는 몰약과 발삼나무 수액을 태워 연기를 피웠다. 알렉산드리아는 향수 제조와 몰약 등 향료 시장으로 유명했으며, 실제로 향수는 사원, 종교의식, 축제 등 다양한 곳에서 사용되었다. 종교 사원에서는 향기로운 향이나 꽃을 신에게 바치는 의식이 행해졌다. 또한 시체의 부패를 막기 위해 몰약, 시나몬 등 성스러운 기름을 사용해 미라를 만들었다.

이집트 상류층 귀족들은 자신의 신분을 드러내기 위해 향을 태우거나 목욕 중에 향료를 바르는 등 다양한 방법으로 향을 활용했다. 그중에 '키피(kyphi)'라고 불리는 향료가 유명했다. 키피는 아주 성스러운 연기를 의미하며, 당시 최고의 의약서인 『에베르스 파피루스(Ebers Papyrus)』에 따르면 시나몬, 레몬그라스, 몰약 등 약 16가지 식물성 향료로 구성되었고 마음을 차분하게 하는 효과가 있었다고 전해진다. 키피는 조향의 기원으로도 알려져 있으며, 이는 향이 단순히 종교적 의식에서 벗어나 일상생활로 확장되었음을 나타낸다. 이집트의 다른 향수들처럼 키피도 질병을 치료하기 위한 약으로도 사용되었다.

시간이 흐르면서 향수는 상류 사회의 사치품으로 발전하였고, 개인적 용도로 사용하기에 적합하도록 발전했다. 투탕카멘왕의 무덤에서는 향이 나는 액체가 든 알라바스터(alabaster)로 만든 향유 항아리가 발견되었는데, 이는 향이 망자의 사후 삶을 더 편안하게 해준다고 믿었음을 보여준다. 이 시기 향의 역사에서 가장 유명한 인물은 클레오파트라 7세(Cleopatra VII)이다. 그녀는 자신의 존재감을 드러내기 위해 향을 활용했다. 클레오파트라가 안토니우스를 만나러 가는 배에서 풍기는 향이 강 하류까지 도달할 정도로 강렬했다고 한다.

3) 그리스와 로마

이집트의 향 문화는 고대 그리스 시대로 이어졌다. 그리스 문명에서 향료에 대한 지식과 기술이 크게 발전하면서 향은 일상생활에서 빠질 수 없는 요소가 되었다. 그리스인들은 올리브유를 사용하여 향기로운 식물이나 수지에서 향을 추출했다. 당시에는 아직 알코올이 용매로 사용되지 않았기 때문에, 올리브유 등의 기름을 용매로 사용하였다. 제비꽃과 장미 향이 특히 선호되었으며, 배합 향료도 사용되었다. 신체 각 부분에 다른 향료를 사용하거나 목욕물에도 향료를 넣었다. 또한 마시는 와인에 몰약을 넣는 등 음료에도 향료를 사용했다.

학문적으로는 테오프라스토스(Theophrastus)의 식물에 관한 책에 그리스인들이 장미, 백합, 제비꽃 등을 좋아한다는 내용이 남아있다. 그리스 말기에는 페다니우스 디오스코리데스(Pedanius Dioscorides)의 『약물에 대하여(De materia medica)』에 아로마오일을 제공하는 식물 및 아로마오일로 만든 연고 등이 소개되었다. 이는 초기 형태의 아로마테라피의 첫 시작을 의미한다.

알렉산더 대왕(Alexander the Great)의 원정은 영토 확장과 권력 강화를 목표로 페르시아 제국을 정복하는 것뿐만 아니라, 아라비아와 인도의 향료와 자원을 확보하고 주요 교역로를 장악하려는 경제적 목적도 있었다. 이 원정은 지중해 세계와 동방을 연결하며 그리스 상인들과 활발한 교역을 촉진하여 다양한 향료가 더욱 유입되고 확대되는 계기가 되었다.

기독교 성경에는 향에 대한 내용이 여러 곳에서 나오는데, 특히 출애굽기 30장을 보면 하나님은 모세에게 자신에게는 성스러운 향을, 제사장들에게는 다른 향을 사용하라고 지시하였다. 예수가 태어났을 때 받은 선물 중에 유향과 몰약이 있었다는 나사렛 예수 이야기도 있다. 유향은 신성함과 예배를 상징하고, 치유와 방부의 의미를 지닌 몰약은 시신을 감쌀 때 사용되는 중요한 재료이다. 이 두 향은 예수의 제사장으로의 삶과 십자가에 못 박힌 후 죽음을 상징적으로 나타낸다. 이 외에도 성경에 다양한 향기로운 재료들이 등장한다.

로마 시대에 들어서면서 향 사용은 더욱 풍부하고 다양해졌다. 악명 높은 황제 네로(Nero) 시기에는 그의 부인 포파이아 사비나(Poppaea Sabina)의 장례식에 아라비아의 연간 생산량을 초과할 정도로 엄청난 양의 향료가 사용되었으며, 이는 로마의 사치스러운 향료 소비를 잘 보여주는 사례로 꼽고 있다. 로마의 지배층들은 작은 향로인 아세라(acerra)를 집에 보관하고 향수 용기인 암풀레(ampulla)를 가지고 다니며 일상적으로 향을 즐겼다. 그러나 이처럼 과도한 사치로 인해 신성한 장례식에 필요한 향료조차 부족해지자, 향료 사용을 제한하는 법률이 제정되기도 했다.

점차 향료는 일반 시민들에게도 널리 사용되었다. 로마에서는 카라칼라 대욕장을 비롯하여 목욕장이 대중화되면서 '웅토리움(unctorium)'이라고 불리는 방에서 향 마사지를 받은 것으로 알려졌다. 비누가 없던 시기에 때를 녹이는 향유가 목욕의 필수품이었다. 사람들이 향유를 몸에 바르고, 금속 재질의 때밀이 스트리길(strigil)을 사용해 강하게 문지른 다음, 물로 씻어내었다.

한편, 이 시기에 유리 세공 기법이 발전하면서 유리병이 제조되었고, 이에 맞춰 향료 보관 방법도 변했다. 로마제국은 향료의 주요 소비국이었지만, 제국의 몰락으로 인해 향유 사용은 줄어들었다. 그러나 여전히 종교적 용도뿐만 아니라 신체에 향을 바르는 것은 귀족 계급부터 일반 시민들에게까지 점자 확산되었다.

4) 동양 향의 원류인 인도와 중국

인도는 오래전부터 다양한 향을 내는 '향목(香木)'이 자라는 세계적인 향료 산지로 알려져 있다. 인도 사람들은 고온 다습한 기후로 인한 땀 냄새를 가리기 위해 향을 피우는 관습이 있었으며, 분말 형태의 향료인 '향분'이나 고체 향수를 몸에 바르는 것이 일상이었다. 이러한 향 사용은 "몸을 정화한다", "나쁜 기운을 쫓는다"는 의미로 불교에 도입되었다.

고대 인도 사회에서는 수지와 향목을 사용한 훈향(薰香)이 종교의식에 널리 사용되었고, 이는 사망한 사람을 다음 삶으로 보내는 관습과도 연결되어 있었다. 주로 사용된 훈향은 안식향(benzoin)이었으며, 백단, 시나몬, 파촐리, 감송향 등이 함께 사용되었다. 기원전 5세기경 브라만교 성전에서는 왕족과 귀족들이 고체 향수를 몸에 발라 향기로운 향연을 즐겼다고 기록되어 있다. 동물성 향료인 사향도 기원전 수 세기 무렵 힌두교 일족에 의해 사용되었다. 힌두교에서는 사원을 세울 때나 예배 시에 백단을 사용하고, 샤프란이나 백단을 제물로 올렸다.

카슈미르 지역에서는 장미로부터 장미 정유를 채취하였으며, 재스민꽃도 인도에서 귀한 정유로 사용되었다. 아유르베다라는 5000년 역사를 가진 전통 의학은 인도와 스리랑카에서 시작되었으며, 정유, 허브, 향신료 등이 건강 증진과 치료에 이용되었다. 이렇게 인도의 향료 문화는 생활, 종교, 의학에까지 깊이 뿌리내려 있었다.

중국의 향료 산지는 주로 아열대 지방인 남부에 위치하며, 향료 문화는 기원전 2세기경 실크로드 개통과 함께 북부 황하 지역으로 전파되었다. 이 시기에 중국에서도 향신료가 사용되기 시작했다. 기원전과 기원후에 걸쳐 불교와 함께 향 문화가 본격적으로 중국에 전파되었으며, 이는 실크로드와 바다를 통해 인도뿐만 아니라 페르시아에서도 다양한 향료가 수입되면서 가능해졌다. 그러나 중국에서는 인도와 달리 일반 사람들의 일상생활에서 향료가 널리 사용되지 않았으며, 주로 불교 사찰에서 하는 중요한 종교적 의식에 사용되었다.

3세기 이후로는 베트남과 말레이반도의 침향목이 중국으로 전해지기 시작했고, 5~6세기에는 유향과 몰약 등이 전해졌다. 7세기 이후에는 동물성 향료인 용연향이나 유향 등의 수지가 수입되었으며, 이들 역시 주로 종교적 의미로 사용되었다. 이렇게 중국의 향료 문화는 다양한 경로와 시기를 거치며 발전해 나갔다.

5) 중세 유럽과 중동의 향 문화

중세 유럽에서는 기독교가 중심이었기 때문에 향수를 쾌락이나 유혹의 수단으로 사용하는 것이 신의 뜻에 어긋나는 행위로 여겨졌던 반면, 같은 시기 중동 지역은 향의 역사에서 중추적인 역할을 차지하게 되었다.

현재 우리가 알고 있는 초기 아랍 향수에 대한 대부분의 지식은 야쿱 알 킨디(Yakub al-Kindi)가 저술한 『향수의 합성과 증류(The Book of Perfume Chemistry and Distillation)』에서 얻은 것이다.

7세기경 페르시아에서는 향수 제조법이 예술의 한 형태로 발전하였으며, 이는 아바스 왕조하의 페르시아가 인도, 동인도제도, 중국과 무역을 통해 다양한 향 원료를 수입한 덕분이었다. 이러한 배경 속에서 바그다드는 향수 무역의 중심지로 부상하였고, 아랍의 조향사들은 아랍 제국 전역에서 활발하게 향료를 거래하였다.

향수 제조 전문가들과 연금술사들은 지속적으로 새로운 향수를 창조하였고, 기본적인 에센스 제조 방법도 개선되었다. 페르시아에서 증기 증류법이 발명되면서 향수 제조는 새로운 시대를 맞이하였다. 이를 통해 꽃에서도 향 오일을 추출할 수 있게 되었다. 그전까지 향은 알코올 기반의 향수가 아니라, 향기로운 오일이나 로션과 같은 연고(unguentum) 형태로 사용되었다. 현대의 향수 형태로 발전하게 된 것은 연금술사들이 포도주를 증류하여 에탄올을 발견한 이후부터이다. 에탄올은 거의 냄새가 나지 않고, 다양한 향 성분을 잘 녹여 향수와 향료의 발전에 크게 기여하였다.

향 발전에 있어 중요한 기술 중 하나는 수증기 증류법이다. 이를 최초로 발명한 사람은 아비센나(Avicenna)로, 그는 장미(Rosa centifolia)를 증류하여 장미 정유와 장미수를 제조하는 데 성공하였다. 꽃에 존재하는 향 분자는 그 끓는점이 20~370℃로 매우 넓게 분포되어 있다. 일반적으로 액체상 분자의 끓는점이 낮을수록 쉽게 기체로 변하며, 끓는점이 높을수록 증기압이 낮아져 기화하기 어렵다. 이런 문제를 해결한 기술이 바로 수증기 증류법이다.

수증기 증류법에서는 꽃이나 식물 일부를 물과 함께 솥에 넣고 가열한다. 가열되면서 향 물질이 분리되어 뜨거운 수증기와 함께 솥 위로 올라가게 되며, 이때 생기는 응축액을 수집하는 것이다. 아라비아인들은 이 과정을 위해 '알렘빅(alembic)'이라고 불리는 투구 모양의 증류기를 발명하였다. 이 증류기의 뚜껑 내부에는 응축수를 채집하는 관이 설치되어 있다. 증류기에서 수집된 응축액은 향료를 함유한 물과 오일이다. 식으면서 응축액이 수집 용기 속으로 떨어지며, 병 내부에서 물과 기름이 자연스럽게 분리된다. 이러한 증류 기술 덕분에 향 분자의 끓는점 이하에서도 향기 물질을 효과적으로 추출할 수 있게 되었다. 초기 증류 공정에서는 용기를 납과 은으로 만들기도 했는데, 이들은 증류 과정에서 향성분을 오염시키는 문제가 있어 이후에는 주로 구리, 철, 또는 주석으로 만든 알렘빅이 사용되었다. 이렇게 아라비아인들의 발명과 기술력 덕분에 향수 제조는 크게 발전하게 되었다.

수증기 증류법을 비롯해 중동의 향료 및 엘릭시르(elixir, 단맛이 나고 향기로운 음료에서 추출한 약재), 그리고 그들의 제조 기술은 11세기 말에 시작된 십자군 원정을 통해 스페인과 프랑스 남부로 전파되었다. 이러한 기술의 확산은 상업적 발전을 이루고 있던 이탈리아 상인들에게 큰 영향을 미쳤다. 이들은 이슬람 상인과 비잔틴 상인을 배제하고 콘스탄티노플을 정복함으로써 동방무역의 패권을 차지하였다.

아랍 문화의 도입과 함께, 이탈리아 증류업자들은 1320년경에 새로운 방식의 쿨러(cooler)를 개발하였다. 이 쿨러의 개발은 알코올의 품질 향상과 함께 향수 제조 공정에 중요한 변화를 가져왔다. 특히, 이 새로운 쿨러를 통해 포도로부터 순수한 알코올을 증류할 수 있게 되면서 향수 제조의 주요한 전환점이 되었다.

중세 유럽에서 향은 주로 수도원에서 발전했다. 수도원이 종교의식에 필요한 포도주를 만들고, 다양한 향 식물과 약초를 재배하며 약물을 제조했기 때문이다. 수도사들은 이러한 자원들을 활용하여 약으로 사용하기 위해 향료를 제조하였다. 고대 제사장들이 제단의 성화(聖火)가 꺼지지 않도록 향료에 향을 뿌리거나 신비로운 연고를 제조하던 기술은 수도사들에게 전해졌고, 수도사들은 이를 바탕으로 새로운 향수와 약품 제조법을 발전시켰다. 이 과정에서 수도사들은 특별히 증류장치를 활용하였고, 카르투지오 수도회와 프란체스코 수도회는 서로 뛰어난 향료와 허브 추출물 제조를 위해 경쟁하였다. 이로 인해 수도원들은 향수 제품을 판매하기 시작했고, 이들 수도원은 유럽 전역에서 큰 명성을 얻게 되었다.

중세 시대에는 종교적인 이유로 쾌락이나 유혹 목적으로 향수를 사용하는 것이 금지되었지만, 동시에 악취가 질병을 전파하고 좋은 향기가 이를 예방한다는 믿음도 있었다. 이런 믿음을 기반으로 중세 시대 수도원에서는 향기로운 꽃이나 허브를 재배하고, 의료 목적으로 《아쿠아 미라빌리스(Aqua Mirabilis)》라는 향수를 제조하여 사용하였다. 이는 라틴어로 '기적의 물'이라는 뜻으로, 향수의 치료적 효과를 강조하는 명칭이다. 이와 같은 수도원에서의 향료와 향수 제조 활동은 중세 유럽 향수 역사에 중요한 역할을 하였다.

1370년경에 만들어졌다는 알코올 기반의 첫 향수인 《헝가리의 물(L'Eau de Hongrie, Hungary water)》이 유럽에 등장하였다. 이 향수는 헝가리의 왕비가 궁정 연금술사에게 제조를 의뢰한 것에서 그 이름이 유래되었다. 기존의 오일 기반 향수와 비교했을 때 이 향수는 물처럼 투명한 상태였기 때문에 'Eau(물)'라는 단어가 이름에 쓰였다. 이런 'Eau'는 단순히 향수로만 사용되지 않고, 질병 치료를 위한 의약품으로도 활용되었다. 그러나 1810년, 나폴레옹이 '향수(perfume)'라는 용어를 정의하고 이를 약과 구별하며, 음용을 금지하는 법령을 시행함에 따라 그 이후로는 주로 패션 향수용으로 사용하게 되었다. 이러한 변화는 향수의 역할과 사용 범위에 있어 중요한 전환점이 되었다.

6) 르네상스 시대의 향료 및 향수 제조 기술 발전

향료 및 향수 제조 기술의 중요한 발전은 르네상스 시대 이탈리아에서 시작되었다. 이 시기에는 향수가 주로 질병 예방과 치료에 사용되었는데, 이를 대표하는 사례로 이탈리아 피렌체에 있는 산타 마리아 노벨라 약국에서 만든 향수가 있다. 1221년에 설립된 산타 마리아 노벨라 교회의 도미니카 수도원의 수도사들이 허브 등으로 제조한 향수는 당시 의약품으로 페스트 등의 중세 전염병 치료에 사용되었다. 이 의약품은 1612년부터 대중에게 소매 판매가 시작되었으며, 산타 마리아 노벨라 약국은 오늘날에도 세계에서 가장 오래된 약국으로 남아있다.

향신료는 유럽의 육식 중심 식문화에서 음식의 맛을 향상시키고 보존을 돕는 중요한 역할을 했다. 강황, 후추, 고추, 육두구, 바질 등의 향신료는 요리에 풍미를 더하고 재료 특유의 냄새를 없애면서 맛을 좋게 하고 식욕을 돋우는 데 기여했다. 또한, 향신료는 요리의 저장성을 높이고 소화를 촉진하며 위장을 강화하는 역할도 한다. 향신료 사용은 기원전 3000년경 인도에서 시작되어 기원후 1세기에는 실크로드를 통해 유럽에 전파되었다. 향신료는 비싸고 귀한 자원으로 중세 유럽에서는 왕족과 귀족들이 향신료를 사용한 요리를 즐기는 것이 지위와 권위를 나타내는 상징이었다. 이후에는 서민들에게도 확산되었다. 또한, 페스트와 같은 전염병 예방과 치료를 위해 향료가 지속적으로 사용되었으며, 이로 인해 향료의 수요가 급증하였다.

르네상스 시기에도 나쁜 냄새가 질병과 연관이 있다고 믿어, 사람들은 도토리 크기만한 개인용 포멘더[pomander; 프랑스어로 뽐므 담브레(Pomme d'ambre)]에 다양한 향신료를 담아 다녔다. 이 작은 향료 케이스에 사향, 용연향이나 시벳, 페루 발삼 등 강한 동물성 향 소재를 담아 향기 부적으로 사용하였다.

15세기에 접어들자, 유럽인들은 아프리카나 아시아로의 항해를 시작하여 대항해 시대가 시작되었다. 나침반의 개량과 원양항해가 가능한 범선의 개발로 인해 서양 각국들은 새로운 항로를 개척하였고, 이는 향신료 전쟁으로 이어졌다. 1492년에는 콜럼버스(Christopher Columbus)가 바하마 제도에, 1498년에는 바스코 다가마(Vasco da Gama)가 인도에 도착하여 향신료를 유럽에 가져왔다. 이후 유럽 제국들은 왕권과 기독교 포교의 명분으로 아메리카 대륙과 동남아시아 지역으로 진출하였고, 이를 통해 정향, 육두구, 바닐라, 고추 등이 서양으로 유입되었다. 이러한 해양 활동은 새로운 향신료들을 유럽의 식탁과 실험실로 들여오거나 기존 아로마 제품의 공급을 확대하는 데 기여했다.

이 시기, 향수 역사에 중요한 역할을 한 인물로는 후에 프랑스의 왕으로 즉위한 앙리 2세와 1533년에 결혼한 피렌체의 카트린 드 메디치(Catherine de Medici)가 있다. 르네상스 시대의 피렌체는 인문학, 미술, 철학, 과학 등 다양한 분야에서 번영하였고, 이러한 문화와 기술이 카트린 드 메디치의 결혼을 통해 프랑스로 전달되었다. 이로 인해 현대 향수의 중심지인 프랑스에 향수 산업의 토대가 마련되었다.

카트린 드 메디치 일행이 파리로 이동하는 과정에서 프랑스 남부 프로방스 지역의 그라스(Grasse)를 지나가게 되었다는 데서 그라스의 이야기가 시작된다. 이 지역은 온화한 기후와 바람으로부터 보호되는 지리적 특성 덕분에 식물이 자라기 좋은 최적의 조건을 갖추고 있으며, 원래 가죽 태닝 가공업으로 유명한 도시였다. 16세기까지 고급 가죽 장갑 제작으로 이름을 떨치던 그라스 지역의 상인들은 가죽 무두질에 사용되는 오줌의 역한 냄새를 제거하기 위해 향료를 사용하였다. 카트린 드 메디치는 장미 향과 네롤리 향이 나는 가죽 장갑을 사용한 것으로 알려졌다. 이렇게 은은한 향이 들어간 가죽 장갑이 점차 입소문을 탔고, 16세기 후반, 파리 상류 사회 여성들이 향기로운 가죽 장갑을 착용하면서 유행으로 번졌다. 그 영향으로 당시 가죽 가공의 중심지였던 그라스는 향수 제조와 융합되어 크게 성장할 수 있었다.

1553년에 그라스에 연구소가 설립되었고, 이로 인해 향 장갑 제조자(gauntlet-perfumer, 가죽 특유의 악취를 없애기 위해 장갑에 향을 입히는 사람)의 활동이 늘어나면서 약제사들도 대거 등장하였다. 지방 상인들은 구리 증류기를 당나귀에 싣고 다니며 곳곳에서 야생초와 꽃을 증류했다. 이러한 과정을 통해 그라스는 향수 산업의 중심지로 성장하였고, 재스민, 장미, 오렌지꽃 등 고급 향료를 생산하게 되었다. 장 드 갈리마르(Jean de Galimard)가 세운 향 장갑 제조자 조합은 1745년까지 약 70명의 회원제로 운영되었다. 그러나 17세기 후반 가죽 제품에 대한 과도한 세금 부과로 그라스산 가죽 장갑 제조는 중단되었다. 가죽 가공업체 중 많은 수가 향수 제조업체로 변모하였고, 부수입원이었던 향수 제조가 도시의 주요 수입원이 되었다. 이에 따라 그라스는 향수 제조에 집중하게 되었고, 저장소, 증류소, 그리고 꽃 및 식물 자원을 활용하여 1900년대 초에는 세계적인 향수 생산 도시로 자리매김하였다. 오늘날에도 그라스는 '향수의 세계 중심지'로 알려져 있다. 그라스에서는 다양한 향수와 식물 원료가 에센셜 오일, 콘크리트, 앱솔루트 등으로 가공되었으며, 이 과정에서 최고의 화학자, 식물학자, 기술자, 그리고 조향사들이 모여 기술적 노하우를 축적해 나갔다. 그러나 1960년대부터 합성 향료의 활용이 확대되면서 그라스산 천연 향료의 상품 가치는 점차 하락하였고, 인건비 상승으로 수확량 역시 줄어들었다. 현재 천연원료 대부분은 개발 도상국에서 공급되지만, 그라스에서 자라거나 처리된 원료는 여전히 높은 가격을 유지하고 있다. 현재 그라스에서 재배되는 주요 향료 작물은 카네이션, 바이올렛, 노랑 수선화, 튜베로즈, 그리고 소량으로 재배되는 로즈 드 메이[Rose de Mai, 센티폴리아 로즈(Centifolia Rose) 종류]이다. 샤넬을 비롯한 럭셔리 향수 연구소들은 이곳의 밭과 수확물에 대한 독점 판매권을 보유하고 있다.

프랑스에서는 향수 문화가 크게 발달하였다. 이는 여러 향수 관련 서적이 출간되고, 베르사유 궁전과 파리 상류층 귀족 사이에서 향수에 대한 선호도가 높아진 데서 잘 드러난다. 향수 용기의 발전과 함께 유리공장이 많이 생겨났으며, 이는 향수 문화의 성장을 촉진시켰다. 향수 문화의 성장을 보여주는 예로, 루이 13세는 네롤리 향을 특히 선호했고, 태양왕 루이 14세는 마담 드 몽테스팡과 함께 자신만의 향수를 만들어 사용할 정도로 향수에 관심이 많았다. 루이 15세는 그의 조부와 마찬가지로 향수를 사랑했으며, 궁정에서 매일 다른 향수를 사용한 것으로 유명했다. 그의 궁정은 '향수의 궁정(La Cour Parfumée)'이라고 불릴 정도로 다양한 향수가 사용되었다고 전해진다.

한편 베니스는 차츰 주요 무역 중심지로 성장하여 동방에서 온 향수를 거래하고 이를 다른 유럽 지역에 공급하는 역할을 하였다. 이렇게 그라스와 베니스는 각각 서방과 동방의 향수 문화를 연결하는 중요한 역할을 수행하였다.

7) 18세기에서 근대까지

독일 쾰른에는 조반니 파올로 페미니스(Giovanni Paolo Feminis)가 17세기 말에 《아쿠아 미라빌러스(aqua mirabilis)》라는 향수를 개발했다. 아쿠아 미라빌러스는 고순도 알코올에 오렌지꽃, 베르가모트, 라벤더, 로즈메리 정유를 혼합하여 제조되었다. 이 향수는 몸에 바르는 것뿐만 아니라 약으로도 섭취할 수 있었다. 아쿠아 미라빌러스의 공식 계승자는 조반니 안토니오 파리나(Giovanni Antonio Farina)이다.

한편 이탈리아 이민자인 조반니 마리아 파리나(Giovanni Maria Farina)는 쾰른에서 《오 드 콜로뉴(Eau de Cologne, 쾰른의 물)》라는 이름으로 향수를 판매하였고, 이는 유럽 전역에서 대유행하였다. 7년 전쟁 시기, 프랑스 군인들이 이 향수를 프랑스로 가져와 '쾰른의 물'이라는 이름으로 프랑스 궁정에 소개하면서 《오 드 콜로뉴》는 2~5% 농도의 향수를 의미하는 일반 용어로 사용된다. 1804년에 황제로 즉위한 나폴레옹 보나파르트는 허브와 시트러스 계열의 상쾌한 향을 좋아해 《오 드 콜로뉴》를 하루에 몇 병씩 소비했다고 전해진다. 파리나는 1766년 죽기 바로 전에야 비밀 제조법을 후계자에게 넘겨주었다. 《오 드 콜로뉴》의 성공으로 치열한 경쟁과 위조와 분쟁이 일어났다.

쾰른이 향수의 중심지로 유명해지자, 상인인 빌헬름 뮐헨스(Wilhelm Muelhens)는 쾰른의 글로켄가세(Glockengasse) 4711번지에서 프랑츠 마리아 파리나라는 상호로 오 드 콜로뉴를 판매했다. 그의 손자인 페르디난트 뮐헨스(Ferdinand Muelhens)는 1873년 가족 사업을 이어받았고, 1881년 쾰른 왕실 고등법원이 '파리나'라는 브랜드 사용을 금지하자 건물 번지수를 따라 제품 이름을 《4711》로 변경하였다. 이 브랜드는 1994년 웰라 기업에 매각되었고, 중간에 P&G 기업을 거쳐, 현재는 스톨베르크의 모이러&비르츠(Maurer & Wirtz)가 소유하고 있다.

한편, 원조 파리나의 향수는 1789년에 독일에 상표를 등록하였으며, 그 조합법은 1862년 로제 & 갈레(Roger & Gallet)에 의해 계승되어 현재 《장 마리 파리나 퍼퓸 오 드 콜로뉴(Jean Marie Farina Perfume Eau de Cologne)》로 판매되고 있다. 현재는 베르가모트 향이 강한 향수 《4711》가 파리나의 오 드 콜로뉴보다 더 널리 알려져 있으며, '쾰른의 물'의 상징으로 여겨진다.

프랑스 혁명과 산업혁명은 향수 문화에 큰 변화를 가져왔다. 시민 혁명으로 귀족사회가 붕괴하면서 고가의 향수를 구매하는 왕족이나 귀족의 수요는 감소하였으나, 산업혁명을 통해 부를 축적한 부르주아 계급의 향수 수요는 증가하였다.

19세기 초까지 향수는 주로 사향, 용연향 등 동물 부산물과 식물 일부를 이용한 천연 재료로 제조되었다. 1798년에 제조된 《로 드 뤼뱅(L'eau de Lubin)》은 레몬, 통카빈, 튜베로즈, 벤조인, 바닐라를 첨가한 최초의 근대 향수 중 하나이다.

20세기까지 향수 대부분은 현대의 향수처럼 향을 디자인하거나 창작한 것이 아니라, 실존하는 꽃향기를 재구성하거나 꽃향기를 해석한 솔리플로르(solifIores)였다. 예를 들어, 《Lily of the Valley (Floris, ca. 1750)》, 《Rose (Molinard, 1860)》, 《Jasmin (Molinard, 1860)》, 《Rose Jacqueminit (Coty, 1904)》, 《Jasmin de Corse (Coty, 1906)》, 《Violette Pourpre (Houbigant, 1907)》, 《Narcisse Noir (Caron, 1912)》, 《Cardénia (Chanel, 1925)》, 《Le Muguet de Bois (Coty,

1942)》 등이 있다. 이름에서부터 천연 꽃향기가 풍겨 나오는 듯하다. 당시 조향사들은 천연 에센셜 오일만을 사용했으며, 은방울꽃 향처럼 구할 수 없는 향은 다른 에센셜 오일을 혼합하여 만들었다. 이러한 한계는 19세기 유기화학과 분석기기의 발전으로 극복되었다. 합성 향료의 출현과 새로운 추출법 개발, 새로운 향 식물의 발견 등과 더불어 대량생산이 가능해지면서 일반 서민들도 향수를 즐길 수 있게 되었다. 교통 발전에 의한 시장 확대와 부르주아 계급의 대두 등이 복합적으로 작용하여, 19세기 후반부터 20세기 초기인 벨에포크(Belle Époque) 시대에 향수는 전성기를 맞이하게 된다.

8) 향수 명가의 탄생

18세기는 현재까지도 세계적으로 인정받는 향수 브랜드들이 탄생한 시기였다. 1708년 런던의 조향사 찰스 릴리(Charles Lilly)는 오렌지꽃, 사향, 시벳, 바이올렛으로 구성된 향수를 선보였고, 1711년 윌리엄 베일리(William Bayley)는 '예 올드 시벳 캣(Ye Olde Civet Cat)'이라는 향수 가게의 간판을 올렸다. 1730년에는 후안 플로리스(Juan Floris)가 '플로리스(Floris)'를, 1770년에 윌리엄 야들리(William Yardley)가 영국에서 '야들리(Yardley)'라는 향수 브랜드를 설립하였다. 프랑스에서도 1775년에 우비강(Houbigant), 1798년에 뤼뱅(Lubin)이 이 분야에 합류했다. 특히 파리에 설립된 우비강의 향수는 프랑스 황실과 귀족, 상류층에게 애용되었고, 현재까지도 주요 향수 제조사로서의 위치를 유지하고 있다.

겔랑(Guerlain)은 영국에서 의학과 화학을 배운 피에르 프랑소와 파스칼 겔랑(Pierre-François Pascal Guerlain)이 1828년에 파리에 설립한 작은 부티크에서 시작하였다. 이 부티크는 유럽의 왕족, 귀족, 유명인들로부터 사랑을 받아 성장하였고, 나폴레옹 3세의 부인 외제니 황후(Empress Eugénie)에게 헌상한 《오 드 콜로뉴 앙페리알(Eau de Cologne Impériale)》로 인해 1853년에 황실의 향수 제조사로 인정받았다. 이 향수는 로즈메리와 네롤리 향이 조화롭게 어우러진 시트러스 계열로, 나폴레옹 가문의 문장이 새겨진 벌 장식의 향수병에 담겨있어 지금까지도 사랑받고 있다. 이후 2대 조향사인 에메 겔랑(Aimé Guerlain)은 1889년에 《지키(Jicky)》를 선보였다. 《지키》는 합성 향료를 사용한 최초의 향수로, 천연 향을 재현하는 데 초점을 맞췄던 이전 향수들과는 달리 향의 이미지를 창조한 혁신적인 작품이다. 《지키》는 레몬, 베르가모트, 만다린의 상큼한 시트러스 탑 노트, 장미와 재스민의 플로럴 노트, 베티버, 오리스, 파촐리의 우디 노트, 그리고 쿠마린, 벤조인, 시벳, 바닐린의 베이스 노트로 구성된 최초의 현대적인 피라미드형 수직 구조로 조향된 향수로 꼽힌다. 《지키》의 성공으로, 비용 절감과 품질 개선을 위해 합성 향료를 사용하고, 동시에 새로운 향수를 창조하기 위해 새로운 향을 개발하는 연구가 본격화되기 시작했다.

1849년 프랑스 그라스에서는 '몰리나르(Molinard)'가 설립되었다. 몰리나르는 영국 빅토리아 여왕을 비롯한 부유한 고객들로부터 사랑을 받았다. 20세기 초, 1904년에는 어니스트 달트로프(Ernest Daltroff)가 향수 하우스 '카론(Caron)'을, 프랑수아 코티(François Coty)가 '코티(Coty)'를 파리에 설립하였다. 이들 브랜드는 모두 세계적인 명성을 얻으며 향수 산업 발전에 크게 기여하였다.

9) 유기화학의 발전

현대 향수의 다양성은 18세기 후반부터 일어난 산업혁명과 19세기 전반부터 발전한 유기화학, 그리고 합성 향료 제조의 발달 덕분이다. 수십, 수백 개의 향 성분으로 이루어진 천연 향에서 이들을 분리하거나 합성하는 연구가 시작되었고, 유기 용매를 이용하여 앱솔루트를 제조하는 방법도 발명되었다.

향 분석의 역사는 1818년 자크 라비아르디에르(Jacques-Julien Houtou de Labillardière)가 테르펜 오일이 $(C_5H_8)_x$로 이루어져 있다는 사실을 원소분석으로 발견하면서 시작되었다. 이후 1884년 독일 화학자 오토 활라흐(Otto Wallach)가 에센셜 오일에서 결정화하기 쉬운 테르펜계 화학 물질을 분리하고 그 구조를 밝혀냈다. 그 후 분석장치와 합성 기술의 발전으로 시트로넬롤(citronellol), 제라니올(geraniol), 시트랄(citral) 등의 액체 상태 성분도 동정할 수 있게 되었다.

최초로 합성된 향은 1834년 베를린대학의 아일하르트 미처리히(Eilhardt Mitscherlich)가 합성한 니트로벤젠(nitrobenzene)이다. 이와 별도로, 천연 물질에서 향 성분을 분리하거나 합성하는 연구도 진행되었다. 예를 들어, 1813년 A. 보겔(A. Vogel)이 통카빈(tonka bean)에서 바닐라 뉘앙스의 건초 향이 나는 쿠마린(coumarin)을 분리하였다. 당시에는 다른 화합물인 줄 알았으나, 1846년 헤르만 블라이브트로이(Hermann Bleibtreu)가 이것이 쿠마린이라는 것을 밝혔다. 이후

1868년 윌리엄 퍼킨(William Henry Perkin)이 합성, 생산에 성공한 후 1876년에 처음으로 시판되었다.

신남알데하이드(cinnamic aldehyde)는 1834년경 프랑스 화학자 장 바티스트 뒤마(Jean-Baptiste Dumas)와 유젠 펠리고(Eugène-Melchior Péligot)가 시나몬 오일에서 분리해 구조를 밝혔고, 1854년 이탈리아 화학자인 루이지 치오자(Luigi Chiozza)에 의해 처음으로 합성되었다.

1837년에는 벤즈알데하이드(benzaldehyde), 1840년에는 송진 오일에서 보르네올(borneol), 1842년에는 아니스 오일에서 아네톨(anethole), 1844년에는 아메리칸 윈터그린(American wintergreen)에서 메틸살리실레이트(methyl salicylate)가 분리되었다. 이후 피페로날(piperonal), 바닐린(vanillin), 이오논(ionone) 등 화합물이 분리 및 합성되었다.

한편, 동물성 향료는 그 자체로는 냄새가 강하지 않지만, 오리엔탈 향조 등에 조금만 사용해도 전체적으로 따뜻함과 향의 지속성을 제공하여 향수 제조에 필수적이다. 그러나 사향을 얻는 사향노루의 멸종 위기와 워싱턴 조약(Washington Convention)을 통해 상업목적으로 동물을 잡는 것이 금지되자, 대체품 합성에 대한 많은 연구가 이루어졌다. 사향에 대한 연구는 1900년경 오토 활라흐의 조교였던 하인리히 발바움(Heinrich Walbaum)이 사향의 성분인 무스콘(muscone)을 분리해냈고, 1934년 레오폴트 루지치카(Leopold Ružička)에 의해 합성되면서, 발전하였다. 이 공로로 루지치카는 노벨 화학상을 수상하였다. 희소가치가 높아진 천연 향료를 대체하는 합성 향료의 용도가 늘어나게 된 계기가 되었다.

분석기술과 합성 기술의 발전으로 향 성분 하나하나를 분리해 맡을 수 있게 되어, 천연향을 모사하는 것뿐만 아니라 천연에 없는 향 또는 천연 향이 표현하지 못한 새로운 향조를 만들 수 있게 되었다. 이는 1882년 우비강의 조향사 폴 파르케(Paul Parquet)가 라벤더에 합성 쿠마린을 넣어 만든 향수, 《후제르 로얄(Fougère Royale)》의 성공을 통해 잘 보여주었다. 이 향수는 기존 시트러스계 향조의 상큼함이나 오리엔탈계의 중후함과는 다른 새로운 남성용 향조로, '후제르 노트'라는 새로운 장르를 열었다.

유기화학의 발전은 천연에서 얻을 수 없는 향 성분을 조향사의 팔레트에 추가했다. 예를 들어, 은방울꽃 향은 천연에서 추출할 수 없어서 다른 향들을 혼합하여 구현했으나, 은방울꽃 향이 나는 하이드록시시트로넬랄(hydroxycitronellal)이라는 물질이 합성되어 20세기 초부터 판매되기 시작했다. 또한, 천연에 존재하지 않는 향 물질인 알데하이드를 넣어 천연 향이 표현하지 못한 새로운 향조를 창조할 수 있게 되었다. 1921년 《샤넬 No. 5》는 플로럴 노트에 탄소수가 10-12인 지방족 알데하이드를 첨가하여 상업적으로 성공하였고, 이는 이후 알데하이드계 향수 발전의 기반을 제공하였다. 덕분에 천연 향료에는 없던 풍부한 향, 높은 확산성, 그리고 시트러스와 프루티 향조가 혼합된 듯한 은은한 달콤함을 제공하여 처음으로 모던하고 혁신적인 향수를 창조할 수 있게 되었다. 합성 향과 향수 발전 역사에 대한 더 자세한 내용은 4장에 소개하겠다.

10) 향료회사의 출현

향료회사의 출현은 향료산업에 큰 변화를 가져왔다. 이 회사들은 천연 향료, 합성 향료 및 조합향료를 제조하고 판매하였으며, 합병과 흡수를 통해 세계적인 향료회사로 성장하였다. 이 시기 독일, 스위스, 미국을 중심으로 향료를 전문으로 취급하는 회사들이 설립되었다.

1895년 스위스 제네바에 피르메니히(Firmenich)가 설립되었고, 같은 해 프랑스 리옹에서 레옹(Léon)과 자비에 지보단(Xavier Givaudan)이 설립한 지보단(Givaudan)은 1898년 스위스 제네바로 이전하며 세계적인 향료회사로 자리 잡았다.

현재 독일에 기반을 둔 심라이즈(Symrise)는 1874년 바닐린을 최초로 합성한 페르디난트 티만과 빌헬름 하르만이 설립한 하르만 & 라이머(Haarmann & Reimer, H&R)와 드라고코(Dragoco)가 2003년 합병하여 탄생한 회사이다.

프랑수아 쇼브(François Chauve)가 1850년 프랑스 그라스에 설립한 공장을 기반으로, 1875년 폴 로베르테(Paul Robertet)가 인수하여 이름을 변경한 로베르테(Robertet)는 현재까지도 향과 향료를 제공하고 있다. 2007년 로베르테는 1799년에 그라스에 설립된 샤라보(Charabot)를 흡수하여 성장하였다. 역시 그라스 근처 바쉬르루(Le Bar-sur-Loup)에 본사를 두고 있는 만느(Mane)의 전신 역시 이 시기인 1871년 빅토르 만느(Victor Mane)가 세운 향료회사이다.

미국에 본사를 둔 인터내셔널 플레이버스 & 프레그런스(International Flavors & Fragrances, IFF)는 1958년 폴락 & 슈바르츠(Polak & Schwarz)와 아메링겐-해블러(van Ameringen-Haebler)의 합병으로 시작되었는데, 폴락 & 슈바르츠는 1889년 향신료, 향료, 향수에 관심이 많았던 레오폴드 슈바르츠(Leopold Schwarz)

와 그의 처남인 조셉 폴락(Joseph Polak)이 네덜란드 쥐트펀(Zutphen)에 설립한 회사였다.

1920년에 일본 도쿄에 설립된 타카사고 향료공업(Takasago International Corporation, 高砂香料工業株式会社)은 아시아의 대표적인 향료회사로 성장하였다.

이 향료회사들은 향수 제조에 필요한 원료를 개발하고 제공함으로써 조향사들이 창조적이고 특별한 향기를 만들 수 있도록 도왔다. 또한, 향료를 더 쉽게 사용하기 위해 원료들을 섞은 베이스를 제공하였다. 예를 들어, 현재 심라이즈에 속해있는 프랑스의 드 레르(De Laire)사는 바닐린과 랍다넘, 이소부틸퀴놀린을 섞어 앙브르 83(Ambre 83)이라는 베이스를 내놓았다. 피르메니히는 유제놀과 Iralia®같은 이오논 계열 원료를 이용해 디안틴(Dianthine)을, 지보단의 조향사 마리우스 르불(Marius Reboul)은 뮤게 16(Muguet 16) 같은 베이스를 조향했다. 이러한 베이스들은 판매되기 위한 상품으로 만든 것이 아니라, 조향사들이 여기에 향을 더 추가하여 새로운 향수를 빠르게 만들 수 있도록 도와주는 역할을 했다.

19세기 말, 과학 발전과 산업화, 시장의 수요가 맞물리면서 프랑스, 영국, 스페인의 조향사들은 글로벌시장으로 시야를 넓혔다. 아로마 화학 물질을 합성하는 기술이 발전하면서, 재료 선택과 비용에 크게 영향을 미쳤다. 향수 제조업체들은 대량생산 기술을 통해 합성 향료와 유리병 제작으로 시장 수요를 충족시키며, 브랜드를 통해 소비자 충성도를 유도하고 마케팅에 적극 나섰다. 이로 인해 향수는 대중에게 널리 보급되었고, 20세기 패션의 시대에 폭발적으로 성장하였다.

11) 20세기 초 향수 산업의 발전

20세기에 들어서면서, 매 10년 주기로 향수 세계에 새로운 비전을 불어넣는 화학 물질이 개발되었다. 다양한 사회적 배경에서 혁신적인 화학 물질들이 등장하여 향수 세계에 새로운 산업의 변화를 주도하였으며, 대중에게 더 가까이 다가갈 수 있게 되었다.

프랑소와 코티(François Coty)는 1904년에 개업하여 그라스에서 배운 다양한 합성 향과 조향 지식을 활용해 《라 로즈 자크메노(La Rose Jacqueminot)》 향수를 성공적으로 조향하였다. 이어서 《로리강(L'Origan, 1905)》, 《앙브르 앙띠끄(Ambre Antique, 1905)》, 《시프레(Chypre, 1917)》 등의 향수를 연이어 성공시키며, 코티는 향수 제국의 수장으로 자리 잡았다. 특히, 베르가모트와 파촐리, 오크모스를 특징으로 하는 《시프레》 향수는 시프레 향조를 정립하는 데 큰 역할을 했다.

프랑소와 코티는 조향 능력뿐만 아니라 뛰어난 사업 감각도 가지고 있었다. 그는 향수병의 중요성을 인식하고 아르누보 보석 및 유리 디자이너인 르네 랄리크(René Lalique)와 협업하여 아름다운 향수병을 제작하였다. 또한, 가격 경쟁력이 있는 합성 향료를 사용하고, 소량의 향수병을 도입하여 일반 소비자들도 고급 향수를 쉽게 구매할 수 있게 하였다. 더불어, 시향지를 도입하여 소비자들이 향을 직접 맡아보고 구매할 수 있도록 하였다. 이러한 사업 전략 덕분에 코티는 세계적인 대부호로 떠올랐다.

에르네스트 달트로프(Ernest Daltroff)는 코티와 같은 해인 1904년에 까롱(Caron)을 설립하고, 아트 디렉터인 페리씨 왕푸이유(Félicie Wanpouille)와 함께 《나르시스 누아르(Narcisse Noir, 1911)》, 《따바 블롱(Tabac Blond, 1919)》, 《뉘드 노엘(Nuit de Noël, 1922)》 등의 성공작을 출시하였다.

겔랑의 조향사, 자크 겔랑(Jacques Guerlain)은 《지키》의 성공과, 코티의 《로리강》에서 영감을 받아 1906년에 플로럴-오리엔탈 향조인 《아프레 롱데(Apres l'Ondée)》를 선보였으며, 이후 《뢰르 블루(L'Heure Bleue, 1912)》, 《미츠코(Mitsouko, 1919)》, 그리고 《샬리마(Shalimar, 1925)》 같은 걸작을 연이어 출시하였다.

《미츠코》는 19세기 말부터 20세기 초에 유행한 자포니즘에 영향을 받아, 소설 『라 바티유(La bataille, 전투)』의 비련의 여주인공 미츠코에게 영감을 받아 만들어진 향수로, 시프레 향조에 감귤류와 파촐리, 오크모스, 장미, 재스민의 플로럴 향, 그리고 복숭아 노트의 운데카락톤(undecalactone)을 결합하여 혁신적인 향기를 구현하였다.

《샬리마》는 이국적이고 여성스럽고 관능적인 달콤함을 갖춘 오리엔탈 향조의 시작을 알린 향수였다. 자크 겔랑은 인도 황제 샤자한(Shah Jahan)과 그의 아내 뭄타즈 마할(Mumtaz Mahal)의 전설적인 러브스토리에서 영감을 받아 이 향수를 창조하였고, 이름도 산스크리트어로 '사랑의 궁전'을 뜻한다. 《샬리마》는 겔랑의 《지키》)에 에틸바닐린을 과량 첨가한 시트러스계 베르가모트로 시작하여 바닐라, 재스민, 메이로즈로 마무리되는 구조를 가지고 있다. 이 향수는 파리 엑스포에서 선보인 후 미국에서 큰 성공을 거두었고, 이후 《오피움(Opium, 1977)》, 《코코(CoCo, 1984)》, 《옵세션(Obsession, 1985)》 등의 향수들로 이어졌다.

12) 디자이너의 향수 등장

현대에는 샤넬, 디올, 발렌티노 등 많은 패션하우스가 자신의 브랜드 이름을 내세워 향수를 출시하고 있다. 이러한 '디자이너 향수'의 개념을 최초로 도입한 인물은 패션디자이너 폴 푸아레(Paul Poiret)로 알려져 있다. 폴 푸아레는 호블 스커트, 하렘 팬츠, 튜닉, 터번 등 전위적인 스타일과 동양적인 디자인으로 유럽 상류층의 큰 사랑을 받았다. 그의 딸 이름을 딴 로즈린 퍼퓸 회사(Les Parfums de Rosine)에서는 그의 오뜨꾸뛰르 의상에 어울리는 《뉘 드 신(Nuit de Chine)》과 《레트랑쥬 플뢰르(L'Étrange Fleur)》 등 합성 향료와 천연 향료를 과감하게 혼합한 향수를 출시하여 동양의 신비를 연상시키는 향기를 선보였다. 디자이너들은 일 년에 몇 번씩 자신의 의상 컬렉션을 선보이면서, 드레스와 그들이 원하는 이미지를 담은 향수의 조합을 통해 현대 향수의 본격적인 막을 열었다.

1920년대에 들어서면서 여성들은 점점 더 자유로워지며, 코르셋을 벗어던지고 자신의 삶을 선택할 수 있게 되었다. 1921년, 가브리엘 샤넬(Gabrielle)은 패션과 향수의 조합에 대한 깊은 이해를 바탕으로 에르네스트 보(Ernest Beaux)가 조향한 《샤넬 No. 5》를 선보이며 디자이너 향수의 새로운 시대를 열었다. 이 향수는 대담하게 C_{10}~C_{12}의 알데하이드를 사용하였고, 장미, 재스민, 일랑일랑, 머스크, 파우더리 노트를 결합하여 모던하고 페미닌한 향조를 창조하였다. 《샤넬 No. 5》는 역사상 가장 성공적인 향수 중 하나로, 플로럴-알데하이드 계열의 향수로 독보적인 지위를 확립하였다.

샤넬의 향수 성공에 자극받은 다른 패션디자이너들은 자신의 컬렉션과 브랜드 정체성을 강조하고, 소비자에게 차별화된 경험을 제공하기 위해 향수를 패션 산업에 적극적으로 도입하였다. 이와 같은 흐름을 통해 많은 패션디자이너들의 손길을 거쳐 수많은 명품 향수들이 탄생하였다.

예를 들어, 프랑스의 유명 디자이너 장 파뚜(Jean Patou)는 앙리 알메라스(Henri Alméras)가 조향한 《조이(Joy)》를 1929년에 선보였다. 당시는 월스트리트 대공황으로 인해 많은 패션브랜드들이 문을 닫고 있었지만, 고가의 그라스 장미와 재스민을 듬뿍 사용한 고급스러운 《조이》의 성공으로 장 파뚜의 패션 브랜드는 살아남을 수 있었다. 또한, 1889년 파리에 설립된 럭셔리 패션 하우스 '랑방(Lanvin)'은 1924년에 '랑방 퍼퓸 회사(Lanvin Perfumes)'를 설립하고, 헬리오트로프 향이 나는 《마이 신(My Sin)》을 1925년에 출시하였다. 1927년에는 딸의 생일을 기념하여 조향한 《아르페쥬(Arpege)》를 선보였으며, 이 향수는 지금까지도 사랑받고 있다.

이처럼 디자이너 향수의 등장은 패션과 향수의 융합을 통해 새로운 트렌드를 창조하고, 향수 산업의 대중화와 발전에 크게 기여하였다.

13) 향과 제약의 접목, 아로마테라피의 재발견

20세기 초, 프랑스 화학자 르네 모리스 가테포세(René-Maurice Gattefossé)는 에센셜 오일이 피부를 통해 혈액과 림프선에 침투할 수 있다는 사실을 발견했다. 실험실에서 일어난 사고로 화상을 입은 그는 라벤더 오일을 사용하여 상처를 치료하는 과정에서 이를 확인했다. 이 경험을 통해 그는 에센셜 오일의 치유력을 직접 체감하게 되었고, 그의 동료 화학자들 또한 이를 지켜보며 라벤더 오일이 화상 치료에 뛰어나다는 사실을 인정하게 되었다. 이 경험을 바탕으로 가테포세는 '아로마테라피(Aromatherapy)'라는 용어를 창안하였고, 1937년에 출간한 그의 저서에 에센셜 오일의 항균 효능을 자세히 설명하였다. 이후 에센셜 오일과 관련된 연구는 '아로마테라피'라는 이름으로 진행되기 시작했다. 그러나 사실 아로마테라피는 새로운 치료법이 아니다. 인도의 전통 의학인 아유르베다와 아로마 마사지는 이미 3000년의 역사를 갖고 있다. 고대 그리스의 히포크라테스는 매일 아로마 목욕과 마사지를 통해 건강을 유지할 수 있다고도 주장하였다. 수천 년 동안 사람들은 오일과 그 특성에 대한 지식을 축적하였고, 이러한 식물학적 지식은 대대로 전해져 왔다. 18세기에 이르러 이러한 전통 약초학은 새로운 화학 약품에 밀려나게 되었지만, 20세기 초 가테포세의 연구를 통해 다시 가치를 인정받게 되었다.

14) 세계대전 후 화학의 발전과 향료산업의 도약

2차 세계대전 후, 화학의 눈부신 발전은 향료 연구에 획기적인 진전을 가져왔다. 특히 1950년대부터 가스 크로마토그래피 장치를 통해 천연 향료에 들어있는 아주 미량 성분까지 분리하고 식별할 수 있게 되었다. 이로 인해 비록 양이 아주 적더라도 향에 기여하는 중요한 성분이 무엇인지 결정할 수 있었다. 또한 합성 분야에서는 천연에 존재하지 않는 향, 즉 뉴 케미컬이 다수 탄생하면서 조향사들이 향료를 조향하는 데 더욱 다양한 선택지를 갖게 되었다.

세계대전 및 경제 대공황 등으로 암울했던 시기에도 향수 산업은 몇몇 예외적인 사례를 통해 생존했다. 1933년, 경제적 어려움이 극심했던 시기에 자크 겔랑은 오리엔탈 파우더리와 우디 어코드가 조합된 향기인 《볼드뉘(Vol de Nuit, 야간비행)》를 선보였다. 이후 전쟁 기간에 어려움을 겪었던 향수 하우스들은 전쟁이 끝나고 세계 경제가 회복됨에 따라 자유와 변혁의 콘셉으로 빠르게 회복하였다.

전쟁 이후, 럭셔리 패션 디자이너들은 억눌렸던 창의력과 열정을 되찾고, 브랜드의 독특한 매력을 향수로 표현하고자 브랜드의 다양성을 부여하는 디자이너 향수를 계속해서 선보였다.

1947년, 크리스찬 디올(Christian Dior)은 그의 첫 번째 컬렉션인 'New Look'을 선보이며, 가죽과 갈바넘 향이 독특한 플로럴 시프레 향조의 《미스 디올(Miss Dior)》을 출시하였다. 1945년에 꾸뛰르 하우스를 설립한 피에르 발망(Pierre Balmain)은 1946년에 《엘리제 64-83(Elysees 64-83)》을, 1947년에는 당시 가장 많이 팔린 그린 노트의 향수인 《방 베르(Vent Vert)》를 출시하였다. 같은 해에 문을 연 까르뱅(Carven)은 《마 그리프(Ma Griffe)》 향수를, 지방시(Givenchy)는 오드리 헵번(Audrey Hepburn)을 위해 만들었다는 이야기를 가진 《랑떼르디(L'interdit)》를 프란시스 파브론(Francis Fabron)의 조향으로 선보였다.

《방 베르》는 '초록 바람'이라는 뜻으로, 그린 노트를 뚜렷하게 지향한 새로운 향조였다. 이는 사회에서 여성의 역할이 활발해지는 모습을 상징하며, 새로운 변화를 이끌었다. 베르가모트, 네롤리, 제비꽃 잎의 상큼한 탑 노트에 갈바넘을 중심으로 히아신스, 은방울꽃, 장미, 재스민 등 그린과 플로럴 향조를 조합하여 전에 없던 상쾌하고 자유로운 이미지를 주었다.

이외에도, 1944년, 로샤스(Rochas)의 에드몽 루드니츠카(Edmond Roudnitska)가 조향한 《팜므(Femme)》가 큰 성공을 거두며 로샤스의 향수는 패션보다 더 유명해졌다. 이탈리아 출신 디자이너 니나 리치(Nina Ricci)는 1932년 파리에 꾸뛰르 하우스를 열었고, 그의 아들 로버트 리치가 1941년 향수 사업을 시작하였다. 그들은 전쟁의 상처를 잊고 열정, 사랑, 우아함을 담은 《레르 뒤 땅(L'Air du Temps, 시간의 흐름)》을 1948년에 출시하였다. 이 향수는 지금까지도 인기를 유지하고 있는 카네이션 향을 담은 스파이시-플로럴계 향수이다.

이처럼 1950년대까지 플로럴, 그린, 오리엔탈, 시프레의 향 카테고리가 완성되었다. 특히 이 시대에는 새로운 합성 향료가 계속 개발되었고, 이들을 빠르게 도입한 새로운 향은 그 시대를 앞서가는 트렌드를 만들어냈다.

15) 1960~1970년대의 변화와 다양성의 시대

1960년대 여성해방운동과 1970년대 히피 시대는 향수 산업에도 큰 영향을 미쳤다. 이 시기에는 향 스틱과 머스크 향이 크게 인기를 끌었고, 가벼운 꽃향기도 널리 사랑받았다. 상대적으로 발전이 늦었던 남성 향수 시장도 1960년대 이후부터 점차 활기를 띠기 시작했다. 1970년대는 특히 오리엔탈 향이 인기였다. 신비로운 동쪽 세계인 아랍국가와 인도, 아시아에서 계피와 정향의 달콤하고 쌉싸름한 향이 유입되어, 이 시기의 향은 달고 묵직한 특징을 보였다.

1960년대는 미국에서 인종차별 철폐법이 통과되고, 영국에서는 동성애가 법적으로 인정받는 등 사회적으로 큰 변화가 있었다. 음악과 예술 분야에서도 큰 변화의 시대였다. 1969년, 파코 라반(Paco Rabanne)은 플라스틱과 금속을 활용한 드레스를 디자인하며, 이에 어울리는 향수 《칼랑드르(Calandre)》를 선보였다.

《팜므》를 조향해 상업적으로 성공시킨 조향사, 에드몽 루드니츠카는 1956년, 합성향료로 은방울꽃 향을 구현한 디올의 《디오리시모(Diorissimo)》의 성공에 이어 1966년 디올의 첫 남성 향수인 《오 소바쥬(Eau Sauvage)》를 성공적으로 선보였다. 당시 젊은이들의 자유를 추구하는 바람에 부응한 제품이었다. 프랑스어로 '야생의 물'이라는 뜻의 《오 소바쥬》는 신선한 시트러스 향조에 더해진 남성적인 우디계 향조이다. 에드몽 루드니츠카는 당시 아직 고가였던 새로운 합성 향료인 헤디온(Hedione)을 15% 이상 사용하여 촉촉하고 자연스러운 재스민꽃 같은 모던한 플로럴 향조를 창조했다. 이 플로럴 노트를 중심으로 레몬, 베르가모트, 쁘띠그레인 등의 시트러스 향과 프레시한 로즈메리, 라벤더의 허브가 청량감을 선사하며, 베티버, 오크모스, 앰버의 깊이 있는 남성적인 베이스 노트가 전체를 다잡고 있다. 기존의 가벼운 오 드 콜로뉴 타입과는 달리, 플로럴 느낌과 좋은 베이스 노트의 조화는 고급스러운 남성용 시트러스 향조로 자리 잡았다.

한편 상쾌한 그린 계열 향수에 대항하여, 무거운 아로마를 선호하는 소비자들을 위한 향수도 출시되었다. 겔랑은 1965년에 최초의 남성용 오리엔탈 향수인 《아비루즈(Habit Rouge)》를, 1968년 파베르제(Faberge)는 스파이시 향조의 《브뤼

(Brut)》를 선보였다. 후제르 계열의 《파코 라반 뿌르 옴므(Paco Rabanne Pour Homme)》는 1973년에 출시되어 가볍고 세련된 향수로 큰 성공을 거두었고, 1978년에는 《아자로 뿌르 옴므(Azzaro pour Homme)》가 출시되어 큰 사랑을 받았다.

여성 해방의 시대에 맞춘 여성 향수로는 가벼운 시트러스 계열의 향수가 인기를 끌었다. 《오 드 로샤스(Eau de Rochas, 1970)》, 《오 드 랑콤(Ô de Lancôme, 1969)》, 그리고 샤넬의 수석 조향사 앙리 로베르(Henri Robert)가 여성 해방을 배경으로 자아실현의 염원과 의지를 담아 조향한 그린 노트의 《샤넬 No. 19》 같은 모던 클래식 향수가 사랑받았다.

경제력이 높아지고 여행과 휴가 문화가 확산되면서 이를 반영한 향수들도 성공적으로 출시되었다. 기라로슈(Guy Laroche)의 《피지(Fidji, 1966)》와 에르메스(Hermès)의 《아마존(Amazone, 1974)》이 대표적이다. 에스티 로더(Estée Lauder)의 《알리아주(Aliage, 1972)》와 크리스찬 디올의 《디오렐라(Diorella, 1972)》는 시프레-플로럴 노트로 인기를 끌었다. 에르메스의 플로럴-그린 향수인 《오 도랑쥬 베르트(Eau D'Orange Verte, 1979)》는 남녀 공용으로 출시되어 큰 호응을 얻었다. 이는 후에 캘빈 클라인(Calvin Klein)이 1994년에 출시해 성공한 시트러스-시프레 향조의 남녀 공용 향수인 《씨케이 원(CK ONE)》으로 이어졌다.

1978년에 출시된 까샤렐(Cacharel)의 첫 번째 향수 《아나이스 아나이스(Anaïs Anaïs)》는 흰색 도자기 병에 담긴 여성스러우면서도 로맨틱한 플로럴-부케 향수로, 특히 10대 여성들에게 인기를 끌었다. 이 향수는 오렌지꽃, 히아신스, 백합, 재스민의 흰색 꽃 향으로 구성되어 화이트 플로랄 부케향의 유행을 이끌었다. 이렇게 여성 해방의 시대와 여행 문화의 확산, 그리고 남녀 공용 향수의 등장 등은 이 시기 향수 산업의 주요 트렌드였다.

1970년대 말부터 고급 향수 시장이 세계화되기 시작했다. 화장품, 세제, 제약 분야의 대기업들이 디자이너 향수 브랜드의 라이선스를 획득하면서 유명한 패션 하우스나 쥬얼리 브랜드가 고급 향수 시장에 등장하였다. 로레알, 시세이도, 코티 같은 화장품 대기업과 푸이치(Puig), 엥떼르파르팡(Interparfums) 같은 향수 특화 기업, P&G, 유니레버(Unilever) 같은 대 기업에 향수 부서가 등장하면서 향 마케팅에 주력하였다. 이러한 경향은 브랜드에 맞는 향을 창출하는 데 더 집중하게 만들었다.

16) 1980~1990년대 향수 산업의 대담한 변신

1980~1990년대는 강렬하고 대담한 향수들이 인기를 끈 시대였다. 사회적 변화와 함께 향수 산업도 변화를 맞이하였고, 다양한 혁신적인 향수들이 등장하였다. 이 시기의 향수들은 독특한 디자인과 함께 강렬한 향조를 통해 소비자들에게 깊은 인상을 남기며 향수 산업의 중요한 전환점을 이루었다. 이 시기에는 앞 절에서 설명했듯이 캘빈 클라인이 성별 구분 없이 사용할 수 있는 남녀 공용 향수 《씨케이 원》을 출시하며 새로운 트렌드를 만들었다.

초기에는 특정 향기가 독특하게 느껴지는 것보다는 다른 향기와 섞여도 상쾌하게 느껴지는 가벼운 향을 선호했다. 이후 개성을 중시하는 욕구가 커지면서 향수도 도발적이고 자아를 강조하는 감각적인 향으로 변하였다. 이런 트렌드는 1980년대의 남성 향수에도 나타났는데, 이 시기의 남성 향수는 매우 강렬하고 남성적인 성격을 띠었다.

1980년대는 여성의 사회 진출이 활발해지며 남성성을 강조하기 위해 각진 어깨, 오버사이즈 룩, 파워 수트가 유행하였다. 이 시기에는 젊은 엘리트층인 여피족이 주목받으며 물질주의와 소비주의가 만연하였다. 이에 따라 강렬하고 풍부한 향, 화려한 병 디자인, 독특한 모양, 선명한 색상 등 과감하고 화려하게 디자인된 향수들이 사랑받았다. 오리엔탈 계열의 성숙하고 우아한 향조가 주로 인기를 끌었다. 예를 들어, 1977년에 출시된 입생로랑(Yves Saint Laurent)의 아편이라는 뜻의 《오피움(Opium)》은 이름만으로도 충격적이었으며, 향수병 디자인은 일본 사무라이들이 허리에 달고 다니는 작은 약병인 인로(印籠)에서 영감을 받아 디자인되었다. 이 향수는 강렬하고 미스테리한 오리엔탈-스파이시 향으로 상업적으로도 큰 성공을 거두었다.

이후 조향사 자크 폴주(Jacques Polge)가 코코 샤넬의 파리 주택에서 영감을 받아 조향한 샤넬의 《코코(Coco, 1984)》, 크리스티앙 디올의 《쁘아종(Poison, 1985)》, 카샤렐(Cacharel)의 《루루(LouLou, 1987)》로 이어지는 앰버 향조가 대세를 이루었다. 여기에 하이엔드 쥬얼리 브랜드인 까르띠에(Cartier)도 1981년 《머스트(Must)》를 출시하며 동참하였다. 이런 향조는 남성 향수에도 적용되어 입생로랑의 《쿠로스(Kouros, 1981)》, 디올의 《파렌하이트(Fahrenheit, 1988)》 등이 이 향조의 유행에 동참하였다.

디올의 《쁘아종》은 플로럴-오리엔탈 향조의 대표적인 예이다. '독'이라는 이름만큼, 보라색 사과 병 모양 또한 강렬한 인상을 주는 이 향수는 탑 노트에서 잘 익은 포도나 자두를 연상시키는 프루티 노트로 시작해, 미들 노트에서는 장미 향이 나는 합성 향료인 β-다마스콘(damascone)과 β-다마세논(damascenone)이 대담하게 배합되었고, 복숭아 등 달콤한 향을 지닌 락톤류, 시나몬 등의 스파이시 노트, 그리고 튜베로즈 향이 조합되어 있다. 그때까지 탑 노트에서 프루티 향이 전면에 나서는 향수는 없었어서 《쁘아종》은 새로운 영역을 개척한 셈이다.

17) 1990년대 새로운 세기를 맞이하는 기대와 불확실성의 시대

1990년대는 다가오는 새로운 세기에 대한 기대와 함께 불확실성이 공존하던 시대였다.국제화가 진행되며 동서양의 다양한 문화와 스타일이 혼재되었고, 과거와 미래의 경계가 흐려지면서 미니멀리즘과 동양적인 젠(Zen, 禅) 스타일이 주목받았다. 또한, 환경 보호에 대한 인식이 높아지며 이러한 트렌드가 다양한 분야에 반영되었다. 향수 산업도 이런 변화의 영향을 받았다.

1990년대의 향수 트렌드는 상큼하고 청량감이 강조되는 과일과 나무 향이 주를 이루었다. 특히, 무거운 향조를 선호하는 이전 세대와 달리, 바다를 연상시키는 '마린 노트' 혹은 '아쿠아 노트'라는 신선한 향조가 사랑받았다. 이 트렌드를 선도한 것이 1988년에 출시된 다비도프(Davidoff)의 남성 향수 《쿨 워터(Cool Water)》였다. 맑고 신선한 향조의 마린 노트가 탄생한 것은 1966년에 화이자(Pfizer)에서 합성한 칼론(Calone)이라는 화학 물질 덕분이다.

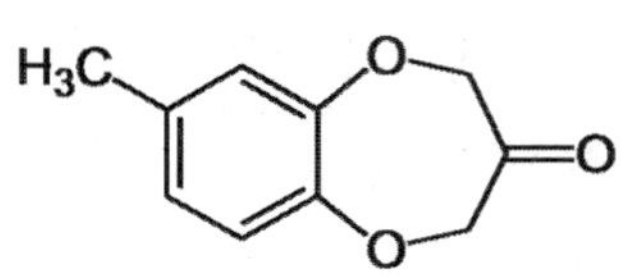

그림 1-6 Calone 화학구조

프랑스 조향사 피에르 부르동(Pierre Bourdon)은 그라스에서 에드몽 루드니츠카에게 배운 노하우를 바탕으로 입생로랑의 《쿠로스》를 비롯해 여러 향수를 조향하였는데, 그중 가장 대표작이 《쿨 워터》이다.

《쿨 워터》는 스위스 시가 브랜드인 다비도프에서 고급 궐련 담배라는 브랜드 이미지를 살려 1988년에 출시된 향수이다. 조향사 피에르 부르동은 후제르계 골격에 베르가모트를 더하고, 시트러스 그린 타입의 합성 향료인 디하이드로미르세놀(dihydromyrcenol)을 대량으로 배합하였다. 이후 디하이드로미르세놀은 남성용 향료에 빠질 수 없는 소재가 되었으며, 싱싱한 프루티 노트도 남성용으로는 그때까지 없었던 모던한 향으로 평가받았다.

칼론은 처음에는 1990년에 출시된 아라미스(Aramis)의 《뉴 웨스트 포 허(New West for Her)》와 1991년에 출시된 캘빈 클라인의 《이스케이프(Escape)》에서 그린 노트로 사용되면서 주목받았다. 그 이후로는 《겐조 뿌르 옴므(Kenzo pour Homme, 1991)》, 이세이 미야케의 《로 디세이 뿌르 옴므(L'Eau d'Issey Pour Homme, 1994)》, 조르지오 아르마니의 《아쿠아 디 지오(Acqua di Gio, 1996)》 등 남성 향수와 함께 여성 향수인 겐조의 《파르팡 데떼(Parfum d'Ete, 1992)》와 이세이 미야케의 《로 디세이(L'Eau d'Issey, 1992)》 등에도 사용되어 인기를 끌었다. 일본 패션디자이너 이세이 미야케 하우스의 첫 향수로 자크 카발리에(Jacques Cavallier)가 조향한 《로 디세이》는 물을 형상화해서 원뿔 모양의 심플한 병에 들어 있는 순수하고 투명한 플로럴-아쿠아계 향수이다. 이처럼 물을 주제로 한 향수들은 자연을 회복하고 보호하려는 90년대의 트렌드와 맞물려 '마린', '아쿠아틱', '워터리' 등의 새로운 향조 장르를 만드는 데 기여하였다.

80년대에 강렬하고 화려한 플로럴 향수가 주류를 이루었다면, 90년대에는 상쾌하고 가볍게 즐길 수 있는 플로럴계 향수가 대중의 관심을 받았다. 이러한 트렌드를 반영하여 캘빈 클라인의 《이터너티(Eternity, 1988)》, 에스티 로더의 《플레져(Pleasures, 1995)》, 그리고 구찌(Gucci)의 《엔비(Envy, 1997)》 등이 출시되어 큰 인기를 끌었다.

이외에도 사과, 체리, 딸기 등 신선하고 달콤한 과일 향기가 가미된 향수들이 주목받았다. 이 중 1965년경부터 IFF에서 일하기 시작한 미국 조향사 소피아 그로스만(Sophia Grojsman)이 1990년에 조향한 복숭아와 살구 향이 더해진 플로럴계 향수인 랑콤의 《트레조(Trésor, 1990)》와 에르메스의 수석 조향사가 된 프랑스 그라스 출신의 장 끌로드 엘레나(Jean-Claude Ellena)가 카시아, 자몽을 넣어 1998년에 조향한 입생로랑의 《인 러브 어게인(In Love Again)》이 대표적이다. 또한, 클리니크(Clinique)의 《해피(Happy, 1998)》와 디올의 《자도르(J'adore, 1999)》 등도 이 시기에 출시되어 지금까지도 사랑받고 있다. '자도르'는 프랑스어로 "너무 좋아"

를 의미하며, 칼리스 베커(Calice Becker)에 의해 조향된 이 향수는 디올이 이상으로 삼는 가공의 꽃을 형상화하고 있다. 싱싱한 재스민과 튜베로즈, 장미, 제비꽃의 화사한 플로럴 부케에 아쿠아틱 노트와 서양배, 멜론 등의 상쾌한 프루티 노트가 융합되어 모던하고 글래머러스하면서도 섬세한 플로럴의 달콤함이 지속된다.

90년대에는 '구르망(Gourmand)'이라는 새로운 향조가 등장하였다. 이는 바닐라, 초콜릿, 캐러멜 등 달콤함이 풍부한 향조로, 올리비에 크레스프(Olivier Cresp)와 이브 드 쉬랭(Yves de Chirin)이 조향한 티에리 뮈글러(Thierry Mugler)의 《엔젤(Angel, 1992)》이 대표적이다.

비대칭으로 갈라진 파란 별 모양의 향수병으로 등장한 티에리 뮈글러의 향수 《엔젤》은 혁명적인 향수가 되었다. 올리비에 크레스프가 어렸을 때 좋아했던 과자나 핫초콜릿의 추억을 되살리는 향기를 만들었다. 이 향수는 대담하고 독창적인 구르망 향조로 유명하다. 한번 맡으면 상큼한 시트러스 노트와 함께 초콜릿, 캐러멜 향이 가득 퍼진다. 여기서 달콤함은 어린아이의 사탕에서 느껴지는 향이 아니라 깊이 있는 쿨한 어른스러운 달콤함이다. 이 노트가 가능하게 된 것은 에틸 말톨(ethyl maltol)이라는 합성 향료와 바닐라, 파출리의 조합 덕분이다. 에틸 말톨은 플레이버에서도 자주 사용하는 향료로 솜사탕 같은 향기가 난다. 그리고 여성용 향수에 이렇게 과감하게 파출리 향을 넣은 예는 별로 없었다. 여기에 베르가모트나 오렌지로 깔끔한 느낌을 주고, 재스민과 머스키 파우더리한 노트로 우아한 향을 완성하였다. 이처럼 《엔젤》은 독창적이고 감각적인 구르망 향조로 많은 사랑을 받았으며, 향수 산업에서 혁신적인 사례로 자리 잡았다. 이 향조의 인기는 로리타 렘피카(Lolita Lempicka)의 《로리타 렘피카(Lolita Lempicka, 1997)》 출시를 통해 계속되었다. 《로리타 렘피카》는 보라색 사과 형태의 병에 담긴 독특한 모습을 자랑하며, 플로럴-푸르티-구르망 향조로 감초와 바이올렛, 아니스 향이 완벽하게 어우러지고, 강렬한 그린 아이비 노트가 신선함을 더해준다. 바닐라와 헬리오트로핀, 통카빈으로 마무리되어 달콤하면서도 신비로운 느낌을 전달한다.

남성 향수 분야에서도 다비도프의 《쿨 워터》나 조르지오 아르마니의 《아쿠아 디 지오》와 같은 마린계 향조뿐만 아니라, 1982년에 출시되었지만 90년대에도 그 인기를 유지한 기 라로쉬(Guy Laroche)의 《드라카 누와르(Drakkar Noir)》나 장 폴 고티에(Jean Paul Gaultier)의 《르 말(Le Male, 1995)》 등 후제르계 향수가 인기를 끌었다. 특히, 《르 말》은 프랑스 조향사 프랜시스 커정(Francis Kurkdjian)이 26세

때 조향한 따뜻한 우디, 스파이시한 후제르계 향수로 90년대 어디서나 이 향을 맡을 수 있을 정도로 널리 애용되었다. 그 독특한 향뿐 아니라 금속 캔 포장에 남성의 몸 형상을 한 향수병으로 유명하다. 자크 카발리에가 조향한 입생로랑의 《오피움 뿌르 옴므(Opium Pour Homme, 1995)》, 후고 보스(Hugo Boss)의 《후고(Hugo, 1995)》, 티에리 뮈글러의 《에이멘(A*Men, 1996)》같은 오리엔탈계 향수도 출시되어 큰 사랑을 받았다.

18) 모든 것이 가능한 2000년대부터 현대까지

2000년대에 접어들며, 사회는 "모든 것이 가능하다"라는 뚜렷한 트렌드를 보여준다. 향수 제조 분야 역시 이런 트렌드에 영향을 받아 더욱 복잡하고 다양화되었다. 또한, 미국과 유럽의 향수 제조업체들은 아시아와 중동 등으로 시장을 확대하며, 하이앤드 브랜드뿐만 아니라 캐주얼 브랜드, 스포츠 브랜드, 유명인의 이름을 딴 향수까지 다양한 향수가 시장에 출시되었다. 이처럼 2000년대부터 현대까지의 향수 산업은 더 다양한 선택지를 제공하며, 대중들에게 더욱 친숙해지고 있다.

2000년대는 겐조의 《플라워 바이 겐조(Flower by Kenzo, 2000)》와 같은 복고풍 향조를 중심으로 향수 트렌드가 시작되었다. 이 향수는 파우더리한 향기와 오리엔탈 느낌이 어우러져 맑고 가벼운 향기를 전달하며, 뉴시프레 향수의 시대를 열었다. 이어 자끄 폴주(Jacques Polge)가 2001년에 《코코 마드모아젤(Coco Mademoisell e)》을 출시했고, 크리스틴 나이젤(Christine Nagel)이 조향한 《미스 디올 쉐리(Miss Dior Cherie, 2005)》가 그 뒤를 이었다. 이러한 향수의 인기는 부드럽고 달콤한 향기를 선호하는 대중의 취향에 맞춰 나왔다.

이와 별개로, 《쁘아종》의 인기는 계속되었으며, 기본 향에 새로운 향을 첨가해 변화를 준 《힙노틱 쁘아종(Hypnotic Poison, 1998)》, 《퓨어 쁘아종(Pure Poison, 2004)》 등이 출시되었다. 또한, 《오피움》 시리즈에서 《블랙 오피움(Black Opium, 2014)》이 등장해 큰 화제가 되었다. 이렇게 성공한 오리지널 향수의 기본 향에 변화를 주거나 패키지를 달리 디자인한 제품, 'Summer Version' 같은 계절 한정 기획품 등 오리지널 향수를 재해석한 자매 제품들, 즉, '플랭커(flanker) 향수'들이 등장하였다. 이러한 현상은 젊은 층이 향수에 더욱 친숙해짐에 따라, 향수의 도입, 개발, 제조, 판매가 빠르게 진행되면서 나타난 변화로 볼 수 있다. 향수는 더 이상 특별한 고급품이 아니고, 신규 제품이나 기획품 등으로 여러 층의 대중에게 친숙하게 다가갔다.

티에리 뮈글러의 《엔젤》 출시 10년 후에도 구르망 향수 트렌드는 계속되었다. 탑노트로 블랙 커런트, 파인애플, 오렌지, 사과 향이 포함된 입 생 로랑의 《베이비 돌(Baby Doll, 2000)》과 오이, 자몽, 그린 애플 향의 도나 카란(Donna Karan)의 《DKNY 비 딜리셔스(DKNY Be Delicious, 2004)》가 출시되었다. 또한, 다마스크 장미 향에 블랙 체리 노트가 퍼지는 겔랑의 《라 쁘띠 로브 누아르(La Petite Robe Noire, 2012)》와 배와 블랙 커런트 탑노트의 랑콤의 《라 비 에 벨(La Vie Est Belle, 2012)》도 대표적이다. 남성 향수 시장에서도 구르망 향조가 도입되었으며, 파코 라반(Paco Rabanne)의 《원 밀리언(1 Million, 2008)》과 같은 향수가 이 트렌드를 보여주었다.

19) 21세기 향수 산업의 변화와 니치 향수의 부상

1970년대부터 브랜드 라이센스를 확보하여 향수를 제조하는 것이 주요 사업 모델로 자리 잡았다. 특히 에스티 로더, 로레알, 푸이치, 시세이도, 클라랑스와 같은 화장품 및 향수 전문 기업들이 자체 브랜드의 라이센스를 획득하여 향수를 개발하기도 했다. 하지만 21세기에 접어들면서, 향수 하우스들은 LVMH(Moët Hennessy Louis Vuitton), 에스티 로더, 로레알, 코티 등 다국적 명품 그룹에 합류하였고, 이로 인해 향수의 독특함과 이미지가 희석되었다. 이러한 변화를 통해 20세기에 세워진 많은 향수 명가들이 그 위상을 잃게 되었고, 그 사이를 니치 향수(niche perfume)가 채우게 되었다.

니치 향수는 소수의 취향을 충족시키기 위해 전문 조향사가 고급 원료를 사용해 제조하는 향수를 의미한다. 대량 생산되는 디자이너 향수나 유명인이 만든 향수와는 달리, 니치 향수는 지역적으로 소규모로 제조되며, 대형 향수 회사보다는 작지만 독특한 향을 추구하는 고객들에게 인기가 있었다. 이러한 특성으로 인해 니치 향수는 기존 대형 향수들이 점차 힘을 잃는 가운데 그 위치를 차지하게 되었다.

대표적인 니치 향수는 프랑스의 딥디크(Diptyque, 1961), 라티장 파흐퓌뫼르(L'Artisan Parfumeur, 1976), 아닉 구딸(Annick Goutal, 1981), 니콜라이(Nicolai, 1989), 레 살롱 뒤 팔레-후와이알(Les Salons du Palais-Royal, 1992), 에디션

드 퍼퓸 프레데릭 말(Editions de Parfums Frédéric Malle, 2000), 세르주 루텐(Serge Lutens, 2000), 바이 킬리안(By Kilian, 2007), 아틀리에 콜로뉴(Atelier Cologne, 2009), 메종 프랜시스 커정(Maison Francis Kurkdjian, 2009), 영국의 조 말론 런던(Jo Malone London, 1990), 뉴욕의 에데스 드 베누스타스(Aedes de Venustas, 1995), 르 라보(Le Labo, 2006) 등이 있다. 니치 향수 브랜드들은 이미지나 대형 광고보다는 향 자체에 더욱 집중하여 각자의 진정성, 개성, 그리고 고유한 색을 살린 향수를 만들어냈다. 이들은 사용한 향료를 향수 이름에 넣어서, 소비자들이 향에 더 쉽게 접근하고, 본질적인 향에 집중할 수 있도록 했다.

그러나 대기업들이 거대한 자본력을 이용해 니치 향수를 자신들의 컬렉션으로 흡수하면서 시장은 다시 변하게 되었다. 에스티 로더 그룹은 일찍부터 이 부문에 주목하여 1999년 조 말론 런던 인수를 시작으로 2014년에 에디션 드 퍼퓸 프레데릭 말과 르 라보를, 2016년에 킬리안 파리(Kilian Paris)를 인수했다. LVMH 그룹은 1994년 가족기업이었던 겔랑을 인수한 후 2001년 이탈리아의 향수 브랜드인 아쿠아 디 파르마(Acqua di Parma)를, 이후 메종 프랜시스 커정을 인수했다. 스페인의 대기업 푸이치는 라르티잔 파흐퓌뫼르를 인수하면서 펜할리곤스(Penhaligon's)까지 함께 인수했다. 로레알(L'Oréal)은 2016년에 아틀리에 콜로뉴를 인수했다.

펜할리곤스(Penhaligon's), 크리드(Creed), 산타 마리아 노벨라(Santa Maria Novella)와 같은 브랜드들은 오랜 역사에도 불구하고 디자이너 향수의 컨셉이나 패션 트렌드에 동조하지 않고, 자신들만의 독특한 향수를 제조하는 데 집중하여 왔다. 예를 들어, 크리드는 1760년 런던에서 시작된 테일러 샵으로, 빅토리아 여왕이나 외제니 황후의 의상 제작에 주력하였다. 이후 주문에 의해서만 향수를 제조하였고, 이로 인해 고급 향수 산업에서 독특한 위치를 차지하게 되었다. 그러나 이러한 브랜드들도 대기업들의 거대한 자본력을 상대하기는 어려웠다. 예를 들어, 크리드는 세계 2위 럭셔리 그룹인 케어링(Kering)에 의해 2023년에 인수되었고, 펜할리곤스는 2015년에 푸이치 그룹에 인수되었다. 결국, 국제적 럭셔리 대기업들은 니치 향수들을 경쟁적으로 인수하여 더 광범위하게 유통하였다. 인수된 니치 브랜드 향수들은 기존의 대중 브랜드에서 출시하는 향수의 수를 뛰어넘어 보편화되었으며, 이에 따라 니치 향수만의 독특함을 잃어가고 있다.

최근에는 지난 20년간의 고착된 소비자 성향을 뒤집는 변화가 시작되었다. 다양성을 추구하는 현대 사회에서, 특히 젊은 세대는 자신의 라이프스타일, 개성, 그리고 그때그때의 감정 상태에 맞는 향수를 찾기 시작하였다. 이제 향수는 각자의 삶을 관통하는 후각적 기억과 추억, 개인적인 경험으로 형성되는 취향을 반영하는 아이템이 되었다. 이런 변화는 오래된 향수 하우스에서 나온 니치 향수뿐만 아니라, 2000년대에 태어난 새로운 니치 향수 브랜드에도 영향을 미쳤다.

좀 더 희소한 브랜드와 향을 찾는 성향은 로피신 유니버셀 불리(l'Officine Universelle Buly, 1803), 조보이(Jovoy Paris, 1923), 쟈끄 파뜨(Jacques Fath, 1953)와 같이 오래된 향수 하우스에서 나온 니치 향수뿐 아니라, 바이레도(Byredo, 2006), 카너 바르셀로나(Carner Barcelona, 2009), 라 바스티유(La Bastille, 2014), 제로보암(Jeroboam, 2015), 르 오케스트르 퍼퓸(L'Orchestre Parfum, 2017), 벤티 콰트로(Venti4, 2021), 소라도라(Sora Dora, 2021), 퍼퓸 디엠파이어(Parfum D'Empire, 2023)와 같이 2000년대에 태어난 니치 향수에서도 찾을 수 있다(로피신 유니버셀 불리는 2021년 LVMH에 속하게 되었다).[12]

현대에는 향수의 주요 역할 중 하나였던 섹스 어필보다는 개성 표현이나 편안함 등의 감성적인 요소가 점점 더 중요해지고 있다. 이러한 변화는 자연 회귀와 지속 가능한 사회로의 전환이라는 개념과도 잘 일치한다. 이러한 흐름은 소비자들이 자신의 개성과 감성을 표현하는 수단으로 향수를 선택하게 되면서 더욱 두드러지고 있다. 지속 가능한 원료와 친환경적인 생산 방식을 채택하는 브랜드들이 증가하고 있으며, 이는 향수 산업의 새로운 표준으로 자리 잡아가고 있다. 또한, 아프리카, 아시아, 중동, 남미 등의 지역에서 독특한 후각적 색채를 가진 향수가 시장에 등장하고 있다. 다양한 지역의 문화적 특색을 반영한 향수들은 전 세계적으로 인기를 끌며, 글로벌 시장에서 새로운 기회를 창출하고 있다.

12) https://www.msn.com/ko-kr/news/other/%EC%98%B7%EC%9D%80-%EB%AA%BB-%EC%82%AC%EB%8F%84-%ED%96%A5%EC%88%98%EB%8A%94-%EB%A5%B4%EB%9D%BC%EB%B3%B4-%EB%B0%94%EC%9D%B4%EB%A0%88%EB%8F%84-%EB%8B%88%EC%B9%98%ED%96%A5%EC%88%98-%EB%B9%A0%EC%A7%84-mz/ar-AA1ltwxZ?ocid=entnewsntp&cvid=d6cb534da22c47b5807337a1806bf8a4&ei=14

1.6 향의 표현

향을 표현하는 어휘를 찾는 것은 쉽지 않다. 색을 보거나 소리를 듣는 것에 비해 향을 설명하는 일은 훨씬 복잡하다. 향에 관한 자료에는, 종종 와인을 예로 들어, 와인 전문가들이 맛과 향의 미묘한 차이를 전달하기 위해 은유를 사용하는 방법을 활용해 해결하고 있다. 또한, 향은 개인의 기억과 깊게 연결되어 있어, 각자가 느끼는 향에 대한 인상이 서로 다르고 매우 주관적이다. 그래서 향을 기억하고 표현하는 방식은 크게 두 가지로 나뉜다. 주관적인 표현과 객관적인 표현이 그것이다. 주관적인 표현은 개인의 경험과 기억에 근거해서 향을 묘사하는 것으로, 감정이나 특정 상황을 연상시키는 단어를 사용한다. 반면, 객관적인 표현은 사람들이 모두 공통으로 이해할 수 있는 용어를 사용하여 향을 설명하고 기억하는 방법이다.

향을 다른 사람에게 설명할 때는 이 두 방식을 모두 사용한다. 개인적인 경험에 기반한 주관적인 표현을 다른 사람들도 이해할 수 있도록 객관적인 어휘로 표현해야 하는데, 이를 위해 개인적인 훈련과 연습이 필요하다. 예를 들어, 어린 시절 사용했던 시더우드 연필의 향을 떠올리는 것은 주관적인 표현이며, 이를 '우디, 따뜻한, 스위트, 흙냄새 나는, 더스티한 향'으로 객관적으로 표현할 수 있다. 정향을 예로 들면, '치과에서 나는 특유한 냄새'로 기억하는 것은 주관적이지만, '스파이시, 드라이, 스모키, 우디, 시나몬 같은 달콤한 향'이라고 객관적으로 표현해야 다른 사람들이 이해할 수 있다. 이러한 접근을 통해 향에 대한 개인적인 인상을 한층 폭넓게 공유할 수 있으며, 다른 사람들도 해당 향을 인식하고 이해할 수 있게 된다.

현재는 향을 인식하는 후각 메커니즘에 대한 이해가 부족하고 향을 정량화하기 어렵다. 언젠가는 향을 정량화할 수 있는 날이 올지도 모르지만, 그때까지는 향에 대한 개인의 주관적인 인식을 객관화하고, 이를 표현할 수 있는 공통의 기준이 필요하다. 이를 위해서는 향을 묘사하는 방법과 향료의 특성을 설명하는 표준화된 어휘를 이해하고 기억해야 한다. 여기서는 향에서 사용되는 기본 용어와 향을 표현하는 방법을 간단히 소개한다.

1) 기본 용어

① 시향지

향을 맡거나 그 변화를 느끼기 위해 향수를 찍거나 뿌리는 종이 조각이다. 무이에뜨(mouillette), 스멜링 블러터(smelling blotter) 또는 스멜링 스트립(smelling strip)이라고 한다.

② 노트(note)

'노트' 또는 '향조'란 향의 특성을 설명하는 분류 방법으로 향을 감각적이고 체계적으로 이해하는 데 사용된다. 향료회사, 조향사, 향 전문회사들은 각각 독자적인 향 분류 체계를 가지고 있으며, 이러한 체계는 향을 다양한 그룹으로 나누어 식별하고 인식하는 데 편리하다. 향수의 향을 분류하는 데 사용되는 주요 향조에는 '시트러스', '플로럴', '알데히이딕', '그린', '푸르티', '스파이시' 등이 있다. 이러한 구분은 향의 성질을 더 정확히 이해하게 해주며, 향에 대한 평가와 의견을 나누는 데도 도움이 된다. 따라서, 노트를 이해하는 것은 조향의 기본이자 향수를 선택하고 평가하는 데 필수적인 요소이다.

한편 '노트'라는 용어는 향이 휘발되는 속도를 나타내기 위해 탑 노트, 미들 노트, 베이스 노트처럼 사용되기도 한다(자세한 내용은 6장 참조).

③ 어코드(accord)

두 가지 이상의 향료가 조화롭게 어우러져 하나의 독립된 새로운 향을 만들어내는 조합을 의미한다. 각각의 개별 향료가 결합하여 서로의 특성을 상쇄하거나 보완하면서 새로운 향의 인상을 만들어낸다. 일반적으로 향수 제조 블록(perfume building block)으로 사용된다. 조향사들이 원하는 특정한 향의 느낌이나 분위기를 표현하기 위해 만들어지며, 하나의 향수에서 여러 어코드가 사용되어 복합적이고 깊이 있는 향이 만들어진다.

④ 베이스(base)

20세기 초, 향료 제조사들은 조향사들이 새롭게 합성된 향료를 더 쉽게 사용할 수 있도록, 천연원료와 합성 원료를 조합한 '베이스'를 만들어 제공하였다. 이러한 베이스의 도입은 재스민이나 미모사 같은 고가의 천연 향료나 라일락이나 은방울꽃 같은 추출이 어려운 향료를 대체하는 데 유용하게 사용되었다. 이렇게 해서, 비용 효율성을 높이고, 다양하고 독특한 향을 창출할 수 있는 기회를 제공했다.

베이스 사용은 여러 유명한 향수에 영향을 미쳤다. 예를 들어, 1800년대 후반에 나온 강한 스모키 가죽향이 특징인 뀌르 드 루시(Cuir de Russie) 베이스는 아메 겔랑이 조향한 《뀌르 드 루시(Cuir de Russie, 1875)》, 코티가 조향한 《나이즈 텐(Knize Ten, ca. 1920)》, 샤넬의 에르네스트 보의 《퀴르 드 루시(Cuir de Russie, 1924》에 사용되었고, 카론의 향수 《뉘 드 노엘(Nuit de Noel)》도 '무스 드 삭스(Mousse de Saxe)'라는 베이스를 활용한 대표적인 예이다. 이런 베이스는 향수의 복잡한 향 조합을 단순화시켜 주면서 조향사들이 한층 창의적이고 효율적으로 작업할 수 있게 해주었다.

⑤ 조향사

조향은 복잡하고 미묘한 감각, 뛰어난 창의력을 요구하는 까다로운 기술이다. 이 과정에서 조향사는 수많은 천연 및 합성 향료를 기억하고, 이들을 조합해 완벽한 향의 조화를 창조한다. 일상용품에 사용되는 향료를 다루는 조향사를 보통 퍼퓨머(perfumer)라고 부르며, 프랑스에서는 '네즈(nez)'라는 용어도 사용한다. 반면, 식품향료를 개발하는 전문가는 플레이버리스트(flavorist)라고 불린다. 식품향료 개발은 특정 식물의 향을 충실하게 재현하는 것을 목표로 하는 반면, 프레그런스 개발은 더 추상적인 향의 이미지를 기반으로 조향사가 창의력을 발휘하여 향을 창조한다.

조향사의 역할은 다양하며, 그중 주요 분야는 다음과 같다.

- 크리에이터 조향사: 향기를 창조하는 역할을 한다.
- 분석 조향사: 크로마토그래피와 같은 과학적 방법을 사용하여 향기를 분석한다. 향기의 구성 요소를 파악하고, 어떤 향료가 특정 향을 내는지 분석한다.
- 향료 조향사: 향료의 품질이 최종 제품의 품질에 미치는 영향을 이해하고, 향료 구매, 공급, 품질 관리 등 전문 지식을 갖고 각 단계에 관여한다.
- 기술 조향사: 세제나 비누 같은 향수 이외의 제품을 만드는 데 중요한 역할을 하는 조향사로, 이미 존재하는 처방전을 조정하여 법적 기준을 준수하고 제품의 안

정성과 향의 특성을 유지하도록 한다.

각 분야의 조향사들은 특수한 전문 기술뿐만 아니라 향기를 평가하는 능력도 필요하다. 향의 복잡성을 이해하고, 향이 변하는 방식과 감각에 미치는 영향을 알고 있어야 한다.

조향사가 되기 위해서는 수백 가지의 향을 구별하고 기억할 수 있는 능력이 필요하며, 이를 위해 수년간 교육과 훈련이 필요하다. 이러한 훈련을 통해 조향사는 공통된 후각 언어를 습득하고, 새로운 향료를 신속하게 식별할 수 있어야 한다. 후각 능력을 키우기 위해서는 원료뿐 아니라 천연 향료와 합성 향료의 혼합물인 베이스에 대해서도 공부해야 한다. 고전 향수들에 사용된 베이스를 공부해 그 구조를 이해하고 특정 원료의 사용법도 배워야 한다. 또한, 조향사는 향의 물리화학적 특성, 제품에 향이 첨가되었을 때의 변화와 안정성 등을 이해해야 할 뿐 아니라, 원료 자체의 물리화학적 성질 및 조향 과정에서의 변화 및 안정성 등을 포함하여 이해해야 하므로 조향을 전문적으로 수행하기 위해서는 5~10년의 집중적인 훈련이 필요하다. 이렇게 고도로 훈련된 후각을 가진 조향사들도 자신의 작품을 테스트하며 최적의 향을 개발하는 데는 최대 3년이 소요되기도 한다.

향수 제작 과정은 대부분 자연에서 얻은 영감을 기반으로 하며, 사용되는 원료들이 조화롭게 섞여 안정적이면서도 독특한 향을 창출하는 것이 핵심이다. 이 과정에서 조향사는 특정한 후각적 및 시각적 이미지를 결합하여 향을 창조한다. 조향사는 만들고자 하는 향을 머릿속에서 구상하여 시각화하고, 어떤 원료를 어느 비율로 혼합할지 결정한다. 이후 필요한 원료를 선별하고, 저울로 정확하게 무게를 측정하면서 원료를 혼합해 나간다. 이러한 조향 과정은 여러 번의 시도와 수정을 거치며, 각 단계에서 향을 확인하면서 최적의 조합을 찾아간다. 이렇게 만들어진 조합을 '처방전(recipe)'에 기록한다. 이 처방전은 향수 원액을 대량으로 제작할 때 정확하고 재현 가능한 향을 얻기 위한 지침이 된다.

⑥ 시야주(sillage)와 트레일(trail)

두 용어 모두 향수가 남기는 향의 자취를 의미하지만, 약간의 차이가 있다.

시야주는 프랑스어에서 유래한 용어로 향수가 공기 중에 남기는 향의 흔적이나 퍼짐 정도를 뜻한다. 시야주는 사용자가 지나간 후 공기 중에 남아있는 향의 잔향을 나타내며, 흔히 '향수의 아우라'라고 표현된다. 시야주는 향수의 발향력과 밀접한 관련이 있으며, 향이 얼마나 넓게 퍼지고 오래 남는지를 나타낸다. 시야주가 강한 향수는 방에 들어설 때 강렬한 존재감을 주며, 떠난 후에도 오랫동안 기억에 남는 인상을 준다.

트레일은 향수가 남긴 '향의 자취'를 의미하며, 시야주와 비슷하지만 좀 더 향의 지속성과 이동하는 경로를 강조하는 표현이다. 예를 들어, 사람이 걸어가면서 남기는 향의 자국이나 바람을 타고 남은 향의 길을 트레일이라고 한다. 트레일은 향수의 농도와 휘발성에 영향을 받아 개인의 움직임에 따라 향이 어떻게 뒤에 남아있는지를 표현한다.

두 용어는 종종 서로 교차하여 사용되지만, 시야주는 향수의 전체적인 확산력과 주변 공기 중 남아있는 향기를 더 포괄적으로 설명하는 데 사용되며, 트레일은 그 사람의 움직임에 따라 남겨진 향의 경로에 좀 더 집중한다.

⑦ 변조제(modifier)

변조제는 기본적인 향기에 미묘한 변화를 주어 전체 향을 독특하게 만드는 역할을 하는 향료이다. 변조제를 첨가하면 향기의 스타일, 자연스러움, 신선함, 그리고 확산성이 강조되며, 이는 전체적으로 향에 풍부함을 더해준다. 예를 들어, 재스민 향수에 바나나 노트를 추가하면, 단순했던 재스민 향기에 새로운 변화를 주어 더욱 독특하고 풍부한 향기를 만들어낼 수 있다.

⑧ 조화제(blender)

조화제는 향수 제작 과정에서 필수적인 역할을 하는 향료로, 향수의 전체적인 향기를 균형 있게 만드는 중요한 역할을 한다. 기본적인 베이스 향료만으로는 다양하고 독특한 향기를 표현하는 데 한계가 있으므로, 여러 다른 성분들이 추가로 사용되며, 이때 조화제가 중요한 역할을 한다.

조화제는 서로 어울리지 않는 향들이 부딪치지 않도록 완화시키거나, 부족한 향조를 보충하는 역할을 한다. 또한, 전체 향기를 매끄럽고 균형 있게 만들어 향수의 부드러움과 조화를 유지하면서도 다양한 향의 조합을 가능하게 해준다.

⑨ 고정제(fixative)

고정제는 향수의 향기가 공기 중으로 빠르게 휘발되는 것을 막고, 향의 지속성을 높이는 성분이다. 보류제라고도 한다. 특히 플로럴 노트와 같이 휘발성이 높은 향료는 쉽게 증발하기 때문에, 이러한 향료의 지속성을 유지하기 위해 고정제가 필수적이다. '고정(fixation)'은 휘발성이 강한 향을 고정하거나 억제하여 빠르게 날아가지 않도록 하는 과정을 말하며, 향수를 블렌딩할 때 각 성분이 순차적으로 증발하도록 조절하여 향의 급격한 변화를 방지하는 중요한 역할을 한다.

고정제로 사용되는 물질들은 대개 끓는점이 높고 휘발성이 낮으며, 베티버, 파출리, 용연향, 머스크, 샌달우드 같은 천연성분이나, 앰브록산(Ambroxan), Iso E Super, 갈락솔라이드(Galaxolide), 캐쉬메란(Cashmeran), 살리실산 벤질(benzyl salicylate) 등 합성 향료가 대표적이다. 이들은 각각 독특한 향기를 가지고 있지만, 더 중요한 역할은 향수의 향기를 오랫동안 유지시키는 것이다.

고정제의 효과는 향료의 휘발성을 측정해서 지속성 또는 잔류성에 미치는 영향을 평가할 수 있다. 고정제는 향수의 품질을 향상시키고, 향기의 지속성을 유지하는 데 중요한 역할을 한다. 이를 통해 사용자는 오랫동안 풍부하고 지속적인 향기를 느낄 수 있다.

⑩ 쉬프 베이스(Schiff's base)

쉬프 베이스는 알데하이드 또는 케톤과 1차 아민의 반응으로 형성된 유기 화합물이다. 예를 들어 하이드록시시트로넬랄(hydroxycitronellal)은 안트라닐산 메틸(methyl anthranilate)과 쉬프 베이스인 아우란티올®(Aurantiol®)을 만든다. 아우란티올®은 스위트, 플로럴-오렌지꽃, 네롤리와 백합, 앰버 향이 난다. 자세한 내용은 부록 1에 나타내었다.

⑪ 필리에(pillar fragrance)와 플랭커(flanker)

필리에는 향수 브랜드에서 가장 중요한 주력 제품으로, 흔히 '메인 제품'이라고 불린다. 브랜드 이미지를 대표하고 명성을 쌓는 데 큰 역할을 하는 향수를 의미한다. 《샤넬 No. 5》, 《미스 디올》, 《아쿠아 디 지오》와 같은 향수들은 단순한 제품을 넘어 브랜드의 정체성과 역사를 담고 있으며, 지속적으로 소비자들에게 사랑받는 대표적인 필리에이다. 이러한 필리에는 브랜드의 핵심 향수로, 다양한 파생 제품, 즉 플랭커의 기초가 된다.

플랭커는 기존의 인기 있는 필리에 향수를 기반으로 하여 새로운 변형을 만들어낸 향수를 의미한다. 플랭커는 원래 향수의 본질을 유지하면서도 새로운 노트나 변화된 향조를 더해 독특한 향기를 만들어낸다. 이를 통해 소비자는 익숙한 느낌을 유지하면서도 새로운 변화를 경험할 수 있다. 예를 들어, 디올의 《미스 디올》은 다양한 플랭커 제품을 통해 변화를 선보인다. 더 플로럴하고 가벼운 노트를 추가한 《미스 디올 블루밍 부케(Miss Dior Blooming Bouquet)》와 더 강렬하고 과일향이 강조된 《미스 디올 앱솔루틀리 블루밍(Miss Dior Absolutely Blooming)》이 있다. 《아쿠아 디 지오(Acqua di Gio)》의 경우, 원래 향에 깊이와 무게감을 더한 《아쿠아 디 지오 프로퓨모(Acqua di Gio Profumo)》나 우디 노트를 추가한 《아쿠아 디 지오 에센자(Acqua di Gio Essenza)》 등이 플랭커로 출시되었다.

2) 향 표현 방법 제안

① 향조로 표현하기

향을 제대로 표현하기 위해서는 사람들이 공통으로 이해할 수 있는 용어를 사용하여 향을 묘사해야 한다. 향을 표현하는 데 가장 기본이 되는 것은, 향에 관련된 용어를 알고 이를 정확하게 묘사하고 전달하는 것이다. 향에 관련된 용어는 부록 2에 수록했다.

향은 여러 기본 향조로 분류되므로, 향의 전반적인 특성을 설명하는 데 사용된다. 예를 들어, 장미나 재스민 같은 꽃향기를 '플로럴 향'이라고 하거나, 나무나 이끼 향이 중심인 향을 '우디 향'이라고 한다. 다양한 향조가 혼합되어 있어 하나의 향조로 표현하기 어려운 경우, 두 가지 용어를 조합해서 표현한다. 예를 들어, 프루티와 플로럴을 연결해서 '프루티–플로럴'이라고 하거나, 허벌과 시트러스를 합쳐 '허벌–시트러스'처럼 향을 구체적으로 표현한다. 주로 주 향조를 나타내는 용어가 뒤로 가고, 앞의 용어는 형용사처럼 향기의 악센트를 나타낸다.

향이 더 복잡한 경우에는 주 향조를 앞에 쓰고, 주요 특징이 큰 향조의 용어를 그 뒤에 쓰며, 악센트적인 요소의 용어를 순서대로 쓴다. 예를 들어, '플로럴, 허벌, 레몬'이라고 하면 주 향조는 플로럴이고, 주요 특징은 허벌이며 레몬의 특징을 갖는다는 의미이다.

② 감각적으로 표현

오감을 통해 향을 표현할 수도 있다. 향을 표현할 때는 감각적이고 구체적인 묘사가 중요하다. 후각으로는 직접적인 냄새의 성질을 묘사하고, 시각으로는 색상과 텍스처를 통해 이미지를 연상시킨다. 촉각으로는 피부에 닿는 느낌과 온기를 설명한다. 신선하고 생동감이 있는 향을 '프레쉬(fresh)'라고 하고, 따뜻하고 포근한 느낌을 주면 '웜(warm)'이라고 하는 식이다. 아래에 예를 나타내었다.

- "달콤한 바닐라 향이 코끝에 닿을 때마다 따뜻한 포근함이 느껴진다."
- "라벤더 향을 맡으면 보랏빛 들판이 펼쳐진 모습이 떠오르며, 고요하고 평화로운 풍경이 그려진다."
- "이 향은 실크처럼 부드럽고 매끄러우며, 피부에 닿을 때마다 섬세한 감촉을 전한다."

이렇게 오감으로 향을 표현할 때 사용하는 용어를 부록 3에 정리했다.

③ 향의 강도와 지속성

향의 강도와 지속성을 구체적으로 표현함으로써 향수를 보다 정확하고 생생하게 묘사할 수 있다.

- "매우 강한 플로럴 향이 첫 1시간 동안 지배적이지만, 시간이 지나면서 부드럽고 따뜻한 베이스 노트가 8시간 이상 지속되어 하루 종일 잔잔한 꽃향기를 즐길 수 있다."
- "처음에는 매우 강한 시트러스 향으로 시작하여 빠르게 신선한 허브 향으로 변하며, 약 4시간 후에는 은은한 우디 향이 피부에 남아 하루 종일 지속된다."

④ 비유와 은유

향을 표현할 때는 비유와 은유를 사용하여 표현할 수 있다. 예를 들어, "깊은 숲에서 느껴지는 나무와 풀의 향", "비 오는 날의 메마른 땅에서부터 올라오는 흙의 향" 등 유사한 냄새로 설명한다. 또는 "해변에서 느껴지는 바다와 모래의 향기"처럼 향과 관련된 이미지나 상황을 떠올리면서 표현한다.

- "이 향수는 봄날의 아침처럼 상쾌하다."
- "이 향수는 따뜻한 모닥불 옆에 앉아 있는 듯한 포근한 느낌을 준다."

향을 표현하는 방법은 매우 섬세하고 다차원적인 작업이다. 정확하게 향을 전달하기 위해서는 향조를 기반으로 한 용어 사용, 감각적 묘사, 강도와 지속성의 구체적 표현, 그리고 비유와 은유의 활용이 필수적이다. 이러한 방법을 체계적으로 활용하면 향을 평가하거나 선택할 때 그 향에 대해 더 깊게 이해할 수 있고, 감상하는 경험이 더욱 풍부해질 것이다.

1.7 요약

1장은 냄새와 향의 화학적 특성, 향의 역할, 그리고 향의 역사에 대해 다루었다. 냄새는 휘발성 유기화합물로 구성되어 후각수용체와 상호작용하여 인식된다. 동물과 식물 등 다양한 생명체는 냄새를 통해 의사소통하며, 인간에게는 냄새가 기분을 좋게 하고 기억을 자극하는 중요한 역할을 한다. 향은 후각의 생리적 반응을 통해 정신 건강에 긍정적인 영향을 미칠 수 있다. 역사적으로 인류는 종교적 목적이나 의식에서 향을 사용해 왔으며, 화학과 증류 기술의 발달이 향료 산업을 발전시켜 현대의 다양한 제품에 향이 적용되게 되었다. 이를 통해 향은 일상생활에서 감정적 안정과 정신적 휴식을 제공하는 중요한 요소로 자리 잡았다.

02장 향은 유기 화합물

향기는 휘발성 유기화합물로 주로 탄소, 수소, 산소로 이루어져 있다. 이들은 다양한 결합과 구조를 통해 각기 다른 향을 만들어낸다. 유기화학은 이러한 향기 성분의 구조와 작용기를 분석하여 각각의 향을 화학적으로 분류하고 이해하는 데 중요한 역할을 한다. 탄소 원자는 다양한 결합을 통해 향 물질의 골격을 형성하며, 알코올, 알데하이드, 케톤, 에스터 등의 작용기를 통해 향의 특성이 결정된다. 향은 감정과 기억을 자극하는 특성을 가지며, 그 구조를 이해하는 것은 향의 다양한 측면을 탐구하고 새로운 향을 창조하는 데 필수적이다. 이 장에서는 천연 향의 생성 과정과 향을 보다 과학적으로 이해하기 위해 향 분자의 구조를 유기화학적 관점에서 살펴본다.

2.1 서론

향은 일상에서 자주 접하지만 그 특성을 파악하기는 어렵다. 향을 분석하거나 평가할 때는 향의 원료, 분자 구조, 그리고 그 향이 인간에게 미치는 효과에 초점을 맞추게 된다. 일상에서 느끼는 꽃향기, 과일의 풍미, 커피의 향 등은 모두 휘발성 유기화합물이다. 유기화합물은 탄소 원자를 포함한 화학물질로, 이는 생명체를 구성하는 단백질, 지방, 탄수화물 등과 관련이 있다. 합성 향료 또한 유기화합물이다.

향은 인간의 감각과 밀접하게 연결되어 있어, 특정 향기는 감정과 기억을 자극할 수 있다. 이러한 심리적 반응은 유기화학적 구조와 원리에 기인하며, 이를 이해하는 것은 향의 다양한 측면을 탐구하는 데 중요하다. 그러나 향이나 아로마에 익숙한 사람들조차도 향의 구조를 파악하는 것을 어려워한다. 이는 냄새 분자가 매우 다양한 구조를 갖고 있으며, 분자량과 구성 원자 수를 고려하면 적어도 그 종류는 약 40만 가지에 달하고, 상업적으로 유통되는 향료 물질만 해도 2천 가지가 넘기 때문이다. 따라서 각각의 향을 개별적으로 기억하는 것은 현실적으로 불가능하다.

향을 비롯한 유기화합물은 탄소 원자가 골격을 형성한다. 탄소 원자는 최외각 전자가 4개로, 4개의 결합 가능성을 가지고 있다. 그래서 탄소는 선형으로 연결된 '사슬형' 화합물을 형성하거나, 원형으로 연결되는 '고리형' 화합물도 형성할 수 있다. 또한 탄소끼리 결합에서도 단일결합, 이중결합, 삼중결합이 가능하다. 다양한 결합을 할 수 있는 탄소 원자가 향 물질의 골격을 만들고, 알코올, 알데하이드, 케톤, 에스터같이 다양한 작용기(functional group)가 도입되어, 향 물질의 수는 수십만이 넘는다. 예를 들어, 〈그림 2-1〉에 나타낸 레몬 향이 나는 제라니알 구조를 보자. 화학 분자는 3차원적인 형태를 가지기 때문에 2차원 지면에 표현하기는 어렵지만, 음표를 사용해 음악을 표현하듯이 향 분자도 원소 기호와 규칙을 통해 표기할 수 있다. 제라니알의 구조는 8개의 탄소가 선형으로 연결되어 있고, 두 군데에 탄소 1개로 이루어진 가지를 치고 있다. 끝에는 알데하이드기(−CHO)라는 작용기가 결합되어 있다. 한편, 수는 적지만 질소(N)나 황(S)을 포함하는 향 분자도 있다. 결론적으로 유기화합물인 향 분자가 갖는 향 특성은 결합하는 탄소 원자의 수, 사슬의 모양, 결합 방법, 그리고 다양한 작용기와 관계가 있다.

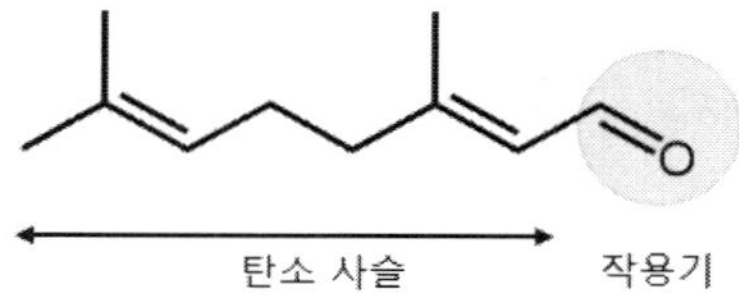

그림 2-1 제라니알의 화학구조. 탄소 사슬과 작용기로 이루어져 있다.

유기화학은 이러한 유기화합물의 구조와 상호작용을 연구하는 학문이다. 향은 화학적 구조와 성질에 따라 다양하게 나타나므로, 유기화학은 우리 주변에 존재하는 다양한 향기 성분들을 이해하고 분석하는 데 도움을 준다.

이 장에서는 천연 향의 생성 과정을 살펴보고, 유기화학적 관점에서 향 분자를 크게 탄소 골격과 작용기로 분류한 후 탄소 수, 고리 유무, 방향족 여부 등을 고려할 것이다. 이를 위해 유기화학의 기본 원리와 향 분자의 구조, 그리고 향을 이루는 핵심 성분들을 소개하여, 복잡한 향의 특성을 깊이 이해하고 분석할 수 있는 기초를 제공한다.

2.2 IUPAC 명명법

향의 명칭에 대해 먼저 알아보자. 향기 성분에는 제라니알, 리모넨, 시트랄, 멘톨처럼 자주 사용되는 관용명이 있다. 이러한 이름들은 짧고 기억하기 쉬우며, 이름만으로도 향의 원료를 예측할 수 있다. 하지만 모든 유기화합물의 이름을 이러한 방식으로 기억하는 것은 불가능하므로, 유기화합물의 이름을 정하는 표준 방법인 국제순수응용화학연합(International Union of Pure and Applied Chemistry, IUPAC)에서 정한 'IUPAC 명명법'을 알아보자. 여기서는 유기화학 교재와 대한화학회에서 제공하는 '유기화합물 명명법'을 참고하였다.

IUPAC 명명법은 유기화합물의 이름을 지정하는 표준 방법으로, 일반적으로 접두사(치환체 위치) - 모체(주사슬 혹은 주고리계) - 접미사(작용기)의 세 부분으로 나눠 명명한다.

접두사(치환체 위치) - 모체(주사슬, 혹은 주고리계) - 접미사(작용기)

가장 먼저 주어진 화합물의 부류를 정하고, 모체구조를 결정한다. 이후 치환체, 접두사, 접미사를 규정에 따라 배열하고 위치 표시와 함께 이름을 적는다. 치환체의 위치 번호는 쉼표로 구분하고, 위치 표시는 하이픈으로 분리한다. 모든 접두사는 알파벳 순서로 배열한다. 전문적인 내용은 전문 서적을 참고하길 바라며, 여기서는 간단한 법칙과 함께 향 화학물질을 예로 들어 소개한다.

1) 사슬형 탄화수소

① 포화탄화수소

알케인(alkane)이라 불리는 포화탄화수소의 경우, 접미사에 *-에인(-ane)*을 붙인다. 포화탄화수소가 치환체인 경우에는 알킬(alkyl) 또는 알칸일(alkanyl)이라 한다. 가지가 달린 경우, 연속적으로 연결되어 있는 가장 긴 탄소 사슬이 모체가 된다.

예를 들어 〈그림 2-2〉의 분자를 보자.

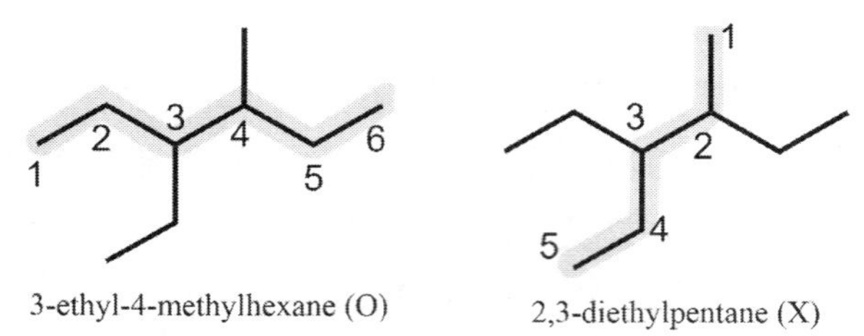

그림 2-2 주사슬 결정. 3-에틸-4-메틸헥세인(3-ethyl-4-methylhexane)이 맞다. 2,3-디에틸펜테인(2,3-diethylpentane)이 아니다.

회색선으로 표시한 것처럼, 6개의 탄소로 이루어진 사슬과 5개의 탄소로 이루어진 사슬을 볼 수 있다. 이 중 가장 길게 연속된 사슬은 6개의 탄소 원자를 가진 사슬이다. 따라서 이 화합물은 탄소가 6개인 헥세인(hexane)의 유도체로 간주하여 이름을 붙인다.

치환기가 붙어있는 경우, 치환체 위치를 표시하기 위해 주사슬의 한쪽 끝에서부터 번호를 매기는데, 치환기가 붙어있는 주사슬의 탄소에 가장 작은 숫자가 오도록 번호를 붙인다. 이러한 원리에 따라 그림 2-2의 화합물은 3 위치에 에틸기가 있고, 4 위치에 메틸기가 치환되어 있으므로, 이름은 3-에틸-4-메틸헥세인(3-ethyl-4-methylhexane)이다.

치환체가 많은 경우, 가능한 한 치환체 번호는 가장 작은 번호를 갖도록 배정하고 알파벳 순서로 배열한다. 두 가지 서로 다른 방향으로 번호를 붙인 〈그림 2-3〉에 표시한 알케인을 보자. 첫 번째 자리 번호는 둘 다 2번이지만, 두 번째 자리 번호에서 차이가 난다. 따라서 두 번째 자리 번호가 2인 (a) 2,2,6,6,7이 두 번째 자리 번호가 3인 (b) 2,3,3,7,7보다 선호된다. 따라서 〈그림 2-3〉에 있는 화학물질의 이름은 주사슬이 탄소 8개이므로 옥테인(octane)이 모체가 되고, 메틸기 가지가 5개이므로 펜타(penta) 개의 메틸기가 2,2,6,6,7 위치에 있는 2,2,6,6,7-펜타메틸옥테인(2,2,6,6,7-pentamethyloctane)이 된다.

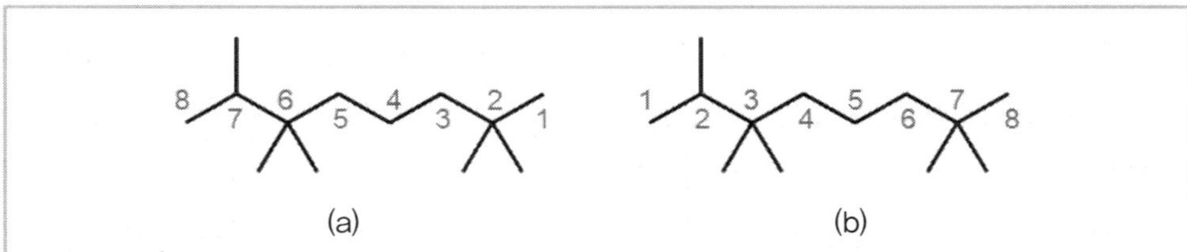

그림 2-3 (a) 2,2,6,6,7-펜타메틸옥테인(2,2,6,6,7-pentamethyloctane)이 맞다.
(b) 2,3,3,7,7-pentamethyloctane이 아니다.

② 불포화탄화수소

불포화탄화수소는 포화탄화수소의 어미 *-에인(-ane)*을 *-엔(-ene)*로 바꾼다. 가장 간단한 두 알켄은 에텐(ethene)과 프로펜(propene)이다. 이 둘은 에틸렌(ethylene)과 프로필렌(propylene)이라는 관용명으로 잘 알려져 있다.

이중결합을 포함한 가장 긴 연속된 사슬을 알켄의 기본 이름으로 하고, 이중결합 탄소가 가장 낮은 번호가 되도록 사슬에 번호를 매긴다. 〈그림 2-4〉에는 탄소가 4개이고 이중결합이 1개 있는 화학식이 C_4H_8인 알켄의 가능한 구조와 이름을 나타내었다.

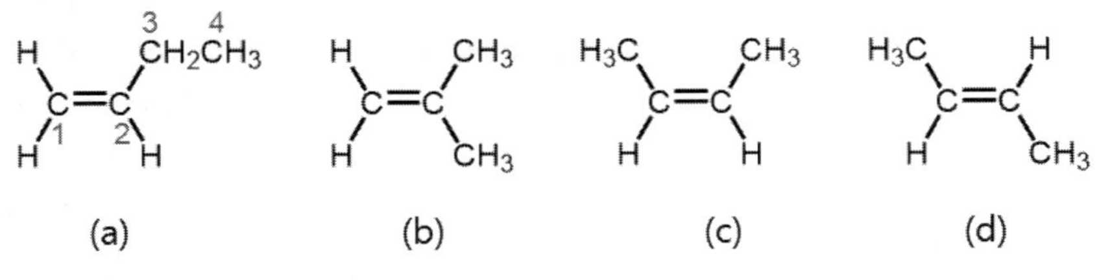

그림 2-4 C_4H_8의 이성질체. (a) 1-뷰텐(1-butene) (b) 2-메틸프로펜(2-methylpropene), (c) *시스*-와 (d) *트란스*-2-뷰텐(2-butene)

분자식 C_4H_8을 가진 알켄은 네 개의 이성질체(isomer)가 있다. 화학식은 같으나 원자들의 배열 방식이 서로 다른 화합물을 이성질체라고 한다. 자세한 구분은 다음 절에 소개하겠다. (a)의 1-뷰텐(1-butene)은 C1과 C2 사이에 이중결합이 있는 가지 없는 탄소 사슬로, 다른 세 물질의 구조이성질체이다. 마찬가지로 가지가 달린 탄소 사슬을 갖는 (b) 2-메틸프로펜(2-methylpropene)도 다른 세 화합물의 구조이성질체이다.

(c)와 (d)에 나타낸 한 쌍의 이성질체는 *시스*-2-뷰텐(cis-2-butene)과 *트랜스*-2-뷰텐(trans-2-butene)으로, 이들은 C2와 C3 사이에 이중결합이 있다. *시스* 이성질체에서는 두 메틸기가 이중결합을 중심으로 같은 방향에 위치하고 있으며, *트랜스* 이성질체에서는 이중결합을 기준으로 메틸기가 서로 반대 방향에 위치한다. 이 두 화합물처럼 같은 구조를 가지나 3차원 공간에서 원자들의 입체배열이 다른 이성질체를 입체이성질체(stereoisomer)라 한다. 이성질체 및 명명법은 뒤에 소개한다.

불포화탄화수소가 치환체인 경우를 보자. 포화된 가지가 없는 선형 탄화수소에서 말단에 있는 탄소원자로부터 수소 원자 하나를 제거하면 1가의 치환기가 형성된다. 이 경우 탄화수소 이름의 모체 '*-에인(-ane)*' 대신에 '*-일(-yl)*'을 붙여 명명한다.

알킬기에서 수소 원자 1개를 더 제거하여 2가의 기를 얻게 되면 '-일' 다음에 이덴(idene)을 덧붙여 *알킬리덴(alkylidene)*이 된다. 한편, 두 개의 '-일'에 해당되면 -*일렌(-ylene)* 접미사를 사용한다.

CH_3CH_2- 에틸(ethyl), $CH_3CH=$ 에틸리덴(ethylidene), $-CH_2CH_2-$ 에틸렌(ethylene)

그러나 탄소가 1개의 경우는 1가 원자가에 관해서는 CH_3- 메틸(methyl), 2가 원자가에 대하여 CH_2= 메틸렌(methylene), 1개의 3가 원자가에 관해서 CH≡ 메틸리다인(methylidyne), 2가와 1가 원자가에 관하여 =CH– 메타인(methine)이 된다.

이 법칙이 실제 향을 명명하는데 어떻게 적용되는가를 보기 위해 이중결합을 갖고 있는 선형 불포화탄화수소로 좋은 향이 나는 미르센(myrcene)의 화학구조를 보자. 미르센이라는 관용명으로 주로 불리지만, 이 화합물의 IUPAC 명명법에 따른 이름은 7–메틸–3–메틸렌옥타–1,6–디엔(7–methyl–3–methyleneocta–1,6–diene) 또는 7–메틸–3–메틸렌–1,6–옥타디엔(7–methyl–3–methylen–1,6–octadiene)이다.

이 이름에서 '3–methylene'은 C3 위치에 메틸렌 기(=CH_2)가 결합되어 있음을 나타내고, '7–methyl'은 C7 위치에 메틸기(–CH_3)가 붙어있음을 의미한다. 'octa–1,6–diene' 부분은 8개의 탄소 사슬에 1번과 6번 탄소 사이에 두 개의 이중결합이 존재함을 나타낸다. 이러한 IUPAC 명명법은 구조 내 특정 위치와 기능 그룹을 효과적으로 명확하게 나타낼 수 있다.

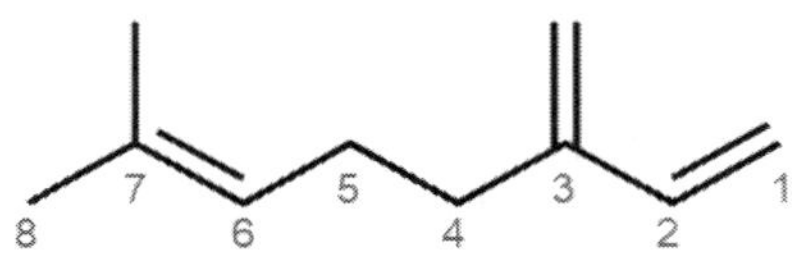

미르센(myrcene)

한편 이중결합과 하이드록시기를 둘 다 포함하고 있는 화합물은 두 작용기의 존재를 나타내기 위해 어미 엔(–en) + 올(–ol)을 결합해서 엔올(–enol)로 표시한다.

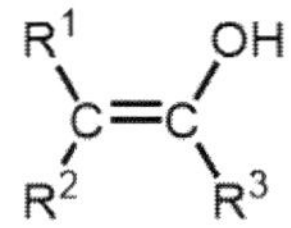

엔올(enol)

2) 단일고리형 탄화수소

곁가지가 없는 포화된 단일고리형 탄화수소의 경우, 이름 앞에 '사이클로(cyclo)'라는 접두사를 붙인다. 예를 들어 사이클로프로페인(cyclopropane)은 세 개의 탄소 원자로 이루어진 포화 고리형 탄화수소이다. 치환체일 경우에는 –일(yl)을 붙인다.

사이클로프로페인(cyclopropane)

치환된 고리형 화합물에서는 치환체의 위치를 지정하기 위해 고리의 탄소 원자에 번호를 부여한다. 번호는 치환기에 가장 작은 숫자가 오도록 치환기의 위치가 최대한 낮은 숫자로 되는 방식으로 결정한다. 예를 〈그림 2-5〉에 나타내었다.

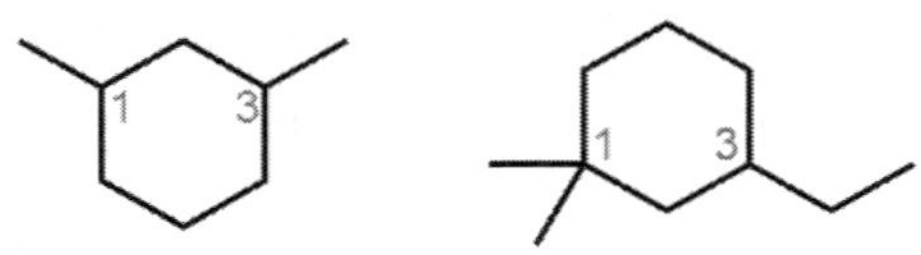

그림 2-5 (a) 1,3-dimethylcyclohexane (b) 3-ethyl-1,1-dimethylcyclohexane

(a)는 1,3-다이메틸사이클로헥세인(1,3-dimethylcyclohexane)이고, (b)는 3-에틸-1,1,-다이메틸사이클로헥세인(3-ethyl-1,1-dimethylcyclohexane)이다. (b)를 자세히 보자. 1번 탄소에 두 개의 메틸 그룹이 붙어있으므로 "1,1"이 되고, 3번 탄소에 에틸 그룹이 붙어 "3"이 된다. 이 경우 치환기의 전체 합이 최소가 되도록 숫자를 배치했다는 점에서, "1-에틸-3,3-다이메틸사이클로헥세인"보다는 "3-에틸-1,1-다이메틸사이클로헥세인"이 올바른 명칭이다. 왜냐하면 첫 번째 연결점 규칙에 따라, 전체적인 치환기의 숫자가 가장 낮은 조합, 즉, 1,3,3보다 1,1,3 치환 형태가 더 우선시하기 때문이다.

3) 다리 걸친 탄화수소

'다리 걸친 탄화수소(bridged hydrocarbon)'는 두 개 이상의 고리가 한 쌍 이상의 탄소 원자를 공유하여 연결된 구조를 가진 화합물이다. 예를 들어 소나무 정유에서 추출되는 캄펜(camphene)은 두 개의 연결된 고리구조를 하고 있다. 여섯 개의 원자로 이루어진 고리에 별표로 나타낸 인접하지 않은 두 개의 탄소 사이를 연결하는 메틸렌 그룹(CH_2)을 통해 다리를 이루고 있다.

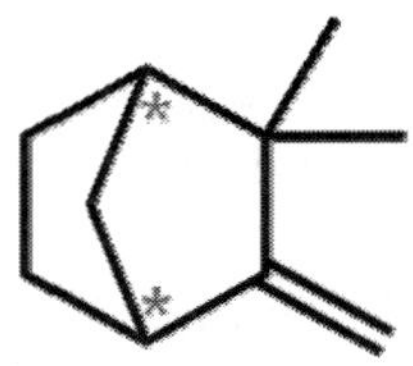

캄펜(camphene)

다리 걸친 화합물을 명명하기 위해서는 우선 고리의 개수를 고려해야 한다. 예를 들어 바이사이클로(bicyclo)계와 트라이사이클로계(tricyclo)를 보자.

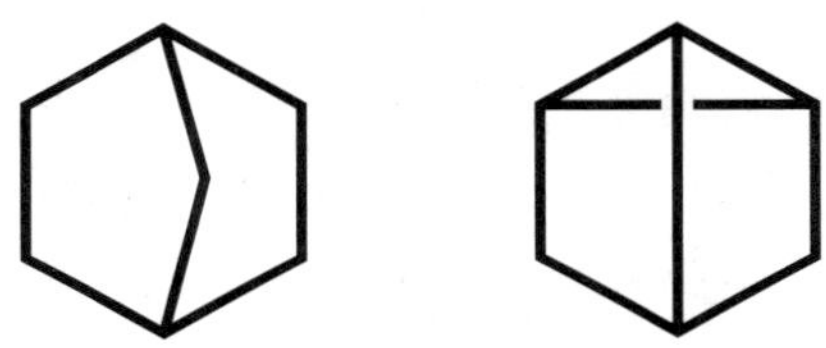

바이사이클로계와 트라이사이클로계

이런 화학물질을 명명하기 위해서는 다리(bride)와 다리목(bridge head)을 구분해야 한다. '다리'는 그림처럼 분자 내 두 다른 부분을 연결하고 있는 원자가 결합, 한 개의 원자 또는 원자들의 가지가 없는 사슬을 가리키고, 다리를 통해 결합되어 있는 2개의 3차 탄소 원자를 '다리목' 탄소라고 한다. 다시 말해 2개 이상의 고리를 공유하고 있는 탄소 원자를 '다리목'이라고 하고, 이러한 다리목들에 연결된 결합을 '다리'라고 한다.

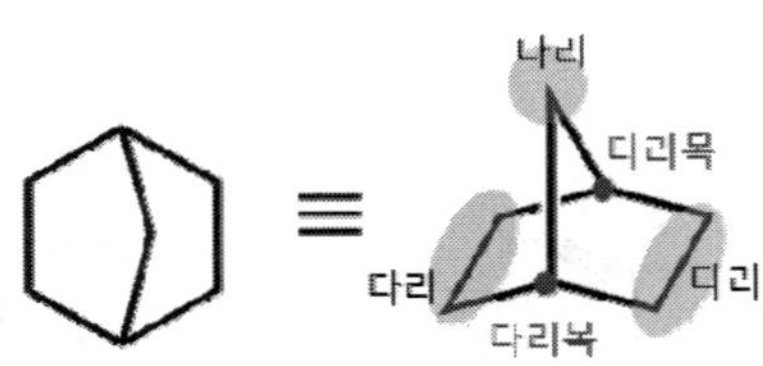

두 고리가 다리 걸친 형태의 알케인은 바이사이클로[숫자, 숫자]알케인{bicyclo [number, number]alkane}식으로 명명한다.

이 원칙에 따라 다음 화학물질의 IUPAC 이름은 바이사이클로[3,2,1]옥테인

(bicyclo[3,2,1]octane)이다.

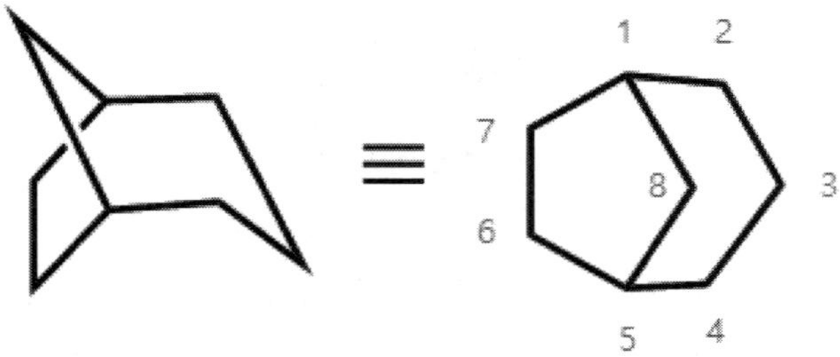

바이사이클로[3,2,1]옥테인에 나타낸 것처럼, 모체 알케인은 두 고리구조를 이루는 전체 탄소 수를 기준으로 결정된다. 대괄호 안의 숫자는 세 개의 다리에 있는 탄소 수를 나타내며, 이 숫자들은 큰 것부터 작은 순서로 배열된다. 탄소 위치 번호는 하나의 다리목 탄소에서 시작하여 가장 큰 고리의 원소에 연속적으로 번호를 매기고, 다음으로 큰 고리에 번호를 매긴다. 마지막으로 가장 작은 고리의 원자에 번호를 매긴다.

이 법칙에 따른 캄펜의 IUPAC 이름은 2,2-다이메틸-3-메틸렌바이사이클로[2,2,1]헵테인(2,2-dimethyl-3-methylenebicyclo[2,2,1]heptane)이다.

4) 방향족 탄화수소

벤젠과 같이 이중결합이 교대로 있는 고리화합물을 방향족 탄화수소라 한다. 치환된 벤젠 유도체는 벤젠에 접두사로 치환기의 이름을 붙여 명명한다.

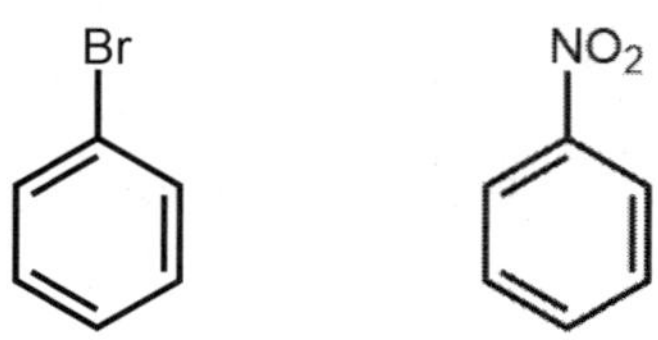

브로모벤젠 니트로벤젠

벤젠의 다이메틸 유도체는 자일렌(xylene)이라 한다. 치환된 위치에 따라 오쏘(ortho), 메타(meta), 파라(para) 치환 유도체와 같은 세 개의 이성질체가 있다. 접두사 오쏘(ortho)는 1,2-이치환 벤젠 고리를 의미하며, 메타(meta)는 1,3-이치환, 파라(para)는 1,4-이치환을 의미한다. 각각 *o*-, *m*-, *p*-로 표시한다.

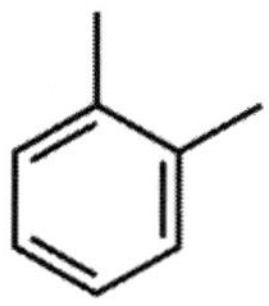

1,2-dimethylbenzene
(*o*-xylene)

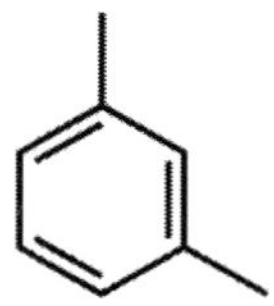

1,3-dimethylbenzene
(*m*-xylene)

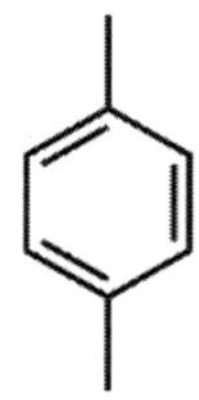

1,4-dimethylbenzene
(*p*-xylene)

티트리(teatree), 유향(frankincense), 유칼립투스(eucalyptus), 로즈메리(rosemary)에 들어 있는 *p*-시멘(cymene) 구조를 보자.

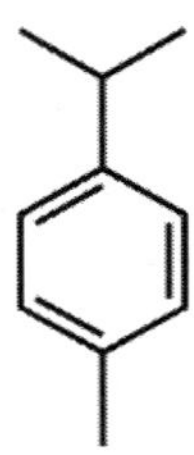

p-시멘(cymene)

벤젠 고리에 메틸기($-CH_3$)와 이소프로필(iso-propyl)($-CH(CH_3)_2$)기의 두 치환기가 벤젠 고리의 정반대 위치에 치환되어 있다는 뜻의 'para'가 접두사로 붙어 이름이 *p*-시멘(cymene)이다. 이 화합물은 기본적으로 테레빈유(turpentine oil)와 같은 우디계 향에 약한 시트러스 향이 난다. 치환기가 붙는 위치 차이로 인해 *p*-시멘 이외에도 *o*-시멘(*o*-cymene)과 *m*-시멘(*m*-cymene)의 두 개 위치 이성질체가 존재한다.

벤젠 고리가 치환기로 된 경우에는 '페닐(phenyl)'이라는 단어를 사용하며, 이는 C_6H_5-로 표기된다. 마찬가지로 치환기로 명명되는 아렌은 '아릴(aryl)기'라고 부른다. 벤질기(benzyl)는 $C_6H_5CH_2-$로 표기된다.

5) 작용기별 명명법

여러 원자가 결합하여 하나의 원자처럼 행동하는 단위를 '원자단(atomic group)'이라 하며, 유기화합물의 화학 반응적 특성이나 화합물의 성질을 결정하는 중요한 역할을 하는 것을 '작용기'라 한다.

① 알코올

IUPAC 규칙은 기능식(functional) 명명법과 치환식(substitutive) 명명법이 있다. 알코올의 기능식 이름은 하이드록시(hydroxyl, −OH) 치환기가 결합된 알킬기의 이름에 독립된 낱말인 알코올(alcohol)을 붙여 명명한다. 사슬은 항상 하이드록시기가 결합된 탄소에서 시작하여 번호를 붙인다. 알코올의 치환식 이름은 하이드록시기를 포함한 가장 긴 연속 사슬을 확인하고, 이에 대응하는 알케인의 어미 *-에인(-e)*을 접미사 *-올(-ol)*로 바꿔 명명한다. 치환식 이름이 더 선호되지만, 기능식 이름은 때때로 더 편리하거나 친숙해서 유기화학에서 더 자주 사용된다.

예를 들어, 향에 있어서 가장 많이 사용되는 용매인 에탄올을 보자. 탄소 2개로 이루어진 에테인(ethane) 모체의 끝에 알코올이 결합되어 있다. 주 원자단의 끝에 OH가 붙어있으므로 접미사는 −올(−ol)이 된다. 따라서 IUPAC의 기능식 이름은 모체에 상응하는 알케인의 어미인 '에틸'에 알코올을 붙여 에틸알코올(ethyl alcohol)이고, 치환식 이름은 에탄올(ethanol)이 된다.

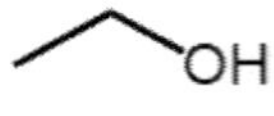

주원자단의 끝에 OH에 대한 접미사: −올(−ol)
CH_3CH_3에 대한 모체: 에테인(ethane)
IUPAC 이름: 치환식 이름: 에탄올(ethanol)
기능식 이름: 에틸알코올(ethyl alcohol)

② 에터(ether)

R_1−O−R_2 형 화합물은 R_1기와 R_2기의 이름을 열거하고 그 뒤에 에터(ether)라는 단어를 추가하여 명명한다. 여기서 R은 탄화수소를 의미한다. 예를 들어, CH_3−O−CH_2CH_3는 에틸 메틸 에터(ethyl methyl ether)라고 한다. 치환기로 −OR

은 알콕시(alkoxy)기라 하므로, $-OCH_3$는 메톡시(methoxy)기가 된다.

에틸 메틸 에터(ethyl methyl ether)

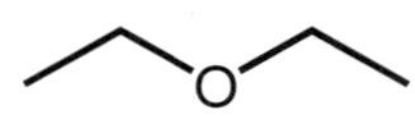

다이에틸 에터(diethyl ether)

③ 알데하이드

−CHO기를 포함한 가장 긴 연속된 사슬을 모체 이름으로 한다. 상응하는 알케인 이름에서 끝에 있는 *−에(−e)*를 *−알(al)*로 치환하고, 치환기는 통상적인 방법에 따라 규정한다.

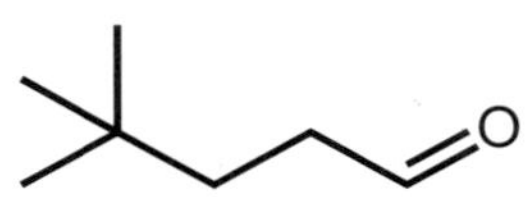

4,4−다이메틸펜탄알
(4,4−dimethylpentanal)

5−헥센알(5−hexenal) 또는
헥스−5−엔알(hex−5−enal)

포밀기(−CH=O: formyl)가 고리에 결합되어 있으면, 고리 이름 뒤에 접미사 −카브알데하이드(−carbaldehyde)를 첨가하여 명명한다.

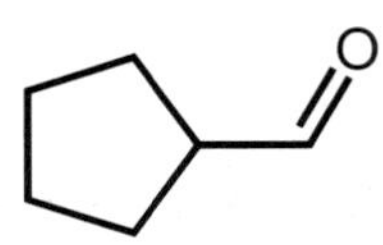

사이클로펜테인카브알데하이드(cyclopentanecarbaldehyde)

한편 일부 잘 알려진 알데하이드의 일반명은 IUPAC명으로 인정되고 있다. 몇 가지 예는 다음과 같다.

폼알데하이드(formaldehyde) = 메탄알(methanal)

아세트알데하이드[acetaldehyde = 에탄알(ethanal)]

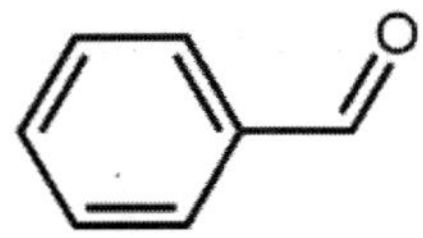

벤즈알데하이드(benzaldehyde) = 벤젠카브알데하이드(benzenecarbaldehyde)

산소를 포함하고 있는 작용기 중에서, 치환체 이름의 접미사를 결정하는 데는 더 높은 산화상태가 낮은 산화상태보다 우선한다. 따라서 다음과 같이 알코올과 알데하이드 작용기를 모두 포함한 화합물은 알데하이드로 명명한다.

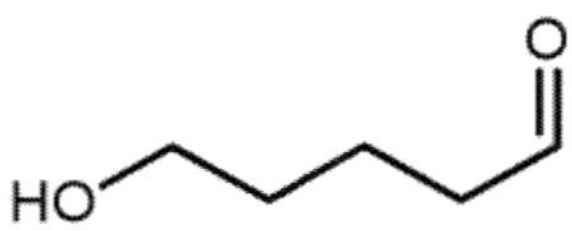

5-하이드록시펜탄알(5-hydroxypentanal)

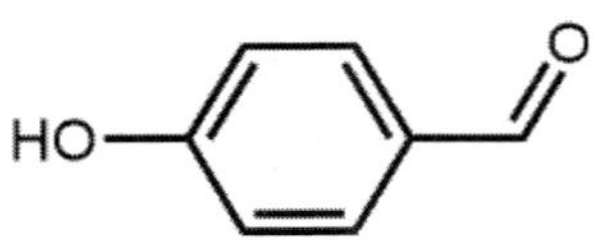

p-하이드록시벤즈알데하이드(4-hydroxybenzaldehyde)

④ 케톤

C=O 원자단이 두 개의 탄소(알킬기 또는 아릴기)와 연결된 경우 이를 케톤(ketone)이라 한다. R_1-CO-R_2 구조이다. 카보닐기를 포함하는 가장 긴 연속된 사슬에 해당하는 알케인의 끝에 있는 *-에(-e)*를 *-온(-one)*으로 치환한다. 카보닐기가 더 작은 번호가 되도록 사슬에 번호를 붙인다.

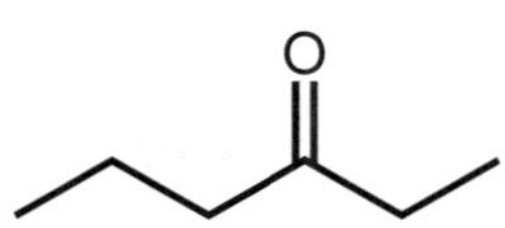

3-헥산온(3-hexanone) 또는 헥산-3-온(hexan-3-one)

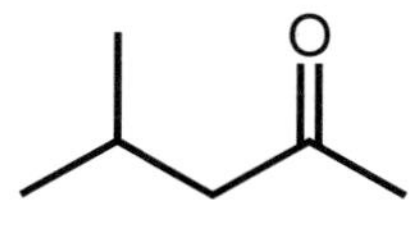

4-메틸-2-펜탄온(4-methyl-2-pentanone) 또는 4-메틸펜탄-2-온(4-methylpentan-2-one)

비록 치환식 이름이 우선이지만, IUPAC 규칙은 기능식 명명법도 케톤에 허용한다. 카보닐기에 결합된 기들을 서로 분리해서 명명하고, 끝에 케톤을 붙인다. 기들은 알파벳 순서로 배열한다. 따라서, 앞에 소개한 3-헥산온(3-hexanone)은 에틸프로필케톤(ethyl propyl ketone)이라고도 한다.

⑤ 카복실산

카복실산의 계통명은 카복실기를 포함하는 가장 길게 연결된 사슬의 탄소수를 세고, 그에 상응하는 알케인의 어미에 '산'을 붙인다. 영어로는 어미 -e를 -oic acid로 치환한다. 예를 들어, 메탄산(methanoic acid)(1탄소), 에탄산(ethanoic acid)(2탄소), 펜탄산(pentanoic acid)(5탄소)이라고 하지만, 일반명인 폼산(formic acid), 아세트산(acetic acid), 발레르산(valeric acid)이 더 널리 사용된다.

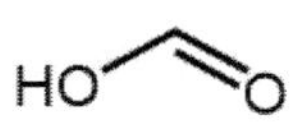

메탄산(methanoic acid) = 폼산(formic acid)

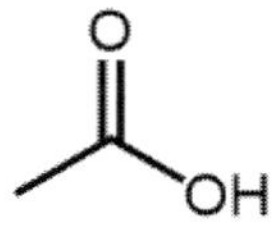

에탄산(ethanoic acid) = 아세트산(초산)(acetic acid)

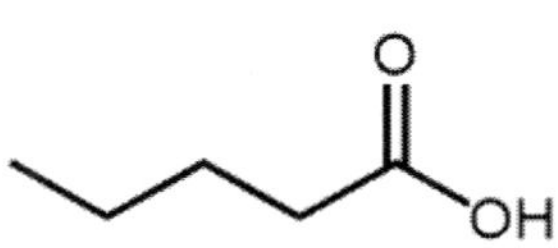

펜탄산(pentanoic acid) = 발레르산(valeric acid)

치환기들이 존재하면 그들의 위치는 숫자로 구별한다. 탄소 사슬의 번호는 항상 카복실기에서 시작한다.

주사슬에 이중결합이 있으면 어미를 -엔산(-enoic acid)으로 표시한다. 예를 들어, 아크릴산(acrylic acid)의 IUPAC 이름은 propenoic acid이며, 한글로는 프로펜산이라고 한다.

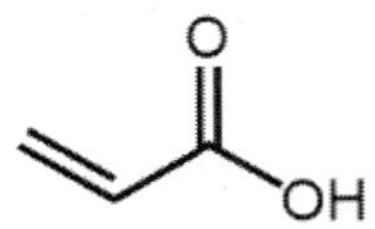

프로펜산(propenoic acid) = 아크릴산(acrylic acid)

카복실기가 고리에 붙어있을 때는 모체 고리를 이름으로 쓴 다음(어미에 -e를 유지), 어미에 -카복실산(-carboxylic acid)을 붙인다. 예를 들어, 다음 화합물의 이름은 벤젠 카복실산(benzene carboxylic acid)이다. 그러나 실제로는 벤조산(benzoic acid)이라는 이름이 더 많이 사용된다.

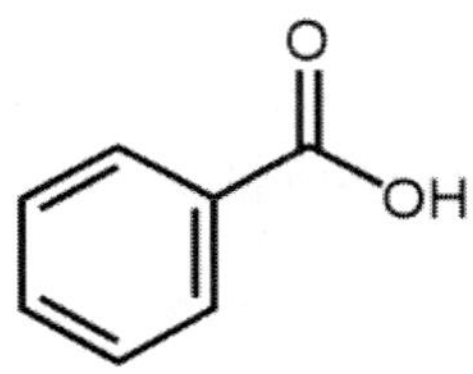

벤젠 카복실산(benzene carboxylic acid) = 벤조산(benzoic acid)

접미사는 -카복실산(-carboxylic acid) 또는 -산(-oic acid)으로 사용되며, 접두사는 카복시-(carboxy-)로 한다.

⑥ 에스터(ester)

주로 과일이나 꽃 향에 많은 에스터는 산촉매 아래에서 카복실산과 알코올이 축합반응을 통해 형성되며, 이 과정을 에스터화 반응이라 한다. 에스터는 일반적으로 $R_1-COO-R_2$ 구조를 가진다. 에스터는 먼저 산소에 결합된 알킬기를 명명한 다음 카복실산의 -ic acid 어미를 -ate로 바꾸어 명명한다.

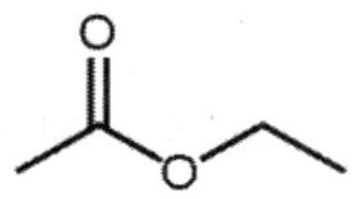

ethyl acetate

에틸 아세테이트
(아세트산 에틸)

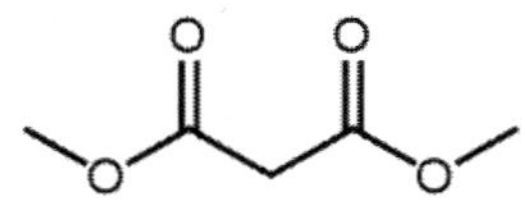

dimethyl malonate

다이메틸 말로네이트
(말론산 다이메틸)

6) 유기화합물 명명 실습

IUPAC 표준 명명법을 사용해 실제 향 소재의 이름을 알아보자. 우선 주원자단을 정하고, 다음에는 모체구조를, 그리고 마지막으로 치환체를 정한다. 향 화학물질에 주로 포함된 원자단의 IUPAC 우선순위는 다음과 같다.

> 산(카복실산) → 산 유도체(산무수물, 에스터, 아마이드) → 알데하이드 → 케톤 → 알코올 → 아민 → 에터

모체구조를 정하는 법은 다음과 같다.

① 주 원자단(주 작용기)을 가장 많이 포함하는 사슬이나 고리구조
② 우선순위의 헤테로 원자를 가장 많이 포함하는 사슬이나 고리구조

지금까지 소개한 기준을 이용해 미르센의 IUPAC 이름을 정하는 과정을 단계별로 나눠 설명한다.

① 주원자단 결정: 미르센은 두 개의 이중결합을 가진 '다이엔' 구조를 가지고 있어, 주원자단으로 불포화 탄화수소(알켄)로 결정한다.
② 모체구조 결정: 미르센의 기본 사슬 이름은 탄소 8개로 이루어진 긴 사슬에, 2개의 이중결합이 있는 옥타디엔(octadiene)이다. 미르센의 이중결합은 1, 6 위치에 있다.
③ 치환체 결정: 치환체로는 3 위치에 메틸리덴기(=CH_2)가 있고, 7 위치에는 메틸기(−CH_3)가 있다.

이 모든 정보를 바탕으로, 미르센의 IUPAC 이름은 7-methyl-3-methylideneocta-1,6-diene이다. 여기서 '7-methyl'은 7번 탄소에 메틸 그룹이 붙어있고, '3-methylidene'은 3번 탄소에 메틸리덴기가 있음을 나타낸다. 'octa-1,6-diene'은 8개의 탄소로 이루어진 사슬에서 1과 6 위치에 이중결합이 있음을 의미한다.

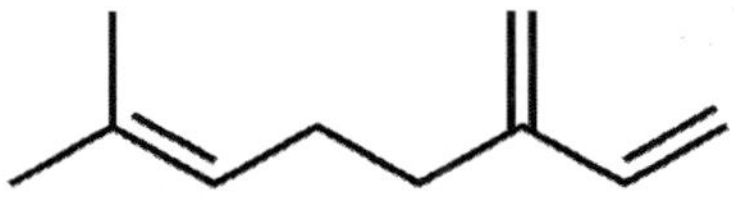

주원자단: 불포화탄화수소
모체구조: 옥텐
치환체: 3-메틸리덴, 7-메틸
IUPAC 이름: 7-methyl-3-methylideneocta-1,6-diene

이번에는 장미 정유에 들어있는 장미 향이 나는 제라니올(geraniol) 화학구조의 IUPAC 이름을 결정해 보자.

① 주원자단 결정: 제라니올의 화학적 특성에서 중요한 부분은 알코올(-OH) 그룹이다.
② 모체 구조 결정: 이 모체 사슬은 이중결합이 2개 있는 옥텐(octene)이다. 이중결합은 2, 6-위치에 있다. IUPAC 명명법에서는 이중결합의 위치를 포함하여 사슬을 명명할 때 가장 낮은 번호를 사용하므로, 결정된 이름은 '옥타-2,6-디엔(octa-2,6-diene)'이다.
③ 치환체 결정: 제라니올 분자에는 3번과 7번 탄소에 메틸($-CH_3$) 그룹이 붙어있다.

이 정보에 따라 제라니올의 IUPAC 이름은 3,7-디메틸옥타-2,6-디엔-1-올(3,7-Dimethylocta-2,6-dien-1-ol)이다. 이 명칭으로부터, '3,7-dimethyl'은 주된 탄소 사슬의 3번째와 7번째 위치에 메틸 그룹이 있음을, '옥타(octa)'는 8개의 탄소로 이루어진 주사슬을 의미한다. '2,6-dien'은 2번째와 6번째 위치에 두 개의 이중결합이 있음을 나타낸다. '1-ol'은 사슬의 1번 위치에 알코올(-OH)기가 있음을 의미한다.

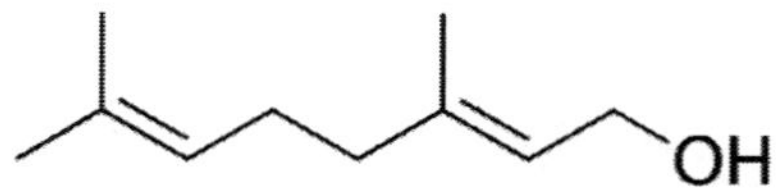

주원자단: 알코올
모체구조: 옥텐
치환체: 3-, 7-메틸
IUPAC 이름: 3,7-dimethylocta-2,6-dien-1-ol

같은 방법으로, 장미 정유에 들어있는 기분 좋은 꽃 향이 나는 페네틸알코올을 보자.

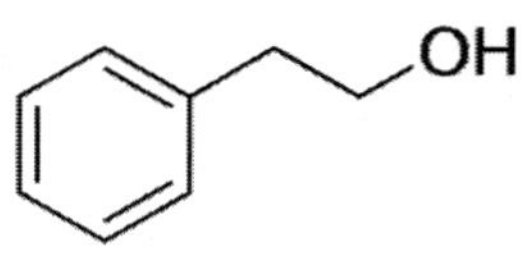

주원자단: 알코올
모체구조: 에탄올
치환체: 2-페닐
IUPAC 이름: 2-phenylethanol

모든 정보를 종합하면, 페네틸알코올의 IUPAC 이름은 2-phenylethanol이다. 이 이름으로부터, '2-phenyl'은 2번 탄소에 페닐 그룹이 있고, 'ethanol'은 탄소 2개로 이루어진 알코올 구조임을 알 수 있다.

이번에는 레몬 향이 나는 알데하이드인 제라니알(geranial)을 보자. 제라니알은 시트랄(citral)의 주요 구성 요소 중 하나로, 레몬 및 다른 시트러스 계열의 향을 내는 알데하이드 화합물이다. 제라니알의 IUPAC 이름은 3,7-디메틸-2,6-옥타디엔알(3,7-dimethyl octa-2,6-dienal)이다. 접두어 '3,7-디메틸(3,7-dimethyl)'은 3번과 7번 탄소에 메틸 그룹이 있고, 다음에 '옥타(octa)'는 탄소수 8개로 이루어진 사슬이라는 의미의 옥텐이 모체명이다. 2,6-디엔(2, 6-dien)은 2번째와 6번째 위치에 이중결합이 2개 존재하고, 마지막의 '알(al)'은 알데히드기(-CHO)가 있음을 나타낸다.

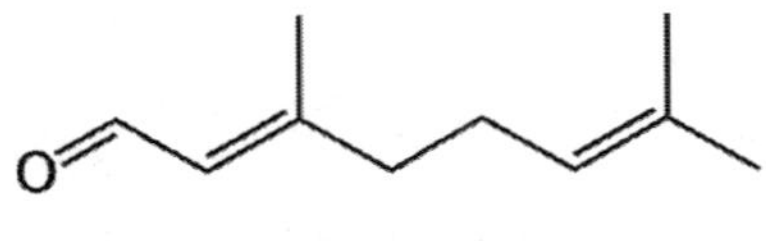

주원자단: 알데하이드
모체구조: 옥텐
치환체: 3,7-메틸기
IUPAC 이름: 3,7-dimethyl octa-2,6-dienal

페닐 그룹이 포함된 불포화 지방산인 신남산(cinnamic acid) 또는 계피산의 IUPAC 이름은 3-phenylprop-2-enoic acid이다. 카복실기가 치환되어 있는 프로판이 모체이고, 3번째 위치에 페닐기($-C_6H_5$)가 치환되어 있다. 마지막 '2-enoic acid'는 2번째 위치에 이중결합이 있는 카복실산(-COOH)을 의미한다.

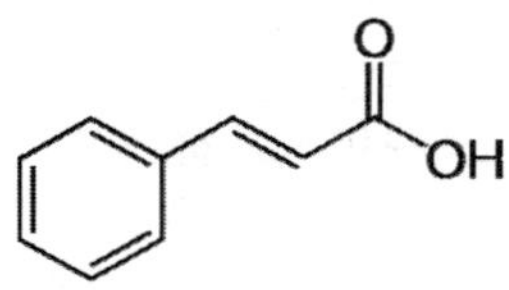

주원자단: 카복실산
모체화합물: 프로판산
치환기: 3-페닐
IUPAC 이름: 3-phenylprop-2-enoic acid

끝으로 한국, 일본, 중국 등에 자라는 녹나무에서 추출되며 의약용으로도 사용되었던 장뇌(camphor)의 IUPAC 이름은 1,7,7-트리메틸바이사이클로[2.2.1]헵탄-2-온(1,7,7-trimethylbicyclo[2.2.1]heptan-2-one)이다.

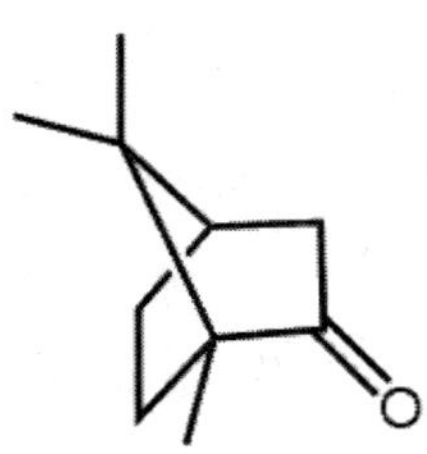

주원자단: 케톤
모체화합물: 7개의 탄소로 된 바이사이클이므로 헵테인
치환기: 1, 7, 7-메틸기
IUPAC 이름: 1,7,7-trimethylbicyclo[2.2.1]heptan-2-one

'1,7,7-trimethyl'은 1번, 7번 탄소에 메틸기($-CH_3$) 3개가 결합되어 있음을 나타낸다. 'bicyclo[2.2.1]heptan'은 캠퍼가 바이사이클릭(bicyclic) 구조를 갖고, 이 특정 고리구조는 두 개의 더 작은 고리가 연결된 7원자의 큰 고리로 구성되어 있다. '[2.2.1]' 표기는 각 고리에 2, 2, 1개의 탄소가 교차 위치해 있음을 나타낸다. 끝으로 '2-one'은 2번째 위치에 케톤 그룹(-C=O)이 있음을 의미한다.

IUPAC 이름은 복잡해 보이지만, 화학물질의 분자 구조와 성질을 명확히 전달하는 국제 표준 명명법이다. 이름으로부터 화학적 구조를 그릴 수 있어, 물질의 특성과 화학반응을 이해하는 데 도움이 된다.

2.3 이성질체

구조가 매우 유사한데도 냄새가 아주 다른 경우가 있다. 화학식은 같으나 원자들의 배열 방식이 서로 다른 화합물인 이성질체(isomer)는 화학적 특성, 색상, 용해도, 녹는점 등의 물리적 성질이 서로 다르다. 이 절에서는 이성질체와 향에 대해 알아보자. 이성질체의 종류는 〈그림 2-6〉에 나타냈다.

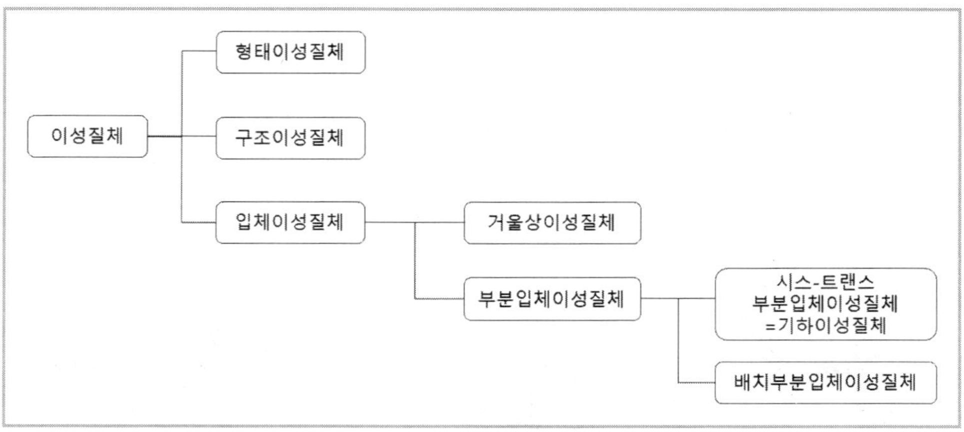

그림 2-6 이성질체 구분

이성질체를 설명하기에 앞서, 화학물질의 3차원 구조를 표현하는 방법에 대해 먼저 알아보자. 3차원 구조를 나타내는 방법에는 피셔 투영법(Fischer projection), 톱질대 투영법(Sawhorse projection), 뉴만 투영법(Newman projection), 그리고 쐐기(flying wedge)나 지그재그(zig-zag) 표현법이 있다. 자세한 사항은 전문 자료를 참조하길 바란다. 일반적으로 평면상에 위치하는 결합은 단순한 선으로 표현하며, 평면 위에 있는 원자를 연결하는 결합은 굵은 쐐기(쐐기의 가는 부분은 평면상 원자로부터 시작되는 것을 나타냄)나 굵은 선으로, 평면 아래에 있는 원자는 짧은 평행선으로 표현한다. 만약 입체 구조를 모른다면, 곱슬 모양의 선으로 표현한다.

1) 형태 이성질체

형태 이성질체(=이형태체, conformational isomer)는 분자식이 같고, 단일결합을 축으로 해서 자유 회전에 의해 나타나는 원자들의 3차원 배향을 의미한다. 네 개의 탄소로 이루어진 알케인, C_4H_{10}을 예로 들어보자.

〈그림 2-7〉에 나타낸 *n*–뷰테인(*n*–butane) 분자는 이중결합이 없다. 3차원 (a) 구조에서 탄소 원자 A(C_A)와 탄소 원자 B(C_B) 사이의 단일결합을 축으로 왼쪽과 오른쪽에 있는 원자단이 비교적 간단히 회전할 수 있다. 따라서 (b)나 (c) 구조(입체배좌)를 취할 수 있다. 물론 이들의 중간 구조도 가능하다. 에너지 면에서는 각 구조가 조금씩 다르지만, 상온에서 *n*–뷰테인은 서로 다른 복수의 입체배좌를 취할 수 있

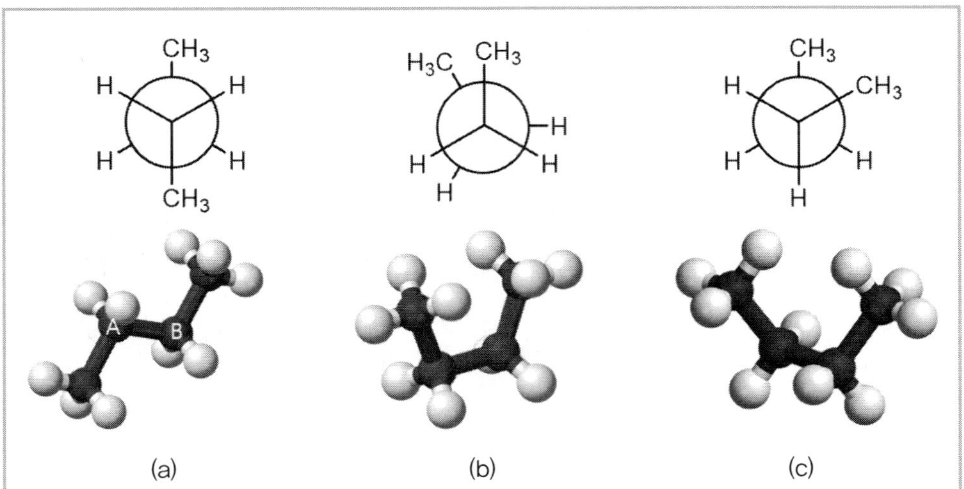

그림 2-7 *n*–뷰테인(*n*–butane)의 형태 이성질체 구조

고, 이들은 모두 1종류의 분자로 간주된다.

분자가 단일구조를 가진 물질인지 아닌지는 그 분자의 녹는점이나 끓는점과 같은 성질로 알 수 있다. n-뷰테인의 녹는점은 −140℃이고 끓는점은 −1℃이며, 누가 어떻게 측정해도 이 값에 가까운 값만 얻는다. 미세하게 보면 C–C 결합의 회전으로 다양한 형태의 서로 다른 입체배좌를 할 수 있지만, 상온에서는 이들이 자유롭게 변하여 특정 입체배좌만을 취하지 않기 때문이다.

2) 구조 이성질체

화학식은 같으나 원자들이 서로 다르게 연결된 화합물을 구조 이성질체(constitutional isomer=structural isomer)라고 한다. 〈그림 2-8〉에서 볼 수 있는 뷰테인과 구조 이성질체인 2-메틸프로페인의 화학식은 모두 C_4H_{10}이지만, 뷰테인의 왼쪽에서 두 번째 탄소(* 표시)는 두 개의 탄소 원자와 두 개의 수소 원자와 결합하고 있다. 반면, 구조이성질체인 2-메틸프로페인의 두 번째 탄소는 세 개의 탄소 원자와 한 개의 수소 원자와 결합하고 있다.

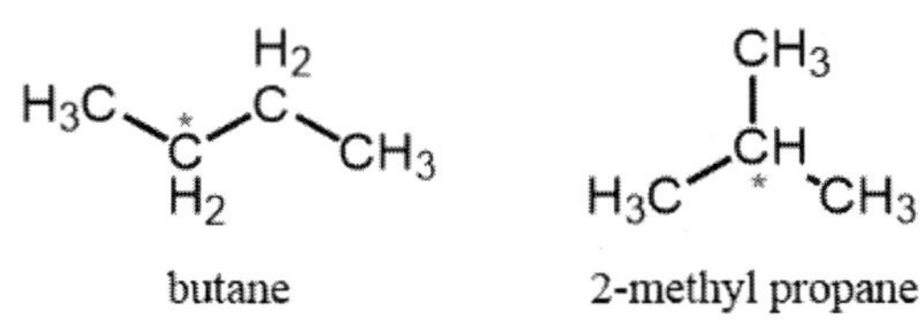

그림 2-8 C_4H_{10}의 구조 이성질체

〈그림 2-4〉에 소개한 뷰테인에 이중결합이 있는 알켄 화합물을 다시 보자. 1-뷰텐(1-butene)은 C1과 C2 사이에 이중결합이 있는 가지 없는 탄소 사슬을 갖고 있다. 이것은 다른 세 물질의 구조 이성질체이다. 마찬가지로 가지가 달린 탄소 사슬을 갖는 2-메틸프로펜(2-methylpropene)도 다른 세 화합물의 구조 이성질체이다.

C_5H_{12}인 알케인은 세 가지 이성질체가 존재하며, C_6H_{14} 알케인은 다섯 가지 이성질체가 가능하다. 구조 이성질체는 탄소 원자의 수가 늘어남에 따라 급격하게 증가한다. 예를 들어 $C_{40}H_{82}$는 60조 이상의 이성질체가 가능하다. 이들은 모두 서로 다

른 화합물이고, 구조도 다르며, 따라서 화학적 성질 및 녹는점, 끓는점과 같은 물리적 성질도 다 다르다.

3) 입체 이성질체

한편, 구성 원자들, 원자 간 연결 및 결합 다중성은 동일하지만, 공간상에서 원자 배열이 다른 것을 입체이성질체(stereoisomer)라 한다. 입체이성질체는 거울상 이성질체(enantiomer)와 부분입체이성질체(diastereomer)로 구분된다. 부분입체이성질체는 다시 배치(configuration)와 관련된 부분입체이성질체와 알켄의 *시스(cis)-트랜스(trans)* 이성질체라고도 하는 기하이성질체로 나눌 수 있다.

① 거울상 이성질체(광학 이성질체)

거울상 이성질체(enantiomer)는 손대칭성을 지닌 분자로, 서로의 거울상이지만 동일하지 않다. 손대칭성은 그리스어로 '손'을 의미하는 cheir에서 유래한 용어로, 이를 카이랄성(chiral)이라고 한다.

유기화학에서 카이랄성은 대부분 네 개의 다른 기가 결합된 탄소 원자를 포함한 분자에서 일어난다. 예를 들어 브로모클로로플루오로메테인(BrClFCH)을 보자.

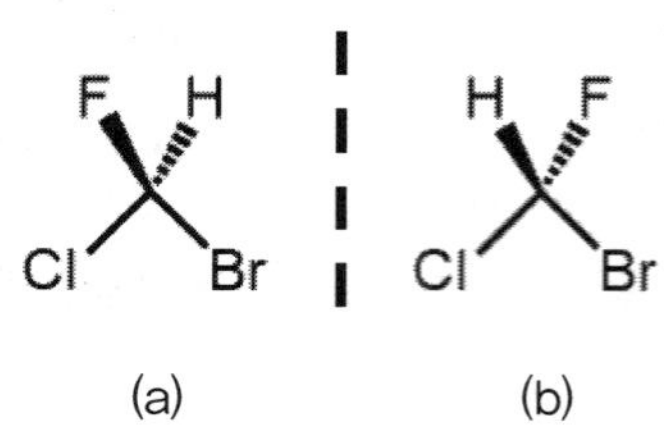

그림 2-9 브로모클로로플루오로메테인(BrClFCH)의 거울상 이성질체

브로모클로로플루오로메테인의 두 거울상을 보면, 각 원자는 하나의 탄소에 연결되어 있고 구조가 같다. 그러나 공간에서 서로 겹칠 수 없다. 따라서 BrClFCH은 카이랄이다.

이렇게 네 개의 다른 치환기가 결합된 사면체 탄소 원자를 전에는 비대칭중심(asymmetric center), 비대칭 탄소(asymmetric carbon), 카이랄성 중심(chiral center)이라는 용어로 불렀으나, IUPAC에서는 '카이랄 중심(chirality center)'이라 하므로 이로 통일되는 추세이다. 분자에 한 개 이상의 카이랄 중심이 존재하면 그 화합물이 카이랄이라고 바로 알 수 있다.

거울상 이성질체는 거의 동일한 물리화학적 특성을 가진다. 〈그림 2-9〉의 (a)와 (b)의 브로모클로로플루오로메테인은 포함되어 있는 원자의 종류와 수가 완전히 같으므로 질량분석, 적외선 흡수 스펙트럼, 핵자기공명(NMR) 스펙트럼을 사용해도 양쪽의 입체 구조를 구별할 수 없다. 유일한 차이는 편광면을 회전시킬 수 있는 능력인 광학활성(optical activity)에 있다. 평면 편광을 회전시키는 능력 때문에 거울상 이성질체를 흔히 광학 이성질체(optical isomer)라고 한다.

광학 활성도를 측정하는 데는 편광계(polarimeter)를 사용한다. 편광면이 시계방향으로 회전하면 양(+)의 회전이라고 하고, 시계 반대 방향으로 회전하면 음(−)의 회전이라 한다. 고전적인 용어로는 라틴어에서 유래된 우회전성(dextrorotatory)과 좌회전성(levorotatory)에서 기인한 *d*와 *l*이 사용되었다. 최근에는 대수학적 부호를 사용해서, *d*를 (+), *l*을 (−)로 표시한다. 같은 양의 거울상 이성질체를 포함한 혼합물은 광학적으로 비활성이며, 이를 라세미 혼합물(racemic mixture)이라 하고, (±)로 표시한다.

한편 카이랄 중심에서 치환기의 입체배열은 절대 배열로 정의되지만, 편광 회전 부호와 그 값으로부터 물질의 절대 배열을 알 수는 없다. 따라서 절대 배열을 표현하는 방법으로 R 또는 S를 사용한다. 이 방법으로 화학물질의 구조를 그림이 아닌 이름으로부터 그 배열을 알 수 있게 되었다. 이를 가능하게 하는 R/S 표기법에 대해 알아보자. 이를 위해서는 우선순위 체계를 알아야 한다.

칸-인골드-프렐로그(Cahn, Ingold, Prelog)가 처음으로 카이랄 중심에서 절대 배열을 다루기 위해 우선순위 체계를 만들었다. 순위 결정 규칙은 다음과 같다.

① 직접 결합된 치환기 원자들의 원자 번호가 클수록 높은 순위이다.
② 규칙 1에서 순위가 정해지지 않으면 차이가 날 때까지 두 번째, 세 번째로 내려가면서 가장 원자 번호가 큰 원자로 비교한다.
③ 이중결합이나 삼중결합을 갖는 치환체는 같은 수의 단일결합된 원자와 동등하게 간주한다.
④ 동위원소인 경우 질량수가 크면 우선순위가 높다.
⑤ 입체이성질 리간드인 경우 (R)-치환체가 (S)-치환체보다 높고, *Z*(*cis*) 치환체

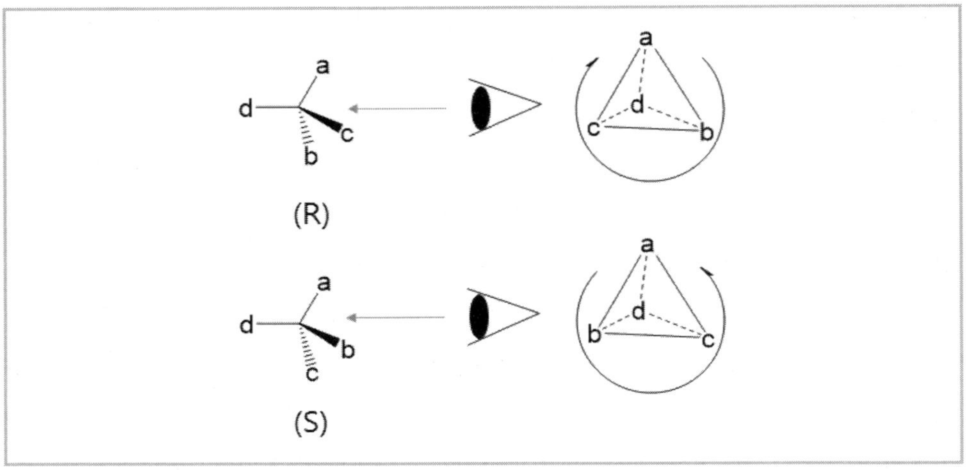

그림 2-10 R/S 표기법

가 *E(trans)* 치환체보다 순위가 높다.

이제 그림을 보고 R/S 표기법을 연습해 보자. 편의상 카이랄 중심에 결합되어 있는 치환기의 순위가 a > b > c > d라고 하자. 카이랄 중심에서 가장 순위가 낮은 치환체 d에서 가장 멀리 떨어진 방향에서 화합물을 바라본다. 그리고 a로부터 c까지 경로를 따라갔을 때, 시계방향으로 돌아가면 R(라틴어로 오른쪽을 의미하는 rectus)이라고 하고, 시계 반대 방향으로 돌아가면 S(라틴어로 왼쪽을 의미하는 sinister)라는 기호를 붙인다.

이를 (+)-2-뷰탄올에 대입해서 보자.

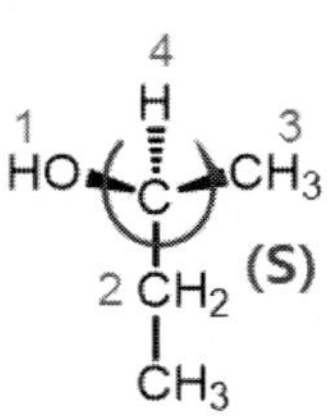

(S)-2-butanol

카이랄 중심에 있는 치환기의 우선순위 순서는 $OH > CH_3CH_2 > CH_3 > H$이다. 가장 낮은 우선순위의 치환기, 즉 H가 관찰자로부터 멀리 향하도록 배치하고, 나머지 세 개 치환기를 순위의 순서대로 따라가 보면 시계 반대 방향으로 진행한다. 그러므로 이 화합물은 S 배열을 가진다. 따라서 (S)-(+)-2-뷰탄올이다. 실제로 카이랄성을 가진 2-뷰탄올은 두 가지 입체이성질체를 가지고 있다. 흔히 R 또는 S 배열에서 회전 부호는 (R)-(-)-2-뷰탄올, (S)-(+)-2-뷰탄올로 화합물의 이름 앞에 표기한다.

② 부분입체이성질체

부분입체이성질체는 거울상 이성질체가 아닌 입체이성질체로, 위치 배열(configuration)과 관련된 부분입체이성질체와 *시스(cis)-트랜스(trans)* 이성질체라고도 하는 기하이성질체로 나눈다.

배치 관련 부분입체이성질체 현상은 한 분자에 두 개 이상의 카이랄 중심이 있는데, 그 배치가 일부만 같을 때 나타난다. 즉 분자의 어느 부분은 정확하게 겹치지만, 다른 부분은 공간에서 원자나 그룹들의 배치가 달라서 겹치지 않는다. 카이랄 중심의 배치가 모두 반대이면 거울상 이성질체인 반면, 그중 일부가 같으면 부분입체이성질체이다.

시스-트랜스 이성질체는 이중결합이 있는 경우와 고리형 화합물에 치환체가 있을 때 생긴다. 이를 기하 이성질체(geometric isomer)라고도 한다.

우선 이중결합이 있는 〈그림 2-4〉에 있는 2-뷰텐(2-butene) (c)와 (d)를 보자. 그림에 있는 뷰텐 분자는 *n*-뷰테인(butane)의 가운데 있는 C-C 결합이 이중결합으로 되어 있다. 그리고 탄소 탄소 이중결합에 두 개의 메틸기가 부착되어 있다. 분자 (c)는 메틸 치환기가 모두 같은 편에 있고, 분자 (d)는 치환기가 서로 반대편에 있다. 치환기가 모두 같은 편에 있으면 서로에 대해 *시스(cis)*라고 하고, 서로 반대편에 있으면 서로에 대해 *트랜스(trans)*라고 한다. 이중결합 부분에는 전자가 많이 분포되어 있어 결합이 강해서 C=C 결합에서 회전은 불가능하다. 무리하게 온도를 올려 회전시키면 그 부분에서 분자는 부서지게 될 것이다. 따라서 (c)의 분자 중에서 한 치환기를 오른쪽 위에 있는 (d)의 분자와 같은 위치에 가져갈 수는 없다. 즉 (c)와 (d)의 구조는 서로 교환되지 않는다.

이 두 물질은 원자의 종류도 개수도 같으므로 분자량도 똑같다. 그런데 (c)의 끓는점과 녹는점은 각각 4℃ 및 -139℃이며, (d)는 각각 1℃와 -106℃로, 서로 크게 차이가 난다. 처음 볼 때 같아 보이는 이 두 분자는 완전히 다른 것임을 알 수 있다.

이제 사이클로알케인과 같은 고리형 화합물의 경우를 보자. 〈그림 2-11〉처럼 사이클로알케인의 다른 탄소에 두 개의 치환기, 예를 들어 메틸기가 결합되어 있을 때, 이 치환기들은 같은 편에 있을 수도 있고, 서로 반대편에 있을 수도 있다. 치환기가 모두 같은 편에 있으면 서로에 대해 *시스(cis)*라고 하고, 서로 반대편에 있으면 서로에 대해 *트랜스(trans)*라고 한다.

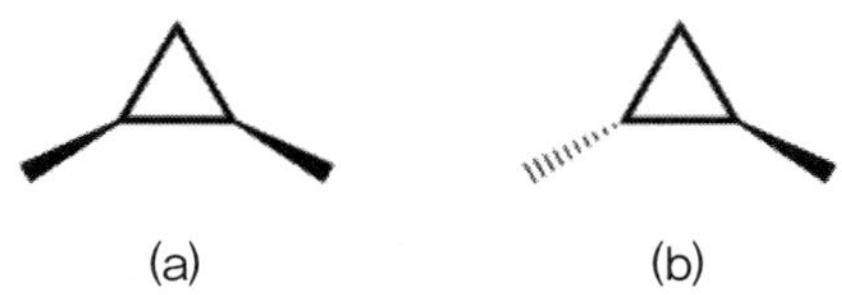

그림 2-11 (a) *cis*-1,2-디메틸사이클로프로페인과 (b) *trans*-1,2-디메틸사이클로프로페인

2-뷰텐이나 1,2-디메틸사이클로프로페인의 경우, 같은 메틸기라는 치환기를 갖고 있다. 그러나 한 탄소에 있는 치환기가 다른 탄소에 있는 기준 치환기와 비슷하거나 유사하지 않을 때 '*시스*'와 '*트랜스*'라는 용어는 적절하지 않다. 이를 해결하는 방법으로, 상대적인 입체를 표현하는 *시스-트랜스* 표시 외에 IUPAC에서 선호하는 이중결합 표시 방법으로 여러 치환기를 같이 표현할 수 있는 *E/Z* 체계가 있다. 이는 원자 번호를 기준으로 이중결합 탄소에 결합된 치환기의 순위를 결정하는 방법이다. 각각 이중결합 탄소 원자에 붙어있는 치환기의 우선순위를 결정하고 순위가 높은 치환기가 이중결합을 중심으로 같은 쪽에 있으면 그 알켄은 *Z*(독일어로 '함께'라는 뜻의 zusammen)로, 우선순위가 높은 치환기가 서로 반대쪽에 있다면 *E*(독일어로 '반대쪽'이라는 뜻의 entgegen)로 표시한다. 그 순서를 정할 때는 R/S 체계에서 사용한 칸-인골드-프렐로그 규칙을 따른다. *E*와 *Z*는 이탤릭체 대문자로, 괄호 안에 넣고, 화합물명의 나머지 부분을 하이픈으로 연결하여 표기한다. 즉, *cis*-2-뷰텐은 *(Z)*-2-뷰텐으로, *trans*-2-뷰텐은 *(E)*-2-뷰텐으로 쓴다.

2.4 향의 생합성

식물은 다양한 생화학적 과정을 통해 필수 분자를 만들고 흡수하며, 번식과 자기방어를 위한 특별한 전략도 발전시킨다. 이들 중 상당수는 향기를 생성하여 수분을 유도하거나 포식자로부터 스스로 보호하는 데 사용한다. 장미는 수분을 유도하기 위해 향기로운 제라니올이나 리날로올을 방출하고, 우디 또는 발사믹과 같은 향은 주로 방어 목적으로 사용된다.

식물은 이런 향 성분을 휘발성 물질로 합성하여 꽃봉오리, 잎, 줄기 등에 저장했다가 필요할 때 대기 중으로 방출한다. 이 향기 성분들은 식물의 기본적인 생장과 세포 기능에 직접 관여하지 않기 때문에 '2차 대사산물(secondary metabolites)'로 불린다. 반면에, 탄수화물, 단백질, 핵산, 지질과 같은 물질들은 '1차 대사산물(primary metabolites)'로, 생명에 근본적이고 필수적인 역할을 담당한다.

식물에서 향기 물질은 1차 대사산물의 중간체를 기반으로 하는 특정 생합성 경로를 통해 생성되며, 그 기원은 탄수화물, 지방산, 아미노산 등이다. 향수 원료로 사용되는 물질은 대부분 2차 대사산물이지만, 일부는 분해 과정을 통해 1차 대사산물에서 파생되기도 한다. 생성 경로를 보면 지방족 향기 물질, 테르페노이드(terpenoid), 페닐알라닌(phenylalanine) 등에서 나오는 향기 물질로 구분할 수 있다. 미생물에 의해 생성되는 향기도 있다. 또한, 열매나 꽃 등을 수확한 후 가열, 건조 처리나 발효 과정을 거쳐 원래는 냄새를 갖지 않은 대사산물이 분해되어 생성되기도 한다.

식물에서 생성되는 향기 물질은 다양한 작용기들과 복잡한 탄소 골격을 가지고 있으며, 포화 및 불포화된 형태, 직선 구조 또는 가지가 있는 구조, 고리구조 등을 포함한다. 본 장에서는 식물에서 얻어지는 향기 물질의 생합성 경로와 그 기원을 그룹별로 나누어 설명하며, 각각의 메커니즘을 소개한다.

1) 생합성

식물에서 일어나는 가장 중요한 화학반응은 광합성이다. 이 과정을 통해 식물은 이산화탄소(CO_2)와 물(H_2O)을 사용하여 필수적인 생화학 물질인 포도당($C_6H_{12}O_6$)과 산소(O_2)를 만든다. 이 반응은 식물 세포의 엽록체에서 일어나며, 햇빛은 광합성을 위한 에너지원으로 작용한다. 공기 중 질소는 토양 미생물에 의해 고정되어 수용성 질소 화합물 형태로 식물의 뿌리로 이동하여 단백질과 핵산 등을 합성하는 데 필요한 질소 원자를 공급하는 데 사용된다.

광합성의 일반적인 화학반응은 다음과 같다.

$$6CO_2 + 6H_2O + (\text{에너지}) \rightarrow C_6H_{12}O_6 + 6O_2$$

식물이 만들어내는 향기에는 대부분을 차지하는 테르페노이드 외에 페놀류, 페닐프로파노이드 및 비테르페노이드 지방족 화합물 등이 있다. 이 외에도 식물은 알칼로이드(alkaloid), 글리코사이드(glycoside), 플라보노이드(flavonoid), 사포닌(saponin) 등 다양한 2차 대사물질을 생산한다. 이러한 향기 성분은 식물 세포 내에서 자체적으로 생산되는데, 이 과정을 '합성'이라고 한다. 합성이란 어떤 소재를 출발 물질로 하여, 그로부터 다른 물질을 생성하는 것을 의미한다. 생명체는 비슷한 원료와 경로로 향 성분을 합성하므로 생성물의 탄소 골격은 공통적인 특성을 갖게 된다. 대표적인 예로 테르페노이드가 있으며, 이는 뒤에 자세히 소개하겠다.

생합성 과정은 효소에 의해 촉매된다. 여기에 관여하는 효소는 정해진 반응을 가속화하여 활성화 에너지를 낮추는 역할을 하는 구형 단백질이며, 반응을 빠르고 선택적으로 진행시킨다. 또한, 분자 내 입체중심(stereocenter)이 있으면 입체특이적인 이성질체만을 만들어낸다. 예를 들어, 천연에서 멘톨은 (−)−멘톨 형태로 존재하며, (+)−멘톨은 생성되지 않는다. 효소가 반응을 수행하는 데에는 종종 보조 인자가 필요하며, 이들은 각각 반응에 필요한 시약이나 에너지 공급원의 역할을 한다. 냄새 성분을 생합성하는 데 중요한 보조 인자는 아데노신 삼인산(Adenosine triphosphate, ATP), 니코틴아마이드 아데닌 디뉴클레오티드 인산염(Nicotinamide adenine dinucleotide phosphate, NADP), 그리고 코엔자임 A(Coenzyme A, CoA) 등이 있다.

① 이차 대사산물 생합성

〈그림 2−12〉에 식물의 광합성에서부터 2차 대사산물이 생합성되는 일반적인 구조를 나타내었다.

식물이 광합성을 통해 대기 중의 이산화탄소와 물로부터 생성한 포도당은 이후 당분해(glycolysis) 과정을 통해 분해될 수 있다. 이 과정에서 포스포엔올피루브산(phosphoenolpyruvate, PEP)이 형성되며, PEP는 에리트로스 4−인산(erythrose 4−phosphate)과 반응하여 식물의 향기 성분을 포함한 2차 대사산물 생합성에 중요한 역할을 하는 시킴산(shikimic acid)을 생성한다. 시킴산은 플라보노이드와 리그닌의 전구체 역할을 하는 중요한 성분이다.

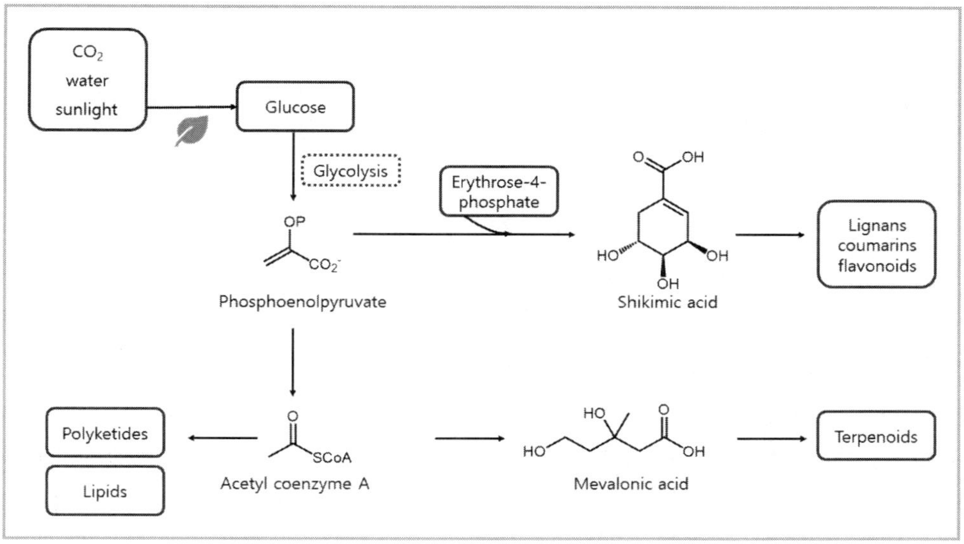

그림 2-12 2차 대사산물의 생합성 경로

한편, PEP가 코엔자임 A와 반응할 경우, 중간체에서 이산화탄소를 잃고 아세틸 코엔자임 A(Acetyl coenzyme A)를 형성한다. 아세틸 코엔자임 A는 줄여서 '아세틸 CoA'라고 한다. 이 아세틸 CoA는 알돌형 반응을 통해 결합하면 폴리케타이드(polyketide)와 지질(lipid)이 생긴다. 또한 아세틸 CoA는 가장 많은 수의 향을 제공하는 테르페노이드 생합성의 핵심 중간체인 메발론산(mevalonic acid)을 합성하는 데 사용될 수 있다.

식물의 생합성 과정에서 얻어지는 다양한 화학물질은 그들이 생성된 특정한 생산 라인의 특성을 보존한다. 이에 따라, 2차 대사산물들은 구조적으로 유사한 계열에 속해 서로 다른 계열 간 차이가 명확하다. 2차 대사산물에서 향 성분의 주요 공급원은 테르페노이드, 시킴산 유도체, 폴리케타이드 및 알칼로이드 순으로 중요도가 감소한다. 알칼로이드 계열에서 파생되는 냄새 물질은 거의 없다. 이제 각 경로에 대해 자세히 살펴보자.

② 폴리케타이드 생합성

폴리케타이드 생합성의 기본 단계를 〈그림 2-13〉에 나타내었다.

아세틸 CoA의 한 분자가 염기와 반응하여 에놀레이트 음이온(enolate anion)을 형성하고, 두 번째 아세틸 CoA 분자를 공격하여 출발 물질보다 탄소가 두 개 더 많

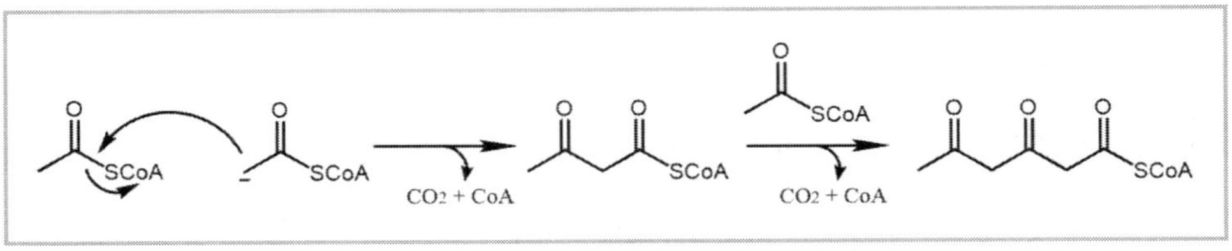

그림 2-13 폴리케타이드 생합성

은 β-케토산의 CoA 에스터를 생성한다. 이 새로운 물질은 세 번째 아세틸 CoA 분자에서 파생된 에놀레이트 음이온과 반응할 수 있는 CoA 에스터기를 포함하고 있다. 이 경우 생성물은 출발 물질보다 탄소 원자가 4개 더 많은 β, δ-디케토산(diketo acid)이다. 이 과정을 반복하면, 탄소 원자 사이사이에 케톤기가 있는 더 긴 사슬을 만들 수 있으며, 이를 폴리케타이드라고 한다. 일반적으로 카보닐기 사이에 끼어 있는 메틸렌기는 쉽게 탈양성화되기 때문에 폴리케타이드는 반응성이 높은 분자이다.

〈그림 2-14〉에서 볼 수 있듯이, 형성된 폴리케타이드 중간체에서부터 전형적인 오르셀린산(orsellinic acid)의 생합성을 볼 수 있다. 출발 물질은 네 개의 아세틸 CoA 분자가 단계적으로 반응하여 형성된 트리-케토-옥탄산(tri-keto-octanoic acid)이다. 사슬의 두 번째 탄소 원자가 탈원자화되면 음이온이 생성되는데, 이 음이온은 사슬의 7번째에 있는 친전자성(electrophilic) 탄소에 더해져 6원자고리를 형성한다. 실제 유기화학에서는 5원자 또는 6원자고리를 형성하거나 6원자 전이상태를 포함하는 반응이 매우 잘 일어난다.

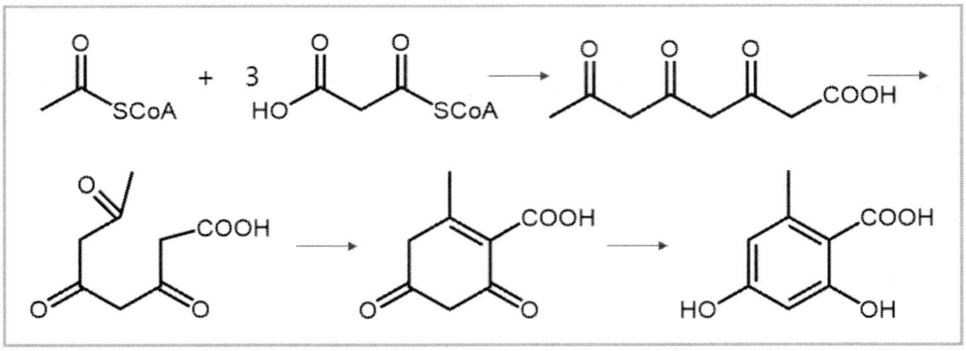

그림 2-14 폴리케타이드 생합성으로 생성되는 오르셀린산(orsellinic acid)

알돌 반응 생성물이 탈수되면 알돌 축합 생성물이 생성된다. 이 분자가 갖고 있는 두 개의 케톤기가 토토머화(tautomerize)되어 에놀(enol)형으로 변하면, 결과적으로 방향족 시스템이 형성되어 오르셀린산을 얻을 수 있다. 오르셀린산은 가장 중요한 향수 성분 중 하나이다. 예를 들어, 벤젠 고리에 메틸기가 추가되고 산 기능기가 메탄올에 의해 에스터화된 오르셀린산 유도체인 아트라릭산(atraric acid)은 향 측면에서 오크모스(oakmoss) 및 트리모스(tree moss) 추출물의 가장 중요한 성분이다. 시프레나 후제르 향조를 구성하는 데 필수 성분인 오크모스 향을 대체하는 Evernyl®로 판매되고 있다.

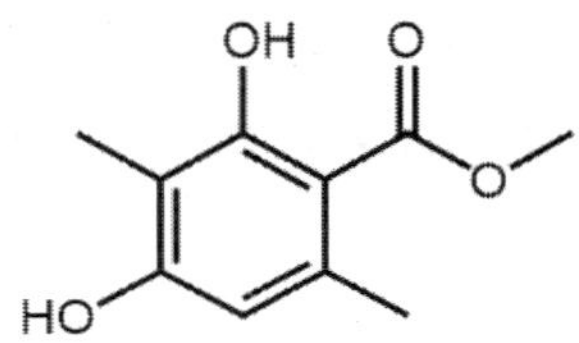

atraric acid = Evernyl®

③ 지질 생합성

이번에는 지질 생합성에 대해 알아보자. 앞에 설명된 ß-케토 에스터가 아세틸 CoA의 다른 분자에 추가되는 대신, NADPH에 의해 케톤기를 환원하는 것으로 시작하여 지방산을 합성할 수 있다. 〈그림 2-15〉에 지방산이 생합성되는 기본 메커니즘을 나타내었다.

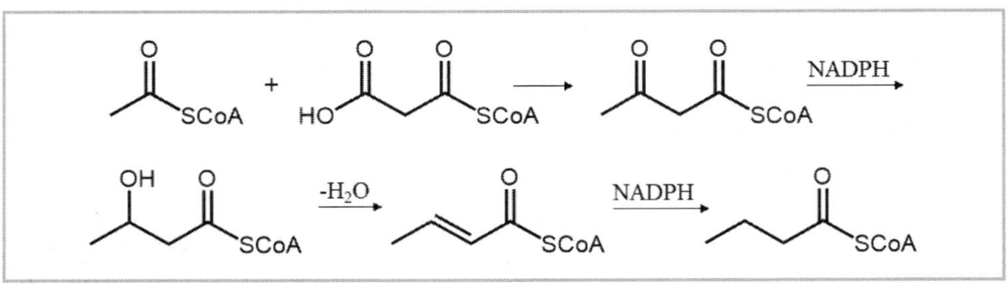

그림 2-15 지방산 생합성의 기본 메커니즘

아세틸 CoA가 아실기 운반 단백질(Acyl Carrier Protein, ACP)에 결합한 후, 말로닐 CoA(malonyl CoA)와 축합되어 4 탄소의 ß-케토 에스터가 형성된다. 이

ß−케토 에스터는 NADPH에 의해 케톤기가 환원되어 알코올을 형성한다. 이 알코올은 탈수 반응을 통해 α, ß−불포화 에스터로 전환된다. 다시 NADPH에 의해 알켄이 포화되어 포화된 에스터가 생성된다. 이러한 과정에서 말로닐−CoA가 또 결합하여, 전체 반응을 반복하면 사슬에 탄소 원자 두 개가 추가된다. 이러한 방식으로 사슬에 항상 탄소 원자 두 개가 추가되므로, 자연에서는 짝수 지방산이 우세하다. 가장 흔한 지방산은 사슬에 탄소 원자가 16개 또는 18개인 지방산이며, 이들보다 더 많은 탄소 원자를 가진 물질은 냄새가 나지 않는다. 따라서 지질에서 추출한 향 및 악취 성분들은 대부분 지방의 분해 산물이다. 분해에 의한 향 성분은 다음 절에서 자세히 다루겠다.

이런 일반화에 대한 흥미로운 예외는 재스민에서 얻는 향 성분이다. 재스몬과 재스몬산 메틸은 〈그림 2−16〉에 표시된 것처럼 아라키돈산(arachidonic acid)이라는 지방산에서 합성된다.

아라키돈산은 20개의 탄소 원자와 4개의 이중결합을 가지고 있다. 이 아라키돈산이 리폭시제나아제(lipoxygenase) 존재하에 공기와 반응하면 15−HPETE(15-Hydroperoxy eicosatetraenoic acid)라는 중간체를 형성한다. 이후 산소화 반응과 5환 고리화 과정을 거쳐, 분자 중앙에 5원 고리구조를 갖는 분자가 형성된다. 이러

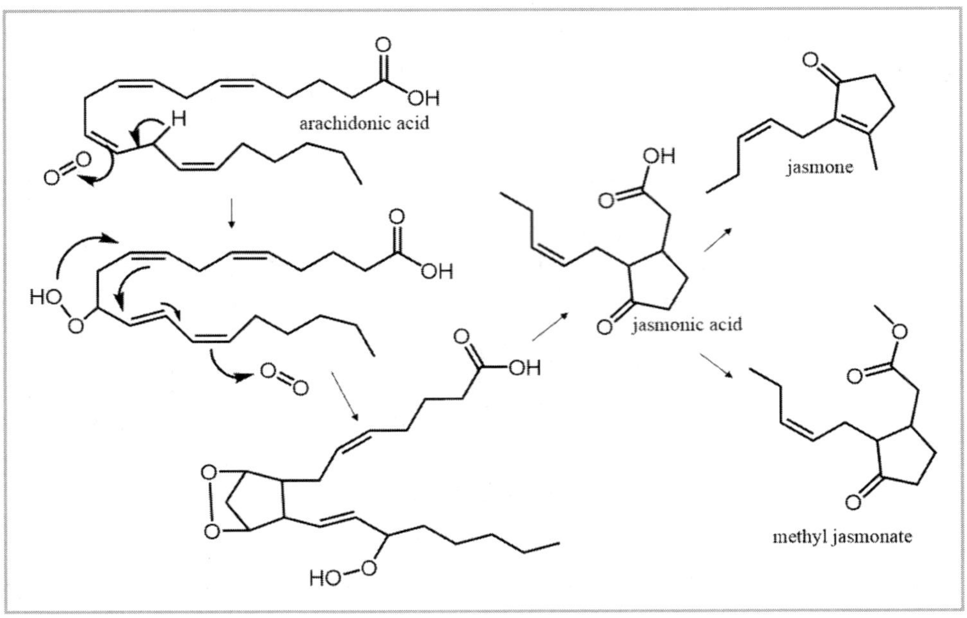

그림 2−16 재스몬과 재스몬산 메틸 형성 메커니즘

한 구조를 가진 분자는 생리 과정을 매개하는 프로스타글란딘(prostaglandin)으로 분류되며, 광범위한 생리적 과정을 조절한다. 프로스타글란딘은 분해 과정을 거쳐 재스몬산(jasmonic acid)으로 변환되며, 이는 식물의 성장, 발달, 생식 및 스트레스 반응에 중요한 역할을 하는 식물 호르몬으로 작용한다. 재스몬산은 재스민꽃 향의 주요 성분인 재스몬산 메틸(methyl jasmonate)과 재스몬(jasmone)의 전구체이기도 하다.

④ 시킴산 경로

〈그림 2-17〉에 시킴산 경로(shikimic acid pathway)를 통해 생성되는 몇 가지 중요한 중간체들을 나타내었다. 이 생합성 경로는 앞에서 설명한 포스포엔올피루브

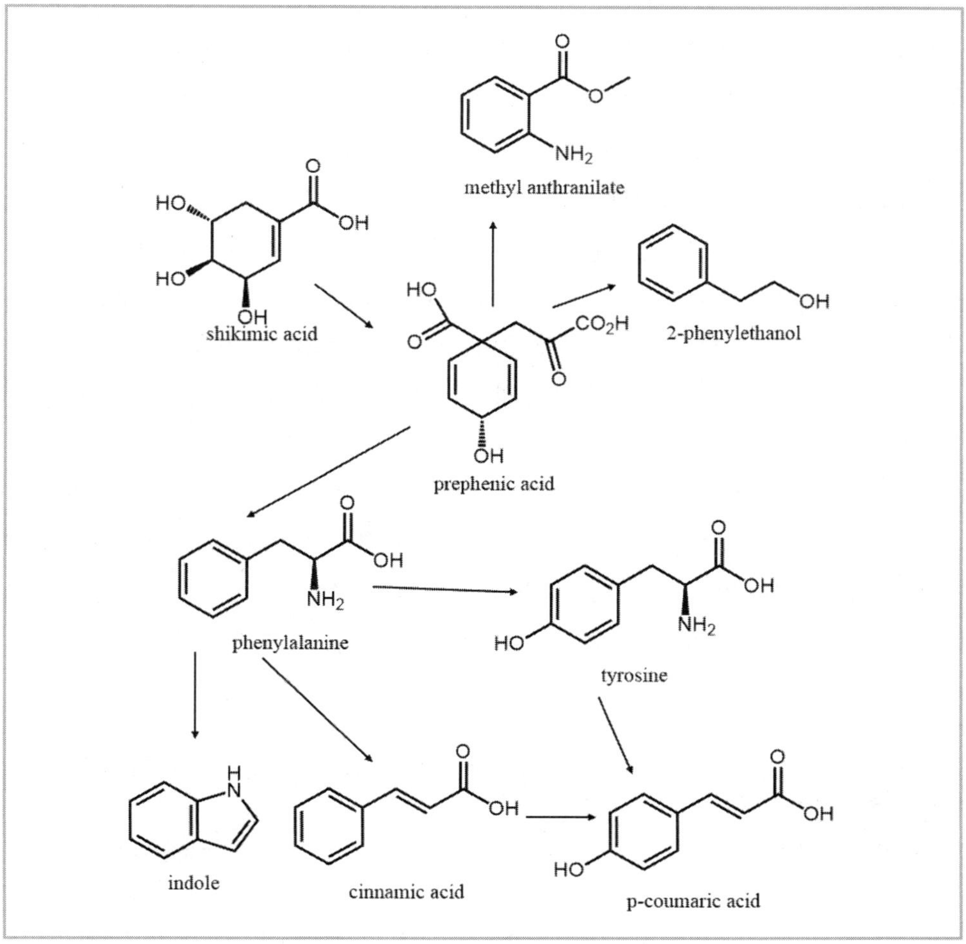

그림 2-17 시킴산 경로로 생성되는 향 분자

산(PEP)과 에리트로스 4-인산(erythrose 4-phosphate)으로부터 시작되며, 여러 단계를 거쳐 시킴산이 합성된다. 시킴산은 이 경로 이름의 기원이기도 하다. 시킴산에 포스포엔올피루브산 분자가 추가되고 몇 단계를 더 거치면 프레페닉산(prephenic acid)이 형성된다.

프레페닉산을 탈카복실화 반응과 탈수 반응을 거쳐 케톤기를 아민으로 전환하면 페닐알라닌(phenylalanine)이 생성된다. 페닐알라닌은 다양한 이차대사산물의 기원이 되며, 이 화합물들을 페닐프로파노이드(phenylpropanoid)라고 부른다. 페닐프로파노이드 화합물에는 바닐린, 쿠마린, 페네틸알코올, 유제놀, 신남알데하이드, 신나밀알코올(cinnamic alcohol), 아네톨(anethole), 사프롤(safrole), 헬리오트로핀(heliotropin=piperonal), 살리실산메틸 등이 포함되어 있으며, 이들은 모두 벤젠 고리에 탄소 3개의 가지 사슬이 부착된 구조를 갖고 있다.

〈그림 2-17〉을 다시 보자. 페닐알라닌에서 *p*-쿠마르산(*p*-coumaric acid)을 합성하는 데는 두 가지 경로가 있다. 첫 번째는 페닐알라닌에서 암모니아를 제거하여 계피산이라고도 하는 신남산(cinnamic acid)을 생성하고, 파라 위치에 하이드록시기를 추가하여 *p*-쿠마르산을 합성하는 경로다. 두 번째 경로는 페닐알라닌을 먼저 하이드록시화하여 티로신(tyrosine)을 생성하고, 이후 암모니아를 제거하여 *p*-쿠마르산을 합성한다. 이렇게 얻어진 쿠마르산은 다양한 향 분자의 기원이 된다.

포도 향이 나는 안트라닐산 메틸과 장미 향이 나는 페네틸알코올은 프레페닉산에서 합성된다. 한편, 인돌은 페닐알라닌에서 유래하며, 대변 냄새가 나지만 재스민꽃 향기에 중요한 역할을 한다.

신남산에서 유래하는 다양한 향 성분을 살펴보자. 신남산을 환원시키면 계피 향이 나는 신남알데하이드와 신나밀 알코올이 생성된다. 신나밀 알코올은 계피 향과 함께 단맛, 발삼, 히아신스, 스파이시, 그린, 파우더리한 복합적인 향을 지닌다. 다양한 식물성 정유에서 소량만 발견되어, 주로 신남알데하이드를 환원하여 얻는다.

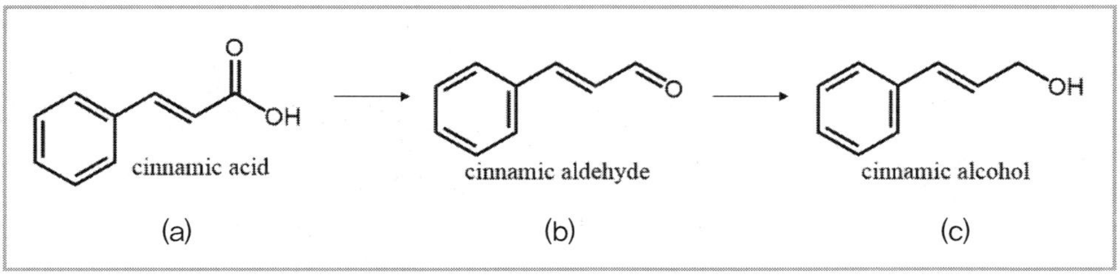

그림 2-18 신남산의 환원. (a) 신남산 (b) 신남알데하이드 (c) 신나밀 알코올

신남산을 하이드록시화하면 o-쿠마린산(o-coumaric acid) 또는 p-쿠마린산이 형성된다.(그림 2-17, 그림 2-19) 이 중 가장 중요한 향 성분은 쿠마린으로, 새로 깎은 건초 같은 달콤한 향이 난다. p-쿠마린산의 메타 위치에 하이드록시화하면 카페산(caffeic acid)이 형성되고, 이를 메틸화하면 페룰산(ferulic acid)이 생성된다.

또한, p-쿠마린산은 아니스알데하이드(anisaldehyde)의 전구체이다. 아니스알데하이드는 산사나무꽃 향이 나며, 메틸차비콜(methylchavicol)이라고도 하는 에스트라골(estragole)과 아네톨의 주요 전구체이다. 아니스의 주요 허브 성분인 아네톨은 팔각(star anise)과 같은 향신료에서 나는 독특한 냄새가 난다. 그 외에 신남산 또는 신나밀 알코올의 에스터화 반응을 통해 자연계에 널리 퍼져 있는 다양한 에스터를 얻을 수 있다.

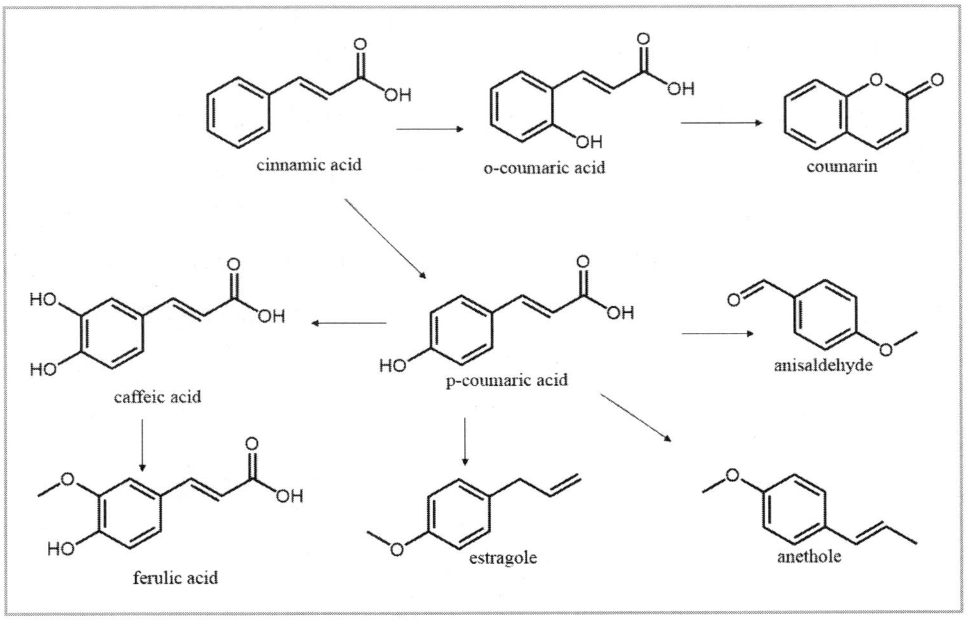

그림 2-19 신남산으로부터 생성되는 향 물질

페룰산의 측쇄를 환원하면 〈그림 2-20〉과 같이 이성질체 물질인 유제놀과 이소유제놀(isoeugenol)을 얻을 수 있다. 정향(clove) 오일의 주성분인 유제놀은 정향의 특성 향 성분이다. 두 이성질체 모두 다양한 꽃 오일에서 발견되며, 특히 유제놀은 카네이션의 스파이시 향조에서 중요한 역할을 한다. 곁사슬을 알데하이드로 바꾸면 바닐라 콩의 주요 냄새 성분인 바닐린이 생성된다.

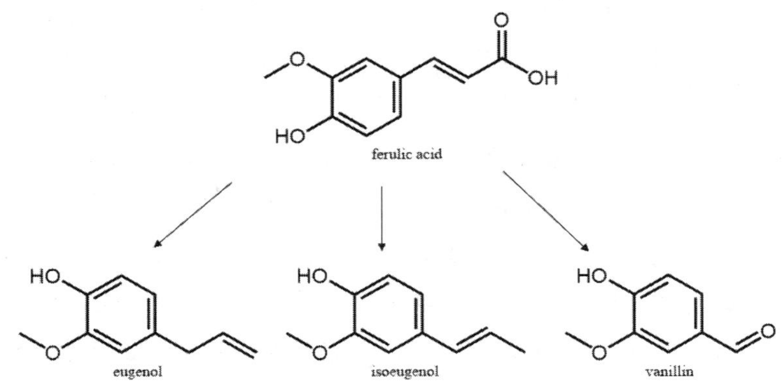

그림 2-20 페룰산(ferulic acid)으로부터 생성되는 향 물질

⑤ 테르페노이드(terpenoid)

테르페노이드는 천연 향료 성분 중 가장 큰 계열이다. 테르페노이드는 〈그림 2-21〉에 나타낸 2-메틸-1,3-부타디엔(2-methyl-1,3-butadiene), 즉 탄소 5개로 구성된 이소프렌(isoprene) 단위를 가진 천연 물질로 정의된다. 테르페노이드 특성을 처음으로 규명한 것이 테레빈유(turpentine)였기 때문에 여기서 테르페노이드라는 이름이 유래되었다. 테레빈유를 줄인 이름이 테르펜(terpene)이고, 이 명칭은 벤젠 고리 구조를 규명한 독일 화학자 프리드리히 아우구스트 케쿨레(Friedrich August Kekulé von Stradonitz)가 제안하였다.

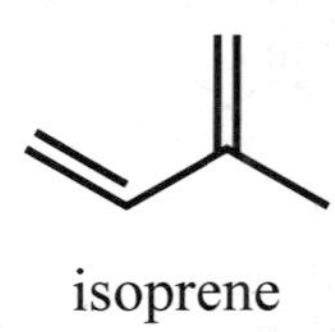

그림 2-21 이소프렌 단위

최초로 확인된 테르페노이드 분자는 이소프렌 단위 2개로 이루어진, 즉 10개의 탄소 원자를 포함하고 있었다. 그때는 가장 단순한 분자가 탄소 원자 10개를 포함한 것으로 생각했기 때문에 이 분자를 모노테르펜(monoterpene, 라틴어에서 mono는

하나라는 의미)이라고 부르며 명명 체계를 시작했다. 따라서 탄소 원자 5개로 이루어진 이소프렌 자체는 헤미테르펜(hemiterpene)으로 분류된다. 이후 명명 체계를 바꾸지 않았기 때문에 3개의 이소프렌 단위를 가진 테르페노이드는 세스퀴테르펜(라틴어 sesqui는 1과 1/2이라는 뜻)이라고 했다. 이소프렌 단위를 4개 가진 것은 디테르펜(diterpene)이라고 하고, 6개의 이소프렌 단위를 가진 트리테르펜(triterpene)은 왁스상으로 휘발성이 거의 없으므로 에센셜 오일에서 발견되지 않는다.

모노테르펜이나 세스퀴테르펜에 작용기가 도입되면 다양한 분자를 만들 수 있다. 주로 산소를 포함한 작용기가 많다. 테르펜에 작용기가 도입되는 경우, 테르페노이드라고 한다. 끝에 –oid를 붙이는 것은 'like' 또는 'derived from'이라는 의미이다. 따라서 테르페노이드는 테르펜과 같은 구조의 분자를 총칭한다. 테르펜은 테르페노이드라는 용어와 섞어 쓰기도 하지만, 향수 산업에서는 수소와 탄소원자로 구성된 모노테르페노이드 탄화수소만을 포함하는 화합물을 지칭할 때 자주 사용된다. 특별히 이 의미를 사용하는 경우로, '테르펜리스 오일(terpeneless oil)'이라는 것이 있다. 에센셜 오일에서 리모넨과 같은 모노테르페노이드 탄화수소를 제거(deterpenation)한 것을 '테르펜리스 오일'이라 부른다. 이 과정을 정류(rectification)라고도 한다. '테르펜리스 오일'은 주로 산화된 테르페노이드, 지방산 그리고 쿠마린 분자를 함유하고 있어 오리지날 에센셜 오일보다 강한 향이 난다.

이소프렌 단위에 따른 테르페노이드 분류 이름과 향관련 분자들을 〈표 2–1〉에 정리하였다.

테르페노이드 탄화수소는 일반적으로 냄새가 약하고, 주로 합성 원료로 사용된다. 테르페노이드 분자량이 높을수록 휘발성이 감소하여 향기를 느낄 수 없다. 디테르페노이드까지 가면 거의 향이 나지 않는다. 테르페노이드 중에서 향기에 있어 가장 중요한 역할을 하는 그룹은 모노테르페노이드이다. 사실상 거의 모든 모노테르페노이드는 특정한 향기를 가지고 있다. 세스퀴테르페노이드도 많은 에센셜 오일에 포함되어 있고 향을 내는 데 중요한 역할을 하지만, 향이 나는 세스퀴테르페노이드의 비율은 모노테르페노이드에 비해 상대적으로 적다. 향이 있는 세스퀴테르페노이드와 그 이상의 테르페노이드는 휘발성이 낮아 향수에서 천천히 휘발되기 때문에, 끝까지 남아 있어 베이스 노트로 사용되고 휘발성이 높은 성분을 고정하는 역할을 한다. 한편, 분자량이 큰 테르페노이드가 향을 내지 않는다고 하지만, 분해 생성물까지 고려하면 분자량이 큰 테르페노이드의 일부 분해 생성물은 향 성분으로 중요한 역할을 한다.

표 2-1 테르페노이드 분류

이름	isoprene 단위의 수	총 탄소 원자의 수	대표적인 향 관련 화합물
헤미테르페노이드 (Hemiterpenoids)	1	5	프레놀(prenol)
모노테르페노이드 (Monoterpenoids)	2	10	미르센, 제라니올, 네롤 리모넨, 멘톨, 1,8-시네롤 α-피넨, β-피넨, 캄파
세스퀴테르페노이드 (Sesquiterpenoids)	3	15	파르네솔, 네롤리돌, 파르네센 저마크렌 D(germacrene D) 누트카톤(nootkatone), β-카리오필렌(caryophyllene)
디테르페노이드 (Diterpenoids)	4	20	레티놀(retinol), 스크라레올(sclareol)
세스터테르페노이드 (Sesterterpenoids)	5	25	
트리테르페노이드 (Triterpenoids)	6	30	스쿠알렌(squalene), 아미린(amyrin), 올레아놀산(oleanolic acid)
테트라테르페노이드 (Tetraterpenoids)	8	40	β-카로틴(carotene)

이제 이소프렌 단위가 어떻게 연결되었는가를 생각해 보자. 〈그림 2-22〉에서 라벤더 오일에 들어 있는 선형 모노테르페노이드인 아세트산 리나릴(linalyl acetate), 고리형 모노테르페노이드인 리모넨(limonene), 그리고 정향에 들어있는 세스퀴테르페노이드 성분인 카리오필렌(caryophyllene)을 구성하는 이소프렌 단위 구조를 볼 수 있다. 점선으로 표시된 연결을 통해, 이소프렌 단위가 어떻게 결합하여 최종 화합

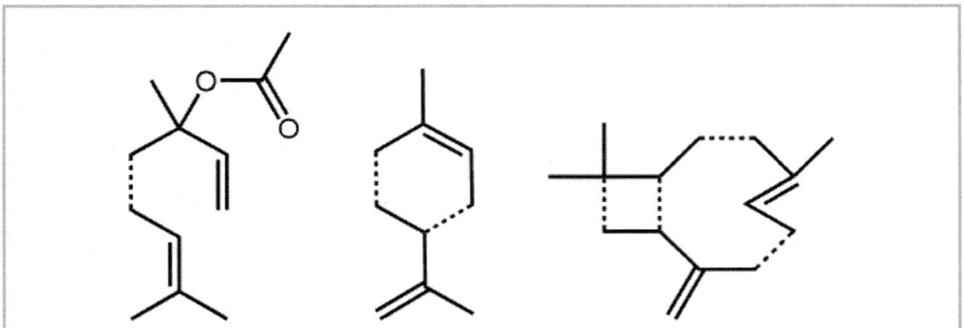

그림 2-22 아세트산 리나릴, 리모넨, 카리오필렌을 구성하는 이소프렌 단위

물의 구조를 형성하는지를 쉽게 볼 수 있다.

이제 테르페노이드 합성에 대해 알아보자. 테르페노이드 합성에 필요한 물질은 메발론산(mevalonic acid), 이소펜테닐 피로인산(isopentenyl pyrophosphate= isopentenyl diphosphate, IPP)과 그의 기하이성질체인 다이메틸알릴 피로인산(dimethylallyl pyrophosphate, DMAPP)이다.

〈그림 2-23〉은 메발론산 경로를 나타낸다. 그림에서 볼 수 있듯이, 3개의 아세틸 코엔자임(acetyl CoA)이 메발론산으로 전환된다. 모든 테르페노이드가 메발론산 경로를 통해 생성되는 것은 아니지만, 많은 테르페노이드가 이 경로로 합성된다. 이후 메발론산의 탈카복실화(decarboxylation), 탈수(dehydration) 및 인산화(phosphorylation) 과정이 일어나서 이소펜테닐 피로인산(IPP)이 생성된다. 이 분자는 효소에 의해 이성질체로 변환되어 다이메틸알릴 피로인산(DMAPP)과 평형을 이룬다.

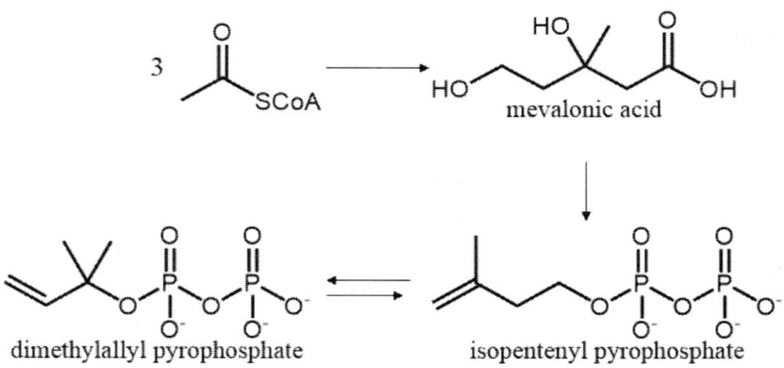

그림 2-23 메말론산(MVA) 경로

식물에서 IPP와 DMAPP는 두 개의 병렬 경로, 즉 〈그림 2-23〉에 나타낸 세포질에서 작용하는 메발론산(MVA) 경로와 색소체에서 작용하는 메틸에리스리톨 4-인산(2-C-methylerythritol 4-phosphate, MEP) 경로(그림 2-24)를 통해 합성된다.

IPP와 DMAPP의 생합성은 처음에는 메발론산 경로를 통해서만 일어난다고 생각되었으나, 후에 비메발론산 경로(non-mevalonate pathway), 즉 MEP 경로의 존재가 밝혀졌다. MEP 경로는 피루브산(pyruvic acid)과 글리세르알데하이드 3-인산(D-glyceraldehyde-3-phosphate)이 축합반응 후 탈탄산과 이성화를 거쳐 MEP를 합성하고, 이후 다시 5단계를 거쳐 IPP와 DMAPP를 만든다. 자세한 경로는

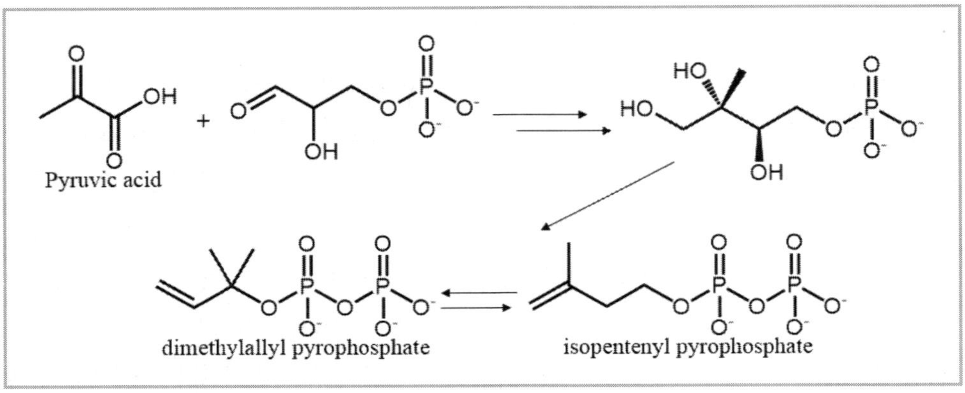

그림 2-24 비메발론산 경로(MEP) 경로

관련 자료를 참조하길 바란다.

이제 〈그림 2-25〉에 나타낸 이소프렌 단위가 결합하여 선형 테르페노이드를 형성하는 두 번째 단계를 보자. 이 단계는 이소프렌 생합성 효소(Ise)에 의해 촉매되어 IPP와 DMAPP가 결합하는 것이다.

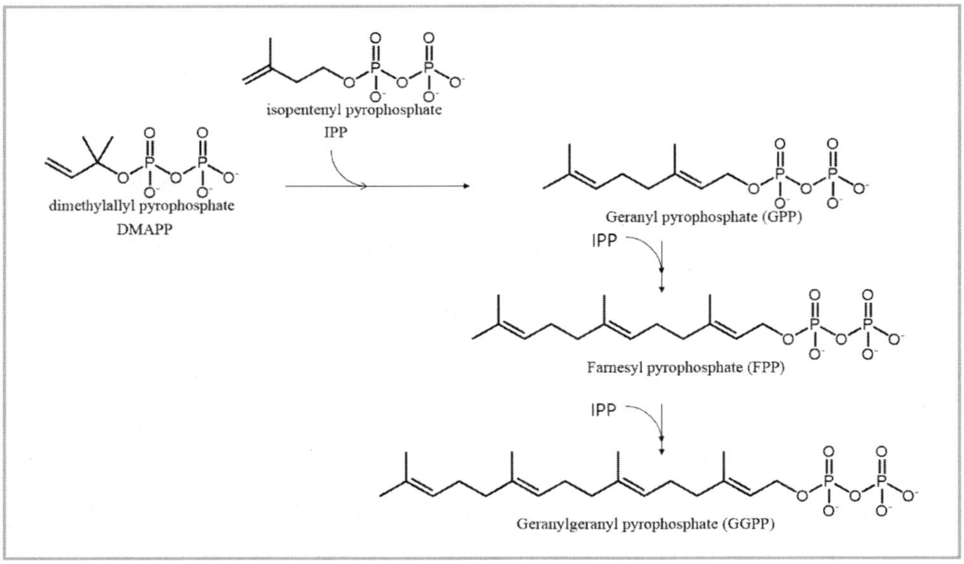

그림 2-25 이소프렌 단위 성장 메커니즘

IPP는 염기에 의해 탈양성자화되고, 그 결과 생성된 음이온은 DMAPP에서 피로인산(pyrophosphate)을 치환하는 핵친화성 반응을 통해 테르펜류의 직접적인 전구체인 선형 제라닐 피로인산(Geranyl pyrophosphate, GPP, C_{10})을 생성한다. 이 반응은 모노테르페노이드를 생성하는 데 사용되거나, 또 다른 IPP를 추가하여 세스퀴테르페노이드의 전구체인 파네실 피로인산(Farnesyl pyrophosphate, FPP, C_{15})을 생성할 수 있다. 반응이 계속되면 제라닐제라닐 피로인산(Geranylgeranyl pyrophosphate, GGPP, C_{20})도 생성된다.

테르페노이드 생합성의 세 번째 단계는 DMAPP, GPP, FPP 및 GGPP가 테르펜 합성효소에 의해 헤미테르펜(hemiterpene, C_5), 모노테르펜(monoterpene, C_{10}), 세스퀴테르펜(sesquiterpene, C_{15}) 및 디테르펜(diterpene, C_{20})으로 변환되는 것이다. 트리테르펜과 테트라테르펜(tetraterpene) 및 카로티노이드(carotenoid) 등은 FPP와 GGPP의 두 분자의 축합으로 유도된다. 여기서 테르페노이드의 탄소 수가 왜 5의 배수로 형성되는지를 쉽게 알 수 있다.

최종적으로 얻어지는 테르페노이드는 생물 종에 따라, 그리고 반응에 따라 다르다. 예를 들어, 제라닐 피로인산(GPP)으로부터 다양한 모노테르페노이드가 어떻게 생성되는지를 〈그림 2-26〉에 나타내었다.

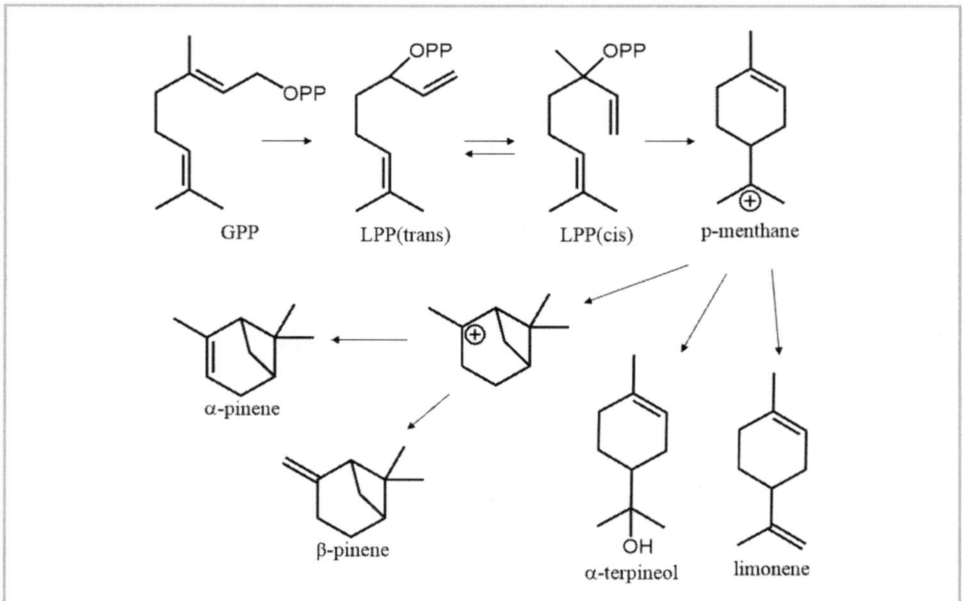

그림 2-26 제라닐 피로인산(GPP)으로부터 생성되는 다양한 모노테르페노이드

GPP가 이성질화되면 리나릴 파이로포스페이트(linalyl pyrophosphate, LPP)가

된다. LPP는 안정한 *cis* 형태로 이성질체화되고, 인산 에스터(phosphate ester) 결합이 깨지면서 생긴 양이온은 불안정하므로 고리를 형성하여 안정화된다. 따라서 *p*-멘테인(*p*-menthane) 골격을 갖는 고리형 테르피닐(terpinyl) 양이온을 형성한다. 이중결합의 전자가 탄소 1과 6 사이의 공간으로 이동했기 때문에 이제 양전하는 원래 사슬의 탄소 7 위치에 위치하게 되는데, 이 탄소양이온을 물과 반응시키면 α-테르피네올(α-terpineol)이 생성되고, 양성자를 제거하면 리모넨을 얻을 수 있다. 간단히 양이온의 위치가 이동함으로써 복잡한 골격을 생성하는 것을 볼 수 있다.

테르피닐 양이온에서 고리의 이중결합과 반응하면 피난(pinane) 골격이 생성된다. 최종 단계에서 제거되는 양성자의 위치에 따라 α-피넨(α-pinene) 또는 β-피넨(β-pinene)이 생성된다.

많은 테르펜류가 이렇게 직접 생성되기는 하지만, 더 나아가 여기서 생성된 모노테르페노이드의 산화, 탈수소, 아실화(acylation) 등 다양한 반응에 의해 여러 가지 테르페노이드가 유도된다. 예를 들어 (-)-(1R,2S,5R)-멘톨(menthol)은 (4S)-리모넨의 생성에서부터 여러 단계의 효소반응에 의해 생성된다.

모노테르페노이드 화합물은 그 골격 구조나 작용기의 차이에 따라 냄새의 특성과 품질이 크게 달라진다. 그러나 탄소 수가 결정되어 있어 휘발성은 비교적 비슷하다.

향 물질로는 GPP에서 생합성된 탄소 수 10의 모노테르페노이드 화합물과, FPP에서 합성된 탄소 수 15의 세스퀴테르페노이드 화합물이 중요하다. 한편, 탄소 수가 20 이상의 무취의 테르페노이드 화합물이 산화 등으로 분해되어 생성되는 냄새 물질도 존재한다. 대표적인 예로 식물에 포함되어 있는 색소인 탄소 수 40의 카로티노이드가 산화 및 효소작용으로 분해된 아포카로티노이드(apocarotenoid)가 있다. 이제부터 각 테르페노이드에 대해 좀 더 자세히 살펴보도록 하자.

1. 모노테르페노이드

모노테르페노이드는 2개의 이소프렌 단위가 결합하여 탄소 수 10개로 이루어진 식물 향기의 중심 화합물 군이다. 이들은 생명체 내에서 GPP를 출발 물질로 하여 합성되는데, 900종류 이상이 알려져 있다. 테르페노이드 중 모노테르페노이드는 양과 종류 면에서 특히 많은 수를 차지한다.

1.1 선형 모노테르페노이드

중요한 선형 모노테르페노이드 몇 가지를 〈그림 2-27〉에 나타냈다. 제라니올과

(Z)-이성질체인 네롤, 리날로올, 시트로넬롤, 시트로넬랄과 제라니알과 네랄(neral) 혼합물인 시트랄은 향 산업에서 가장 중요한 테르페노이드로 '5 key 테르페노이드'라고 한다. 시트랄을 제외하고 모두 그대로 향수에 사용된다. 이들 모두는 서로 간단한 반응을 통해 다른 테르페노이드로 바뀔 수 있다. 아세트산 제라닐(geranyl acetate)과 아세트산 리날릴처럼 알코올과 이로부터 유도된 에스터 역시 많이 사용되는 향 소재이다.

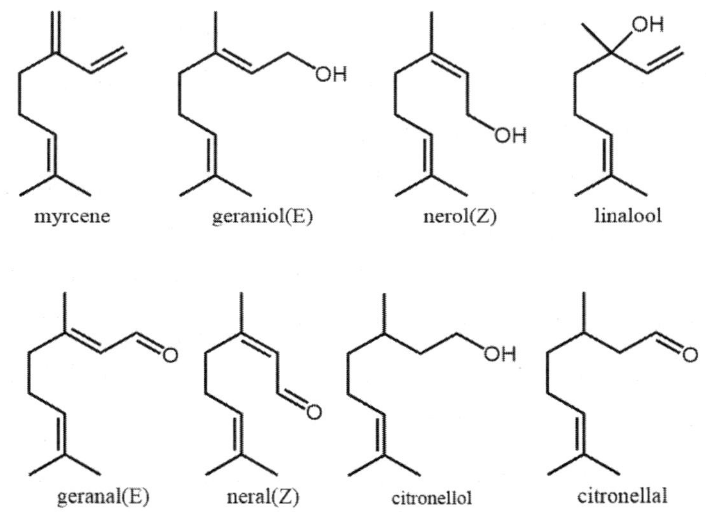

그림 2-27 대표적인 선형 모노테르페노이드

• 미르센(myrcene)

가장 단순하고 자연에서 흔히 발견되는 모노테르펜 중 하나인 미르센을 보자.

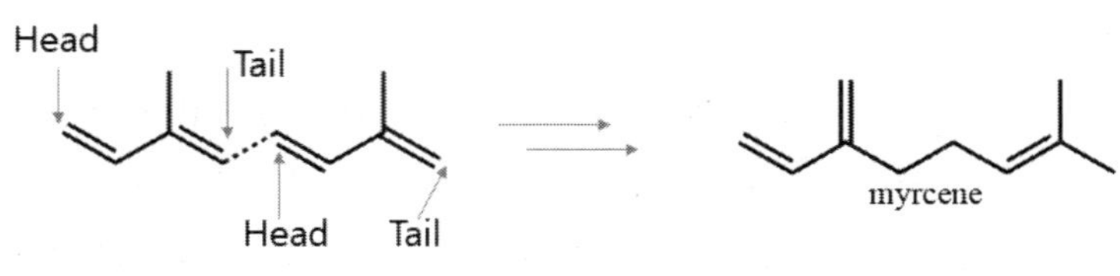

그림 2-28 모노테르펜인 α-미르센. 점선은 두 개의 이소프렌 단위 사이에 형성된 결합을 나타낸다.

미르센은 두 개의 이소프렌 단위가 '머리에서 꼬리까지' 방식으로 결합하여 형성된다. 이를 이소프렌 규칙이라고 하고, 이러한 연결이 형성되는 동안 이중결합은 종종 재배열이 일어나서, 각 이소프렌 분자의 정확한 수와는 다르게 나타난다.

식물에서는 제라닐 피로인산염(GPP)을 통해 미르센이 합성되지만, 향 산업에서는 β-피넨을 열분해(400℃)해서 상업적으로 생산한다. 미르센에서는 좋은 냄새가 나지만 화학적으로 불안정해서 다른 향 물질을 합성하는 중간 물질로 주로 사용된다.

• 제라니올(geraniol)

제라니올은 시트러스한 장미 향을 지닌 향기 물질로, 페네틸알코올과 혼합하여 장미 향을 만드는데 이 혼합물은 주로 향수와 비누 등 장미 계열 향료로 널리 사용된다. 제라니올의 화학식은 $C_{10}H_{18}O$으로, IUPAC 이름은 *(E)*-3,7-dimethylocta-2,6-dien-1-ol이다. 제라니올의 이성질체인 네롤은 *(Z)*-3,7-dimethylocta-2,6-dien-1-ol이지만, 향수 업계에서는 이 둘을 모두 제라니올이라고 부르기도 한다.

제라니올은 이중결합이 있어서 화학적 안정성이 떨어진다. 따라서 표백제나 세탁용 세제에 사용할 때 산화 안정성을 높이기 위해 수소화된(hydrogenated) 다양한 유도체들을 사용한다. 어떤 경우에는 하나의 이중결합이, 또 다른 경우에는 두 개의 이중결합이 수소화된다(이를 환원이라고도 한다). 이러한 경우의 탄화수소는 에센셜 오일에서 기름, 그린 또는 허브 향이 더 난다.

제라니올은 리날로올과는 구조 이성질체이고, 네롤과는 기하 이성질체이다. 산으로 처리하면 고리화 반응(cyclization)이 일어나는데, 제라니올은 *trans* 구조이므로, *cis* 형태인 네롤에 비해 고리화 반응이 거의 일어나지 않는다.

제라니올은 미르센의 가수분해 반응이나 아세톤과 아세틸렌을 출발 물질로 사용하거나, β-피넨으로부터 합성된다. 제라니올을 산화시키면 비타민 A, E, 카로틴의 합성 원료인 시트랄이 얻어진다.

• 네롤(nerol)

제라니올의 *cis*형 이성질체인 네롤은 네롤리 오일(neroli oil)에서 처음으로 분리되어 네롤이라는 이름이 붙여졌다. 네롤의 IUPAC 이름은 *(Z)*-3,7-dimethylocta-2,6-dien-1-ol이다. 네롤은 레몬그라스(lemongrass)나 홉(hop)에서 얻은 정유에도 포함되어 있다.

네롤은 제라니올처럼 달콤한 장미 향이 나지만, 상대적으로 부드럽고 소프트하다. 거기에 시트러스한 향이 있어 좀 더 신선하고, 깨끗한 느낌을 주고, 목련의 느낌도 든다.

• 리날로올(linalool)

리날로올은 리날로에유(linaloe oil)에서 그 이름을 따왔으며, 고수, 팔각, 홉, 육두구, 생강, 라벤더, 월계수, 바질 등 200종 이상의 식물 정유에 포함되어 있다. 리날로올은 톡 쏘는 느낌의 스파이시한 꽃 향이 난다. 은방울꽃, 라벤더, 베르가모트 같은 향기가 나서 대부분 플로럴 향수의 핵심 성분으로 사용된다.

리날로올은 탄소 3 위치에 카이랄 중심을 가지고 있어 두 개의 광학 이성질체가 있으며, 이 이성질체들은 각각 다른 향을 가지고 있다. 리날로올에 대한 수요가 많아 다양한 합성법이 있으며, 이는 4장에서 소개한다.

• 시트랄(citral)

시트랄은 선형 모노테르펜 알데하이드로, 기하 이성질체인 제라니알과 네랄 혼합물의 명칭이다. 시트랄은 레몬의 상쾌하고 시트러스한 향이 강하다. 제라니알은 *trans*형인 *E*–이성질체로, citral A라고도 하며 강한 레몬 향이 난다. *cis*형인 *Z*–이성질체인 네랄은 citral B라고 하며, 달콤한 레몬 향을 가지고 있다. 시트랄의 IUPAC 이름은 3,7–dimethylocta–2,6–dienal이다. 시트랄은 향수 제품뿐 아니라, 플레이버로도 사용된다.

시트랄은 주방용품 세정제에 들어있어 청결한 느낌을 주는 향이다. 그러나 시트랄 자체에 있는 알데하이드 작용기가 산화에 불안정하여, 표백제 같은 제품에는 그대로 사용할 수 없다.

• 시트로넬랄(citronellal)

로디날(rhodinal)이라고도 하는 시트로넬랄은 시트로넬라(citronella) 및 유칼립투스(Eucalyptus citriodora)와 같은 정유에서 발견되며, 뚜렷한 레몬 시트러스 향을 가지고 있다. 시트로넬랄은 방충 및 항진균 특성이 있다.

시트로넬랄은 알데하이드기를 가지고 있어 직접 응용 제품에는 사용 제한이 있지만, 응용 면에서 가장 유명한 사례는 은방울꽃 향이 나는 하이드록시시트로넬랄 합성에 사용된 것이다. 은방울꽃 향은 지금까지도 천연에서 얻지 못하고 있는데, 시트로넬랄의 알데하이드기를 보호하면서 이중결합을 수소화하여 얻은 하이드록시시트로넬랄이 상업화되자마자 유명한 크리스찬 디올의 향수 《디오리시모(Diorissimo)》에 포함되는 등 많은 조향사들의 사랑을 받았다. 현재는 피부 알레르겐으로 사용이 제한되고 있다.

• 시트로넬롤(citronellol)

디하이드로제라니올(dihydrogeraniol)인 시트로넬롤은 장미 정유의 중요한 성분으로 '장미 알코올(rose alcohol)'이라고도 알려져 있다. 시트로넬롤은 장미 외에도 제라늄, 시트로넬라 정유에도 들어있다. 두 개의 거울상 이성질체가 자연에서 생성된다. (+)−체는 장미 같은 플로럴한 향을 나타내며, 동시에 약간의 기름 느낌도 준다. 시트로넬라 유에는 (+)−체가 많이 포함되어 있다. 한편, 장미나 제라늄에 많이 포함된 (−)−체는 제라늄을 연상시키는 장미 같은 우아한 향을 지닌다. 시트로넬롤은 제라니올이나 네롤에 수소를 첨가하여 얻을 수 있다.

시트로넬롤은 방향제, 세제 및 방충제에도 사용되지만, 주로 로즈 옥사이드(rose oxide)를 합성하는 물질로 사용된다. 로즈 옥사이드는 달콤한 장미 향을 가지는 피란계 모노테르페노이드로, 화장품이나 비누에 사용된다.

1.2 고리형 모노테르페노이드

〈그림 2−29〉는 대표적인 고리형 모노테르페노이드 구조를 한 향 성분을 나타내었다. 이들에 대해서 간단히 알아보자.

• 리모넨(limonene)

감귤류 과일 껍질에서 얻는 정유의 주성분으로 포함된 리모넨은 (R)−(+)체로,

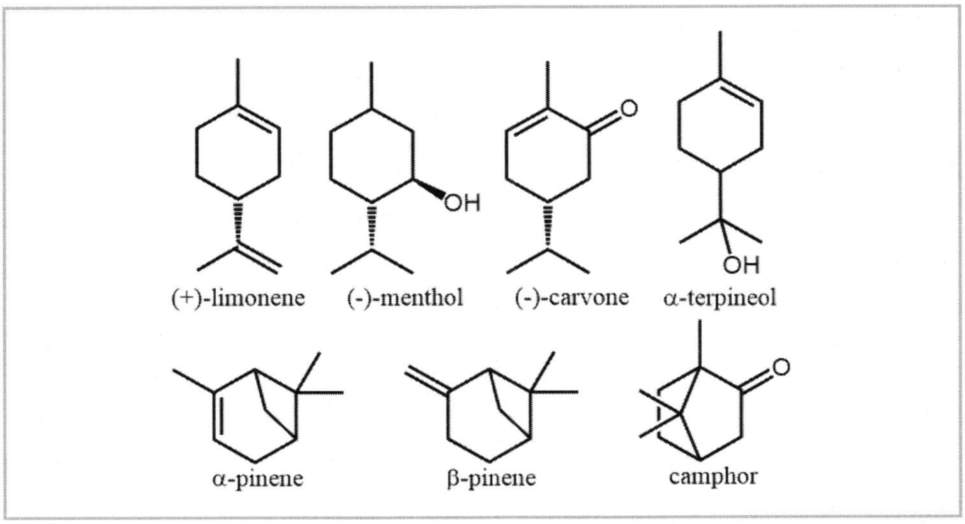

그림 2−29 대표적인 고리형 모노테르페노이드

d-limonene이라고도 한다. 이 물질은 감귤류 과일의 특징적인 레몬 냄새에 기여한다. 한편 민트(mint) 계열 정유에 포함된 리모넨은 (S)-(-)체가 많고 *l*-limonene이라고 하며, 테레빈유와 같은 향이 난다. 이들은 거울상 이성질체(광학이성질체) 관계에 있다.

리모넨이라는 이름은 이탈리아어로 레몬을 의미하는 '리모네(limone)'에서 따왔다. 오렌지, 레몬, 자몽, 만다린 및 베르가모트 정유는 그대로 향이나 플레이버(flavor)로 사용된다. 리모넨의 화학식은 $C_{10}H_{16}$이며, 화학구조에서 볼 수 있듯이 모두 탄소와 수소로만 구성된 모노테르펜으로, 소수성 탄화수소 화합물을 용해하는 특성이 있어 유기용매로도 활용된다.

- (-)-멘톨(*l*-menthol)

(-)-멘톨은 *p*-멘테인(menthane), 즉 1-메틸-4-아이소프로필사이클로헥산 골격에서 명명된 물질로, 다양한 민트 계열 식물에서 추출된다. 이 물질은 자체적인 향료 특성보다는 삼차신경에 작용하여 체감 온도를 실제보다 낮게 느끼게 하는 냉각 특성 때문에 다양한 플레이버, 치약, 면도 크림 등에 활용된다.

- (-)-카르본(*l*-carvone)

(-)-카르본은 또 다른 민트 성분으로, 스피어민트(spearmint) 특유의 향을 지닌다. 이성질체인 (+)-카르본은 딜(dill)과 캐러웨이(caraway)에 가까운 냄새를 가지고 있어, 이성질체 간 냄새 차이가 확연하게 나는 예로 종종 인용되는 향 성분이다.

- α-테르피네올(terpineol)

α-테르피네올은 카다멈, 소나무, 쁘띠그레인 등 많은 정유에 존재하는 화합물이다. 테르피네올에는 4개의 이성질체가 있는데, 일반적으로 α-테르피네올을 테르피네올이라고 한다. α-테르피네올은 라일락을 연상시키는 향을 가지고 있어, 화장품이나 향수에 라일락 향을 내기 위해 사용된다.

- 피넨(pinene)

2환 고리 모노테르펜인 피넨의 이름은 그것이 발견된 식물인 소나무에서 유래되었다. 이성질체인 α-피넨과 β-피넨은 소나무에서 얻는 테레빈유의 주요 성분이며, 수많은 침엽수가 가지고 있는 독특한 향의 원천이다. 대부분 소나무 종에서는 α-이성질체가 우세하다. 피넨은 적절한 촉매를 사용해 산화시켜 다양한 의약품이나 향료를 합성하는 출발 물질로 주로 사용된다.

• 장뇌

캠퍼(camphor) 또는 장뇌(樟腦)는 녹나무 정유(camphorwood oil)의 주성분이지만, 로즈메리, 라벤더 정유를 비롯한 여러 정유에도 함유되어 있다. 장뇌는 예로부터 방부제, 방충제, 의약품 등으로 사용되었다. 장뇌에는 2개의 카이랄 중심 탄소 원자가 있으나, 가교구조를 가지고 있어 광학이성질체는 2종류가 있다. 천연에 존재하는 것은 (+)체이다. 장뇌 향은 매우 특징적이어서 쉽게 알아차릴 수 있다. (+)체는 장뇌의 강한 향을 나타내며, 거울상 이성질체인 (−)체도 장뇌 향이 나지만, 향의 강도가 다소 약한 편이다.

2. 세스퀴테르페노이드

모노테르페노이드가 제라닐 피로인산염(GPP)에서 생합성되는 것처럼 세스퀴테르페노이드는 파르네실 피로인산염(FPP)에서부터 생긴다. 세스퀴테르펜은 세 개의 이소프렌 단위를 포함하며, 라틴어 'sesqui−'는 모노의 1.5배라는 의미이다. 〈그림 2−30〉에 사슬형 세스퀴테르펜인 β−파르네센(farnesene)을 나타내었다.

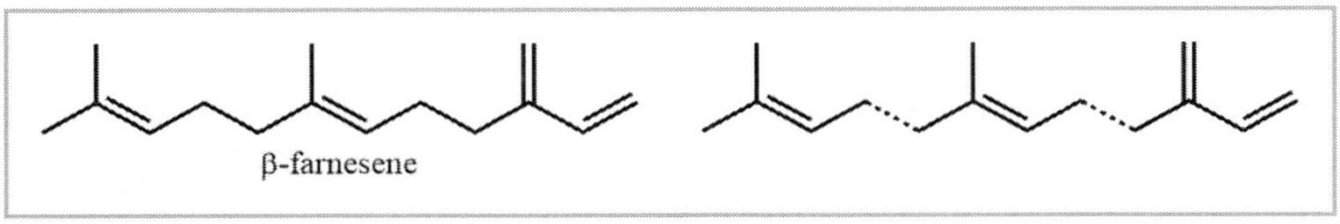

그림 2−30 세스퀴테르펜인 β−파르네센. 점선은 세 개의 이소프렌 단위 사이에 형성된 결합을 나타낸다.

세스퀴테르펜은 15개의 탄소원자로 구성되어 있으며, 산소 원자는 없다. 세스퀴테르펜의 특징 중 하나는 분자 내에 세 개의 이중결합을 가지고 있으므로, 고리형 분자 구조를 만드는 반응이 쉽게 일어나 '분자 내 반응'의 범위가 훨씬 더 넓다는 것이다. 따라서 세스퀴테르페노이드의 다양성은 모노테르페노이드보다 훨씬 더 크다.

세스퀴테르페노이드는 분자량이 크고 휘발성이 낮아 대체로 냄새가 나지 않는 것이 많다. 그러나 냄새가 나는 세스퀴테르페노이드는 이를 포함하고 있는 정유에서 매우 중요한 역할을 수행하는 경우가 많다. 냄새가 나는 세스퀴테르페노이드의 대표적인 예를 〈그림 2−31〉에 나타내었다.

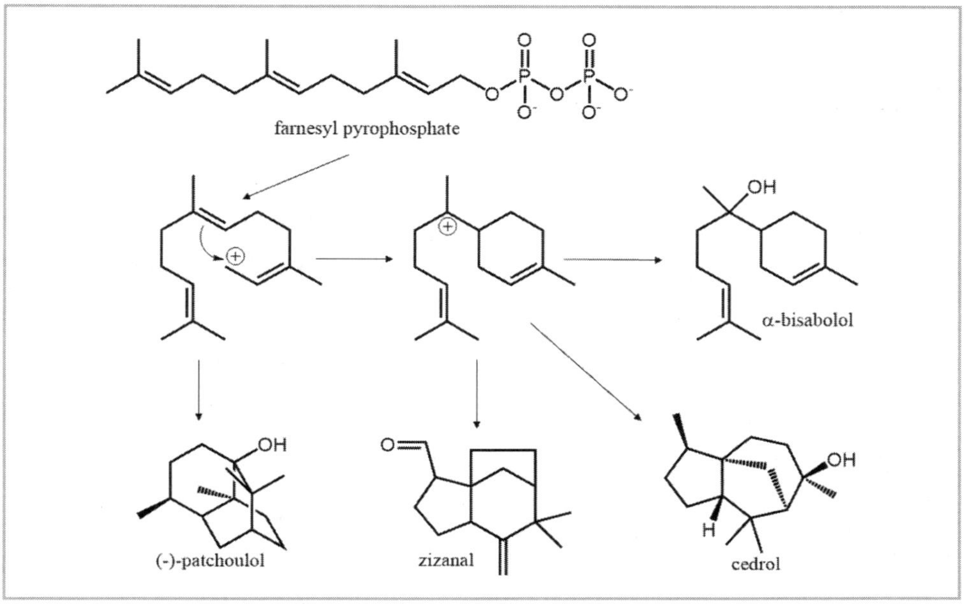

그림 2-31 파르네실 피로인산염(farnesyl pyrophosphate)으로부터 생성되는 다양한 세스키테르페노이드

모노테르페노이드 생합성과 마찬가지로, 세스퀴테르페노이드 합성도 파이로인산염 에스터(pyrophosphate ester) 결합이 깨지면서 시작된다. 이렇게 생성된 파르네실 카보양이온(farnesyl carbocation)이 6, 7 이중결합으로 고리화되면 비사볼란(bisabolane) 골격이 생성되고, 이를 가수분해하면 많은 오일에서 발견되는 α-비사보롤(α-bisabolol)이 생성된다. α-비사보롤은 카모마일꽃에서 사과나 꿀 같은 독특한 향기를 담당하며, 주름 감소, 피부 탄력 강화 및 항염증, 항균 특성을 가진 것으로 알려졌다.

비사볼란 골격에서 추가적인 반응을 통해 버지니아산과 중국산 시더우드 오일의 주요 성분인 세드롤(cedrol)과 베티버 오일의 아름답고 풍부한 향에 기여하는 지자날(zizanal)이 생성된다. 지자날은 베티버에 들어있는 미량 성분이다. 흥미롭게도 베티버에 들어 있는 주성분인 베티본(vetivone)에서는 베티버 특유의 냄새가 나지는 않는다.

그 외에도 동인도 백단향 오일의 주요 냄새 성분인 α-산탈롤(α-santalol), 파촐리 오일의 주성분인 파촐리 알코올(patchouli alcohol), 자몽의 특정 향 성분인 누트카톤(nootkatone), 정향에서 얻는 정유에 들어 있는 카리오필렌, 그리고 3환 골격의 롱기폴렌(longifolene) 등 많은 세스퀴테르페노이드가 향료로 사용되고 있다.

2) 분해 생성물

탄소에 기반한 화학물질은 공기에 노출되면 주로 자기산화 또는 효소 산화를 포함한 다양한 분해 메커니즘에 의해 분해된다. 가장 대표적인 분해 생성물 예로는 카로티노이드가 있다. 카로티노이드는 잎, 꽃, 및 과실의 색소체에 축적되는 테트라테르펜(tetraterpene, C_{40}) 색소 화합물로, 적색, 오렌지색, 황색의 발색에 기여한다. 카로티노이드는 냄새가 날 만큼 휘발성이 강하지는 않지만, 분자가 분해되면서 생성되는 작은 조각 중 일부에서 냄새가 날 수 있다.

〈그림 2-32〉에 카로티노이드와 카로티노이드 분해로 생성되는 향 물질을 나타내었다. 두 고리 사이에 있는 다중 불포화 탄화수소 사슬은 이산소화효소(dioxygenase, CCD)에 의해 분해된다. 이 과정에서 β-카로틴(β-carotene)에서 β-이오논(β-ionone)이, δ-카로틴(δ-carotene)에서 α-이오논(α-ionone)과 수도이오논(pseudoionone)이 생성된다. 냄새가 나는 카로티노이드 분해 산물의 두 가지 주요 향 성분은 이오논(ionone)

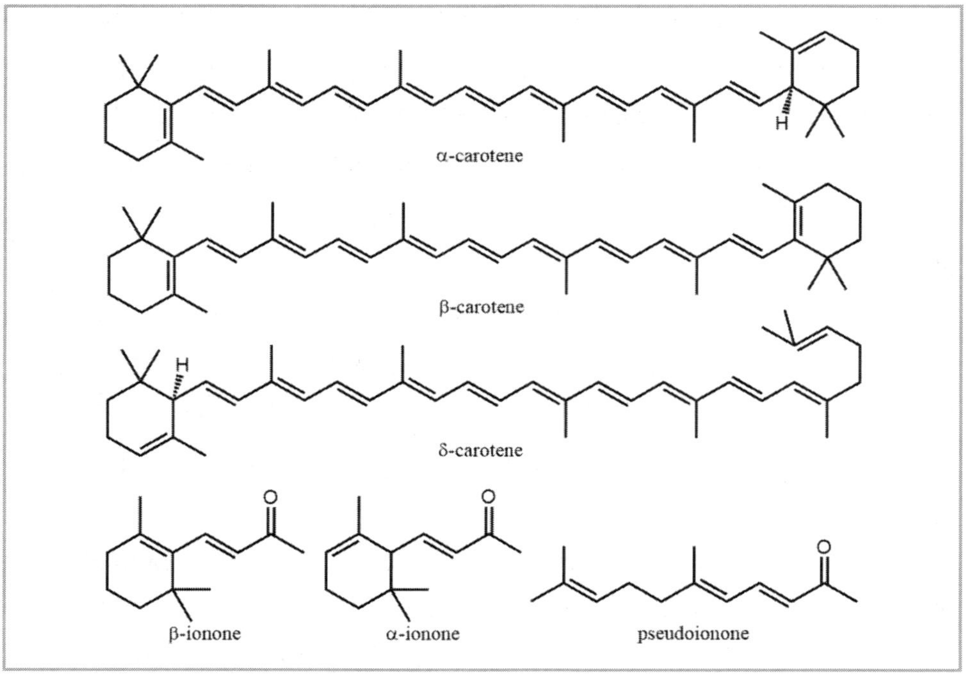

그림 2-32 카로티노이드와 카로티노이드 분해로 생성되는 향 물질

과 다마스콘(damascone)으로, 〈그림 2-33〉에 나타내었다.

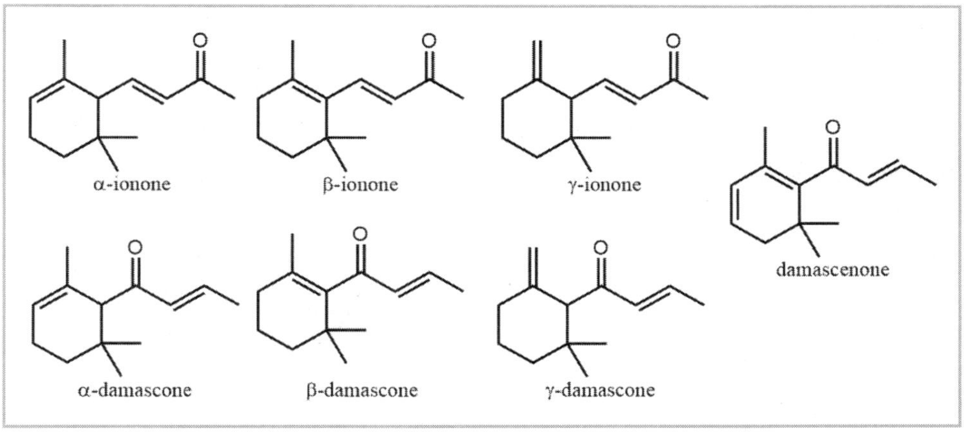

그림 2-33 이오논과 다마스콘

〈그림 2-32〉와 〈그림 2-33〉의 이오논과 다마스콘의 구조를 카로틴 구조와 비교하면 이러한 분해 산물이 카로티노이드 전구체와 어떻게 관련되어 있는지를 알 수 있다.

이오논과 다마스콘에 대해서는 다음 장에서 더 자세히 다루고, 여기서는 명칭에 대해서만 소개한다.

이오논과 다마스콘 모두에서 접두사 α-는 고리의 이중결합이 곁사슬에서 떨어져 있음을 나타내고, 접두사 β-는 단일 메틸기에 연결된 탄소와 곁사슬에 연결된 탄소가 결합하는 위치에 고리 이중결합이 있음을 의미한다. 한편, 이중결합이 외고리형(즉, 메틸렌기를 고리에 연결)인 경우 이성질체 이름에 접두사 γ-가 붙는다.

이오논과 다마스콘의 차이점은 측쇄에서 케톤기와 이중결합의 상대적 위치에 있다. 이오논에서는 이중결합이 고리에 더 가깝게 위치하는 반면, 다마스콘에서는 케톤기가 고리 옆에 있다. 이오논은 우디와 바이올렛 계열의 향을 내는 반면, 다마스콘은 장미에서 과일 향이 나는 탑 노트를 담당한다. 이오논과 다마스콘 계열에서 α-이성질체와 γ-이성질체는 꽃향기가 더 강한 반면, β-이성질체에서는 과일 향이 더 우세한 경향이 있다. 그림에는 향에 있어서 중요한 다마세논(damascenone)의 구조도 같이 표시하였다.

향료에서 가장 잘 알려진 분해에 의한 향 성분은 아마도 용연향(龍涎香, ambergris)일 것이다. 용연향은 향유고래(Physeter macrocephalus)의 장에서 위장관의 자극에 반응하여 생성된 분비물로 알려져 있다. 향유고래가 생성하는 용연향의 주요 성분 중 하나는 트리테르펜인 암브레인(ambrein)이며, 그 구조는 〈그림 2-34〉에 있다. 용연향이 바다로 방출되면 바닷물, 산소, 햇빛에 노출되는데, 이 과정에서 암브레인 분자는 더 작은 조각으로 분해되는 여러 가지 분해 반응이 일어난다. 이 분해 과정은 매우 복잡하며, 아직까지도 완전히 밝혀지지는 않았지만, 지금까지 알려진 용연향의 냄새를 유발하는 세 가지 주요 분해 생성물을 〈그림 2-34〉에 같이 나타내었다.

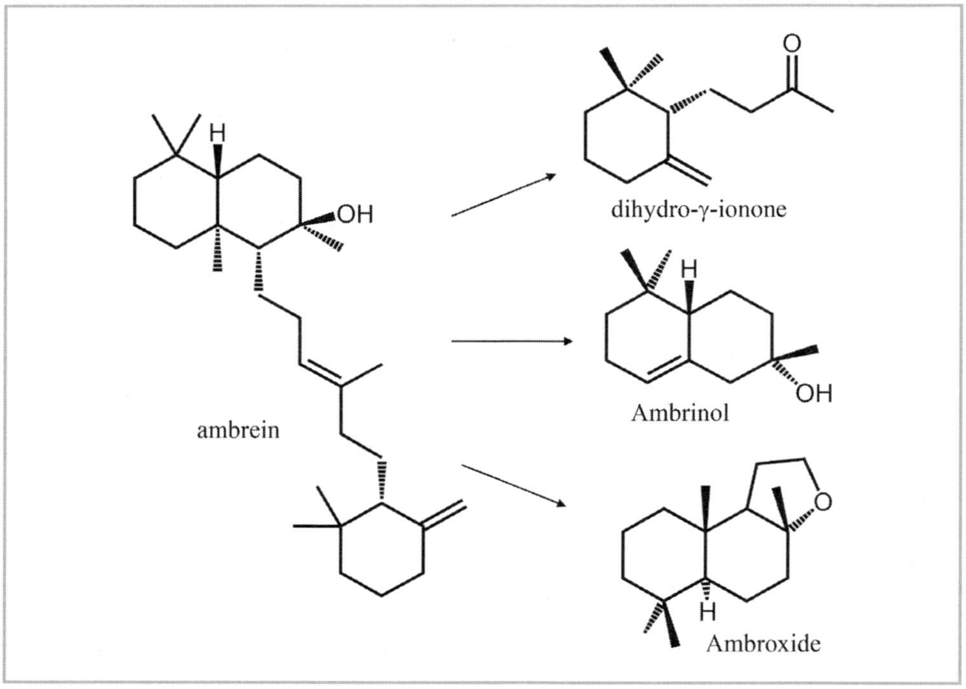

그림 2-34 암브레인과 그 분해 생성물

용연향에서 발견되는 모든 암브레인 분해 산물 중 가장 중요한 것은 Ambrofix (Givaudan), Ambrox(Firmenich), Ambroxan(Kao)과 같은 다양한 상품명으로 팔리고 있는 나프토푸란(naphthofuran)계 암브록사이드(Ambroxide)로, 용연향 특유의 냄새가 난다. 그 외에 발견되는 디하이드로-감마-이오논(dihydro-γ-ionone)은 용연향의 전체적인 냄새에 담배와 같은 향을 더하고, 암브리놀(Ambrinol)은 디하이드로-이오논에서 고리화를 통해 추출되며 용연향에서 나는 흙냄새에 기여한다.

분해 산물로 또 다른 화합물 그룹은 아이론(irone)이다. 아이론은 아이리스 뿌리줄기에서 추출한 버터향의 뉘앙스가 있는 오리스(orris)의 특징적인 향 성분이다. 이 경우 전구체는 트리테르페노이드인 이리팔리달(iripallidal)이다. 아이론은 해당 이오논보다 메틸기를 하나 더 가지고 있다. 이오논과 아이론의 명명 체계는 동일하므로 〈그림 2-35〉에 표시된 아이론은 α-아이론이다.

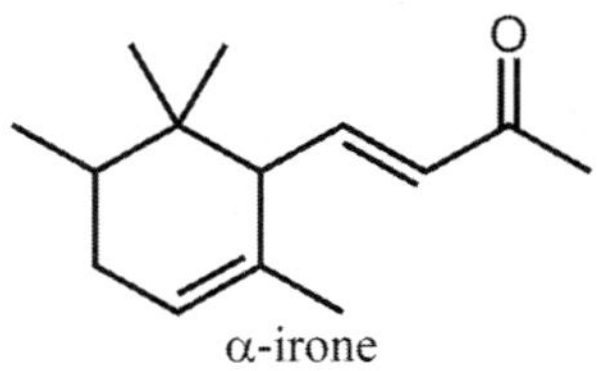

그림 2-35 α-아이론(irone)

식물의 포화 및 불포화 지방산 분해에 의해서도 휘발성 냄새 물질이 생성된다. 지방산 사슬에 있는 이중결합은 산화 및 자기산화와 효소 메커니즘에 의해 분해된다. 사슬이 절단되면 냄새가 날 정도로 작은 분자가 생성되고, 산소가 도입되면 알데하이드, 케톤, 수산기가 생성될 수 있다. 예를 들어, 리놀레산(linoleic acid)이 효소에 의해 산화되고 여러 단계의 생화학적 반응을 거쳐 탄소 6개로 구성된 시스-3-헥센올(*cis*-3-Hexenol)이 생성된다. 시스-3-헥센올은 신선한 풀이나 잔디를 바로 잘랐을 때 나는 특유의 그린 향이 난다.

지방산으로부터 유도되는 다른 향 분자는 γ-(4-) 또는 δ-(5-) 락톤(lactone) 구조를 가지고 있는 알카놀라이드(alkanolide)이다(그림 2-36). 이 락톤들은 보통 8~12개의 탄소로 되어 있으며 과일 향기 성분이다.

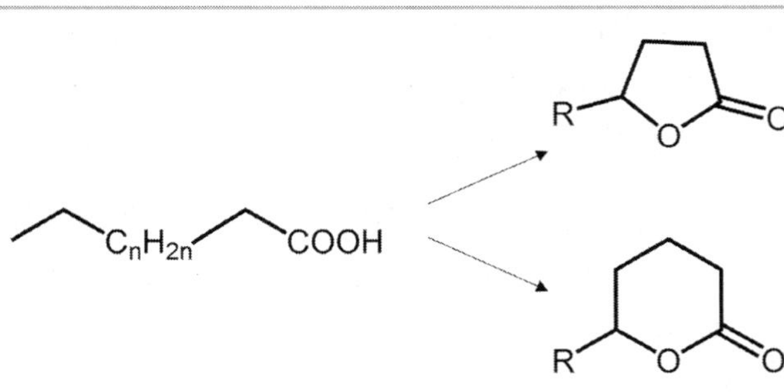

그림 2-36 지방산 분해에 의한 향 성분 생성의 예

이러한 분해 반응은 향기로운 성분을 생성할 수 있지만, 다음에 살펴볼 것처럼 악취를 유발할 수도 있다.

3) 악취

일부 식물과 동물은 생존과 방어의 수단으로 악취(malodour)를 배출한다. 가장 잘 알려진 예는 스컹크의 방어 메커니즘으로 작용하는 냄새이다. 또한, 일부 식물은 파리와 같은 해충을 유인하기 위해 썩은 단백질 냄새 같은 악취를 발산하기도 한다.

향 산업에서는 일상생활에서 발생하는 악취를 제거하거나 은폐하는 데 관심이 있다. 특히 체취, 주방에서 발생하는 악취, 화장실에서 발생하는 대변 및 소변 냄새, 담배나 연기 냄새, 반려동물의 냄새, 곰팡냄새, 그리고 소비재 자체에서 나는 냄새 등을 어떻게 제거할 것인가가 주요 관심사이다. 재스민 정유에 들어있는 인돌과 같은 낮은 수준의 악취는 향기에 기여하기도 하지만, 대체로 악취는 소비자에게 불쾌감을 주는 요소로 인식된다. 향수의 주요 기능 중 하나는 이러한 악취를 숨기는 것이다. 소비재는 제조 과정에서 발생하는 고유한 불쾌한 냄새를 가질 수 있는데, 이러한 사례 중 대표적인 것은 비누이다. 비누는 제조 과정에서 지방이 제대로 정제되지 않으면 불쾌한 냄새가 난다. 또한, 파마약이나 제모 크림은 티오글리콜산(thioglycolic acid)이라는 활성 성분 때문에 강한 악취가 난다. 따라서 제품의 악취를 커버할 수 있는 향을 개발하기 위해서는 악취를 유발하는 물질의 특성을 정확히 이해하는 것이 중요하다. 이는 제품마다 다르므로, 새로운 소비재 제품이 출시될 때마다 향료 화학자에게는 새로운 숙제가 된다.

담배 연기는 담배 연소에 따라 생기는 다양한 물질의 혼합물로, 주요 성분은 저분자 아민, 아크롤레인(acrolein), 프로피온에스터(propionate), 피리딘, 피라진, 피페리딘 등 헤테로사이클릭 물질이다. 곰팡냄새는 주로 곰팡이 대사산물인 지오스민(geosmin)에 의해 발생하며, 다른 주요 악취는 주로 지질, 단백질, 테르페노이드 등의 분해 산물로 인해 발생한다. 이러한 악취는 대체로 지방산, 티올(thiol), 아민, 스테로이드 네 가지 주요 범주에 속한다. 〈그림 2-37〉에 악취를 내는 물질을 나타내었다.

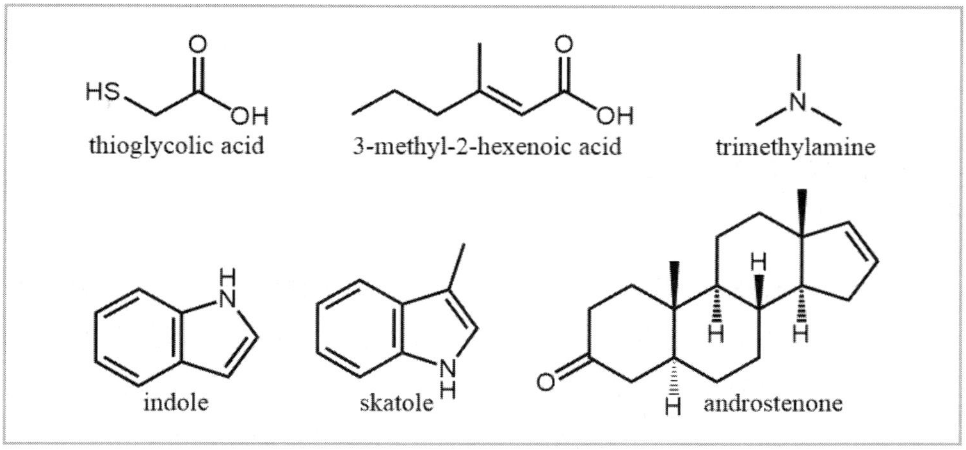

그림 2-37 악취를 내는 물질

지질이 분해되면, 단일 사슬 지방산이 생기며, 이 중 일부는 아미노산에서 아미노기가 제거되어 생성된다. 우유와 유제품의 부패를 포함한 여러 과정에서 생성되는 부티르산(butyric acid)은 신 우유 냄새와 주방 악취의 일부이다. 탄소 원자가 4개에서 10개인 지방산은 땀 냄새의 주요 성분인데, 이 중 3-메틸-2-헥세노산(3-methyl-2-hexenoic acid)이 중요한 역할을 한다. 주로 겨드랑이, 서혜부 등에 위치한 아포크린땀샘에서 분비되는데, 신선한 땀은 냄새가 나지 않으나, 피부 표면에 있는 다양한 박테리아가 땀 성분을 분해하면서 냄새가 발생한다. 이 과정에서 박테리아는 단백질과 3-메틸-2-헥세노산 사이의 결합을 가수분해하여 강한 악취를 방출한다.

질소와 황을 함유한 단백질이 분해되면 티올과 아민이 생성되는데, 이 중 일부는 불쾌한 냄새를 강하게 풍긴다. 특히 황화수소(hydrogen sulfide)는 썩은 달걀 냄새를 유발하는 주요 원인 물질이고, 트리메틸아민(trimethylamine)은 부패한 생선의 냄새가 난다. 메탄에티올(methanethiol)은 구취의 주요 성분이다. 인돌과 스카톨(skatole)은 아미노산 트립토판(tryptophan)의 분해 산물로, 대변 냄새의 주요 원인이다. 1장에서도 설명했듯이, 인돌이나 스카톨과 같이 질소 원자를 포함하는 분자는 농도가 높으면 악취가 나지만, 희석되면 좋은 향이 나는 특징이 있다.

분자량이 높아 휘발성이 낮은 스테로이드는 대체로 냄새가 없지만, 예외로 안드로스테논(androstenone)은 남성의 생식기와 겨드랑이에서 발견되는 스테로이드 호르몬 대사산물이다. 냄새는 사람에 따라 다르게 인식되지만, 고농도에서는 소변 냄새 같은 악취가 난다.

2.5 향의 화학구조

향이 나는 화학물질의 특성으로는 분자량, 끓는점, 작용기, 그리고 친수성과 친유성의 균형이 중요하다. 향 분자는 우선 후각수용체에 결합해야 하는데, 이 후각수용체는 수 만의 분자량을 가진 큰 단백질이다. 한편 향 분자의 분자량은 대략 300 이하로, 이 작은 향 분자가 후각수용체에 결합하여 그 모양을 조금씩 변화시켜 신호를 뇌로 전달한다. 이 과정에서 향 분자에 있는 작용기가 중요한 역할을 한다. 향 분자는 신호를 전달한 후 일정 시간 내에 수용체에서 분리되어야 한다. 만약 그렇지 않으면, 후각 감각이 사라질 수 있다. 따라서 향 분자는 특정 수용체에 확실히 결합해야 하는 정도의 상호 인력이 필요하고, 이 인력은 가역적이어야 한다. 이는 향 화학물질의 화학구조와 관계가 있다. 비록 향의 화학구조와 향과의 관계에 대한 정확한 법칙이 발견되지 않았지만, 지금까지의 연구를 통해 화학구조의 특징과 향 사이에는 어느 정도 관계가 있음을 알게 되었다. 이에 대해 몇 가지를 소개한다.

향 분자의 중요한 특성 중 하나는 탄소 원자의 수이다. 대부분 향 분자는 4~16개의 탄소 원자를 가지지만, 우리가 가장 쾌적하게 느끼는 향은 8~10개의 탄소 원자를 가진 분자에서 나온다. 탄소 원자 수가 적은 분자의 향은 강하지만, 빨리 사라지고, 반면에 탄소 원자 수가 많은 향 분자의 향은 더 섬세하며 오랫동안 지속된다. 또한, 친유성이 높은 탄소 골격에 산소, 질소, 황 등의 친수성이 높은 헤테로원자를 도입함으로써 냄새의 강도와 종류가 현저하게 증가하는 것으로 알려져 있다. 예를 들어, 단일고리 모노테르펜 중 하나인 R-(+)-리모넨은 부드러운 감귤계 향기를 가지며, 그 역치값은 0.2 ppm[1]이다. 그러나 산소 원자가 하나 추가된 (R)-(-)-카르본은 민트 향을 내며, 그 역치값은 30 ppb[2]로, (+)-리모넨의 약 1/7 수준이다. 이는 산소 원자가 추가됨으로 인해 냄새 강도가 대략 7배 증가했음을 의미한다.

1) https://www.ncbi.nlm.nih.gov/pmc/articles/PMC10297329/
2) https://www.scentree.co/en/L-Carvone.html

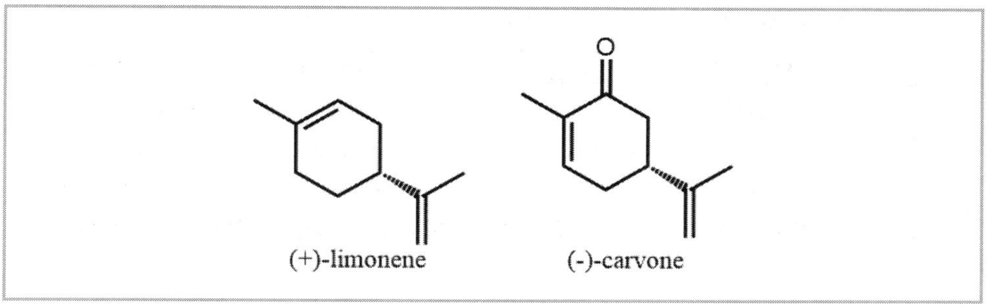

그림 2-38 (+)-리모넨과 (-)-카르본

비슷하게, 휘발유 같은 기름 냄새가 나는 n-헥세인의 역치는 대략 65 ppm인데, 여기에 산소를 포함한 수산화기인 알코올이 도입되면, 갓 자른 잔디 향이 나는 n-헥실 알코올(n-hexanol)이 되는데, 인지 역치는 0.09 ppm[3]로 현저히 낮아진다.

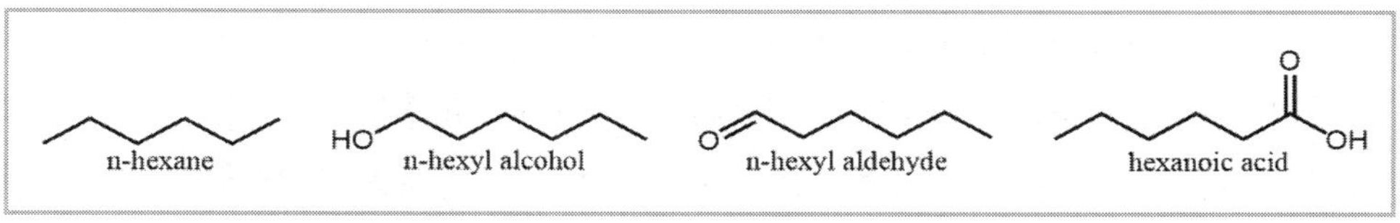

그림 2-39 헥세인과 헥세인 산화 유도체

같은 함산소화합물이라도 헥산알(hexanal=n-hexyl aldehyde)의 역치는 25 ppb[4]이고, n-헥세인산의 역치는 매우 낮다. 이를 〈표 2-2〉에 향과 함께 정리하였다.

한편, 함황화합물과 함질소화합물은 다양한 골격과 작용기를 가지며, 일반적으로 산소와 탄소를 황과 질소로 대체하면 냄새가 크게 증가하고 자극적이 된다. 이는 악취 물질에 함황화합물이나 함질소화합물이 많은 이유로, 냄새 강도가 현저히 증가하는 것과 관련이 있어 보인다.

냄새는 분자의 성분, 크기, 모양, 전하 등 다양한 요인에 의해 결정되며, 향 분자와 수용체 분자의 상호작용은 매우 정밀하게 일어난다. 이러한 요인들이 향에 미치는 영향이 서로 달라 냄새의 질이 다르게 느껴진다. 후각은 매우 민감하고 복잡한 감각이기 때문에, 냄새의 질을 정확히 이해하기 위해서는 더 깊은 연구가 필요하다.

---

3) https://pubchem.ncbi.nlm.nih.gov/compound/1-Hexanol#section=Odor-Threshold
4) https://academic.oup.com/chemse/article/35/4/289/303575
5) https://www.ncbi.nlm.nih.gov/pmc/articles/PMC2964470/

표 2-2 헥세인 산화에 따른 역치값 및 향 변화

작용기	탄화수소	알코올	알데하이드	카복실산
시료	*n*–헥세인 (*n*–hexane)	*n*–헥산올 (*n*–hexanol)	*n*–헥산알 (*n*–hexanal)	*n*–헥세인산 (*n*–hexanoic acid)[5]
역치값(ppb)	65000	90	25	9
향	휘발유 향	갓 자른 잔디향	갓 자른 잔디향	기름, 치즈, 왁스 냄새

향기 물질들의 화학구조와 향의 일반적인 관계를 알기 전에, 향 물질들의 화학적 구조에 대해 우선 살펴보자.

1) 탄소 골격에 의한 분류

구성하는 성분이 탄소와 수소로 이루어져 있으며, 골격이 탄소인 화합물을 '탄화수소(hydrocarbon)'라고 한다. 석유 역시 탄화수소로 구성되어 있다. 탄화수소는 주로 '지방족(aliphatic)' 탄화수소와 '방향족(aromatic)' 탄화수소 두 가지로 나뉜다. '지방족'이라는 용어는 벤젠 고리를 포함하지 않은 직선 형태의 유기화합물을 가리킨다. 영어로는 'aliphatic compound'라 부르며 그리스어 'aleiphar'에서 파생되었는데, '지방과 기름'을 뜻한다. 실제로 지방족 화합물 중에는 기름과 같은 냄새를 내는 화합물이 상당수 있다. '방향족' 화합물은 영어로 'aromatic compound'라 한다. 이 용어는 처음 이 화합물이 발견됐을 때 그 향기로운 냄새 때문에 붙여진 이름이다. 방향족 화합물의 공통적인 특징은 벤젠 고리를 가지고 있다는 것이다.

① 지방족 화합물

지방족 탄화수소는 탄소와 수소의 연결 방식에 따라 분류된다. 탄소 원자들이 단일 결합으로만 연결된 탄화수소를 '알케인(alkane)'이라고 한다. 탄소–탄소 이중결합을 가진 탄화수소는 '알켄(alkene)'이며, 탄소–탄소 삼중결합을 가진 것은 '알킨(alkyne)'이라고 부른다. 직선 구조를 가진 알케인은 분자 내부에 다중결합을 포함하지 않아 '포화(saturated)'되었다고 하고, 2중결합, 3중결합을 가진 알켄이나 알킨은 '불포화(unsaturated)'되었다고 한다.

향 분자 대부분은 이중결합을 가지고 있다. 이중결합이나 삼중결합에는 전자가 많이 존재하여 후각수용체와 상호작용하는 데 중요한 역할을 하는 것으로 생각된다.

예를 들어, 이중결합이나 삼중결합이 많아질수록, 즉 불포화도가 증가할수록 냄새가 강해진다.

지방족 향기 물질의 대표적인 예로 리날로올, 잎 알코올(leaf alcohol)인 (*Z*)−3−헥센올(hexenol), 잎 알데하이드인 (*E*)−2−헥센알(hexenal)이 있고, 그 구조는 2−40에 나타내었다. 이들은 α−리놀렌산(linolenic acid)의 지방산 산화분해로 생성된다. 또한, 노인 특유의 냄새 중 하나인 불포화 알데하이드인 2−노네날(2−nonenal)은 지방족 화합물로 분류되며, 기름 같은 냄새가 난다고 알려져 있다. 탄소 수가 11개이며, 분자 내 3개의 이중결합을 가진 그린 향을 내는 갈바넘 정유의 주성분인 1,3,5−운데카트리엔(undecatriene)도 지방족 화합물의 한 예이다.

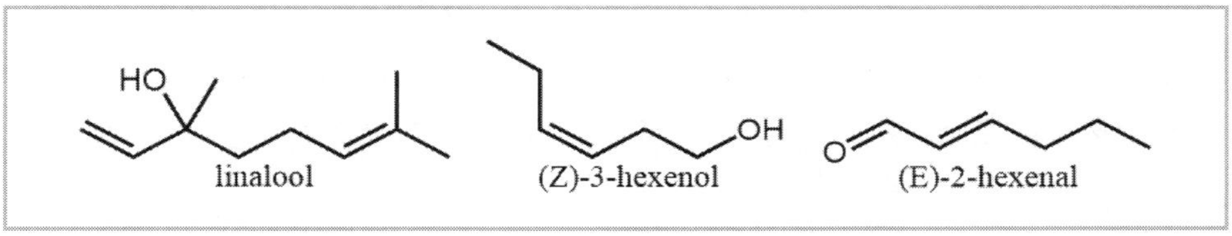

그림 2-40 지방족 화합물: 리날로올, 잎 알코올, 잎 알데하이드 구조

② 방향족 화합물

방향족에 속하는 화합물은 분자 내에 벤젠 고리를 가지고 있는 것이 특징이다. 벤젠 고리 안의 이중결합과 단일결합은 교대로 배열된 것처럼 표현하지만 6개의 결합은 모두 1.5중 결합 성질을 가지며, 이것이 벤젠 고리의 성질을 결정하는 열쇠이다. 벤젠 고리를 포함한 유기화합물은 많이 있지만, 분자량이 300 이하인 분자는 대부분 달콤한 향을 가지고 있다. 벤젠 자체도 단맛 나는 향을 지니고 있다. 그러나 현재, 벤젠은 발암성물질로 실험실에서 사용이 엄격히 제한된다.

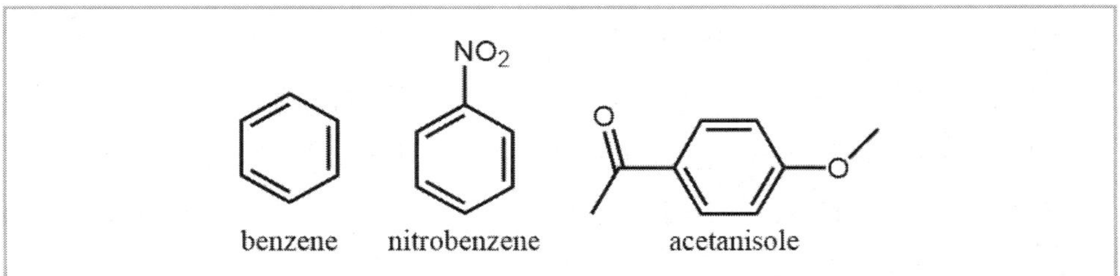

그림 2-41 방향족 향 물질

③ 고리화합물(cyclic compound)

오렌지 정유 등에 포함되어 있는 리모넨(그림 2-38)과 같이 구조식 안에 고리 모양의 원자 배열을 가진 유기화합물을 고리화합물 또는 고리형 화합물이라 한다.

2) 작용기에 의한 분류

냄새를 감지하는 수용체는 단백질로 구성되어 있다. 이 단백질은 정전기적 힘이나 수소결합과 같은 분자 간 상호작용을 통해 기능한다고 생각된다. 많은 향 분자는 다양한 작용기를 가지고 있으며, 이 작용기는 향 분자와 냄새 수용체 사이에서 분자적 상호작용을 가능하게 한다. 따라서 향 분자가 가진 작용기는 그 향의 특성을 결정하는 중요한 역할을 한다. 각 작용기가 향 성분에 어떤 영향을 미치는지 살펴보자.

① 알코올류

알코올기는 하이드록시(hydroxy)기인 -OH를 가지고 있으며, $C_nH_{2n+1}OH$로 표시된다. 탄소수가 짧은 알코올은 물에 잘 녹지만, 탄소수가 많아질수록 녹기 어려워진다. 사슬 모양, 고리 모양, 탄화수소류와 방향족 고리 모양을 비교하면 방향족 고리 쪽이 물과 친화성이 높아 친수성이 강하다. 예를 들어 페네틸알코올은 물에 녹는다.

알코올계 향 물질은 일반적으로 신선한 향기를 지니고 있다. 분자 내에 수산화기가 하나 있을 때는 냄새가 강하지만, 두 개 이상일 때는 강도가 급격히 떨어진다. 향에서 자주 사용되는 지방족 알코올로는 (*Z*)-3-헥센올, (*E*)-2-헥센올, 옥텐올(1-octen-3-ol) 등이 있다.

모노테르페노이드 알코올류에는 리날로올, 네롤, 제라니올, 시트로넬롤 등이 있다. 리날로올은 장미, 재스민, 일랑일랑, 제라늄, 라벤더 정유 등에 존재하며, 플로럴 향으로 많은 조합향료에 사용된다. 달콤한 장미를 연상시키는 대표적인 플로럴 향 분자인 제라니올은 시트러스한 뉘앙스를 지니며, 이성질체인 네롤은 장미나 네롤리 오일에 많이 포함된다. 이 외에도 α-테르피네올, 디하이드로미르세놀, (-)-멘톨, 이소풀레골(isopulegol) 등이 있다.

세스키테르페노이드에서는 네롤리돌(nerolidol), 파르네솔, β-산탈롤(santalol), 파

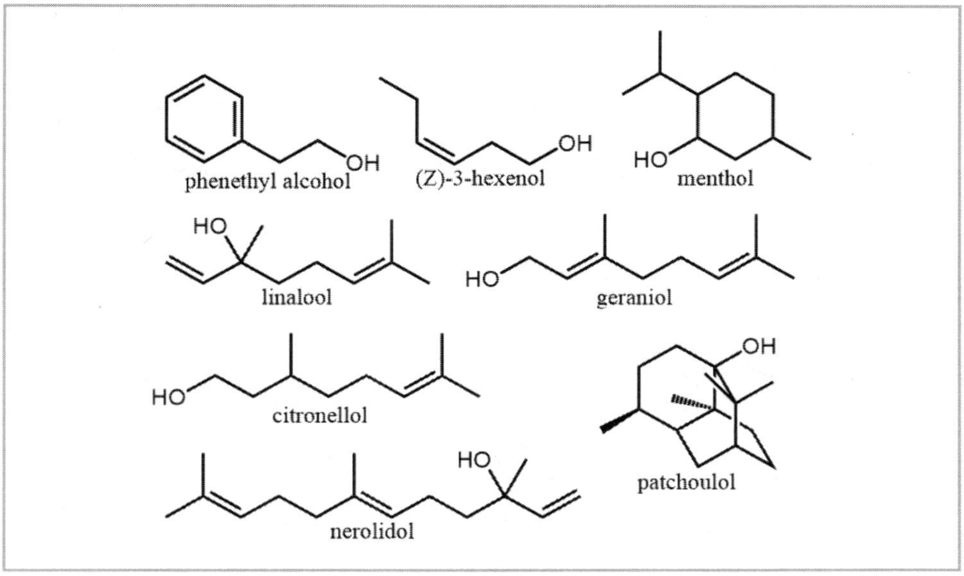

그림 2-42 알코올계 향 물질

촐리알코올(patchouli alcohol), 비리디플로올(viridiflorol), β-오이데스몰(eudesmol) 등이 있다.

방향족 알코올에는 아니스알코올(anise alcohol), 벤질알코올(benzyl alcohol), 페네틸알코올, 신남알코올 등이 사용된다.

페놀계에는 티몰(thymol), 카바크롤(carvacrol), 유제놀, 카비콜(chavicol) 등이 있다.

② 알데하이드류

알데하이드는 포르밀(formyl, -CH=O)기를 가지는 물질의 총칭이다. 알코올(RCH_2-OH)이 산화되면 알데하이드(R-CHO)가 된다. 예를 들어, 〈그림 2-39〉에서 볼 수 있듯이 n-헥실 알코올의 하이드록시기가 산화되면 n-헥실 알데하이드인 헥사날(hexanal)을 얻을 수 있다. 알코올이 알데하이드를 거쳐 카복실산($R-CO_2H$)이 되므로, 알데하이드는 알코올의 부분 산화물이라고 할 수 있다. 알데하이드는 물질명 뒤에 '알데하이드'를 붙이는 통상명이나 'hexanal'과 같이 끝에 '-al'을 붙이는 화학명을 사용한다. 감귤류, 침엽수, 시나몬 등의 천연 오일 성분에는 벌과 나비를 유인하거나 포식자로부터 자신을 보호하기 위한 다양한 알데하이드가 존재한다.

알데하이드는 알코올에 비해 상대적으로 역치가 낮고, 농도가 낮아도 냄새가 강하고 자극적이다. 예를 들어, 제라니올은 꽃 향이 나는데, 하이드록시기가 알데하이드기로 된 제라니알은 강하고 자극적인 레몬 향이 난다. 알데하이드는 카보닐(carbonyl)기를 가지고 있어 반응성이 높고 화학적 안정성이 낮다. 향에 사용되는 알데하이드는 지방족 알데하이드, 테르페노이드 알데하이드, 방향족 알데하이드로 분류된다.

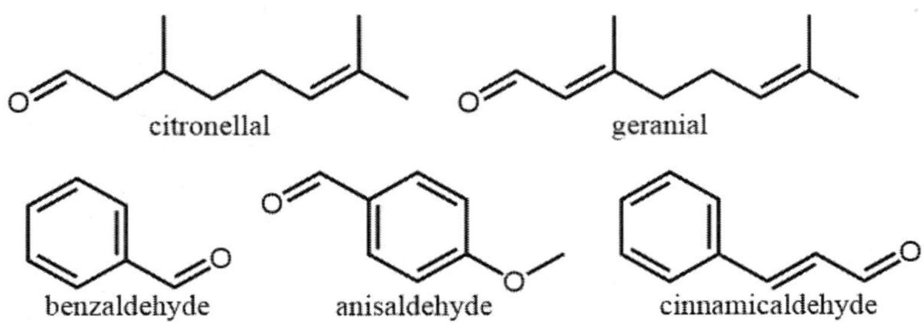

그림 2-43 알데하이드계 향 물질

알데하이드는 크기와 구조에 따라 다양한 성질을 가진다. 크기가 작은 알데하이드는 휘발성이 높고, 톡 쏘는 냄새로 후각을 강하게 자극한다. 예를 들어, 탄소가 다섯 개로 이루어진 펜탄알(pentanal)은 매캐하고 톡 쏘는 냄새를 가지지만, 탄소가 1개 늘어 탄소 6개로 이루어진 헥산알(hexanal)은 자극성이 줄어들고 상큼한 풀 냄새로 묘사되는 그린 노트 향이 된다.

알데하이드 분자의 크기가 커질수록 기름기 느낌이 강해진다. 예를 들어, 데카날(decanal)이라고도 하는 데실알데하이드(decyl aldehyde)는 오렌지 냄새에 기름이 섞인 듯한 향을 낸다. 탄소 원자가 12개인 라우릴 알데하이드(lauryl aldehyde)는 유명한 《샤넬 No. 5》 향수의 주요 성분으로, 기름진 오렌지 향을 가지고 있다.

향에 사용되는 지방족 알데하이드는 탄소수가 6부터 12까지의 알데하이드로 분자 내에 올레핀을 1~2개 포함한 형태가 많이 사용된다. 각각의 알데하이드에 대해 알아보자.

대표적인 C-6 알데하이드로는 잎 알데하이드인 (*Z*)-3-헥센알(hexenal, $C_6H_{10}O$)이 있다. 이는 잘 익은 토마토에도 존재하지만, 주로 잔디를 깎은 후의 상큼하고 풋풋한 향을 풍긴다.

C-7 알데하이드, 즉, 헵탄알(heptanal, $C_7H_{14}O$)은 일랑일랑, 클라리 세이지, 장

미, 레몬 등 천연성분에 포함되어 있으며, 풋풋한 풀잎 냄새를 풍긴다. 헵탄알과 벤즈알데하이드를 반응시키면 축합 생성물이 만들어지는데, 재스민 향기를 낸다고 하여 재스민 알데하이드(jasminaldehyde) 또는 재스모날(jasmonal)이라고 한다. 이는 재스민, 라일락, 튜베로즈 등 소프트 플로럴 계열 향수에 사용된다. 재스민 알데하이드는 천연에서 거의 발견되지 않으며 합성하여 사용한다.

C-8 알데하이드, 즉, 옥탄알(octanal, $C_8H_{16}O$)은 희석하면 레몬 향이 난다. 주로 시트러스계 오일이나 캐러웨이 씨앗 등에서 자연적으로 발생하며, 1-옥탄올의 산화나 헵텐(heptene)의 하이드로포르밀화(hydroformylation) 반응을 통해 합성된다.

C-9 알데하이드인 (*Z*)-6-노넨알(nonenal, $C_9H_{16}O$)에서는 강한 머스크멜론 향이 난다. 2,6-다이메틸-5-헵텐알(2,6-dimethyl-5-heptenal)에서 신선한 멜론과 오이 향이 강하게 나서, 멜론 헵텐알(melon heptenal) 또는 멜로날(melonal)이라고도 불린다.

데칸알(decanal, $C_{10}H_{20}O$), 즉, C-10 알데하이드는 천연에서 옥탄알, 시트랄과 함께 주로 감귤류에서 발견되며 오렌지 껍질에서 나는 향을 닮았다.

10번 탄소에 이중결합을 가진 알데하이드 C11 운데실레닉(Aldehyde C11 Undecylenic, $C_{11}H_{20}O$)인 10-운데세날(undecenal)은 오렌지나 만다린 뉘앙스의 시트러스한 꽃 향이 난다. 9번 탄소에 이중결합이 있는 9-운데세날(undecenal)은 상대적으로 강한 알데하이드 향이 난다. 10-운데세날과 9-운데세날의 혼합물은 중간 강도의 향을 가지며, '인트렐레브 알데하이드(intreleven aldehyde)'라는 이름으로 상업화되어 있다.

탄소 12개로 이루어진 도데카날(dodecanal, $C_{12}H_{24}O$)은 주로 월계수의 라우렐(laurel) 오일에서 얻어지며, 라우릴 알데하이드(lauraldehyde)라고도 한다. 비터 오렌지, 라임 오렌지 등의 감귤계 정유에 포함된다. 2-메틸운데카날(methylundecanal)은 그린, 오렌지, 용연향의 향을 지니며, 희석하면 꿀이나 견과류 향도 난다. 이는 Aldehyde MNA 또는 Aldehyde C-12 mna로도 불리며, 《샤넬 No. 5》에 들어간 최초의 합성 화합물이기도 하다.

방향족 알데하이드에는 벤즈알데하이드, 라일락 향이 나는 페닐아세트알데하이드(phenylacetaldehyde), 아니스알데하이드, 계피 정유의 주성분인 신남알데하이드, 바닐린 등이 있다. 그 외에도 재스민 알데하이드(jasminaldehyde)나 α-헥실신나밀알데하이드(hexylcinnamic aldehyde)도 있다. 중요한 알데하이드로는 시트랄, 시트로넬랄 등이 있다. 시트랄은 비타민의 중간체로도 중요한 역할을 한다.

③ 카복실산류

알데하이드기는 산화되면 카복실(carboxyl)기로 된다. 분자 내에 카복실기를 가지는 유기화합물을 통틀어 카복실산이라 한다. 일반식은 RCOOH이며, 탄화수소 사슬에 하나의 카복실기를 가지는 카복실산을 지방산(fatty acid)이라 한다. 카복실산은 물속에서 일부 해리되어 H^+ 이온을 생성하므로 산성을 띤다. 탄소수가 4개 이하인 카복실산은 수용성이다.

식초의 주요 성분인 아세트산(그림 2-44)처럼 카복실기를 가지면 산 특유의 냄새가 난다. 특히 탄소 원자 수가 4~6인 저급 지방족 카복실산은 역치가 낮아 땀 냄새나 산패취, 부패취가 강하게 느껴진다. 흥미로운 점은 분자 내에 카복실기가 하나 있을 때는 산 냄새가 강하지만, 카복실기의 수가 증가하면 그 냄새가 점점 약해진다는 것이다. 카복실기를 가진 분자 중 좋은 냄새를 가진 것은 많지 않다. 그러나 제라니알이 산화된 제란산(geranic acid)은 예외로, 제라니올이나 제라니알과는 완전히 다른 풀이나 푸른 잎의 그린 향과 우디 같은 은은한 향을 가진다.

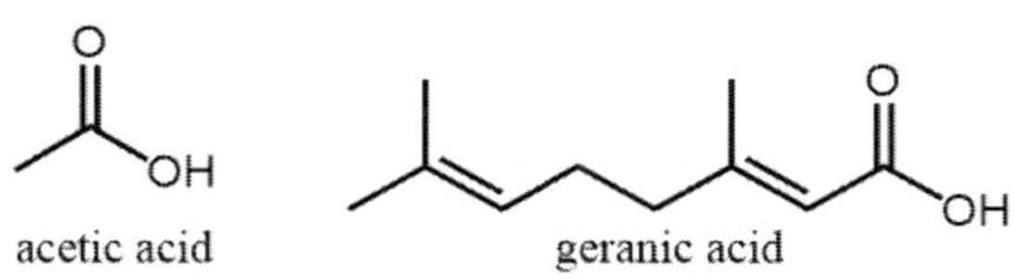

그림 2-44 아세트산과 제란산(geranic acid)의 화학구조

제라니올의 하이드록시기에서 알데하이드로, 다시 카복실기로 작용기가 변할 때, 장미 향에서 시트러스 향, 그리고 제란산의 그린-우디 향으로 향의 질이 극명하게 바뀌는 것은 매우 흥미로운 현상이다. 이 현상의 근본적인 이유에 대해서는 여전히 연구 중이다. 한편, 프레그런스 업계에서는 산을 그대로 사용하는 것은 피하고 있다.

④ 에스터류

에스터기는 카복실산과 알코올의 하이드록시기가 〈그림 2-45〉에 표시한 것처럼 탈수-축합반응을 통해 생성된다. 이 과정에서 산의 OH와 알코올의 H가 결합하여 물이 생성된다. 예를 들어, 아세트산과 에탄올이 반응하여 생성된 에스터인 아세트산에틸(ethyl acetate)은 프루트계 조합향료에 자주 사용되는 아주 작은 에스터이다. 파인애플에도 포함되어 있는 화합물로 과일과 같은 달콤한 향이 난다. 에스터의 향은 이렇게 약간 자극적인 단맛의 향이 난다.

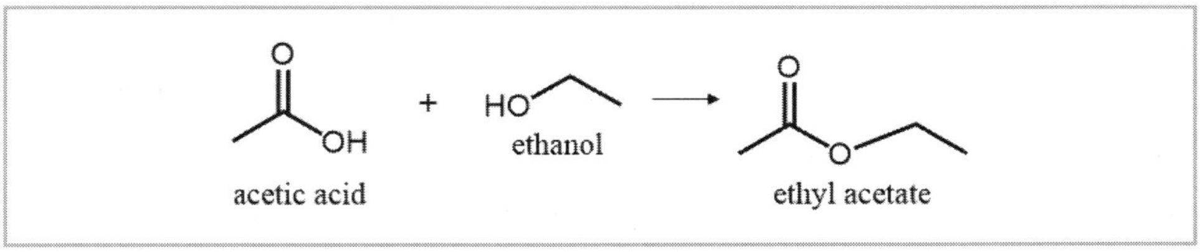

그림 2-45 아세트산에틸 생성 반응

이 반응은 과일이 숙성하는 동안 일어나며, 숙성된 과일에서는 에스터의 향이 강하게 느껴진다. 에스터 생성 반응의 일반식은 다음과 같고, 일반식은 RCOOR′라 쓴다.

$$RCOOH + R'OH \rightarrow RCOOR' + H_2O$$

저급 지방산 카복실산과 저급 지방족 알코올로부터 생성된 에스터는 과일과 같은 냄새를 가지는 경우가 많다. 〈그림 2-46〉에 몇 가지 예를 나타내었다.

아세트산부틸(butyl acetate)은 사과나 포도 등의 과일에 포함된 향 성분으로, 아세트산과 부틸알코올의 반응으로 얻어진다. 아세트산부틸의 향은 강하고 바나나와 같은 과일 향을 가지며, 유기용매와 같은 에스터 냄새가 난다. 아세트산 이소아밀(isoamyl acetate)은 바나나, 사과, 포도 등 과일에 함유된 향 성분이다. 달콤하고 신선한 바나나와 같은 강한 과일 향을 가지며, 희석하면 배와 같은 향을 느낄 수 있다. 부티르산에틸(ethyl butyrate)은 과일이나 발효식품에 포함된 향 분자로, 강한 과일 향을 가진다. 파인애플이나 과일주스, 꼬냑 같은 향이 난다.

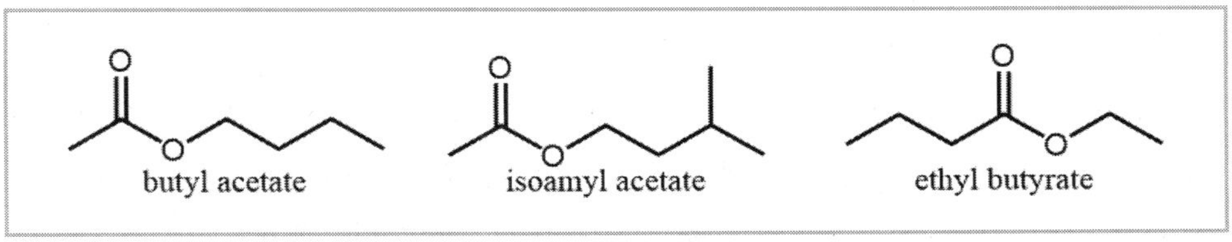

그림 2-46 저급 카복실산과 저급 지방족 알코올로부터 생성된 에스터

한편, 방향족 알코올 에스터인 아세트산벤질(benzyl acetate)은 재스민과 같은 향을 가진다. 앞의 〈그림 2-16〉에 나타낸 재스민산으로부터 유도된 재스몬산메틸이나, 이중결합에 수소가 첨가된 디하이드로재스몬산메틸(methyl dihydrojasmonate) 모두 재스민 향을 낸다. 특히, 디하이드로재스몬산메틸은 저렴하게 합성할 수 있으며, 헤디온(Hedione)이라는 상업명으로 판매된다. 이 성분은 현재 거의 모든 향 제품에 널리 사용되고 있다.

〈그림 2-47〉에 아세트산 벤질을 비롯해 향에 사용되는 대표적인 에스터를 나타내었다. 방향족 카본산 에스터인 신남산메틸(methyl cinnamate)은 송이버섯과 같은 냄새가 난다. 지방족 아세트산 에스터라도 테르페노이드 에스터인 아세트산리날릴은 시트러스 향이 난다. 이처럼 다른 작용기나 분자의 골격에 따라 냄새의 질이 크게 달라진다.

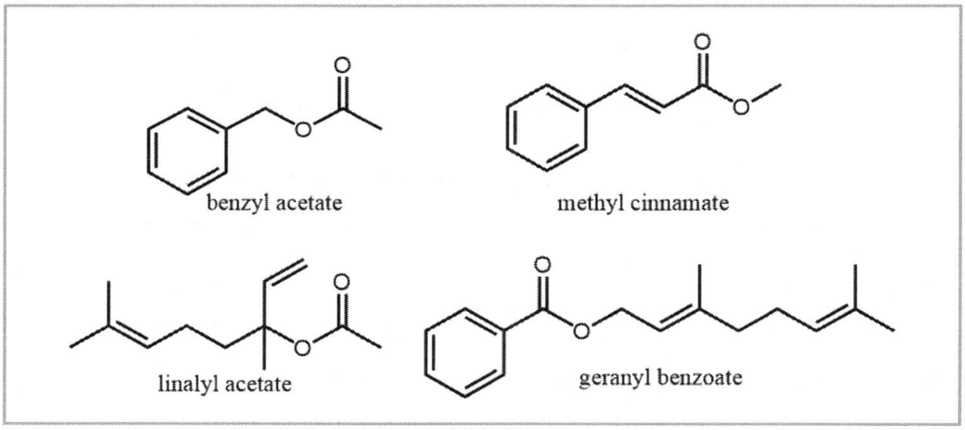

그림 2-47 향에 사용되는 대표적인 에스터

에스터는 일반적으로 과일 향을 내며, 탄소수가 증가하면 향기로운 냄새를 가지는 경향이 있다. 예를 들어, 약하지만 달고 중후한 발삼(balsamic) 향의 벤조산(benzoic acid)과 장미 향이 나는 제라니올이 반응해서 생성된 벤조산제라닐(geranyl benzoate)은 플로럴 계열의 향이 난다.

이 외에도 아세트산 제라닐, 아세트산 시트로넬릴(citronellyl acetate), 아세트산 페네틸(phenethyl acetate), 안젤산 이소부틸(isobutyl angelate), 벤조산 벤질(benzyl benzoate) 등의 에스터는 향 제품에 널리 사용된다. 특이하게도 질소를 포함한 에스터 화합물인 메틸 안트라닐산메틸은 포도 향이 나서 플레이버나 프레그런스로 사용된다.

한편, 에스터 반응에 의해 향이 변하는 경우도 있다. 예를 들어, 〈그림 2-48〉에 나타내었듯이 리날로올은 아세트산과 쉽게 반응하여 아세트산리나릴을 형성하는데, 이 반응은 가역적이다. 천연 향 물질에서 수증기 증류를 통해 정유를 얻는 경우에 향이 변할 수 있는데, 그림에서처럼 들어있는 성분들 사이에 에스터 반응이 일어나거나 분해되기 때문이다.

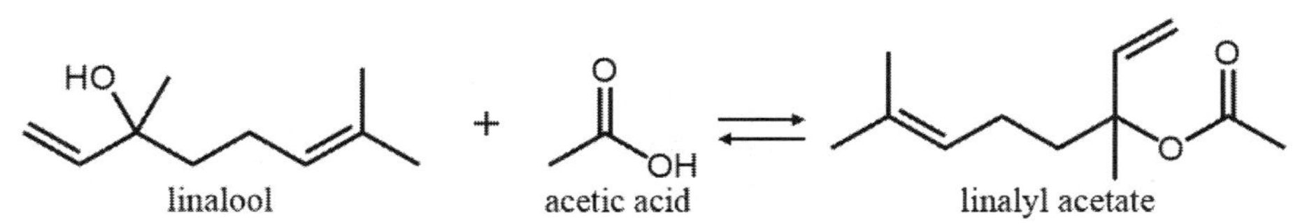

그림 2-48 리날로올과 아세트산이 반응해서 생성되는 아세트산리나릴 반응

⑤ 락톤류

고리 속에 있는 에스터기는 특별히 락톤(lactone)이라 부른다. 락톤은 γ-락톤과 δ-락톤의 고리를 가지며, 프루티, 플로럴 같은 특징적인 향이 난다.

락톤의 특성은 여러 면에서 일반 에스터와 현저하게 다르다. 예를 들어, 아세트산에틸(ethyl acetate, $C_4H_8O_2$, b.p. 77.1℃)은 휘발성이 높고, 에테르나 아세톤 같은 강한 향이 나는 반면, 상응하는 탄소수를 가진 γ-부티로락톤(γ-butyrolactone, $C_4H_6O_2$, b.p. 204℃)은 끓는점이 아세트산에틸보다 127℃나 높으며, 아주 약하지만 달콤한 향이 난다.

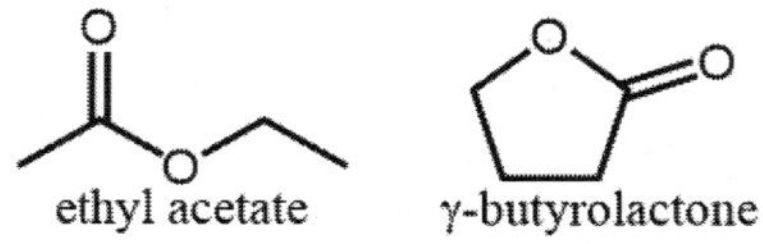

그림 2-49 아세트산 에틸과 γ-부티로락톤의 화학구조

락톤은 고리의 크기에 따라 γ-락톤과 δ-락톤으로 분류된다. 같은 화학식,

$C_{10}H_{18}O_2$을 가지지만, 크기가 다른 고리를 가진 γ-락톤과 δ-락톤의 구조를 〈그림 2-50〉에 나타내었다. γ-데카락톤(γ-decalactone)은 복숭아 향이 나지만, δ-데카락톤(δ-decalactone)은 복숭아 향에 코코넛 향이 더 강하게 나는 크리미한 향이 난다. 이처럼 락톤기를 가진 분자의 냄새는 고리의 크기에 의해 영향을 받는다.

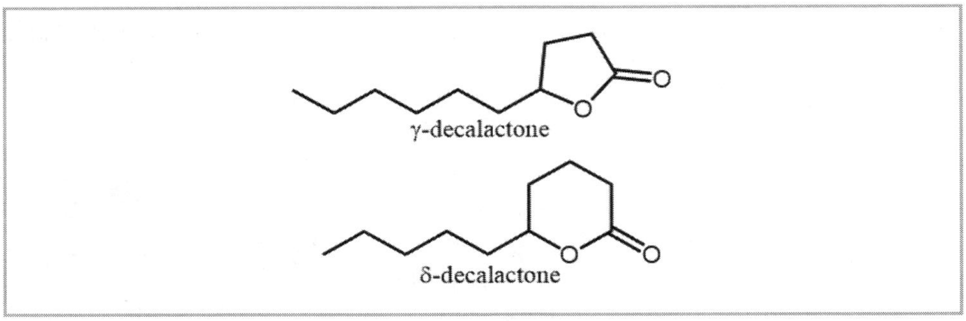

그림 2-50 γ-데카락톤과 δ-데카락톤

일반적으로 선형 에스터의 냄새 강도는 탄소수가 증가함에 따라 빠르게 감소한다. 반면 γ-락톤의 경우, 탄소 측쇄의 길이가 증가하면 향은 강해진다. 그러나 향취는 현저하게 바뀐다. 〈그림 2-51〉에 탄소 측쇄 길이가 다른 γ-락톤의 화학구조를 나타내었다.

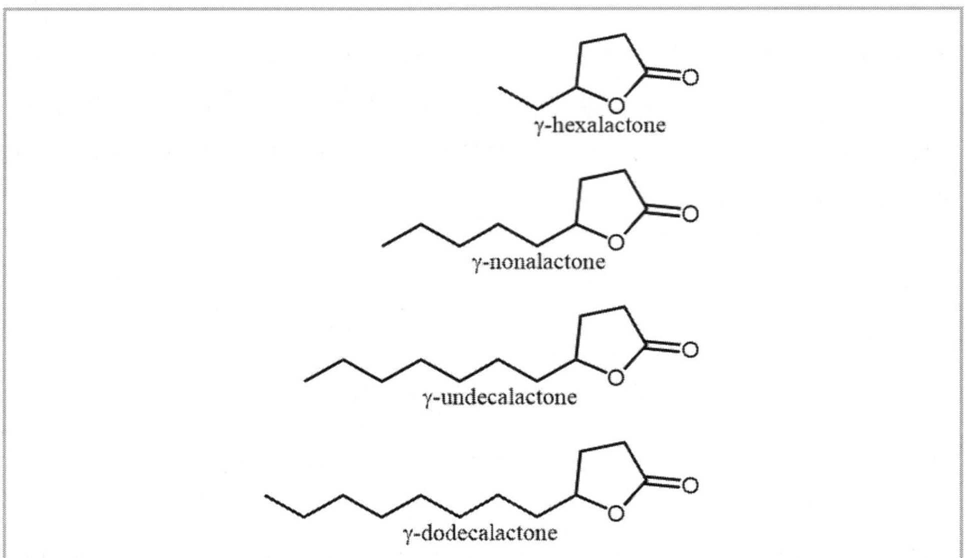

그림 2-51 측쇄 길이가 다른 γ-락톤

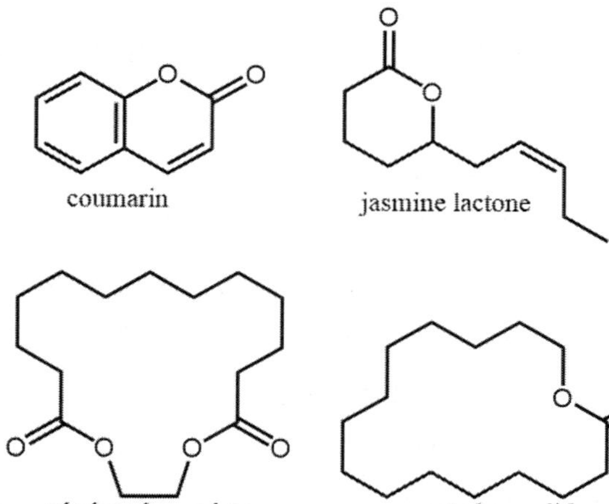

그림 2-52 향에 사용되는 락톤

탄소 측쇄 길이가 짧은 γ-헥살락톤(γ-hexalactone)은 강하고 달콤한 허브 향과 쿠마린 냄새를 지닌다. 측쇄의 탄소 길이가 3개 증가한 γ-노나락톤(γ-nonalactone)은 강한 코코넛 향이 난다. 그래서 코코넛 알데하이드라고도 불리며, 버터 같은 기름진 느낌의 왁스 향도 난다. 탄소 11개로 이루어진 γ-운데카락톤(γ-undecalactone)이 되면 향은 갑자기 복숭아 냄새로 바뀐다. 이는 흔히 'C-14 알데하이드' 또는 '복숭아 알데하이드'라는 이름으로 통용된다. γ-도데카락톤(γ-dodecalactone)도 허브 향이 가미된 복숭아 향을 내며, γ-운데카락톤의 대체 화합물로 사용된다.

한편, 건초 향이 나는 쿠마린도 락톤을 포함하고 있다. 재스민 락톤(jasmine lactone)은 너트류의 오일리한 감이 있는 복숭아, 살구와 같은 프루티 향이 강하다. 상품명인 머스크 T(musk T=Ethylene brassylate)나 펜타데카놀리드(pentadecanolide)와 같이 거대 마크로 고리가 되면 사향과 같은 향을 갖는다(그림 2-52).

⑥ 케톤류

케톤은 카보닐기(C=O)를 가지고 있는 화합물로, 일반식은 RCOR′이다. 가장 간단한 구조는 아세톤(acetone, CH_3COCH_3)이며, 아세톤에서는 톡 쏘는 과일 향이 난다. 케톤은 R과 R′의 분자가 큰 쪽의 향기 특징이 나타나는 경향이 있다.

모노테르페노이드 케톤에는 캠퍼, 풀레곤(pulegone), 카르본 등이 있다. 캠퍼는 강한 장뇌향이 나고 풀레곤은 민트 향이 강하다. 스피어민트 향이 나는 (R)-(-)-카르본은 스피어민트의 특정 향 성분인 반면, 캐러웨이(caraway) 중에 존재하는 (S)-(+)-카르본은 청량감이 없다.

세스퀴테르페노이드 케톤으로는 (+)-누트카톤(nootkatone)이 있다. 누트카톤은 감귤류, 특히 자몽의 특정 향을 지니며, 쓴맛이 있다. 반면, (−)-누트카톤은 우디 냄새를 가지고 있다. 천연 누트카톤은 비싸서 대부분 발렌시아 오렌지와 자몽 정유의 주성분인 2고리 세스퀴테르펜인 (+)-발렌센(valencene)에서 합성하여 사용한다.

〈그림 2-33〉에서 볼 수 있는 이오논(Ionone)류는 시트랄에서 합성되며, 이중결합 위치에 따라 α-, β-, γ- 이성체로 나뉜다. 일반적으로는 α- 및 β- 이오논의 혼합물로 사용된다. 이오논은 시더우드(cedarwood)와 같은 향기를 가지고 있으며, 희석하면 제비꽃과 같은 향기를 나타낸다. α-이오논에는 (R)-(+)-체와 (S)-(-)-체가 존재하며, 딸기류, 차, 담배 같은 향료에 사용된다.

이오논과 더불어 다마스콘(damascone)과 다마세논(damascenone)은 '로즈 케톤(rose ketone)'이라 불리며, 모두 장미의 달콤한 향을 지니고 있다. 다마스콘과 다마세논은 장미, 딸기, 산딸기 등의 베리류에 존재하는 미량 성분이지만, 강한 향기 특성으로 인해 화장품과 같은 제품에 넣는 향료로 유용하게 활용된다. IUPAC 이름이

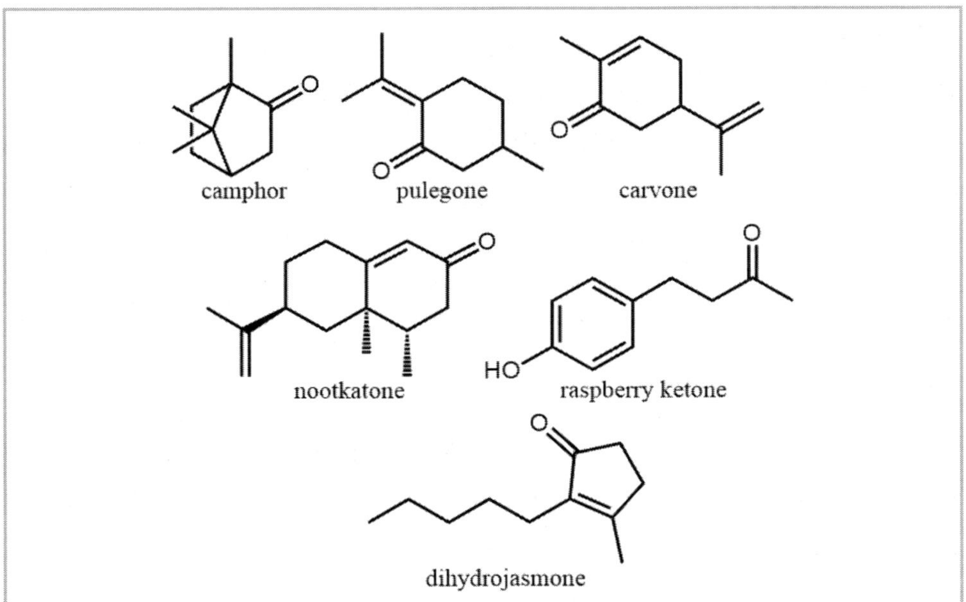

그림 2-53 향에 사용되는 케톤류

4-(4-hydroxyphenyl)butan-2-one인 이른바 '라즈베리 케톤(raspberry ketone)'은 페놀성 화합물 중 하나로, 특유의 베리류 향기를 지니고 있어 플레이버 및 프레그런스 산업에서 중요한 역할을 한다.

5개의 고리구조 내에 케톤기를 포함하는 경우에도 특유의 향기를 나타낸다. 예를 들어, 디하이드로재스몬(dihydrojasmone)은 고리 중에 케톤기를 포함하고 있으며, 우디 및 허브 향에 케톤기 특징인 과일 향과 재스민 같은 좋은 향을 지닌다. 감귤류와 베르가모트 오렌지 오일에서 발견된다.

한편 벤젠고리에 카보닐기가 붙어있는 퀴논(quinone)은 염소(Cl_2)와 같은 강한 자극적인 냄새가 나서 일반적으로 좋은 냄새로 평가되지 않는다.

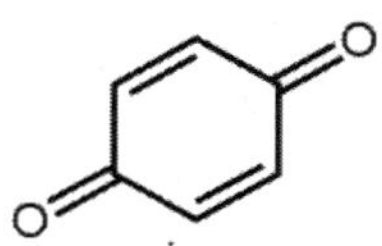

그림 2-54 퀴논의 화학구조

⑦ 에테르류

에테르(ether)는 탄소 사이에 산소 원자를 가지고 있으며, 일반식은 R-O-R'로 표현된다. 단순한 에테르 중 하나는 디에틸에테르(diethyl ether)로, 일반적으로 에테르라고 하면 이 분자를 지칭한다. 디에틸에테르는 달고 자극적인 냄새가 나며, 마취성이 있어 향료로 사용되지는 않는다.

에테르 화합물은 메틸기나 에틸기 등으로 치환되면 일반적으로 원래의 알코올보다 가볍고 확산성이 있는 향을 가지는 경향이 있다. 에테르를 구성하는 산소 원자는 물 분자와 수소결합을 할 수 있다. 예를 들어 디메틸에테르(dimethyl ether)는 수용성이다. 그러나 탄소 사슬이 길어지면 물에 녹지 않게 된다. 디에틸에테르는 물에 소량만 녹고 불용성이 커진다. 대부분 향료로 사용되는 에테르는 물에 녹지 않는다.

에테르기를 가진 분자의 냄새는 알코올보다 가벼운 느낌이 있다. 지방족 에테르는 식물에 존재하지 않아 향으로 사용되는 경우가 드물지만, 방향족 에테르는 식물에 포함되어 향료로 기여한다. 미나리과 1년초인 아니스(anise)에 포함된 단맛 나는 향은 에테르기를 가진 아네톨이다. 아네톨의 이중결합 위치가 다른 이성질체인 에스트라골(estragole)은 테레빈유, 아니스, 회향, 타라곤, 바질 등에 들어 있어 다양한 향의 원료로 사용된다. 또한, 유제놀은 기분 좋은 매콤한 정향 향을 지니며, 향신료와 향장 제품뿐 아니라 소독 특성이 있어 다양한 제품에 사용된다.

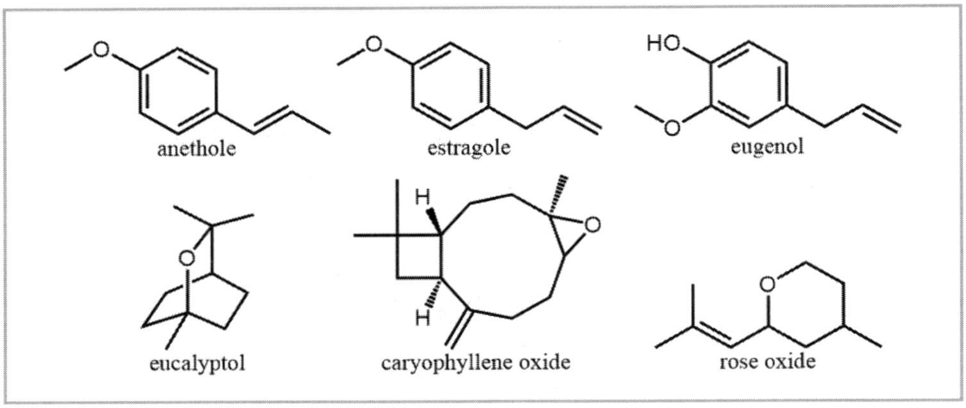

그림 2-55 향에 사용되는 에테르류

고리형 에테르 중 가장 일반적인 예는 유칼립투스나 로즈메리 정유의 주성분인 유칼립톨(eucalyptol)이라고 하는 1,8-시네올(cineole)이다. 이는 상쾌한 장뇌 냄새와 매콤하고 시원한 향이 난다. 그 외에 카리오필렌 옥사이드(caryophyllene oxide)와 장미 향이 나는 로즈 옥사이드(rose oxide)도 있다. 세드롤(cedrol)에서 유도된 우디 뉘앙스의 용연향 노트를 가진 Cedrol methyl ether(상품명 Cedramber®, IFF)와, 클라리 세이지에서 얻는 스클라레올(sclareol)로부터 합성된 Ambroxide(상품명 Ambroxan)(그림 2-34)도 고리형 에테르이다.

⑧ 함질소 화합물

질소를 함유한 향료는 주로 안트라닐산메틸과 인돌 유도체가 사용된다.

안트라닐산메틸은 포도 같은 강한 과일 향을 가지고 있으며, 콩코드 포도, 베르가모트, 레몬, 일랑일랑 등의 특징 성분이다. 또한 오렌지 껍질에도 포함되어 있다.

대표적인 인돌 유도체로는 인돌과 스카톨이 있다(그림 2-37). 인돌은 농도가 진하면 똥 냄새가 나지만, 이를 묽히면 재스민 같은 향기가 나서 화장품이나 향수에 사용된다. 스카톨도 농도가 높으면 똥 냄새가 나지만, 아주 묽은 상태에서는 꽃 향이 난다.

퀴놀린 구조를 가진 물질로는 이소프로필 퀴놀린(isopropyl quinoline)이 있다. 이소프로필 퀴놀린은 이끼가 낀 나무 같은 향을 내며, 남성적 향조를 구성하는 데 중요한 성분이다. 이 향 성분은 이끼 낀 베티버, 시프레, 담배 어코드뿐만 아니라 동물성 및 스파이시 타입과도 매우 잘 어울린다.

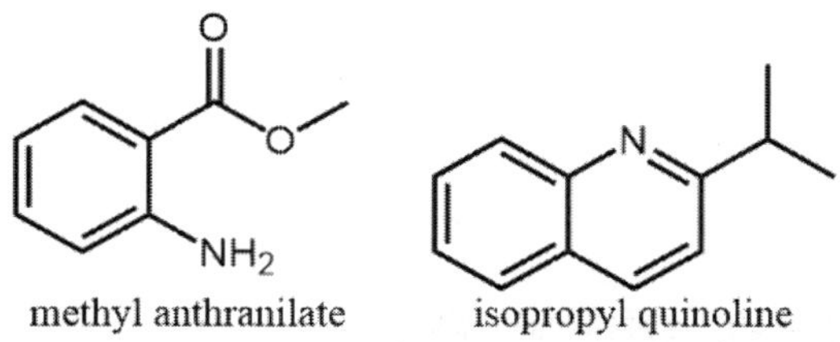

그림 2-56 향에 사용되는 함질소 화합물

⑨ 함황화합물

분자 내에 황 원자를 포함한 화합물들은 특히 우유, 치즈, 버터 같은 유제품이나, 구아바, 패션프루트, 두리안, 파파야 같은 열대 과일의 플레이버로 사용된다.

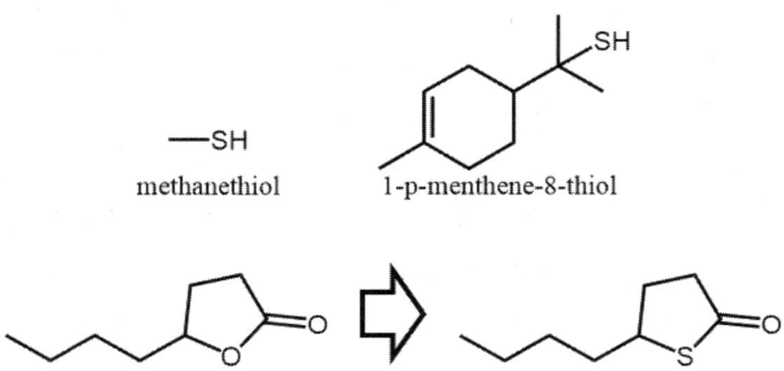

그림 2-57 향에 사용되는 함황화합물

향료로 사용되는 대표적인 악취가 나는 함황화합물로는 메테인 싸이올(methanethiol)이 있다. 이 화합물은 독특한 부패 냄새가 나는 무색 기체로, 천연가스, 도시가스, 연료 등에 부취제로 사용된다.

자몽에서 발견되는 자몽 메르캅탄(grapefruit mercaptan)으로도 알려진 1-*p*-

menthene-8-thiol은 매우 강한 냄새를 가지지만 불쾌하지 않고 자몽의 특정 향을 낸다. 이 화합물은 검지 역치 값이 0.1 ppt[6])로 매우 낮다. 따라서 대단히 적은 양으로도 특징적인 향을 나타낼 수 있다.

함황화합물에서 화학적으로 흥미로운 점은 분자 내에 있는 산소를 같은 족의 황으로 바꾸면 향이 현저하게 바뀌는 경우가 많다는 것이다. 예를 들어, 튜베로즈나 재스민같이 무거운 꽃 향이 나는 γ-옥타락톤(octalactone)에서 5고리에 있는 산소를 황으로 바꾼 락톤의 경우 버섯 같은 향으로 바뀐다.

2.6 화학구조와 향과의 관계

사람이 냄새를 느끼려면, 향 분자는 후각 수용체와 결합하여 특정 신호를 전달해야 한다. 후각수용체는 카이랄 물질인 단백질로 되어 있으며, 냄새 물질이 결합하는 포켓도 카이랄 구조를 하고 있다. 작은 향 분자가 수용체와 결합하면 형태가 약간 변하며 그 신호를 세포에 전달한다. 향 분자의 특정 작용기는 이 결합에 중요한 역할을 하는 것으로 알려졌다. 한편, 향 분자는 신호를 전달한 후 적당한 시간에 수용체에서 떨어져야 한다. 그렇지 않으면 더 이상 냄새를 느낄 수 없게 된다. 따라서 향 분자는 특정 수용체에 약하지만 확실하게 결합해야 한다. 이는 향 분자와 수용체 분자 간의 상호작용이 매우 민감하다는 것을 의미한다.

냄새 물질의 화학구조와 향의 관계에 대해 명확한 원칙은 없지만, 유사한 구조를 가진 화합물들이 종종 유사한 향을 띠는 경향이 있다. 결합 상태와 작용기, 그리고 이들이 향에 미치는 영향에 대해 몇 가지 상관성이 연구되고 있다. 비록 후각 수용체와 향 분자의 화학구조 사이의 상호작용이 아직 분자 수준에서 완전히 규명되지는 않았지만, 이번 절에서는 지금까지 학습한 향 물질을 바탕으로 밝혀진 화학구조와 향기 사이의 관계를 정리하였다.

6) https://pubs.acs.org/doi/10.1021/bk-2011-1068.ch001

1) 탄소 골격 및 수

지방족 사슬의 경우, 탄소 수가 증가함에 따라 향이 크게 변한다. 주 사슬을 구성하는 탄소 원자의 수에 따라 알데하이드 향이 어떻게 변하는지 〈표 2-3〉에 정리하였다.

표 2-3 지방족 알데하이드의 탄소 수에 따른 향 변화

탄소수	이름	화학식	분자량 ($g \cdot mol^{-1}$)	냄새
1	포름알데하이드 (formaldehyde)	CH_2O	30.03	강렬한 자극적인 냄새
2	아세트알데하이드 (acetaldehyde)	CH_3CHO	44.05	상쾌하고 신선한 과일류 냄새, 주로 과일류 음료, 와인, 맥주, 빵 등의 제조 과정에서 생성
3	프로피온알데하이드 (propionaldehyde)	CH_3CH_2CHO	58.08	불쾌하고 자극적인 냄새
4	부티르알데하이드 (butyraldehyde)	$CH_3(CH_2)_2CHO$	72.11	강렬하고 고약한 버터 또는 과일류 냄새
6	헥센알 (hexanal)	$CH_3(CH_2)_4CHO$	100.16	자극적이면서 신선한 냄새, 주로 생선, 버섯, 오렌지 등의 냄새
7	헵탄알 (heptanal)	$CH_3(CH_2)_5CHO$	114.19	과일 냄새
7	벤즈알데하이드 (benzaldehyde)	C_6H_5CHO	106.12	씁쓸한 캐러멜, 아몬드 또는 살구 냄새

표에 있는 알데하이드 중 포름알데하이드만 실온에서 기체 상태이고, 나머지는 모두 무색 액체 상태이다. 표에서 볼 수 있듯이 주 사슬의 길이가 달라지면 향이 크게 변한다.

주 사슬뿐 아니라 가지 사슬의 탄소 수가 증가해도 향이 바뀐다. 예를 들어, 아몬드나 살구 향이 나는 벤즈알데하이드의 알데하이드와 벤젠고리 사이에 비닐기를 추가하면 신남알데하이드가 되며, 이 분자는 시나몬 향이 난다. 그림 2-51에서 보았듯이 코코넛 향이 나는 γ-노나락톤의 5개의 탄소 사슬을 7개로 늘리면 복숭아 향이 나는 γ-운데카락톤이 된다. 이렇게 〈표 2-3〉의 예에서처럼 사슬의 길이가 바뀌면 향도 바뀐다. 그러나 예외도 있다. 바닐린의 경우, 바닐린의 에테르기에 탄소가 하나 더 추가된 에틸바닐린은 향의 강도는 더 세지지만 바닐린 향을 유지한다. 따라서 단

순히 탄소의 수가 바뀐다고 해서 향이 바뀐다고 일반화할 수는 없다.

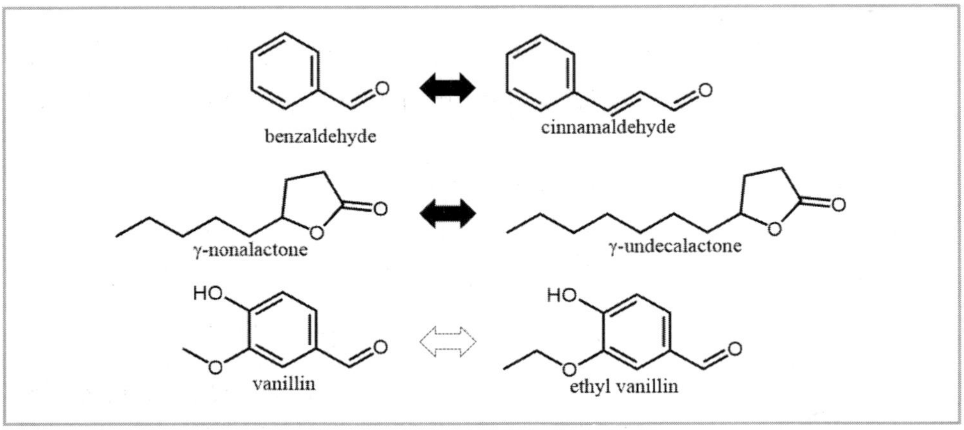

그림 2-58 벤즈알데하이드 vs. 신남알데하이드, γ-노나락톤 vs. γ-운데카락톤, 그리고 바닐린 vs. 에틸바닐린의 향 비교

이번에는 사슬의 수나 모양이 향에 미치는 영향을 〈그림 2-59〉에 나타난 로만 캐모마일에 주로 들어있는 에스터의 향을 통해 살펴보자. 안젤산(angelic acid)과 이소부틸알코올(isobutylalcohol)을 탈수 축합하여 얻는 에스터인 안젤산 이소부틸(isobutyl angelate)은 그린-스파이시한 허브 향이 난다. 에스터 특유의 달콤한 뉘앙스와 샐러리나 캐러웨이 같은 우디한 향도 느껴진다. 로만 캐모마일 정유에는 이외에도 안젤산 부틸(butyl angelate)과 안젤산 이소아밀(isoamyl angelate) 같은 에스터가 들어있다. 안젤산 부틸은 안젤산 자체의 스파이시한 향이 억제되고, 과일 향이 풍부한 와인이나 장미 같은 향이 난다. 캐모마일 특유의 향과 샐러리 향이 느껴진다. 메틸 가지가 하나 더 늘어난 안젤산 이소아밀에서는 우디 향은 사라지고, 캐모마일이 느껴지는 플로럴하면서 과일 향이 난다. 이와 같이, 사슬의 길이나 모양이 변하면 향도 크게 달라질 수 있다.

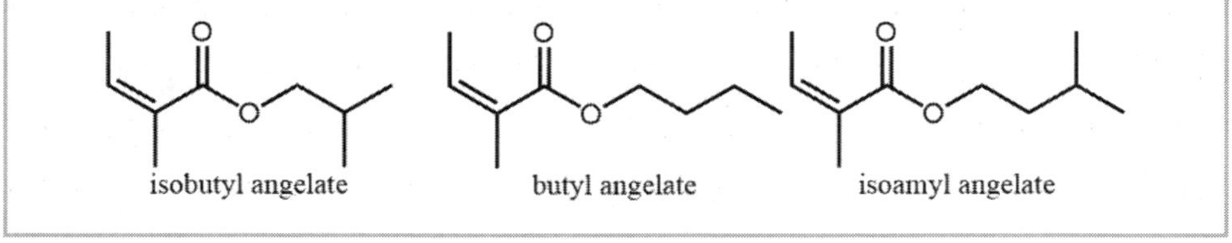

그림 2-59 로만 캐모마일에 들어있는 에스터

이번에는 탄소 수는 같지만 지방족 사슬이 방향족 사슬로 변할 때 일어나는 향의 변화를 살펴보자.

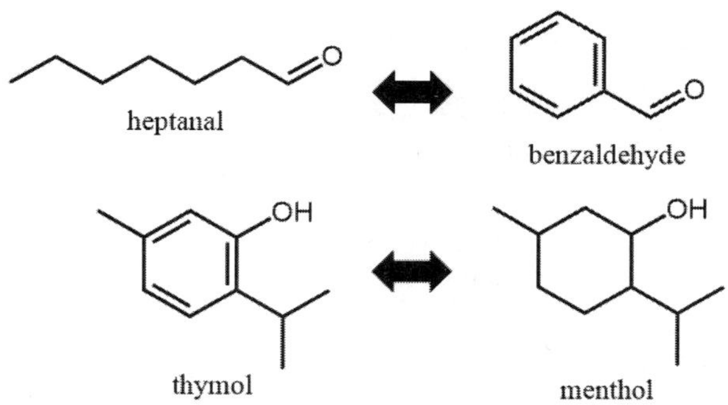

그림 2-60 탄소 골격 및 수에 따른 향 변화

〈표 2-3〉에서도 나타냈지만, 헵탄알(heptanal)과 벤즈알데하이드는 탄소 수가 7개로 같지만, 헵탄알은 지방족 알데하이드인 반면 벤즈알데하이드는 방향족 알데하이드이다. 헵탄알은 과일 향을 가지며, 벤즈알데하이드는 씁쓸한 캐러멜, 아몬드 또는 살구 향이 난다.

또한, 티몰에 있는 방향족 벤젠고리를 수소로 포화시켜 사이클로헥세인(cyclohexane) 고리로 바꾸면 타임(thyme, 백리향의 일종) 향이 민트 향으로 바뀐다. 이 분자는 (-)-멘톨이 된다. 이처럼 골격이 바뀌거나 사슬의 수가 변하면 향도 바뀐다.

2) 이성질체

① 구조이성질체에 따라 다른 향

분자 내에 같은 작용기가 있어도 위치에 따라 향의 질뿐만 아니라 물리적, 화학적 성질이 다른 경우가 많다. 그 예를 몇 가지 소개하겠다.

가장 간단한 예로, 탄소가 3개 있고 알코올기가 1개 있는 1-프로판올과 2-프로판올을 보자. 이들은 둘 다 화학식이 C_3H_8O이고, 분자량은 60.096 g mol^{-1}로 동일한 구조이성질체이다. 2-프로판올은 이소프로판올, 이소프로필알콜 또는 IPA라고도 불린다. 에탄올과 함께 의료기관에서 손소독제로 널리 사용되며, 코로나 시기에 많이 사용된 알코올 중 하나이다. 1-프로판올은 에탄올과 비슷한 냄새가 나지만, 하이드록시기를 가운데로 이동시킨 2-프로판올은 톡 쏘는 알코올 향이 난다.

표 2-4 1-프로판올과 2-프로판올의 물리적 특성

	1-프로판올 (1-propanol)	2-프로판올 (isopropyl alcohol)
화학구조	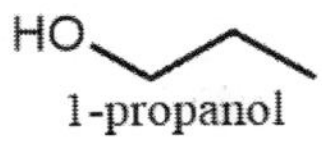	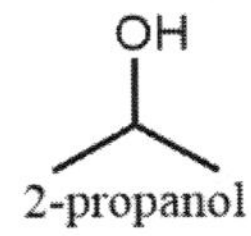
밀도(20˚C) (g · cm^{-3})	0.805	0.786
끓는 점(˚C)	97 to 98	82.6
향	온화한 알코올 향	톡 쏘는 듯한 알코올 향

이번에는 화학식 $C_{10}H_{18}O$를 가지는 지방족 모노테르페노이드인 네롤과 그 구조이성질체인 리날로올, 그리고 골격이 다른 이소풀레골(isopulegol)의 구조와 특성을 〈그림 2-61〉과 〈표 2-5〉에 각각 정리하였다. 네롤과 리날로올은 작용기의 위치가 다르며, 네롤은 선형 탄화수소인 반면, 이소풀레골은 고리 탄화수소로 골격이 다르다.

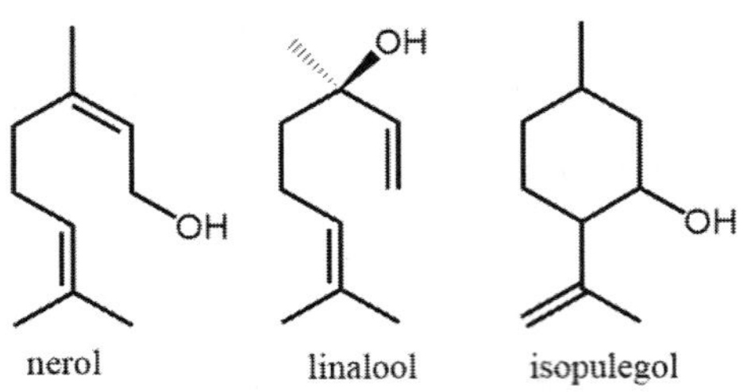

그림 2-61 네롤, 리날로올, 그리고 이소풀레골의 화학구조

표 2-5 네롤, 리날로올, 이소풀레골의 물리적 특성

	네롤	리날로올	이소풀레골
분자량(g · mol^{-1})	154.25	154.25	154.25
밀도 (g · cm^{-3})	0.881	0.858 ~ 0.868	0.912
끓는점(˚C)	224 ~ 225	198 ~ 199	212
향	장미 향, 신선하고 달콤한 향	플로럴 향, 약간의 시트러스 향	신선한 민트 향

표에서처럼 구조이성질체 간 물리적 상수나 화학적 성질, 냄새들은 모두 다른 특징을 나타낸다. 향에 있어서도, 네롤과 리날로올은 모두 선형 탄화수소 골격을 가지지만, 작용기의 위치에 따라 서로 다른 향을 가지며, 네롤은 꽃향기와 신선하고 달콤한 향이 나는 반면, 리날로올은 플로럴 향과 약간의 시트러스 향이 난다. 이소풀레골은 고리 탄화수소 골격을 가지고 있으며, 민트 향과 약간의 시원한 향을 특징으로 한다.

이번에는 방향족 구조를 가진 $C_8H_{10}O$ 구조이성질체를 비교해 보자. 이들 이성질체는 모두 분자량이 122.167이며, 밀도도 1.01g cm^{-3}로 거의 비슷하다. 끓는점에서는 2-페닐에탄올이 약 220℃로, 204℃인 1-페닐에탄올보다 높다.

〈그림 2-62〉에 나타낸 2-페닐에탄올(페네틸알코올)은 장미꽃에서 채취된 향 성분 중 65~80%를 차지하며 장미 향에서 중요한 역할을 한다. 반면, 하이드록시기의 위치가 다른 1-페닐에탄올은 플로럴 향을 내지만, 그 향은 장미보다는 히아신스꽃이나 치자꽃 향에 더 가깝다. 이처럼, 하이드록시기의 위치에 따라 같은 방향족 구조이지만 향의 질이 달라진다.

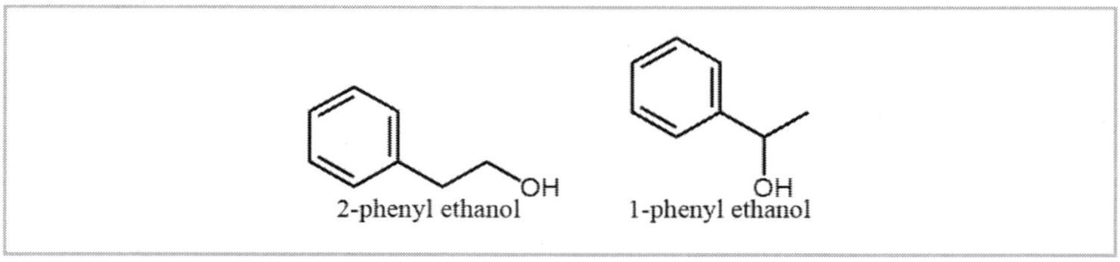

그림 2-62 2-페닐에탄올, 1-페닐에탄올의 화학구조

분자식 $C_{10}H_{14}O$를 갖는 모노테르펜 페놀 유도체인 티몰과 그 이성질체인 카르바크롤의 구조를 〈그림 2-63〉에 나타내었다.

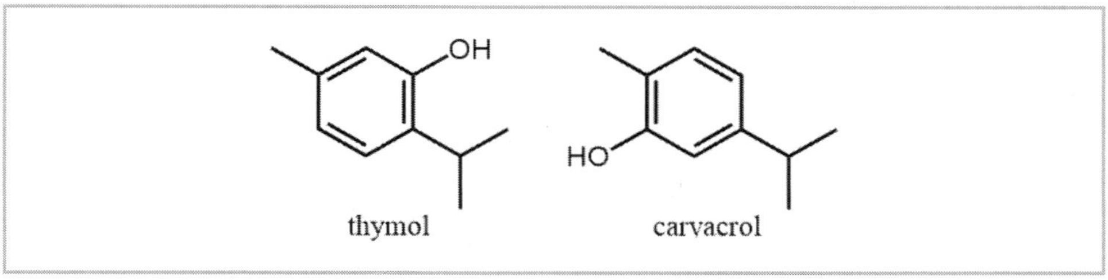

그림 2-63 티몰과 카르바크롤의 화학구조

티몰은 2-이소프로필-5-메틸페놀(2-isopropyl-5-methylphenol)로, 약어로는 IPMP라고도 불리는 천연 모노테르펜 페놀 파생물이다. 티몰은 백리향 기름이나 타임 등 다양한 식물에서 추출되며, 향은 백리향과 같은 강한 허브 향이 특징이다. 또한, 티몰은 방부제, 항균, 항진균 특성이 있어 멘톨을 비롯한 의약품의 합성 원료로 사용된다. 반면, 카르바크롤은 하이드록시기의 위치가 다른 페놀 화합물로, 주로 꿀풀과 식물의 정유에서 발견된다. 특히 오레가노에서 강하게 톡 쏘는 향을 내는 성분으로 알려져 있다. 카르바크롤 역시 강력한 방부제 및 살균제로 사용될 수 있다.

〈그림 2-64〉에 소개한 라즈베리 케톤의 구조를 보자. 이 화합물은 달콤하고 딸기나 산딸기 같은 프루티 향을 지닌다. 그런데 카보닐기를 벤젠고리와 가까운 위치로 옮긴 두 번째 화합물 (b)는 거의 향이 나지 않는다. 반면, 이 화합물에서 하이드록시기를 오르쏘 위치로 옮긴 세 번째 화합물 (c)는 살리실산(salicylic acid)과 비슷한 강한 냄새가 난다. 살리실산은 습포약(濕布藥)에 사용되는 물질로 잘 알려져 있다.

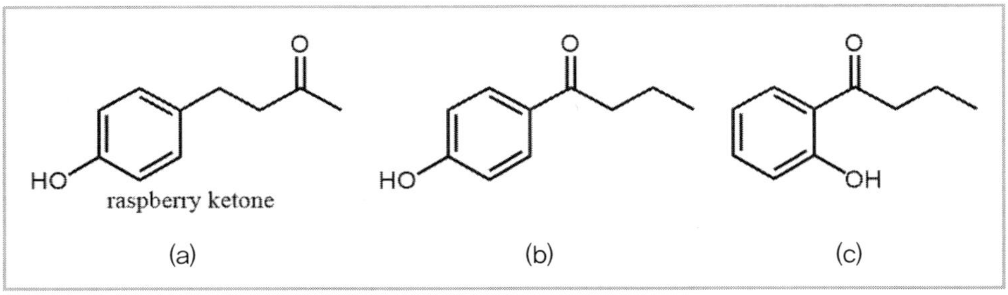

그림 2-64 라즈베리 케톤과 구조이성질체

바닐린은 특유의 바닐라와 같은 단맛의 향을 가지고 있는 화합물이다. 이 화합물은 분자 구조에서 하이드록시기(-OH)와 메톡시기(-OCH_3)를 포함하고 있다. 그러나 하이드록시기와 메톡시기의 위치를 서로 바꾼 이소 바닐린(iso vanillin)은 거의 냄새가 나지 않는다.

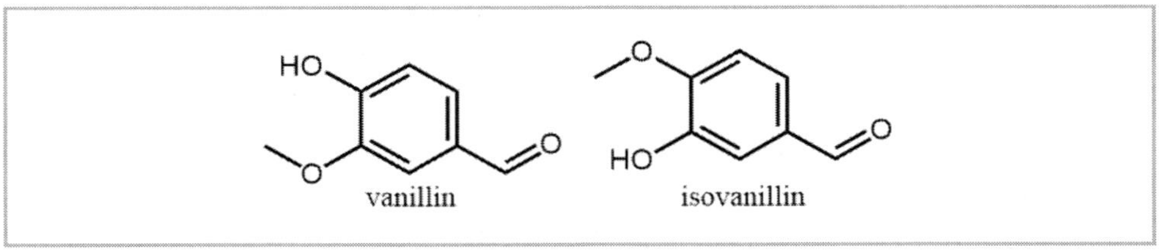

그림 2-65 바닐린과 구조이성질체

지금까지 살펴 본대로 작용기의 유무나 종류에 따라 특정향을 1대 1로 완벽하게 대응시키기는 어렵다. 이는 작용기의 위치뿐만 아니라, 분자 내 다른 작용기와 전체 화학 구조가 향에 영향을 크게 미치기 때문이다. 그러나 지속적인 연구를 통해 향의 질, 작용기, 그리고 감각적인 향의 표현 사이의 관계를 더욱 잘 이해하게 될 것으로 기대한다.

② 광학 이성질체에 따라 다른 향

우리 몸을 구성하는 대부분의 분자는 광학활성을 갖고 있다. 이는 오른손이 오른쪽 장갑에만 맞는 것과 같은 원리로, 광학활성 분자 간 상호작용은 매우 엄격하게 이루어지며, 이로 인해 생명체는 효율적이고 정확한 생명 활동을 수행할 수 있다. 우리 몸에는 20종류의 아미노산이 있으며, 이 중 10종류는 광학활성 분자이다. 또한, DNA 분자도 광학활성 분자로 구성되어 있다. 식물의 향기 분자 중에도 광학활성 분자가 상당히 많이 있다. 후각수용체는 카이랄성을 가진 단백질로 이루어져 있으며, 이 수용체에 결합하는 냄새 물질의 포켓 역시 카이랄성을 가진다. 이처럼 오른손과 왼손의 관계인 거울상 이성질체는 수용체와의 상호작용이 달라, 그 결과 냄새도 다르게 느껴진다. 이에 대해 자세히 살펴보자.

우선 고리상 모노테르펜인 리모넨을 보자. 〈그림 2-66〉에 나타내었듯이 리모넨 분자에는 카이랄 중심 탄소 원자(*로 표시)가 하나 있다. 이성질체의 최대 수는 카이랄 중심의 수에 따라 증가하므로, n개의 카이랄 중심을 가진 분자는 2^n개의 이성질체가 존재한다. 따라서 리모넨은 2^1 = 2개의 이성질체가 존재한다. 〈표 2-6〉에서 볼 수 있듯이 화학 조성이나 구조, 여러 물리적 성질이 같아 쉽게 구별되지 않는 이성질체이지만, (a) 분자는 편광면을 오른쪽(+측)으로 +126.3° 회전시키므로 (+)-리

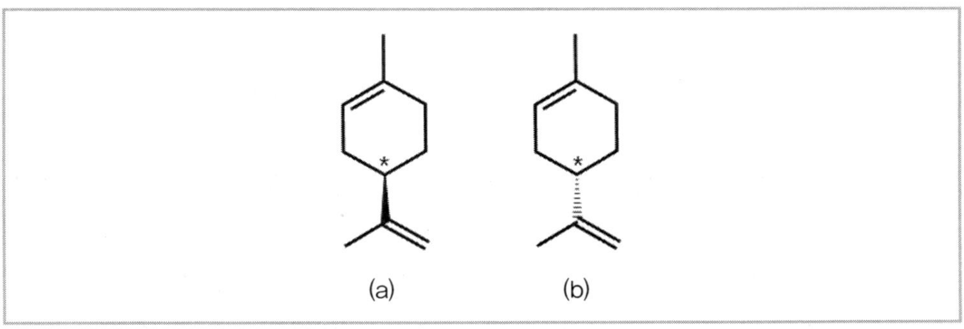

그림 2-66 리모넨의 광학이성질체 (a) (R)-(+)-리모넨 (b) (S)-(-)-리모넨

표 2-6 리모넨의 물리적 특성

	(R)-(+)-리모넨	(S)-(-)-리모넨
밀도 (g · cm^{-3})	0.8411	
녹는점(℃)	−74.35	
끓는점(℃)	175.5	
편광	+126.3°	−126.3°
향	레몬 냄새가 더 강함	테레빈유 같은 냄새

모넨이라 부른다. (+)-리모넨의 카이랄 중심 탄소 원자는 (R)-배치를 하고 있다. 한편, (b) 분자는 편광면을 왼쪽(-측)으로 −126.3° 회전시키므로 (-)-리모넨이라 부른다. (-)-리모넨의 카이랄 중심 탄소 원자는 (S)-배치를 하고 있다. (+)-리모넨은 전형적으로 신선하고 청량감이 있는 강한 감귤 향을 갖고 있는 반면, (-)-리모넨은 박하유에 포함되어 있으며 테레빈유와 같은 냄새를 가지고 있어, 이 두 광학 이성질체의 냄새는 크게 다르다.

화학 조성이 동일함에도 불구하고 향이 다른 광학 이성질체의 다른 예로 캐러웨이나 스피아민트에서 얻는 카르본을 살펴보자. 〈그림 2-67〉에서 볼 수 있듯이 카르본 분자는 1개의 카이랄 중심을 가지고 있어, 두 개의 거울상 이성질체가 존재한다. 이 두 거울상 이성질체는 각각 서로 다른 독특한 향을 지니고 있다.

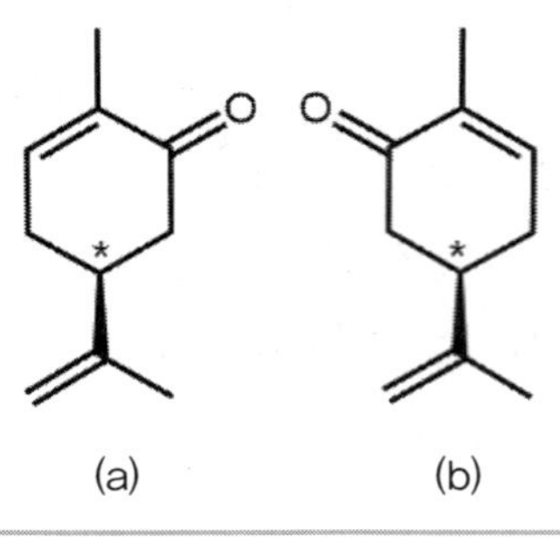

그림 2-67 카르본의 광학이성질체 (a) (S)-(+)-카르본, (b) (R)-(-)-카르본

(R)-(-)-카르본은 스피아민트 잎과 같은 달콤한 민트 향유의 주성분이다. 반면, 그 거울상 이성질체인 (S)-(+)-카르본은 캐러웨이 씨앗처럼 스파이시한 독특한 향이 난다. 광학적 특성으로 (R)-(-)-카르본은 편광면을 −61도 회전시키므로 (-)-카르본으로 표현되며, (S)-(+)-카르본은 반대로 편광면을 +61도 회전시키므로

(+)–카르본으로도 표현한다.

멘톨은 3개의 카이랄 중심 탄소 원자가 있으므로 2^3개의 광학활성분자가 존재할 가능성이 있다. 멘톨 이성질체 중 지속적인 청량감이 있는 페퍼민트 향을 갖는 분자는 (–)–멘톨이다. (+)–멘톨도 페퍼민트 향이 나지만, (–)–멘톨의 냄새가 더 강하다. 다른 광학활성 분자들도 냄새는 나지만, 신선한 페퍼민트 향은 나지 않는다.

천연 소재에서 발견되는 카이랄성 화합물은 매우 다양하며, 이들 중 많은 경우 특정 거울상 이성질체가 더 많이 존재하는 특징이 있다. 거울상 이성질체 간의 미묘한 성분 차이는 냄새로도 명확히 구별되므로, 천연 향을 정확하게 재현하기 위해서는 이성질체 간 비율을 적절히 조절하는 것이 중요하다. 천연 향료를 재현하거나 특정 이성질체의 향기 성분을 추출하여 활용하려는 경우, 이성질체를 효율적으로 분리하고 합성해야 한다. 따라서 분리와 합성 기술은 이러한 소재의 가치를 최대화하는 데 매우 중요하다.

③ E/Z–이성질체에 따라 다른 향

향 분자 중에서 E/Z–이성질체의 특성을 가장 잘 보여주는 예로 시트랄을 들 수 있다. 시트랄의 화학식은 $C_{10}H_{16}O$이며, 두 가지 E/Z–이성질체의 혼합물이다. *E*–이성질체는 제라니알로, *trans*–citral 또는 citral A라고도 한다. *Z*–이성질체는 네랄로, *cis*–citral 또는 citral B라고 한다. 〈그림 2–68〉의 (a)에 이 두 이성질체의 화학구조를 나타내었다.

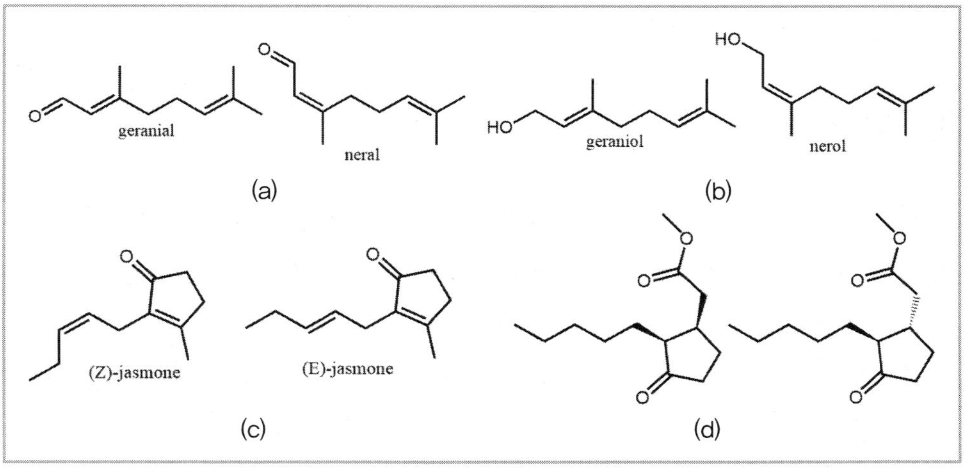

그림 2–68 E/Z–이성질체

〈그림 2-68 (b)〉에는 제라니알의 알데하이드가 알코올로 치환되어 장미의 은은한 향을 내는 제라니올을 나타내었다. 제라니올 분자는 두 개의 이중결합을 가지고 있다. 그러나 오른쪽 이중결합에 결합된 탄소 원자에는 두 개의 같은 메틸기가 결합되어 있어 카이랄 중심이 형성되지 않으므로 그 부분에서는 기하 이성질체가 존재하지 않는다. 반면, 왼쪽 이중결합에 대해서는 기하 이성질체가 존재한다. 이 이중결합에 결합한 좌우의 탄소 사슬의 배치가 *trans*, 즉 *E*–체로 된 분자가 제라니올이다. *cis*–형태, 즉 *Z*–체로 된 분자는 네롤이라고 불리며, 이 역시 달콤한 장미 향을 지닌다.

시트랄이나 제라니올/네롤의 경우처럼 E/Z–이성질체의 향이 비슷한 경우가 있는 반면, 어떤 분자들은 E/Z–이성질체의 냄새가 상당히 다른 경우가 있다. 예를 들어, 재스민꽃의 달콤한 향기를 가진 재스몬은 고리 밖의 이중결합에 대해 두 가지 기하 이성질체가 존재한다. 고리 안의 이중결합에 대해서는 기하 이성질체가 존재하지 않는다. 두 가지 기하 이성질체는 (*Z*)–재스몬과 (*E*)–재스몬이다. 식물에서 얻는 향 분자는 주로 달콤한 재스민 향이 나는 (*Z*)–체가 많다. 반면, (*E*)–재스몬은 버섯과 같은 향을 가지며, (*Z*)–재스몬과는 매우 다른 향을 발산한다.

〈그림 2-68 (d)〉에 있는 디하이드로재스몬산메틸(methyl dihydrojasmonate) 역시 향수에 널리 사용되는 화합물이다. 이 화합물에서도 (*Z*)–체가 강한 재스민 향을 갖는 반면, (*E*)–체의 향은 다르다. 이런 경우 (*Z*)–체를 많이 포함한 향료를 만들면 그 가치가 높아진다.

지금까지 살펴본 대로 이성질체는 구조에 따라 매우 다른 향을 가질 수 있으며, 이는 향료 제조에 중요한 요소로 작용한다. E/Z 이성질체의 비율 조절을 통해 원하는 향을 더욱 효과적으로 구현할 수도 있다.

3) 작용기

작용기 변화에 따른 향의 변화는 매우 극적이다. 구조이성질체의 예에서 보았듯이, 화학식이나 분자량이 같아도 작용기에 따라 향이 크게 달라진다. 이를 좀 더 구체적으로 살펴보자.

거의 같은 형태를 한 분자라도, 작용기가 다르면 완전히 다른 냄새가 난다. 〈그림 2-69〉의 분자들을 보자. 탄소 5개로 이루어진 분자 형태는 비슷하지만 말단에 있는 작용기가 각각 알코올, 알데하이드, 카복실산인 경우를 예를 들어놓았다. 이소아밀

알코올(isoamyl alcohol)은 증류주와 같은 냄새를 내며, 이소발레르알데히드(isovaleraldehyde)는 코코아 냄새가 난다. 반면, 이소발레르산(isovaleric acid)은 땀, 치즈, 또는 발효된 음식에서 나는 톡 쏘는 냄새가 난다.

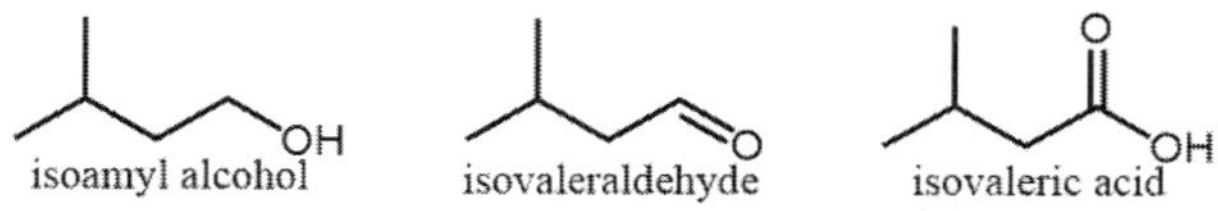

그림 2-69 같은 형태에 작용기만 바뀐 경우

역시 형태는 비슷하지만 작용기를 바꾼 예를 〈그림 2-70〉에 나타내었다. 바닐린의 알데하이드기를 알릴(allyl, ($-CH_2-CH=CH_2$)기로 바꾸면 정향(clove) 냄새가 나는 유제놀 분자가 된다.

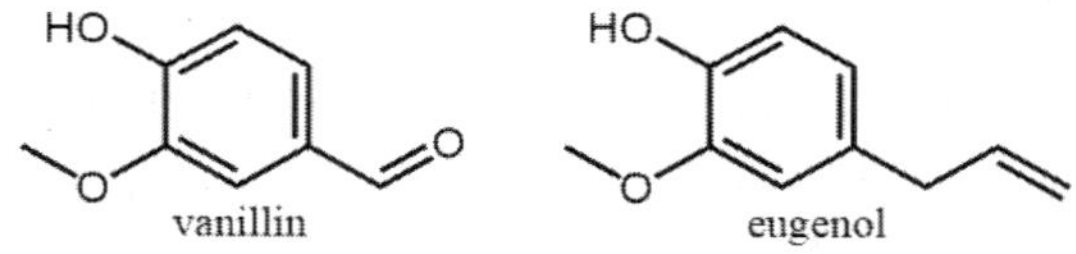

그림 2-70 바닐린과 유제놀

작용기의 수에 따라서도 향은 달라진다. 예를 들어, 〈그림 2-71〉에 나타냈듯이 아몬드 향이 나는 벤즈알데하이드의 알데하이드기 반대쪽, 즉 파라 위치에 메톡시기($-OCH_3$)를 추가하면 아니스 향이 나는 아니스 알데하이드(anise aldehyde)가 된다.

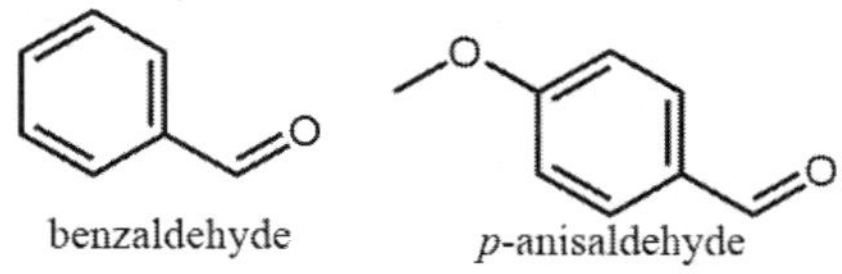

그림 2-71 벤즈알데하이드와 아니스알데하이드

지금까지 간단히 살펴본 예들을 통해, 화학구조의 아주 작은 변화만으로도 향을 크게 바꿀 수 있음을 알 수 있다. 이러한 예로부터, 단순히 작용기만으로 냄새를 예측하거나 분류하기는 어렵다는 것을 알 수 있다. 따라서 작용기에 의한 향의 영향을 이해하려면 분자의 골격에 따른 분류와 조합하여 전체적으로 관계를 파악하는 것이 필요하다.

4) 분자 전체의 모양

작용기와 분자 골격이 각각 향의 차이에 크게 영향을 미친다는 점은 이미 설명하였다. 작용기는 수용체와 얼마나 강하게 상호작용하는지를 결정하고, 분자의 골격은 수용체의 포켓에 얼마나 잘 맞는지를 결정한다고 생각된다. 그렇다면, 골격이나 작용기는 유사하지만, 형태에 영향을 미치지 않은 채 탄소 사슬 부분이 다소 달라진다면 향은 어떻게 될까?

예를 들어, 시트랄의 E−체인 제라니알에서 알데하이드를 니트릴기로 바꾼 제라닐 니트릴(geranyl nitrile)은 여전히 제라니알처럼 레몬과 같은 냄새를 가진다. 이는 분자 형태가 비슷할 때, 작용기를 바꿔도 향이 비슷하게 유지될 수 있음을 보여준다. 비슷한 예로, 〈그림 2−58〉에 보인 바닐라 향을 갖는 바닐린과 에틸바닐린 경우를 포함해, 은방울꽃 향을 갖는 시클라멘 알데히드(cyclamen aldehyde)와 릴리알(Lilial®, 3−(4−tert−Butylphenyl)−2−methylpropanal), 재스민 향을 갖는 α−아밀 신남알데히드(amylcinnamaldehyde)와 α−헥실 신남알데히드(α−hexylcinnamaldehyde)

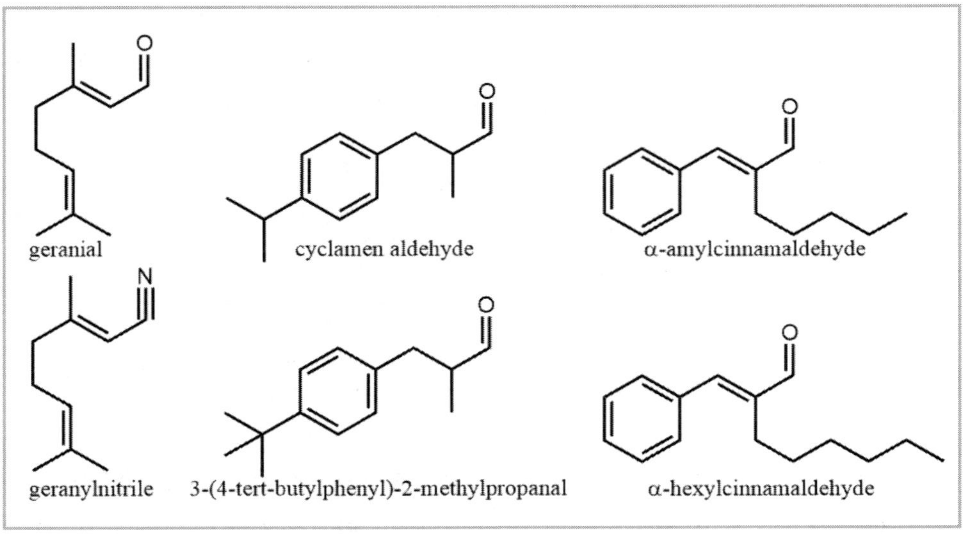

그림 2−72 형태가 비슷한 향

등이 있다. 이 예시들은 분자의 기본 골격이 유사한 경우, 작용기가 바뀌는 변화에도 불구하고 향조가 비슷할 수 있음을 보여준다.

〈그림 2-73〉에는 푸란(furan) 골격에 카보닐기, 하이드록시기 또는 에테르기를 공통으로 가지고 있으며, 형태가 어느 정도 비슷한 분자들을 나타내었다. 세 분자 모두 공통적으로 캐러멜과 같은 향이 난다.

딸기 퓨라논(strawberry furanone)이라고도 하는 화학식 $C_6H_8O_3$인 푸라네올(furaneol)은 딸기, 파인애플, 라즈베리 같은 붉은 과일 향이 특징이다. 게다가 피란(pyran) 구조에 하이드록시기와 메틸기가 붙은 화학식 $C_6H_6O_3$인 말톨(maltol)처럼 캐러멜같은 향이 난다. 높은 농도에서는 카레향이 나는 소톨론(sotolon) 역시 농도가 낮을 때는 메이플 시럽이나 설탕이 탔을 때 나는 달콤한 냄새가 나고, 메이플 락톤(maple lactone)은 이름처럼 메이플 시럽과 유사한 강한 달콤한 향이 난다. 이는 분자들이 특정 작용기들을 공통으로 가지면서 형태가 유사할 경우, 비슷한 냄새를 발산할 가능성이 높음을 보여준다.

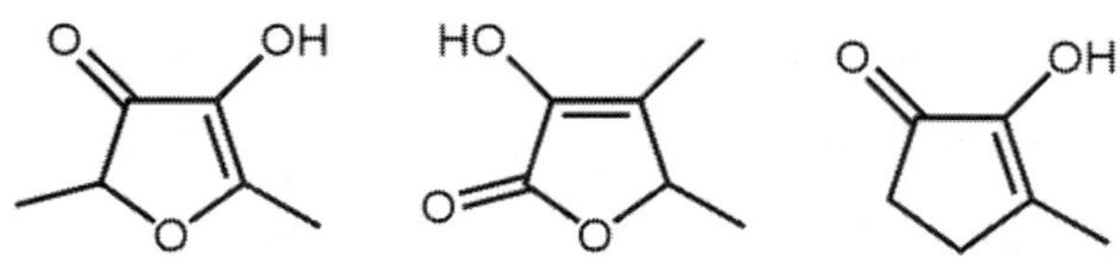

그림 2-73 형태가 비슷한 캐러멜 향이 나는 화합물

이번에는 작용기나 부분 구조가 같지 않더라도, 분자 전체의 모양이 비슷할 때 유사한 향조를 갖는 물질들에 대해 살펴보자. 〈그림 2-74〉에는 형태가 비슷하고 화학식이 모두 C_8H_8O로 같은 아세토페논(acetophenone), 페네틸알코올, 페닐아세트알데하이드를 볼 수 있다. 벤젠고리를 갖고 있는 세 화합물들은 치환된 작용기가 다르지만 모두 플로럴 향이 난다. 여기에 페닐아세트알데하이드의 벤젠고리를 포화시킨 사이클로헥실아세트알데하이드(2-cyclohexylacetaldehyde, $C_8H_{14}O$) 역시 그린한 뉘앙스의 플로럴 향이 난다.

〈그림 2-74〉에 보이는 화합물들은 각기 다른 작용기를 지니고 있지만, 공통적으로 플로럴 노트를 갖고 있다. 이들 화합물은 모두 6개의 탄소로 이루어진 고리구조와 2개의 탄소로 구성된 사슬 골격을 갖고 있으며, 이러한 구조적 골격이 플로럴 향

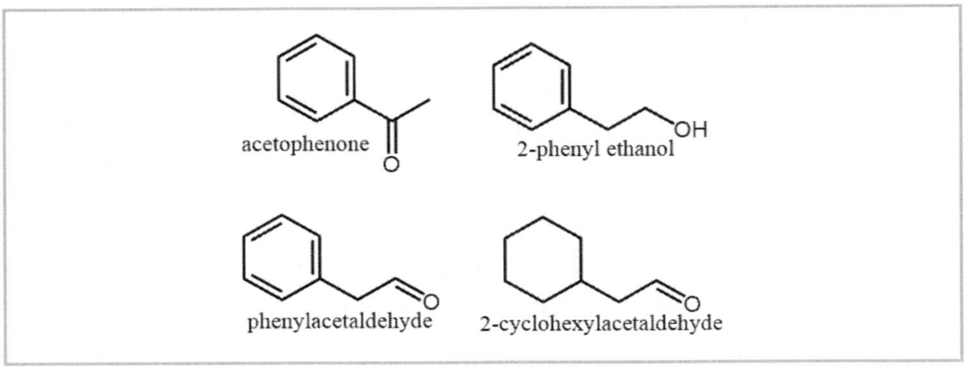

그림 2-74 형태가 유사한 화합물

을 발현하는 데 중요한 역할을 한다고 여겨진다. 이 예시들은 분자 전체의 형태가 유사할 경우, 특정 작용기와 무관하게 비슷한 향을 나타낼 수 있음을 보여준다.

이의 연장으로, 좀 더 비슷한 형태의 화합물로, 바구니형 구조를 가진 모노테르페노이드인 화합물들을 살펴보자. 〈그림 2-75〉에 캄펜(camphene), 캠퍼, 보르네올(borneol)의 구조를 나타내었다. 이들 모두는 매우 확산성이 강하고 청량감을 동반한 장뇌 같은 향을 발산한다는 공통적인 향의 특징을 가진다.

각 화합물의 화학구조를 비교해보면, 캄펜은 탄화수소, 장뇌는 케톤, 보르네올은 알코올을 작용기로 갖고 있다. 작용기가 다른 경우 향이 바뀌는 경우를 앞에서 보았지만, 이처럼 화합물들이 공통적으로 구조적으로 견고하고 변하지 않는 3차원 형태를 지니고 있는 경우에는 비슷한 향을 발산하고 있다. 다시 말해, 치환된 작용기나, 분자의 형태 등이 향에 영향을 미치지만, 향의 전체적인 구조가 비슷하면 비슷한 향이 나는 결과는 앞으로 새로운 향을 개발하는 데 도움이 될 것으로 기대된다.

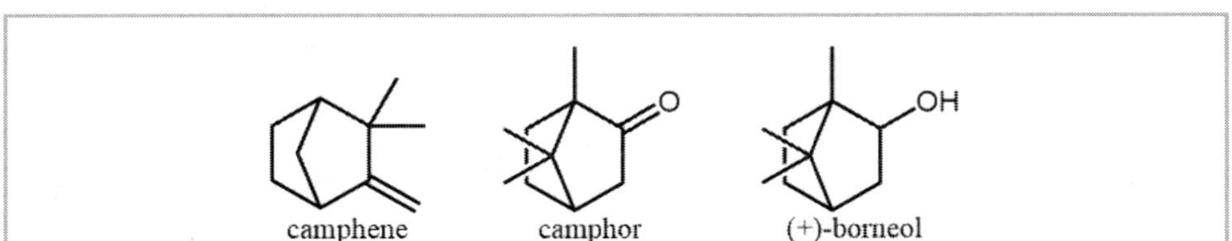

그림 2-75 형태가 비슷한 바구니형 화합물

끝으로 〈그림 2-57〉에서도 간단히 살펴보았지만, 원소를 바꿨을 때 향의 변화에 대해 알아보자.

Reinhold Tacke 등(2002)[7]은 상업용 은방울꽃 향료인 Majantol®에서, 탄소를 실리콘이나 게르마늄으로 치환한 유사체를 합성하고 향의 변화를 연구하였다. 실리콘으로 치환된 Si-Majantol은 Majantol®의 특유의 은방울꽃 향을 지니고 있었지만, 수성 알데히드 계열의 상쾌함이 부족하고 향의 강도도 상당히 약했다. Ge-Majantol은 그보다 더 약한 향을 가졌으며, 은방울꽃 향이 살짝 풍겼을 뿐이었다.

탄소(C), 실리콘(Si), 게르마늄(Ge)은 모두 주기율표의 14족 원소로, 비슷한 전자 배치와 유사한 화학적 반응성을 보인다. 그러나 탄소, 실리콘, 게르마늄의 공유 반경이 다르다보니, 이 원소로 치환된 분자의 크기와 휘발성이 달라진 것으로 보인다. 분자가 커질수록 휘발성이 낮아지고, 이에 따라 냄새의 강도도 약해진다. 또한, 냄새의 특성도 어느 정도 변하는 것으로 보인다.

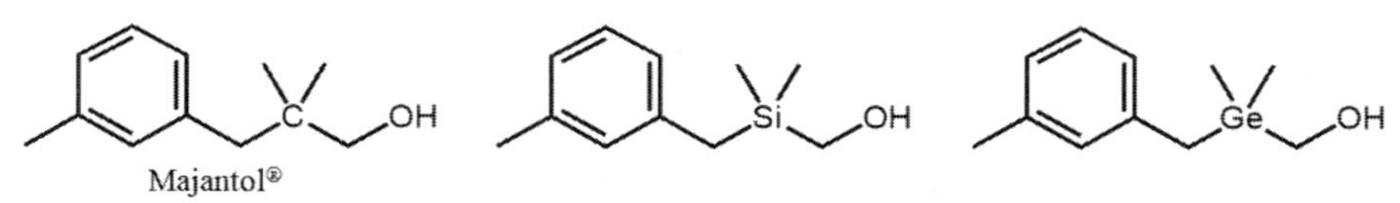

그림 2-76 Majantol과 원소가 치환된 Majantol

5) 머스크 향을 내는 화합물의 구조적 다양성

작용기와 입체적 구조가 매우 다른 분자들임에도 불구하고 비슷한 냄새를 갖는 경우를 소개하며 이 장을 마치고자 한다. 그 대표적인 예가 머스크 향을 내는 분자들이다. 천연 머스크 향은 거대고리 구조를 가진 무스콘이라는 화학물질에서 비롯된다. 그러나 유기화학의 발전과 더불어 다양한 화학물질에서 머스크 향이 나는 화합물이 발견되어 대체 머스크 향료로 사용되고 있다. 4장 합성 향 부분에서 자세히 소개하고 여기서는 간단히 머스크 향이 나는 분자들의 분류를 소개하고 마치겠다.

머스크 향을 내는 분자들은 크게 네 가지로 분류된다. 첫째, 머스크 향이 나는 니트로 머스크가 있다. 둘째, 여러 개의 고리로 구성된 다환상 머스크가 있다. 셋째, 큰 고리구조를 가진 무스콘과 유사한 거대고리 머스크와 끝으로, 방향족이 아닌 고

7) Reinhold Tacke, Thomas Schmid, Christian Burschka, Martin Penka, and Horst Surburg Organometallics 2002 21 (1), 113-120 DOI: 10.1021/om010816o

리를 하나 가지고 있는 지환식 머스크가 있다. 〈그림 2-77〉에 각 분류에서 대표적인 화합물들의 구조를 나타내었다. 그림에서 볼 수 있듯이, 이 분자들은 구조적으로 매우 다르지만, 모두 머스크 향을 낸다는 공통점을 가지고 있다. 이처럼 머스크 향은 다양한 화학구조에서 발현될 수 있으며, 이는 합성 향료 산업에서 매우 중요한 발견이었다.

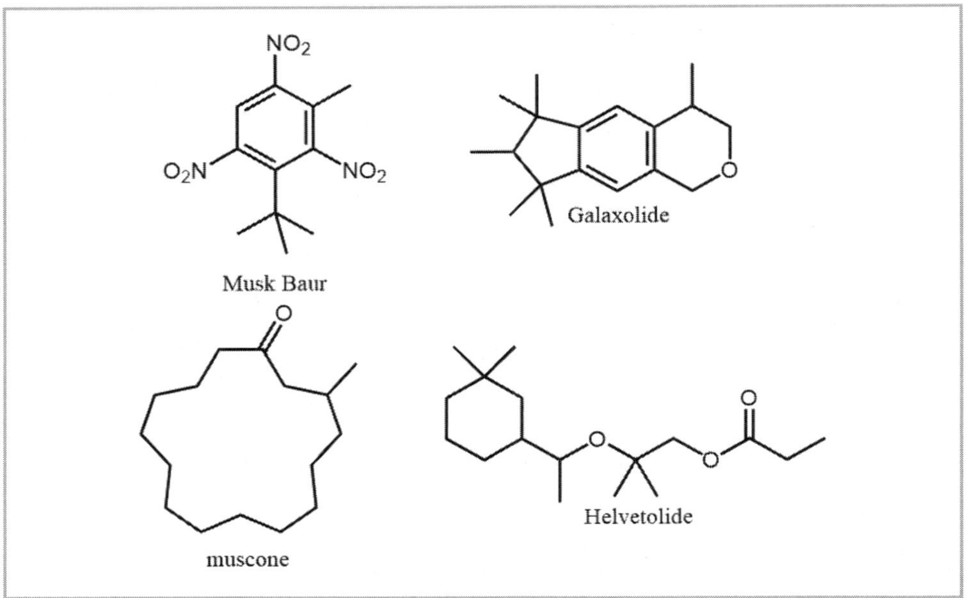

그림 2-77 머스크 향을 갖는 다양한 화합물

2.7 요약

이 장에서는 유기화합물의 IUPAC 명명법, 이성질체, 향 성분의 생합성, 그리고 화학구조와 냄새 사이의 상관관계를 알아보았다. 이를 통해 복잡한 유기화합물의 세계를 체계적으로 이해하고, 이들이 어떻게 다양한 향을 생성하는지를 살펴보았다. 특히, 화학구조와 향의 관계를 정리하면서 특정 화합물이 특정 향을 발현하는 방식에 대한 흥미로운 결과를 제시하였다. 이 과정에서 탄소 골격, 이성질체, 작용기 등 여러 요소가 화합물의 향에 어떻게 영향을 미치는지 알아보았다.

의학 분야에서 특정 생리 활성을 나타내는 데 필요한 구조적 특성의 집단을 '약물작용발생단(pharmacophore)'이라 부르는 것처럼, 특정 냄새를 생성하는 데 필요한 구조적 특성의 집합도 존재한다고 추측되며, 이를 '냄새작용발생단(olfactophore)'이라 한다. 이는 특정 향을 지닌 냄새 물질의 구조에서 그 향조 발현에 필수적인 구조적 특징을 추정하는 연구로 이어진다. 컴퓨터 분석을 통해 특정 향조와 관련된 '냄새작용발생단'을 도출하고, 이를 통해 냄새 물질과 후각 수용체 간의 정전기적 상호작용, 수소결합을 형성할 수 있는 작용기, 그리고 소수성 부분인 탄소 고리의 특정 위치에서의 기여를 볼 수 있다. 이러한 연구는 화학구조와 냄새 사이의 관계에 대한 지속적인 탐구와 더불어, 한층 효율적인 향료 개발을 위한 중요한 기초를 제공할 것으로 기대된다.

03장

천연 향료

다양한 식물의 꽃, 열매, 잎, 뿌리 등에서 추출한 향료들은 자연의 고유한 향을 재해석하여, 우리에게 풍부하고 다양한 감각적 경험을 선사한다. 이 장에서는 식물과 동물에서 얻을 수 있는 다양한 천연 향료를 소개하고, 원료의 종류와 천연 향 물질의 추출 및 포집 방법에 대해 알아본다.

3.1 서론

향(香)은 우리 주변에서 자주 경험하는 자극적인 감각 중 하나로, 감정과 기억에 큰 영향을 미친다. 향을 형성하는 주요 성분은 천연 향료와 합성 향료이다. 자연계에 존재하는 동물의 분비물이나 식물의 꽃잎, 뿌리, 수지 등과 같은 생물자원에서 추출한 향료를 총칭하여 천연 향료라고 한다. 천연 향료는 자연 생태계에서 얻어진 식물과 동물의 독특한 향기를 담고 있어 자연의 아름다움과 풍요로움을 표현할 뿐만 아니라, 향기의 복잡성과 다양성 또한 드러낸다.

거의 모든 식물은 향을 풍기지만, 모든 식물에서 향료를 추출하지는 않는다. 오랜 세월을 거치며 약리 효과가 있거나 경제적 가치가 있는 원료로부터만 향을 추출한다. 원하는 향을 얻기 위해 식물의 다양한 부위에서 향을 추출하며, 한 식물에서 부위에 따라 다른 성분의 향을 얻기도 한다. 예를 들어, 열매를 먹지 못하는 비터 오렌지(bitter orange) 나무에 피는 흰색 꽃을 수증기 증류하여 네롤리 오일(neroli oil)을 얻고, 용매를 이용해 추출한 오렌지 플라워 앱솔루트(orange flower absolute)를 얻는다. 또한, 작은 가지나 잎을 수증기 증류하면 쁘띠그레인 오일(petitgrain oil)을, 오렌지 과일 껍질을 압착해서 비터 오렌지 정유를 얻는다. 원료가 같아도 다른 추출 방법으로 얻은 향료는 색과 향이 다르며, 하나의 식물에서 얻더라도 각각의 향이나 성질이 달라 다른 향료로 취급한다.

식물에서 얻는 주된 천연 향료의 채취 부위를 〈표 3-1〉에 나타냈다. 꽃에서 얻는

표 3-1 향 성분을 얻는 식물의 부위

부위	식물
꽃	장미, 재스민, 일랑일랑
열매	오렌지, 레몬, 베르가모트
콩	바닐라, 통카빈
전초(全草)	라벤더, 제라니움, 페퍼민트, 클라리세이지, 타임
잎	유칼립투스, 파촐리
종자(種子)	아니스, 셀러리, 육두구(nutmeg)
뿌리	베티버
뿌리줄기(根莖)	오리스(orris), 생강
나무줄기	백단향, 시더우드, 장뇌
나무껍질	시나몬
수지(樹脂)	벤조인, 갈바넘, 유향, 몰약, 페루발삼

향료는 장미, 일랑일랑, 오렌지꽃, 재스민꽃 등이 있으며, 꽃봉오리에서는 정향 향이 추출된다. 잎에서는 유칼립투스 향을, 백단 나무줄기에서는 백단향을, 뿌리줄기(根莖)에서는 오리스(orris) 향을 채취한다. 나무에서 나오는 수액이 뭉쳐진 수지에서는 유향 등을 얻는다. 또한, 바닐라와 통카빈 같은 콩류, 후추나 아니스 씨(anise seed)와 같은 종자에서도 향료를 채취할 수 있으며, 페퍼민트의 경우에는 풀포기 전체에서 향을 얻는다. 오렌지, 베르가모트, 자몽과 같은 시트러스계 과실은 껍질을 압착하여 정유를 채취한다.

동물성 향료는 네 가지가 있다. 향유고래(sperm whale)에서 나온 용연향(ambergris), 비버에서 얻는 해리향(castoreum), 사향고양이에서 얻는 영묘향(civet), 그리고 사향노루에서 얻는 사향(musk)이 그것이다. 동물성 향료는 달콤하고 묵직하면서도 우아한 깊은 향을 지녀 향의 지속성을 높이는 고정제로 오랫동안 중요하게 여겨졌다. 이러한 이유로 고대부터 선호되었지만, 현대에는 합성 향료의 발전과 동물 보호의 필요성에 따라 용연향을 제외하고 대부분 합성 향료로 대체되었다.

환경과 자연에 대한 관심이 늘어남에 따라 천연 향료에 대한 수요도 높아지고 있다. 그런데 이런 천연 향료를 얻을 때 수율을 생각해 보자. 예를 들어 장미의 경우는 약 5톤의 꽃으로부터 장미 정유 1 kg이 채취되어 수율은 대략 0.02% 정도이다. 감귤의 경우는 과실에 대한 정유의 수율은 0.2~0.5% 정도이므로, 어느 경우에도 천연 향료는 매우 소량만 얻을 수 있다. 게다가 향료로 추출된 천연 향료는 수많은 향성분으로 구성된 혼합물로, 시간에 따라 변화가 일어난다. 또한 자연 물질에서 추출하는 특성상, 수확량, 날씨, 토지, 시기 등에 따라 향에 차이가 발생한다. 예를 들어, 페퍼민트와 스피아민트는 동일한 박하속(genus)에 속하지만, 자라난 지역이나 날씨 등에 따라 에센셜 오일의 구성이 다르다. 에센셜 오일을 구성하는 성분 분자의 비율은 토양, 식물의 수명 단계(예: 꽃이 피기 전인가 후인가), 수확 시기 및 시간(예: 새벽인지 저녁인지) 등에 따라 영향을 받는다.

본 장에서는 천연 향료의 다양한 원료와 특징, 추출 방법에 대해 간단히 소개한다.

3.2 식물에서 얻는 향

이 장에서는 식물성 향료에 포함된 향 분자의 종류와 특성을 알아보자. 천연 향료는 수백 종에 달하며, 식물에서 채취하는 것을 식물성 향료, 동물에서 얻는 것을 동물성 향료라 한다. 앞서 설명했듯이 식물성 향료의 성분은 식물의 종이나 부위뿐만 아니라, 기후, 토양, 향 채취 방법 등에 따라 크게 달라진다. 이러한 이유로 참고 자료에 따라 성분이 다를 수 있다. 또한, 같은 향이라고 해도 종류나 산지에 따라 향취가 다르며, 조향사나 회사마다 노트 분류가 다를 수 있음을 미리 알려둔다. 본 장에서 소개하는 천연향은 일본 타카사고(高砂)사의 향기억훈련표 [부록 4]를 참조하였다.

표 3-2 천연향 분류

	향조	천연 향
식물성	시트러스	오렌지, 레몬, 만다린, 자몽, 베르가모트, 라임, 유자
	오렌지꽃	쁘띠그레인, 네롤리
	시트로넬라	시트로넬라, 레몬그라스
	우디	샌달우드, 시더우드, 베티버, 파촐리, 오크모스
	스파이시	시나몬, 정향, 후추, 쥬니퍼베리, 코리안더, 육두구, 생강
	아니스	스타아니스, 캐러웨이, 바질, 커민
	장미	장미, 제라늄
	허브	라벤더, 로즈마리, 유칼립투스, 타임
	발삼	페루발삼, 랍다넘, 통카빈, 바닐라, 클라리세이지
	플로럴	재스민, 튜베로즈, 일랑일랑, 제비꽃과 잎, 미모사, 금목서
	수지	유향, 몰약, 벤조인, 갈바넘
	박하	페퍼민트, 스피아민트, 박하
	파인	사이프러스, 소나무
	오리스	오리스
	과일	딸기, 복숭아, 푸룬, 망고, 파인애플
동물성	동물성	사향, 용연향, 해리향, 영묘향

천연 에센셜 오일은 단일 성분이 아닌 다양한 성분이 조합된 형태로, 각 성분은 고유의 역할과 특성을 지닌다. 에센셜 오일의 성분은 크게 세 그룹으로 나눌 수 있다. 첫 번째 그룹은 '캐릭터 임팩트' 화합물로, 이들은 단독으로도 특정 오일을 연상시키는 성분이다. 예를 들어, 재스민 오일의 경우 재스몬과 메틸 재스모네이트가 이에 해당하며, 이 성분들만으로도 재스민 특유의 향을 나타낸다. 두 번째 그룹은 전체적인 오일의 인상을 형성하는 데 기여하지만 단독으로는 해당 오일과 직접적인 연관이 없는 성분이다. 예를 들어 아세트산벤질은 재스민 오일의 주요 성분으로, 전체 향의 상당 부분을 차지하나 과일 향이 나고, 다양한 오일에서도 발견된다. 세 번째 그

롭은 향에 거의 또는 전혀 영향을 미치지 않으면서 고정제 역할을 하는 성분이다. 재스민 오일의 경우 이소피톨과 벤조산 벤질이 여기에 해당하며, 이들은 고유한 냄새는 거의 없지만 향의 지속성을 높인다. 이처럼 에센셜 오일은 각 성분의 특성과 역할이 조화를 이루어 독특한 향을 형성한다.

1) 시트러스(Citrus)

그리스 신화에 따르면, 대지의 여신 가이아는 제우스와 결혼하게 된 헤라에게 에스페리데스(hesperides) 정원에서 자라는 불멸의 황금 사과나무에서 딴 사과를 선물했다. 근대 그리스 철학자들은 이 황금 사과가 사실은 오렌지였다고 믿었다. 오렌지 꽃은 수 세기 동안 순결과 정절을 상징했으며, 상록수라는 점에서 변함없는 사랑을 상징하기도 한다. 시트러스 노트는 헤스페리데스의 정원에서 유래한 에스페리딕 노트(hesperidic note)라고도 한다.

영어로 'citrus'는 귤과 귤 속 나무로 오렌지, 레몬, 라임, 자몽, 귤, 유자 등 감귤류(柑橘類) 전체를 총칭한다. 감귤류는 매우 다양하여 여러 등급의 향과 오일을 얻을 수 있다. 맛이 단 것과 쓴 것이 있고, 꽃에서 얻는 것과 껍질에서 얻는 것이 다르며, 나무껍질이나 잎사귀, 가지에서도 얻을 수 있다.

정유는 다양한 감귤류의 껍질과 큐티클에 함유되어 있으며, 수증기 증류를 하면 오일의 질이 떨어지므로 대부분 냉압착을 통해 기계적으로 추출하여 상업용 시트러스 오일을 생산한다. 냉압착으로 얻은 물에 포함된 오일은 원심분리로 분리하여 생산된다. 지중해 지역, 미국, 그리고 남아메리카에서 주로 생산된다.

각각의 감귤이나 품종에 따라 오일에 들어있는 성분 비율이 다르며, 어떤 하나의 특정 성분이 어떤 감귤의 향을 대표하지는 않는다. 그럼에도 불구하고, 베르가모트를 제외한 오렌지, 레몬, 자몽 등 대부분의 시트러스계 오일의 주성분은 (R)-(+)-리모넨으로, 이는 신선하고 부드러운 감귤류의 특징적인 향을 담당한다.

감귤계 껍질의 향에 기여하는 옥타날(octanal), 데카날(decanal), 도데카날(dodecanal), 시트랄 같은 알데하이드 성분들은 시트러스 오일의 향에 중요한 기여를 하며, 시트러스 오일을 분석할 때 표준으로 사용된다. 리날로올, 제라니올 등의 알코올류와 아세트산 제라닐 같은 에스터류는 과즙 느낌을 준다. 또한, 쓴 향을 내는 누트카톤(nootkatone) 역시 시트러스계 향을 구성하는 데 중요한 성분이다.

스윗 오렌지(sweet orange) 껍질을 냉압착하여 최대 0.5%의 수율로 오렌지 오일을 얻는데, 이 오일은 모든 시트러스 오일 중 가장 중요하고 저렴하다. 오렌지 오일의 주성분은 (R)–(+)–리모넨이다. 오렌지 오일의 특성과 품질을 결정짓는 두 성분은 α–시넨살(sinensal)과 β–시넨살로, 이들은 오렌지의 단맛에 기여한다. 모두 *trans* 형태를 의미하는 (all–*E*)–α–시넨살은 뚜렷한 오렌지 아로마 특성과 매우 낮은 냄새 역치를 갖고 있다. 반면, β–시넨살은 금속성 비린내가 있어 고농도로 존재할 경우 오일에서 불쾌한 냄새를 유발할 수 있어, 이 알데하이드 함량이 오일의 품질을 결정짓는다. 세스퀴테르펜인 (+)–발렌센(valencene)은 스윗 오렌지와 자몽에서만 발견되어 이를 통해 다른 시트러스 오일과 구별할 수 있다. 가장 중요한 알코올 성분은 α–테르피네올(terpineol), 테르피넨–4–올(terpinen–4–ol), 리날로올이다. α–테르피네올이 일반적인 수준보다 많으면 숙성된 오렌지 주스의 향이 난다

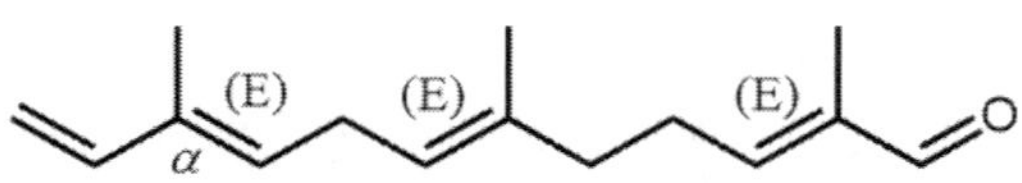

(all–*E*)–α–시넨살

비터 오렌지 나무(Citrus aurantium)는 다양한 고급 정유를 생산하는 데 사용된다. 꽃으로부터 얻는 고가의 네롤리 오일(neroli oil), 작은 가지와 잎으로부터 얻는 쁘띠그레인 오일(petitgrain oil), 그리고 비가레이드 오일(bigarade oil)로도 알려진 냉압착 비터 오렌지 오일이 그것이다. 이 오일들은 저렴한 스윗 오렌지 오일과는 향이 다르고 가격이 비싸서 향수 제품에 잘 사용되지 않았지만, 2001년 프레데릭 말(Frederic Malle)이 출시한 《콜론 비가레이드(Cologne Bigarade)》에 사용된 이후 다양한 향수 제품에 사용되기 시작했다. 오렌지꽃 노트(Orange flower note) 부분에서 자세히 다루겠다.

신선한 **레몬**(Citrus limon) 껍질을 압착하여 담황색 레몬 오일을 얻는데, 이 오일의 주성분 역시 (R)–(+)–리모넨이다. 레몬 오일에는 β–피넨이 14% 이상 함유되어 있으며, 테르피넨–4–올과 함께 전형적인 레몬 껍질 냄새의 원인 물질이다. 레몬의 특징을 나타내는 성분으로는 아세트산 네릴(neryl acetate), 아세트산 제라닐, 그리고 제라니알과 네랄의 혼합물인 시트랄이 있다. 레몬 오일에는 2–13%의 시트랄이 포함되어 있으며, 이는 신선하고 산미가 있는 밝은 향을 부여한다. 레몬 향은

쌉싸름하고 시큼하면서도 우아하고 가벼운 노트와 부드러운 스파이시톤, 과일과 향기로운 요소의 뉘앙스가 복합적으로 어우러져 《오 드 콜로뉴》를 연상시키는 향을 만들어낸다. 이러한 레몬 향을 1949년 미국 프록터 앤드 갬블사가 주방용 액체 세제인 《조이(JOY)》에 도입하였고, 이후 장미 향을 사용하던 프랑스 세제 《패익 시트롱(Paic citron)》에도 도입되었다. 이로 인해 레몬 향은 주방용 액체 세제와 식기세척기를 떠올리게 하는 대표적인 향이 되었다. 레몬 향을 사용한 향수 제품으로는 루뱅(Lubin)에서 출시된 《진 피즈(Gin Fizz, 1955)》가 있다. 이 향수는 드라이 진과 레몬주스가 들어간 미국의 인기 칵테일에서 영감을 받았다. 에르메스의 《시트론 누아르(Citron Noir, 2018)》는 유행하는 '검은 레몬(말린 라임)'에서 영감을 얻어 조향되었다.

구형의 일반 오렌지와 달리 **만다린**(mandarin, Citrus reticulata)은 작고 납작하며, 맛은 일반 오렌지보다 더 달고 강하다. 다른 시트러스 오일과 달리 만다린 오일, 탄저린(tangerine), 클레멘타인(clementine)에서 얻은 오일에는 상당한 양의 N-메틸안트라닐산 메틸(methyl N-methyl anthranilate)이 함유되어 있다. 흥미롭게도 N-메틸안트라닐산 메틸과 티몰(thymol)을 적정 비율로 잘 섞으면 만다린 오일 향을 얻을 수 있다. 만다린 오일에는 γ-테르피넨(γ-terpinene)이 3~17%, β-피넨이 1~2%이 포함되어 있다.

자몽(Citrus paradisi)은 1750년경 서인도 제도의 바베이도스섬에서 포멜로(pomelo)의 자연 잡종으로 발생한 품종이다. 자몽은 포도송이처럼 과실이 송이로 열리기 때문에 'grapefruit'이라 명명되었다고 한다. 자몽 오일은 주스를 만들고 남은 껍질을 냉압착하여 얻는다. 자몽 특유의 신선한 과일 향은 1ppb보다 적게 들어 있는 자몽 메르캅탄(1-p-menthene-8-thiol, 〈그림 2-57〉)에 기인한다. 이 자몽 메르캅탄의 역치값은 0.1 ppt[1]로, 지금까지 알려진 향 성분 중 가장 낮은 값을 가지고 있다.

또한, 세스퀴테르펜 케톤인 (+)-누트카톤(그림 2-53)은 자몽의 전형적인 냄새를 담당하며 자몽 주스의 쓴 맛에도 기여한다. 이 누트카톤의 역치는 약 800 ppb[2] 정도로 알려졌다.

베르가모트(bergamot)는 레몬 나무와 비터 오렌지 나무의 자연 교잡으로 생긴 열

1) https://pubs.acs.org/doi/10.1021/bk-2011-1068.ch001
2) https://www.scentree.co/en/Nootkatone.html

매로, 사람이 먹을 수 없는 이 과일(Citrus aurantium)의 껍질을 냉압착하여 약 0.5%의 수율로 베르가모트 오일을 얻는다. 베르가모트 정유는 과일의 성숙도에 따라 향이 다르다. 덜 익은 녹색 열매에서 얻은 정유는 상큼하고 강렬한 향을, 노란색 열매에서 얻은 정유는 풍부한 꽃 향이 난다.

18세기 초 베르가모트 정유를 넣은 《오 드 콜로뉴》가 가벼운 향수 역사에 한 획을 그었다. 이후 베르가모트 향은 깔끔하고 상쾌한 향을 주는 소재로 주로 사용된다. 베르가모트 오일은 다른 시트러스계 오일과 달리 상대적으로 (+)−리모넨이 주성분이 아니다. 대신 이 오일에는 리날로올과 아세트산 리날릴이 풍부하여 강한 플로럴 향이 난다. 아세트산 리날릴은 두 종류의 광학 이성체가 존재한다. (R)−(−)−아세트산 리날릴은 녹색 잎의 그린한 향을, (S)−(+)−아세트산 리날릴은 달콤한 시트러스 향을 내며, 라벤더와 네롤리 오일에 포함되어 있다. 베르가모트 정유에는 베르가모트에서 이름을 딴 베르가프텐(bergapten)이 상당량 함유되어 있는데, 이 물질이 사람의 피부에 광독성 반응을 일으키는 원인으로 밝혀졌다(그림 7−1). 더 자세한 내용은 7장에서 소개한다.

동남아시아가 원산지인 **라임**(Citrus aurantifolia)은 레몬의 반 정도 크기의 열매로, 껍질은 얇고 신맛과 강한 시트러스 향이 난다. 초록색일 때 열매를 수확해서 냉압착하기도 하지만, 주로 수증기 증류로 오일을 얻는다. 서인도 제도에서 라임 열매 전체를 수증기 증류하여 제조한 라임 오일이 조향에 많이 사용된다. β−피넨, γ−테르피넨, 시트랄이 주성분이며, 독특한 쓴 인상을 준다. 그러나 수증기 증류 과정에서 α− 및 β−피넨, γ−테르피넨, 시트랄에 영향을 미쳐 반응이 일어나 캄펜(camphene), *p*−시멘(cymene) 등 다양한 부생산물이 생기기도 한다. 이 때문에 껍질을 냉압착해서 얻은 오일보다는 향의 풍부함이 떨어진다. 모든 시트러스 오일 중에서 증류로 얻은 라임 오일에는 파네센(farnesene)이 가장 많이 들어있는데, 이 역시 증류 과정에서 생겨난 것으로 보인다. 라임의 신선한 향에 우디−스파이스 향을 더하는 데 기여하는 성분은 0.35% 함유된 게르마크렌 B(germacrene B)이다.

유자(Citrus junos)는 원산지가 명확하지 않지만, 현재 한국과 일본에서 재배되고 있다. 그 모습은 울퉁불퉁한 표면을 가진 작은 자몽과 비슷하다. 유자는 조향에서 레몬이나 베르가모트 오일과 섞어 사용될 때 그린한 뉘앙스를 더해주는 역할을 한다.

유자 오일의 주성분은 다른 시트러스 계열 오일과 마찬가지로 (R)−(+)−리모넨이고, 리날로올 함량이 상대적으로 높다. 특히, 유자 오일에는 약 0.04% 정도의 유자 락톤(yuzu lactone)이 함유되어 있어 감귤류 오일 중에서도 독특한 특징을 가진다. 유자 락톤은 흙냄새, 건조하고 먼지가 많은 나무 냄새, 신선한 녹나무 박하 냄새 프로필을 가지고 있어 유자 오일에 독특한 향을 부여한다. 또한, 유자 오일에는 두 가지 삼중 불포화 화합물인 유즈논(yuzunone)과 유즈올(yuzuol)이 함유되어 있다. 이 성분들은 유자 껍질에서 얻은 정유의 발사믹하고 달콤한 꽃 향을 담당하며, 유자 오일의 전체적인 향 프로필을 더욱 풍부하고 복잡하게 만든다.

2) 오렌지꽃(Orange flower)

오렌지꽃 노트는 향수와 에센셜 오일에서 중요한 역할을 하며, 비터 오렌지 나무(Citrus aurantium)의 꽃, 나뭇잎, 가지에서 추출한 성분들로 이루어진다. 나뭇잎과 나뭇가지로부터 얻는 쁘띠그레인(petitgrain)을 포함하여, 오렌지꽃 노트는 주로 비터 오렌지 나무의 꽃을 수증기 증류하여 얻는 '네롤리 오일'과 오렌지꽃을 용매로 추출하여 얻는 '오렌지꽃 앱솔루트'로 구성된다.

앞서 소개한 시트러스계 정유는 감귤계 식물의 열매에서 채취한 정유만으로 한정한다. 따라서 감귤계 식물의 꽃과 잎에서 얻은 네롤리 오일과 페티그레인 또는 쁘띠그레인 오일은 시트러스계 정유로 취급하지 않고 따로 구분한다.

페티그레인 또는 **쁘띠그레인** 오일은 비터 오렌지 나무의 잎과 작은 가지에서 수증기 증류를 통해 얻으며, 수율은 0.25~0.5%로 낮다. 주로 세비야 비터 오렌지 나무에서 얻으며, 이를 '쁘띠그레인 비가레이드(bigarade)'라고 한다. 쁘띠그레인 오일은 강렬하고 씁쓸한 우디 플로럴 향을 가지며 약 400개의 성분을 포함하고 있으며, 주성분은 아세트산 리날릴과 리날로올 혼합물이 2:1 비율로 약 80%를 차지한다. (E)-와 (Z)-오시멘(ocimene), 미르센, β-피넨 등의 성분이 허브 향을 내며, (R)-(+)-리모넨이 약 2% 포함된다. 또한 제라니올, α-테르피네올, 네롤, (+)-스파툴렌올 같은 성분이 미량 포함되어 복합적인 쁘띠그레인 향을 형성한다.

네롤리 오일은 오렌지꽃을 수증기 증류하여 약 0.1%의 낮은 수율로 얻어 가격이 비싸다. 이 오일의 이름은 17세기 비터 오렌지 향을 장갑과 목욕물에 뿌려 유행시킨 이탈리아 로마 근교 브라치아노 공작, 폴라비오 오르시니의 부인이자 네롤라(Nerola) 공주인 마리안느 드 라 트레모유(Marie-Anne de la Trémoille)에서 유래되었으며, 강하고 신선한 꽃 향을 지니며 따뜻한 색조와 백합 같은 순수한 꽃 향을 낸다.

네롤리 오일은 주로 북아프리카에서 생산되며, 냄새와 구성에서 쁘띠그레인 오일과 유사하지만 (R)-(+)-리모넨, 리날로올, 아세트산 리날릴, 오시멘, β-피넨 등의 함량이 더 높다. 네롤리 오일에 들어있는 백합 같은 순수한 꽃 향은 (+)-(R,E)-네롤리돌(nerolidol)에 기인한다. 또한 콩코드 포도 향을 내는 N-메틸안트라닐산 메틸과 재스민 노트를 띠는 인돌 같은 다수의 질소 함유 성분이 포함되어 독특한 향을 형성한다. 전형적인 재스민 냄새 성분인 (Z)-재스몬도 함유되어 있어 다른 시트러스 오일과 차별화된다.

오렌지꽃 앱솔루트는 오렌지꽃을 용매로 추출하여 얻으며, 네롤리 오일과 비슷하지만 재스민 향이 더 뚜렷하고 강한 향을 지닌다.

오렌지꽃 노트는 다양한 향수에 사용되며, 특히 플로럴, 시트러스, 오리엔탈 계열 향수에서 중요한 역할을 한다. 이 노트는 신선하고 우아한 꽃 향을 제공하여 향수의 탑 노트와 미들 노트를 풍부하게 만든다.

3) 시트로넬라(Citronella)

시트로넬라 또는 시트랄 노트는 상쾌하고 강렬한 레몬 향을 특징으로 하며, 약간의 풀과 꽃 향이 어우러져 특히 여름철에 잘 어울리고 벌레 퇴치에도 효과적이다.

실론섬이 원산지인 벼과 식물인 **시트로넬라**는 그 향이 감귤류와 비슷하여, 감귤류를 의미하는 'citron'에서 그 이름이 유래되었다. 시트로넬라 실론(Cymbopogon nardus Rendale)은 주로 인도와 스리랑카에서 자생하며, 시트로넬라 자바(Cymbopogon winterianus Jowitt)는 인도네시아, 중국, 대만, 브라질, 과테말라에서 주로 재배된다. 그늘에서 말린 후 잎과 줄기를 수증기 증류하여 오일을 추출한다.

시트로넬라 오일은 주로 시트로넬랄(citronellal), 시트로넬롤(citronellol), 제라니올 같은 향료의 원료로 널리 사용되며, 방충 특성도 있다. 시트로넬라 실론 오일은 시트로넬랄이 5~15%, 제라니올이 18~20%로 함유된 반면, 자바형 오일은 시트로넬랄이 32~45%, 제라니올이 21~24%로 더 높아 신선하고 달콤한 향이 나서, 자바형이 더 고품질로 평가된다. 오래전부터 전통 의학과 아로마테라피에서 사용되어 왔으며, 현대에는 향수, 아로마테라피, 벌레 퇴치제, 화장품 등에 광범위하게 활용되고 있다.

레몬그라스(Cymbopogon citratus)는 동남아시아, 특히 말레이시아가 원산지인 열대 식물로, 잎에서 강한 레몬 향이 나며 요리와 차에 자주 사용된다. 레몬그라스 오일은 갓 자른 잎을 수증기 증류나 알코올로 추출하며, 80% 이상의 시트랄이 주성분으로 강한 레몬 향이 난다. 이 외에 미르센, 시트로넬랄, 시트로넬롤, 리날로올, 제라니올이 포함되며, 방부 특성 덕분에 가정용 소독제와 비누에 사용된다. 증류 시 생성되는 하이드로졸은 스킨케어 제품에 활용된다.

4) 우디(Woody)

따뜻하고, 나무와 숲의 편안하고 다채로운 향을 제공하는 우디노트는 향수의 베이스 노트로 자주 사용되며, 다른 향과 조화를 이루어 향수의 지속성을 높인다. 오랜 역사를 갖는 우디 노트는, 고대 문명에서는 종교적 의식과 치료 목적으로 사용되었다. 예를 들어, 샌달우드(sandalwood)는 인도와 동남아시아에서 신성한 나무로 여겨져 왔고, 파촐리(patchouli)는 아시아 지역에서 치료와 방충 목적으로 사용되었다.

우디 노트는 나무, 수지, 이끼 등을 증류하여 에센셜 오일을 추출하거나, 용매 추출법을 통해 특정 나무나 수지에서 향 성분을 추출한다. 주요 원료는 샌달우드, 시더우드(cedarwood), 베티버(vetiver), 파촐리, 오크모스(oakmoss) 등이 있다. 샌달우드는 크리미하고 부드러운 우디 향으로 따뜻하고 달콤한 향을 제공하며, 시더우드는 건조하고 따뜻한 나무 향으로 약간 스파이시한 느낌이 있다. 베티버는 흙냄새와 우디 향이 어우러진 깊고 묵직한 향을 제공하고, 파촐리는 달콤하면서도 흙냄새가 나는 우디 향으로 약간 머스크 향도 난다. 오크모스는 축축한 숲의 이끼 향으로 우디 노트에 깊이와 풍부함을 더해준다. 이들에 대해 좀 더 자세히 알아보자.

동인도 **샌달우드**(Santalum album)는 '단향(檀香)' 또는 '백단(白檀)'으로 알려진 오래된 향수 원료로, 기생 식물이며, 30~50년 된 나무에서 최고의 오일을 추출한다. 주로 나무의 가운데와 뿌리를 잘게 부수어 수증기 증류법으로 약 6%의 수율로 황색의 찐득한 오일을 얻는다. 갓 증류한 샌달우드 오일은 달콤하고 부드러운 우디 향과 발사믹 특유의 동물성 향을 가지며, 주요 성분은 밀키한 우디 향의 (+)-(Z)-α-산탈롤과 샌달우드 특유의 향을 내는 (-)-(Z)-β-산탈롤로 약 7:3 비율로 포함된다.

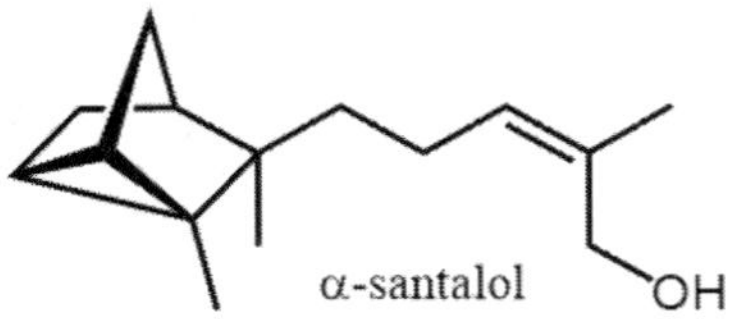

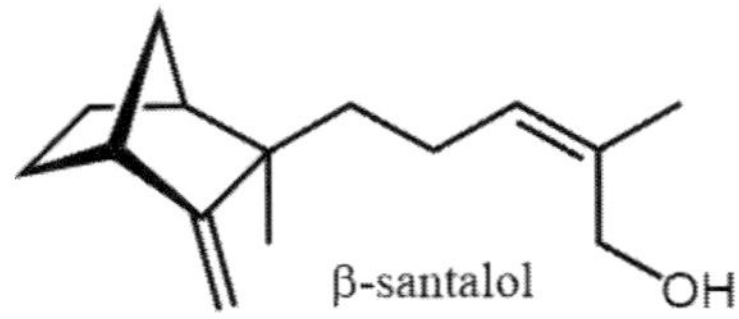

인도의 마이소르가 주요 재배지였으나 남획으로 인해 현재는 품질이 떨어지는 호주산 샌달우드(Santalum spicatum)가 주로 사용된다. 샌달우드의 부드럽고 크리미한 우디 향은 여성용 오리엔탈 향조의 주요 베이스로, 장미, 베르가모트, 라벤더 등과 잘 어울린다. 주성분이 분자량이 높은 세스퀴테르펜이기 때문에 휘발성이 낮아 향의 고정력도 우수하다.

샌달우드 향이 희귀하고 비싸서, 화장품 회사들은 구조와 향을 모방한 합성 대체물을 개발했다. 샌달우드 오일의 80%를 차지하는 α-산탈롤과 β-산탈롤의 구조를 참고해, 1947년 지보단사에서 개발한 이소보르닐사이클로헥산올(Isobornylcyclohexanol, IBCH, Sandenol)이 가장 널리 사용되었다. IBCH이 섞인 백단 오일은 천연 오일과 구성은 비슷하나, 보다 덜 부드럽고 덜 감미롭지만, 가격이 싸서 향이 강한 새로운 화학물질들이 나오기 전까지 비누와 세제 등에서 폭넓게 사용되었다.

최초의 β-산탈롤 전합성은 1990년 크로츠(Krotz)와 헬름켐(Helmchem)에 의해 시도되었고, (-)-(Z)-β-산탈롤만이 샌달우드 향이 난다는 사실이 밝혀졌다. β-산탈롤 합성은 11단계에 이르는 많은 합성 단계를 거쳐야 하며, 각 단계마다 수율이 매우 낮아 경제성이 없어서 상업화되지 못했다. 이후 피르메니히사에서 경제적 합성법을 개발했으나, 다양한 샌달우드 어코드가 여전히 쓰인다. 대표적으로는 부시 보크 앨런 주식회사(Bush Boake Allen Ltd.)에서 출시한 Osyrol, IFF(International Flavors & Fragrances Inc.)사의 Santaliff와 Bacdanol, 지보단의 Ebanol과 Javanol, 그리고 피르메니히의 Polysantol 등이 있다. 부시 보크 앨런 주식회사는 2000년대 초 IFF에 인수되었다.

1989년 장 폴 겔랑(Jean-Paul Guerlain)이 조향한 향수 《샴사라(Samsara)》는 천연 및 합성 백단향을 20%가량 포함한 향수로, 이름은 불교의 윤회사상을 표현하며 반복 사용해서 그 향에 매료되기를 바라는 마음을 담았다.

시더우드는 고대부터 상징적인 나무로, 성경에는 레바논 시더우드가 배와 신전 건축에 사용된 기록이 있으며, 레바논 국기에도 등장한다. 레바논 시더는 멸종 위기에 처해 있다. 현대 천연 시더우드 향료는 주로 텍사스 시더(Juniperus mexicana)와 연필향나무(Juniperus virginiana)에서 추출한다. 이 나무들은 주로 폐목재나 톱밥을 수증기 증류하여 각각 텍사스 시더우드 오일과 버지니아 시더우드 오일을 얻는다.

버지니아 시더우드 오일은 (−)−α−세드렌(cedrene)과 (−)−투조센(thujopsene)이 약 1:1로 구성되어 있으며, 오일의 약 50% 이상을 차지한다. 여기에 (−)−β−세드렌이 15% 이상, 그리고 주요 향 성분인 (+)−세드롤이 7% 포함되어 있다. (+)−세드롤은 시더우드에서 처음 단리된 후 1953년 스토크(G. Stork)와 브래슬로(R. Breslow)에 의해 그 구조가 밝혀졌다.

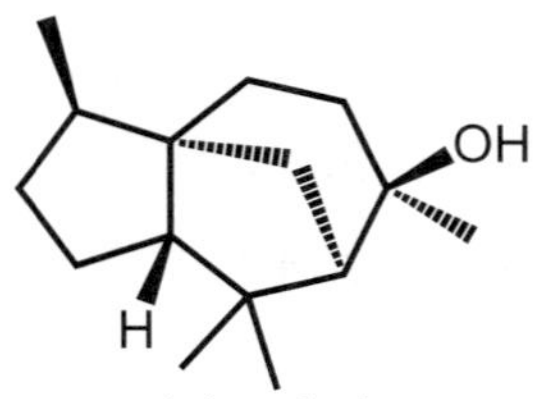

(+)-cedrol

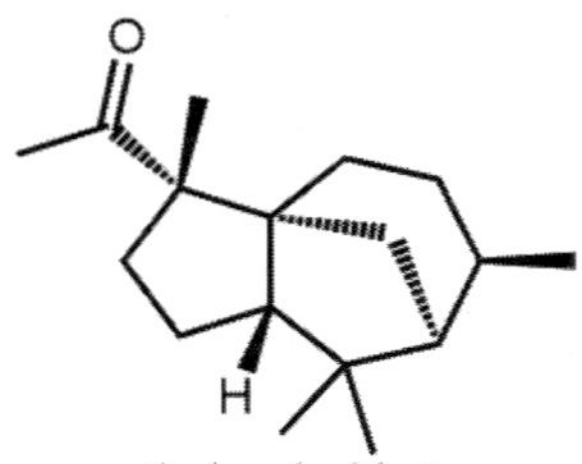

methyl cedryl ketone

시더우드 향의 '반합성' 제품 중 중요한 것은 텍사스 시더우드 오일에서 테르펜을 아실화하여 얻은 메틸 세드릴 케톤(methyl cedryl ketone)으로, 베티버, 가죽, 사향 뉘앙스가 가미된 진한 앰버 톤의 강렬한 시더우드 향이 특징이다. 메틸 세드릴 케톤은 1960년대 초에 IFF의 Vertofix Coeur, 심라이즈(Symrise)의 Lignofix, 지보단의 Cedratone V라는 상품명으로 등장했다.[3] 1970년대에는 가장 인기 있는 우디 향 중 하나였다. 앙리 로베르(Henri Robert)가 조향한 샤넬의 《샤넬 No. 19 (1971)》에는 Vertofix Coeur가 12%, 1981년에 출시된 카샤렐(Cacharel)의 《카샤렐 뿌르 옴므(Cacharel pour l'Homme)》에는 20%가 포함되어 있는 것으로 알려져 있다. 실제로 Vertofix Coeur에서 나는 향은 약 5~10% 정도 있는 투조센이 변형된 산물인 이성질체 G(isomer G)로 알려져 있다.

또한, 건조하고 다소 먼지 같은 느낌을 주는 용연향 노트와 시더우드 톤을 특징으로 하는 IFF의 Cedramber®는 세드릴 메틸 에테르(Cedryl Methyl Ether)이다. 더불어, 심라이즈에서는 시더우드 합성향으로 알콕시로 치환된 사이클로도데케인

3) https://www.fragrantica.com/notes/Cedar-41.html

(cyclododecane)을 Palisandin과 Amberwood F라는 상품명으로 제공하고 있다.

베티버 오일은 인도와 벵골 원산의 벼과 식물(Vetiveria zizanoides)의 말린 뿌리를 수증기 증류해 얻으며, 오랫동안 향수와 치료제로 사용되어 왔다. 가늘고 키가 큰 풀무더기 같은 이 식물은 레위니옹과 아이티, 그리고 중국을 포함한 여러 열대·아열대 지역에서 생산된다. 베티버 오일은 자몽과 루바브(rhubarb)의 뉘앙스와 달콤하고 부드러운 우디 향을 가지며, 흙내음이 특징이다. 지역에 따라 향이 다른데, 레위니옹산 부르봉(Bourbon) 베티버 오일은 따뜻하고 달콤한 향조와 장미 향이, 황마(jute)와 구운 견과류 향이 더 나는 아이티산은 깨끗하고 은은한 향을 지니며, 자바와 중국산은 다소 거칠고 스모키한 향을 띤다. 특히 중국산 오일은 사과 향이 진하게 나서 조향사들이 선호하지 않는다고 한다.

주성분은 자몽과 플로럴한 우디 향의 (+)−α−베티본(vetivone), 그린 우디 향의 (−)−β−베티본, 그리고 거의 향이 없는 쿠시몰(khusimol)이다. 150여 종의 성분이 분석되었으나, 복잡한 세스퀴테르페노이드 혼합물로 인해 인공적으로 재현이 어려운 오일이다.

베티버는 그린−우디 노트로, 고급 남성용 향수에 자주 쓰인다. 1959년에 출시된 겔랑의 《베티베흐(Vetiver)》는 장 폴 겔랑이 스무 살 때 처음으로 만든 남성용 향수로, 이름부터 베티버가 주요 노트인 것을 알 수 있다. 1921년에 출시된 몰리나르(Molinard)의 《아바니타(Habanita)》에는 베티버가 30% 이상 들어 있고, 에르메스에서 1961년에 출시된 《칼레쉬(Calèche, 사륜마차)》에도 베티버가 사용되었다

'파촐리'라는 이름은 타밀어로 '녹색(patchai)'과 '잎(ellai)'에서 유래했으며, 파촐리 오일은 꿀풀과의 관목인 Pogostemon cablin에서 추출한 정유이다. 마른 잎이나 발효된 잎을 수증기 증류해 짙은 오렌지색 또는 갈색의 정유를 얻으며, 이는 달콤하고 우디한 발삼 향과 스파이시 노트가 특징이다.

파촐리 향이 유럽에 알려진 계기는 19세기 캐시미어숄 유행 덕분이다. 인도에서 귀한 캐시미어숄을 보호하기 위해 나방 퇴치제로 말린 파촐리 잎을 숄 사이사이에 넣어 포장했고, 긴 운반 시간 동안 파촐리의 '장뇌 향', '우디 향', '흙 향'이 완벽하게 조화를 이룬 우디 발사믹 향과 약간의 플로럴 향이 캐시미어숄에 더해져, 화려한 캐시미어만큼이나 유럽 구매자들의 마음을 사로잡았다. 1830년대 파리에서는 파촐리 향이 나는 섬유가 선망의 대상이 되었고, 파촐리는 고급 향수 원료로 자리 잡게 되었다. 1837년 프란시스코 마누엘 블랑코(Francisco Manuel Blanco)가 파촐리가

박하속(Mentha cablin)에 속한다고 밝힘으로써 이 신비로운 동양 향의 실체가 알려지게 되었다. 이후 1960~1970년대 하레 크리슈나(Hare Krishna) 운동과 연관된 히피 문화에서 저렴한 파촐리 오일을 사용하였는데 이로 인해 파촐리는 히피 이미지와 연관되며 고급스러움이 다소 손상되었다.

파촐리 오일은 우디 향을 기본으로 달콤한 아로마, 민트 향, 흙냄새가 어우러져 독특한 향을 낸다. 우디 또는 오리엔탈 계열에 속하며 주로 남성용 향수의 베이스 노트로 사용되며, 시프레 향의 중요한 요소이다. 최상급 파촐리 오일은 완전히 성숙한 잎을 건조시켜 발효 수준을 조절하여 얻는다. 이를 수증기 증류나 초임계 이산화탄소 추출법으로 처리해 민트-우디 향조의 발사믹과 허브 향이 어우러진 오일을 생산한다. 파촐리 앱솔루트는 건조된 잎을 용매 추출하여 얻는 짙은 녹색 액체 상태로, 우디 발사믹 톤의 풍부하고 뚜렷한 단맛과 허브 향이 난다. 갓 증류한 오일은 그린하고 시큼한 향이 강하지만, 숙성되면서 이러한 향이 부드러워지고 풍부한 조화를 이룬다.

파촐리 오일의 주요 성분은 20~45% 들어있는 파촐리 향이 나는 (-)-파촐올(patchoulol)이다. 자연에서 얻는 (-)-파촐올은 강한 파촐리 향을 내지만, (+)-파촐올은 훨씬 약하다. 또한, 따뜻하고 대지의 향기와 캠퍼향이 나는 노르테트라파촐롤(nortetrapatchoulol)도 소량 존재한다.

상업적으로는 베두키안 리서치(Bedoukian Research)에서 개발한 에틸펜촐(ethylfenchol)이 파촐리 오일의 대체 향으로, 강한 흙냄새와 용연향을 지니며 우디, 플로럴, 머스크와 같은 현대 향조와 잘 어우러진다.

파촐리를 활용한 대표적 향수로는 레미니센스(Reminiscence)의 《파촐리(Patchouli, 1970)》, 클리니크(Clinique)의 《아로마틱스 엘릭서(Aromatics Elixir, 1971)》, 지방시의 《젠틀맨(Gentleman, 1974)》이 있다.

오크모스(Evernia prunastri)는 참나무 줄기나 가지에 기생하는 지의류로, 숲속의 신선한 향기와 축축한 흙, 물의 냄새가 어우러진 관능적 향을 풍긴다. 주로 마케도니아와 프랑스 오베르뉴에서 채취되며, 시프레와 후제르 계열 향수에 필수 원료이다. 우디하고 관능적인 향이 플로럴, 그린, 오리엔탈 계열과 잘 어울리며, 고정제로도 사용되어 향의 지속력을 높인다.

예전에는 벤젠에 오크모스를 담가 향 성분을 추출한 뒤, 여과하여 용매를 증발시키면 진한 녹색의 크림 형태인 콘크리트를 얻었다. 이를 알코올로 처리해 가죽향이 나는 강렬하고 자연적인 흙과 이끼향의 앱솔루트를 얻는다. 진공증류를 거치면 매우 드라이하고 흙이 묻은 나무껍질 같은 향을 내는 옅은 노란색 또는 녹색 오일을 얻었다.

오크모스의 주성분은 오르신(orcin) 유도체와 에틸 에버니네이트(ethyl everninate)로, 이들이 특유의 우디하고 이끼 같은 향을 구성한다. 오르신의 모노메틸에테르(3-methoxy-5-methylphenol)인 지보단사의 Orcinyl 3에서 우디, 이끼, 페놀향이 나는데, 이는 오크모스 추출물의 주요 성분이다. 특히 합성 향료인 에버닐(Evernyl)은 IFF사의 Veramoss와 플로라신스(Florasynth)사의 Mousse Metra라는 이름으로 판매되며, 현대 시프레와 후제르 향수에서 오크모스를 대체하는 역할을 한다.

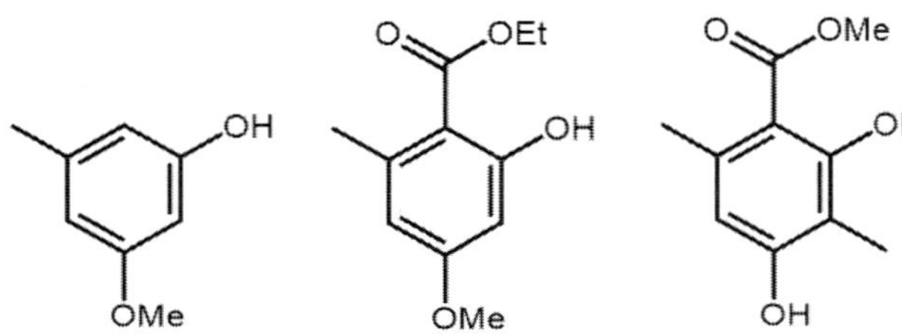

Orcinyl 3 ethyl everninate Evernyl

한편, 오크모스 추출물에는 알레르기 유발 물질인 아트라놀(atranol)과 클로로아트라놀(chloroatranol)이 들어 있다. 2009년 IFRA(국제향료협회)에서 이 물질의 함량을 각각 100 ppm으로 제한하는 규정을 시작으로, 2020년 IFRA 49차 수정안에서는 화장품의 최종 제품에 함유되는 오크모스 추출물, 오크모스 오일, 및 오크모스 레진의 양을 카테고리별로 제한했다. 이에 따라 천연 오크모스를 줄이고, 합성 대체물을 사용한 재조향이 필요하게 되었다.

천연 이끼의 향이 없는 클래식 시프레 향수를 만드는 것은 거의 불가능하다. 따라서 조향사들은 2001년부터 IFRA 규정을 준수하면서도 후각적으로 유사한 새로운 향료를 찾았고 많은 향수회사들은 새로운 가이드라인에 따라 자사의 주요 향수를 재구성해야 했다. 예를 들어, 1919년 자크 겔랑(Jacques Guerlain)이 창조한 겔랑의 《미츠코(Mitsouko)》는 베르가모트와 함께 γ-운데카락톤의 복숭아 향이 처음으로 사용된 향수로 유명하다. 이 향수에서 오크모스는 베티버 오일, 벤조인, 쿠마린, 메틸이오난과 함께 시프레 베이스 노트로 중요한 역할을 하고 있는데, IFRA 개정에 따라 오크모스 사용이 제한되면서 오리지널 버전의 향을 보존하면서도 오크모스를 대체하기 위해 Orcinyl 3와 에버닐을 사용하여 성공적으로 재조향되었다. 그러나 일부 클래식 향수는 오크모스 없이 원래의 향을 재현하기 어려워 시장에서 사라졌다.

5) 스파이시(Spicy)

스파이시 향조는 따뜻하고 자극적인 향을 지닌 향신료에서 유래하며, 향수에 깊이와 풍부함을 준다. 스파이시 향은 중근동과 동남아시아의 이국적 정취를 연상시키며, 향수에 매력을 더한다. 향신료는 요리에 다채로운 풍미를 부여하고 불쾌한 냄새를 중화하는 탈취 기능도 있으며, 고대부터 음식 보존과 종교의식에 사용되었다. 특히 인도와 아시아 지역에서 유럽으로 수입된 향신료는 유럽이 대항해 시대를 맞이하며 매우 중요한 역할을 했다. 유럽 열강들은 이를 확보하기 위해 식민지 경영과 무역 경쟁을 벌였다.

후추(pepper), 정향(clove), 시나몬(cinnamon), 육두구(nutmeg)는 '세계 4대 스파이스'로 불리며 각각 고유한 풍미를 지닌다. 후추는 매운맛을, 정향은 항균 효과와 함께 강한 향을 제공한다. 시나몬은 달콤한 향으로 디저트와 고기에 잘 어울리고, 달콤하면서도 향신료 특유의 향이 있는 육두구는 다양한 요리에 사용된다. 이들은 카레 분말, 칠리파우더, 오향분(五香粉) 시치미토가라시(七味唐辛子), 가람 마살라(Garam Masala) 등과 같은 혼합 향신료로도 활용된다.

시나몬은 실론 계피나무(Cinnamomum verum) 껍질에서 얻는 향신료로, '서양계피'라고 불린다. 스리랑카가 원산지인 실론 시나몬은 따뜻하고 달콤한 향이 나며, 주로 정향과 함께 카레, 소스, 오향분 등에 쓰이고 과일과 어울려 과자나 케이크에도 활용된다. 여린 가지의 껍질을 벗겨 그늘에서 말린 뒤 여러 겹으로 말아 퀼(Quill) 형태로 만든다.

중국과 한국에서 사용하는 '육계' 또는 '계피'는 계피나무(C. cassia) 껍질로 만든 카시아(cassia)로, 중국 시나몬(Chinese cinnamon)이라고도 불리며, 어두운 갈색이며 알싸한 향과 매운맛이 강하다. 카시아는 실론 시나몬보다 두꺼운 껍질을 가지며, 가격이 저렴하다.

시나몬 껍질 오일은 수증기 증류로 얻으며, 주성분인 신남알데하이드(cinnamaldehyde)(그림 2-18)가 전체의 60% 이상을 차지해 특유의 달콤한 향을 낸다. 유제놀(eugenol)도 약 4~10% 정도 포함되어 있다. 신남알데하이드는 식품 풍미제와 모기 기피제로도 활용된다.

1938년, 셜턴(Shulton) 사에서 칠리베리 열매와 코카콜라에 쓰이는 특정 열매를 혼합해 《올드 스파이스(Old Spice)》 향수를 출시했다. 현재 이 브랜드는 프록터 앤드 갬블(Procter & Gamble)사가 소유하고 있다. 유럽의 향수 산업에서는 시나몬을 향으로 사용하는 경우가 드물었지만, 조향사 에드몽 루드니츠카는 1951년 에르메스의 《오 데르메스(Eau d'Hermes)》에 시나몬을 도입해 새로운 변화를 선보였다.

정향은 인도네시아 말루쿠 제도가 원산지인 도금양과 상록수(Syzygium aromaticum)에서 개화 전 수확한 꽃봉오리를 건조해 만든 향신료이다. 이 향신료는 못을 닮은 모양으로 인해 한자로 '정향(丁香)', 영어로는 'clove'라 불린다(영어로 'clove'라는 단어도 라틴어나 프랑스어에서 유래된 '못'을 의미하는 단어에서 비롯되었다).

정향나무는 최대 8~12미터까지 자라며, 가지 끝에 달린 초록색 꽃망울이 아직 꽃이 피기 전, 붉게 변할 때 수확하여 말리면 딱딱한 갈색으로 변한다. 정향은 카레 분말, 소스, 오향분 등 다양한 요리에 풍미를 더하는 역할을 한다.

정향의 냄새, 맛 및 효과는 정향에 15% 이상 들어있는 특정 성분들에 기인한다. 주성분으로는 유제놀(60~70%), 아세트산 유제닐(eugenyl acetate, 15%), β-카리오필렌(caryophyllene, 5~12%)이 있다. 수증기 증류로 분리되는 유제놀은 달콤하고 스파이시한 카네이션 향을 지니며 마취 효과가 있어 치통 완화를 위한 가정요법으로도 사용된다. 중세 유럽에서는 입냄새 제거와 페스트 치료에도 정향이 활용되었다.

후추는 인도산 후추과(Piperaceae)에 속하는 덩굴식물로, 주로 향신료로 사용되며 마스킹 효과와 매운맛을 제공한다. 가장 널리 사용되는 종류는 블랙 페퍼(black pepper)와 화이트 페퍼(white pepper)이며, 향수에 자주 쓰이는 핑크 페퍼(pink pepper) 오일도 있다.

1. 블랙/화이트 페퍼

후추는 인도 남부가 원산지인 파이퍼 니그룸(Piper nigrum L.)에서 유래한다. 반쯤 익은 열매를 수확하여 말리면 씨앗을 감싸고 있는 주름진 껍질(과육)의 흑후추인 '블랙 페퍼'를 얻을 수 있다. 잘 익은 열매를 수확하고 껍질을 제거하면 알맹이만 남은 씨앗, 즉, 백후추 또는 '화이트 페퍼'를 얻을 수 있다. 백후추에서는 야생동물의 냄새, 심지어 배설물 비슷한 냄새가 나는데, 이 냄새가 향수를 관능적이면서도 부드럽게 한다. 후추의 매운맛 성분은 피페린(piperine)으로, 점막에 타는 듯한 자극을 준다.

후추 오일은 미숙한 열매를 증류해 얻으며 상쾌하고 신선한 우디 향과 약간의 스파이시함이 특징이다. 주요 성분으로는 달콤하지만 톡 쏘는 향인 3-카렌(carene), 리모넨, α-피넨과 β-피넨, 그리고 조금은 달콤하고 드라이한 우디 및 스파이시 향인 카리오필렌이 있다. 그 외에도 미량 들어있는 달콤하면서도 오리엔탈계 향조를 갖는 피페로날(piperonal) 및 3,4-(메틸렌디옥시)-신남알데히드(3,4-(methylenedioxy)-cinnamaldehyde)가 있다. 페놀계 의약품 냄새를 지닌 *p*-및 *m*-크레졸(cresol)과 테르피놀렌(terpinolene)은 후추 오일의 전반적인 냄새 인상에 상당히 기여한다.

상쾌한 스파이시 향을 지닌 페퍼 오일은 최근 향수, 특히 남성 향수의 탑 노트에 밝은 엑센트를 주기 위해 사용된다. 1998년 랠프 로렌(Ralph Lauren)에서 출시한 매콤한 향과 사향이 조화된 남성 향수 《익스트림 폴로 스포츠(Extreme Polo Sport)》에는 페퍼 오일이 6%까지 들어있다.

2. 핑크 페퍼

현대 향수에 자주 사용되는 페퍼 오일은 핑크 페퍼 오일이다. 블랙 페퍼 오일과 핑크 페퍼 오일은 특정 후추 향을 공유하지만, 두 오일의 식물성 원료는 전혀 관련이 없다. 핑크 페퍼(Baies Rose) 오일은 쉬누스 몰레(Schinus molle)라는 상록수의 열매에서 얻는다. 5~7 mm 크기의 밝은 분홍색 열매를 증류해 얻는 이 오일은 부드럽고 달콤한 향으로, 사향 및 감귤류 향과 잘 어울린다. 핑크 페퍼 오일은 모노 및 세스퀴테르펜 탄화수소가 88%를 차지하며, 그중 α/β-펠란드렌(phellandrene), 리모넨, 미르센, α/β-피넨, β/δ-엘레멘 등 주요 성분이 90%에 이른다. 이들 성분 덕분에 핑크 페퍼 오일은 감귤류 오일과 잘 어울린다.

근육질 남성성이 연상되는 블랙 페퍼와 달리, 핑크 페퍼는 주로 여성용 향수에 사용된다. 그 시작은 1995년 에스티 로더(Estee Lauder)에서 출시된 《플레져(Pleasures)》로, 도도하고 세련된 이미지를 더했다. 이후 라리크의 《라리크 화이트(Lalique White, 2008)》, 로리타 램피카의 《씨 로리타(Si Lolita, 2009)》에도 핑크 페퍼가 사용되었다. 또한, 조향사 장 클로드 엘레나(Jean-Claude Ellena)는 에르메스의 《떼르 데르메스(Terre d'Hermès, 2006)》에 핑크 페퍼 오일 0.9%를 더해 향의 풍부함을 강화했다.

주니퍼 베리(juniper berry)는 노간주나무, 두송 등 향나무속 식물(Juniperus

communis)의 열매로, 두송실(杜松實)이라고 한다. 주로 진(gin)의 향료로 사용되며, 덜 익은 열매는 진 향을, 잘 익은 열매는 요리에 활용된다.

봄에 녹색을 띤 갈색 꽃이 피고, 열매는 다음 해 10월에 검은 자주색으로 익는다. 열매는 녹색의 1년생과 흑색의 2년생이 공존하는데, 향으로 이용하기 위해서는 잘 익은 2년생 열매를 채취한다. 이 열매는 처음에는 녹색이지만, 약 18개월에 걸쳐 성숙하면서 보라색과 검은색으로 변한다. 녹색일 때는 소나무 향이 강하지만, 익으면서 녹색의 신선함과 시트러스한 향이 추가된다.

잘 익은 두송실을 으깨 수증기 증류하면, 상쾌한 솔잎 향의 두송실 오일이 추출된다. 이 오일의 주요 성분은 소나무 향을 내는 α-피넨과 사비넨(sabinene)이며, 1-테르피넨-4-올(1-terpinene-4-ol)도 포함되어 있다. 두송실 오일은 오 드 콜로뉴, 시프레 향수, 남성용 애프터 쉐이브 로션 등에 주로 쓰인다.

고수(coriander)는 남유럽과 북아프리카에서 서아시아에 걸친 지역이 원산지로 알려진 산형과(Apiaceae) 1년생 허브(Coriandrum sativum)이다. 고수는 잎과 말린 씨앗을 모두 사용하지만, 두 부분의 향은 완전히 다르다.

녹색 잎은 2-데세날(decenal)이나 2-도데세날(dodecenal)과 같은 알데하이드 향이 강하고, 예리하고 날카로운 향이 난다. 반면, 말린 후 분말이 된 씨앗은 (+)-리날로올 덕분에 달콤한 꽃 향이 난다. 분쇄한 씨앗을 수증기 증류하면 0.8-1.0%의 정유를 얻을 수 있다. 향기는 스파이시 노트이면서도 우디 노트가 느껴진다. 이러한 특성 때문에 남성용 향수에 스파이시 노트로 자주 사용된다.

진한 사향 냄새가 나는 **육두구**는 말루쿠 제도 반다에서 유래한 향신료로, 육두구과(Myristicaceae) 육두구속(Myristica fragrans) 상록수의 종자이다. 유럽에서는 페스트 예방에 효과가 있다고 믿어 널리 사용되었다.

크기와 모양이 호두 열매와 비슷한 육두구 열매는 연노란색으로, 성숙하면 씨앗이 드러난다. 씨앗을 감싸고 있는 주홍색 껍질은 또 다른 향료인 메이스(mace)로, 조심스럽게 벗겨낸 다음 말려 사용한다. 육두구는 껍질에 그대로 두어 흔들었을 때 덜거덕 소리가 날 때까지 말린 후, 껍질을 까서 알맹이를 꺼낸다.

메이스에서 수증기 증류로 4~15%의 정유를 얻는다. 주성분은 α-테르피네올, α-피넨, 이소유제놀(isoeugenol) 등으로, 육두구처럼 톡 쏘는 냄새를 풍기지만 향은 확실히 다르다. 메이스의 향은 훨씬 강하고 값도 비싸며, 매혹적인 스파이시 향으로 화장품과 남성용 향수에 광범위하게 사용된다. 말려서 잘게 부순 육두구를 수증기 증류하여 6~16%의 육두구 정유를 얻는다. 육두구 오일은 진한 견과류 향이 나는 투명한 액체로, 날카로우면서도 상쾌하고 경쾌한 느낌의 사향 냄새가 나서 남성용 향수에 많이 사용된다. 육두구 오일의 향은 사비넨, α- 및 β-피넨, 1-테르피넨-4-올 등 테르페노이드를 약 90% 함유하고 있으며, 육두구 특유의 향을 내는 성분으로는 샤프롤(safrole), 미리스티신(myristicin), 엘리미신(elemicin) 등이 있다.

육두구 오일은 남성용 향수에 많이 사용되며, 계피, 고추, 정향과 함께 오리엔탈 스파이시 향을 강화한다. 1978년 출시된 카샤렐(Cacharel)의 《아나이스 아나이스(Anais Anais)》는 육두구, 피망, 일랑일랑을 사용해 열대 섬의 향기를 표현한 향수이다. 이어 1981년, 테르펜리스 육두구 정유(terpeneless nutmeg oil)를 사용해 남성적 관능미를 강조한 카샤렐의 《뿌르 옴므(Pour L'Homme)》가 출시되었다. 육두구, 후추, 정향이 블렌딩된 향수로는 《무슈 로샤스(Monsieur Rochas, 1969)》와 에르메스의 《에뀌빠쥬(Equipage, 1970)》가 있다. 육두구, 정향, 시나몬, 바닐라가 조합된 향수로는 입생로랑의 《오피움, 1977》이 있으며, 이 네 가지 재료는 관능적이고 신비로운 동양적 매력을 표현한다. 현대에는 은은한 오리엔탈 스파이시 향을 위해 남성적이고 가벼운 우디 향수에 육두구가 쓰이며, 대표적으로 디올의 《파렌하이트(Fahrenheit, 1988)》와 겔랑의 《베티베흐 스포르(Vetiver Sport, 2006)》가 있다.

생강(ginger)은 생강과의 여러해살이풀(Zingiber officinale)로, 열대 아시아가 원산지이다. 황색 뿌리는 특유의 매운맛과 향이 뛰어나 향신료로 널리 사용된다. 생강은 레몬 발사믹(lemony-balsamic) 맛과 중간 정도의 매운맛을 지니고 있다.

생강의 뿌리줄기를 수증기 증류하여 생강 오일을 얻는다. 신선한 생강의 레몬 향은 시트랄 성분 때문이며, 생강 오일의 주성분은 진저베렌(zingiberene)과 제라니알 등이다. 스파이시 향조로 고급 향수에 적용된다.

6) 아니스(Anise)

아니스는 주로 지중해 지역에서 자라는 식물로, 아니스 씨앗에서 추출한 에센셜 오일이 아니스 노트를 형성하는 주요 성분이다. 아니스 노트의 주요 특징은 감초(licorice)와 비슷한 달콤하고 따뜻한 향이다. 또한 스파이시와 허브 특성을 동시에 지니고 있어, 민트처럼 청량감을 준다.

아니스(Pimpinella anisum)는 미나리과에 속하는 속씨식물로, 지중해 동부 지역과 서남아시아가 원산지이다. 씨앗처럼 보이는 아니스 열매는 길이 약 5 mm로 두 개의 심피가 합쳐져 있으며, 향기가 강하다. 아니스는 향신료로도 사용되며, 서양 회향이라는 이름으로도 불린다.

아니스 열매에는 약 3%의 에센셜 오일이 포함되어 있다. 아니스 씨앗을 수증기 증류하면 무색 또는 담황색의 아니스 오일을 얻는다. 수율은 재배 조건 및 추출 방법에 영향을 받는다. 최근에는 초임계 이산화탄소를 사용한 추출 방법도 사용되고 있으며, 이 방법이 더 효율적이다. 추출 방법과 관계없이 오일의 주성분은 (*E*)-아네톨(그림 2-19)로 약 80~90%를 차지하며, 4-아니스알데하이드(4-anisaldehyde), 에스트라골(estragole) 및 슈도이소유제닐-2-메틸부티레이트(pseudoisoeugenyl-2-methylbutyrate)도 포함되어 있다. 아네톨은 아니스의 특징적인 냄새와 향을 담당하는 주요 성분이다.

아니스 정유는 리큐어 및 다른 음료의 향료로 사용되기도 한다. 주로 동유럽의 많은 국가에서 생산되었지만, 현재는 아네톨 함량이 높은 저렴한 스타아니스(star anise) 오일로 대부분 대체되었다.

중국이 원산지인 **스타아니스**(Illicium verum)는 키가 작은 상록수로, 별 모양의 열매를 말린 것을 팔각(八角) 또는 대회향(大茴香)이라 한다. 예로부터 이 열매는 육류의 향신료로 사용되었다. '대회향'이라는 이름은 미나리과의 회향(茴香, fennel)처럼 주성분인 아네톨에서 나는 향과 같아서 붙여졌다고도 한다. 스타아니스 열매는 지름이 3~3.5 cm이며, 익으면 갈색으로 목질화된다. 각 열매 속에는 갈색의 반짝이는 편평한 구형 씨앗이 하나씩 들어 있다. 이 열매를 수증기 증류하여 무색에서 담황색의 스타아니스 오일을 얻는다. 스타아니스 오일의 주성분은 70% 이상이 (*E*)-아네톨이다.

원산지가 서부 아시아 또는 유럽인 미나리과 **캐러웨이**(Carum carvi)의 씨앗은 고대 이집트에서 이미 향신료로 사용되었다. 갈색의 캐러웨이 씨는 회향과 아니스를 연상시키는 씁쓸한 향을 지니며, 따뜻하고 매콤하며 약간 매운맛이 난다. 잘 익은 캐러웨이 씨앗을 으깨 수증기 증류로 3~5%의 정유를 얻는다. 이 정유의 주성분은 (+)-리모넨과 캐러웨이의 특징적인 향을 내는 (+)-카르본(Carvone)이다. 한편, 카르본의 거울상 이성질체인 (-)-카르본은 스피아민트의 주성분으로 달콤한 민트 향이 난다. 캐러웨이가 주된 역할을 하는 향수는 드물어, 특별히 인기 있는 향료로 꼽히지 않는다. 그러나 세르주 루텐(Serge Lutens)의 《시프레 루즈(Chypre Rouge,

2006)》에서 캐러웨이 향을 맡을 수 있다. 또한, 캐러웨이 노트는 겐조(Kenzo)의 《정글 엘레펀트(Jungle L'Elephant, 1996)》, 딥티크(Diptyque)의 《비르질리오(Virgilio, 1990)》, 디올의 《히프노틱 뿌아종(Hypnotic Poison, 1998)》, 에르메스의 《에르메상스 쁘와브르 사마르깡드(Hermessence Poivre Samarcande, 2004)》, 랑콤(Lancome)의 《마니이픽(Magnifique, 2008)》에서 찾아볼 수 있다.

바질(basil)은 인도가 원산지인 꿀풀과 한해살이풀로, 이탈리아와 아시아 요리에 널리 사용되는 대표적인 허브이다. 키는 20~60 cm이며, 다양한 종류에 따라 아니스향, 계피향, 레몬 향 등 여러 향이 난다. 신선한 바질 전체에서 수증기 증류를 통해 에센셜 오일을 얻는다. 오일의 함량과 구성은 품종, 원산지 및 수확 시기에 따라 크게 다르다. 주성분은 리날로올과 에스트라골(estragole)이다. 스위트 바질(sweet basil)의 정향 같은 향은 유제놀에서 유래한다. 그 외에도 시트랄, 리모넨, 제라니올, 오시멘(ocimene), 1,8-시네올(cineole) 등의 모노테르페노이드와 시트로넬롤, β-카리오필렌 같은 세스퀴테르페노이드가 포함되어 있다. 바질 향은 매콤한 뉘앙스의 신선한 아로마틱 허브 향으로, 남성 향수의 악센트로 자주 사용된다.

커민(cumin)은 지중해 동부와 이집트 북부가 원산지인 미나리과 식물(Cuminum cyminum)의, 길이 약 5 mm의 갈색 씨앗이다. 모로코 케밥, 인도 카레, 아프리카 쿠스쿠스 등 다양한 요리에 사용되며, 강한 향과 톡 쏘는 쓴맛이 특징이다. 주성분인 커민알데하이드(cuminaldehyde)와 *p*-시멘(cymene)이 따뜻하고 아로마틱한 향을 부여하며, 동물적인 뉘앙스도 가지고 있다. 세르주 루텐의 향수 《엘 아따린(El Attarine, 2008)》은 이 대담한 커민 향을 활용한 예다.

7) 장미(Rose)

사랑의 상징인 장미는 신선한 레몬 같은 우디 노트와 여성스럽고 깨끗한 향을 지닌다. 달콤하면서 약간의 스파이시함과 녹색의 신선함을 포함해 우아하고 로맨틱한 느낌을 준다. 주로 페네틸알코올, 시트로넬롤, 제라니올, 네롤 등이 장미 향의 주요 성분으로, 각각 달콤하고 신선하며 플로럴한 특성을 부여한다. 장미 노트는 다른 노트와 조화를 이루어 향수의 깊이와 풍부함을 더하고, 종종 우디나 앰버 노트와 결합해 향의 베이스를 강화한다.

장미는 최초로 증류된 꽃으로, 다양한 장미 품종 중에서 수익성과 생산성을 만족시키는 장미 향을 얻기 위해 재배되는 품종은 다마스크 장미(Rosa damascena)와 캐비지 장미(Rosa centifolia 또는 로즈 드 메이 Rose de May)이다. 다마스크 장미는 시리아 다마스쿠스에서 유래한 것으로 추정되며, 주로 불가리아, 터키, 모로코, 중국에서 재배된다.

수증기 증류법을 통해 갓 딴 다마스크 장미의 꽃에서 로즈 오토(rose otto)라 불리는 에센셜 오일을 얻는다. 캐비지 장미는 남프랑스 그라스를 중심으로 재배되며, 헥세인 등 용매를 사용해 추출하여 로즈 앱솔루트를 생산한다. 장미 오일을 생산하는 데는 약 3~4톤의 꽃이 필요하며, 이 작업을 위해 매년 5월, 새벽에 수백명이 수확에 동원된다. 이른 아침의 새벽이슬을 맞은 반쯤 핀 장미꽃을 수확한 후, 통풍이 잘되는 가방에 담아 추출 작업장으로 옮긴다. 수증기 증류 과정에서 장미 향의 주요 성분 중 하나인 페네틸알코올이 물 층에 녹아 장미수(rose water)로 남으며, 이는 화장품 원료로 많이 활용된다. 다마스크 장미는 그린하고 스파이시한 향이 강조된 노란색 에센셜 오일을 제공한다. 로즈 콘크리트는 헥세인을 이용한 용매 추출법으로 꽃에서 얻는다. 약간 색이 있는 왁스상 콘크리트를 알코올로 추출하고 냉여과 과정을 거치면 비휘발성 화합물의 약 1/3을 제거할 수 있다. 이 과정을 통해 붉은빛을 띠고 점성이 높은 로즈 앱솔루트를 얻는다. 두 정유를 비교하면, 다마스크 장미는 부드럽고 신선한 상큼함과 크리미한 달콤함이 특징이다. 반면, 캐비지 장미는 실제로 더 촉촉한 장미 향기에 가까우나, 향이 좀 더 가볍다.

장미 품종뿐 아니라 추출 방법에 따라 추출되는 성분 비가 다르므로 향도 필연적으로 다르다. 또 앱솔루트나 에센셜 오일의 향과 피어있는 장미꽃의 향은 서로 다르다. 용매 추출법으로 얻어지는 앱솔루트의 주요 성분은 페네틸알코올인데, 수증기 증류법으로 얻어지는 에센셜 오일에는 제라니올과 시트로넬롤이 많이 포함된다. 수증기 증류법에서는 유출물이 물 층과 기름층으로 나뉘며, 페네틸알코올은 물에 잘 녹아 물 층으로 이동하고, 에센셜 오일에는 거의 포함되지 않기 때문이다. 페네틸알코올은 꿀처럼 달콤하고 진한 장미 향기를 떠올리게 한다. 제라니올과 시트로넬롤은 신선한 장미 향을 연상시키는 감귤계의 상쾌한 냄새를 지닌다. 이런 이유로 앱솔루트는 달콤하고 진한 향이 느껴지는 반면, 에센셜 오일은 밝고 상쾌한 인상의 향으로 느껴진다.

1950년대 후반까지의 연구를 통해 다마스크 장미 향의 주요 성분으로 (−)−(S)−시트로넬롤, 제라니올, 네롤, 리날로올, 페네틸알코올 등 1% 이상 함유된 모노테르펜계 화합물이 밝혀졌다. 그러나 이 성분들만으로는 장미 향을 완벽하게 재구성할 수 없었다. 1957년, 카지미르 F. 자이델(Casimir F. Seidel)과 막스 스톨(Max Stoll)은 다마스크 장미에 0.5% 들어있는 (−)−(Z)−로즈 옥사이드(rose oxide)의 그린한 꽃 향이 장미 향에 결정적인 영향을 미친다는 것을 발견했다. 이처럼 미량 성분이 장미 향에 중요한 역할을 한다는 사실이 밝혀진 이후, 장미의 미량 성분에 대한 연구가 활성화되었다.

다마스크 장미에서 얻은 장미 정유에는 약 300종류의 향기 성분이, 캐비지 장미에서 얻은 로즈 앱솔루트에는 400~500종류의 향기 성분이 발견되었다. 이 중에서 장미, 건포도, 블랙커런트, 말린 자두를 연상시키는 과일 꽃 냄새를 가진 β−다마세논(damascenone)과 β−다마스콘(damascone)이 주목받았다. 이 화합물들은 냄새 역치가 매우 낮아서, 330배나 더 많은 양의 시트로넬롤보다도 장미 향에 훨씬 더 큰 영향을 미친다. 특히 다마세논의 함량은 장미유의 품질을 결정하는 데 중요한 요소이다. 또한, 화학 구조가 비슷한 β−이오논(ionone)과 함께 β−다마스콘이 다마스크 장미의 향 성분임이 밝혀졌다.

유기화학의 발전에 따라, 현재 장미 오일은 합성 성분으로도 만들어지며, 주로 시트로넬롤과 유사한 Phenoxanol®을 사용한다. Phenoxanol®은 시트로넬롤보다 10배 낮은 냄새 역치를 가지고 있고 더 부드럽고 풍부한 향을 제공한다. 합성 장미 향을 조합할 때는 페네틸알코올의 달콤한 향, 로즈 옥사이드의 금속성 향 등 다양한 성분을 포함해 실제 장미와 유사한 복합적인 향을 구현한다.

장미를 테마로 히트한 대표적 향수로는 입생로랑(Yves Saint Laurent)의 《파리(Paris, 1983)》, 겔랑의 《나헤마(Nahema, 1979)》, 랑콤의 《트레조(Trésor, 1990)》 등이 있다. 또한, 1985년 디올이 출시한 《쁘아종(Poison)》에는 다마세논과 함께 α− 및 β−다마스콘이 고농도로 사용된 것으로 알려져 있다.

한편 **제라늄**(geranium)은 장미와 유사한 향기를 가지고 있어 '로즈 제라늄'이라 불린다. 남아프리카 원산인 로즈 제라늄(Pelargonium graveolens) 및 다른 지역에서 다양한 생태 유형으로 발전한 제라늄속(Pelargonium) 쥐손이풀과(Geraniaceae)의 하이브리드종의 잎과 잔가지를 수증기 증류하여 제라늄 오일을 얻는다.

제라늄잎을 수증기 증류하면 그린 노트의 신선한 장미 향을 지닌 정유를 얻을 수 있다. 특히 레위니옹에서 생산되는 정유는 강렬한 장미 향이 나서 가치가 높다. 오일의 양은 약 0.15%로 낮지만, 제라늄은 빠르게 자라며 수확량이 많은 장점이 있다.

제라늄 오일은 바디케어 제품부터 에스티 로더(Estée Lauder)의 고급 향수 《유스 듀(Youth-Dew, 1953)》에 이르기까지 광범위하게 사용된다.

제라늄과 장미는 다른 식물이지만, 모두 (-)-시트로넬롤과 제라니올을 주요 성분으로 가지며, 이 성분들의 비율도 유사하다. 로즈 오일의 가격이 매우 비싸기 때문에, 비교적 저렴한 제라늄 오일을 대체제로 사용하여 향장품 제품에 부분적으로 활용하고 있다. 제라늄은 여러 측면에서 향수에서 '남성용 장미'로 여겨진다. 이 꽃은 달콤한 향기보다는 그린, 허브, 시트러스와 같은 향이 더 강조된다. 제라늄은 후제르계 향수의 미들 노트를 형성하는 주요 성분 중 하나로, 그 독특한 향은 시프레계 향수에도 사용되어 남성적인 매력을 더한다.

8) 허브(Herbal)

허브 노트는 자연의 신선함과 건강한 느낌을 준다. 다양한 허브 식물에서 추출한 에센셜 오일은 고유의 향을 갖고 있다. 허브 노트는 그린 노트, 플로럴 노트, 시트러스 노트 등과 잘 어울리며, 향수의 상쾌함과 복합성을 더하는 데 중요한 역할을 한다. 또한, 허브 노트는 종종 남성용 향수에서 중추적인 역할을 하여, 강하고 매력적인 인상을 남기기도 한다.

꿀풀과(Lamiaceae) 다년생 식물인 **라벤더**(lavender)는 보라색 꽃뿐 아니라 잎과 줄기에도 향 성분이 있다. 라벤더(Lavandula angustifolia), 스파이크 라벤더(Lavandula latifolia), 그리고 라벤더와 스파이크 라벤더의 자연 교배종인 라반딘(Lavandula intermedia)에서 라벤더 오일을 얻는다. 주요 생산지는 프랑스, 스페인, 포르투갈, 불가리아 등이다. 주 수출 생산지인 프랑스 남부에서는 수증기 증류 또는 용매 추출에 의해 라벤더 정유가 생산된다.

해발 1,000~1,300 m에서 자라는 라벤더에서 추출한 라벤더 오일에는 300여 가지가 넘는 성분이 함유되어 있지만, (R)-(-)-리날로올과 (R)-(-)-아세트산 리날릴이 가장 중요한 성분이다. 라벤더 오일에는 이 두 성분이 60% 정도로 가장 많이 들어있다. 리날로올의 두 이성질체 모두 라벤더 향이 나지만, (-)체 쪽이 우디 향이 나는 라벤더 향이 강하고, (+)체는 쁘띠그레인 뉘앙스가 있는 플로럴 향이 더 강하다. 해발 고도가 800 m보다 낮은 곳에서 자라는 스파이크 라벤더에는 리날로올만 40% 넘게 들어 있다. 한편 스파이크 라벤더에는 캠퍼와 1,8-시네올이 40% 정도 들어 있는 반면, 다른 라벤더 오일에는 아주 미량만 들어있어 성분 차이로부터 라벤더 오일의 원료를 구분할 수 있다.

라벤더 향기는 상쾌한 발삼향을 바탕으로 플로럴한 허브 노트가 어우러져 심신을 안정시키는 느낌을 준다. 라반딘은 라벤더 특유의 상쾌한 향에 우디한 노트가 더해진 것이 특징이다. 라벤더 오일은 몇 달간의 숙성 과정을 거치며, 시간이 지나면서 건초와 풀이 섞인 듯한 깊은 향으로 변한다. 오일의 신선한 꽃향기는 중심 성분인 리날로올 덕분이다.

1882년에 출시된 우비강의 《후제르 로얄》은 당시 첨단 유기합성 기술로 만들어진 합성 향료 쿠마린과 라벤더를 조합하여 탄생한 현대 향수의 대표작이다. 이로 인해 라벤더는 향수용 향료로 가치를 인정받았고, 시원하고 깨끗한 느낌의 라벤더 향은 현재까지도 남성 향수와 남성용 헤어 제품에 널리 사용되고 있다.

로즈메리(rosemary)는 미질향(迷迭香)이라고도 불리며, 잎은 가느다랗고 뾰족하다. 녹색 잎 표면은 광택이 나고, 뒷면은 흰색 솜털로 덮여 있다. 로즈메리는 주로 지중해 연안에서 자라는 관목으로, 기분 좋은 강한 향기를 내뿜는다. 로즈메리의 학명은 라틴어로 이슬이라는 뜻인 'Ros'와 바다를 뜻하는 'Marinus'의 합성어로, '바다의 이슬'이라는 의미의 'rosmarinus'이다. 이전에는 로즈메리 학명을 'Rosmarinus officinalis'로 사용했지만, 2017년 이후로 로즈메리 속을 세이지와 같은 샐비아 속으로 편입시켜 'Salvia rosmarinum'으로 변경되었다.

고대 그리스와 로마에서도 효능이 알려진 로즈메리는 중세에는 음식과 약초로 사용되어 수도원과 정원에서 널리 재배되었다. 그늘에서 말린 로즈메리 잎은 상쾌하고 달콤한 향을 발산하여 육류 요리에 자주 쓰인다.

로즈메리 오일은 꽃과 잎, 가지를 수증기 증류해 얻으며, 수지 같은 뉘앙스와 쌉쌀하고 신선한 향이 특징이다. 14세기 중후반부터 정유로 추출되어 사용되었으며, 최초로 알코올에 녹여 제조된 향수라는 《헝가리 워터》의 주성분으로 유명하다. 이 오일의 주요 성분은 캠퍼, (+)−보르네올(borneol), 멘톨, 샐러리를 연상시키는 (+)−베르베논(verbenone), (+)−α−피넨, (+)−아세트산보로닐(bornyl acetate), 1,8−시네올 등이 포함되어 있으며, 특히 캠퍼가 약 20%를 차지한다. 향은 상쾌한 허브와 나무 향으로 시작해 박하와 발삼향이 어우러져 기분 좋은 달콤함을 남긴다. 또한 로즈메리 정유에는 로즈마린산이나 카페산 같은 페놀산, 트리테르페노이드인 우르솔산(ursolic acid)을 비롯하여 다양한 플라보노이드들이 함유되어 있다.

유칼립투스 오일은 호주 태즈매니아가 원산지인 상록 고목인 **유칼립투스**(eucalyptus)잎을 수증기 증류하여 추출하며, 주로 유칼립투스 글로불러스(Eucalyptus globulus) 종에서 얻는다. 주요 성분은 1,8-시네올 또는 유칼립톨(eucalyptol)로 약 65% 함유되어 있으며, 신선하면서 약간의 장뇌향을 지닌다. 유칼립투스 코치이(Eucalyptus kochii)와 유칼립투스 폴리브랙테아(Eucalyptus polybractea)는 시네올 함량이 80~95%로 특히 높다. 또한, 유칼립투스속 식물들은 피페리톤(piperitone), 펠란드렌, 시트랄, 신남산메틸(methyl cinnamate), 아세트산 제라닐을 포함한 오일을 생산하는데, 유칼립투스 오일은 의약품, 방부제, 방충제, 향료, 방향제, 산업용 등 여러 용도로 널리 사용된다.

타임(thyme) 또는 백리향은 꿀풀과(Lamiaceae) 티무스 속에 속하는 다년생 상록 허브(hymus vulgaris)이며, 지중해 연안이 원산지이다. 타임은 허브 향이 강하고 스파이시한 느낌이 있으며, 풀 전체에서는 세이지보다 더 선명한 달콤한 향기가 느껴진다. 향수에서는 스파이시 노트를 품은 아로마 노트나 강한 가죽 노트로도 표현된다. 주로 남성용 향수에 사용되나, 유니섹스용 오 드 콜로뉴에도 사용된다.

백리향 에센셜 오일에는 주로 티몰이 20~54% 함유되어 있다. 그 외에도 *p*-시멘, 미르센, 보르네올, 리날로올과 같은 다양한 화합물이 포함되어 있다. 티몰의 이성질체인 카바크롤(carvacrol)은 티몰과 함께 타임의 생리작용 및 냄새에 관여한다.

타임은 예로부터 살균 소독을 위한 약용식물로 사용되었으며, 집중력 향상과 진정 작용에 도움을 준다고 알려져 있다. 이를 이용하여 미국에서는 1910년경부터 십이지장충 감염 치료제로 사용되었으며, 살충제, 소독약 또는 구강청정제로 유명한 리스테린(Listerine)에도 사용되고 있다.

9) 발삼과 앰버(Balsam & Amber)

향수에서 '발삼 & 앰버' 향조는 특정한 향료 조합으로 사용되어 독특한 향기를 구성한다. 발삼의 따뜻하고 달콤한 수지향과 앰버의 부드럽고 포근한 향이 조화를 이루면, 향수는 매우 유혹적이고 매혹적인 느낌이 난다. 이 용어를 세분화해 보면 '발삼'은 다양한 나무에서 추출된 풍부한 에센셜 오일을 함유한 수액이다. 나무에 상처를 주었을 때 나오는 눈물 모양의 수지(resin)가 아니라 꽃 꼬투리나 덩굴이 우거진 나뭇가지 등에서 나오는 물질로, 이를 수집하여 증류를 통해 오일을 추출하는 것을 의미한다. 발삼 향은 따뜻하고 풍부한 나무 향과 함께 달콤하며 때로는 발사믹이나 약초 같은 미묘한 뉘앙스를 지닌다. '앰버'향은 주로 발삼, 벤조인, 랍다넘, 바닐라 등을 혼합한 화합물로, 감각적이면서도 아늑한 느낌이 난다. 따뜻하고, 달콤하며, 때로는 약간 스파이시함과 우디한 느낌도 준다.

페루발삼(peru balsam)의 원산지는 중앙아메리카이며, 그리스어로 '향기로운 나무'라는 뜻을 가진 열대 교목인 Myroxylon pereira에서 얻는다. 이 나무의 껍질을 벗기면 점성이 있는 짙은 갈색 액체가 흘러나오는데, 이 액체에서 약간 쓴맛과 향긋한 바닐라 냄새가 난다. 페루발삼은 주로 남미와 서인도 제도에서 재배되지만, 거의 독점적으로 엘살바도르에서 수출된다. 과거 스페인 사람들이 중남미를 정복할 당시, 중앙아메리카가 페루 부왕령(Viceroyalty)에 속해 있었기 때문에, 페루의 항구인 카야오(Callao)와 리마(Lima)에서 다른 물건들과 함께 페루발삼이 유럽으로 보내졌다. 이로 인해 '페루발삼'이라는 이름이 붙었다.

페루발삼을 얻기 위해서는 줄기에서 나무껍질을 제거한 후 헝겊을 사용하여 수액을 흡수시킨다. 수액이 흡수된 넝마를 끓여 내용물을 물에 가라앉혀 향이 나는 발삼을 얻는다. 페루발삼 오일은 바닐라와 비슷한 뉘앙스를 가지며, 부드럽고 풍부하며 매우 달콤한 발사믹 냄새가 난다. 이 오일은 향수에서 주로 고정제로 사용된다. 주요 성분은 벤조산 벤질(benzyl benzoate)과 신남산벤질(benzyl cinnamate)이며, 바닐린과 네롤리돌도 향에 기여한다. 벤조산벤질은 일랑일랑, 재스민 및 벤조인(benzoin)의 중후하고 달콤한 향에도 기여한다.

랍다넘(labdanum) 수지는 지중해 지역에 자생하는 '검 록로즈(Gum Rockrose)'라 불리는 시스투스(Cistus ladaniferus)의 잎과 어린 가지에서 나오는 끈적한 삼출물로, 따뜻하고 달콤한 우디 앰버 계열의 향이 특징이다. 나무와 흙의 향이 어우러져 그을린 듯한 향과 습한 대지의 느낌을 전달한다. '록로즈(Rockrose)'라는 이름은 랍다넘의 들장미 같은 꽃에서 유래했다. 전통적으로는 양이나 염소의 털에 달라붙은 수지를 빗어 모아 수집했으며, 현재는 잎과 잔가지를 끓여 '생 껌(raw resin)'을 얻는다.

랍다넘은 항균, 항진균 성분이 있어 고대부터 약용으로 사용되었으며, 향수에서는 풍부하고 지속력 있는 향을 제공해 시프레 계열 향수와 가죽, 오크모스, 앰버 노트에 자주 사용된다. 용매 추출로 얻은 앱솔루트는 짙은 호박색을 띠며, 수증기 증류로 얻은 에센셜 오일은 우디하고 가죽 같은 냄새를 지닌다. 또한, 용연향과 비슷한 동물적이고 달콤한 향으로 향수 업계에서 귀중하게 평가된다.

지금까지 랍다넘 오일에서 250여 종의 화합물이 확인되었다. (−)−α−피넨, (+)−캄펜, 보르네올 등 1% 이상 포함된 성분은 10종이지만, 이들 중 어느 것도 랍다넘 특유의 향이 나지 않는다. 반대로 랍다넘 오일의 냄새 특성은 (−)−암브록스(Ambrox), 6− 옥소이소암브록스(oxoisoambrox), 데카하이드로나프탈레놀(decahydronaphthalenol)과 같은 다수의 미량 성분에 의해 결정되며, 이는 뚜렷한 앰버리 특성을 나타낸다. 그 외에도 다양한 미량 성분들이 랍다넘의 스모키 가죽 노트와 동물적인 색조, 건초향, 오크모스의 특징적인 향에 영향을 미친다는 것이 밝혀졌다.

샤넬의 《코코(Coco Eau de Parfum, 1984)》, 디올의 《미스 디올(1947)》, 에르메스의 《운 자뎅 수 르 닐(Un Jardin Sur Le Nil, 2005)》과 같이 많은 향수에서 랍다넘의 향을 느낄 수 있다. 르 라보(Le Labo)의 조향사 모리스 루셀(Maurice Roucel)은 랍다넘을 사용해 앰버와 머스크의 동물성 향조가 이어지고 바닐라의 달콤함으로 끝나는 앰버 노트의 향수, 《랍다넘 18(Labdanum 18, 2006)》을 유니섹스용 향수로 출시하였다.

남아메리카 북부에서 자라는 나무인 Dipteryx odorata의 강낭콩 크기만 한 씨앗이 **통카빈**(tonka bean)이다. 현지에서는 이 나무를 통카(tonka) 또는 쿠마루(coumarou)라 부르며, 브라질, 베네수엘라, 기아나 등 남아메리카 북동부의 대서양 연안 지역에서 주로 발견된다. 꽃이 분홍색이 되면 열매가 열리고, 익은 열매는 땅에 떨어진다. 잘 익은 열매를 말리고 쪼개면 내부에 있는 씨앗에 1~3%의 쿠마린이 배당체 형태로 함유되어 있다. 이 씨앗을 건조한 후 알코올 등에 담가 불린 다음 건져내고 말리면 쭈글쭈글해진 표면에 아이싱(icing)이 형성되어 하얗게 덮인다. 이렇게 처리 후 건조된 콩을 분쇄하고 용매로 추출하면 옅은 갈색을 띤 반고체 또는 결정질 덩어리 형태의 앱솔루트를 얻는다. 쿠마린(그림 2−19)은 특징적인 허브 향과 자두나 캐러멜 같은 달콤한 향이 뚜렷하며, 건초, 담배, 캐러멜, 피스타치오 등 부드러운 향이 섞인 특유의 향기를 갖고 있다. 앱솔루트에는 20~45%의 쿠마린이 들어있다. 쿠마린은 벤젠고리와 락톤고리를 갖고 있으며, 중정도의 세기를 갖는다. 농도가 낮으면 썩은 건초를 연상시키지만, 대량으로 사용될 경우 아몬드 향과 달콤한 음식의 향이 나타난다.

통카 빈 앱솔루트에는 쿠마린뿐만 아니라 달콤한 허브 향을 지닌 디하이드로쿠마린(dihydrocoumarin), 시나몬이나 말린 과일 향을 지닌 5−하이드록시메틸푸르푸랄(5-hydroxymethylfurfural), 그리고 멜릴로트산 메틸(methyl melilotate) 등이 포함되어 있어, 이러한 성분들이 독특한 통카 빈의 향을 형성하는 데 기여한다.

1884년, 우비강의 소유주이자 조향사인 폴 파르케(Paul Parquet)는 라벤더, 오크모스, 쿠마린을 중심으로 한 《후제르 로얄》을 출시하였다. 이는 합성 성분을 사용한 최초의 향수이자 후제르계 향조의 기원이 되었다. 이 향수에는 약 10%의 합성 쿠마린이 포함되어 현대 향수의 시작을 알렸다. 이후, 《후제르 로얄》에 영감을 받은 에메 겔랑(Aimé Guerlain)은 1889년 바닐린을 추가한 후제르 계열 향수 《지키(Jicky)》를 제작했다.

여러 식물에서도 발견되는 쿠마린은 간독성을 비롯한 독성이 있어 향수 제품에 사용이 제한된다. 이를 해결하기 위해 쿠마린 대체 합성 향료가 개발되었다. 예를 들어, 미국 플렉시트랄(Flexitral)사에서는 쿠마린의 사이클로프로판 유사체인 Coumane® 를 개발했으며, IFF사는 Octahydrocoumarin을, 지보단사는 Methyl Laitone®을 개발하였다.

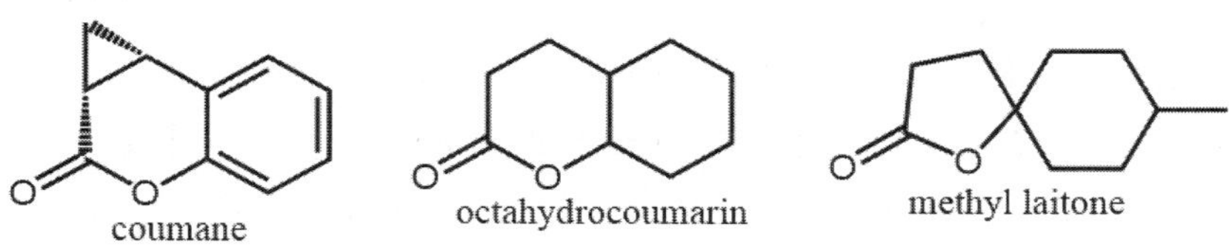

쿠마린의 대체 향료

바닐라는 중앙아메리카 원주민들 사이에서 널리 알려진 식물로, 스페인의 에르난 코르테스(Hernán Cortés)가 아스테카 제국에서 대량의 금과 함께 유럽에 가져온 것으로 알려져 있다. 이때 바닐라는 향미료와 질병 치료제로, 때로는 최음제로 여겨졌다. '바닐라'라는 이름은 에스파냐어 '바이나(vaina)'에서 유래하여 작은 꼬투리를 뜻한다. 이탈리아어로 '바니글리아(Vaniglia)', 프랑스어로 '바니유(Vanille)'이다.

바닐라는 습한 열대지역에서 자라는 난초과 식물로, 전 세계에서 가장 많이 재배되는 품종은 바닐라 플래니폴리아(Vanilla planifolia)와 타히티 바닐라(Vanilla tahitiensis)이다. 플래니폴리아는 멕시코, 카리브해, 인도네시아에서 재배되며, 맛과 향이 풍부한 것으로 유명한 바닐라 부르봉(Vanilla Bourbon)은 마다가스카르와 레위니옹섬에서 주로 생산된다. 타히티 바닐라는 프랑스령 폴리네시아의 타히티섬에서 자라며, 바닐라 플래니폴리아보다 맛은 부드럽지만 향은 더 강하다. 바닐린 함량은 낮지만 아니실알코올(anisyl alcohol), 아니스알데하이드(anisaldehyde), 디아니실에테르(dianisyl ether), 아니실에틸에테르(anisyl ethyl ether)와 같은 아니실 화합물을 포함해 화려한 플로럴한 향이 특징이다. 바닐라콩을 직접 사용하기보다는 주로 에탄올로 추출한 바닐라 엑스트랙트를 천연 향료로 사용한다.

향이 없는 길고 가느다란 열매인 바닐라콩(또는 꼬투리)을 익기 전에 수확한 뒤 몇 달간의 '큐어링(Curing)' 과정을 통해 강한 바닐라 향을 얻는다. 작업은 약 반년에 걸쳐 수작업으로 이루어지며, 숙성 후 바닐라콩은 길이, 외관, 색상에 따라 분류되어 출하된다. 긴 작업 과정으로 인해 바닐라는 고가의 향신료가 되었다.

바닐라콩이 큐어링 과정을 거치면 약 2%의 향기 성분을 갖게 된다. 이 과정에서는 바닐린을 포함한 페놀류와 같은 주요 성분들이 생성되며, 이들이 바닐라의 독특한 향을 형성하는 데 결정적인 역할을 한다. 바닐라 향에는 200종 이상의 냄새 성분이 존재하며, 이 중 페놀류가 전체의 90% 이상을 차지한다. 바닐라의 대표적인 향 성분은 바닐린(그림 1-1)으로, 페닐알라닌 유래의 대사산물이다. 바닐라콩 내부에서는 글루코바닐린(glucovanillin) 배당체로 존재하다가 큐어링 과정에서 바닐린으로 변환된다. 부르봉 바닐라는 바닐린 외에도 p-하이드록시벤즈알데하이드(p-hydroxybenzaldehyde)와 같은 성분이 포함되어 있다.

오늘날 모든 사람이 바닐라의 향과 맛을 알고 있지만, 실제 바닐라 추출물은 매우 비싸고 생산자에게는 수익성이 거의 없어 주로 합성 바닐린을 사용한다.

바닐라의 핵심 성분인 바닐린은 1858년 테오도르 고블리(Théodore Gobley)에 의해 처음으로 분리되었다. 이후 1874년, 독일의 과학자 페르디난트 티만(Ferdinand Tiemann)과 빌헬름 하르만(Wilhelm Haarmann)은 바닐린의 화학적 구조를 밝혀내고, 소나무 껍질에서 얻은 코니페린(coniferin)으로부터 바닐린을 합성하는 데 성공했다. 이들은 특허 등록을 하고, 이를 기반으로 독일 니더작센주의 홀츠민덴에 '하르만 & 라이머(Haarmann & Reimer)' 공장을 설립해 최초로 산업적 규모의 바닐린 생산을 시작했다. 이 공장은 현재 심라이즈(Symrise)의 일부로 운영되고 있다. 초기에는 소나무에서 코니페린을 추출하여 바닐린을 합성했지만, 1876년 라이머가 유제놀을 이용한 새로운 합성법을 개발함으로써 더 이상 소나무에서 코니페린을 채취할 필요가 없어졌다. 유제놀은 정향 정유의 주요 성분이며, 시나몬이나 계수나무 잎의 정유에도 포함되어 있다. 현재는 주로 제지 공업에서 발생하는 부산물인 리그닌으로부터 바닐린을 대량으로 합성하고 있다.

바닐린은 달콤하고 포근한 향으로 향수 조향에서 중요한 역할을 하며, 쿠키를 굽는 듯한 기분 좋은 느낌을 준다. 에메 겔랑은 이 특성을 활용해 1889년에 《지키(Jicky)》를 창조했는데, 이는 이미지를 디자인한 혁신적 향수로, 여성용으로 만들었지만 라벤더향 덕분에 남성들에게도 인기를 끌었다. 또한, 1925년 출시된 《샬리마(Shalimar)》는 바닐라, 베르가모트, 자작나무 타르의 조화로 향수계의 명작으로 평가받고 있다.

바닐린의 에틸 동족체인 에틸바닐린(그림 1-1), 또는 부르보날(Bourbonal)이라고도 하는 성분이 있다. 에틸바닐린은 바닐린의 메톡시($-OCH_3$) 그룹 대신 에톡시($-OCH_2CH_3$) 그룹으로 치환되어 있다. 이로 인해 에틸바닐린은 바닐린보다 향이 약 3배 더 강하며, 더욱 따뜻하고 섬세한 꽃향기를 지닌다.

한편, 바닐린은 유색 반응 생성물을 형성하는 경향이 있어 이를 해결하기 위해 프로필렌글리콜(propyleneglycol)이 포함된 사이클릭 아세탈(cyclic acetal)을 사용할 수 있다. 이 사이클릭 아세탈은 바닐라의 전형적인 단맛을 유지하지만 냄새는 다소 약해진다.

바닐린 계열에서 주목할 만한 혁신적인 제품으로는 이소부타반(Isobutavan®, 그림 4-66)이 있다. 이소부타반은 화이트초콜릿과 크림소다를 연상시키는 달콤하고 크리미한 바닐라 특성에 부드러운 살구 느낌이 나는 독특한 향을 제공한다. 특히, 이소부타반은 오리엔탈-앰버리-구르몽 계열 향수인 뮈글러(Mugler)의 《에이 맨(A*Men, 1996)》에 파촐리와 함께 약 2% 비율로 사용되어 향수의 베이스 노트에 중요한 역할을 했다.

클라리 세이지(clary Sage)의 꽃 꼭대기 부분을 수증기 증류하여 얻은 담황색 정유는 허브 같은 달콤한 라벤더 오일을 연상시키며, 부드러운 플로럴 노트에 용연향과 담배 향이 난다. 클라리 세이지(Salvia sclarea)는 남부 유럽과 지중해 지역에 자생하는 2년생 식물이다.

용매 추출로 0.09~0.12%의 콘크리트를 얻고, 이로부터 알코올 추출로 80%의 신선한 앱솔루트를 얻는다. 클라리 세이지는 오 드 콜로뉴, 시프레, 후제아 향조 조합에 이용되며, 특히 남성용 향수에 자주 사용된다. 지금까지 클라리 세이지 오일에서 발견된 성분은 250여 종이 넘으며, 주요 성분은 (R)-(-)-아세트산 리날릴과 (R)-(-)-리날로올이다. 그 뒤를 게르마크렌 D(germacrene D)와 카리오필렌(caryophyllene)이 잇는다. 흥미로운 점은 이러한 성분들을 모두 합쳐도 클라리 세이지 특유의 향이 나지 않는다는 것이다. 실제 클라리 세이지의 특성 향을 내는 성분은 미량의 디하이드로피란(dihydropyran), 리날로올 옥사이드(linalool oxide) 등이다. 용연향과 같은 뉘앙스는 (−)−스클라레올(sclareol)의 산화 분해 산물로, 이는 주로 (−)−암브록스와 γ−바이사이클로호모파르네살(bicyclohomofarnesal) 때문이다. 정유나 콘크리트의 주성분인 (−)−스클라레올은 분리되어 (−)−암브록스 합성을 위한 출발 물질로 사용된다.

10) 플로럴(Floral)

플로럴 노트는 향수에서 가장 대표적이고 사랑받는 향조 중 하나이다. 주로 꽃의 향을 기반으로 하며, 재스민, 장미, 제비꽃, 일랑일랑(ylang−ylang), 튜베로즈(tuberose), 미모사(mimosa), 금목서(osmanthus) 등의 꽃에서 추출된 에센셜 오일이 주재료로 사용된다. 이 향조는 부드럽고 로맨틱하며, 여성스러운 이미지를 강조하는 데 적합하다. 다양한 꽃들이 조화를 이루어 복합적이고 깊이 있는 향을 만들어내며, 다른 향조와 조합에서도 중요한 역할을 한다. 플로럴 노트는 향수의 중심을 잡아주며, 다양한 분위기와 계절에 맞는 다채로운 변주가 가능하다.

꽃의 향기는 다양한 향 성분으로 구성되어 있으며, 이러한 성분들은 꽃의 아름다움을 연상시키는 역할을 한다. 그러나 모든 꽃이 향기를 가진 것은 아니다. 장미와 플루메리아(plumeria) 같은 꽃들은 낮 동안 햇빛을 받아 강한 향기를 내뿜는다. 자정 시간대에 가장 강렬한 향을 발하는 선인장꽃과 같이, 일부 꽃들은 특정 시간에만 향기를 내뿜는다. 스페인 재스민처럼 낮과 밤에 따라 다른 향기를 풍기는 꽃들도 있다. 이 꽃은 새벽 시간대에 더욱 좋은 향기를 내기 때문에, 주로 이른 아침에 스페인 재스민을 수확한다. 이처럼 천연 꽃들의 독특한 특성을 이해하고 향료를 추출하는 것도 중요하다.

천상의 꽃이나 사랑의 상징으로 여겨지는 **재스민**꽃 향은 달콤하고 섬세하면서도 따스한 여성스러움을 풍기는 향이다. 은은하지만 가볍지 않고, 시간이 지날수록 선명해지고 다채롭다. 페르시아어로 '신의 선물'이라는 뜻의 재스민은 올리브과에 속하는 상록 관목으로 약 200종이 있다. 향수에 가장 많이 사용되는 재스민 종은 화이트 재스민 또는 일반 재스민(Jasminum officinale)이다. 인도 히말라야가 원산지인 스페인 재스민(Jasminum grandiflorum)은 무어인들에 의해 스페인으로 옮겨졌다. 보통 일반 재스민에 접목하여 재배하는데, 재배가 쉬워 17세기에 지중해 지역으로 확산되었다. 카탈루냐 재스민, 로열 재스민(Lat. Jasminum officinale L. var. grandiflorum)이라고도 불리는 스페인 재스민은 향수 제조나 장갑 제작 등 다양한 목적으로 사용되고, 현재 재스민의 최대 생산지는 인도이다.

재스민 정유를 얻기 위해서는 햇빛에 의해 향이 증발되지 않도록 동트기 전에 꽃을 조심스럽게 따야 한다. 예전에는 냉침법(enfleurage)으로 추출했지만, 현재는 용매(주로 hexane) 추출법으로 정유를 얻는다. 약 800만 송이 또는 1,000 kg에 해당하는 재스민꽃으로부터 2.3 kg의 콘크리트를 얻을 수 있으며, 이를 에탄올로 추출하여 약 1 kg의 따뜻하면서도 화려하며, 풍부하면서도 강렬한 꽃향기를 지닌 갈색 페이스트상의 앱솔루트를 얻는다. 재스민은 관능적이고 과일 향이 섞인 이국적인 플로럴 향으로, 다양한 향료와 잘 어우러져 향수에 널리 사용된다. 특히 프랑스산 재스민 앱솔루트는 고가로 평가된다.

재스민 원료의 높은 가격과 재스민 향에 대한 높은 수요 때문에, 화학자들은 일찍부터 재스민 향 성분에 대한 연구를 시작했다. 이미 100여 년 전, 독일의 알버트 헤세(Albert Hesse)와 프리드리히 뮐러(Friedrich Muller)는 재스민 앱솔루트에서 벤질 알코올(5%), 아세트산 벤질(34%), 벤조산 벤질(24%), 리날로올(8%), (*Z*)-재스몬(3%), 인돌(2.5%)을 추출했다. 이러한 성분은 전체 재스민 앱솔루트의 약 4분의 3을 차지한다. 함질소 화합물인 인돌은 희석하면 재스민 같은 향이 나는 물질이다. 식물에서 얻는 향 분자 중 동물적인 향을 갖는 것은 많지 않은데, 인돌은 젖은 털 냄새가 나서 재스민의 신비롭고 관능적인 이미지를 강조한다. 이 외에도 20세기 전반기에 연구자들은 *p*-크레졸, 제라니올, 파르네솔(farnesol), 네롤리돌, α-테르피네올을 발견했다. 그러나 당시 알려진 성분들만으로는 재스민 향을 완전히 재구성할 수 없었다. 재스민 향의 가장 중요한 특징인 '광채'와 깊고 다소 달콤한 꽃향기를 담당하는 성분은 이때까지도 여전히 알려지지 않았다.

1950년대 후반, 에두아르 드몰(Edouard Demole)이 이끄는 연구팀은 이집트산 재스민 콘크리트 5 kg을 받아 미량 성분을 연구하기 시작했다. 1957년 10월, 이들은 재스몬산 메틸(methyl jasmonate)(그림 2-16)이라는 물질을 추출했는데, 이는 일반적으로 재스민 앱솔루트에 약 0.8%를 차지하는 성분이다. 연구팀은 이 물질의 정확한 구조를 파악하기 위한 시간이 필요했고, 그동안 과학자들은 헤디온(hedione)이라 불리는 재스몬산 메틸 유도체를 합성했다. 재스몬산 메틸 외에 (*Z*)-재스몬도 재스민 향을 형성하는 중요한 향 성분으로, 재스민 앱솔루트의 전반적인 특성에 기여한다. (*Z*)-재스몬은 2-펜텐일 곁가지 구조를 가지며, 천연 재스민에서는 오직 *시*스형, 즉, (*Z*)-체만 존재한다. 또한 (-)-δ-재스모락톤(jasmolactone)도 기분 좋은 과일 향과 달콤한 꽃 향과 함께 재스민 앱솔루트의 특성에 기여한다. 이러한 천연 재스민 향을 내는 물질들을 재스모노이드(jasmonoid) 화합물이라고 한다.

헤디온은 현대 향수 산업에 혁명적인 변화를 가져온 합성 향료이다. 레몬의 상큼하고 부드러운 특징을 가진 헤디온에 의해 투명한 꽃향기가 특징인 플로럴-재스민 노트의 향수를 만들 수 있었다. 헤디온은 천연 재스몬산 메틸에 있는 펜텐일 치환기의 이중결합이 수소화된 구조이다. 그러나 이 과정에서 합성된 헤디온은 단일 물질이 아니라 재스몬산메틸의 곁가지 두 개의 공간적 배치에 따라 네 가지 입체 이성질체의 혼합물이다. 헤디온은 1962년에 처음 공개되었으며, 1966년 디올의《오 소바쥬》향수에 처음 사용되었다. 헤디온은 처음에는 조향사들이 재스민 어코드를 만들 때 극소량만 사용했지만, 현재는 향료에서 매우 중요한 성분으로 사용 비율이 두 자릿수에 이를 정도이다. 1993년 이후에는 헤디온의 각 이성질체를 선택적으로 합성할 수 있게 되었고, (*Z*)-이성질체의 향이 (*E*)-이성질체의 향보다 약 70배 강하다는 사실이 밝혀졌다. (*Z*)-이성질체 중에서도 플로럴 향을 가장 강하게 나타내는 것은 *시스*-(1S, 2R) 이성질체로 파라디손(paradisone)이라고 불린다. 반면, *시스*-(1R, 2S) 이성질체는 약하고 플로럴 향보다는 흙냄새, 허브, 차나무 향에 가까운 특징을 가지고 있다. 따라서 헤디온에서 *시스* 이성질체의 비율을 높이면 목련 향을 연상시키는 플로럴 계열의 향이 더욱 강조된다.

최근에는 **재스민 삼박**(jasmine sambac, Lat. Jasminum sambac)이나 아라비아 재스민(Arabian jasmine)이라는 다른 종의 재스민 향이 관심을 받고 있다. 재스민 삼박에서 추출한 앱솔루트에는 인돌 함량이 훨씬 낮고, 파르네센(farnesene) 함량이 높다. 또한, 그린 노트를 부여하는 시스-3-헥세닐 아세테이트(cis-3-hexenyl acetate), 잎 알코올, 그리고 부분적으로 오렌지꽃과 튜베로즈와 관련 있는 안트라닐산 메틸이 존재하는 차이가 있다. 수확 시기에 따라 파르네센이나 인돌의 함량이 달라지기도 한다. 현재 피르메니히, 마네, 바이올란드스(Biolandes), 그리고 로베르테(Robertet)와 같은 회사들이 이 재스민을 다루고 있다.

튜베로즈는 원래 중앙아메리카와 멕시코 남부에서 자생하며, 필리핀을 거쳐 인도로 전파된 후 유럽에까지 도달한 식물(Polianthes tuberosa)이다. 여름에 긴 꽃차례에 20~30개의 흰 꽃이 피는데 밤에는 꽃에서 특유의 달콤하고 이국적인 향을 발산한다. 튜베로즈에서 향을 추출하는 과정은 다른 꽃들과 달리 수증기 증류 방식을 사용할 수 없다. 과거에는 냉침법을 통해 향을 추출했으나, 현재는 신선한 꽃에서 헥세인을 이용해 콘크리트를 추출하고, 이후 에탄올이나 초임계 이산화탄소를 사용해 앱솔루트를 얻는다. 냉침법으로 추출한 정유는 약간의 동물성 지방 냄새가 있으며, 용매 추출법으로 얻은 앱솔루트는 그린 향조를 갖는다.

튜베로즈향은 처음에는 그린 뉘앙스가 더해진 강렬한 화이트 꽃 향이 나다가 이후에 코코넛을 연상시키는 향으로 변한다. 앱솔루트는 짙은 주황색에서 갈색의 점성 액체로, 달콤하고 중독성 있는 꽃 향과 스파이시한 향기가 특징이며, 인동덩굴이나 페루발삼, 네롤리 등을 연상시킨다. 관능적이고 달콤한 인돌 계열의 향으로, 재스민보다 진하고 달콤하며 매혹적인 꽃 향으로, 재스민과 잘 어우러지는 조화제로 조향사들에게 인기가 높다.

튜베로즈 앱솔루트에는 냄새가 나지 않는 지방산(팔미트산, 리놀레산, 리놀렌산 등)이 약 20% 정도 포함되어 있다. 그 외에도 벤질 알코올, 아세트산 벤질, 벤조산 메틸 및 벤조산 벤질, 살리실산 메틸, 안트라닐산 메틸, 유제놀, 제라니올, 네롤, 파네솔 등이 함유되어 있다. 튜베로즈의 특정 향은 6(*Z*), 9(*Z*)-도데카디엔-4-올라이드(6(*Z*),9(*Z*)-dodecadiene-4-olide), 튜베로라이드(tuberolide)와 튜베로락톤(tuberolactone) 같은 락톤에 기인하는 것으로 보인다.

1948년, 조향사 저메인 첼리에(Germaine Cellier)가 만든 로베르트 피게(Robert Piguet) 브랜드의 향수 《프라카(Fracas, 굉음)》는 튜베로즈 노트를 사용한 선구적인 작품으로 평가받는다. 이 향수는 세계 대전 후 풍요로운 시대에 걸맞은 향기로 사랑받았다. 1980년대 유럽에서 튜베로즈 향이 들어간 향수는 '향수계의 왕'으로 칭송받았다. 디올의 향수 《쁘와종》은 1985년에 출시된 이후 10년간 최고의 인기를 누렸다. 세르주 루텐(Serge Lutens)의 《튜베로즈 크리미넬(Tubereuse Criminelle, 1999)》, 장 폴 고티에의 《프레질(Fragile, 1999)》, 프레데릭 말(Frederic Malle)의 《카날 플라워(Carnal Flower, 2005)》 등이 대표적이다.

일랑일랑은 인도네시아와 필리핀을 원산지로 하는 특유의 향기를 가진 꽃이 피는 나무(Cananga odorata)이다. 이 나무의 학명 Cananga는 말레이시아어 '케논가(Kenonga)'와 '카난가(Kananga)'에서 유래되었으며, 열대 지방에서 널리 재배된다. 특징은 팔 모양의 가지에 손가락 모양의 작은 가지가 뻗어 나와 연노란색의 별 모양 꽃을 피운다. 꽃은 처음에는 녹색이지만, 시간이 지나면서 노랗게 변하며 강렬한 향기를 발산한다. 1880년, 프랑스인들은 필리핀에서 1860년대부터 일랑일랑 에센스가 약용으로 사용되고 있음을 발견했다. 이후 1889년 파리 만국박람회에서 일랑일랑 에센셜 오일이 처음으로 소개되면서 그 향기가 전 세계적으로 알려지게 되었다.

일랑일랑 오일은 주로 마다가스카르 인근 코모로 제도와 노시 섬에서 생산된다. 이 오일은 수증기 증류 방식으로 꽃에서 추출되며, 재스민과 네롤리의 향기가 혼합된 독특하고 강한 꽃향기가 난다. 일랑일랑 오일의 향은 크레졸이나 벤조산 유도체와 같은 독특한 탑노트를 지니고 있으며, 이어서 쾌적하고 부드러우면서도 달콤한 향이 나타난다. 여기에 약간의 스파이시함과 발사믹한 느낌이 더해져 풍부하고 감미로운 플로럴 향으로 마무리된다. 일랑일랑꽃은 소량으로도 많은 양의 에센셜 오일을 생산할 수 있어 효율이 매우 높다. 예를 들어, 일랑일랑꽃 50 kg에서 1 kg의 추출물을 얻을 수 있다. 꽃이 향기를 쉽게 잃고 손상되기 쉬운 특성 때문에, 해가 뜨기 전에 수확하여 당일에 에센셜 오일을 추출하는 것이 일반적이다. 수증기 증류를 통해 얻은 일랑일랑 에센셜 오일은 분별증류를 통해 extra, first, second, third의 네 등급으로 나뉜다. 가장 높은 등급인 '일랑일랑 엑스트라'는 증류 초기에 많이 나오는 에스터 성분이 풍부하여 주로 향수 제조에 사용된다. 증류 마지막에는 분자량이 큰 탄화수소가 다량 포함된다. 엑스트라 외의 나머지 등급은 비누 재료 등으로 활용된다. '일랑일랑 컴플리트(complete)'는 모든 등급의 정유를 혼합한 것으로, 분별증류 없이 수증기 증류만으로 얻는다.

일랑일랑 앱솔루트는 강렬하고 달콤한 꽃 냄새와 함께 전형적인 발사믹-플로럴 향을 발산하고, 고급스러운 은방울꽃 향수에 사용되는 최상급 꽃 재료 중 하나이다. 일랑일랑 오일은 《샤넬 No. 5》처럼 꽃을 주제로 한 향수에 널리 적용된다.

일랑일랑 오일의 주요 방향족 성분은 달콤한 느낌의 재스민과 같은 향이 나는 아세트산 벤질(약 25%), *p*-크레실 메틸 에테르(*p*-cresyl methyl ether, 약 20%), 벤조산 메틸(약 5%), 살리실산 메틸 및 아세트산 신나밀과 같이 잘 알려진 향 성분이다. 순수한 *p*-크레실 메틸 에테르는 대부분 사람들에게 불쾌감을 주는 강한 냄새가 나지만, 농도가 낮으면 일랑일랑의 이국적인 향 특성에 기여한다. 또한 미량이지만, 살리실산 벤질(약 3%)뿐만 아니라 *p*-크레졸, 유제놀, 이소유제놀도 냄새를 결정짓는 성분이다. 또한 오일에는 약 15%의 (-)-리날로올, 약 10%의 아세트산 제라닐, 그리고 약 3%의 아세트산 파네실(farnesyl acetate) 등이 함유되어 있다.

제비꽃, 특히 향기 제비꽃(Sweet violet, Viola odorata L.)은 소아시아 및 지중

해 지역을 원산으로 하며, 고대 그리스 시대부터 약용식물로 사용되었다. 19세기에는 이 꽃과 파르마 제비꽃에서 추출한 오일이 중요한 향수 원료로 사용되기 시작했다. 제비꽃 향은 그린, 파우더리, 우디, 플로럴, 알데하이드 향조와 조합해 파우더리한 향조를 더욱 강조할 수 있는 독특한 향이다. 제비꽃 향의 주성분인 이오논은 그리스어로 '보랏빛'을 의미하는 '이온'에서 유래되었다. 처음에 아이리스 뿌리(orris)에서 추출된 이오논은 후에 시트로넬라 정유에서 분리된 시트랄로부터 합성되어 향수 제조에 사용된다. 이오논의 유도체들, 예를 들어 메틸이오논 및 디하이드로이오논 역시 바이올렛 향 합성에 중요한 역할을 한다. 20세기 초에 이루어진 β-이오논 합성과 상업화는 천연 추출물에 의존하던 제비꽃 향 시장에서 천연 향료의 가격 경쟁력을 잃게 했다. 현재는 주로 이오논과 그 유도체들을 합성하여 제비꽃의 섬세한 향을 재현하고 있다. 이 합성 원료는 향수와 화장품뿐만 아니라 샴푸, 헤어크림, 파우더, 립스틱 등 다양한 고급 향 제품까지 폭넓게 활용되고 있다.

프랑스 향수 회사 로제 & 갈레(Roget et Gallet)는 이오논의 매력적인 향기에 주목하여 이오논 합성 특허를 보유한 독일 화학 회사 하르만 & 라이머와 협력 관계에 있던 드 레르(De Laire)와 협상을 진행했다. 이 협력을 통해 로제 & 갈레는 이오논의 독점적 사용권을 확보하였고, 이를 기반으로 1894년경 제비꽃 향이 나는《베라 비올레타(Vera Violetta)》향수를 출시하여 큰 인기를 얻었다.

한편, **제비꽃잎**은 그 독특한 향으로 인해 '그린' 향조로 표현된다. 초록색 채소, 오이, 완두콩을 연상시키는 싱그러움에 흙과 가죽 냄새가 더해진 매우 특별한 향이 난다. 프랑스 남부의 하이에르 지방에서 재배되는 제비꽃잎에서 이러한 독특한 향을 지닌 제비꽃잎 오일 또는 앱솔루트를 추출한다. 약 1톤의 제비꽃잎에서는 용매 추출 과정을 통해 약 1 kg의 짙은 녹색 왁스 형태의 콘크리트를 얻을 수 있으며, 이를 다시 에탄올로 처리하여 앱솔루트를 얻는다.

제비꽃잎 오일에 들어있는 약 220가지 이상의 성분이 확인되었으며, 대부분은 큰 분자량을 가진 전구체의 이차 대사산물이다. 그중에서도 잎은 제비꽃 앱솔루트의 강렬한 잎 향을 결정짓는 주요 성분으로 알려져 있다. 제비꽃에서 주로 발견되는 카로티노이드 대사산물인 β-이오논은 제비꽃잎 오일에는 극소량만 존재한다. 제비꽃잎의 대표적 향기 성분은 '제비꽃잎 알코올(violet leaf alcohol)', 즉 (2*E*, 6*Z*)-nona-2,6-dien-1-ol이다. 이 성분은 신선한 제비꽃잎이나 오이 향이 난다. 제비꽃잎 앱솔루트의 휘발성 성분 중 하나인 (2*E*, 6*Z*)-nona-2,6-dienal은 '제비꽃 잎 알데하이드(violet leaf aldehyde)'로 알려져 있다. 이 성분은 제비꽃 잎이나 오이를 연상시키는 강하고 기름같은 그린 향을 지니고 있다. 이 성분은 1934년 피르메니히사에서 상품명 Parmantheme®라는 이름으로 상업화했다.

1960년대 향수 화학자 폴 베두키안(Paul Bedoukian)은 2-노니날 디메틸 아세탈(2-nonynal dimethyl acetal)이 제비꽃잎 오일과 유사한 강력한 냄새를 낸다는 사실을 발견했다. 이 화합물은 베두키안 리서치(Bedoukian Research Inc.)사에서 Parmavert®라는 이름으로 판매하고 있다.

프랑스 남부와 이탈리아 북부에서 2월~3월에 피는 작은 공 모양의 노란색 꽃을 **미모사**라고 부르지만, 실제는 콩과 식물인 아카시아(Acacia)이다. 아카시아꽃은 매우 향기로운데, 그중 아카시아 딜바타(Acacia dealbata)와 아카시아 파르네시아나(Acacia farnesiana) 종이 향수에 활용된다. 수증기 증류 방법으로 향을 추출할 수 없었으나, 20세기에 들어 휘발성 용매를 사용한 용매 추출법으로 미모사 앱솔루트를 얻을 수 있게 되었다.

아카시아 딜바타 종의 꽃으로부터 약간의 그린 노트와 밀랍 같은 향이 나는 담황색 왁스상 콘크리트를 얻는다. 이를 알코올로 왁스류를 제거하여 얻은 앱솔루트는 실제 꽃에 훨씬 더 가까운 향이 난다. 콘크리트의 주요 성분으로는 살리실산 메틸, 리놀레인산 에틸(ethyl linoleate), 벤질 알코올, 아세트산 페닐, *p*-아니스알데하이드 차비콜(chavicol), β-이오논, 노나디엔알데하이드(nonadienal), 벤즈알데하이드 등이 있다.

또 다른 종인 달콤한 아카시아로 알려진 아카시아 파르네시아나(Acacia farnesiana) 꽃으로부터는 매우 따뜻하고 파우더리-스파이시함과 동시에, 깊고 강한 발사믹 언더 톤과 함께 풀과 꽃향기를 가진 앱솔루트를 얻는다. 꽃에서는 종종 바이올렛이나 라즈베리 냄새가 난다. 프랑스어로 이 물질은 '압솔뤼 드 카시(absolue de cassie)'라고 한다. 주성분은 살리실산 메틸(18.5%), 제라니올(11.8%), 파르네솔(13.5%), 벤질 알코올(20.5%), 아니스알데하이드, 벤즈알데하이드, α- 및 β-이오논, 쿠마린, 네롤리돌 등이다. 압솔뤼 드 카시에서 나는 특정 향 물질은 11개의 탄소를 가진 (*Z*)-3-메틸-3-데켄-1-올(cis-3-methyl-3-decen-1-ol), (*Z*)-3-메틸-3-데케노산(cis-3-methyl-3-decenoic acid)과 (*Z*)-3-메틸-4-데케노산(cis-3-methyl-4-decenoic acid) 등이다.

미모사 향이 나는 향료 중에는 4-메틸-α-아밀신나몬알데하이드(4-methyl-α

−amylcinnamon aldehyde) 또는 미모사 헵타날(mimosa heptanal)이 있다. 이는 IFF에서 Acalea®라는 상품명으로 판매한다. 이 화합물에서는 베리류나 열대 과일 액센트가 있는 헬리오트로프와 그린한 미모사 꽃 향과 파우더리한 향이 난다. 또한 2008년에 피르메니히의 화학자 로버트 모레티(Robert Moretti)가 합성한 Mimosal®도 빼놓을 수 없다. 이 화합물은 고전적인 은방울꽃 알데하이드와 비슷한 구조를 하고 있다. Mimosal®은 그린과 파우더리한 느낌의 밝은 은방울꽃 향이 나서, 미모사−은방울꽃 향수의 출발점으로 사용되기도 한다.

지방시의 《아마리지(Amarige, 1991)》, 라티장 파흐퓌뫼르(L'Artisan Parfumeur)의 《미모사 푸르 무아(Mimosa Pour, 1992)》, 로샤스(Rochas)의 《비잔틴(Byzantine, 1995)》과 《알키미(Alchimie, 1998)》, 시슬리(Sisley)의 《스와르 드 륀(Soir de Lune, 2006)》 등에서 미모사 향을 느낄 수 있다. 지방시는 《아마리지》의 성공에 이어, 프랑스 남부 그라스에서 2005년에 수확한 미모사 향을 강조하는 향수 《지방시 하베스트 2007 아마리지 미모사(Givenchy Harvest 2007 Amarige Mimosa, 2007)》를 출시하기도 했다.

'달콤한 올리브'라 불리는 **금목서**는 물푸레나무과에 속하는 작은 상록수(Osmanthus fragrans)이다. 이 식물은 중국과 일본이 원산지로, 작지만 풍성하게 피는 꽃들이 잘 익은 살구를 연상시키는 달콤한 향을 내뿜는 것으로 유명하다.

금목서 앱솔루트는 꽃에서 얻는다. 꽃을 수확하여 식염수에 담가두었다가 맑은 물로 헹궈 소금기를 제거한 뒤, 헥세인과 같은 용매를 사용해 향기를 추출한다. 식염수에 담기 전의 꽃에서는 차와 살구 향이 나지만, 식염수에 담긴 후에는 가죽 냄새가 강해진다고 한다. 이 앱솔루트 1 kg을 얻기 위해서는 약 3톤의 꽃이 필요하다.

주요 성분은 α−이오논, β−이오논, β−다마세논, 데아스피론(theaspiron) A와 B 등이 있으며, 금목서의 특징적인 향 성분인 (+)−γ−데카락톤(decalactone)이 약 4% 함유되어 있다. 금목서 향의 특징은 이오논 유도체들이 과량 존재하는 데 있다고 한다.

11) 수지(Resin)

수지(레진)는 소나무에서 분비되는 송진처럼 침엽수 줄기와 같은 표피층에서 자연적으로 분비되거나 상처를 입었을 때 박테리아와 곰팡이로부터 식물을 보호하기 위해 분비되는 점성이 큰 방향성 수액이다. 수지 향조는 이러한 자연적인 수지에서 유래된 향을 말한다. 수지 노트는 따뜻하고 풍부하며, 종종 달콤하거나 발사믹 같은 특징이 있고, 향수에 깊이와 풍성함을 더해준다. 수지 향조는 주로 오리엔탈, 우디, 스파이시 계열 향수에서 사용되며, 향수의 베이스 노트로 그 지속성과 풍미를 강화하는 데 중요한 역할을 한다.

수지는 고대부터 향료와 약재로 사용되었다. 대표적으로 유향과 몰약이 있다. 유향과 몰약은 인류가 최초로 사용한 방향 물질 중 하나로, 종교의식, 의약품, 향신료, 미용 제품에 사용된 기록이 있다. 유향은 수천 년 동안 종교의식에 사용되었으며, 몰약은 항균 특성으로 인해 시체 방부 처리와 같은 방부제로도 사용되었다.

수지를 에탄올에 담가서 에탄올에 용해된 향 성분을 팅크제(tincture)라고 한다. 메탄올, 톨루엔, 아세톤 등의 유기용매를 사용해 얻은 고체상태 또는 반유동 상태의 것을 레지노이드(resinoid)라고 한다. 레지노이드를 알코올에 담가 왁스 성분을 제거하여 앱솔루트로 만들고, 향수의 고정제로 사용한다.

유향은 영어로 '올리바넘(Olibanum)' 또는 고대 프랑스어로 '순수한 향기'라는 뜻의 '프랭킨센스(Frankincense)'라고 한다. 유향은 고대부터 좋은 향기뿐 아니라, 수지를 태워 연기를 피우면 마치 기도가 하늘로 올라가는 것처럼 보여 종교의식에서 많이 사용되었다. 또한 고대 사람들은 유향 연기에 통증 완화와 치유 효과가 있음을 알고 있었다. 유향은 그 중요성과 희귀성 때문에 기원전 1000년에서 기원후 500년 사이에 아라비아 남부에서 시작되어 팔레스타인을 거쳐 지중해 지역의 주요 무역지까지 이어진 3,000 km가 넘는 '유향의 길'이라는 무역로를 통해 운반되었다.

유향은 감람나무과 유향나무 속에 속하는 다양한 유향나무(Boswellia carterii 또는 Boswellia frereana)에서 얻는다. 유향을 얻기 위해서 나무 둥치와 가지에 상처를 낸다. 그러면 상처에서 끈적거리는 백색 액체가 흘러내리는데, 이를 라텍스 에멀전이라 한다. 이 액체는 젖과 같은 모양을 띠기 때문에 유향(乳香)이라 부른다. 이 액체가 공기와 닿으면 굳어져서 광택이 나는 백색, 황색, 혹은 황갈색 수지 형태로 변한다. 이것이 바로 유향 수지이다. 유향의 수확 시기는 3월 말에서 4월 초로, 한 그루의 나무에서 여러 번 수확이 가능하며, 수확이 반복될수록 수지의 질이 점차 좋아진다. 수지는 산지에 따라 색상과 향기가 다르다. 투명하고 경도가 높은 수지가 양질의 제품으로 평가받는다. 이 수지를 분말로 만든 후, 수증기 증류를 통해 황색의 에센셜 오일인 올리바넘 오일을 얻는다. 이 오일에서 시트러스 계열의 경쾌함과 청량감을 지닌 지속성이 강한 향이 난다. 올리바넘 오일은 오리엔탈 향조에 꼭 필요한 향이다.

모든 유향 중에서 가장 희귀하고 순수한 것은 보스웰리아 사크라(Boswellia sacra)로, 이는 오만과 도파르 지역에서 자라는 나무에서 얻는데, 다른 지역에서 얻는 것보다 α-피넨 함량이 높다.

유향 오일이나 유향 수지를 태울 때 나는 향 성분은 250여 종이 확인되었으며, 향의 질이나 수지 종류에 따라 주성분은 52% 정도의 α-피넨 또는 아세트산 옥틸(octyl acetate)과 8% 정도의 옥탄-1-올(octan-1-ol) 등이지만, 이들 성분에서는 유향의 특징적인 향이 나지 않는다. 오히려 미량 성분인 일련의 모노테르펜산이 유향 수지 냄새 특성에 기여한다.

몰약(myrrh)은 인류가 오래전부터 사용해 온 달콤한 우디 향의 방향 물질로, 아랍어로 '쓰다'라는 의미의 'murr'에서 유래되었다. 이는 감람나무과 콤미포라속(Commiphora) 여러 종의 나무껍질을 절개하여 나오는 수액이 굳은 수지이다. 이 수지는 옅은 황색을 띠며, 유향보다 색이 짙다. 몰약의 향은 따뜻하고 발사믹하며, 달콤한 아로마틱 스파이시 노트가 특징이다. 남성적이고 성스러운 향을 가진 유향과는 달리, 몰약은 전원적이고 목가적인 여성스러운 향을 가지고 있다.

몰약 수지를 추출하기 위해서는 나무줄기를 절개해야 한다. 그러면 그 부위에서 눈물 같은 옅은 노란색 액체가 천천히 흘러나온다. 이 액체는 다양한 크기의 적갈색 덩어리로 굳는다. 이를 수증기 증류하여 에센셜 오일을 만들거나, 알코올로 추출하여 앱솔루트를 얻는다.

유향과 달리 몰약의 냄새 특성을 담당하는 주요 성분은 잘 알려져 있다. 몰약의 정유는 주로 세스퀴테르펜으로 구성되어 있으며, 그중에서도 가장 특징적인 화합물은 달콤하고 따뜻하며 가죽 같은 발사믹 향이나는 후라노에우데스마-1,3-디엔(furanoeudesma-1,3-diene)이다. 이 화합물은 린데스트렌(lindestrene) 및 디하이드로피로쿠르제레논(dihydropyrocurzerenone)과 함께 오일의 19%를 차지한다.

벤조인은 때죽나무속(Styrax) 식물로부터 추출되는 수지로, 안식향(安息香)이라 불린다. 산지에 따라 벤조인 성분이 달라질 수 있으므로, 산지를 명시하여 구별한다. 현재 상업적으로 거래되는 벤조인 종류는 두 가지이다. 하나는 라오스, 캄보디아 등에서 자생하는 식물인 S. 톤키넨시스(Styrax tonkinensis)에서 추출되는 '시암 벤조인(Benzoin Siam)'이며, 또 다른 하나는 수마트라 때죽나무(benzoin gum Sumatra)에서 얻는 '수마트라 벤조인(Benzoin Sumatra)'이다.

7월부터 10월까지 칼로 벤조인 나무에 상처를 내면 겨울에 수액을 얻을 수 있다. 이렇게 추출된 수액은 크기와 색상에 따라 A, B, C, 그리고 일반 등급으로 구분하며, 등급에 따라 향의 품질이 달라진다.

시암 벤조인은 바닐라 향이 뚜렷하며 쾌적하고 달콤한 발사믹 향이 나는 반면, 수마트라 벤조인은 벤조산과 스타이렌(styrene) 같은 불순물이 있어 이들의 강한 냄새가 섞여난다. 이 때문에 수마트라 벤조인은 가격이 저렴해도 조향사들이 선호하지 않는다.

시암 벤조인의 주성분은 벤조산 코니페릴(coniferyl benzoate)이며, 그 외에 벤조산 *p*-쿠마릴(p-coumaryl benzoate, 10~15%), 신남산 신나밀(cinnamyl cinnamate= styracine, 0.5~6%), 벤조산(12%), 시아레시놀산(siaresinolic acid, 6%), 바닐린(0.3%) 등이다. 신남산 신나밀은 부드럽고 지속성이 긴 발사믹 꽃 향이 난다. 그러나 발삼 냄새는 벤즈알데히드 및 벤조산 메틸(methyl benzoate)과 같은 소량의 휘발성 성분의 영향을 받는다. 반면, 수마트라 벤조인에는 벤조산과 그 에스터 화합물, 바닐린과 함께 신남산, 신남산의 에스터 화합물 및 스타이렌 등이 함유되어 있다. 시암 벤조인은 보통 향수 보존제 및 향미료 용도로 사용되며, 신남산 성분이 있는 수마트라 벤조인은 약재로 더 많이 사용된다.

강하고 지속적이며 쌉싸름한 그린 노트를 지닌 **갈바넘**(galbanum) 향은 주로 우디계 남성 향수의 탑 노트로 사용되어 그린 이미지를 떠오르게 한다. 갈바넘 향은 설익고 투박한 느낌을 주며, 토마토 줄기나 푸릇푸릇한 나뭇잎에서 나는 향과 비슷하다. 이러한 향은 신선한 느낌을 주면서 동시에 부드러운 꽃향기를 더해 산뜻한 그린 노트를 표현하는 향수에 중요한 소재로 사용된다.

갈바넘 수지는 산형과(umbelliferae) 아위속(ferula galbaniflua)의 다년생 풀인 갈바넘에서 나온 건조된 라텍스이다. 갈바넘 줄기에 상처를 내면 수액이 나오고, 이 수액은 공기와 만나면 며칠 안에 굳는다. 땅에 떨어진 수액은 흙이나 돌에 달라붙어 굳어진 형태로 쉽게 발견된다. 이 라텍스 수지에는 최대 25%의 에센셜 오일이 포함되어 있으며, 수증기 증류를 통해 얻은 갈바넘 오일은 우디 발사믹 색조의 녹색 잎에서 나는 강렬한 향을 지닌다. 앱솔루트는 왁스 상태의 올레오레진(oleoresin)을 용매 추출하여 얻는다. 수지 향을 추출하기 위해 사용한 휘발성 침지 용매를 증발시키면 반유동성 추출물이 남는데, 이를 올레오레진이라 한다.

갈바넘 오일의 주성분은 특별히 향에 기여하지 않는 약 50%의 (−)-β-피넨과

(+)−α−피넨, 그리고 15% 들어있는 (+)−3−카렌(carene)이다. 1967년에 발견된 독특하고 투명한 바다의 금속성 냄새를 가진 갈바놀렌(galbanolene)이라는 물질이 갈바넘 오일의 향 특성을 결정하는 것으로 밝혀졌다. 피르메니히사는 이를 Galbanolene Super라는 상품으로 판매하고 있다.

갈바넘을 연상시키는 합성 향료 중 가장 대표적인 것은 알릴 아밀 글리콜레이트(allyl amyl glycolate)이다. 이 소재는 1960년대에 합성되었으며, 갈바넘 특유의 향과 함께 그린 노트가 강하다. 또한, 차가운 금속 느낌의 메탈릭 향과 파인애플을 연상시키는 독특한 과일 향이 난다. 그 외에 갈바스콘(galbascone), 시클로 갈바네이트(cyclogalbanate), 파라온(pharaone), 스피로 갈바논(spirogalbanone) 등이 있으며, 특히 파인애플과 히아신스향이 나는 갈바넘 냄새를 연상시키는 매우 강력하고 확산성 있는 냄새로, 피르메니히사에서 제조한 Dynascone®도 있다.

2차 세계대전 이후, 유럽은 전쟁의 충격에서 벗어나 행복의 향기를 찾았다. 이러한 배경 속에서 제르멘 셀리(Germaine Celier)는 피에르 발망(Pierre Balmain)의 의뢰로 《방 베르(Vent Vert, 녹색 바람, 1945)》 향수를 만들 때 혁신적으로 갈바넘 에센스를 10% 사용했다. 1976년에는 장−클로드 엘레나가 시슬리(Sisley)의 《오 드 깡빠뉴(Eau de Campagne)》를 만들 때, 신선한 바람과 숲, 초원의 향기를 전달하기 위해 갈바넘 에센셜 오일을 1.3% 사용했다. 그는 밀감과 갈바넘을 혼합해 토마토 잎의 향을 재현했다. 이후로 샤넬의 《샤넬 No. 19 (1970)》, 조반(Jovan)의 《스포츠 센트(Sport Scent, 1978)》 등, 70년대에 이미 조향사들은 갈바넘향을 향수에 도입했으나 갈바넘 향에 대한 임팩트는 그리 크지 않았다. 그러던 중 갈바넘이 3% 들어있는 다비도프(Davidoff)의 《쿨 워터(Cool Water, 1988)》가 출시되면서 이 향은 본격적으로 대중에게 알려졌다. 이 외에도 기 라로쉬(Guy Laroche)의 《드라카 누아르(Drakkar Noir, 1982)》, 샤넬의 《에고이스트 플래티넘(Egoïste Platinum, 1993)》 등의 향수에도 사용되었다.

12) 민트(Mint)

자소(紫蘇)과 박하(薄荷)속의 다년초를 총칭하여 민트라 한다. 향료로 사용되는 주요 민트는 페퍼민트(peppermint), 스피어민트(spearmint), 박하(mentha arvensis)이다. 페퍼민트는 강하고 날카로운 멘톨향이 특징이며, 스피어민트는 약간 더 달콤하고 부드러운 향을 지닌다.

민트 노트의 주요 구성 성분은 멘톨이다. 멘톨은 민트 잎에서 추출되며, 강력한 냉각 효과와 상쾌한 향기가 특징이다. 민트는 일반적으로 상쾌하고 차가운 느낌을 주며, 종종 청량감과 청결함을 연상시킨다. 이러한 특성 때문에 민트 노트는 여름철 향수나 스포츠 향수에서 많이 사용된다.

페퍼민트는 그 청량감 때문에 추잉껌, 치약, 그리고 다른 구강 위생 제품에 널리 사용되며, 전 세계에서 가장 인기 있는 민트 종류 중 하나이다. 페퍼민트(Mentha piperita)는 워터민트(water mint, M. aquatica)와 스피어민트(M. spicata)의 교잡종이다.

꽃이 피는 시기에 수증기 증류로 얻은 거의 무색에서 열은 녹색을 띠는 노란색 페퍼민트 오일을 얻는다. 이 오일은 페퍼민트 특유의 향을 지니며, 주요 생산국은 미국으로 특히 중서부의 아이다호, 오레곤, 워싱턴 주에서 재배된다. 각 지역의 오일은 냄새 성분비가 다소 다르며, 최근에는 인도의 생산량도 증가하고 있다.

페퍼민트 오일에는 300종 이상의 향 성분이 보고되어 있으며, 그중 특징적인 청량감과 산뜻한 냄새를 주는 주요 성분은 (–)–멘톨이다. 이 성분은 페퍼민트 오일의 약 40% 이상을 차지하며, 그 뒤를 이어 (–)–멘톤(menthone)이 약 20%, (–)–아세트산 멘틸(menthyl acetate)이 약 10%를 차지하여 페퍼민트 오일의 특징적인 향을 형성한다. (–)–멘톤은 (–)–멘톨의 하이드록시기가 카보닐기(–C=O)로 바뀐 분자로, 천연에는 (–)–멘톤만 존재한다. 카보닐기가 포함되면서 멘톨의 강한 향은 중간 정도의 강도로 약해지며, 허브나 장뇌 같은 향이 함께 나타난다. (–)–아세트산 멘틸은 (–)–멘톨과 아세트산이 탈수 축합된 것으로, 에스터기가 도입되어 페퍼민트 향에 과일 향이나 장미 같은 플로럴한 향이 난다. 천연에는 (–)–아세트산 멘틸만 존재한다. 한편, 특정 세스퀴테르펜인 (+)–멘토푸란(menthofurane)과 비리디플로롤(viridiflorol)이 약 3% 이상 들어 있어 페퍼민트 오일의 특징을 더욱 돋보이게 한다.

스피아민트는 원래 유럽과 온대 아시아 남부에 자생하는 다년생 허브이다. 현재 주요 생산지는 미국의 워싱턴 주이다. 19세기 말부터 20세기 중반에 걸쳐 미국에서 개발된 추잉껌, 치약, 샴푸, 비누 등의 제품에 페퍼민트와 함께 사용되면서 민트에 대한 수요가 크게 증가하였다. 이에 따라 야생종인 네이티브종(Mentha spicata)과 교배종인 스코치종(Mentha cardiaca)의 두 가지 품종에서 수집된 민트 오일이 널리 사용되었다. 오일 냄새는 차이가 있지만 주요 성분은 (R)–(–)–카르본(carvone)으로, 이는 오일의 60% 이상을 차지하며 스피아민트 특유의 냄새를 풍긴다. (−)−카르본 냄새는 (+)−카르본의 냄새와는 다르며, (−)−카르본이 더 신선하고 달콤하며 확산력이 뛰어나다. 스피아민트 오일은 또한 리모넨, 디하이드로카르본(dihydrocarvone), 그리고 1,8−시네올(cineol) 등을 상당량 함유하고 있다.

스피어민트의 향은 페퍼민트와는 다르며, 스피어민트 오일에는 페퍼민트 오일과 달리 매우 적은 양의 멘톨과 멘톤이 포함되어 있다. 스코치 스피어민트에는 특이한 피리딘(pyridine) 유도체가 있으며, 그중 2−acetyl−4−isopropenylpyridine이 스피어민트에서 나는 강한 풀냄새와 달콤한 민트 냄새를 제공한다.

민트계 향료로 사용되는 식물 중 하나로, **박하**(薄荷, Mentha arvensis)가 있다. 이 식물은 꿀풀과에 속하는 다년생 풀로, 흔히 민트(mint)라 불린다. 중국이 원산지로 알려졌으나, 오히려 일본에서 더 많이 발견되고 있다.

박하는 페퍼민트(Mentha piperita)와는 다른 종에 속하므로, 그 향도 다르다. 그러나 두 식물 모두 청량감을 주는 멘톨을 갖고 있다. 박하는 9월 중순부터 잎을 수확하고, 이를 말린 후 수증기 증류를 통해 정유를 얻는다. 이렇게 얻어진 정유에는 멘톨이 대량 포함되어 있다. 페퍼민트나 스피어민트와 달리, 수증기 증류로 얻은 정유를 그대로 조향에는 사용하지 않는다. 같은 (−)−멘톨을 주성분으로 하는 페퍼민트 정유와 비교하여 입에 넣었을 때의 향이 좋지 않기 때문이다. 따라서 박하 정유는 (−)−멘톨을 결정화 후 분리하여 (−)−멘톨을 생산하는 데 사용된다.

13) 코니퍼/소나무(Conifer/Pine)

코니퍼 향조는 침엽수 계열의 향을 나타내며, 주로 소나무, 전나무, 향나무, 삼나무 등에서 얻는다. 숲의 맑은 공기와 신선함을 연상시키는 그린 느낌이 강하게 퍼지며, 침엽수 특유의 따뜻하고 안정감 있는 나무 향이 조화를 이룬다. 주로 남성용 향수에 많이 사용되지만, 자연스럽고 신선한 느낌을 더하고자 하는 여성용 향수나 유니섹스 향수에도 활용된다.

사이프러스(cypress)는 측백나무과(cupressaceae) 계통에 속하는 침엽수림 또는 관목을 일컫는 일반적인 이름으로, 주로 북부 온대 지역에서 발견된다. 이 나무는 바늘 모양의 상록수 잎과 도토리 모양의 열매가 특징이다.

사이프러스 오일은 프랑스 남부, 스페인, 알제리에서 지중해 사이프러스

(mediterranean cypress, cupressus sempervirens) 나뭇가지를 증류하는 방식으로 소규모로 생산된다. 이 과정을 통해 얻은 오일은 우디한 소나무향과 용연향의 특징을 지닌다. 오일의 주요 성분은 α-피넨과 3-카렌(carene)이다. 또한, α-아세트산 테르피닐(terpinyl acetate), 세드롤(cedrol) 같은 후각적으로 중요한 화합물도 포함되어 있다. 이 성분들은 각각 향료 제조에서 중요한 역할을 하며, 사이프러스 오일의 독특한 향을 형성하는 데 기여한다.

소나무과의 **소나무**는 상록수이며, 송진이라고도 하는 수지를 생산하는 나무다. 지중해 서부 지역이 원산지인 해양 소나무(maritime pine, pinus pinaster)는 프랑스 남서부 지역인 게랑드에서 대규모로 재배되어 수지를 채취한다. 해양 소나무의 수지 껍질이 햇볕에 의해 따뜻해지면, 사향 같은 달콤한 뉘앙스의 향이 난다. 이 수지를 증류하면 락카나 미술용 페인트 등의 용매로 사용되는 '프랑스산 테레빈유'를 얻을 수 있다. 현재는 가격이 저렴한 '미네랄 테레빈유(mineral turpentine)'로 대체되었다. 미네랄 테레빈유는 프랑스산 테레빈유와 끓는점 범위가 비슷하고 용매 특성이 비슷한 지방족 및 방향족 탄화수소의 혼합물로 구성된 광유 제품이다. 프랑스산 테레빈유는 주로 α-피넨과 β-피넨, 그리고 소량의 다른 테르펜 및 세스퀴테르펜으로 구성되어 있다. 증류 과정에서 남는 잔류물은 주로 아비에트산(abietic acid)으로 구성되며, 이는 바이올린, 비올라, 첼로의 활에 사용된다.

히말라야에 서식하는 긴 잎 소나무(Long-leaved pine, Pinus longifolia)는 가늘고 긴 바늘을 가진 큰 소나무이다. 이 소나무를 증류하면 약 30%의 롱기폴렌(longifolene)이 포함된 '인도 테레빈유'를 얻을 수 있다. 롱기폴렌은 향수 제조에 사용되는 주요 원료 중 하나로, 이로부터 합성된 지보단사의 이소롱기폴라논(isolongifolanone)은 건조한 우디 노트와 풍부한 앰버 향을 제공한다.

14) 오리스(Orris)

오리스 향은 여름날 소나기가 그친 후의 깨끗하고 맑은 공기와 흙 내음을 떠올리게 한다. 이 향은 아이리스(Iris)의 말린 뿌리줄기에서 나오는데, 특히 이탈리아의 아이리스 팔리다(Iris Pallida)나 프랑스와 모로코의 아이리스 게르마니카(Iris Germanica) 등의 아이리스에서 채취한 뿌리를 사용한다. 아이리스는 그리스 신화에서 신들의 전령으로 등장하며, 그 이름은 그리스어로 '무지개'를 뜻한다. 이집트 사람들은 나일강 계곡에서 아이리스를 길러 그 뿌리줄기로부터 에센셜 오일을 만들었으며, 그리스와 로마 사람들은 이를 향수나 약품에 사용했다. 이후 중세 유럽에서는 아이리스 뿌리를 가루로 만들어 파우더 향수, 향낭을 만들거나 머리카락에 뿌리는 데 사용했다.

아이리스 팔리다의 꽃이나 뿌리에서는 냄새가 나지 않는다. 그러나 이 뿌리를 가공하면 그윽한 향이 생겨나는데, 이를 '오리스 루트'라고 한다. 이 뿌리로부터 아이리스 버터라는 뜻의 '뻬르디리스(Beurre d'Iris)' 또는 '오리스 버터(orris butter)'를 만드는데, 차가워지면 오리스 오일이 마치 버터처럼 굳어서 이런 이름이 붙었다. 이렇게 아이리스에서 추출한 고체 물질은 종종 '콘크리트'라고도 한다.

아이리스 뿌리에서 그 특유의 향을 얻기 위해서는 장기간의 가공 과정이 필요하다. 수확 전에는 뿌리줄기가 상하지 않게 잡초를 제거하는 등 관리를 해주고, 채취한 후에는 2주 동안 햇볕에 말린다. 그 이후에 뿌리줄기를 2년에서 3년 동안 자루에 넣고 말리면 그 안에서 화학반응이 일어나 향 성분의 양이 높아진다. 이후 말린 뿌리줄기를 가루로 만들어 찬물에 불리고, 증류한다. 여기서 곱게 빻은 가루를 특별히 '펄버루런스(pulverulence)'라고 한다. 이 과정을 통해 '오리스 버터'가 생성되며, 이를 추가로 정제하여 앱솔루트를 얻는다. 오리스 가루 1,000 kg에서 약 2 kg의 오리스 버터를 얻는다.

아이리스의 주요 성분은 카로티노이드 분해 생성물인 이오논에서 유도된 이론(irone)으로, 제비꽃 향의 주성분이기도 하다. 오리스 버터의 향은 당근이 담긴 바구니 향이나 가을의 밤나무 길에서 나는 마른 흙냄새라고 표현한다. 이는 향수의 베이스 노트로 사용되어 다른 성분의 향을 오래 유지하는 고정제 역할을 한다.

조향사 자크 겔랑의 향수, 《아프레 롱데(Apres l'ondee, 소나기가 내린 후에) 1906》는 오렌지꽃과 제비꽃 향, 그리고 건조한 흙냄새가 나는 오리스를 넣어 만들어졌으며, 향수 이름 그대로 소나기가 내린 후라는 이미지를 향으로 절묘하게 표현해 낸 작품이다. 이후 1960년에 출시된 기 로베르(Guy Robert)가 조향한 로샤스(Rochas)의 《마담 로샤스(Madame Rochas, 1960)》에서 역시 화사한 꽃 향들 사이에서 오리스 향을 맡을 수 있다. 이어 1971년에 앙리 로베르(Henri Robert)가 샤넬을 위해 만든 향수, 《샤넬 No. 19》에 갈바넘과 함께 오리스가 많이 사용되었다.

15) 프루티(Fruity)

프루티 노트는 시트러스 계열의 향을 제외한 다양한 과일에서 느낄 수 있는 상쾌하고 신선하며 달콤한 향기를 지칭한다. 이 향조는 딸기, 사과, 배, 복숭아, 포도, 멜론처럼 과육이 부드럽고 즙이 많은, 일명 soft fruit 과일뿐만 아니라 망고, 파인애플, 파파야 같은 열대 과일의 향을 포함한다. 과일과 채소의 향은 향수에 특유한 질감과 상쾌한 느낌을 부여한다. 플레이버 측면에서 주로 연구가 되어왔던 과일 향에 대해 소개한다. 천연 과일 성분에는 수분 함량이 매우 높아 이를 증류하거나 추출하는 과정으로 향을 얻기 어렵다. 그러므로 과일 향은 주로 조합향료를 사용한다.

프루티 노트는 일반적으로 상쾌하고 발랄한 느낌을 준다. 21세기에 들어와서 여성스러운 플로럴 계열과 조화를 이루어, 다양한 연령대의 소비자들 사이에서 인기를 끌면서 '플로럴-프루티 계열'이라는 독자적인 카테고리가 형성되었다. 또한, 그린 노트나 시트러스 노트와도 잘 어울려 다양한 향조를 완성하는 데 중요한 역할을 한다.

역사적으로 과일 향은 향수에 널리 사용되지는 않았지만, 완전히 배제된 것도 아니었다. 복숭아와 자두 향은 20세기 초 상징적인 향수를 탄생시킨 유명한 베이스인 Persicol의 주요 성분이었다. 이 베이스는 1908년 피르메니히의 전신인 슈이 네프 앤 씨(Chuit Naef & Cie)에서 출시된 것으로, 조향사 모리스 샬러(Maurice Schaller)가 폴 푸아레(Paul Poiret)가 세운 향수회사 '레 파퓸 드 로진(Les Parfums de Rosine)'에서 1913년에 출시한 향수인 《뉘 드 신(Nuit de Chine, 1913)》에 처음 사용되었다. 10년 후에 자크 겔랑(Jacques Guerlain)이 창조한 겔랑의 향수 《미츠코(Mitsouko)》의 미들 노트에 약 0.4% 정도의 복숭아 노트가 들어갔다. 《미츠코》는 탐스러운 흰 복숭아 향이 플로럴 향과 어우러져 따뜻하고 스파이시한 향조를 만들어낸다. 샤넬의 《코코(Coco, 1984)》는 복숭아, 바닐라, 정향의 향이 복숭아의 크리미한 향과 잘 조화를 이루며, 구찌(Gucci)의 《구찌 러쉬(Gucci Rush, 1999)》는 이국적인 아름다운 꽃들의 향에 복숭아 향이 독특한 느낌을 주고 있다.

3.3 동물에서 얻는 향

동물성 향료는 특정 동물의 분비물이나 내장에서 형성된 결석으로부터 추출한 향료를 의미한다. 주요한 동물성 향료는 향유고래의 장내 결석이라 알려진 용연향, 수컷 사향노루의 생식선낭에서 얻는 사향, 사향고양이와 비버의 분비선낭에서 얻는 영묘향과 해리향이 있다.

사향노루나 사향고양이에서 얻은 추출물은 인돌과 스카톨과 같은 화합물로 인해 강한 동물적 특성을 지닌다. 초기 조향사들은 이러한 동물적이며 다소 불쾌할 수 있는 노트 아래에 풍부하고 달콤한 특성이 숨겨져 있음을 발견했다. 그리고 동물성 향료는 향 성분으로 사용될 뿐만 아니라 다른 향 성분을 '고정(fix)'하는 고정제 역할도 한다.

현재, 동물 보호와 멸종 방지를 위해 1975년에 발효된 워싱턴 조약에 따라 동물성 향료의 상업적 취급은 대부분 규제되고 있다. 따라서 그 대안으로 합성 향료가 사용되고 있다.

사향(麝香, musk)은 중앙아시아의 산악지대, 특히 티베트와 네팔 등지에서 발견되는 수컷 사향노루(Moschus moschiferus L.)의 생식기 부근에 위치한 '향낭'에서 추출되는 향료이다. 사향노루는 자신의 영역을 표시하거나 암컷을 유인하기 위해 이 향낭에서 향을 방출하는데, 이 향기는 수 킬로미터 떨어진 곳에서도 감지될 만큼 강하다. 사향을 얻기 위해 사향노루를 죽이지 않고도 추출할 수는 있으나, 편의상 사냥을 통해 노루를 잡아 향을 얻었기 때문에 사향노루는 현재 멸종 위기에 있다.

사향은 인도, 중국, 페르시아 등지에서 수 세기 동안 사용되어 왔으며, 아라비아를 거쳐 유럽에 전파되었다. 사향 중에서도 티베트와 중국이 원산지인 통킨 사향이 가장 우수한 것으로 평가받는 반면, 러시아 사향은 품질이 떨어지는 것으로 평가된다. 아삼과 네팔 사향은 향이 가장 진한 것으로 알려져 있다.

사향노루의 건조된 향낭을 에탄올에 담가 불려 그 안에 있는 알맹이를 긁어내 알코올로 추출하고 불순물을 제거한 것을 머스크 팅크제라 한다. 추출된 팅크제는 희석하여 다른 향수와 섞어 사용된다. 이렇게 오랫동안 액체에 담가 가용성분을 우려내는 과정을 인퓨즈(infuse)라고 한다. 이 용액 속에 사향의 향기 성분 분자가 포함되어 있으나 그 외의 분자도 많이 들어있다. 혼합물 속에서 사향의 주성분인 무스콘(muscone, 그림 2-77)을 1906년에 발바움(H. J. Walbaum)이 단리에 성공하였고, 1926년 스위스 화학자인 루지치카(Leopold Ružička)가 무스콘의 화학구조가 거대 고리상 화합물인 3-methylcyclopentadecanone임을 밝혔다. 이 업적을 포함한 연구로 1939년 루지치카는 노벨 화학상을 수상했다.

사향은 배설물 냄새 같은 끈적한 느낌이 나며 강렬한 암모니아 향을 띠지만, 적절히 희석하면 향기로운 최음 작용이 있는 동물성 향으로 변한다. 사향의 향은 일반적으로 '달콤하고 파우더리한 향'으로 표현되며, 향수에 첨가하면 퍼짐성, 지속성을 높이고 온화한 느낌, 여성스러움, 섹시함을 부여한다. 사향은 주위의 모든 물질에 향이 쉽게 스며드는 특성을 지니고 있다.

사향에 대한 높은 수요로 사향노루는 멸종 위기에 처하게 되었다. 이러한 상황을 해결하기 위해 1975년에 발효된 워싱턴 협약(멸종 위기에 처한 야생동·식물의 국제 거래에 관한 협약Convention on International Trade in Endangered Species of Wild Flora and Fauna, CITES)에서 사향노루를 보호하고 천연 사향의 상업적 사용을 규제하게 되었다. 따라서 천연 사향을 대체할 수 있는 합성 향료 개발이 필수적이었다. 현재 합성 향료는 천연 사향과 유사한 머스크 향을 제공하여, 천연 사향의 역할을 대체하고 있다. 자세한 합성 머스크는 4장에서 소개한다.

용연향(龍涎香, ambergris, 프랑스어로 앙브르그리)은 향유고래(Physeter macrocephalus L.)에서 추출되는 향료이다. 이 물질의 생성 과정은 아직 명확하게 밝혀지지 않았으나, 향유고래가 대왕오징어와 문어를 소화하는 과정에서 발생하는 장 손상을 보호하기 위해 생성된 결석과 같은 물질로 여겨진다. 이 물질은 고래의 장에서 배출된 후 바다를 떠다니며 오랜 시간 동안 공기, 햇빛, 바닷물에 노출되어 변한다. 이 과정에서 밝은색의 용연향이 어두운 회색으로 변하며 특유의 향을 갖게 된다.

용연향은 대부분 열대지역 바닷가에서 발견된다. 초기에는 불쾌한 향이 나지만, 시간이 지나면서 공기 중에 노출되면 그 향이 변한다. 때로는 약한 흙냄새, 사향과 비슷한 냄새, 또는 달콤한 냄새를 띠기도 한다. 신선한 공기와 바닷물의 영향으로 관능적이고 따뜻하며, 햇볕에 그은 피부 같은 향을 발산하기도 한다.

용연향을 에탄올에 오랜 시간 담가 추출하여 바다와 동물의 냄새를 포함한 달콤한 향이 나는 팅크제를 얻는다. 용연향 자체도 독특하고 좋은 향을 지니고 있지만, 플로럴 향, 달콤한 향, 우디 향, 바닐라 향과 섞이면 더욱 세련된 향을 만들어낸다. 또한, 휘발성이 강한 다른 향들과 섞일 때, 용연향은 고정제 역할을 한다.

용연향의 주요 성분은 (−)−암브레인(ambrein)과 (+)−에피코프로스테린(epicoprosterine)이다. 용연향 특성의 대부분은 향이 나지 않는 (−)−암브레인이 분해되어 다양한 향기 화합물이 생긴다. 분해에 의한 향에 대해서 2장에서 설명하였다. (그림 2−34 참조) 향에 가장 큰 영향을 미치는 중요한 용연향 성분은 (−)−암브록스와 (−)−암브리놀이다.

용연향의 거래는 적어도 기원전 9세기까지 거슬러 올라가며, 의약품, 아시아 요리의 향신료, 최음제로 사용되었다. 서기 14세기에는 사향, 영묘향과 함께 가장 가치 있는 향 재료 중 하나로 자리 잡았다. 그러나 오늘날에는 전 세계적인 상업 포경 중단으로 인해 용연향의 거래는 거의 없다. 현재도 천연 용연향이 우연히 바닷가에서 발견되는 경우가 있지만, 이러한 발견은 매우 드물다. 이에 따라 피르메니히와 심라이즈와 같은 주요 향료 회사들은 합성 용연향을 개발하여 공급하고 있다. 예를 들어, 피르메니히는 Fixateur 404를, 심라이즈는 Grisambrol과 Ambropur를 제공하고 있다. 이러한 합성 제품은 용연향 팅크제와 거의 유사한 향을 지니고 있다. 현재 합성 향료에서 가장 많이 사용되는 성분 중 하나는 ambroxide이다. 이 합성 향료는 천연 용연향의 특성을 모방하여 향수와 기타 향 제품에 사용되며, 천연자원의 보호와 환경 보존 측면에서 중요한 역할을 한다.

용연향(ambergris, ambra)과 호박(amber)은 언어적으로 혼동하기 쉬워 때때로 동의어로 사용되기도 하지만, 사실 이 두 물질은 특성이나 향이 완전히 다르다. Ambra는 동물성 원료에 기인하듯이 동물적이고 관능적인 향을 제공하는 반면, Amber는 식물성 출처로 따뜻하고 달콤한 자연스러운 향을 제공한다.

비버는 수컷과 암컷 모두 항문 부근에 강한 냄새를 배출하는 분비물을 담은 향낭을 가지고 있다. **해리향**(海狸香, castoreum)은 비버의 포피선에서 추출되는 향료로, 비버가 영역 표시를 위해 사용하는 갈색 물질이다. 이 물질은 최음제 작용이 있다고 알려져 있다. 대부분 해리향은 합성되지만, 일부는 비버가 향 물질을 묻혀놓은 통에서도 얻을 수 있다. 해리향의 주요 공급원은 캐나다와 시베리아의 비버로, 보통 시베리아산 비버의 해리향 품질이 더 우수하다고 간주된다.

해리향은 산지에 따라 다르지만, 일반적으로 가죽 같은 동물적 냄새가 나며, 희석하면 사향 같은 향을 발산한다. 고정제 역할을 하는 해리향은 특히 가죽 및 동물 색조의 시프레 향조 제조에 주로 사용된다.

해리향 추출물의 구성 성분은 비버가 섭취하는 음식 종류에 따라 크게 달라진다.

현재까지 해리향 추출물에서 60개 이상의 성분이 확인되었으며, 이 중에서 해리향 특유의 스모키한 향을 내는 중요한 성분으로 4-에틸페놀(4-ethylphenol), *p*-프로필페놀(p-propylphenol), 에틸 구아이아콜(ethyl guaiacol), 벤조산, 신남산, 살리실산 등 알킬 치환 페놀과 아세토페논(acetophenone) 및 그 유도체가 있다. 이 중 아세토페논에서는 아카시아, 재스민, 오렌지꽃 같은 달콤한 향이 강하게 난다.

영묘향(靈猫香, civet)은 아프리카의 사향고양이(Civettictis civetta)의 생식기 주변에 있는 향낭에서 얻는 향료다. 주로 수컷 사향고양이를 새장에 가두고 막대기로 자극하여 고양이를 화나게 만들어 많은 양의 분비물을 생성하게 한다. 그런 다음, 지방에 적신 주걱을 사용해 고양이의 항문에서 이 미끈미끈한 분비물을 긁어 채취한다. 이 분비물은 처음에는 악취를 내뿜지만, 희석하면 사향, 가죽, 흙냄새와 같은 관능적인 향을 낸다. 이러한 특성 덕분에 영묘향은 복합적인 향의 베이스로 활용되고 있다. 향료로 사용될 때는 에틸알코올에 녹여 팅크제로 만들어 사용하며, 희석하면 온화하고 쾌적한 향으로 변한다. 이로 인해 꽃 향에 아름다움과 반짝임, 따뜻함을 부가하는 효과가 있으며, 향수 제조에서 향의 지속성을 높여주는 고정제로도 활용된다.

영묘향의 주요 성분은 시베톤(civetone, 그림 4-51)이다. 시베톤은 농도가 높을 때 강한 동물적 악취를 내지만, 1% 이하로 희석하면 사향같은 향을 나타낸다. 향은 투명감이 있으며 달콤하고 드라이한 특성이 있다. 시베톤은 1915년 에르윈 색(Erwin Sack)에 의해 처음으로 발견되었으며, 레오폴드 루지치카에 의해 그 구조가 (9*Z*)-사이클로헵타데카-9-에논((9*Z*)-cycloheptadec-9-enone)이라는 것이 밝혀졌다.

현재는 동물 보호 관점에서 영묘향 대신 합성 화학물질이 사용된다. 시베톤, 인돌, 스카톨, 그리고 *p*-크레졸을 조합하여 만든다. 스카톨이라는 이름은 그리스어로 '대변(feces)'을 의미하는 skato에서 파생되었다. 스카톨은 강한 대변 냄새를 가지고 있으나, 이를 희석하면 재스민과 같은 꽃 향이 나서 많은 향수 제품에 향료 및 고정제로 사용된다.

3.4 향 포집 및 추출 방법

지금까지 소개한 천연원료로부터 정유 형태로 있는 향 성분을 추출하는 방법을 살펴보자. 향을 구성하는 성분은 탄화수소류, 알코올류, 에스터류, 산류, 알데하이드류, 케톤류, 페놀류 등 다양하다. 이들 성분 중에는 분자량이 작고 극성이나 끓는점이 낮은 물질들이 많아, 이러한 특성을 이용하면 향을 효율적으로 추출할 수 있다. 주로 향 성분의 휘발성과 용해도를 고려한 추출법이 개발되었다. 고체나 액체 상태의 물질이 기체로 변하는 휘발성을 이용하는 방법으로는 증류법이 있으며, 특정 용매에 녹는 용해도를 이용하는 방법으로는 용매(제) 추출법이 있다.

식물 전체에서 향이 차지하는 성분 비율은 식물의 종에 따라 다르다. 예를 들어 라벤더(Lavendula angustifolia), 로즈메리(Rosmarinus officinalis) 등 허브계 식물에서는 평균 1~2% 정도의 수율로 정유를 얻지만, 장미꽃인 로자 다마세나(Rosa damascena)에서는 수율이 0.01~0.02% 정도로 매우 낮다. 따라서 각 원료 식물에 맞는 방법을 사용한다.

여기서는 연구와 분석을 위한 실험실 규모에서부터 산업 규모에 이르기까지 실제로 사용되고 있는 향 포집 및 추출 방법들을 소개한다. 각 추출 방법은 고유의 한계를 가지고 있어, 몇 가지 방법을 조합하여 추출하기도 한다. 주된 고려 요소는 경제성과 효율성이다. 산업용으로 주로 사용되는 방법으로는 수증기 증류법(steam distillation), 압착법(expression), 용매추출법(extraction)이 있다. 전통적인 냉침법(enfleurage)과 온침법(maceration)은 현재 거의 사용되지 않지만, 여전히 참고할 가치가 있다. 최근에는 초임계 이산화탄소 추출법(supercritical CO_2 extraction)과 헤드스페이스법(headspace technique) 같은 최신 기술을 활용해 향을 추출하거나 성분을 분석하고 있다.

추출된 향 성분을 일반적으로 정유(精油, essential oil)라고 부르지만, 향 추출 방법에 따라 얻어진 추출물을 부르는 이름은 다르다. 좁은 의미로, 수증기 증류법으로 얻은 휘발성 방향 물질을 정유라고 한다. 식물성 향료 중에는 정유가 가장 많다. 압착법으로 얻은 향료는 압착유(expressed oil)라고도 한다. 재스민, 미모사, 장미 등 유기용매로 추출한 향료는 콘크리트라 하며, 이를 에탄올로 처리하고 나서 알코올을 제거하여 얻은 것이 앱솔루트(absolute)이다. 추출 방법에 따른 명칭은 마지막에 다시 한번 정리하겠다.

1) 압착법(expression)

향 성분을 얻는 가장 기본적이면서도 간단한 방법 가운데 하나는 압착법이다. 이 방법은 특히 감귤류 과일의 껍질에서 정유를 얻는 데 사용한다. 오렌지와 같은 감귤류 과일 껍질에는 오일을 함유하고 있는 '유포(油胞)'가 있는데, 껍질에 압력을 가하면 유포가 깨지며 오렌지 오일이 스프레이 형태로 방출된다. 이 방법으로 레몬, 오렌지, 베르가모트 등 감귤류 과일 껍질에 존재하는 방향성 물질을 추출한다. 예를 들어, 200 kg의 베르가모트 과실에서 약 1 kg의 에센셜 오일을 얻을 수 있다. 이 방법으로 얻은 추출물을 에센셜 오일 또는 압착유라고 한다. 레몬, 자몽 등 감귤류 껍질에서 압착법으로 추출한 향료를 시트러스 에센스(citrus essence)라고도 한다. 압착법은 스펀지 법, 에큐엘 법, 기계적 마모법으로 발전하였으며, 이러한 방법들은 지금도 사용되고 있다.

① 스펀지 법(sponge expression)

스펀지 법은 전통적으로 감귤류 과일에서 에센셜 오일을 추출하는 방법이다. 이 과정은 먼저 과일의 과육을 수작업으로 제거한 후 껍질과 씨를 분리하는 것으로 시작된다. 그런 다음 껍질을 따뜻한 물에 담가 두어 껍질이 수분을 흡수하고 유연해지고 탄력을 갖도록 한다. 이후 껍질을 스펀지와 같은 흡수성 재료 옆에 두고 껍질의 유포를 파열시켜 에센셜 오일을 추출한다. 이렇게 하면 에센셜 오일이 스펀지에 흡수된다. 오일을 충분히 흡수한 스펀지를 압착하여 오일을 별도의 용기에 모은다. 이 과정에서 물과 에센셜 오일이 함께 나오므로, 이후에 에센셜 오일만 분리하여 수집한다.

② 에큐엘법(Ecuelle a piquer extraction process)

에큐엘법은 내부에 송곳이 돌출된 특수 장치를 활용하여 감귤류 과일의 에센셜 오일을 추출하는 방법이다. 먼저, 과일을 이 장치 안에 넣고 회전시킨다. 장치의 측면에는 송곳이 설치되어 있어 과일이 회전할 때 송곳이 과일 표면을 찔러 유포에 구멍을 뚫게 된다. 이 과정을 통해 오일 세포가 파괴되며, 에센셜 오일과 함께 색소 등 다양한 성분이 추출된다. 추출된 액체는 분리 과정을 거쳐 에센셜 오일을 얻는다. 에큐엘법은 스펀지 법에 비해 상대적으로 노동 강도가 낮은 편이며, 효율적으로 에센셜 오일을 대량으로 추출할 수 있는 장점이 있다.

③ 기계적 마모법(Machine abrasion)

기계적 마모법은 에큐엘법의 자동화된 버전으로, 감귤류 과일의 에센셜 오일을 추출하는 방법이다. 먼저, 기계를 사용하여 감귤류 과일의 겉껍질을 제거한다. 이후 흐르는 물을 이용해 과일 껍질에서 남은 잔여물을 제거한다. 이 과정이 끝나면 원심분리기를 사용하여 에센셜 오일과 향 성분을 추출한다. 원심 분리 과정은 매우 빠르게 진행되며, 이를 통해 효율적으로 에센셜 오일을 얻을 수 있다. 그러나 이 과정에서 발생하는 열과 다른 성분들과의 접촉이 늘어나면서 부가적인 화학반응이 일어날 수 있다. 또한, 최종적으로 얻어진 오일에는 다른 세포 구성 성분이 포함될 수 있는데, 이 경우 시간이 지나면서 향이 변할 가능성이 있다. 기계적 마모법은 대량의 에센셜 오일을 효율적으로 추출할 수 있는 장점이 있지만, 추출 과정에서 발생하는 열과 화학반응, 그리고 세포 구성 성분의 혼합으로 인해 일어나는 향의 변화를 유의해야 한다.

2) 증류법(distillation)

증류법은 액체를 끓는점 이상으로 가열하여 기체로 만들고, 그 기체를 차가운 표면에 닿게 해서 다시 액체로 응축시켜 원하는 성분을 추출하는 방법이다. 가장 일반적인 향 성분 추출법이다. 이 방법으로 장미, 일랑일랑, 로즈메리, 시나몬, 파촐리, 베티버, 오렌지 꽃(네롤리) 등의 에센셜 오일을 얻는다.

증류할 액체를 '증류액'이라고 하며, 증류 후 남는 물질은 '잔류물(residue)'이라 한다. 증류를 위한 기구는 〈그림 3-1〉에서 볼 수 있듯이 크게 세 부분으로 나눌 수 있다. 증류할 액체가 가열 및 증발되는 그릇인 증발기, 컨덴서, 그리고 회수기이다. 증발기에서는 액체가 가열되어 증발한 후, 오른쪽에 위치한 통 모양의 컨덴서로 흘러간다. 컨덴서에는 찬물이 흐르고 있어, 기체가 냉각되어 다시 액체로 응축된다. 이렇게 컨덴서에서 식어 다시 액체 상태로 돌아온 증발액은 회수기에서 수집된다.

증류를 통해 복수의 액체상 화합물이 혼합된 상태에서 순수한 화합물로 분리할 수 있다. 역사적으로 증류법은 술, 특히 증류주 제조에서 시작되었다. 에탄올 함량을 높

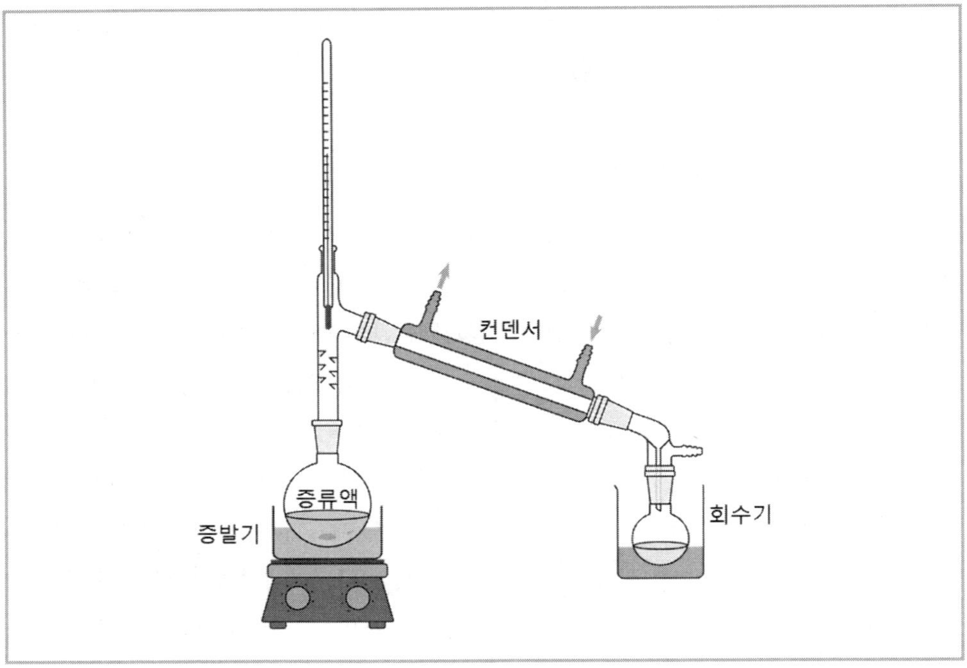

그림 3-1 증류 기본 그림

여 보다 독한 술을 만들기 위해 증류 방법이 발명되었다. 과일이나 곡류를 이용해 양조된 술에는 과일이나 곡류의 성분, 향 성분, 에탄올, 그리고 물이 들어 있다. 이 양조된 술을 증발기에 넣고 가열하면, 온도가 액체의 끓는점에 도달하면서 액체는 기체로 변한다. 에탄올의 끓는점은 78.37℃로, 끓는점이 100℃인 물보다 먼저 기체가 된다. 기체가 된 에탄올은 컨덴서에서 응축되어 회수기로 떨어진다. 이렇게 물의 끓는점 이하에서 얻어진 액체 성분의 대부분은 에탄올이므로, 처음 증발기에 넣었던 술보다 알코올 함량이 높은 증류주가 회수기에서 얻어진다. 양조주의 원료에 있는 끓는점이 에탄올보다 낮은 물질도 함께 증류되므로 증류주에서도 원료의 풍미가 유지된다. 한편, 이렇게 증류를 반복하여 에탄올의 농도를 높일 수는 있지만, 에탄올과 물의 혼합용액은 '공비혼합물(azeotrope)'이라는 성질을 갖고 있어 100% 순수한 에탄올을 얻을 수는 없다.

여기서 '공비(共沸)'라는 개념을 보자. 액체는 증기와 평형을 이룬다. 액체의 온도를 올리면 액체의 증기압이 주위 대기 압력과 같아져 끓기 시작하는데, 이 온도가 '끓는점'이다. 물과 에탄올처럼 끓는점이 다른 두 액체가 섞인 혼합물이 있다고 하자. 두 액체 혼합물 위 공간에 존재하는 기체의 성분은 액체를 구성하는 물질의 증기 압력 비율에 따라 달라진다. 높은 증기압을 가진 액체의 증기가 기체상에 더 많이 존재하게 되므로, 그 물질의 끓는점이 낮아진다. 두 액체가 섞인 혼합물을 증류할 경우, 분리 정도는 끓는점 차이에 의해 결정된다. 초기 증류액에 끓는점이 낮은 물질이 더 많이 존재한다고 가정하자. 두 물질의 끓는점 차이가 클 경우, 단일 증류로도 두 물질은 충분히 분리된다. 그러나 끓는점이 비슷한 경우 한 번의 휘발/응축 사이클로는 부분적인 분리만 이루어진다. 처음 증류된 물질이 농축되고 다시 가열되면, 낮은 끓는점을 가진 물질이 더 많이 기체에 존재하게 된다. 이 과정을 반복하여 비슷한 끓는점을 가진 물질들도 분리해 낼 수 있다. 이러한 반복 증류는 '분별증류기(fractionating still)'라는 장치를 통해 이루어진다.

하지만 끓는점이 다른 두 개 이상의 액체가 공비혼합물(azeotrope)을 형성하는 경우, 혼합물이 함께 끓기 때문에 완벽하게 분리되지 않는다. 즉, 특정 성분비의 액체는 순수한 액체처럼 일정한 온도에서 성분비가 변하지 않고 끓으며, 이때 용액과 증기의 성분비는 같다. 가장 잘 알려진 예가 에탄올과 물의 혼합물이다. 에탄올의 끓는점은 78.37℃이고 물은 100℃에 끓는다. 이 두 혼합물을 증류할 때, 첫 혼합물이 78.15℃에서 끓고 증류된 액체는 95.6%의 에탄올과 4.4%의 물을 함유하게 된다. 공비혼합물은 일반적인 증류 방법으로는 그 성분을 분리할 수 없으므로, 압력을 변화시키는 방법, 휘발성 또는 비휘발성인 제3의 성분을 첨가하는 공비증류법, 흡수 또는 추출 등의 방법으로 증류 · 분리한다. 즉, 에탄올과 물이 공비혼합물을 형성하기 때문에 증류 방법만으로는 순수한 에탄올을 얻는 것이 불가능하다. 얻어진 에탄올에는 항상 일정량의 물이 포함되어 있다. 이 혼합물을 파인 프레그런스(fine fragrance) 분야에서 '앱솔루트 에탄올(absolute ethanol)' 또는 '앱솔루트 알코올(absolute alcohol)'이라고 한다.

이제 증류 방법으로 향 성분을 추출하는 것을 생각해 보자. 향 물질은 대부분 끓는점이 물보다 훨씬 높고, 열에 불안정하다. 따라서 열을 이용해 향을 얻을 때는 그 향기 물질이 증류 방식으로 추출되는 온도에서 화학적으로 안정해야 한다. 예를 들어, 향 물질이 가열에 의해 분해된다면 그 양이 아주 적더라도 전체 향에 영향을 미치며, 결과적으로 얻어지는 에센셜 오일의 향에 나쁜 영향을 미치게 된다.

라벤더꽃이나 잎에서 추출되는 라벤더 오일을 예로 들어보자. 라벤더 오일의 주요 향 성분 중 하나는 아세트산 리날릴이다. 수확한 라벤더에서 증류 방법으로 오일을 추출한다고 생각해 보자. 증류기에 라벤더를 넣고 온도를 서서히 상승시킨다. 아세트산 리날릴의 끓는점이 220℃에 달하기 때문에, 이 온도에 도달하기 전에 라벤더 내 다른 성분들이 열에 의해 손상되거나 타기 시작할 가능성이 높다. 이 과정에서 아세트산 리날릴을 포함한 다양한 향 성분이 열분해되어, 원하는 향 성분을 효과적으로 추출하기 어려워진다. 따라서 연구자들은 증류 방법으로 향을 추출할 때 끓는점을 낮추는 방법을 고안해야 했다. 끓는점의 정의에 대해 다시 한번 살펴보자. 앞서 끓는점은 액체의 증기압이 주위 대기 압력과 같아져 끓기 시작하는 온도라고 했다. 따라서 압력 변화에 의해 끓는점이 바뀔 수 있음을 바로 알 수 있다. 이를 향 추출에서도 적용하였다. 향 성분의 분해 가능성을 낮추기 위해 대부분의 경우 감압 상태에서 추출을 시도한다. 물론 이 방법은 끓는 온도까지 가열해야 하는 에너지 소비를 줄이는 장점도 있다. 예를 들어, α-피넨은 대기압(760 mmHg)에서 끓는점이 156℃이지만, 압력을 100 mmHg로 낮추면 89℃에서 끓는다. 이렇게 감압 방법으로 끓는점을 낮춰 분리 효율을 높이는 방법은 현대에 와서 가능해진 기술이다.

과학과 기술이 발전되지 못했던 시기에 이 문제를 해결한 것은 페르시아의 이븐 시나(Avicenna)가 발명한 '수증기 증류(steam distillation) 방법'이다. 이 혁신적인 기술을 이용해 장미꽃으로부터 장미수를 추출하는 데 성공했다고 전해진다. 이 발명으로 인해 향수 제조의 새로운 장이 열리게 되었다고 평가받는다. 11세기 이탈리아 살레르노의 물리학자 살레르누스(Salernus)는 자신의 저서 『안타도타리윰 마그눔(Antidotarium Magnum)』에 증류 과정을 상세히 기록했다. 또한, 성직자이자 철학자였던 알베르 르 그랑(Albert le Grand)은 『여성의 비밀(De Secretis Mulierum)』이라는 책에 알코올 증류법을 설명했다. 이 책에는 오 드 비(eau de vie), 에스프리 드 뱅(esprit de vin), 오 플라그랑트(eau flamboyante) 등 다양한 증류법과 이를 통해 얻어진 가연성 높은 알코올류와 휘발성 액체에 대한 내용이 적혀있다. 이 물질들은 향수 제조 과정에서 일부 오일을 대체하는 역할을 했다. 당시 대부분 향수는 알코올과 에센셜 오일을 섞어 제조되었다. 예를 들어, 로즈메리와 오 드 비(eau de vie)는 중탕냄비(bain-marie)에서 증류되었다. 이 중탕냄비는 1370년경 헝가리의 엘리자베스 여왕을 위해 한 수행자에 의해 발명되었다. 여기서 만들어진 에탄올과 로즈메리 정유를 혼합한 《헝가리 워터》는 식물에서 방향유를 추출하는 데 알코올을 사용한 최초의 향수이며, 《오 드 콜로뉴》의 원형이라 불린다.

이제 수증기 증류 방법으로 라벤더에서 향을 얻는 것을 생각해 보자. 앞에서 많은 향기 성분은 물에 녹지 않고 휘발성이 높은 물질이라고 했다. 따라서 향 성분과 물을 함께 가열하면 향 성분의 증기압과 물의 증기압의 합이 대기압과 같은 온도에서 향 성분이 수증기와 함께 나와 끓게 된다. 냉각기에서 응축된 혼합물은 물과 기름같은 향 성분이므로 쉽게 분리해서 향 성분만을 따로 추출·포집할 수 있다.

우선 원료 식물을 증발기, 즉 충분히 큰 가마에 넣고 수증기를 불어넣으면 온도가 올라가면서 식물 속에 들어있는 향 물질이 휘발한다. 라벤더 속에 들어 있는 액체상 아세트산 리날릴도 고온의 수증기가 닿으면 기화하게 된다. 온도가 올라갈수록 혼합되어 있는 휘발성 분자들이 기체로 변하고, 섞여 있는 기체들이 상호작용 없이 독립적으로 움직인다면, Dalton의 분압 법칙에 따라 각 분자가 나타내는 분압의 합이 혼합기체의 압력이 된다. 용기는 완전히 밀폐되어 있지 않으므로 증기압의 합이 대기압과 같아질 때 혼합물이 동시에 끓게 된다.

혼합물에 물과 아세트산 리날릴만 있다고 가정하면 99.6℃에서 물의 증기압은 748 mmHg이며 아세트산 리날릴의 증기압은 12 mmHg이 된다. 양쪽의 분압을 더하면 정확히 대기압인 760 mmHg가 되므로 이 온도에서 아세트산 리날릴과 물은 기체로 변한다. 즉, 물이 존재하지 않는 상태에서는 220℃가 되지 않으면 기화하지 않는 아세트산 리날릴을 수증기 증류라는 방법을 통해 물의 끓는점보다도 낮은 99.6℃에서 증발시킬 수 있게 된 것이다. 향 물질을 포함한 수증기는 냉각관에서 냉각되어 액체로 변해 회수 용기에 떨어져 모인다. 오일과 함께 공증류(codistillation)된 물을 코호베이션(cohobation) 물 또는 방향 증류수(floral water)라고 한다. 라벤더에는 여러 가지 분자가 포함되어 있어, 실제로는 아세트산 리날릴뿐만 아니라 많은 종류의 분자가 증류된다. 이 과정에서 정유와 방향 증류수가 서로 다른 밀도로 인해 두 층으로 분리된 액체 형태로 회수 용기에 담긴다. 주로 정유는 상층에, 방향 증류수는 아래층에 위치하게 되어 쉽게 분리할 수 있다. 한편, 수증기 증류 조건에서 채취될 수 있는 분자라면 냄새가 없는 분자도 함께 증류된다.

대다수의 방향성 화합물은 끓는점이 대략 150~300℃ 사이에 위치하지만, 수증기 증류법을 통해 이보다 낮은 온도에서 향 성분을 추출할 수 있다. 식물에 존재하는 향기 성분 중 일부는 열에 민감하여 고온에서 쉽게 파괴되는 분자들을 포함한다. 수증기 증류 과정에서는 온도가 100℃를 넘지 않으므로, 이런 열에 민감한 향 분자들을 손상시키지 않고 추출할 수 있는 장점이 있다. 이 방법을 사용함으로써, 끓는점이 300℃에 이르는 분자마저도 100℃ 이하의 온도에서 기체 상태로 전환시킬 수 있다는 점에서 기술적 중요성이 크다. 또한, 100℃ 이하에서 가열하여 향 성분을 효과적으로 추출할 수 있어 에너지 절약 측면에서도 경제적이다.

이제 혼합 증기 중 각 성분의 중량 비율을 계산해 보자. 이는 해당 성분의 분압과 분자량의 곱에 비례한다. 예를 들어보자. 아세트산 리날릴($C_{12}H_{20}O_2$)의 분자량은 196.29 g/mol이고, 99.6℃에서 증기압은 12 mmHg이다. 물(H_2O, 분자량 18.02 g/mol)의 증기압은 같은 온도에서 748 mmHg이다. 이 온도에서 아세트산 리날릴과 물의 중량 비율은 다음 식과 같이 구할 수 있다.

$$\text{아세트산 리날릴의 중량 (g)} = 196.29 \times \frac{12}{760} = 3.10$$

$$\text{물의 중량 (g)} = 18.02 \times \frac{748}{760} = 17.74$$

그러므로 최종적으로 얻어지는 혼합물에서 아세트산 리날릴의 중량비는 다음 식으로 구할 수 있다.

$$\text{아세트산 리날릴의 중량비} = \frac{3.10}{(3.10 + 17.74)} \times 100 = 14.88\%$$

따라서 아세트산 리날릴은 약 15% 정도 들어있다. 물과 함께 증류된 정유는 밀도에 따라 상분리가 일어나며, 주로 물보다 밀도가 낮아 물 위에 뜬다. 아세트산 리날릴의 밀도는 0.895 g/cm³로, 물보다 가볍고 물에 거의 녹지 않는다. 따라서 회수 용기에서 물을 제거하면 아세트산 리날릴을 얻을 수 있다. 일반적으로 향 성분은 소수성이므로, 물에 녹는 성분이 있어도 용해도가 매우 낮아 회수 용기의 물에는 향 성분이 거의 포함되지 않는다. 따라서 물에 의한 향 오일 손실은 적다. 대부분의 경우 이 물들은 폐기되거나 증발기로 재활용된다.

그러나 장미를 증류할 때는 예외이다. 페네틸알코올은 100 mL의 물에 약 2 mL 정도 녹는 용해도를 가지기 때문에, 물에 녹는다. 따라서 장미를 증류할 때 얻어지는 '장미수'는 향수나 향 성분으로 사용하기 위해 따로 모은다.

증류로 얻은 향 소재는 에센셜 오일 또는 정유라고 한다. 예를 들어, 라벤더로부터 수증기 증류를 통해 얻은 오일은 라벤더의 에센셜 오일 또는 라벤더 정유라고 한다. 에센셜 오일은 종종 상당량의 테르펜을 포함하고 있는데, 이 테르펜은 향에 거의 기여하지 않거나, 오히려 방향족 향 성분의 향을 방해하기도 한다. 따라서 좀 더 순수한 향 성분을 얻기 위해 증류나 다른 기술을 이용해서 불포화 탄화수소인 테르펜을 제거하기도 한다. 보다 정제된 물질을 얻기 위해 두 번째 증류 과정이 필요하며, 이를 분자 증류(molecular distillation)라고 부른다. 이 공정을 '탈테르펜(deterpenation)'이라 하고, 생성물을 '테르펜리스 오일(terpeneless oil)' 또는 '폴디드 오일(folded oil)'이라고 한다.

증류를 이용해 식물성 향 원료에서 향을 추출하는 방법으로는 건식 또는 감압 증류법, 수증기 증류법, 수증기 확산법, 연속 증류 추출법 등이 있다. 그리고 추출된 정유의 질을 향상시키는 방법으로 분별 증류법이 있다. 이에 대해 간단히 알아보자.

① 건식 증류(dry distillation)

건식 증류는 '파괴적 증류(destructive distillation)' 또는 '연소성 증류(empyreumatic distillation)'라고도 하며, 향을 함유한 식물이 있는 용기에 열이 직접 닿아서 고온에서 증류되는 방법이다. 이 방법은 일반적으로 나무에 있는 정유처럼 끓는점이 높은 성분을 함유한 시료에서 향을 기화시켜 추출할 때 사용된다.

건식 증류는 대부분 식물 성분이 담긴 용기에 직접 열을 가하므로 고온을 수반한다. 이 기술은 화학 성분을 기화시키기 위해 높은 온도가 필요하므로, 주로 끓는점이 높은 오일을 추출하는 데 사용된다. 이 방법을 통해 두송유(杜松油, oil of cade)나 자작나무의 나무껍질에서 타르 또는 피치를 얻을 수 있다. 이렇게 얻은 오일은 식물 재료가 열분해된 결과 특유의 탄 냄새와 스모키한 향이 난다.

② 수증기 증류(steam distillation)

수증기 증류법은 식물성 원료에 수증기를 보내서 향 물질을 분리하는 방법으로, 비교적 쉽고 대규모로 식물성 향료를 얻을 수 있어 현재까지도 에센셜 오일 생산에 가장 많이 사용되는 방법이다. 수증기 증류법은 꽃, 잎, 뿌리, 줄기, 종자 등 다양한 식물성 원료에서 향을 추출하는 데 널리 사용된다. 그러나 수용성 성분이나 재스민, 튜베로즈와 같이 열에 민감한 원료에는 적합하지 않다.

이 증류 추출법은 페르시아인이 '장미수'를 추출하기 위해 최초로 개발한 것으로, 중세 시대에 이르러 고대 그리스어로 항아리를 의미하는 '암비스'에서 파생된 '알람빅(alembic)'이라는 커다란 증류 장치가 사용되었다.

수증기 증류법에는 시료에 수증기를 도입하는 방법에 따라 몇 가지 변형이 있다.

수증기를 가마에 불어 넣는 '수증기 증류(steam distillation)', 원료 식물을 물속에 담가 직접 가열하는 '수중 증류(hydrodistillation)', 증류기 속의 망상 격자에 원료 식물을 올려놓고 시료가 물에 닿지 않도록 그 밑에 물을 넣어서 가열하는 '수중과 수증기 증류(water and steam distillation)' 등이 있으며 각 방법은 원료의 특성에 맞춰 선택한다. 예를 들어, 장미의 경우 추출을 위해 알람빅에 넣은 장미 500 kg에 물 1,500 L를 첨가한다. 혼합물이 끓기 시작하면 증기가 관을 통해 농축기로 이동한다. 라벤더의 경우에는 수증기를 불어넣어 오일을 추출한다.

수증기 증류하는 동안 증류기에 있는 물의 존재는 공정 온도를 100℃로 제한한다는 의미이다. 따라서 '건식 증류'에 비해 열에 의한 분해가 적게 일어난다. 다시 말해, 수증기 증류가 '건식 증류'보다 선호되는 이유는 물의 존재로 인해 공정 온도가 100℃로 제한되어 오일 성분이 열에 의해 분해되는 것을 최소화하면서, 다양한 식물성 원료에서 효율적으로 향 성분을 추출할 수 있기 때문이다. 그러나 일부 열에 의한 분해는 여전히 발생할 수 있다. 예를 들어, 끓는점이 높은 3차 알코올(tertiary alcohol)이 식물에 있는 경우, 증류 용기에서 탈수반응이 일어나 상응하는 탄화수소 물질로 변환될 수 있으며, 이로 인해 원래 원료에는 존재하지 않던 새로운 향 성분이 생성되기도 한다.

③ 수증기 확산법(hydrodiffusion)

수증기 증류 방법으로 향 물질을 얻는 과정에서는 많은 물이 필요하다. 이에 대한 경제적인 대안이 '수증기 확산법'인데, 이는 비교적 새로운 기술이다. 수증기 증류법과 유사하지만 수증기를 식물 재료의 상단에서부터 공급하여 증기가 재료를 통과하면서 내려가는 동안 식물이 갖고 있는 오일을 방출하게 함으로써 휘발성 성분을 추출하는 기법이다. 이 과정에서 향을 포함한 수증기는 응축되고, 결과적으로 향을 추출하게 된다. 이 방법에서 수증기의 역할은 오일을 함유한 식물의 세포를 열어주는 데 있다. 수증기 증류와 달리 이 방법은 오일을 증류하지 않기 때문에 향 성분을 휘발시키기 위해 높은 온도로 가열할 필요가 없다. 기존의 수증기 증류 방식과 비교했을 때, 수증기 확산법은 더 낮은 온도에서 작업이 가능하다는 장점이 있다. 이는 열에 민감한 성분의 손실을 줄여준다. 이 방법은 수증기 증류보다 에너지를 덜 소모하지만, 물에 녹는 성분의 비율이 상대적으로 높아 품질이 다른 에센셜 오일을 얻는다. 이 방법에서는 일반적인 수증기 증류보다 휘발성이 낮은 성분들이 추출되며, 오일

성분의 물에 대한 용해도가 더욱 중요한 역할을 한다. 즉, 향 성분 중 휘발성이 낮고 물에 잘 녹는 성분들이 더 효과적으로 추출되기 때문이다.

한편, 식물에서 향 성분을 추출하기 위해 마이크로웨이브 파(microwave radiation)를 사용하기도 한다. 이 방법은 마이크로웨이브에 의해 발생하는 열이 식물 세포를 확장시키고, 결국 세포를 파괴하여 그 안에 들어있는 오일을 방출하게 한다.

④ 연속 증류 추출법(continuous distillation extraction)

연속 증류 추출법은 물질을 지속적으로 공급하고 추출된 성분을 지속적으로 제거하여 향 성분을 추출하는 방법이다. 이 방법은 대규모 생산에서 효율성을 높이기 위해 사용된다. 연속 증류 추출법의 주요 장점 중 하나는 효율성이다. 연속적인 공정으로 인해 대규모 생산에 적합하며, 수동으로 중단하거나 재설정할 필요가 없어 높은 효율을 유지할 수 있다. 또한, 공정 조건이 일정하게 유지되어 추출된 제품의 품질이 일관되게 유지된다. 배치 증류에 비해 시간이 절약되며, 원료와 추출물이 지속적으로 이동하므로 처리 시간이 단축된다. 공정의 자동화가 쉬워 인력 비용을 줄이고 생산성을 높일 수 있는 것도 큰 장점이다.

⑤ 분별 증류법(fractional distillation)

분별 증류법은 분별 컬럼을 사용하여 다양한 분획을 선택적으로 분리함으로써 최종 제품인 향의 질을 향상시키는 방법이다. 이 방법으로 제품의 가격이 비싸질 수 있으나, 불쾌하거나 원치 않는 냄새를 제거하고 조향사가 향의 구성을 한층 정밀하게 제어할 수 있게 한다.

분별 증류 과정은 다음과 같다. 먼저, 원료를 준비한다. 분별 증류법은 종종 원료가 아닌 이미 추출된 에센셜 오일이나 향료를 대상으로 하며, 이러한 원료는 증류 또는 다양한 추출 과정을 통해 얻어진다. 이후 분별 컬럼을 사용하여 원료를 다양한 분획으로 나눈다. 분별 컬럼은 원료가 증류 과정에서 다양한 끓는점을 가진 성분으로 분리되도록 돕는다. 그다음 온도를 점차적으로 상승시키면서 각 분획을 수집한다. 각 분획은 다른 성분 조성을 가지며, 이는 향의 최종 품질에 영향을 미친다.

예를 들어, 아이리스 버터의 분별증류 과정을 보자. 먼저, 숙성된 아이리스 뿌리줄기를 잘 갈아서 증류하여 아이리스 버터를 얻는다. 이 아이리스 버터는 대략 15%

의 아이론을 함유하고 있다. 이 아이리스 버터를 추출 탱크에 넣고 온도를 점차 높여 각 온도 층마다 파생된 물질을 얻는다. 이를 통해 불필요한 성분을 제거하고 특정 성분의 함량을 높인다. 이 과정을 통해 아이온 함량이 60%까지 높인 앱솔루트를 얻을 수 있다.

분별 증류법은 불쾌한 냄새를 제거하고 원하는 향 성분의 농도를 높여 고품질의 향료와 에센셜 오일을 생산하며, 제품의 시장 가치를 높이는 데 기여한다. 결과적으로 조향사가 향의 구성 요소를 정밀하게 제어, 고품질의 향 제품을 만들 수 있게 해준다.

3) 포집, 추출법

수증기 증류는 매우 유용한 방법으로, 향을 얻는 조건의 온도가 100℃이다. 하지만 열을 가하는 방법이기 때문에 열에 약한 향 성분은 이 온도에서 분해되거나, 성분들끼리 화학반응(중합 등)을 일으킬 수 있다. 이런 경우에는 수증기 증류 대신 추출법을 사용하게 된다. 추출법은 다양한 매체에 향 성분을 녹이는 방법으로, 오래전에 비가열 추출법인 냉침법이 개발되었으나 현재는 거의 사용되지 않는다. 현재 주로 사용되는 추출법은 에탄올, 아세톤, 헥세인 등의 유기용매나 물, 함수에탄올과 천연물을 접촉시켜 향 성분을 채취하는 방법이다. 이 외에도 새로운 추출 용매로 잔유물이 남지 않는 이산화탄소를 사용하는 방법도 있다.

① 냉침법(enfleurage)

냉침법은 고대 이집트에서부터 향을 얻는 방법으로 사용되었다. 이 방법은 냄새가 나지 않도록 정제한 소기름이나 돼지기름, 또는 올리브유에 향 성분을 흡수시켜 향유를 제조하는 전통적인 방법이다. 이 방법에 적합한 꽃은 튜베로즈, 재스민 등 열에 의해 향이 손상되기 쉬운 원료이다. 이런 꽃은 수확 후에도 생리활성이 지속되어 향을 발산하기 때문에 이 방법이 적합하다. 비록 경제성은 낮지만 최근까지도 사용된 방법이다.

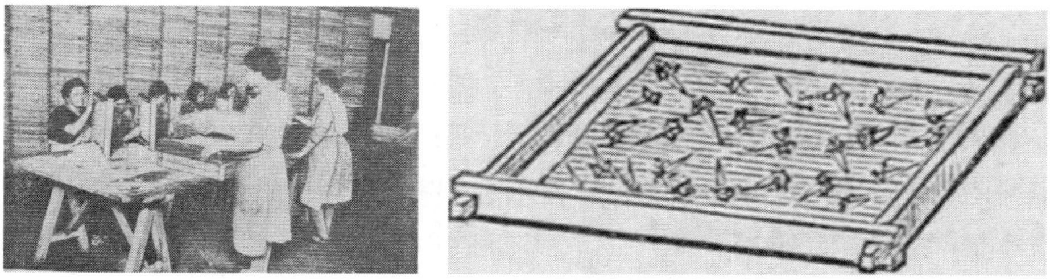

냉침법

실제 방법은 다음과 같다. 먼저 주위를 목판으로 둘러싼 유리판(샤시장베르, Chassis en verre)을 사용한다. 유리판 표면과 뒷면에 깨끗하게 정제해 냄새를 제거한 동물성 지방, 예를 들어 돼지기름과 소기름을 2:1 비율로 섞어 바른다. 아침 일찍 수확한 신선한 꽃을 일정 간격으로 기름 위에 올려놓고, 이런 유리판을 몇 단씩 쌓는다. 원료에 따라 다르지만 약 24~72시간 동안 놓아둔다. 재스민꽃의 경우 다음 날 시든 꽃을 제거하고 새로운 꽃으로 교체한다. 이 작업은 지방이 충분히 향 성분을 흡수할 때까지 3주에서 1개월 정도 반복한다.

꽃잎을 지방 속에 잘 눌러놓으면, 시간이 지남에 따라 꽃잎에 있는 향 성분 오일이 지방 속으로 녹아 들어간다. 이후 향이 들어 있는 지방을 녹이고 고체상 물질을 걸러낸 후 식히면 향 성분이 흡수된 지방 물질인 포마드(pomade)가 형성된다. 포마드는 식물성 향을 함유하고 있으나 이를 직접 향으로 사용하기 어렵고, 포마드에 있는 향 성분 오일의 양도 적다. 또한, 기름 자체는 다루기 쉽지 않고 시간이 지나면 산패(酸敗)되기 때문에 직접 사용하기에는 제한이 있어 이를 에탄올을 이용해 지방을 추출해 낸다. 향기 나는 오일은 산화 정도에 따라 알코올에 녹는다. 추출 과정에서 사용된 지방은 에탄올에 녹지 않기 때문에 향 오일을 분리해 낼 수 있다. 에탄올을 이용해 향 오일을 추출하고, 증류로 에탄올을 제거하면 앱솔루트(또는 앱솔뤼)가 된다.

② 온침법(maceration)

온침법은 '마서레이션' 또는 '마세라시옹'이라고도 한다. 깨끗하게 정제된 동물 지방, 돼지기름과 소기름을 1:1 비율로 섞어 50℃에서 70℃까지 가열한다. 꽃잎과 식물 일부를 뜨거운 기름 속에 넣고 수 시간 동안 푹 끓인다. 그런 다음 처음의 꽃잎을 걸러내고 새 꽃잎을 넣는다. 원하는 정도의 포마드가 될 때까지 이 과정을 반복한다. 마지막으로 깨끗한 알코올로 포마드를 헹구어 향 물질을 기름에서 분리해 걸러내면 매우 순도가 높은 향 추출물인 앱솔루트를 얻는다.
장미, 오렌지꽃 같은 경우에는 꽃을 꺾은 후 생리 기능이 정지되어 향 성분을 생산하지 않는다. 이 꽃들에 냉침법을 사용하면 성분들이 온전히 포마드에 흡수되지 않기 때문에 수율을 올리기 위해 온침법을 사용한다. 가열된 지방에 꽃을 넣어 꽃 향이 추출된 포마드를 만드는 온침법은 냉침법에 비해 시간이 줄어 경제적이나 지방의 이취가 남는 것이 단점이다.

③ 용매추출법(solvent extraction)

꽃이나 수지에 들어 있는 방향 성분을 잘 녹이는 유기용매를 이용하는 방법으로, 현재 가장 중요한 추출법이다. 이 방법으로 꽃잎, 씨앗, 잎, 뿌리, 이끼, 송진 등에서 향을 추출한다. 전통적으로 벤젠을 용매로 사용했으나, 현재는 벤젠의 독성 때문에 다른 용매로 대체되었다. 용매추출법은 수증기 증류법에 비해 저온에서 향을 추출하므로 얻어진 향기가 천연에 가깝다. 그러나 사용하는 용매가 용해력이 높아 향 성분 이외에도 색소나 단백질 등 여분의 물질이 함유될 수 있다. 이 방법은 장미, 재스민, 미모사, 오크모스, 수선화, 히아신스 등 고급 꽃 추출에 널리 사용된다.

용매추출법은 향을 가진 원료를 유기용매에 담가 향 성분을 용출시키는 것으로, 유기용매 선정이 중요하다. 유기화학에서 자주 사용하는 유기용매의 종류와 그 특성은 〈표 3-3〉에 나타내었다.

유기용매는 고극성(친수성)부터 무극성(소수성)까지 분류된다. 용매의 극성에 따라 용출되는 향기 성분이 달라지므로, 어떤 성분을 추출하고 싶은지에 따라 유기용

표 3-3 유기용매의 종류와 그 특성

용매	화학식	끓는점(℃)	유전율	극성
물	H_2O	100.0	81.0	큼
acetonitrile	CH_3CN	81.6	37.0	▲
methanol	CH_3OH	64.6	33.0	│
ethanol	CH_3CH_2OH	78.3	25.0	│
acetone	CH_3COCH_3	56.5	21.0	│
ethylacetate	$CH_3COOCH_2CH_3$	77.0	6.0	│
diethyleter	$CH_3CH_2OCH_2CH_3$	34.6	4.3	│
toluene	$C_6H_5CH_3$	110.6	2.4	│
hexane	$CH_3(CH_2)_4CH_3$	69.0	2.0	낮음

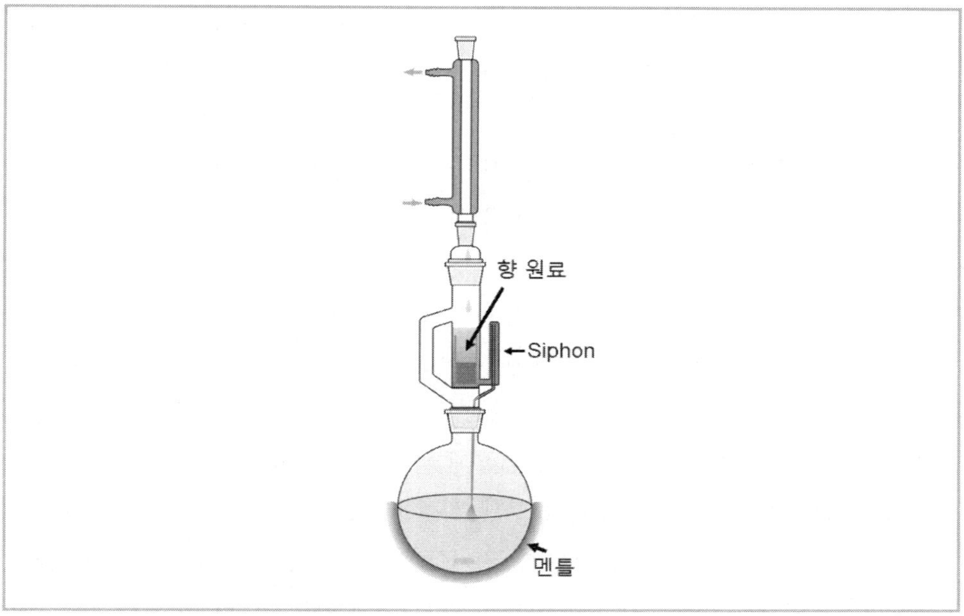

그림 3-2 속슬레(Soxhlet) 추출기

매를 선택해야 한다. 환경과 가격 면에서 물이 가장 적당해 보이지만, 향 성분 대부분은 극성이 낮은 소수성이기 때문에 실온에서 물을 용매로 사용할 수 없다. 한편, 다른 조건이 비슷하다면 향 추출 후 농축을 고려해야 하므로 끓는점이 낮은 용매를 사용하는 경우가 많다.

추출 방법에는 고체로부터 원하는 성분을 추출하는 고/액 추출법과 액체로부터 성분을 추출하는 액/액 추출법이 있다. 이 두 방법 모두 향 성분을 추출하는 데 가장 간편하지만, 용매에 용해되는 물질은 모두 녹아 나오므로 향 성분의 순도가 낮은 단점이 있다.

응용이나 안전성 면에서 가장 먼저 고려할 수 있는 용매는 에탄올이다. 예전에는 가정에서 인삼을 소주에 담가 약용 성분이 우러난 인삼주를 만드는 경우가 있었으나, 인삼의 약용 성분이 충분히 우러나려면 오랜 시간이 필요했다. 알코올에 식물성 원료를 담가 얻은 침출액을 알코올레이트(alcoholate)라 한다. 식물 속에는 오일보다 더 많은 물이 함유되어 있어, 에탄올로는 빠르게 향 성분을 추출하기 어렵다. 한편 향 성분의 경우에는 가능한 한 빠르게 그 성분을 꺼내지 않으면 변하는 경우가 많다. 따라서 일반적으로 용매 추출에 에탄올을 사용하는 경우는 드물다. 그러나 바닐라콩이나 용연향에서 향을 추출할 때는 에탄올이 사용되기도 한다. 용매추출법에 자주 사용되는 유기용매로는 석유에테르(petroleum ether), 아세톤, 펜테인, 헥세인, 아세트산에틸 또는 10% 아세트산에틸과 90% 헥세인으로 된 혼합 용매가 있다. 석유에테르는 끓는점이 30~70℃인 휘발성 석유 유분으로, 펜테인(C_5H_{12})과 헥세인(C_6H_{14})으로 이루어진 탄화수소 혼합물이며, 물에 거의 녹지 않는 소수성 특성이 있다. 아세톤과 아세트산에틸은 산소 원자를 포함하고 있어 물에도, 헥세인 등의 소수성 용매에도 녹는다.

식물을 말린 후 분쇄하여 유기용매에 담그면, 유기용매에 향 성분이 녹기 시작한다. 추출되는 향 성분에 따라 사용 용매를 변경함으로써 추출 효율을 높일 수 있다. 실험실에서 용매 추출을 할 때는 〈그림 3-2〉에서 볼 수 있는 속슬레(Soxhlet) 추출기라는 장치를 사용한다. 공업적으로 사용되는 장치도 기본 원리는 같다.

제일 아래에 있는 플라스크에 용매를 넣고 플라스크를 가열한다. 사용되는 용매는 모두 가연성이므로 직접 가열하지 않고 전기로 가열하는 맨틀(mantle)을 사용한다. 분쇄한 식물 향 원료를 그 위의 유리관에 넣는다. 맨틀로 가열된 용매 증기는 왼쪽 관을 통해 위로 올라간다. 상부에는 냉각관이 있어 여기서 증기가 액체로 변해 식물체가 있는 곳에 모이게 된다. 이 과정에서 식물체에 포함된 향 성분이 용매에 녹아 나온다.

향기 성분이 녹아있는 용매는 그 양이 증가하면서 오른쪽의 사이폰(siphon) 관을 통해 올라간다. 어느 높이에 도달하면 향기 성분이 녹아있는 용매가 아래 플라스크로 떨어진다. 이후, 플라스크에서 용매가 다시 증발된다. 이 과정을 일정 시간 반복하면 아래 플라스크 안의 향기 성분 농도는 점차 높아진다. 농도가 일정 수준 이상 올라가지 않게 되면 추출은 완료된다.

이 방법은 식물뿐만 아니라 모든 물질에 사용할 수 있다. 지금까지 많은 성분이 이 방법으로 추출되었고, 이 방법은 의약품 발견 및 개발 등에 크게 공헌해 왔다.

유기용매에 녹아있는 상태의 향 성분은 바로 향수 등에 사용할 수 없으므로, 플라스크 속의 향 성분이 녹아있는 용액에서 유기용매를 증발시킨다. 이 과정을 건고(乾固)라고 한다. 그 결과, 왁스상이나 점도가 높은 페이스트 형태의 물질이 얻어지는데, 이를 '콘크리트'라고 한다. 유향이나 몰약 같은 수지로부터 이 방법으로 얻는 경우에는 '레지노이드'라고도 한다. 뿌리, 이끼 같은 마른 원료로부터 얻은 경우에도 레지노이드라고 하기도 한다.

콘크리트는 향 구성물(방향족화합물), 식물성 잔류물, 색소, 고형유분(stearopten)

이라는 왁스 성분 등을 포함하고 있다. 이 콘크리트를 바퇴즈(Batteuse)라는 기계에서 에탄올로 처리한다. 향 성분이 에탄올에 녹고, 최종단계에서 에탄올을 제거하고 정제하여 향료의 앱솔루트를 얻는다.

④ 초임계 이산화탄소법(supercritical fluid extraction)

유기용매를 사용해서 향 성분을 추출한 경우, 최종적으로 사용한 용매를 제거하는 과정이 필수적이다. 보통 용매를 제거하려면 가열해야 하는데, 이 과정에서 향 성분이 변할 수 있다. 이 문제를 해결하기 위한 혁신적인 방법으로, 초임계 이산화탄소(CO_2) 추출 기법이 주목받고 있다. 이 방법에서는 용매로 이산화탄소를 사용하며, 나중에 열을 사용하지 않고도 용매를 제거할 수 있는 장점이 있다. 특히 홉(hop) 추출이나 커피에서 카페인을 제거하는 데 이 방법이 널리 적용되고 있으며, 다양한 분야에서도 이산화탄소를 사용한 추출 방법이 활용되고 있다.

초임계 상태를 이해하기 위해서는 물질이 가지는 상태(기체, 액체, 고체)와 이를 결정하는 온도와 압력에 대한 이해가 필요하다. 〈그림 3-3〉에 나타낸 이산화탄소의 상태 변화를 설명하는 P-T 상태도를 보자. 온도는 가로축, 압력은 세로축에 나타나

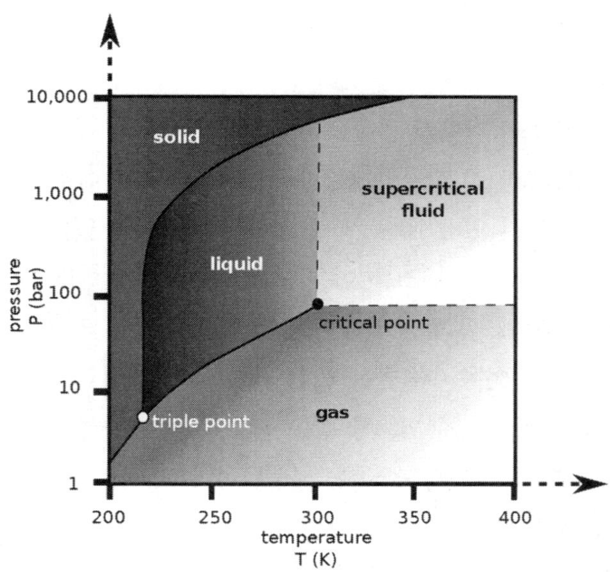

그림 3-3 이산화탄소 상평형 그림
자료: Ben FinneyMark Jacobs, wikimedia

있다. 상온의 대기압 중에서 이산화탄소는 기본적으로 기체 상태로 존재한다. 일상생활에서도 볼 수 있는 드라이아이스는 이산화탄소의 고체 형태로, 상온과 상압에서는 불안정하여 주변으로부터 에너지를 흡수하여 점차 기체로 변한다.

그림에서 볼 수 있듯이 이산화탄소가 304.13K (31.0℃)와 73.8기압(7.38 MPa 또는 1070 psi)을 초과하는 온도와 압력에서는 기체도 액체도 아닌 두 상태의 성질을 모두 갖는 상태에 도달한다. 이 경계점을 '임계점'이라고 한다. 임계점 이후의 상태를 '초임계상태'라고 하며, 이때 이산화탄소는 초임계유체라는 특수한 상태가 된다. 초임계유체는 기체의 높은 확산 속도와 액체의 우수한 용해 능력을 동시에 갖고 있어, 이산화탄소를 용매로 활용하여 향 성분을 추출하고, 추출 후 상온과 상압에서 기체로 바뀌, 열에 의한 성분 변성없이 용매를 쉽게 제거할 수 있다.

이산화탄소 초임계유체의 중요한 성질 중 하나는 물질을 매우 잘 녹인다는 것이다. 이는 초임계 상태에서 이산화탄소 분자 사이의 거리가 확장되어 다른 분자를 포획할 수 있는 공간이 생기기 때문이다. 예를 들어, 비교적 낮은 온도(31.0℃)와 압력(7.38 MPa)에서 이산화탄소는 초임계 상태에 도달하며, 이 특성 덕분에 용매로 활용될 때 유기 분자를 효과적으로 잘 녹일 수 있다. 특히, 추출 과정이 완료된 후 가압을 해제하면 이산화탄소가 기화되어 향 성분에 용매 잔류 문제가 발생하지 않는다. 이는 향기 성분을 추출하고, 농축하는 데 있어 효율적인 방법이다. 또한, 낮은 온도에서 추출이 진행되므로 향기 성분의 열변성이나 탑 노트 손실을 최소화할 수 있는 장점이 있다.

저온에서 이산화탄소를 사용한 추출은 식물 내 향 성분을 대부분 보존하면서 추출할 수 있으며, 추출 과정 중 산소와 접촉이 적어 산화되기 쉬운 성분도 안정적으로 추출할 수 있다는 장점이 있다. 수증기 증류로는 추출할 수 없는 분자량이 큰 향 성분이나 수용성 성분도 이산화탄소를 이용하면 추출이 가능하다.

같은 식물에서 추출해도 방법에 따라 향 성분이 달라져 향의 성격도 달라진다. 초임계 이산화탄소법으로 얻은 추출물은 이산화탄소의 용해력과 낮은 추출 온도로 인해 열분해가 적어, 수증기 증류법으로 얻은 오일과는 다른 물질을 함유할 수 있다. 초임계 이산화탄소법으로 얻은 추출물은 원재료의 냄새에 더 가깝고, 다양한 향기로운 화합물을 포함할 수 있다.

초임계 이산화탄소 추출로 얻은 오일 역시 용매추출법으로 얻는 향 성분으로, 콘크리트라고 불린다. 이후 에탄올로 추가 처리하여 앱솔루트를 얻거나, 더 처리를 거쳐 테르펜리스 오일도 얻을 수 있다. 트리모스나 오크모스와 같이 점도가 높은 콘크리트의 경우, 이를 끓는점이 높은 용매에 녹인 후 공증류 방법으로 향을 추출한다.

용매를 사용한 추출 공정에서는 용매가 대기 중으로 새어 나오는 경우가 발생할 수 있다. 하지만 새어 나오는 용매가 이산화탄소라면 위험성이 없다. 기화된 이산화탄소는 회수하여 재사용할 수 있으며, 이는 지구 온난화에 미치는 부정적 영향을 줄일 수 있는 친환경적인 방법이다. 그러나 증류 추출법보다 수율이 낮고, 장치는 고가이며 특별한 관리가 필요하여 추가적인 비용이 발생하는 단점이 있다. 이는 제품의 최종 가격에도 영향을 미친다.

초임계유체로는 이산화탄소 외에도 프로페인(propane)이나 뷰테인(butane)을 사용할 수 있다. 모든 식물로부터 CO_2 추출법을 사용할 수 있지만, 식물에 물이 있으면 용해도가 떨어지고 산성화되어 추출이 어려워진다. 라벤더나 재스민 같은 신선한 식물은 상당량의 물을 포함하고 있어, 추출을 하려면 이 물의 비율을 줄여야 하므로 비용이 증가한다. 그래서 주로 후추, 베티버, 커피, 바닐라 같은 건조한 원료에서 향을 추출하는 데 사용되고 있다.

⑤ 헤드스페이스법(headspace extraction)

'헤드스페이스(headspace)'는 용기에 시료를 넣고 밀폐했을 때 생기는 상부의 공간을 말한다. '헤드스페이스 분석법'은 이 공간에서 발생하는 향기 성분을 포집하여 분석하는 방법이다. 이 방식은 시료 내에 존재하는 휘발성 향기 성분을 직접 코로 감지하는 것과 유사한 조건에서 분석하지만, 특정 흡수제를 사용하여 성분을 흡수한 뒤 가열 · 탈착시켜 분석하는 것이므로, 완전히 동일하지는 않지만, 조작이 쉬워 향 분석에 자주 사용된다. 헤드스페이스 분석법은 실제 인간이 감지하는 향에 가장 근접한 데이터를 제공한다. 헤드스페이스 분석의 장점은 시료를 직접적으로 파괴하지 않고, 향기 성분만을 포집한다는 점이다. 또한, 열이나 용매를 사용하지 않아 다른 방법으로 추출하기 어려운 끓는점이 낮은 성분을 포집하는 데 탁월하다. 이 방법은 우리가 실제로 느끼는 향기를 분석하는 데 주로 사용되며, 다양한 분석 및 연구 분야에서 널리 채택되고 있다.

헤드스페이스 분석에는 정적(static)과 동적(dynamic) 헤드스페이스 두 가지 방법이 있다. 정적 헤드스페이스는 시료와 향기 성분이 평형에 도달할 때까지 기다렸다가 성분을 포집하는 방식이고, 동적 헤드스페이스는 용기 안의 공기를 지속적으로 순환시키며 향기 성분을 모으는 방식이다. 각 방법은 특정한 분석 목적에 따라 선택된다. 5장에서도 자세히 기술하였다.

일반적인 헤드스페이스 분석법을 간단히 보자. 향을 추출하고자 하는 꽃을 정하면 헤드스페이스 장비를 정원으로 가져가서 유리로 제작된 방울 모양의 병을 꽃 위에 조심스럽게 설치하고 여러 종류의 트랩을 이용해 헤드스페이스를 채취한다. 먼저 몇 분 안에 충분한 시료를 수집할 수 있는 소형 열 탈착 트랩을 사용한 다음, 용매 탈착 용량이 큰 트랩을 각각 8시간 정도 그대로 둔다. 이렇게 하면 냄새의 대표적인 시료를 수집하고 다양한 분석 기법에 사용할 수 있는 적절한 양의 시료를 확보할 수 있다. 실험실로 돌아와 열 탈착 트랩을 GC-MS(기체 크로마토그래피-질량분석법)로 분석하여 주요 성분을 정량화하고 식별한다. 일반적으로 시료 속에 있는 많은 화합물들을 GC-MS로 명확하게 식별할 수는 없다. 따라서 더 큰 트랩은 디에틸에테르 또는 유사한 용매를 이용해 향 성분을 탈착시키고, 얻어진 용액을 GC-O(Gas chromatography-olfactometry)로 분석하여 어떤 성분에서 어떤 냄새가 나는지를 확인한다. 한편, 질소 및 황에 특화된 검출기를 사용하면 인돌이나 시안화 벤질(benzyl cyanide) 같은 질소나 황을 함유한 화합물을 쉽게 식별할 수 있다.

⑥ 마이크로 고체상 추출법

마이크로 고체상 추출법은 헤드스페이스 분석과 함께 분석 및 연구에 사용되는 기법으로, 기본적으로 '고체상 미량 추출(Solid Phase Microextraction, SPME)법'이다. 이 기법은 코팅된 파이버를 내장한 주사기를 이용하여 향기 성분을 흡착하고, 이를 GC 장치에 주입하여 가열을 통해 향기 물질 성분을 탈착시킨 후 분석하는 방법이다. 향기 성분 분석에 자주 사용되며, GC 장치에 부가장치로 부착된 경우가 많다.

SPME 기법에서 중요한 요소는 흡착제로 코팅된 파이버이다. 이 파이버는 polydimethylsiloxane, polyacrylate, polyethylene glycol, Carboxen® 등 다양한 조합으로 구성될 수 있다. 파이버의 선단부에 흡착제가 코팅되어 있어 헤드스페이스 향기를 흡착한 후, GC 주입부에서 가열을 통해 탈착되어 분석된다.

SPME는 고체, 액체, 대기 등 다양한 시료로부터 향 성분을 포집할 수 있는 범용성을 가지고 있지만, 주로 헤드스페이스상의 성분 포집에 적합하다. 코팅된 흡착제의 양이 상대적으로 적기 때문에 포집량이 제한적이며, 포집하는 성분의 종류에 따라 적절한 흡착제를 선택하는 것이 중요하다.

4) 추출 방법에 따른 명칭

식물 원료가 같아도, 향 추출 방법이 다르면 향 성분 조성이 다르므로 향기의 인상이 달라지고, 따라서 명칭도 다르다. 이 관계를 〈그림 3-4〉에 나타내었다.

수증기 증류법으로 얻은 정유는 에센셜 오일이라고 부르며, 유기용매를 이용해 향을 추출하고, 유기용매를 증발시켜 얻은 왁스나 페이스트 상태의 향 물질은 콘크리트라고 한다. 수지 등에서 추출한 것을 레지노이드라고 부르고, 꽃 이외의 열매, 잎, 나무껍질, 뿌리, 줄기에서 추출한 것을 오레오레진(oleoresin)이라고도 한다. 이를 에탄올을 이용해 정제한 정유는 앱솔루트라고 한다. 천연물을 알코올에 담가 향기 성분을 침출시키면 팅크제를 얻을 수 있다.

구체적으로 다마스크 장미꽃을 예로 들어보자. 용매추출법으로 얻은 로즈 앱솔루트는 아름답고 투명한 붉은 색을 띠며, 페네틸알코올을 많이 함유하고 있어 화려한 인상의 피어있는 장미에 가까운 향기가 난다. 반면, 수증기 증류법으로 추출된 장미의 에센셜 오일은 특별히 '로즈 오토(rose otto)'라 불리며 무색이고, 시트로넬롤, 제라니올, 리날로올 등의 성분으로 구성되어 밝고 투명하며 달콤한 향이 난다. 페네틸알코올은 물에 쉽게 녹기 때문에 로즈 오토에는 거의 포함되지 않는다. 수증기 증류법에서는 앱솔루트를 얻을 때보다 더 많은 양의 꽃잎이 필요하므로 가격이 비싸다. 그러나 유기용매를 사용하지 않아 피부에 자극이 적고 상쾌하며 우아한 향을 제공한

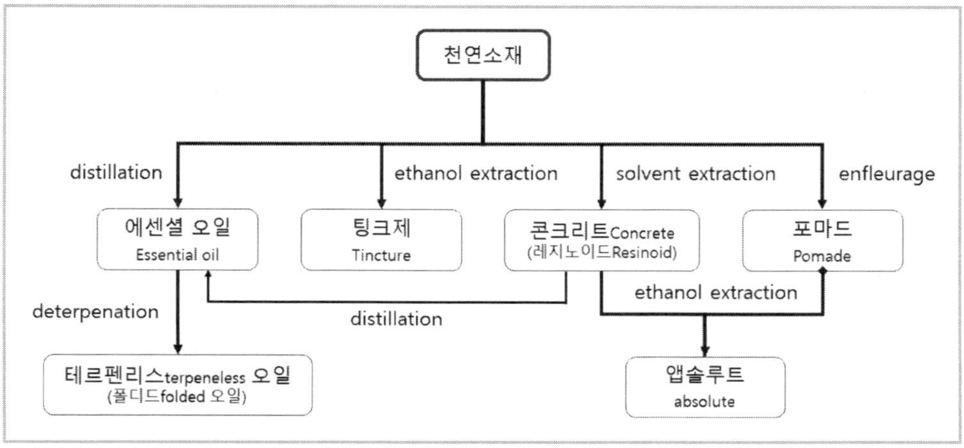

그림 3-4 추출 방법에 따른 명칭

다. 캐비지 장미(Rosa centifolia)의 경우 대부분 수증기 증류법보다는 용매추출법을 사용하여 로즈 앱솔루트를 얻는다. 이처럼 천연 향의 특성에 맞춰 적절한 추출 방법이 선택된다.

또 다른 예를 보자. 비터 오렌지 나무에서는 추출 방법과 부위의 차이에 따라 5종류의 향료를 얻을 수 있다. 꽃을 수증기 증류한 것은 '네롤리 오일', 용매로 추출한 것은 '오렌지 플라워 앱솔루트'라고 한다. 잎이나 가지를 수증기 증류한 것은 '쁘띠그레인 오일', 용매추출법으로 얻은 것은 '쁘띠그레인 비가레이드 앱솔루트'라고 한다. 열매껍질을 압착법으로 추출한 것은 '비터 오렌지 오일'이라고 하며, 각각의 향 성분과 향의 인상이 다르다.

3.5 요약

이 장에서는 다양한 천연 향료와 그 일반적인 채취 방법을 소개하였다. 천연 향 물질을 추출하고 포집하는 방법은 원료의 종류, 추출 목적, 그리고 필요량에 따라 선택된다. 특히 식품이나 화장품과 같은 분야에서 사용하기 위해서는 경제적인 대량생산이 가능한 방법이 필요하다. 또한, 향은 매우 다양한 성분으로 이루어져 있고, 이 성분들의 농도가 매우 낮기 때문에 모든 향 성분을 완벽하게 포집할 수 있는 절대적인 방법은 없다. 따라서 향 성분을 종합적으로 이해하고 분석하려면 각 방법의 장단점을 잘 파악하여 적절히 조합해 사용하는 것이 필요하다.

04장 합성 향료

향료는 크게 천연 향료와 합성 향료로 나눌 수 있다. 천연 향료는 동식물에서 추출한 향기 성분으로, 원료의 산지, 채취 시기, 기후 조건 등에 따라 품질에 차이가 있다. 천연 향료는 대체로 고가이며, 안정적인 공급이 어렵다. 반면, 합성 향료는 화학반응을 통해 인공적으로 생성된 향료로, 대량 생산이 가능하고 가격이 저렴하며, 품질의 편차가 적은 장점이 있다.

합성 향료는 크게 둘로 나눌 수 있다. 첫째는 천연에서 발견되는 성분과 화학 구조가 동일한 합성물이고, 둘째는 자연에서는 존재하지 않는 새로운 화합물이다. 산업혁명 이후 과학기술의 발전으로 합성 향료가 발명되면서, 천연 추출물에 의존하지 않게 되었고, 더 많은 사람들이 향료를 사용하게 되었다. 이 장에서는 이를 가능하게 한 합성 향료에 대해 알아보자.

4.1 서론

합성 향료의 발전은 향수 및 향료 산업에 중요한 변화를 가져왔다. 19세기 중반까지 향수는 부유층이나 왕족, 귀족만이 사용할 수 있는 귀한 물건이었다. 이는 향수를 만드는 데 필요한 향료가 매우 비쌌기 때문이다. 향료를 추출하는 데는 상당한 노력이 필요하며, 천연물에서 향료를 추출하는 과정은 대량의 원재료와 높은 인건비, 긴 추출 시간이 요구되었다. 또한, 천연 향료는 기후나 자연재해 등에 의해 공급이 불안정했으며, 동물에서 얻는 향료는 우연히 발견되는 행운을 기대해야 했다. 이런 이유로 많은 천연 향료는 고가의 귀중품이었다. 합성 향료의 등장은 이러한 문제를 해결하는 데 큰 역할을 했다.

화학자들은 천연원료에서 방향족 화합물을 분리하고 정제하여 분자 구조를 규명한 후, 이를 냄새 물질과 동일한 시료로 합성하였다. 이러한 합성은 화합물의 분자 구조가 정확한지 확인하는 최종 증거가 될 뿐만 아니라, 천연원료에 의존하지 않고 향 물질을 생산할 수 있게 해준다. 19세기에는 이미 화학자들이 천연 향 소재를 모방해 합성 향료를 만들기 시작했다. 천연 물질과 구조가 동일한 합성 향료는 '자연동일(nature identical)' 향료라고 한다. 예를 들어, 통카콩의 주요 향 성분인 쿠마린, 장미와 재스민 등의 꽃 정유 성분인 리날로올, 그리고 시나몬의 주요 성분인 신남알데하이드 등이 이에 해당한다. 산업화와 함께 화학이 발전하며 방향족 화합물을 대량 생산할 수 있게 되었고, 이로 인해 조향사들은 천연원료의 수확 시기에 영향을 받지 않고도 향을 다룰 수 있게 되었다. 합성 향료의 또 다른 장점은 지속성이다. 예를 들어 감귤 향처럼 천연 과일에서 얻는 향 원료는 금방 날아가지만, 합성 향 오일은 지속력이 훨씬 더 길다. 또한, 합성 향료는 적은 비용으로 제조할 수 있다는 경제적 장점도 있다.

이후 화학자들은 화학구조 변화가 재료의 냄새 및 기타 특성에 미치는 영향을 연구하고, 추가 유사체를 합성하여 냄새, 성능, 비용의 균형을 맞출 수 있게 되었다. 그리고 자연에 존재하지 않는 새로운 분자 구조의 향 물질을 합성할 수 있게 되었다. 이를 '아티피셜' 또는 '뉴 케미칼'이라고 부른다. 이러한 합성 향료는 천연에는 없는 뛰어난 향 특성을 가지며, 대표적인 예로 시트러스 계열의 디하이드로미르세놀(dihydromyrcenol)과 우디앰버 향료인 메틸 세드릴 케톤(Methyl Cedryl Ketone, Vertofix®)이 있다. 이는 향료 및 향수 발전에 있어 중요한 의미를 가진다.

이전 시대의 향수는 천연원료만 사용하여 조합 비율에 따라 개발되었기 때문에 표현할 수 있는 향의 이미지와 노트가 한정적이었다. 그러나 이제 조향사들은 전형적인 노트를 넘어 완전히 새로운 향을 창조하거나 기존 화합물에 적은 변화를 주어 새로운 향을 가진 제품을 만들 수 있게 되었다. 이는 추상적인 형태의 조향을 가능하게 한다. 예를 들어, 1921년 코코 샤넬의 《샤넬 No. 5》는 천연 향료에 합성 물질인 알데하이드를 첨가하여 새롭고 고급스러운 향을 만들어냈다. 이러한 혁신은 합성 향료 사용을 대중화시키고, 천연에서는 발견되지 않는 마린이나 화이트 플로럴 등의 노트를 창조할 수 있게 했다. 이렇게 합성 향료는 향수 산업에 무한한 가능성을 열었다.

합성 향료는 천연 향료에 비해 지속성이 뛰어나고 제조 비용이 적게 들며, 화학성분의 안정성을 확보할 수 있다. 향료에 포함된 화학물질이 동일하다면 합성 향료는 천연 향료에 비해 가격 경쟁력이 훨씬 뛰어나다. 한편, 현대사회에 들어서면서 삶의 질과 건강에 대한 인식이 높아지면서 점차 알레르기 유발 물질 사용이 제한되고 있다. 화학성분의 안전성 문제는 순수한 형태로 합성되는 합성 향료보다는 다양한 화합물이 혼합된 천연 향료에서 더 많이 발생한다. 예를 들어, 천연 베르가모트 정유는 안전을 위해 미리 전처리를 해야 하고, 무화과 잎 오일은 업계에서 사용이 금지되었다.

현대에는 다양한 제품에 향이 사용되며, 이들 제품 중 많은 경우에 향 성분의 화학적 안정성이 문제가 된다. 표백제(pH=13−14), 세탁제(pH=10−11)나 비누(pH=9−10) 등에 향료를 첨가한다고 생각해 보자. 많은 향료는 이렇게 pH가 높은 조건에서 화학적으로 불안정하다. 예를 들어, 재스민 오일의 주성분인 아세트산 벤질(benzyl acetate)은 pH 값이 높은 조건에서는 가수분해가 일어나며, 표백제나 세탁용 비누에서는 산화반응도 일어난다. 또한, 재스민에 포함된 인돌은 비누의 색을 바꾼다. 이러한 문제를 해결하기 위해, 화학자들은 화학적으로 안정한 새로운 향료를 개발하였고, 이를 통해 다양한 제품에 안정적으로 향을 넣을 수 있게 되었다. 예를 들어, 〈그림 4-1〉에 나타낸 재스민의 특정 향 성분인 재스몬(jasmone)을 보자. 천연 재스민꽃의 향은 열에 불안정하여 일반적인 수증기 증류 방법으로는 얻을 수 없고, 냉침법을 사용해야 한다. 그러나 이 방법은 인건비, 시간, 처리 비용이 많이 들기 때문에 재스민은 매우 고가의 향료이다. 이를 해결하기 위해, Büchi와 Egger는 천연 성분과 동일한 재스몬과 재스몬산 메틸을 합성했다.[1] 이들은 천연에도 있는 '자연 동일' 향료이다.

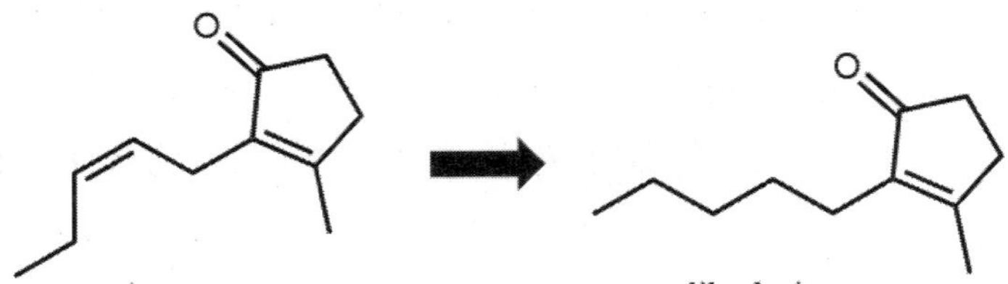

jasmone dihydrojasmone

그림 4-1 재스몬과 이를 화학적으로 안정화시킨 디하이드로재스몬(dihydrojasmone)의 화학구조

그러나 이들이 개발한 합성 방법은 실험실에서는 가능했지만, 실제 대량 생산을 위해서는 수소와 아세틸렌 같은 위험한 물질을 다루어야 하고, 이를 위한 고가의 장치가 필요하여 상업화되지 못했다. 게다가 재스몬은 사이드 체인에 이중결합이 있어 화학적으로 불안정하다. 여기서 화학자들은 재스몬의 사이드 체인의 이중결합을 포화시켜 재스몬 향이 유지된 디하이드로재스몬을 합성하였다. 화학적으로 재스몬보다 디하이드로재스몬을 합성하는 것이 훨씬 더 쉽다. 따라서, 가격도 낮아졌다. 여기서 디하이드로재스몬은 '아티피셜 향료' 또는 '뉴 케미컬'이다. 천연물과 동일한 합성 향료인 재스몬은 천연 향료의 1/10 가격이며, 천연과는 다르지만 비슷한 향을 가진 합성 향료인 '뉴케미컬'인 디하이드로재스몬은 가격이 비슷하거나 더 저렴하다. 또한 디하이드로재스몬의 경우, 사이드 체인이 이중결합이 아니고 포화되어 있어 화학적으로 안정하므로 세탁제나 표백제를 함유한 제품에도 안정적으로 사용할 수 있다. 마찬가지로 제라니올과 리날로올처럼 이중결합이 있는 알릴알코올을 수소화하면 산화제에 더 안정해져 표백제에도 향을 부여할 수 있게 된다.

결론적으로, 합성 향료는 천연 향료의 문제를 해결하고 향수 및 향료 산업에 무한한 가능성을 열어주었다. 그 결과, 20세기에는 합성 향료가 시장의 대부분을 차지하게 되었다. 현재는 3,000종이 넘는 다양한 향료가 화장품과 일용품 등 여러 제품에 사용되고 있어, 우리의 일상은 향기로 가득 차게 되었다. 이 장에서는 향료를 분류하고, 합성 향료의 역사를 탐구하는 것으로 시작한다.

---

1) Organic Syntheses, Coll. vol 8, p 620 (1993); vol. 65, p26(1987)

4.2 향료의 분류

향료는 천연 향료와 합성 향료로 나눌 수 있으며, 각각의 장점을 살려 서로를 보완하고 조화를 이루어 향료 산업의 발전과 더불어 소비자에게 더욱 풍부하고 만족스러운 향 경험을 제공하고 있다.

천연 향료는 다양한 유기화합물이 섞여있는 혼합물이다. 예를 들어 레몬 정유에는 200개가 넘는 냄새 성분이 포함되어 있다. 반면에 합성 향료는 순도가 높은 단일 화학물질로 이루어져 있어 '단품향료'라고 불리기도 한다(향료의 분류는 1장 참조). 합성 향료는 좁은 의미에서 화석원료에서 만들어지는 에틸렌(ethylene)이나 아세틸렌(acetylene) 등을 유기합성화학 방법으로 화학 변환시켜 얻는 화합물로 생각되지만, 천연원료인 단리향료를 출발원료로 하여 화학 변환을 통해 얻는 '반합성 향료'도 포함된다.

1) 단리향료(單離香料)

단리향료는 천연에서 분리된 순수한 화합물로, 향의 특성을 분석하는 데에 기본이 될 뿐만 아니라, 다양한 용도로 활용될 수 있는 중요한 원료이다. 18세기 이전부터 녹나무(camphor wood)의 잎이나 가지에서 수증기 증류를 통해 캠퍼를 분리하고 정제하였다. 이후 타임(thyme) 정유에서 티몰(thymol)을 분리하였고, 페퍼민트 오일을 얼려 결정화된 멘톨(menthol)을 여과하여 얻는 방법도 개발되었다. 특히 (−)−멘톨(*l*−menthol)은 쿨링 효과가 있어 구강 청결제나 바디워시 같은 프레그런스 제품뿐만 아니라, 껌, 캔디, 아이스크림 등 플레이버 제품에도 폭넓게 사용된다.

19세기 후반에는 감압증류나 증류기와 같은 분류 기술의 도입으로 결정화되지 않는 향 성분도 단리할 수 있게 되었다. 예를 들어, 1871년에는 팔마로사 오일(palmarosa oil)에서 제라니올을, 레몬그라스에서 시트랄을 분리하였고, 1896년에는 로즈 오토에서 페네틸알코올을 분리하였다.

20세기 후반에는 기체 크로마토그래피(GC)와 같은 분리 기술의 혁신으로 소량의 향 물질을 분리하고 그 구조를 결정하는 것이 가능해졌다. 1961년에는 다마스크 장미에서 로즈 옥사이드, β−다마세논, β−다마스콘 같은 성분이 분리되고 그 구조가 밝혀졌다. 이 성분들은 다마스크 장리의 특징적인 향을 구성하지만, 매우 미량으로 존재하기 때문에 분석을 위한 대량 분리가 어려워서 규명이 늦었다.

캠퍼, 티몰, α-피넨, 유제놀 등 대량으로 단리된 물질들은 다양한 고부가가치 테르페노이드나 합성 향료의 원료로도 사용된다. 예를 들어, 시트로넬 오일에 함유된 시트랄로 바이올렛 향기를 재현할 수 있다.

2) 반합성 향료

반합성 향료는 천연원료에서 출발하여 화학반응을 통해 합성된 화합물로, 천연 향료의 자연스러운 특성과 합성 향료의 순도와 재현성을 결합한 것이다. 예를 들어, 천연에서 많이 발견되는 β-피넨을 열분해하여 미르센을 얻은 후, 여기에 염화수소를 부가시켜 제라닐 클로라이드(geranyl chloride)를 만든다. 이를 가수분해하면 제라니올, 리날로올, 네롤 등을 만들 수 있다. 또 다른 예로는, 정향으로부터 단리한 유제놀을 이용해 바닐린을 합성하기도 한다.

단리향료 부분에서 소개한 (-)-멘톨은 페퍼민트 정유에서 결정화를 통해 얻을 수 있지만, 반합성 향료로부터도 얻을 수 있다. 이 경우 출발원료로 β-피넨을 사용하는데, 이 물질은 제지회사가 펄프(pulp)를 제조할 때 생기는 부생성물로부터 얻는 단리향료이다. 반응을 〈그림 4-2〉에 나타내었다.

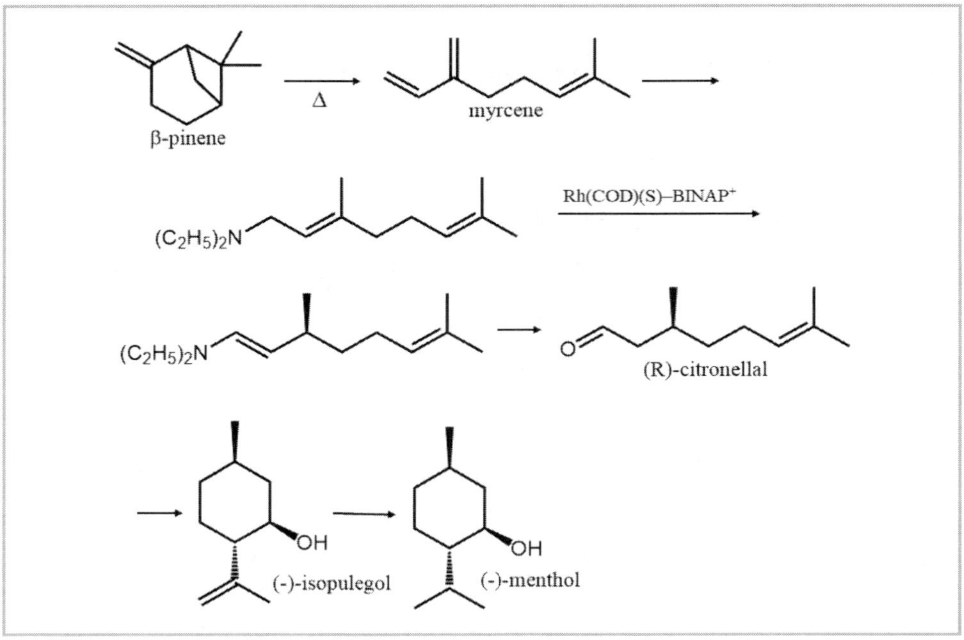

그림 4-2 (-)-멘톨의 반합성 제법

β-피넨을 열분해하여 미르센으로 변환시키고, 이를 질소를 포함한 중간체로 변환한다. 이 질소 함유 중간체에 대해 2001년 노벨화학상을 수상한 노요리 료지(野依良治) 교수가 개발한 비대칭 촉매인 로듐(S)-(-)-BINAP 복합체를 이용하여, 이중결합의 위치가 바뀐 광학활성을 가진 시트로넬랄의 에나민(enamine) 중간체를 만든다. 이 중간체를 가수분해하면 (+)-시트로넬랄이 얻어지고, 이를 루이스산 촉매($ZnCl_2$)로 처리하면 6원 고리의 (-)-이소풀레골(isopulegol)이 생성된다. 여기에 수소를 첨가하여 환원시키면 100% 순수한 (-)-멘톨을 얻을 수 있다. 이 기술이 확립되기 이전에는 (-)-멘톨의 반합성법으로 시트로넬랄에서 얻는 (R)-시트로넬랄을 출발 물질로 사용하는 방법이 가장 많이 이용되었다. 이렇게 반합성 향료는 천연원료의 장점을 유지하면서도 합성 과정을 통해 향의 질이나 양에 있어서 일관성과 순도를 높일 수 있어 향료 산업에서 중요한 역할을 한다.

3) 합성 향료

석유화학 제품에서부터 유기화학 합성 방법을 통해 합성 향료를 얻는 예로, 앞서 소개한 (-)-멘톨의 합성 방법을 〈그림 4-3〉에 나타내었다.

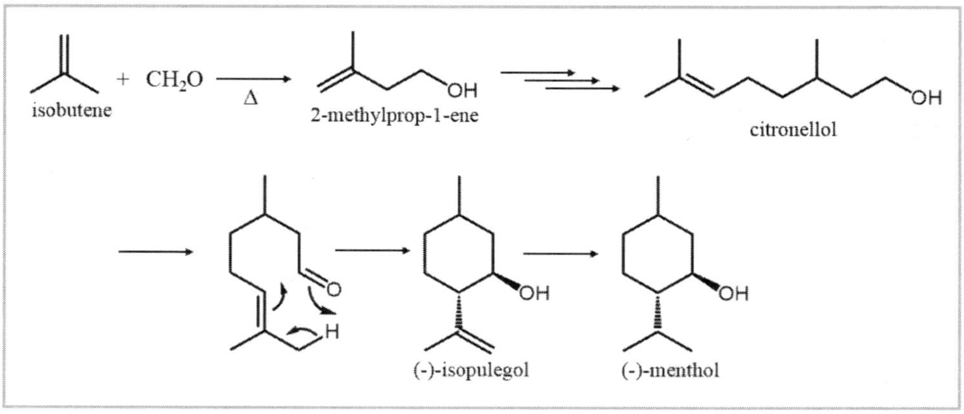

그림 4-3 (-)-멘톨의 전합성 제조법

석유화학 공업에서 중요한 화합물인 이소부텐(isobutene)과 폼알데하이드(formaldehyde)로부터 얻어진 불포화 알코올을 여러 단계에 거쳐 시트로넬랄로 유도하고, 알데하이드 작용기를 알코올로 환원시킨다. 이어 비대칭 환원반응을 통해

(R)-시트로넬랄로 유도할 수 있다. 이후는 〈그림 4-2〉의 반합성 향료에서 소개한 방법과 동일하게 반응을 진행하여 (-)-멘톨을 얻을 수 있다. 합성 향료는 단일 화학물질로 구성되어 있어 향의 순도가 높고, 동일한 화학적 합성 과정을 통해 항상 동일한 품질의 향료를 생산할 수 있어 재현 가능성이 크다. 더불어 대량 생산이 가능하여 경제적인 장점도 있다.

이렇게 (-)-멘톨은 제조 방법과 출발원료에 따라 단리향료, 반합성 향료, 합성 향료로 구분되어 생산된다. 각 제조 방법은 고유한 장점을 가지고 있으며, (-)-멘톨은 이렇게 다양한 생산 방식을 통해 생산되어, 시장의 요구를 충족시키고 있다.

4) 조합 향료

천연 향료는 기후 변화나 자연재해와 같은 외부 요인에 영향을 받아 안정적인 공급이 어려우며, 이로 인해 가격 변동성이 큰 단점이 있다. 이러한 이유로, 천연 향료만을 사용하여 일정한 질의 향료를 제공하는 것은 실제로 불가능하다. 반면, 합성 향료는 천연 향료에서 발생할 수 있는 여러 문제점을 해결해 준다. 합성 향료는 대량 생산이 가능한 천연원료나 화석 원료를 사용하여 유기합성 과정을 통해 제조되며, 이를 통해 공급의 안정성, 품질의 일관성, 그리고 가격의 안정화를 달성할 수 있다. 합성 향료의 품질 관리는 매우 엄격하게 이루어지며, 특히 안전성 측면에서 법적으로 정해진 품질 기준을 충족함으로써 사용자에게 보다 안전하면서도 신뢰할 수 있는 제품을 제공할 수 있다(6장 참조).

한편, 이렇게 안정적인 합성 향료를 이용해 천연 향과 유사한 향료를 만들 수 있다. 이론상으로는 합성 향료를 사용하여 천연물에 존재하는 모든 성분을 동일한 비율로 조합한다면, 천연 향과 동일한 향을 가진 향료를 만들 수 있을 것이다. 하지만 실제로 천연 향료는 수십에서 수백 가지에 이르는 다양한 단일 향료들이 자연적으로 조화를 이루어 특정한 향을 내는 것이다. 천연 향을 완벽하게 재현하는 것은 향료 산업에서 추구하는 목표이지만, 천연 향의 복잡하고 미묘한 조화를 완벽히 재현하는 것은 여전히 도전 과제이다. 게다가 상업적으로 실현하는 것은 경제적인 측면과 성분 구입의 어려움 때문에 거의 불가능하다.

3장에서 소개한 바와 같이, 천연물은 다양한 유기화합물들의 혼합체로 구성되어 있으며, 그중 모든 휘발성 성분이 해당 천연물의 향에 직접적으로 기여하는 것은 아니다. 따라서 향료 산업에서는 특정 이미지에 부합하는 합성 향료를 선별적으로 조합하여 새로운 향을 창조한다. 이러한 방식으로 생성된 향료를 '조합 향료'라 부르며, 이는 합성 향료의 존재 없이는 실현할 수 없다.

장미, 재스민, 샌달우드와 같은 전통적으로 고가의 천연 향들을 합성 향료로 재현함으로써, 일반 대중이 이러한 향들을 더욱 쉽게 접할 수 있게 되었다. 천연 향료와 합성 향료 사이에는 차이가 있음에도 불구하고, 가격 측면에서 큰 격차가 줄어들면서 귀족이나 부르주아 계층이 아닌 일반 대중도 고급 향을 경험할 수 있게 되었다. 이는 향에 대한 대중적 관심을 증가시켜 향수 산업의 발전을 촉진하였다. 더불어, 상대적으로 저렴해야 하는 생활용품 분야에서도 합성 향료를 활용한 조합 향의 등장은 비누, 세제 등의 제품에 다양하고 풍부한 향을 적용할 수 있게 되어, 현대의 다양한 소비자 요구를 충족시키는 데 큰 기여를 하고 있다.

조합 향에는 수십 가지 원료가 포함되며, 시장에서는 이를 흔히 'Fragrance Oil (F.O.)'이라고 부른다. 디퓨저, 캔들, 화장품, 향수 등 실생활에서 사용되는 향들은 대부분 조합 향이다. 이러한 조합 향료에는 라벤더나 오렌지 같은 천연 오일도 사용되지만, 최근에는 대부분 합성 향료가 사용된다. 이는 합성 향료가 제공하는 안정적인 공급과 일관된 품질 덕분에 가능하게 되었다.

4.3 합성 향의 역사

현대 조향계는 19세기 말에 천연 추출물에 대한 의존을 줄이면서 탄생하였다. 조향사들은 합성 향료를 사용하여 창의성을 발휘하고, 더 추상적인 향기에 접근할 수 있게 되었다. 합성 향료는 처음에는 자연의 향과 완벽히 일치하도록 하는 것을 목표로 시작되었지만, 결국 천연 향을 모방하는 것을 넘어, 자연에는 존재하지 않는 새로운 향을 만들어내려는 화학자들의 노력으로 발전해 왔다. 이 절에서는 합성 향의 역사에 대해 알아보자.

천연에 존재하는 향 물질을 연구하려면 먼저 천연에서 발견되는 다양한 향 분자의 화학적 구조를 파악해야 한다. 이를 위해서는 우선 천연 향료 원료로부터 특정 향기 분자를 고순도로 분리하고 추출해야 한다. 이렇게 추출된 분자의 화학적 구조를 규명하는 과정을 '구조결정'이라고 한다. 화학물질의 구조를 정확히 결정하기 위해서는 높은 순도의 물질이 필요하다. 순도가 떨어지면 물질의 화학적 특성이 왜곡될 수 있기 때문이다. 따라서 특정 향 분자를 개별적으로 분리하고 정제하는 과정은 매우 중요하다. 향 분자의 화학적 구조를 파악하기 위해서는 다양한 분석 기기와 스펙트럼 분석법을 활용한다. 이러한 방법들을 통해 향 분자의 화학적 구조를 결정하게 된다. 화학적 구조가 결정된 후에는 이 향기 분자를 합성하고, 합성된 분자가 천연에서 추출한 원래의 분자와 완벽하게 일치하는지를 확인하는 과정이 필요하다. 화학자들이 향 분자들을 확인하면, 다음 단계인 제조로 넘어간다. 이 과정에서는 서로 다른 반응물들을 유기 합성법을 통해 반응시켜 새로운 분자를 재구성한다. 천연 향료의 향기 원천을 찾아내고 새로운 분자를 만들어내는 연구에는 많은 비용과 긴 시간이 필요하다. 그러나 이러한 노력 덕분에 고품질의 합성 향료를 개발할 수 있었다.

향 물질에 대한 과학적 연구는 18세기 후반부터 본격적으로 시작되었다. 이 시기부터 향 물질의 단리(單離, 혼합물에서 하나의 원소나 물질을 순수한 형태로 분리하는 일)와 화학구조 규명 연구가 이루어졌고, 19세기 초에는 천연 식물의 정유 성분에 관한 연구가 활발해졌다. 그 계기가 된 것은 1856년 윌리엄 퍼킨(William Perkin)이 합성한 연보라색 합성 색소 '마브(Mauve)'가 상업적으로 큰 성공을 거둔 일이었다. 이는 유기화학이 앞으로 중요한 산업적 기반을 형성할 가능성을 시사하였고, 그 성공 가능성이 향료 합성으로 이어졌다.

19세기 후반부터 향 물질을 합성하는 연구가 본격적으로 이루어졌으며, 20세기에 들어서는 분리정제 기술, 화학구조 규명 기술, 그리고 유기합성 기술이 크게 발전하였다. 이러한 기술의 발전으로 방향식물로부터 얻어지는 정유의 주성분을 합성할 수 있게 되었고, 이를 통해 미량 성분에 대한 연구도 가능해졌다.

20세기 중반에 들어서면서 향수가 대중화되고, 샴푸나 비누 같은 제품에 첨가된 향이 상품 판매에 큰 영향을 미치자, 저렴하고 대량으로 공급 가능한 합성 향료에 대한 연구와 관심이 증가했다. 이와 함께 향 분자의 전합성 연구가 발전함에 따라 다양한 향기 물질을 인공적으로 합성하는 것이 가능해졌다. 유기합성의 세기라고 불리는 20세기는 복잡한 유기화합물의 구조가 규명되기 시작한 시대로, 새로운 유기합성 반응이 개발되어 의약품을 비롯한 다양한 제품을 제조하는 데 크게 기여하였다. 이러한 기술 발전을 통해 희소한 향 분자까지도 합성할 수 있게 되어, 많은 사람들이 향을 즐기고 다양한 분야에 활용할 수 있게 되었다. 현재, '좋은 향'은 우리 생활의 질 향상에 크게 기여하고 있으며, 이는 화학자들의 끊임없는 노력과 연구 성과 덕분이다.

향 분자를 합성하는 최초의 목적은 천연에 존재하는 고가의 희소한 향 분자를 인공적으로 저렴하게 만드는 것이었다. 그러나 연구가 계속되면서 점차 기존 향 분자의 결점을 보완하거나, 그때까지 없던 새로운 향 분자를 합성하는 도전으로 발전했다. 이번 장에서는 이러한 몇 가지 사례를 시대순으로 소개한다.

최초의 합성 향은 니트로벤젠(nitrobenzene)으로 알려졌다. 1834년 독일의 에일하르트 미첼리히(Eilhard Mitscherlich)가 진한 황산과 질산을 사용하여 벤젠에 니트로기를 치환시켜 물에 녹지 않는 황색 기름 상태의 니트로벤젠을 얻었다. 니트로벤젠은 아몬드와 같은 단맛이 나는 전형적인 방향족 향을 가지고 있으나, 발암성 등의 문제가 있어 향료로 사용할 수는 없다.

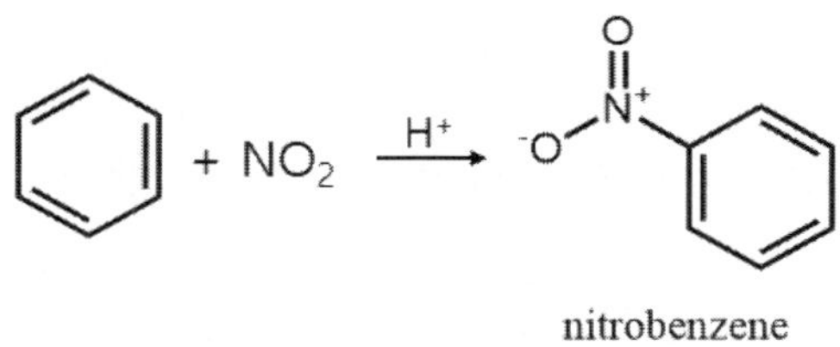

그림 4-4 니트로벤젠 합성반응

1830년, 프랑스 화학자 피에르 장 로비케(Pierre-Jean Robiquet)는 장미과의 낙엽 관목인 비터 아몬드(bitter almond) 씨앗에서 아미그달린(amygdalin)을 최초로 분리하는 데 성공했다. 아미그달린은 글리코사이드의 한 종류로, 비터 아몬드, 매실, 은행, 살구 씨앗 등을 에탄올에 넣고 가열하면 쉽게 추출할 수 있다.

이어 독일 화학자 프리드리히 뵐러(Friedrich Wöhler)와 유스투스 폰 리비히(Justus von Liebig)는 아미그달린을 가수분해하여 벤즈알데하이드(benzaldehyde)라는 방향족 알데하이드를 처음으로 분리하고 이어 합성에 성공했다(그림 2-43). 벤젠 고리에 포르밀기가 치환된 벤즈알데하이드는 방향족 알데하이드 중 가장 간단한 구조를 하고 있다. 뵐러와 리비히는 비터 아몬드 오일에 대한 공동 연구를 통해 유기화학의 기반을 형성했다. 아몬드 특유의 향이 나는 벤즈알데하이드는 현재도 식품 및 향 제품에 사용되며, 의약품이나 플라스틱 첨가제 등 다양한 화합물을 합성하는 데 중요한 출발 물질로 산업적 중요성을 지닌다.

실제 조향에 사용된 최초의 합성 향은 신선한 건초 향이 나는 쿠마린(coumarin)이다. 1820년 뮌헨의 아우구스트 보겔(August Vogel)이 통카빈에서 쿠마린을 처음으로 분리했다.[2] 당시 그는 쿠마린을 벤조산(benzoic acid)으로 오인했다. 같은 해, 프랑스 약사 기부르(Nicholas Guibourt)가 이 실수를 발견하고 새로운 화합물의 이름을 '쿠마린'이라고 명명했다. 1856년, 프리드리히 뵐러는 쿠마린의 구조를 결정했고, 영국의 유기화학자 윌리엄 퍼킨이 1868년 처음으로 쿠마린을 합성했다. 10년 후(1877년), 퍼킨은 쿠마린을 산업적으로 생산하는 방법을 찾아냈다. 현재 쿠마린은 *o*－크레솔(cresol)을 원료로 하여 합성되고 있으나, 간독성이 있어 식품첨가물 향료로는 사용되지 않는다.

쿠마린은 유럽에서 19세기 중반까지는 주로 통카빈에서 채취한 귀중한 향료였다. 비교적 저렴한 쿠마린을 사용할 수 있는 방법이 개발되면서 향수 산업에 큰 변화를 가져왔다. 특히 프랑스 향수 제조 회사인 우비강의 소유주이자 조향사인 폴 파르케는 1879년에 시장에 나온 쿠마린 향에 매료되었다. 그는 쿠마린을 오크모스, 라벤더, 제라늄, 그리고 베르가모트의 향과 결합하여 '양치식물'이라는 새로운 이미지의 향수를 창조하였다. 이 향수는 1882년에 《후제르 로얄》이라는 이름으로 출시되었다. '후제르'는 프랑스어로 '양치류'를 의미하는데, 실제 양치류는 별다른 향기를 내지는 않는다. 하지만 파르케는 자연에서 향을 복제하는 대신, '양치류'라는 이미지를 향수에 도입함으로써 향수 산업에 혁명을 일으켰다. 이 향수의 이름에서 유래된 '후제르(Fougère) 향조'는 새로운 향수 카테고리의 문을 열었다.

1869년, 빌헬름 피티히(Wilhelm Fittig)와 W. H. 미엘크(W. H. Mielk)는 후추 향의 근원을 분석하던 중 피페로날(piperonal)을 처음으로 합성했다. 피페로날의 구조는 그 이후에 밝혀졌으며, 그 향기는 후추와는 다르고 일반적으로 바닐린이나 체리와 비슷한 헬리오트로프꽃의 향과 비슷했다. 그래서 이 물질은 헬리오트로핀(heliotropin)이라는 이름으로도 알려졌다. 피페로날은 딜, 제비꽃, 후추에도 존재한다. 1880년대부터 상업적으로 생산되기 시작하면서 조향사들은 이 향을 그들이 조향하는 향수에 사용하기 시작했다. 자끄 겔랑(Jacques Guerlain)에 의해 창조된 《아프레 롱디(Apres l'Ondee, 1906)》와 《뢰르 블루(L'Heure Bleue, 1912)》에 들어있다.

---

2) https://www.ncbi.nlm.nih.gov/pmc/articles/PMC7278589/

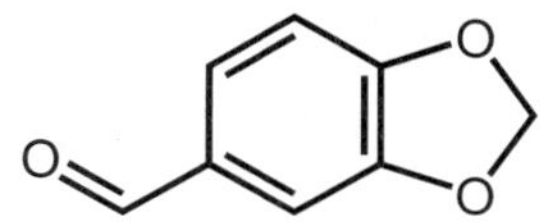

피페로날(Piperonal)

바닐라 향의 주요 성분인 바닐린의 화학구조는 페르디난트 티만(Ferdinand Tiemann)과 빌헬름 하르만(Wilhelm Haarmann)이 1874년에 처음으로 규명했다. 하르만은 부유한 가문 출신으로, 베를린 대학의 호프만(August Hofmann) 실험실에서 연구하면서 티만과 만나게 되었다. 이들은 소나무 껍질에서 추출한 코니페린(coniferin)의 분해에 대한 연구를 하다가, 1874년에 코니페린으로부터 바닐린을 합성하는 방법을 찾아냈다. 이 연구 결과에 고무되어 하르만과 티만은 소나무 숲이 우거진 홀츠민덴에 회사를 세웠다. 1875년, 〈하르만스 바닐린파브리크(Haarmann's Vanillinfabrik)〉라는 이름으로 설립된 이 회사는 현재 심라이즈사의 일부로 편입되어 있다. 티만은 호프만 실험실에서의 연구를 지속하면서 칼 라이머(Karl Reimer)와 함께 과이어콜(guaiacol)을 수산화나트륨이 있는 클로로포름 속에 첨가하고 가열함으로써 간단히 바닐린을 합성할 수 있는 새로운 방법을 개발했다. 이 방법은 '라이머-티만 반응(Reimer-Tiemann reaction)'이라 한다. 이 반응으로 인해 바닐린을 합성하는 데에 소나무 껍질이 더 이상 필요 없어졌고, 저렴한 원료로부터 바닐린을 합성할 수 있게 되어 합성 바닐린의 가격이 대폭 하락했다. 이후, 라이머는 하르만의 회사에 합류하였고, 회사명은 〈하르만 & 라이머(Haarmann & Reimer)〉로 변경되었다.

합성 바닐린을 처음으로 향수에 사용한 조향사는 에메 겔랑(Aimé Guerlain)이다. 그는 1889년에 《지키(Jicky)》라는 향수를 만들었다. 이 향수는 탑 노트로 라벤더와 베르가모트를 사용하고, 장미, 파출리, 오리스의 미들노트에 쿠마린과 백단향으로 이어지는 베이스 노트에 바닐린을 첨가하여 오리엔탈 향조를 완성했다. 현재까지도 생산되고 있는 《지키》는 현대에는 여성용 향수로 분류되지만, 당시에는 여성이 쓰기에는 다소 과감한 향기 때문에 남성용으로 사랑받았다고 한다.

이후, 비록 자연에는 존재하지 않지만 천연 바닐린에 비해 화학적으로 안정하며 강한 바닐라 향을 가진 에틸 바닐린이 합성되었다. 1921년, 에메 겔랑의 조카인 자크 겔랑은 오래된 향수인 《지키》에 에틸 바닐린을 넣어보았다. 그는 라벤더와 허브를 제거하고 베르가모트를 좀 더 첨가하여 겔랑 하우스의 유명한 향수 베이스인 〈겔리나드

(Guerlinade)〉를 만들었다. 이 베이스는 그의 새로운 향수 《샬리마(Shalimar)》에 처음으로 사용되었으며, 이 향수는 1925년 이래로 지금까지도 사랑받고 있다.

19세기에 가장 인기 있는 향수 재료 중 하나는 '바이올렛 꽃 오일(fleur de violette)'이었다. 그러나 워낙 가격이 비싸서 대체 향료 개발이 필수적이었다. 정유에서 제비꽃 특유의 향을 찾아내려면 충분한 양의 제비꽃 오일이 있어야 하는데, 연구에 필요한 양을 구하기에도 제비꽃 오일은 너무 비쌌다. 그래서 페르디난트 티만과 파울 크뤼거(Paul Krüger)는 비슷한 향을 내면서도 가격이 저렴한 오리스(orris) 뿌리에서 얻은 오일로 연구를 시작했다. 처음에 이들은 오리스 뿌리에서 추출한 물질을 원소 분석하여 이를 거꾸로 합성하려고 했다. 그러나 원소 분석을 잘못한 바람에, 시트랄과 아세톤을 축합시켜 슈도이오논(pseudoionone)을 합성하게 되었다. 이 슈도이오논은 냄새가 나지 않아 실패로 돌아갔다. 실망한 이들은 실험 도구를 황산으로 세척하는 과정에서 우연히 제비꽃의 강렬한 향을 맡게 되었다. 이는 슈도이오논이 세척하는 도중에 산에 의해 고리화 반응을 일으켜 제비꽃 향을 내는 이오논(ionone)이 합성된 것이었다. 이 과정을 통해 α–이오논(α–ionone), β–이오논(β–ionone), 메틸 이오논(methyl ionone), 아이론(iron) 등의 화합물이 얻어졌고, 이는 후에 제비꽃 향의 주요 구성 요소임이 밝혀졌다. 1972년, 현대 분석 기술로 제비꽃 오일에 대한 심층 분석이 이루어졌고, 제비꽃 향의 실제 원인이 α–이오논과 β–이오논의 혼합물임이 확인되었다. α–이오논은 신선한 제비꽃 향을 제공하며, β–이오논은 제비꽃 향에 더해 오리스 같은 나무 향을 더해준다. 또한, 메틸 이오논은 우디한 오리스 향을 추가한다.

이후 티만은 이 공정을 개발하여 높은 수율로 이오논을 합성하게 되었고, 홀츠민덴에 있는 〈하르만 & 라이머〉사에서 산업적 규모로 이오논이 생산되었다. 이로 인해 19세기의 소규모 가내 수공업에서 20세기 초의 국제적인 비즈니스로 성장한 향수 산업에 이오논과 이후 메틸 이오논이 등장하게 되면서 제비꽃 앱솔루트를 더 저렴하고 쉽게 구할 수 있게 되었다. 그 결과, 가격이 저렴해진 제비꽃 향이 들어간 향수가 널리 보급되었다. 대표적으로 1894년에 로제 & 갈레(Roger & Gallet)에 의해 천연 바이올렛 에센스와 합성 이오논을 조합한 《베라 비올레타(Vera Violetta)》가 출시되었으며, 이후 이 향은 향수뿐만 아니라 비누, 세면용품, 욕실용품 등 다양한 제품에 폭넓게 사용되고 있다.

1888년에 알버트 바우어(Albert Baur)는 사향 향이 나는 니트로 머스크(nitromusk)

를 합성하고, 제조 특허를 제출했다. 실제로는 폭탄인 트라이니트로톨루엔(trinitrotoluene, TNT)에 터셔리 부틸기를 도입(t-butylation)하는 중에 발견한 것으로, 기분 좋고 달콤한 사향 냄새가 나는 것이었다. 이를 '머스크 바우어(Musk Baur)'라고 하였는데, 업계에서는 '머스크 톨루엔(Musk Toluene)'으로 더 많이 불리기도 했다. 한동안은 사향 통킨(musk Tonkin)과 냄새가 비슷해 통키놀(Tonkinol)이라고도 불렸다. 매우 저렴한 이 니트로 머스크는 이듬해부터 조향사들의 베이스 노트로 선택받았다. 이후 니트로 머스크계의 합성 머스크는 다양한 형태로 개발되었다. 머스크 자일렌(Musk Xylene, 1888), 머스크 암브레트(Musk Ambrette, 1891), 머스크 케톤(Musk Ketone, 1893), 머스크 모스켄(Musk Moskene, 1930), 머스크 티베텐(Musk Tibetene, 1935) 등이 그 예이다. 합성 머스크의 역사는 뒤에 따로 자세히 다루겠다.

1774년 베르사유의 조향사 미셜 아단(Michel Adan)의 향수에서 유래되어 파리에서 가장 오래된 향수 하우스가 된 피버(L. T. Piver)에 1897년부터 일하게 된 오귀스트 다르젠(Auguste Darzens)은 1920년까지 연구소를 이끌면서 새로운 향들을 발견하여 향수에 사용했다. 다르젠이 발견한 첫 향은 살리실산 이소아밀(isoamyl salicylate)이었지만, 향의 역사에서 가장 중요한 것은 '다르젠 축합 반응(Darzens condensation reaction)'으로 알려진 2-메틸운데카날(2-methylundecanal)이다. 이 물질은 aldehyde C-12 MNA로도 알려져 있으며, 1912년 로베흐 비엔에메(Robert Bienaimé)가 우비강의 《켈크 플뢰르(Quelques Fleurs)》에 넣어 알데하이드의 향료 가능성을 보여줬다. aldehyde C-12 MNA를 넣음으로써 꽃 향이 더 풍부해지고 산뜻해지는 효과를 얻었다.

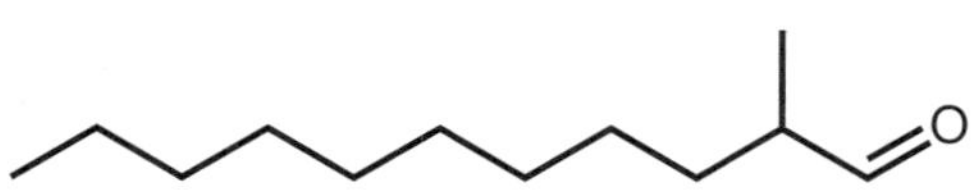

2-메틸운데카날(methylundecanal)

과량의 알데하이드를 넣어 성공한 향수로는 어네스트 보(Ernest Beaux)가 조향한 《샤넬 No. 5》를 빼놓고 이야기하기는 어렵다. 러시아 혁명으로 프랑스로 온 어네스트 보는 코트다쥐르에서 코코 샤넬을 만났다. "여성 향수는 꽃향기여야 한다"라는 고정관념에서 벗어나, 코코 샤넬은 성숙하고 우아한 향으로 여성을 더욱 돋보이게 하는 그런 향을 원했다. 10개의 시료 중 샤넬이 고른 aldehyde C-10, aldehyde

C-11, aldehyde C-12 MNA를 과량으로 넣은 플로럴 계열 향수인 《샤넬 No. 5》가 1921년에 탄생하게 된 이야기는 전설처럼 내려오고 있다. 알데하이드로 표현되는 어코드의 기원을 연 향수가 《샤넬 No. 5》이다.

프랑스 조향사 프랑수아 코티(François Coty)는 이에 대응하여 1927년 '자석 또는 자석처럼 끌어당긴다'는 뜻인 《레망(L'Aimant)》이라는 플로랄 알데하이드 향수를 선보였다.

이 시기 향수에 영향을 미친 합성 향료는 가죽 냄새가 나는 6-이소부틸퀴놀린(6-isobutylquinoline)이다. 1880년대에 최초로 퀴놀린을 합성한 젠코 스크라우프(Zdenko Skraup)의 '스크라우프 반응(Skraup reaction)'에 의해 대량 생산이 가능해진 향 소재이다. 고급스러운 가죽 향과 크리스마스 이브의 털코트 이미지를 담아 어네스트 달트로프(Ernest Daltroff)가 조향한 1922년 카론의 《뉘 드 노엘(Nuit de Noël)》이 히트를 쳤다. 이 향수에는 6-이소부틸퀴놀린을 중심으로 한 〈무스 드 삭스(Mousse de Saxe)〉 베이스가 사용되었다. 이 베이스는 따뜻하고 달콤하며, 흙냄새와 가죽 향이 나는 매우 강력하고 오래 지속되는 향이 특징이다. 샤넬의 조향사인 어네스트 보도 장미, 재스민, 일랑일랑의 꽃 향에 가죽 냄새가 나는 샤넬의 《뀌르 드 루시(Cuir de Russie, 1924)》를 발표했다. 이런 가죽향은 이어 스키아파렐리(Schiaparelli)의 《쇼킹(Shocking, 1937)》, 로베르 피게(Robert Piguet)의 《밴딧(Bandit, 1944)》, 에르메스(Hermès)의 《깔레쉬(Calèche, 1961)》로 이어졌다.

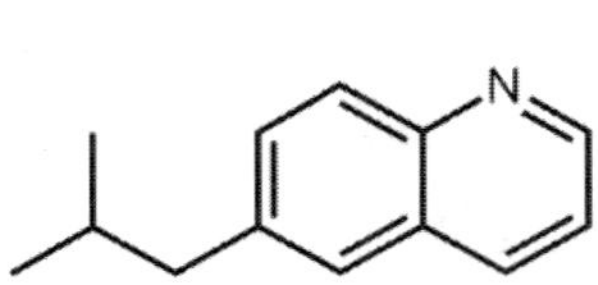

6-이소부틸퀴놀린(6-isobutylquinoline)

고가의 천연 향료에 비해 저렴한 합성 향료를 이용해 향수를 만들어 향수의 대중화를 이끌어낸 예를 보자. 론 풀랑크(Rhone Poulenc)사에서 판매한 로디날(Rhodinol)은 제라늄 오일을 가수분해한 후 분별증류해서 얻은 (-)-시트로넬롤(citronellol)이다. 프랑수아 코티는 1904년에 출시한 그의 첫 향수, 《라 로즈 자코미노(La Rose Jacqueminot)》에 장미 앱솔루트 및 α-이오논과 함께 (-)-시트로넬롤을 넣어 다른 어떤 장미 향수와 다른 강렬한 향으로 성공 가도에 들어섰다.

또 다른 예는 미모사와 산사나무를 연상시키는 달콤하고 따뜻한 향을 지닌 p-아니스알데히드(anisaldehyde) 역시 상업적으로 생산되었다. 자크 겔랑은 달콤한 플로럴 향이 나는 향수를 만들기 위해 미모사의 달콤하고 따뜻한 향과 산사나무의 중심 향에 p-아니스알데히드를 사용했다. 그렇게 해서 오렌지꽃과 제비꽃-오리스 어코드에 p-아니스알데히드가 들어간 겔랑의 《아프레 롱디(Après l'Ondée, 1906)》가 탄생하였다.

향수에 큰 영향을 미친 다음 합성 물질은 은방울꽃 향(뮤게 향이라고도 함)이 나는 하이드록시시트로넬랄(Hydroxycitronellal)이다. 봄이면 앙증맞게 피어나는 은방울꽃 향은 그린 노트에 장미와 레몬을 섞은 듯 달콤하고 프레시하며, 투명감 있는 플로럴한 매력적인 향이다. 천연 은방울꽃으로부터 증류나 냉침법으로 그 향을 얻을 수 없었고, 기존 향들을 조합하여도 은방울꽃 향을 모사하는 것은 매우 어려웠다. 그러나 비록 천연에서 찾은 물질은 아니지만, 활짝 핀 은방울꽃 향이 나는 하이드록시시트로넬랄의 출현은 조향사들의 관심을 받기 충분했다.

1905년, 독일 회사(Knoll & Co)에 의해 소개된 이 합성 향료는 천연 은방울꽃에서 직접 추출한 것이 아님에도 불구하고 진짜 은방울꽃 향기를 연상시키는 매력적인 향을 제공했다.

우비강의 향수 《켈크 플뢰르(Quelques Fleurs, 1912)》는 이름처럼 꽃 향이 가득한 향수이다. 이 향수에는 장미, 재스민, 일랑일랑, 라일락, 그리고 제비꽃 향의 이오논에 은방울꽃 향으로 하이드록시시트로넬랄이 들어갔다. 이 향수는 aldehyde C-12 MNA뿐 아니라 하이드록시시트로넬랄을 넣은 향수로 성공적이었다. 에드몽 루두니츠카가 조향한 크리스찬 디올사의 《디오리시모(Diorissimo, 1956)》에는 10% 가량의 하이드록시시트로넬랄이 함유되어 있다. 그러나 이후 이 원료는 피부 자극을 일으킬 수 있기 때문에 2013년부터는 제한된 양만 사용하게 되었다.

하이드록시시트로넬랄에 이어 은방울꽃 향의 역사에 새로운 이정표를 세운 것은 1956년에 합성된 릴리알(Lilial)이다. 지보단 들라와나(Givaudan Delawanna)사의 마리온 카펜터(Marion Carpenter)와 윌리엄 이스터 주니어(William Easter, Jr.)는 생산이 쉽고 높은 안정성을 가진 은방울꽃 향이 강하게 나는 Lilial을 발견했다. 이 향은 직쇄상 알데하이드의 신선함과 청량감을 가지고 있으며 수박의 프루티 노트의 뉘앙스도 있다. 흰 꽃에서 느껴지는 꽃향기의 인상을 가지면서, 장미, 제비꽃, 재스민의 모든 향기와 잘 어울리며 제비꽃 잎이나 갈바넘의 그린 노트와도 조화를 이룬다. Lilial의 가치는 조향사들로부터 인정을 받아 향수에서 플로랄 계열의 미들노트를 대표하는 성분이 되었으나, 이 역시 건강에 유해하다는 보고로 인해 여러 회사들이 대체품을 개발하고 있다.

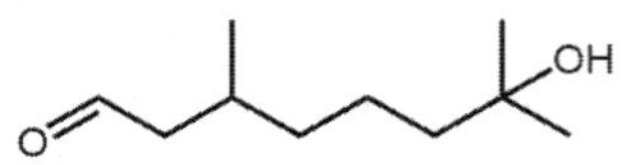

hydroxycitronellal

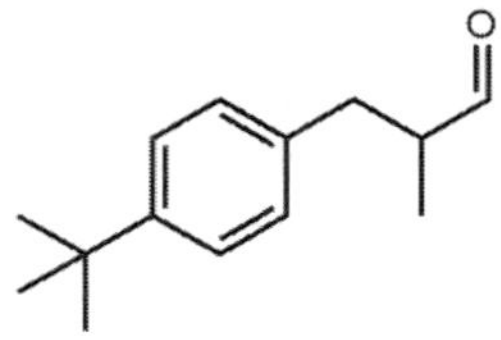

Lilial

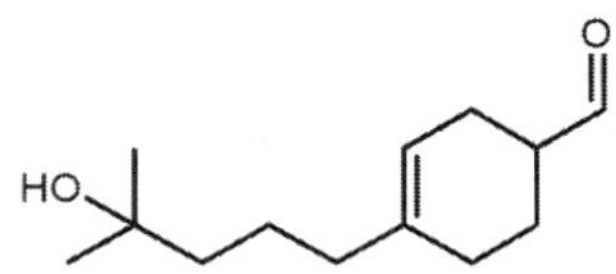

Lyral

이후 1958년 IFF에서 라이랄(Lyral)을 개발하였다. 하이드록시이소헥실-3-사이클로헥센카복시알데히드(hydroxyisohexyl-3-cyclohexencarboxyaldehyde, HICC)는 Lyral, Kovanol, Mugonal, Landolal 등 상품명으로 불린다. 역치값이 0.1 ng/L에 불과하여 오렌지의 상큼한 시트러스 향을 함유한 은방울꽃 향을 극소량으로도 재현할 수 있었고, 향의 지속성을 유지시키기 위해 널리 사용되었다. 그러나 피부 독성 문제가 대두된 이후, EU 화장품 안전 과학위원회(SCCS)[3]는 HICC를 알레르기 유발 물질로 지정하여 이를 함유하는 화장품의 사용을 금지했다.

은방울꽃 향은 향수 및 향 제품에서 매우 중요하기 때문에 인체에 안전하면서도 화학적으로 안정한 대체 물질을 개발하는 연구가 진행되고 있다. 현재 지보단의 Mahonial과 Nympheal 등의 물질이 Lyral과 Lilial을 대체하여 사용되고 있다.

하이드로시트로넬랄과 거의 비슷한 시기에 나온 합성 향료로 잘 익은 복숭아 향이 오래 지속되는 Aldehyde C14이 있다. 이름에 알데하이드라는 명칭이 사용되지만, 실제로는 알데하이드가 아니라 탄소 11개로 된 락톤인 γ-운데카락톤(γ-undecalactone)이다. 1919년 자크 겔랑은 당시 코티의 《시프레》 향수가 사랑받자, 시프레 향조에 복숭아 향이 나는 γ-운데카락톤을 더해 새로운 향수, 《미츠코》를 출시했다. 아직 푸르티 노트라는 개념이 없었던 시기에 새로운 시도였다. 이를 더 발전시켜 에드몽 루드니츠카는 시프레 향에 복숭아 향, 그리고 자두(푸룬) 향을 더해 새로운 시프레-푸르티(Chypre-Fruity) 향조의 《팜므(Femme, 1944)》를 조향해서 로샤스(Rochas)에서 판매했다.

'꽃의 왕'이라고 하는 재스민꽃의 향은 그 아름다운 향기로 인해 수요가 많지만,

3) The Scientific Committee on Consumer Safety (SCCS, scientific committee for consumer safety of the EU Commission)

추출 과정의 어려움으로 인해 가격이 상당히 비싸 고급 향수를 제조할 때만 극소량 사용되었다. 이러한 재스민꽃 향의 수요를 만족시키기 위한 연구가 지속적으로 이루어져 왔으며, 피르메니히사의 에두아르 드몰은 메틸 자스모네이트가 재스민꽃 향의 특정 성분인 것을 찾아냈다. 그러나 이 화합물을 합성하는 것 또한 복잡하고 비용이 많이 들어, 고가의 합성 향료가 필요할 때만 사용되었다. 이러한 상황에서 신선하고 잘 익은 레몬 향과 재스민과 유사한 향을 내는 디하이드로(dihydro) 유도체가 1962년 헤디온(Hedione)이란 이름으로 시장에 출시되었다. 헤디온 역시 가격이 비쌌지만, 그 특유의 향으로 인해 조향사들은 재스민 향이 필요할 때 이를 소량 사용했다.

로샤스의 《팜므》로 성공한 조향사 에드몽 루드니츠카는 헤디온을 이용해 투명하고 신선한 시트러스 향에 재스민-목련 노트를 가진 디올의 《오 소바쥬(Eau Sauvage, 1966)》를 조향했다. 《오 소바쥬》의 성공은 투명 향조의 시작이 되었다. 10년 후에 장 클로드 엘레나는 그의 책에 여러 종류의 재스민 향을 사용하고, 아세트산 벤질과 헤디온을 섞은 후, 여기에 인도산 천연 재스민 추출물과 재스민 향이 나는 두 가지 다른 재료를 더해 반클리프 아펠(Van Cleef & Arpels)의 향수 《퍼스트(First, 1976)》를 만들었다고 썼다. 이후로도 헤디온은 고급 향수뿐 아니라 다양한 향 제품에 널리 사용된다.

이번에는 '꽃의 여왕'인 장미 향에 대해 알아보자. 앞 장에서 소개했듯이 다마스크 장미(Rosa damascena) 오일의 향은 1960년대까지 시트로넬롤, 제라니올, (−)-리날로올, 유제놀 등 20개 성분 정도만 알려졌다. 이 정도 정보로는 실제 장미 향을 조향할 수 없었다. 에두아르 드몰 등은 당시 개발된 GC를 이용해 0.8 mg의 이오논과 비슷한 β-다마스콘을 찾아냈고, 이어 α-다마스콘이 장미 향에 중요한 역할을 한다는 것을 밝혀냈다. 이어 β-다마세논도 확인되었다. 합성된 α-다마스콘의 가격이 천연에서 얻는 것보다 저렴해지면서 장미 향수에 큰 변화가 일어났다.

α-다마스콘의 함량이 높은 최초의 향수는 장 폴 겔랑이 1979년에 출시한 겔랑의 《나헤마(Nahema)》이다. 《나헤마》는 달콤한 파우더리한 백단향 베이스에 강렬하고 인상적인 장미 향으로, 이후 수많은 로즈 어코드 향수에 영감을 준 겔랑의 대표적인 장미 향수이다. 1985년에 출시된 디올의 《쁘아종》에는 0.09% β-다마스콘, 0.09% β-다마세논, 0.04%의 α-다마스콘이 들어 있음이 밝혀졌다.

동물성 향, 특히 사향과 시벳의 주요 성분인 무스콘(muscone)과 시베톤(civetone) 연구에 대한 공로로 1939년 노벨화학상을 받은 레오폴트 루지치카는 1940년대 용연향에 대한 연구를 진행했다. 루지치카는 전형적으로 강한 용연향 냄새가 나는 tricyclic 3,4-dihydro-2H-pyranyl enol ether의 구조를 장미 향에서 로즈 옥사이드를 발견한 피르메니히사의 막스 스톨에게 알려주었다. 이에 영감을 받은 스톨과 그의 동료들은 클라리 세이지로부터 스클라레올(sclareol)을 얻고 이를 변형시켜 강렬한 용연향이 나는 분자인 암브록사이드(Ambroxide)를 합성했다. 암브록사이드는 Ambroxan®이라는 상품명으로 더 잘 알려져 있다. 30년 후, 무케르지(Mookherjee)는 Ambroxide가 실제 용연향에 들어 있다는 것을 밝혔다. 암브록산은 고가이기 때문에 소량만 사용되었으나, 피에르 바르니(Pierre Wargnye)는 과량의 암브록산을 사용하여 기 라로쉬사의 향수 《드라카 누아르(1982)》를 창조했다. 이는 새로운 후제르 타입을 제시하였고, 1980년대에 유행한 신선한 푸제르 향의 트렌드를 선도하였다.

《드라카 누아르》에 대해 좀 더 자세히 알아보자면, 이 향수에는 Ambroxan® 외에도 신선한 라임 같은 시트러스 계열과 라벤더 향이 나는 디하이드로미르세놀이 약 10% 정도 들어 있다. 천연에는 없는 합성 향인 디하이드로미르세놀은 이미 1970년대 후반 《아자로 푸르 옴므(Azzaro pour Homme, 1978)》에 사용되었고, 다비도프(Davidoff)의 《쿨 워터(Cool Water, 1988)》에는 약 20% 포함되었다. 이렇게 디하이드로미르세놀은 남성용 향수에 신선한 모던 탑 노트로 큰 성공을 거두었고, 지금까지도 영향을 미치고 있다.

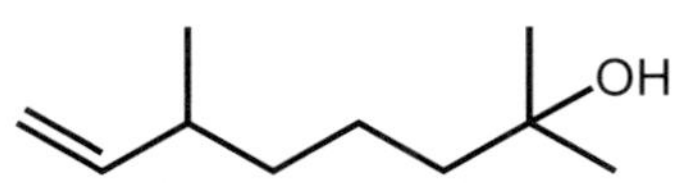

dihydromyrcenol

1962년에는 머스크 향이 나는 다환 머스크(polycyclic musk)인 IFF의 갈락솔라이드(Galaxolide)가 특허를 받았다. 이 합성 머스크는 향취가 강하고 오래가며 가격도 저렴했다. 합성 머스크의 역사적 발전에 대해서는 따로 자세히 다룬다.

1970년대 초, 미국의 향료 기업 IFF에서 근무하던 존 홀(John Hall)과 제임스 샌더스(James Sanders)는 자연에서는 발견되지 않은 독특하고 강한 우디 향을 지닌 새로운 분자인 이소 E 수퍼®(Iso E Super®)를 합성하고 특허를 등록했다. 이 물질은 매우 복잡하여 10개 이상의 화합물이 섞여 있으며, 그중 주된 향기를 내는 것은 아르보논(Arborone) 또는 이소 E 수퍼 플러스(Iso E Super® Plus)로, 매우 강한 우디 향을 낸다. 이소 E 수퍼는 드라이하고 우디한 느낌으로, 삼나무 같은 냄새가 나며 용연향, 베티버, 파출리의 측면과 약간의 페놀 뉘앙스를 가진다. 동시에 놀랍도록 투명하고 중립적이며 천연 목질 소재 특유의 무거운 느낌이 없는 것이 특징이다.

처음에는 생활용품에 사용되었던 이소 E 수퍼는 1975년 패션하우스 할스톤(Halston)의 여성 향수 《할스톤 우먼(Halston Woman)》에 소량 포함되었다. 1988년, 조향사 장 루이 시우작(Jean-Louis Sieuzac)은 기존의 틀을 벗어난 새로운 향수를 만들고자 이소 E 수퍼를 주성분으로 하고, 대량으로 사용한 최초의 향수인 크리스찬 디올의 《파렌하이트(Fahrenheit)》를 창조했다. 이 향수는 전례 없는 25%의 높은 비율로 이소 E 수퍼를 함유하고 있어, 후제르 계열 남성 향수에 새로운 지평을 열었다. 동시대에 출시된 켈빈 클라인의 《이터니티(Eternity)》 역시 이소 E 수퍼를 약 12% 함유하고 있어, 향수의 구성에 핵심적인 역할을 하고 있다. 한편, 1990년 소피아 그로즈만(Sophia Grojsman)은 랑콤(Lancome)의 《트레조(Trésor)》를 조향하면서 장미 향과 어우러진 이상적인 여성 향수를 구상했다. 이 향수에는 다환머스크의 한 종류인 갈락솔라이드가 21.4%, 우디 앰버의 향을 가진 이소 E 수퍼가 18%, γ-메틸 이오논(γ-methyl ionone) 역시 18%, 헤디온이 6% 포함되어 있어 고급스러운 향을 이루고 있다. 이렇게 많은 클래식 명품 향수에 들어간 이소 E 수퍼는 벨벳 같은 부드러움을 지닌 향과 함께, 다른 향 분자들이나 성분들과 잘 섞인다. 이러한 성질 덕분에 이소 E 수퍼는 현재 향수는 물론, 세탁용 및 청소용 세제, 데오도란트, 로션, 비누 등에도 널리 사용되고 있다.

아쿠아모어(Aquamore), 워터멜론 케톤(Watermelon Ketone), 또는 간단히 칼론(Calone)이라고 불리는 Calone 1951은 화이자(Pfizer) 제약 그룹의 화학자들이 발명한 물질이다. 원래 이 물질은 1830년 프랑스 그라스에 설립된 향수 회사 까밀리(Camilli), 알베르(Albert) & 랄루(Laloue)의 연구원들에 의해 개발되었으며, 이 회사는 같은 해에 코티사에 인수되었다가 1963년에 화이자 제약 그룹에 인수되었다.

항불안 유도체 개발을 위해 벤조디아제핀(benzodiazepine)을 포함한 고리형 케톤을 연구하던 화학자 존 비에르붐(John Beereboom), 데이비드 카메룬(David Cameron), 그리고 샤를 스테펜(Charles Stephens)은 1966년에 멜론 느낌의 그린하고 상쾌한 나뭇잎 향이 강하게 나는 새로운 물질인 메틸벤조디오세핀(methylbenzodioxepinone)을 합성했다. 이 화합물은 새로운 물질로 특허가 등록되었다. 특허 등록 시 회사 정책에 따라 새로 합성된 화합물의 이름은 회사 이름의 첫 글자와 발명된 화합물의 화학적 분류, 그리고 서열 번호가 포함된 특수 코드로 명명되었다. 따라서 Camilli, Albert,

Laloue의 첫 글자와 케톤을 지칭하는 접미사 'one'을 합쳐 CALone이라는 이름이 탄생했다. 또한 메틸벤조디오세핀의 등록 번호는 1951이었기 때문에 Calone 1951이라는 이름이 붙게 되었다. 화학구조는 그림 1-6에 있다.

그 후 20년 동안 Calone 1951은 주로 은방울꽃 향을 내는 데 미량 사용되었다. 그러나 특허가 만료되자, 이 칼론의 아쿠아틱 노트에 흥미를 가진 조향사 이브 탕기(Yves Tanguy)가 칼론을 1.2% 정도로 많이 넣은 여성 향수, 아라미스(Aramis)의 《뉴 웨스트 포 허(New West for Her)》를 1990년에 출시했다. 이 향수는 약간의 꽃향이 가미된 신선한 바닷바람을 연상시키는 후각적 인상을 성공적으로 만들어냈다. 이는 향수의 향조에서 '아쿠아(Aqua) 타입' 또는 '마린(marine) 타입' 트렌드의 시작을 알리는 중요한 계기가 되었다.

조향사들은 점차 아쿠아틱 노트에 흥미를 갖기 시작했다. 캘빈 클라인의 《이스케이프(Escape, 1991)》, 크리스티앙 마띠우(Christian Mathieu)가 조향한 《겐조 뿌르 옴므(Kenzo pour homme, 1991)》, 자끄 카발리에(Jacques Cavallier)가 조향한 이세이 미야케(Issey Miyake)의 《로 디세이(L'eau d'Issey, 1992)》와 《로 디세이 뿌르 옴므(L'eau d'Issey pour homme, 1994)》, 짐 크리브다(Jim Krivda)가 조향한 랄프 로렌(Ralph Lauren)의 《폴로 스포츠 우먼(Polo Sport Woman, 1996)》, 피에르 부르동(Pierre Bourdon)이 조향한 다비도프(Davidoff)의 《쿨 워터 우먼(Cool Water Woman, 1997)》, 마이클 알마이락(Michel Almairac)이 조향한 로샤스(Rochas)의 《아쿠아우먼(Aquawoman, 2002)》 등 수많은 후속 제품으로 마린 트렌드가 이어졌다.

끝으로, 향수에 지대한 영향을 미친 합성 향료는 1960년대 화이자사의 찰스 스티븐스(Charles Stephens) 실험실에서 브라이스 테이트(Bryce Tate)와 로버트 앨링엄(Robert Allinghan)이 공동 발명한 에틸 말톨(ethyl maltol)이다.

말톨(maltol)은 1862년에 로스팅된 맥아 등에서 발견된 천연물질로, Veltol이라고도 알려져 있다. 그 유사체인 에틸 말톨은 천연에 존재하지 않으며, 더 강한 캐러멜 냄새를 가지는 물질이다. 에틸 말톨은 프랄린 초콜릿 같은 캐러멜 향을 지니며, 향미료로 말톨보다 4~6배 더 강한 향을 발휘한다.

에틸 말톨은 1963년에 특허를 받았다. 이 성분이 처음으로 사용된 향수는 장 프랑수와 라포르트(Jean-Francois Laporte)가 조향한 라티장 파흐퓌뫼르(L'Artisan Parfumeur)의 《바닐리아(Vanilia, 1978)》로 알려져 있다. 그러나 이 성분의 중요성이 본격적으로 알려진 것은 약 30년 후, 조향사 올리비에 크레스프(Olivier Cresp)가 에틸 말톨을 0.5% 사용해 캐러멜, 초콜릿, 꿀 향이 나는 향수 《엔젤(Angel)》을 티에리 뮈글러(Thierry Mugler)에서 출시하면서부터이다. 이 향수는 과량의 파촐리 향을 균형 있게 사용해 구르망(gourmand) 향조 시대를 여는 데 중요한 역할을 했다.

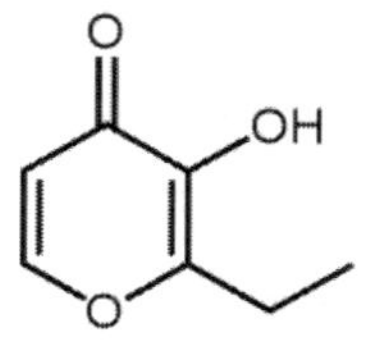

ethylmaltol

이렇게 최초의 구르망 타입의 향수가 탄생하면서 여성과 남성 모두를 위한 완전히 새로운 고급 향수 제품군이 등장하게 되었다. 한때 프랑스 향수 시장에서 항상 베스트셀러 1위를 차지하던 《샤넬 No. 5》를 제치고 《엔젤》이 1위를 차지할 정도로 큰 사랑을 받았다.

향료는 원래 천연원료를 기반으로 만들어졌지만, 과학기술의 발전으로 화학합성을 통해 저렴하고 다양한 향료를 대량으로 생산할 수 있게 되었다. 또한 생물 보호의 필요성이 인식되면서 합성 향료가 향료의 주류로 자리 잡았다. 그리고 마린과 구르망 향조의 탄생에서 볼 수 있듯이, 새로운 향료 물질의 발견은 새로운 트렌드의 향수를 만들어내는 데 크게 기여하고 있다.

현재 합성 향료의 종류는 3,000종을 넘어섰으며, 앞으로도 그 수는 더욱 증가할 것으로 예상된다. 합성 향료는 안정적인 품질로 대량 향료 공급이 가능하고, 안전성 검증도 가능하다는 장점이 있다. 이러한 이유로 합성 향료는 향수를 비롯하여 생활공간 전체에 걸쳐 다양한 방식으로 활용되고 있다.

지속 가능한 사회 측면에서 보면, 앞으로 효소화학 기술을 활용하면 환경에 미치는 부담을 줄이면서도 안전한 합성 향료를 개발할 수 있을 것으로 보인다.

4.4 천연원료로부터 향료 합성

초기 향 분자의 합성 연구는 자연에서 발견되는 향 분자를 인공적으로 경제적으로 제조하는 데 집중했다. 이는 특정 향을 합성, 또는 희귀하거나 비싼 향 분자를 대체하기 위해서였다. 연구가 발전하면서 기존 향 분자들의 한계를 넘어 새롭고 독특한 향을 가진 합성 분자를 개발하는 데 주력하게 되었다.

향료는 단순히 원하는 향을 내는 역할을 넘어서, 향수, 샴푸, 세제 등의 제품에서도 기대하는 향을 제공해야 하며, 그 향이 안정적으로 유지되어야 한다. 사용 및 생산 과정에서의 안전성뿐만 아니라 환경에 미치는 영향도 고려해야 한다. 또한, 산업적으로는 원료와 공정의 가격 경쟁력이 중요하다. 향료를 경제적으로 합성하기 위해서는 저렴한 원료를 사용하는 것이 원칙이다. 예를 들어, 펄프를 이용한 종이 제조 과정에서 남는 물질을 활용해 테르페노이드 향료를 합성하거나, 석유화학 회사에서 페닐에탄올과 같은 부산물을 합성 향료의 원료로 활용할 수 있다. 이는 원료 재활용을 통한 효율성 증대와 비용 절감 효과를 가져온다. 또한, 제약회사는 비타민 A, E, K를 합성하는 과정에서 생기는 중간 물질인 시트랄을 활용해 향료를 합성할 수 있다. 이와 같이 천연물의 부산물이나 대량 생산의 중간체를 사용하는 등 경제성을 고려한 원료를 선택하는 노력을 기울이고 있다. 화석연료에서 유래한 석유화학에서 얻는 원료는 쉽게 구할 수 있고, 원유가 생산되는 한 안정적인 공급이 보장되는 장점이 있다. 합성 향료는 이렇게, 저렴한 천연물의 부산물을 활용해 합성하거나 석유화학 원료를 사용해 합성할 수도 있다. 중요한 점은 경제적이고 효율적으로 향료를 생산해야 한다는 것이다. 이에 대해 알아보도록 하자.

1) 원료

테르펜 탄화수소는 에센셜 오일의 주요 성분이지만, 원치 않는 냄새를 유발하는 경우가 있어 향 산업에서 그 자체의 중요성은 상대적으로 낮다. 따라서 대부분의 에센셜 오일에서는 이러한 냄새를 줄이기 위해 테르펜 탄화수소를 제거하는 경우가 많다. 자연에서 쉽게 얻을 수 있는 테르펜(또는 테르페노이드)은 가격이 저렴하여 다른 천연 향료나 새로운 합성 향료를 만드는 출발원료로 사용될 수 있다. 즉, 테르펜 탄화수소는 천연원료를 이용해 합성 향료를 제조하는 반합성 과정에서 중요한 역할을 한다.

주요 모노테르페노이드 천연원료 중 하나는 소나무에서 얻은 생송진(crude pine resin)으로, 이는 소나무속(Pinus)에 속하는 나무의 껍질을 벗겨내서 얻는다. 이 생송진으로부터 수증기 증류를 통해 약 20~25%의 휘발성 테르펜을 추출할 수 있다. 또한, 크라프트지 공정(Kraft paper process)의 부산물로부터 원료를 얻을 수 있다. 전나무, 소나무, 사이프러스(가문비나무)로부터 펄프를 제조한 후, 물에 녹지 않는 액체인 CST(crude sulfate turpentine)를 얻는다. 이 CST의 주성분은 α-와 β-피넨이며, 비율은 대략 7:3이다.

α-피넨과 β-피넨은 분별 증류를 통해 높은 순도로 분리할 수 있는 테르펜 화합물이다. 이 두 화합물은 촉매를 사용한 이성질화 반응으로 서로 바뀔 수 있으나, 평형반응이므로 항상 α-피넨과 β-피넨의 혼합물이 생성된다. 그러나 α-피넨은 끓는점이 상대적으로 낮기 때문에 르샤틀리에 원리를 활용해 α-피넨을 제거하여 분별 증류의 효율을 높일 수 있다. 또한, β-피넨은 α-피넨에 비해 알코올에 더 잘 녹는다. 이러한 물리적 특성을 이용한 분리 방법도 가능하다. β-피넨만을 얻기 위해서는 분별증류를 한다. 원료 내에는 이미 α-피넨이 과량 있으므로 순수한 β-피넨을 얻기 위해서는 먼저 α-피넨을 β-피넨으로 바꾼 후, 분별 증류로 분리해야 한다. 이러한 추가적인 처리 과정 때문에 β-피넨의 가격은 α-피넨에 비해 약 2배 비싸다.

글리든(Glidden)사에서 개발된 α-피넨과 β-피넨을 기반으로 하는 테르페노이드 화합물의 합성은 다양한 응용 가능성을 열어주었다. 이에 대해 자세히 알아보자.

① β-피넨을 출발원료로 하는 테르페노이드 합성

마른나무에서 나는 우디 향과 송진 냄새가 어우러진 강한 그린 향을 가진 β-피넨을 이용해 합성된 향료를 우선 소개한다.

초기 상업적으로 테르페노이드 합성에 사용된 방법 중 하나는 고가의 β-피넨을 500℃에서 열분해하는 반응이다. 이 과정에서 피넨의 고리가 깨지면서 3개의 이중결합을 가진 미르센이 생성된다. 미르센은 두 개의 이소프렌기가 결합된 모노테르펜이다(그림 2-28). 미르센은 기분 좋은 냄새가 나지만, 반응성이 높아 공기 중에서 불안정하여 직접 향으로 사용되는 경우는 드물다. 대신, 그 반응성을 이용해 다른 향소재를 합성하는 중간체로 사용된다. 화학적으로 설명하면, 미르센은 1,3-다이엔(diene), 즉, 공액 이중결합(conjugated diene)을 가지고 있다. 공액 다이엔과 친다이엔체(dienophile)라 불리는 알켄(alkene)과의 고리화 반응을 유도하면 사이클로헥센(cyclohexene)이 형성되는 딜스–알더 반응(Diels–Alder reaction)을 일으킬 수 있다. 이러한 특성 덕분에 미르센은 다양한 향 성분 분자를 합성하는 데 유용한 중간 물질로 사용된다.

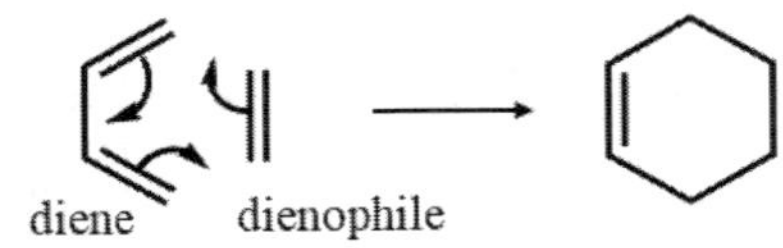

그림 4–5 딜스–알더 반응(Diels–Alder reaction)

그림 4–6에 몇 개의 예를 들어놓았다. 미르센이 아크롤레인(acrolein)이라고 잘 알려진 아크릴알데하이드(acrylaldehyde)와 반응하면 Myrac Aldehyde®가 생성된다. Myrac Aldehyde®는 Empetal®이라는 이름으로도 알려져 있다.

Myrac Aldehyde®의 말단 이중결합을 가수분해하면 달콤한 은방울꽃 향이 나는 Hydroxymethylpentylcyclohexenecarboxaldehyde, 즉 상품명으로 유명한 Lyral®

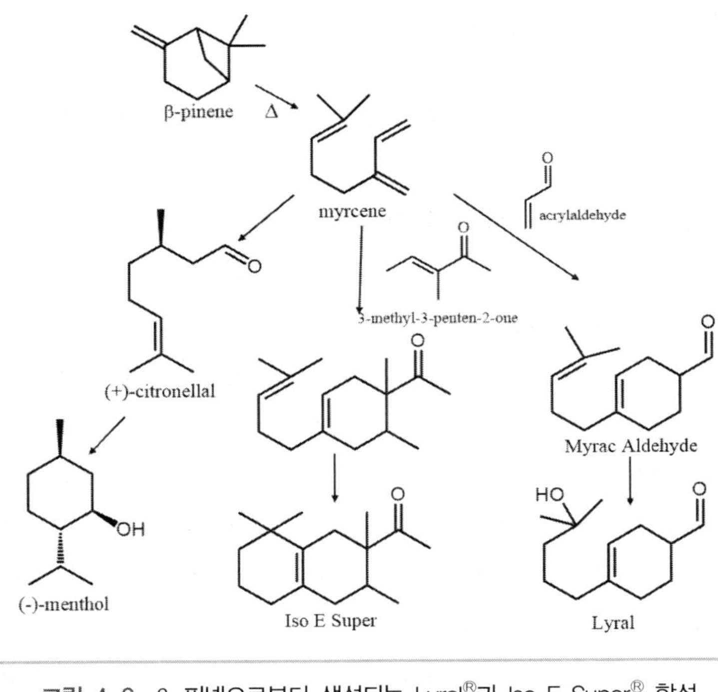

그림 4–6 β–피넨으로부터 생성되는 Lyral®과 Iso E Super® 합성

을 얻을 수 있다. 앞절에서 소개했듯이 Lyral®은 한동안 은방울꽃 향기를 대체한 합성 향료로 향수, 세면용품, 데오도란트 등에 광범위하게 사용되었다. 그러나 피부 알러지를 유발할 수 있다는 문제로 인해, 2021년부터 화장품에서 사용이 금지되었다.

합성 향의 역사에서 소개하였고, 지금까지도 사용되고 있는 Iso E Super®는 염화알루미늄과 같은 루이스산 촉매를 사용하여 미르센과 3-메틸-3-펜텐-2-온의 딜스-알더 반응을 통해 단일환 중간체를 생성한 후, 이를 인산 존재 하에서 고리화시켜 얻는 부분입체이성질체(diastereomers)인 tetramethyl acetyloctahydronaphthalene의 혼합물이다. Iso E Super®는 천연에는 존재하지 않는 매우 기분 좋은 우디 향을 가지고 있다. 실제 천연 우디 향은 무거운 느낌이지만, Iso E Super®는 투명감이 있는 가벼운 우디 향을 제공한다. 백단향과 삼나무 같은 향을 내는 Iso E Super는 피부와 옷감에 오랫동안 남아 향이 지속되는 특성 덕분에 비누, 샴푸, 향수, 세제, 섬유 방향제, 발한억제제 및 탈취제 등에 널리 사용된다. 이후, 지보단의 연구자들은 GC를 이용해 Iso E Super®를 연구한 결과, 실제 향기를 내는 성분은 Iso E Super® 혼합물 내에 약 5% 정도 포함된 Arborone(또는 Iso E Super Plus)이라는 물질임을 발견했다. 이 물질의 냄새 역치는 0.005 ng/L로, Iso E Super로 특허받은 물질보다 100,000배 더 강한 냄새를 낸다. 후에 지보단은 Arborone과 비슷한 향을 가진 향료 Georgywood를 출시하였다.[4] Iso E Super와 그 파생 향료는 다양한 향수에서 찾아볼 수 있다. 예를 들어, 《프리실라 프레슬리(Priscilla Presley)의 골든 모먼츠(Golden Moments)》에 5%, 도나카란(Donna Karan)의 《DKNY 비 딜리셔스 포 맨(DKNY Be Delicious for men)》에 2.3%, 니나 리치의 《러브 인 파리(Love in Paris)》에 (1.8%), 버버리(Burberry)의 《브릿(Brit)》에 1.8%가 들어 있는 등 여러 향수에 사용되었다.

그 외에 미르센은 (+)-시트로넬랄을 중간 물질로 해서 (-)-멘톨을 합성할 수 있다. 이는 (-)-멘톨 합성 부분에서 자세히 설명한다.

〈그림 4-7〉에는 미르센을 가수분해하여 제라니올, 리날로올, 네롤 등이 합성되는 과정을 보여준다. 미르센의 이중결합을 직접 가수분해하는 것은 어려우므로, 주로 2단계 반응을 통해 합성한다. 첫 번째 단계에서는 제1구리염 존재하에 미르센에 기체 상태의 HCl을 더해준다. 이때 HCl이 미르센의 이중결합에 첨가되어 제라닐(geranyl),

---

4) https://www.scentspiracy.com/synthetics/iso-e-super

네릴(neryl), 리날릴염화물(linalyl chloride) 같은 염산염(hydrochloride) 혼합물이 생성된다. 두 번째 단계에서는 이 혼합물을 가수분해하여 각각 제라니올, 네롤, 리날로올을 얻는다. 궁극적으로 β-피넨으로부터 다양한 향 성분을 얻을 수 있으나, 이 방법으로 얻는 것의 문제점은 β-피넨의 가격이 고가인 점과, 생성물에 염소(Cl)가 있어 이를 제거해 주어야 하는 단점이 있다.

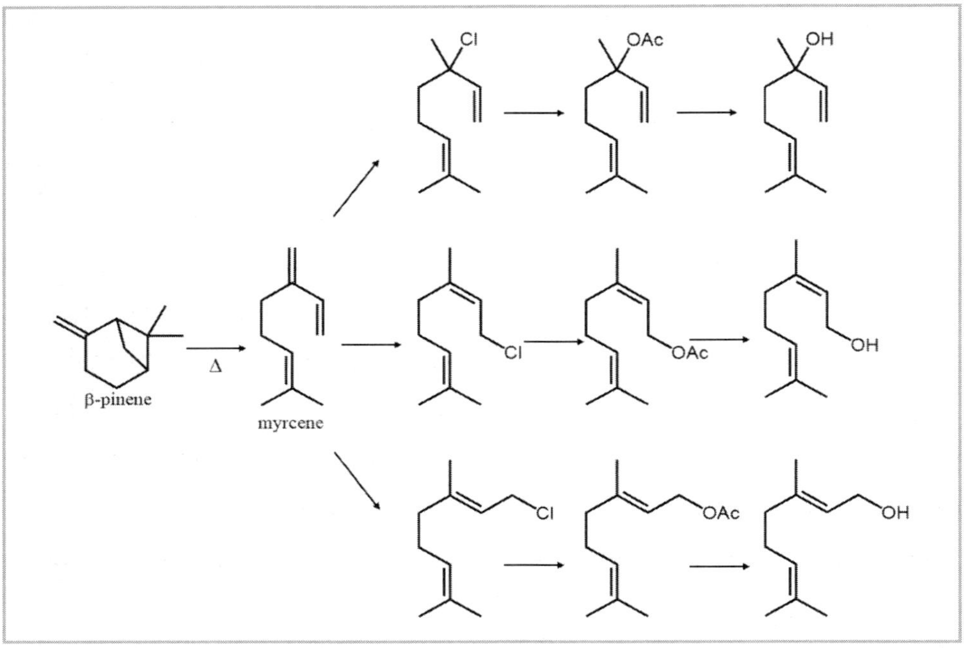

그림 4-7 β-피넨으로부터 제라니올, 리날로올, 네롤 합성

② α-피넨을 출발원료로 하는 테르페노이드 합성

상대적으로 저렴한 α-피넨을 산성 수용액에서 처리하면 90%의 수율로 1,8-테르핀(terpin)으로 변환된다. 이 과정에서 향 성분인 1,8-시네올이 부생산물로 생성된다(그림 4-8).

비록 1,8-테르핀은 향이 나지 않지만, 묽은 옥살산 속에서 가열하면 라세믹(±) α-테르피네올이 생성된다. α-테르피네올은 강한 라일락 향을 가지고 있으며, 살균 특성이 있어 비누나 세제에 응용 가능성이 있다. 1,8-테르핀의 탈수 반응의 부생산물로는 β-테르피네올이 있으며, 이 물질은 대지와 나무의 자연스러운 깊고 풍부한

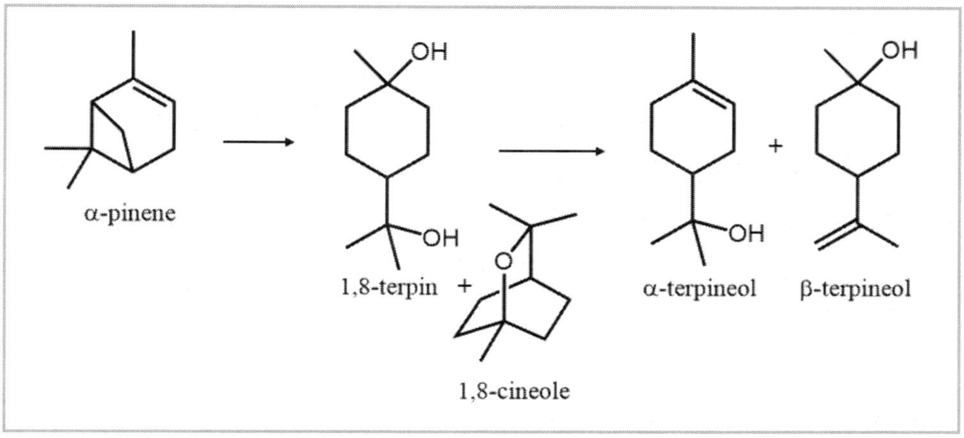

그림 4-8 α-피넨으로부터 β-테르피네올 생성

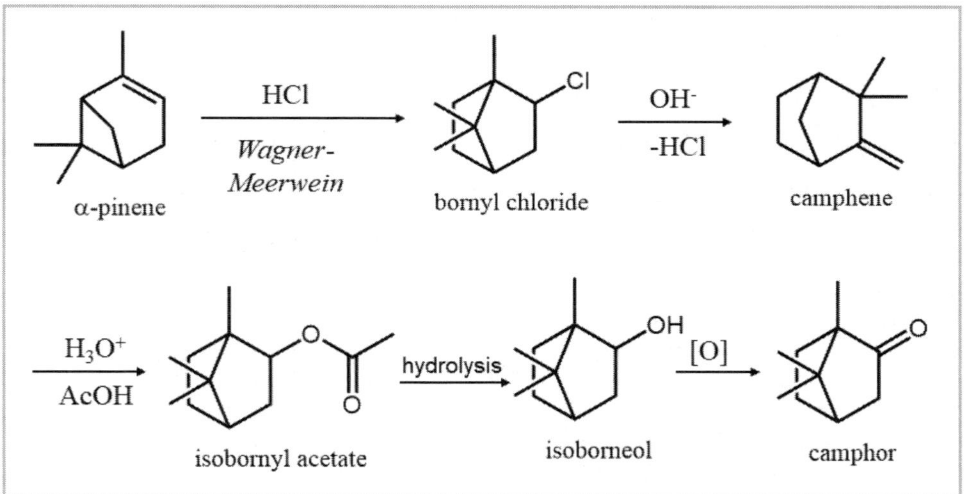

그림 4-9 α-피넨으로부터 캠퍼 합성

향에 히아신스 꽃의 부드럽고 달콤한 향이 섞여 있는 복합적인 냄새가 난다.

(+)-α-피넨으로부터 장뇌인 (+)-캠퍼를 합성할 수 있다. 반응 과정을 〈그림 4-9〉에 나타내었다. 첫 번째 단계에서는 (+)-α-피넨에 HCl 기체를 넣어 반응시킨다. 이 반응에서 α-피넨은 양성자화된 후, 바그너-미어바인 재배열(Wagner-Meerwein rearrangement)을 통해 같은 광학활성을 가진 (+)-염화보르닐(bornyl chloride)로 바뀐다. 염화보르닐은 캠퍼와 비슷한 냄새를 가지고 있어서 인조캠퍼라고도 불린다. 두 번째 단계에서는 (+)-염화보르닐을 염기 촉매하에서 탈할로겐화

수소 반응(dehydrohalogenation)을 시킨다. 이 반응에서 할로겐 원자가 인접한 수소 원자와 결합하여 HCl로 떨어지고 이로 인해 C=C 이중결합이 형성되어 (+)-염화보르닐은 (-)-캄펜(camphene)으로 변환된다. 얻어진 캄펜에 아세트산을 산촉매로 첨가하면 아세트산 이소보르닐(isobornyl acetate)을 얻고, 마지막 단계에서는 이소보르네올을 산화시켜 최종적으로 (+)-캠퍼를 얻는다. 캠퍼는 녹나무로부터 얻는 주된 휘발성 성분이다. 합성 물질은 저렴하고, 캠퍼, 이소보르네올, 아세트산 이소보르닐 모두 나무 향이 난다.

③ 피난(pinane)을 출발원료로 하는 테르페노이드 합성

피난을 출발원료로 하는 테르페노이드 합성에 대한 반응을 〈그림 4-10〉에 나타내었다. 상대적으로 저렴한 α-피넨에 팔라듐(Pd), 백금(Pt), 니켈(Ni)과 같은 촉매를 사용하여 수소를 첨가하면 피난을 얻을 수 있다. 이 피난을 공기 중 라디칼 조건에서 산화시키면, 자유 라디칼 메커니즘에 의해 하이드로과산화물(hydroperoxide) 중간체를 형성한다. 이를 가열하여 환원시키면 3차 알코올인 *cis*와 *trans* 2-피난올(pinanol) 혼합물이 생성된다. 생성된 *cis*-와 *trans*-2-피난올 혼합물을 끓는점 차이를 이용한 증류를 통해 분리한다. 생성된 알코올을 열분해(pyrolysis)하면 리날로올을 얻을 수 있다.

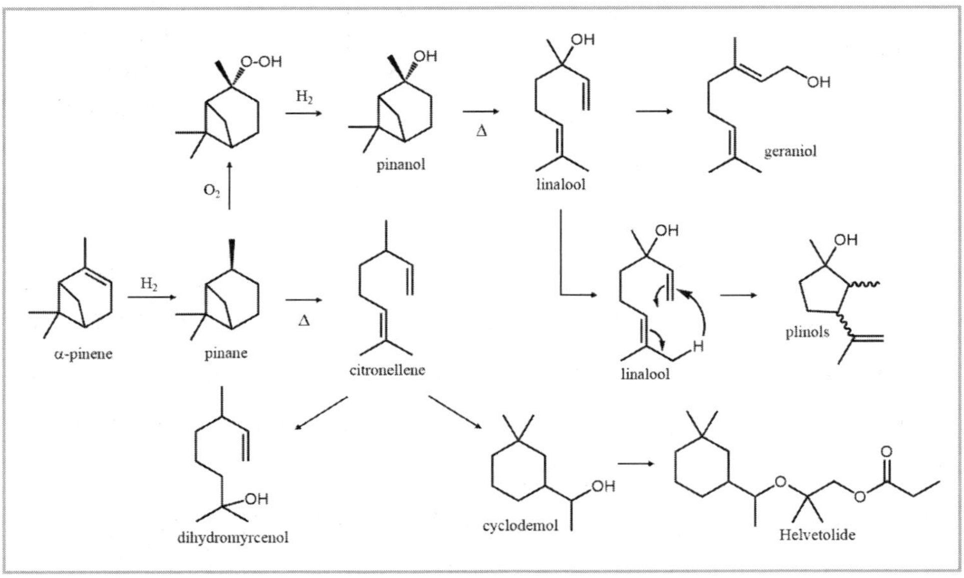

그림 4-10 α-피난으로부터 향료 합성

그러나 열분해 방법으로 얻은 리날로올은 높은 열이 더해진 반응 조건에서 불안정하다. 이러한 조건에서는 추가적으로 '엔 반응(ene reaction)'이 일어나 이성질체 알코올 혼합물인 장뇌향이 나는 플리놀(plinol)이 생성되는 문제가 발생할 수 있다. 이 방법으로 리날로올을 합성하기 위해서는 플리놀이 형성되는 것을 줄이기 위해 열분해 반응 조건을 세심하게 조절해서 합성해야 한다.

한편 오르토바나데이트(VO_4) 촉매를 사용하면 리날로올을 그 이성질체인 제라니올로 전환시킬 수 있다. 오르토바나데이트 촉매를 사용할 때, 리날로올은 90% 이상의 높은 수율로 제라니올과 네롤의 혼합물을 생성하며, 이들은 분별 증류를 통해 분리할 수 있다. 이 과정에서 플리놀도 제거된다. 이렇게 얻어진 제라니올로부터 이오논이나 비타민 합성에 필요한 중간체인 시트랄을 얻을 수 있다.

한편 피난을 열분해하면 시트로넬렌(citronellene)이라고 하는 디하이드로미르센(dihydromyrcene)이 생성된다. 이 디하이드로미르센을 수화(hydration)시키면 디하이드로미르세놀이 얻어진다. 디하이드로미르세놀은 신선한 라임 같은 시트러스한 꽃향기를 가지고 있어 시원하면서도 아늑한 느낌을 주는 합성 향료로 사용된다. 이 화합물은 《드라카 누와르(Drakkar Noir)》와 《쿨 워터(Cool Water)》와 같은 유명 향수에 사용되어 유명해졌다(합성 향 역사 참조).

여기서 시트로넬렌을 다시 보자. 시트로넬렌은 산촉매하에서 고리화 반응을 통해 중간체를 형성한다. 이후 Wagner-Meerwein 재배치 반응을 통해 탄소 골격이 재구성된다. 끝으로, 산촉매하에서 물을 첨가한 수화반응을 통해 사이클로데몰(cyclodemol)로 변환될 수 있다. 이 알코올은 '지방족고리 머스크(alicyclic musk)' 향을 내는 화합물을 만드는 데 사용된다(지방족고리 머스크 절 참조). 지방족고리 머스크는 사이클로알킬 에스터 또는 선형 머스크로도 알려져 있으며, 기존의 방향족, 다환족, 거대환상 구조와는 완전히 다른 구조를 가진다. 이러한 머스크 향을 내는 화합물 중 대표적인 예로 1990년대에 피르메니히사에서 개발한 헬베토라이드(Helvetolide®)가 있다.

시트로넬렌으로부터 샌달우드향이 나는 Osyrol®를 얻을 수도 있다(그림 4-11). 메탄올과 적절한 산촉매를 사용하여 시트로넬렌의 이중결합에 메톡시 그룹을 첨가하는 메톡시화(methoxylation) 반응을 하고, 이어 과산화물과 산촉매를 사용하여, 과산산화반응(peracid oxidation)으로 산화시키면 샌달우드향이 나는 Osyrol®이 혼합물로 생성된다. Osyrol®은 1960년대부터 상업적으로 생산되기 시작했으며, 현재는 IFF에 인수된 부시 보크 앨런(Bush Boake Allen)사에서 생산되었다.

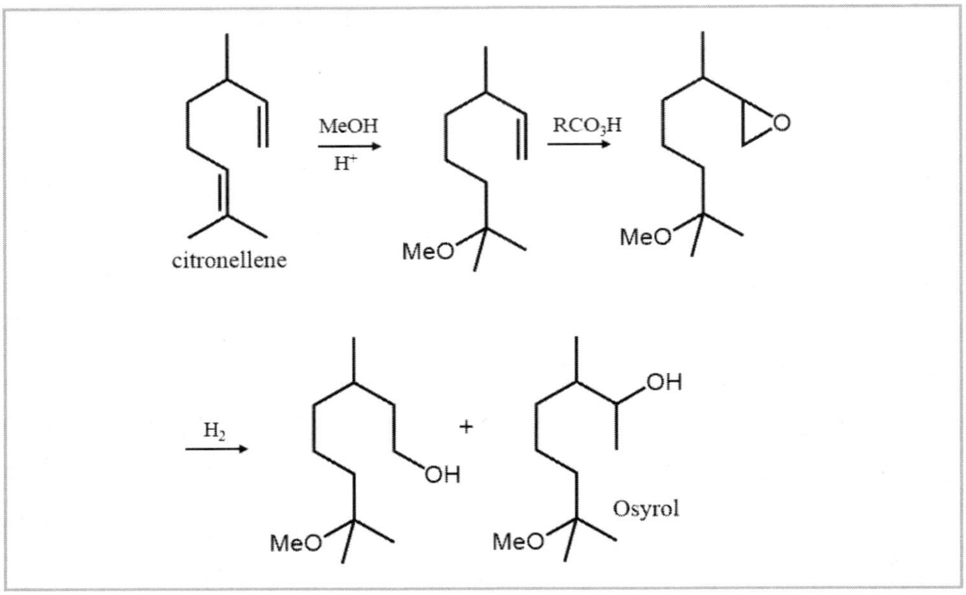

그림 4-11 샌달우드향이 나는 Osyol® 합성

2) 헤미테르페노이드(hemiterpenoids)

향료로 사용되는 헤미테르페노이드의 수는 매우 적다. 중요한 것은 프레닐 염화물(prenyl chloride)로부터 얻어지는 아세트산 프레닐(prenyl acetate)과 벤조산 프레닐(prenyl benzoate)이다.

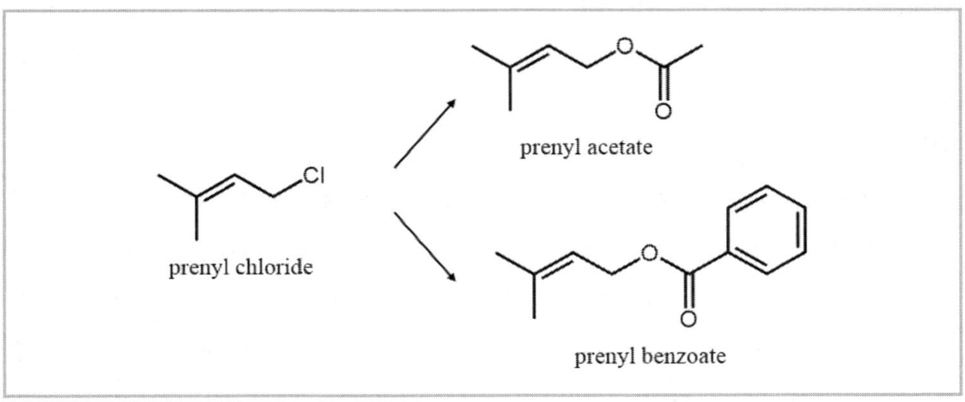

그림 4-12 프레닐 염화물로부터 아세트산 프레닐과 벤조산 프레닐 합성

신선하고 그린 뉘앙스의 과일 향을 갖고 있는 아세트산 프레닐은 프레닐 염화물과 아세트산과의 반응으로 생긴다. 주로 바나나나 붉은 과일 어코드 제조에 사용된다. 프레닐 염화물과 벤조산의 반응으로 얻어진 에스터인 벤조산 프레닐은 따뜻하고 부드러우면서 달콤한 발삼 향이 난다. 향수의 베이스 노트에 사용되어, 향수의 깊이와 지속성을 높이는 데 기여한다.

3) 비고리형(acyclic) 모노테르페노이드

테르페노이드 중에서 가장 중요한 비고리형(acyclic) 모노테르페노이드는 5가지 주요 테르페노이드인 제라니올/네롤, 리날로올, 시트로넬롤, 시트로넬랄과 시트랄이다. 시트랄을 제외한 모든 화합물은 향수에 그대로 사용된다. 아울러 이들은 다른 향 성분을 합성하기 위한 출발 물질로 활용된다. 또한, 간단한 수소화 반응이나 산화 반응을 통해 서로 쉽게 바뀔 수 있다.

이 물질들의 화학적 안정성은 불포화도에 의해 결정된다. 특히 표백제나 세탁 세

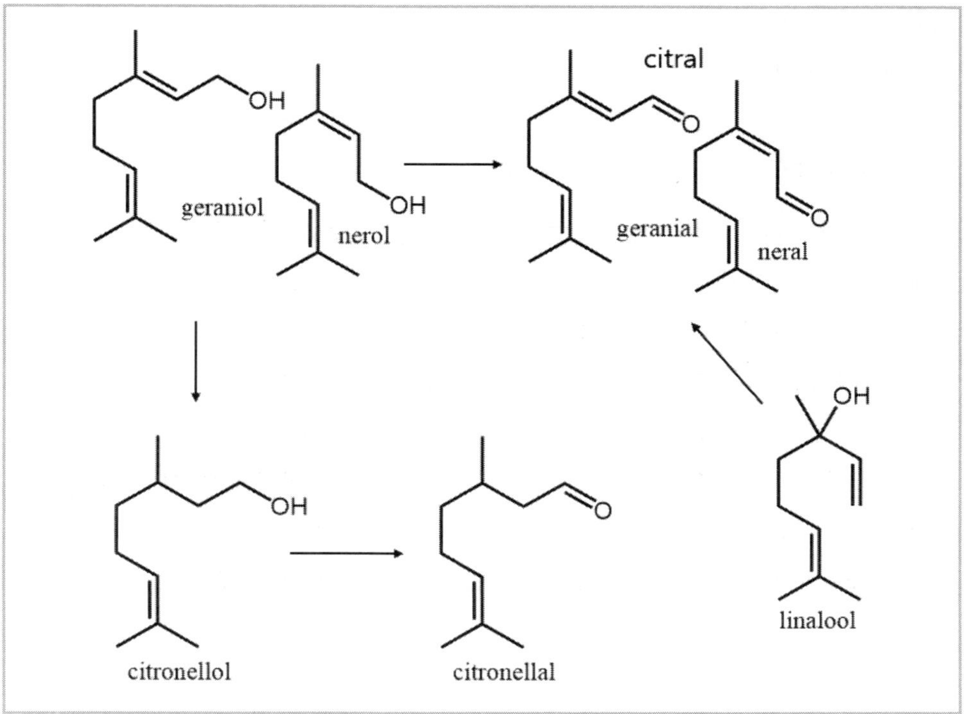

그림 4-13 5가지 주요 테르페노이드

제와 같은 산화성 매체에서는 이 화합물이 불안정해질 수 있다. 이 문제를 해결하기 위해 다양한 수소화 유도체(hydrogenated derivatives)가 개발되었다. 이러한 유도체들은 이중결합을 부분적 또는 완전하게 환원시켜 안정성을 높이는 전략을 사용한다. 이렇게 만들어진 수소화 유도체는 원래의 모노테르페노이드보다 산화성 매체 속에서 훨씬 더 안정하므로, 표백제나 세제에 효과적으로 사용될 수 있다.

탄화수소 테르페노이드, 즉 테르펜계는 향이 매우 약하다. 따라서 주로 다양한 테르페노이드를 합성하는 원료물질로 사용된다. 시트로넬롤, 리날로올, 제라니올/네롤은 모두 알코올이며, 장미처럼 달콤한 꽃 향을 가진다. 특히 리날로올은 은방울꽃 향이 난다. 반면, 알데하이드인 시트로넬랄과 제라니알/네랄은 감귤류의 향을 내는 특성을 가지고 있다.

5가지 주요 테르페노이드를 비롯한 비고리형 모노테르페노이드는 1950년대까지는 천연자원에서 얻었기 때문에 수요에 비해 공급이 부족했으나, 1960년대에 들어서면서 합성 향료가 시장에 나오기 시작했다. 이들을 합성하기 위한 주요 출발 물질은 저가의 α-피넨에 수소를 첨가하여 얻을 수 있는 피난의 열분해로부터 얻은 시트로넬렌이다. 상세한 내용은 〈피난을 출발원료로 하는 테르페노이드 합성〉 절 및 〈그림 4-10〉에 소개하였다.

이제부터 각 테르페노이드 합성에 대해 자세히 알아보도록 하자.

① 시트로넬롤

시트로넬롤 또는 디하이드로제라니올(dihydrogeraniol)은 천연 비고리형 모노테르페노이드이다. (−)-시트로넬롤은 주로 장미의 에센셜 오일에서 발견된다. 〈그림 4-10〉에서 볼 수 있는, α-피넨으로부터 합성된 시트로넬렌에 HCl을 첨가하면, 마르코브니코프(Markovnikov)의 법칙으로 일염화물이 생성된다. 과산화물이 존재한 가운데 HBr을 첨가하면 안티-마르코브니코프(anti-Markovnikov) 첨가 반응을 통해 2개의 할로겐이 치환된 물질이 생성된다. 이를 아세트산 분해(acetolysis)시키면서 HCl을 제거하면 아세트산 시트로넬릴(citronellyl acetate)이 생긴다. 비누화(saponification) 반응을 통해 이 에스터를 알코올로 바꾸면 시트로넬롤을 얻을 수 있다.

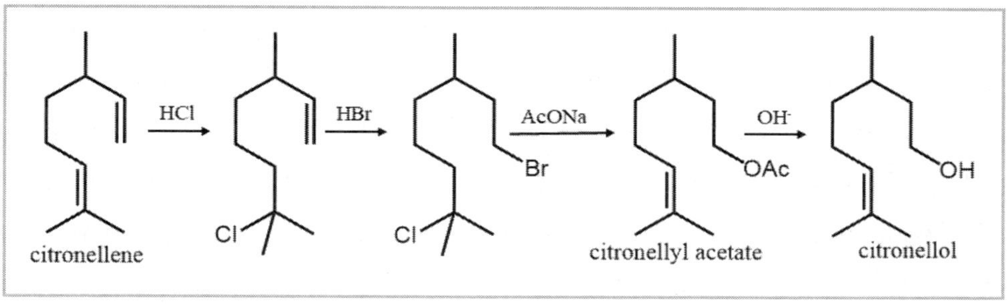

그림 4-14 시트로넬렌으로부터 시트로넬롤 합성

(+)-시트로넬롤과 (-)-시트로넬롤의 광학이성질체가 존재하며, (+)-시트로넬롤이 일반적이다. 시트로넬롤은 제라니올이나 네롤을 수소화하여 얻을 수도 있으며, 매년 수백만 킬로그램이 생산된다. 이 물질은 여러 합성 향료의 전구체로 활용되며, 특히 로즈 옥사이드를 만드는 가장 중요한 출발 물질이다.

로즈 옥사이드는 피란 계열에 속하는 모노테르펜 유기화합물로, 장미와 제라늄 오일에서 추출된다. 이 화합물은 특유의 그린한 장미 향을 지니고 있으며, (+)- 및 (-)-의 두 가지 입체 이성질체를 가지고 있다. 특히, (-)-(*Z*)-이성질체는 매우 낮은 냄새 역치(0.5 ppb)를 가지고 있어 전형적인 장미의 플로럴 그린향을 제공한다. 로즈 옥사이드는 시트로넬롤을 출발 물질로 하여 합성할 수도 있다. 합성반응을 〈그림 4-15〉에 나타내었다.

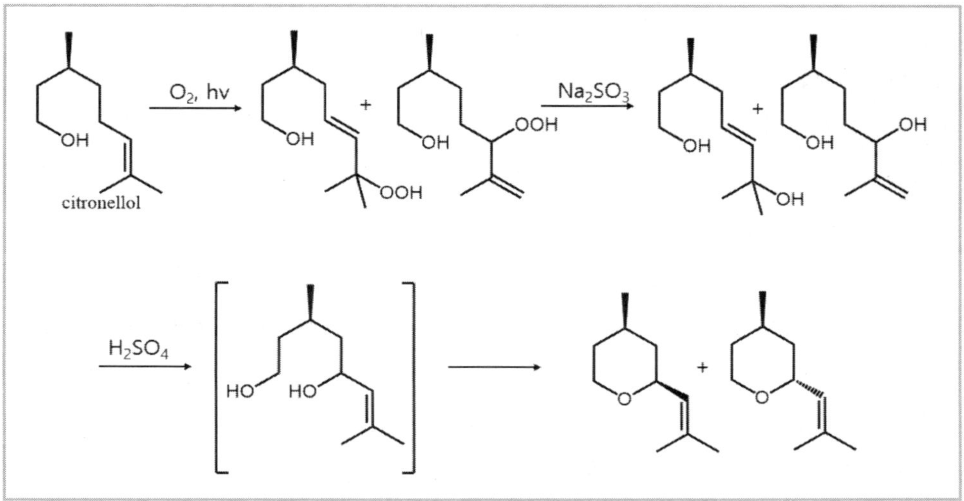

그림 4-15 시트로넬롤로부터 로즈 옥사이드 합성

먼저 시트로넬롤을 광산화하여 알릴 하이드로퍼옥사이드(allyl hydroperoxide)를 생성한다. 이를 아황산나트륨(Na_2SO_3)으로 환원하면 알릴 디올(allyl diol)이 얻어진다. 이 반응에서 하이드로퍼옥사이드의 산소 원자가 제거되면서 알코올로 전환된다. 생성된 디올은 황산이나 인산과 같은 산 촉매를 사용하면 탈수소화(dehydration)되어 알릴 옥사이드(allyl oxide)를 형성한다. 최종적으로 알릴 옥사이드는 고리화 반응을 통해 로즈 옥사이드로 전환된다. 이 과정에서는 (−)-(*Z*)- 및 (−)-(*E*)-로즈 옥사이드가 동일한 수율로 생성된다. 합성된 로즈 옥사이드는 증류나 크로마토그래피와 같은 방법으로 정제해서 순수한 제품을 얻을 수 있다. 또한, 시트로넬롤의 알릴릭(allylic) 산화를 통해 적절한 leaving group을 도입하고, 이후 고리화 반응을 통해 피란 형태의 로즈 옥사이드를 만들 수도 있다. 이 방법도 로즈 옥사이드 합성의 한 방법으로 활용된다.

② 시트로넬랄

로디날(rhodinal)이라고도 하는 시트로넬랄은 레몬그라스, 유칼립투스, 시트로넬라 오일 등에서 발견되는 모노테르펜 알데하이드이다. 구조적으로 시트로넬롤이 산화된 형태이다. 이 화합물은 레몬과 유사한 신선하고 상쾌한 향을 가지고 있어 향수 및 방향제에 자주 사용된다. 또한 시트로넬랄은 살충제와 방충제의 주요 성분으로 활용되며, 다양한 합성 향료와 화합물의 출발 물질로도 사용된다.

〈그림 4-16〉에 나타내었듯이 시트로넬랄 역시 α-피넨으로부터 얻는 이중결합을 가진 모노테르펜인 시트로넬렌의 이중결합 위치에서 산화 반응을 통해 합성할 수 있다. 시트로넬렌에는 말단과 내부에 이중결합이 있다. 두 개의 이중결합 중 내부에 있는 이중결합이 가수분해되면, 메틸기의 전자 공여 효과로 인해 더 안정적인 반응 중간체가 형성될 수 있다. 이런 이유로 내부 이중결합이 가수분해되어, 베르가모트와 같은 신선한 꽃 향을 지닌 디하이드로미르세놀이 생긴다.

향의 역사를 보면, 새로운 향 성분이 발견되면, 대개 대중적인 제품이나 실험적인 향수에 먼저 사용되고, 성공을 거두면 고급 향수 시장으로 퍼져나가는 경향이 있다. 그러나 디하이드로미르세놀의 경우, 이 성분이 포함된 《드라카 누아르》가 큰 성공을 거두면서 고급 향수 시장으로 바로 진출하게 되었다.

이 디하이드로미르세놀을 에폭시 알코올 유도체로 변환한 후 열분해하면 하이드록시시트로넬랄이 얻어지는데, 이 과정에서 소량의 α-시트로넬랄(α-citronellal)과

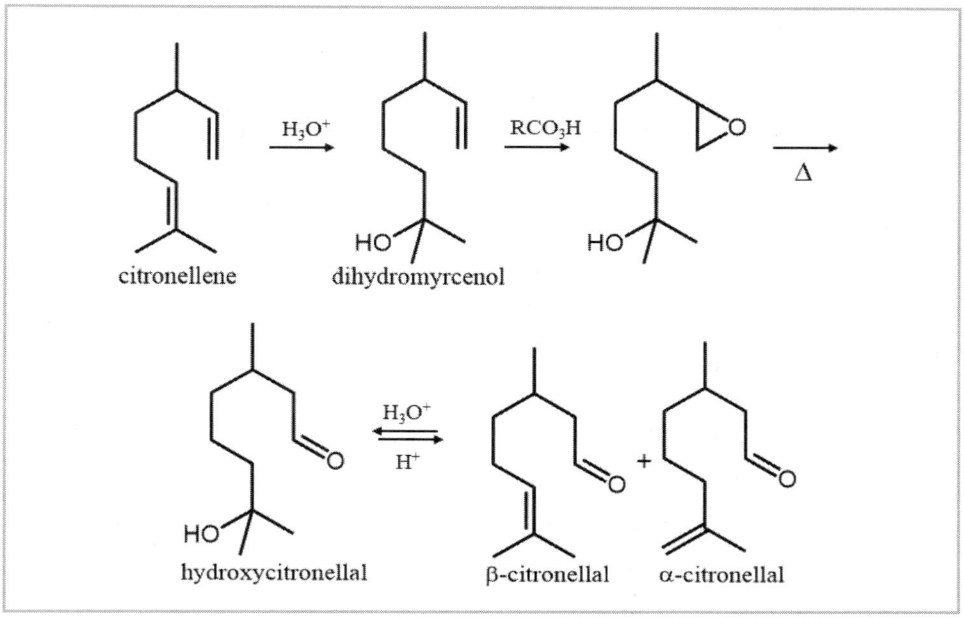

그림 4-16 시트로넬랄 합성

β-시트로넬랄도 함께 생성된다. 시트로넬랄을 얻기 위해 이 혼합물들을 산으로 처리하면, 시트러스하고 우디한 향이 나는 β-시트로넬랄이 생성된다. 그러나 이 반응 조건에서 β-시트로넬랄은 부분적으로 전환(transformation)되어 민트 향이 나는 이소풀레골을 생성하기도 한다. 한편, β-시트로넬랄은 촉매 존재하에서 탈수소 반응(dehydrogenation)을 통해 시트로넬롤로 전환될 수도 있다.

시트로넬랄의 알데하이드기를 안정화시킨 조건에서 이중결합을 가수분해하면 은방울꽃 향이 나는 하이드록시시트로넬랄을 얻을 수 있다. 이 화합물은 앞의 〈합성향의 역사〉에서 소개된 바 있다. 하이드록시시트로넬랄은 1905년 Knoll & Co에서 처음 합성되어 상업적으로 판매되기 시작했다. 이 화합물은 1906년에 지보단사에서 Laurine®이라는 상품명으로, 1908년에 피르메니히사에서 Cyclosia®라는 이름으로 각각 판매되었다. 하이드록시시트로넬랄은 디올의 향수 《디오리시모》에 포함된 것으로 유명하다. 그러나 이후 피부 감작 및 안정성 문제로 인해 화장품에 1.0% 이상 함유해서는 안 된다는 규정이 생겼다.

③ 리날로올

다양한 꽃과 향신료에서 추출되는 리날로올은 라벤더, 라일락 같은 꽃향기에 레몬 향이 있어 그대로 향수에 사용된다. 자연에는 (R)-(-)-리날로올과 (S)-(+)-리날로올의 두 입체 이성질체가 발견된다. (R)-(-)-리날로올은 주로 라벤더 오일에서 발견되며, 라벤더 특유의 향을 제공한다. 반면 (S)-(+)-리날로올은 코리앤더 오일에서 많이 발견되며, 달콤하고 상쾌한 향이 특징이다. 리날로올은 제라니올 및 시트랄 같은 다른 모노테르페노이드 향 물질의 원료로도 사용된다. 또한 비타민 A와 비타민 E의 합성 중간체이다. 이러한 이유로 리날로올의 수요가 높아 여러 가지 합성 방법이 존재한다. 로슈(Roche)사는 아세톤과 아세틸렌을 사용하는 반면, 글리든(Glidden)사는 β-피넨을 기반으로 합성하고 있다. 또한, 이소프렌을 이용한 크라레(Krae) 방법으로도 합성되기도 한다. 리날로올은 산에서는 쉽게 이성질화되어 제라니올이 되거나 분해가 일어나고, 염기성 조건에서는 상대적으로 안정하다. 리날로올을 얻는 몇 가지 방법을 알아보자.

• β-피넨을 출발 물질로 사용하는 방법

〈β-피넨을 출발원료로 하는 테르페노이드 합성〉 절의 〈그림 4-7〉에서 볼 수 있듯이, β-피넨은 열에 의해 고리가 열려 미르센을 형성하고 여기에 염화수소를 첨가하여 제라닐 클로라이드를 얻는다. 이것이 아세틸화되면 알릴 재배치가 일어나고 리날릴 아세테이트가 얻어지며, 리날로올로 가수분해된다.

• α-피넨을 출발 물질로 사용하는 방법

〈피난을 출발원료로 하는 테르페노이드 합성〉 절의 〈그림 4-10〉에서 소개한 대로, 리날로올은 α-피넨을 피난으로 수소화하여 얻은 후 공기 산화에 의해 하이드로퍼옥사이드로 전환한 다음 환원에 의해 얻은 피나놀을 열분해하여 얻을 수 있다.

• 아세틸렌과 아세톤을 출발 물질로 사용

리날로올의 합성 과정은 아세틸렌과 아세톤을 출발 물질로 사용하여 중간체인 메틸헵테논(methylheptenone)을 만드는 것에서 시작된다. 메틸헵테논에 아세틸렌을 첨가하여 디하이드로리날로올(dehydrolinalool)을 얻은 후, 린들러(Lindlar) 촉매로 3중결합을 이중결합으로 부분적으로 환원시켜 최종적으로 리날로올을 얻는다.

중간체인 메틸헵테논을 만드는 방법을 보자.

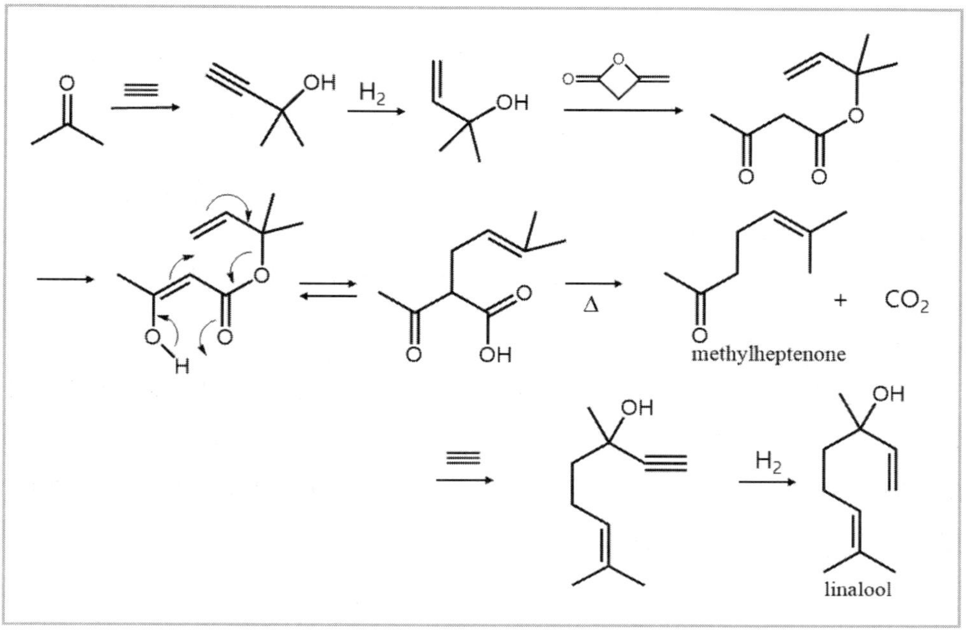

그림 4-17 아세틸렌과 아세톤으로부터 리날로올 합성

아세틸렌(acetylene, C_2H_2)을 아세톤(acetone, $(CH_3)_2CO$)에 첨가하여 3-메틸-1-부텐-3-올(3-methyl-1-buten-3-ol)을 만든다. 이 3-메틸-1-부텐-3-올을 린들러 촉매를 사용하여 부분적으로 환원시킨다. 이 과정에서 3-메틸-1-부텐-3-올의 삼중 결합이 이중결합으로 전환된다. 이를 디케텐(diketene)과 반응시켜 아세토아세트산 에스터(acetoacetic ester)를 형성한다. 이 반응은 알코올과 디케텐의 에스터화 반응을 통해 진행된다. 형성된 아세토아세트산 에스터는 캐롤 재배열 반응(Carroll rearrangement)을 통해 메틸헵테논으로 전환된다. 반응 과정을 〈그림 4-17〉에 나타내었다. 그런데 이 캐롤 반응은 원소 효율(atom efficiency)이 낮고, 이산화탄소 제거 등, 비용 면에서 효율적이지 못한 문제가 있다.

따라서 효율이 높은 메틸헵테논을 얻는 방법이 개발되었다. 이는 캐롤 반응에서처럼 CO_2가 발생하여 원소를 잃는 반응 과정을 거치지 않는 방식이다. 〈그림 4-18〉에 나타낸 이 방법에서는 메틸부텐올(methylbutenol)을 2-메톡시프로펜(2-methoxypropene)과 반응시켜 알릴 비닐 에테르(allyl vinyl ether)를 생성하고, 이를 클라이젠 자리옮김(Claisen rearrangement) 반응을 통해 비용면에서 효율적으로 메틸헵테논을 얻을 수 있다.

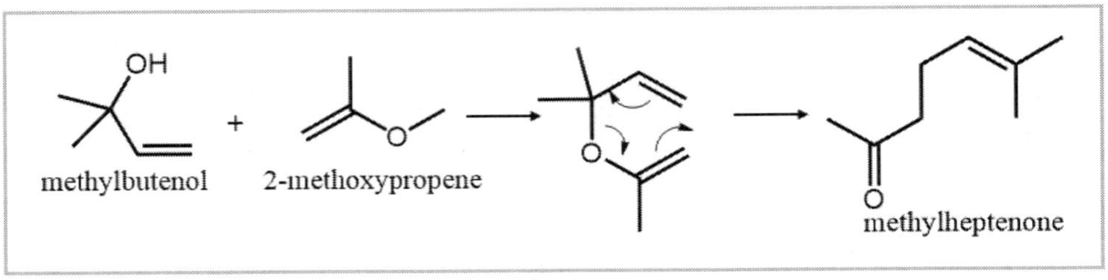

그림 4-18 메틸부텐올과 메톡시프로펜으로부터 메틸헵테논 합성

• 이소프렌을 출발 물질로 사용

〈그림 4-19〉에서처럼 이소프렌에 HCl를 첨가하여, 1,4-위치에 염화수소가 첨가된 프레닐 클로라이드를 만든 후, 이 프레닐 클로라이드에 아세톤을 추가하여 메틸헵테논을 합성할 수도 있다. 이후 리날로올은 〈그림 4-17〉에서 소개한 메틸헵테논 후속 합성 방법을 통해 얻을 수 있다.

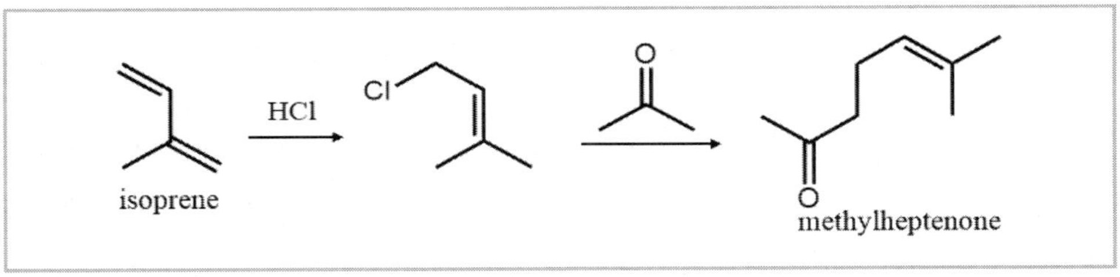

그림 4-19 이소프렌으로부터 메틸헵테논 합성

• 아세톤과 폼알데하이드를 출발 물질로 사용

메틸 헵테논을 합성하는 또 다른 방법을 〈그림 4-20〉에 나타내었다. 아세톤과 폼알데하이드의 알돌축합 반응으로부터 메틸비닐케톤(methyl vinyl ketone)을 얻는다. 이후 이소뷰틸렌(isobutylene)과의 엔 반응(ene reaction)을 통해 메틸헵테논의 이성질체인 2-메틸헵트-1-엔-6-온(2-methylhept-1-en-6-one)을 합성한다.

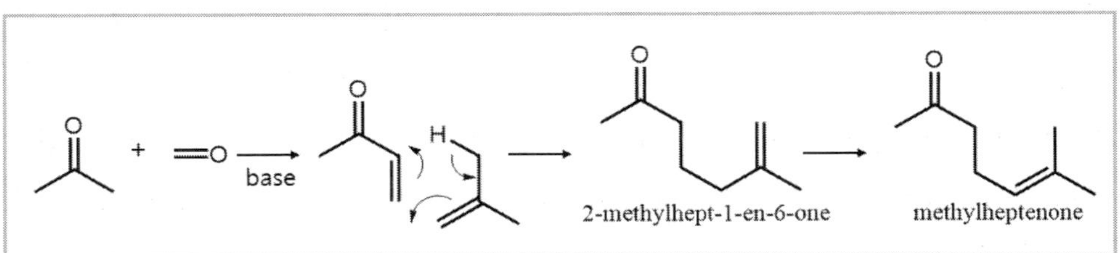

그림 4-20 아세톤과 폼알데하이드, 이소뷰틸렌으로부터 메틸헵테논 합성

이 화합물은 산 촉매와 아세틸렌을 사용한 이성화 반응을 통해 쉽게 메틸헵테논으로 바뀔 수 있다. 이후 메틸헵테논으로부터 리날로올로 변환시키는 과정은 앞서 설명한 방법과 동일하다.

④ 시트랄

시트랄은 모노테르펜 알데하이드인 제라니알과 네랄의 혼합물을 부르는 명칭으로 레몬의 상쾌한 향이 나는 물질이다. 제라니올을 산화시키거나, 로슈(Roche)법으로 합성한다.

시트랄은 1898년 필리프 비르비에(Philippe Barbier), 루이 부보보(Louis Bouveault), 그리고 페르디난트 티만(Ferdinand Tiemann)에 의해 처음 합성되었다. 반응의 효율을 높이기 위해 조제프 페르디난드 아렌스(Jozef Ferdinand Arens)와 데이비드 아드리안 반 도프(David Adriaan van Dorp)는 1940년대에 아세톤과 아세틸렌을 반응물로 사용하여 시트랄을 합성하는 방법을 발표하였다. 이후 캐롤 반응과 클라이젠 자리옮김 반응 등을 통해 합성 공정이 개선되었다. 시트랄을 합성하는 공정을 나타낸 〈그림 4-21〉에서는 〈그림 4-17〉과 〈그림 4-18〉에서 본 합성반응을 볼 수 있다. 이 효율적인 공정은 지금도 시트랄을 합성하는 데 사용되고 있다.

가장 먼저, 아세톤과 아세틸렌을 염기성 조건에서 반응시켜 2-메틸-3-부틴-2-올을 형성한다. 이를 수소화하여 3-메틸-3-부텐-2-올로 전환한다. 여기에 2-메톡시프로펜(2-methoxypropene)을 반응시켜 알릴 비닐 에테르를 생성하고, 이를

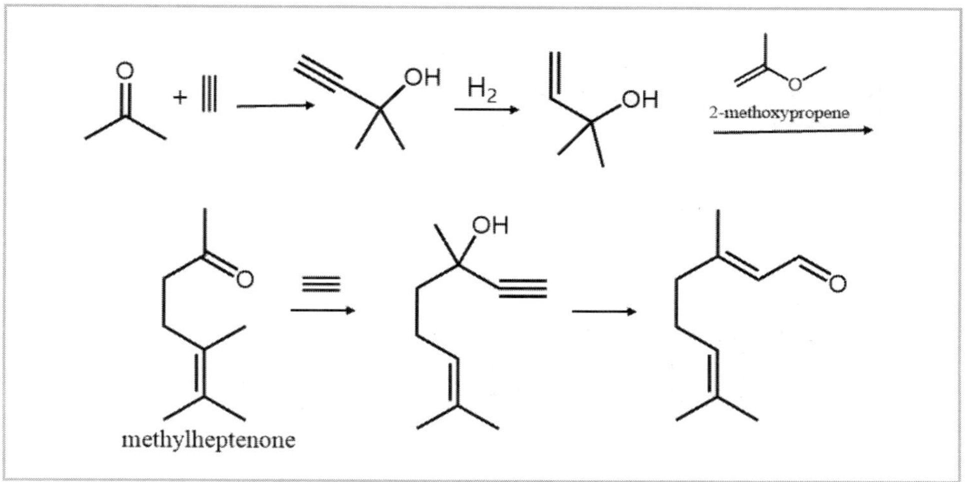

그림 4-21 시트랄 합성

열처리하여 클라이젠 자리옮김을 통해 메틸헵테논을 얻는다. 메틸헵테논을 염기 존재하에서 아세틸렌과 반응시켜 알코올을 얻고, 이 알코올을 산 촉매하에서 재배열 반응을 통해 시트랄을 얻을 수 있다.

시트랄을 합성하는 또 다른 경로로는 1970년대 후반에 BASF의 화학자가 특허를 받은 공정이 있다. 〈그림 4-22〉에 나타낸 이 공정은 이소뷰틸렌과 폼알데하이드, 그리고 공기를 반응물로 사용하여 간단한 4단계를 거쳐 시트랄을 합성하는 방법이다. 이 과정에서는 생성물 1몰당 2몰의 물이 부산물로 생산되며, 높은 원자 효율성을 갖고 있다.

첫 번째 단계는 이소뷰틸렌과 폼알데하이드를 반응시켜 이소프레놀(isoprenol)을 합성하는 것이다. 이소프레놀은 이성질체화 되어서 프레놀(prenol)이나 산화되어 이소프레날(isoprenal)로 된다. 2몰의 프레놀과 1몰의 이소프레날이 반응하여 아세탈(acetal)을 형성하고, 1몰의 프레놀을 제거하여 엔올 에테르(enol ether)를 생성한다. 이 에테르는 클라이젠 자리옮김 반응을 통해 두 개의 이중결합이 있는 알데하이드로 전환되며, 이 알데하이드는 코프 자리옮김 반응을 통해 시트랄로 전환된다. 이 공정의 원소 효율은 거의 80%에 달하며 부산물은 물만 생성되는 장점이 있다.

시트랄은 레몬 오일의 주요한 향료 성분으로, 향수 제조에서 매우 중요한 역할을 한다. 레몬 향은 청소 및 방향제에 널리 사용되며, 소비자들에게 청결한 느낌을 준다. 그러나 시트랄은 산화에 불안정한 알데하이드기를 가지고 있어, 표백제와 같은

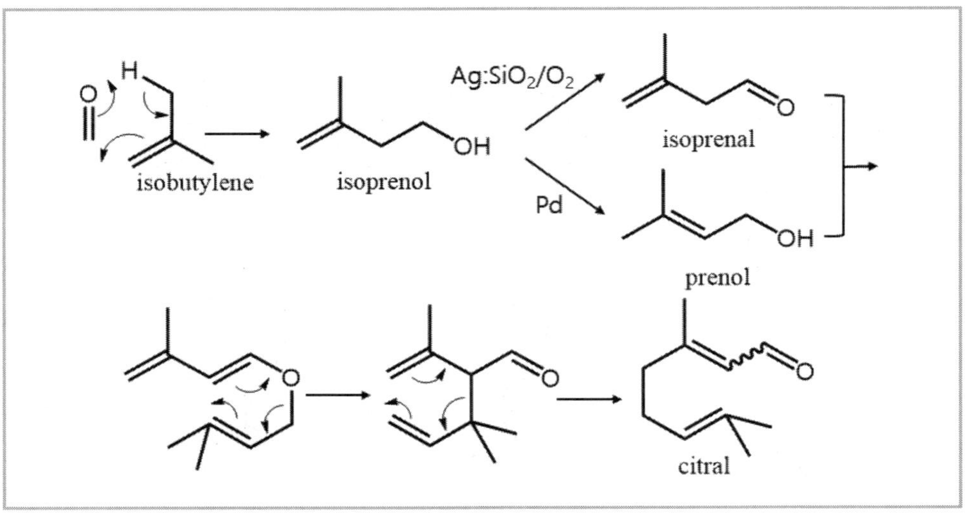

그림 4-22 포름알데하이드와 이소뷰틸렌으로부터 시트랄 합성

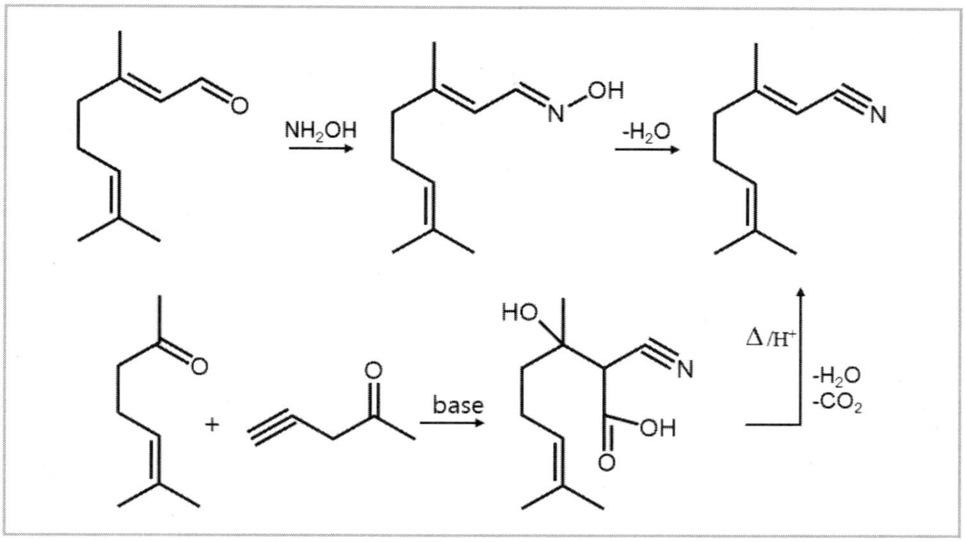

그림 4-23 화학적으로 안정한 제라닐 나이트릴 합성

용도로 사용하기에는 적합하지 않다. 표백제와 같은 제품에 사용하기 위해서는 시트랄의 화학적 안정성을 높이는 것이 필요하다. 이 문제를 해결하기 위한 한 가지 방법은 시트랄에 있는 알데하이드기를 보호한 제라닐 나이트릴(geranyl nitrile)로 바꾸는 것이다. 제라닐 나이트릴은 화학적으로 더 안정적이며, 때로는 시트랄과 유사한 향을 낼 수 있다. 이를 통해 시트랄의 불안정성을 극복하고, 가정용품에 안전하게 사용할 수 있다.

제라닐 나이트릴을 합성하는 방법을 〈그림 4-23〉에 나타내었다. 시트랄의 알데하이드기에 하이드록실아민(Hydroxylamine, NH_2OH)이 뉴클레오필릭 첨가 반응으로 첨가되어 옥심을 형성한다. 형성된 옥심이 탈수 반응을 통해 나이트릴로 전환된다. 이 과정에서는 옥심의 수산기(−OH)가 제거되면서 이중결합이 형성되어 나이트릴 구조를 갖게 된다.

한편 제라닐 나이트릴은 앞 절에서 중간체로 자주 사용된 메틸헵테논으로부터도 합성할 수 있다.

⑤ 제라니올

제라니올은 장미와 비슷한 향기를 지닌 물질로, 페네틸알코올과 혼합하면 천연 장미와 같은 풍부한 향을 낼 수 있어 향수나 비누에 자주 사용된다. 천연 제라니올은 시트로넬라 유(citronella oil)에서 추출하여 얻는다.

제라니올은 리날로올과 구조이성질체이며, 네롤과는 기하이성질체이다. 산으로 처리하면 고리화가 일어날 수 있지만, 제라니올은 *trans* 형태를 가지고 있어 *cis* 형태인 네롤에 비해 고리화 반응이 거의 일어나지 않는다.

제라니올의 합성반응에 대해서는 앞에서 여러 번 소개하였다. 예를 들어, 〈그림 4-7〉에서 볼 수 있듯이, β-피넨을 385℃ 이상으로 열을 가하면 분해되어 미르센을 얻는다. 그리고 미르센에 HCl을 이용해 염산염을 만든 다음 가수분해하여 제라니올을 얻을 수 있다. 같은 반응 조건에서 α-피넨으로부터는 소나무와 감귤 향이 나는 (*Z*)-오시멘(ocimene)이 생긴다.

또 다른 합성 경로는 〈그림 4-10〉에서 볼 수 있다. α-피넨으로부터 얻는 피난을 산소와 함께 산화 반응을 시키면 피난 하이드로퍼옥사이드(pinane hydroperoxide)가 생성되고, 여기서부터 리날로올이 생성된다. 오르토바나데이트(VO_4) 촉매를 사용하여 리날로올을 90% 이상의 수율로 제라니올과 네롤의 혼합물로 전환시킨다. 생성된 제라니올과 네롤 혼합물을 분별 증류하여 제라니올만 분리해 낸다.

끝으로 〈그림 4-24〉에서 시트랄 합성 경로에서 볼 수 있는 아세톤과 아세틸렌으로부터 생성된 메틸헵테논으로부터도 제라니올을 합성할 수 있다.

메틸헵테논이 염기성 조건에서 아세틸렌(CH≡CH)과 반응하여 새로운 탄소-탄소 결합을 형성하게 된다. 이로 인해 알콜(-OH)과 알킨(C≡C) 그룹을 가지는 프로파질릭 알콜(propargylic alcohol) 중간체가 생성된다. 생성된 프로파질릭 알콜 중간체는 Pd 촉매하에 수소화 반응으로 알킨(C≡C)이 알켄(C=C)으로 환원되어 알릴형 알콜을 형성한다. 알릴릭 알콜은 산 촉매하에서 이성질화 반응을 통해 이중결합의 위치가 이동하여 제라니올을 형성한다. 이 단계에서는 트랜스(*trans*)-체의 이중결합 구조가 형성되어 최종적으로 제라니올이 생성된다.

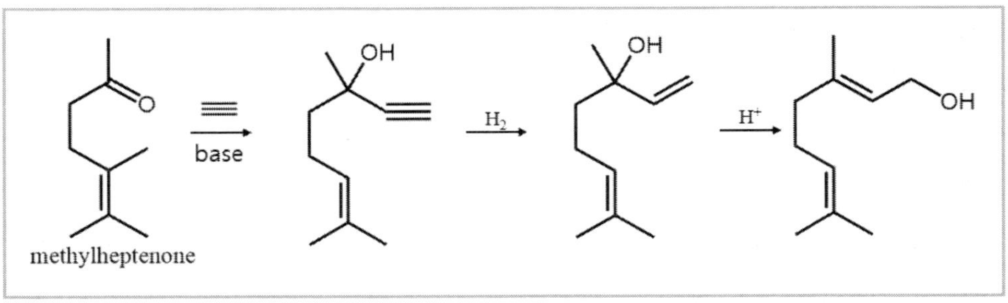

그림 4-24 아세톤과 아세틸렌으로부터 생성된 메틸헵테논으로부터 제라니올 합성

4) 단일 고리형 모노테르페노이드(cyclic monoterpenoids)

단일 고리형 모노테르펜 탄화수소는 많은 에센셜 오일과 그 부산물에서 발견된다. 이들은 상대적으로 냄새가 약하지만, 일부는 함유된 오일에 드라이함과 그린 노트를 부여하기도 한다. 특히 라임과 쁘띠그레인 오일에서 주로 발견된다. 대표적인 탄화수소로는 시트러스계 오일에서 발견되는 (+)-리모넨, 소나무에서 발견되는 (-)-리모넨, 유칼립투스 오일에 있는 α-펠란드렌(phellandrene), 열역학적으로 안정하고, 머스크의 전구체로 주로 사용되는 *p*-시멘(cymene) 등이 있다.

단일고리형 모노테르페노이드 합성 향료 중 가장 중요한 화합물로는 (-)-멘톨, (-)-카르본, 그리고 α-테르피네올과 그 에스터가 있다. 이들의 합성 과정을 살펴보자.

① (-)-멘톨

다양한 민트 정유에서 얻어지는 (-)-멘톨은 상쾌하고 시원하며 개운한 민트 향이 난다. '멘톨'이라는 이름은 관용명이며, IUPAC 이름은 2-isopropyl-5-methylcyclohexanol이다. 멘톨 분자는 3개의 카이랄 중심을 가지고 있어 2^3=8개의 이성질체가 존재한다. 각 구조를 〈그림 4-25〉에 나타내었다.

천연 멘톨은 광학활성체인 (-)-멘톨이며, 그 거울상이성질체인 (+)-멘톨 외에도 다양한 부분입체이성질체가 존재한다. 거울상이성질체는 편광도만 다르고 그 외의 물리적 성질(녹는점, 끓는점, 용해도 등)이나 화학적 성질은 동일하다. 반면, 부분입체이성질체는 분자의 기본 골격과 결합 순서는 동일하지만, 3차원 공간에서의 원자 배치가 다르다. 공간적 배열 차이로 인해 분자 간 상호작용이 다르게 나타나기 때문에, 녹는점, 끓는점, 용해도 등의 물리적 성질이 다를 수 있다. 그래서 적절한 분리 방법을 사용하면 부분입체이성질체는 기본적으로 분리할 수 있다.

페퍼민트에는 오직 (-)-멘톨만 존재한다. (-)-멘톨은 43℃에서 녹으며, 투명한 무색의 반짝이는 결정이다. (+)-멘톨과 (-)-멘톨 모두 신선하고 달콤한 민트 향이 나며, 페퍼민트의 전형적인 냄새가 난다. 그러나 (-)-멘톨의 냄새가 약 3배 더 강하다. (+)-멘톨은 청량감을 제공하지 않는다. 거울상이성질체인 이소멘톨과 네오멘톨은 멘톨의 날카롭고 상쾌한 향과 달리 둔하고 불쾌한 냄새가 난다. (-)-네오이소멘톨은 장뇌, 오래된 민트 냄새를 가지며, (+)-네오이소멘톨은 장뇌와 오래된 숲 냄새

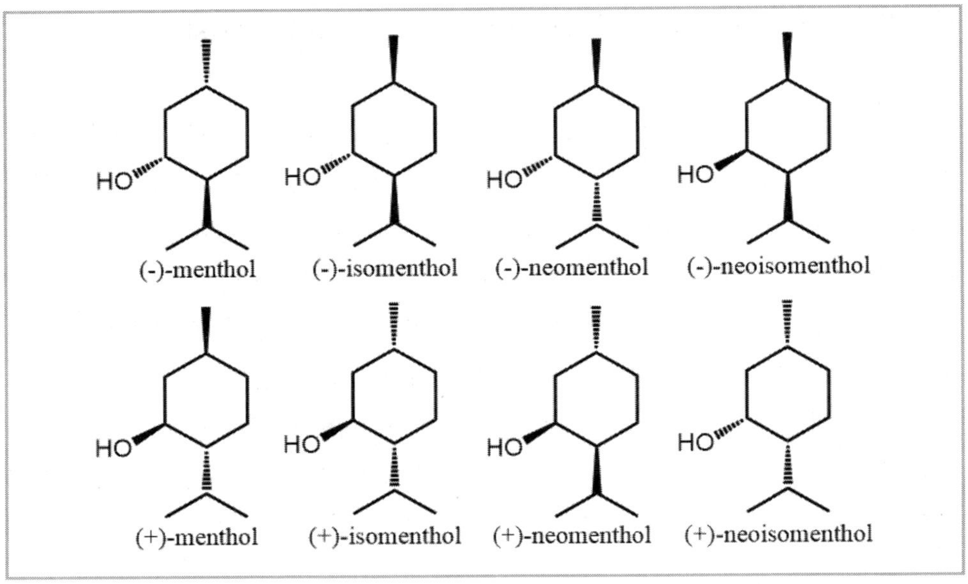

그림 4-25 멘톨의 이성질체

가 나지만 민트 향이나 청량하고 신선한 냄새는 나지 않는다. 이소멘톨, 네오멘톨, 네오이소멘톨은 흡입 시 입안에서 주관적으로 느껴지는 냉각 효과가 없다.

(−)−멘톨은 TRPM8 수용체(Transient Receptor Potential Melastatin 8)를 활성화하여 생리적 냉각 효과(physiological cooling effect)를 제공하며, 피부나 점막에 적용 시 실제 온도와 관계없이 냉감각을 유발한다고 알려졌다. 이러한 특성 덕분에 치약, 구강 관리 제품, 과자, 담배, 화장품 등에 널리 사용되며, 진정제와 마취제로도 응용된다. 멘톨의 강력한 청량감과 독특한 민트 향 및 맛은 다른 물질로부터 얻기 어렵기 때문에 상업적으로 중요한 성분이다. 이성질체 혼합물은 순수한 (−)−멘톨에 비해 냉각 효과가 떨어지므로, 상업적으로 순수한 (−)−멘톨을 생산하는 것이 중요하다.

멘톨은 다양한 민트 품종에서 추출할 수 있는데, 특히 박하(Cornmint, Mentha arvensis)에서 (−)−멘톨 함량이 가장 높아, 멘톨을 얻기 위한 주요 원료로 사용된다. 민트는 중국, 인도, 브라질, 그리고 미국에서 주로 재배되지만, 기후와 토양 조건 등에 크게 의존하므로 천연 멘톨의 공급은 안정적이지 않다. 이러한 이유로 로듐 또는 루테늄 기반의 입체 특이적 수소화 촉매를 사용하여 여러 테르펜으로부터 합성하는 (−)−멘톨의 합성 공정이 발전하게 되었다.

풀레곤(pulegone)을 수소화하여 처음으로 멘톨이 합성되었다. 이후 티몰의 수소화로도 멘톨이 합성되었다. 그러나 〈그림 4-25〉에서 볼 수 있듯이 멘톨에는 카이랄 중심이 3개가 있어 8개의 이성질체가 있다. 가격 경쟁력이 있는 멘톨은 페퍼민트나 박하에서 얻는 천연 멘톨처럼 냉감 효과가 있는 (-)-멘톨이지만, 풀레곤이나 티몰을 수소화하여 얻은 멘톨은 이성질체 혼합물이 얻어져 경제성이 떨어진다.

산업적으로는 심라이즈(Symrise)(1973년부터), 타카사고(Takasago)(1984년부터), 및 BASF(2012년부터)에서 다양한 공정을 사용하여 멘톨을 합성하고 있다. 멘톨을 합성하는 과정에는 화석연료 같은 에너지가 필요하므로, 환경에 부담을 줄 수 있다. 그러나 천연 멘톨을 얻는 과정도 간단하지 않다. 식물이 멘톨을 생산하는 과정에서는 토양에 질소와 미네랄을 보충해야 하며, 이를 위해 많은 인력과 에너지가 필요하다. 또한 멘톨은 건조한 허브 무게의 극히 일부분이므로, 효율적인 재배 및 수확 방법이 요구된다. 이런 과정을 고려할 때, 멘톨을 합성하는 것이 경제적이고 환경적인 측면에서 더 나을 수 있다. 특히 재생 가능한 연료를 활용하면 향 산업에 긍정적인 영향을 미칠 수 있다. 천연 멘톨이 부족할 경우 멘톨의 가격이 상승할 수 있고, 반대로 천연 향료의 공급이 충분하면 합성 멘톨 생산을 줄여 시장 균형을 맞출 수 있다. 이런 점들을 고려할 때, 멘톨 합성은 비용과 기술적인 면에서 상업적으로 균형 잡힌 선택지로 볼 수 있다. 이제 심라이즈와 타카사고 공정뿐 아니라 최근에 개발되고 있는 합성 공정에 대해 자세히 알아보도록 하자.

1973년부터 생산하고 있는 심라이즈 공정부터 살펴보자.

이 공정은 티몰을 출발 물질로 하여 멘톨을 합성하는 공정이다. 티몰은 주로 백리향(thyme) 오일에서 추출되지만, 석유화학 물질인 m-크레졸(cresol)과 프로필렌(propylene)을 원료로 사용하여 합성할 수도 있다. 강한 허브 향이 나는 티몰은 향료로뿐만 아니라 항균 및 항진균 특성으로 인해 구강청결제에도 사용되지만, 주로 멘톨의 출발 물질로 사용된다.

티몰을 (-)-멘톨로 전환하기 위해 수소화 반응을 수행한다. 그러나 티몰을 수소화하면 사이클로헥산올의 가능한 8가지 이성질체가 모두 생성되므로, 결과적으로 멘톨 이성질체의 라세믹 혼합물을 얻는다. 이 혼합물은 62~64%의 멘톨, 18~20%의 네오멘톨(neomenthol), 10~12%의 이소멘톨(isomenthol), 그리고 1~2%의 네오이소멘톨(neoisomenthol)을 함유한다. 이들은 모두 부분이성질체이므로 물리적 성질이 다르다. 부분이성질체들은 대기압에서 각각 끓는점이 다르므로 분별 증류를 통

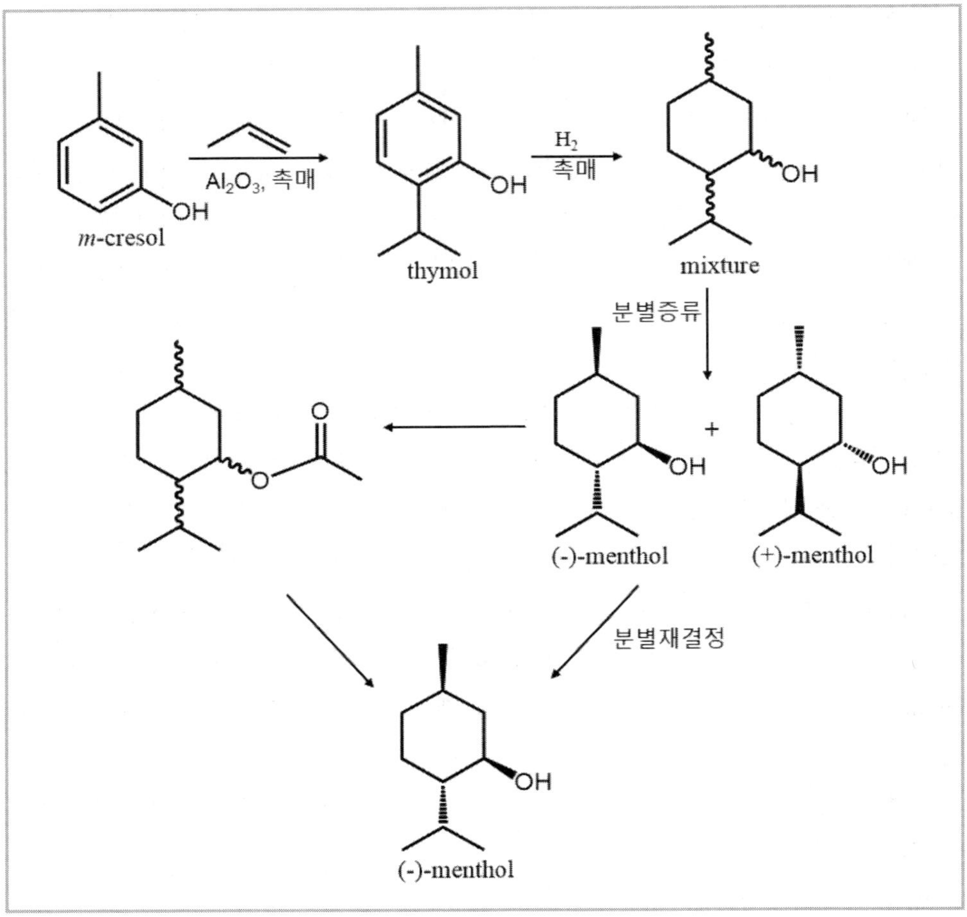

그림 4-26 (−)-멘톨을 합성하는 심라이즈 공정

해 분리가 가능하다. 예를 들어, (+)- 및 (−)-멘톨은 216.5℃에서, (+)- 및 (−)-네오멘톨은 212℃, (+)- 및 (−)-이소멘톨은 218℃, 그리고 (+)- 및 (−)-네오이소멘톨은 214.6℃에서 끓는다. 분리된 라세믹체인 ±-멘톨은 벤조산메틸(methyl benzoate)과 반응시켜 라세믹체의 아세트산멘틸(menthyl acetate)을 얻는다. 이를 선택적 결정화 및 비누화(saponification)를 통해 (−)-멘톨을 생성한다. 현대에는 에스터의 라세믹체에서 하나의 거울상이성질체만 구별하여 가수 분해하는 효소를 사용한다. 최종적으로 재결정화를 거치면 순수한 (−)-멘톨을 얻을 수 있다.

이 과정은 쉽게 구할 수 있는 두 가지 석유화학 물질인 m-크레졸과 프로필렌을 원료로 사용한다. 이 반응물은 저렴한 원료이므로 이 공정으로 합성된 멘톨은 매우 낮은 원료 가격으로부터 시작한다. 비록 이 공정은 수소화, 에스터화(esterification), 가수분해(hydrolysis), 분리 및 결정화 과정과 이에 필요한 시간, 노동, 반응 용량 등으로 합성 비용이 늘어나지만 원료 가격이 매우 저렴하여 전체적으로 가격 경쟁력이 있다. 또한, 원하지 않는 7개의 이성질체는 생성되는 티몰과 함께 수소화 반응 단계로 재사용되어 전체 수율이 90% 이상에 이른다. 이러한 이유로, *m*-크레졸과 프로필렌을 사용한 이 공정은 경제적이며 대량 생산에 적합한 방법으로 평가받고 있다.

다른 중요한 멘톨 생산업체는 1984년부터 생산을 시작한 일본의 타카사고(Takasago)이다. 타카사고의 공정은 2001년에 노벨화학상을 수상한 노요리 료지(野依良治) 교수 등이 발견한 입체 선택적 수소화 반응을 통해 원하는 이성질체를 높은 수율로 얻는 데 중점을 두고 있다. 합성법을 〈그림 4-27〉에 나타내었다.

타카사고의 (−)-멘톨 합성 공정은 β-피넨을 출발 물질로 사용하여 고도의 입체 선택적 화학 반응을 통해 고순도의 (−)-멘톨을 얻는 과정이다. 앞 절에서 설명했듯이 β-피넨은 다양한 천연자원에서 추출할 수 있는 테르펜으로, 열분해 과정을 통해 미르센으로 전환된다. 미르센은 카이랄 중심이 없는 비대칭 분자이다. 이 미르센을 강한 염기인 리튬 디에틸 아미드(lithium diethyl amide, Et_2NLi) 존재하에 디에틸 아민(diethyl amine, Et_2NH)과 결합시켜 N,N-디에틸 제라닐 아민(N,N-diethyl geranyl amine)을 얻는다. 이 단계에서도 아직 비대칭 탄소 원자는 없다. 이제

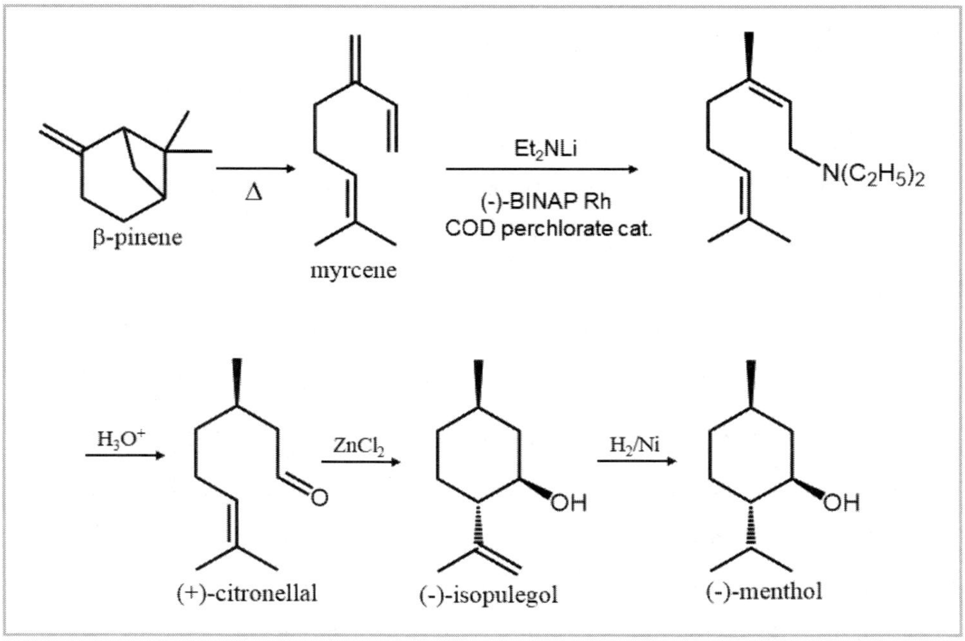

그림 4-27 (−)-멘톨을 합성하는 타카사고 공정

N,N-디에틸 제라닐 아민에 노요리 료지 교수 등이 개발한 로듐 (S)-(-)-BINAP 복합체를 작용시키면, 이중결합 위치가 바뀌고 광학활성을 가진 시트로넬랄의 엔아민 중간체가 생성된다. 이 중간체를 가수분해하면 (+)-시트로넬랄이 얻어진다. (+)-시트로넬랄을 루이스 산 촉매($ZnCl_2$)로 처리하여 입체 선택적 고리화 반응을 통해 6원 고리 화합물인 (-)-이소풀레골을 생성한다. 마지막으로, 고전적인 수소화 반응을 통해 (-)-이소풀레골에 수소 원자를 부가하여, 즉 환원시켜 (-)-멘톨을 얻는다. 이 과정에서 100% 순수한 (-)-멘톨을 얻는다. 이 공정은 앞에서 본 8종류의 이성질체가 형성되는 반응과 달리 단일 광학이성질체를 선택적으로 생성하는 데 성공한 전형적인 예로, 각 단계가 높은 수율을 보이며 경제적으로 매우 효율적인 공정이다.

이 반응의 중요성은 중간체인 시트로넬랄 역시 광학 활성을 갖고 있는 점이다. 광학순도가 높은 시트로넬랄로부터 유도된 다양한 테르페노이드가 산업적으로 생산되어 각종 향료에 사용된다.

한편, 인도에서는 멘톨의 수요가 높은데도 불구하고, 관세가 높아서 수입 비용이 크게 들자, 인도 자국 내에서 저렴하게 얻을 수 있는 테레빈유로부터 멘톨을 합성하는 공정을 개발했다. 현재 오리엔탈 아로마틱스(Oriental Aromatics)사로 이름을 바꾼 인도 회사인 캠퍼와 앨라이드(Camphor & Allied)사에서 멘톨을 합성하는 공정을 개발하였다. 〈그림 4-28〉에서 볼 수 있듯이, 이 공정은 인도에 많이 있는 테레빈유로부터 얻은 3-카렌(carene)을 시작 물질로 사용한다. 이 방법은 인도 자국 내에서 경쟁력이 높은 공정이라고 한다.

테레빈유에서 유도된 3-카렌의 천연적인 카이랄(chirality) 특성을 사용하는 이 공정은 이성질체화-열분해-이성질체화(isomerization-pyrolysis-isomerization)를 통해 (+)-이소테르피놀렌(isoterpinolene)을 얻는다. 우선 산성 조건에서 3-카렌이 2-카렌으로 이성질체화되고, 열에 의해 E-(+)-리모넨으로 전환된다. 이는 다시 산촉매 조건에서 (+)-이소테르피놀렌으로 바뀐다. 그런 다음 촉매를 사용하여 수소화하면 (+)-3-p-멘테인(menthane)을 얻을 수 있다. 카복실산에 의해 에폭시화(epoxidation)된 화합물은 에폭사이드(epoxide)로 전환되고, 이 에폭사이드는 재배열되어 (-)-멘톤(menthone)과 (+)-이소멘톤(isomenthone)의 혼합물을 생성한다. 이 혼합물은 이후 수소화 반응을 거쳐 주요 성분인 원하는 이성질체, 즉, (-)-멘톨을 포함한 혼합물이 된다. 이 혼합물을 증류하고 재결정 과정을 통해 (+)-이성

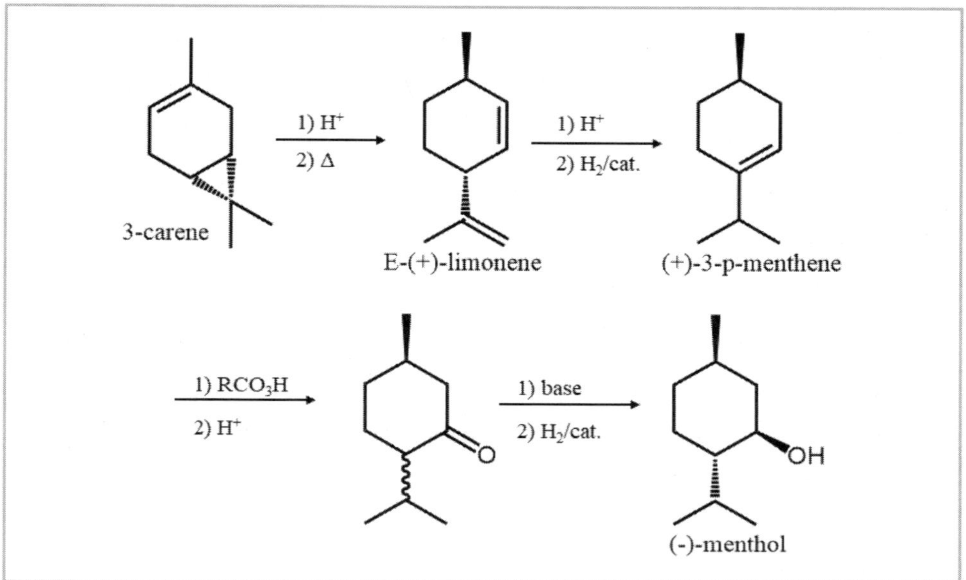

그림 4-28 인도의 3-카렌을 이용한 (−)-멘톨 합성

질체로부터 (−)-멘톨을 분리할 수 있다.

2010년경, BASF사는 시트랄에서 시작하는 경로를 사용하여 멘톨 시장에 진입했다. 이 경로는 〈그림 4-29〉에 나타나 있다. 심라이즈사와 타카사고사가 주도하던 시장에 새로운 경쟁자가 등장한 것이다.

시트랄은 두 가지 기하학적 이성질체(E/Z-시트랄)의 혼합물로 존재한다. 이 이성질체들은 입체 이성질체가 아닌 기하이성질체이므로, 물리적 특성(예: 끓는점)이 서로 다르다. 이러한 차이를 이용해, 분별 증류법으로 E/Z-시트랄 혼합물로부터 *Z*-네랄을 분리하여 사용할 수 있다. 또는 호모카이랄 촉매(homochiral catalysts)를

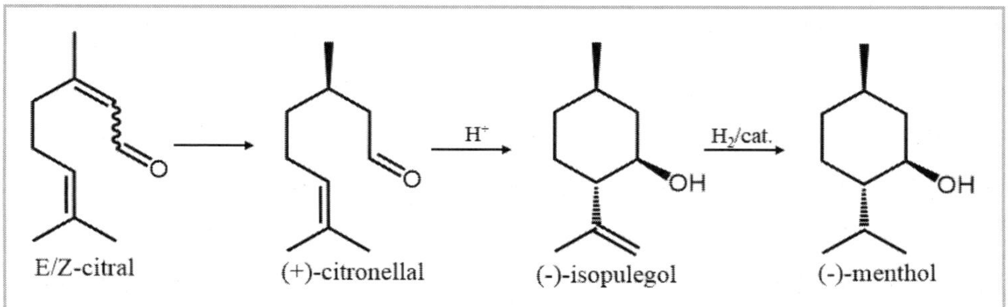

그림 4-29 BASF의 시트랄을 이용한 (−)-멘톨 합성

사용하여 시트랄의 이중결합을 선택적으로 수소화해 단 하나의 입체 이성질체만을 생성하고 반응물로 사용한다. 이 경우, 로듐(Rhodium) 기반 촉매가 사용된다. 예를 들어, $Rh(CO)_2$(S,S)−chirophos 촉매를 사용하면 *E*−시트랄이 (+)−시트로넬랄로 수소화되고, 반대 이성질체인 $Rh(CO)_2$(R,R)−chirophos 촉매를 사용하면 *Z*−시트랄이 (+)−시트로넬랄로 수소화된다. 이처럼 촉매를 통해 각 시트랄 이성질체로부터 (+)−시트로넬랄만을 선택적으로 합성할 수 있다. 생성된 (+)−시트로넬랄은 고리화 반응으로 생성된 (−)−이소풀레골을 거쳐 (−)−멘톨로 전환될 수 있다.

높은 효율로 원하는 이성질체를 얻는 방법은 경제성과 환경적 측면에서 경쟁력이 있어, 원하는 카이랄성을 가진 분자의 합성에 대한 연구가 활발히 진행되고 있다. 예를 들어, 생명공학의 발전과 함께 2002년에 특허(EP 1223223, 2000)가 된 방법을 통해 심라이즈사는 리파아제(lipase)를 사용하여 멘톨 합성에 성공했다.

② (−)−카르본(carvone)

스피아민트 오일의 주요 성분은 (−)−카르본이다. 카르본의 카이랄성은 향을 결정하는 데 매우 중요한 역할을 한다. 광학이성질체의 향이 다를 수 있다는 가정은 1970년대 카르본의 거울상 이성질체들이 서로 다른 향을 지닌다는 것이 밝혀지면서 명확해졌다. 거울상 이성질체인 (+)−카르본은 (−)−카르본과는 다른 향을 발산한다. 따라서 순수한 하나의 이성질체만을 합성하는 것이 매우 중요해졌다.

(−)−카르본은 오렌지 주스를 생산하고 남은 부생산물인 오렌지 오일의 주요 성분인 (+)−리모넨으로부터 합성된다. 합성반응은 〈그림 4−30〉에서 볼 수 있다. 2007년 지보단사에 인수된 퀘스트 인터내셔널(Quest International)사가 (−)−카르본을 세계에서 가장 많이 생산하였다.

출발 물질인 (+)−리모넨에서 두 과정을 거쳐 (−)−카르본이 생성된다. 고전적인 경로는 니트로소클로라이드(nitrosochloride)를 거쳐 약한 염기로 카르본 옥심(carvone oxime)을 형성하는 것이다. 첫 단계에서는 염화니트로실(nitrosyl chloride, NOCl)의 불균형분해(heterolysis)로부터 얻은 니트로실(nitrosyl)기 양이온을 (+)−리모넨에 첨가한다. 니트로실 양이온은 (+)−리모넨의 고리 내 전자가 더 풍부한 내부 이중결합을 우선적으로 공격해서, 중간체인 니트로소클로라이드를 생성한다. 니트로실 양이온은 덜 치환된 이중결합 끝에 첨가되어, 더 안정적인 3차 탄소 양이온을 생성한다. 이 탄소 양이온은 염화이온(Cl^-)에 의해 안정화된다. 이 생성 혼합물을 약한 염기로 처리하면 HCl이 제거되고 니트로실기의 재배열이 일어나 옥심(oxime)을 형성한다. 옥심은 알데하이드, 케톤의 카보닐기(〉C=O)가 〉C=NOH로 변한 화합물이다. 따라서 얻어진 반응 생성물은 (−)−카르본 옥심이다. 이 옥심은 아세톤과 같은 하이드록시아민 수용체(hydroxylamine acceptor) 존재하에서 산에 의한 가수분해를 통해 (−)−카르본으로 전환된다. 다른 경로는 (+)−리모넨을 산화하여 (+)−리모넨 옥사이드(limonene oxide)를 생성한 후, (−)−카르베올(carveol)로 재배열하는 방식이다. 카르베올은 스피어민트의 냄새를 담당하는 부성분 중 하나이다. (−)−카르베올은 이후 오페나우어 산화(Oppenauer oxidation)에 의해 (−)−카르본으로 쉽게 산화된다. (+)−카르본도 (−)−리모넨으로부터 비슷한 방식으로 산업적으로 합성되고 있다.

이 합성반응의 특징은, 〈그림 4−30〉에서 볼 수 있듯이 (+)−리모넨이나 (−)−카르본 모두 사이클로헥센 고리에 이소프로필기가 부착되어 있는데, 분자의 카이랄성이 유지되고 있다는 점이다.

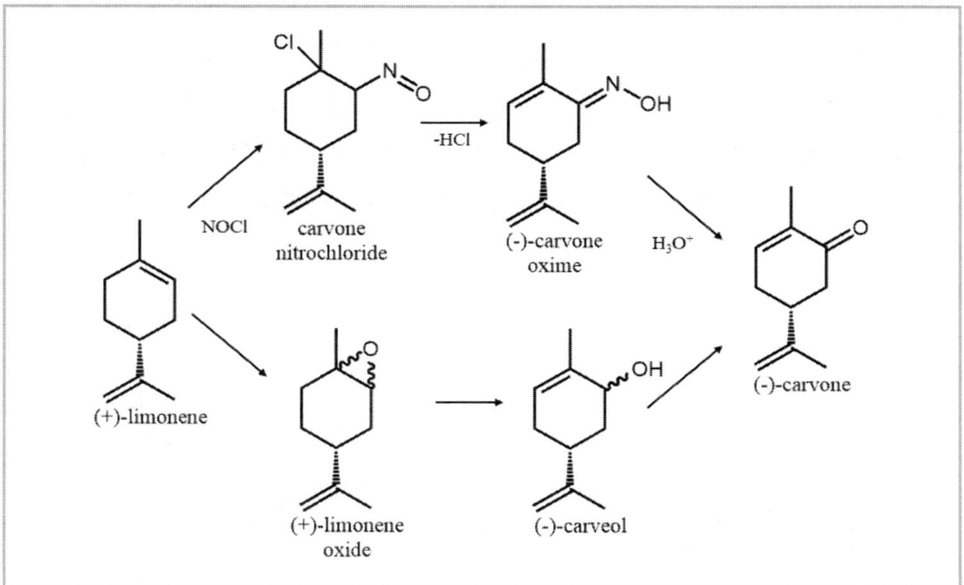

그림 4−30 (−)−카르본 합성[5]

5) http://www.leffingwell.com/Chem_Spec_Mag−1.pdf

③ α-테르피네올(α-terpineol)

카다멈, 파인, 쁘띠그레인 오일과 같은 다양한 공급원에서 분리되는 테르피네올은 α-, β-, γ-테르피네올 및 테르피넨-4-올의 4가지 이성질체가 존재한다. 일반적으로 테르피네올이라고 하면 이러한 이성질체의 혼합물이며, α-테르피네올이 주성분이다. 강렬한 라일락 향과 α-테르피네올의 살균 특성으로 인해 비누와 세제에서 유용한 소독제 및 이상적인 향수 성분으로 사용된다.

테레빈유를 산 수용액에서 반응시키면 α-테르피네올을 얻을 수 있다. 〈그림 4-31〉에 테레빈유의 주성분인 α-피넨을 반응물로 선택해서 α-테르피네올을 합성하는 반응을 단계별로 나타내었다. 그림에서 볼 수 있듯이, 산에 의해 α-피넨의 이중결합이 열려 탄소 양이온을 형성한다. 이 과정에서 고리구조가 열리고, 더 안정한 탄소 양이온으로 재배열된다. 가수분해로 얻어진 중간 물질인 테르핀 하이드레이트는 고리의 수산기(-OH) 그룹이 곁사슬에 있는 것보다 더 쉽게 제거되기 때문에 α-테르피네올로 쉽게 전환될 수 있다.

한편 α-피넨에서부터 테르피네올을 얻는 과정은 앞의 〈그림 4-8〉의 반응에서 소개하였다. 이 경우, 디올인 1,8-터핀(terpin)의 탈수 과정에서 가장 중요한 부산물은 β-테르피네올이다. β-테르피네올은 흙냄새와 우디한 배경의 히아신스 같은 향을 가지고 있다. 1,8-터핀은 향이 없지만, 거담제로 의약품으로 사용된다.

1,8-터핀에서부터 얻을 수 있는 유도체로 아세트산 α-테르페닐(α-terpenyl acetate)이 있다. 베르가모트와 라벤더의 향을 지닌 풀의 달콤하고 매운 향을 지니고 있다. 이 에스터는 α-테르피네올의 에스터화뿐만 아니라 α- 피넨에서도 얻을 수 있다.

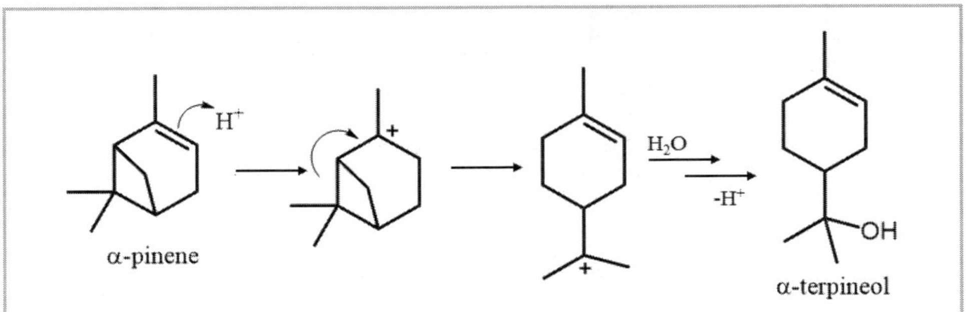

그림 4-31 α-피넨으로부터 α-테르피네올 합성

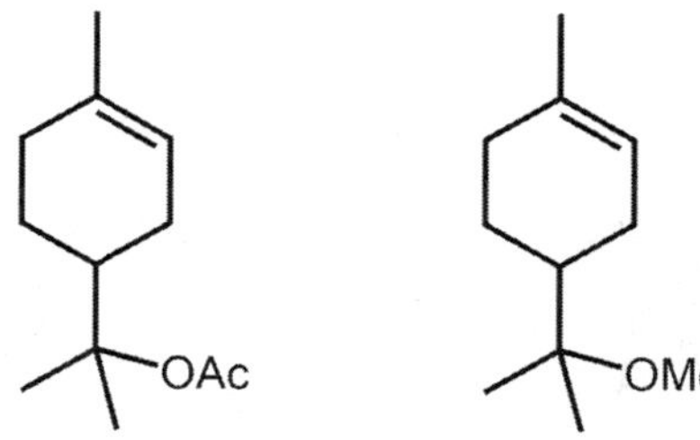

α-terpenyl acetate α-terpinyl methyl ether

α-테르피네올의 하이드록시기가 메톡시기로 대체되면, α-테르피닐 메틸 에테르(terpinyl methyl ether)가 된다. 이는 메탄올 존재하에서 α-피넨을 산 촉매 조건에서 이성질체화하거나, 직접 α-테르피네올과 반응시켜 얻을 수 있다. 테르피닐 메틸 에테르는 시트러스와 플로랄 향을 가지고 있어 향료 및 향수에서 널리 사용된다. IFF사의 상품명 '오렌지 플라워 에테르(Orange Flower Ether)'라는 이름으로 판매된다.

5) 이중 고리형 모노테르페노이드(bicyclic monoterpenoids)

이중 고리형 모노테르페노이드는 두 개의 고리구조를 포함한 모노테르펜계 화합물이다. 대표적인 화합물로는 피넨, 캄펜, 보르네올, 캠퍼 등이 있다.

많은 합성 향료의 원료로 사용되는 피넨은 나무에서부터 얻을 수 있으며, 천연에는 α-피넨과 β-피넨 두 가지 형태로 존재한다. 장뇌 향을 가진 캄펜, 보르네올, 캠퍼 모두 α-피넨으로부터 산 촉매 하에서 재배열(rearrangement)을 통해 얻을 수 있음을 〈α-피넨을 출발원료로 하는 테르페노이드 합성〉 절의 〈그림 4-9〉에서 볼 수 있었다.

최근에 α-피넨에서부터 생명공학적으로 슈도모나스 플루오레스센스(Pseudomonas fluorescens)라는 균을 이용하여 신선한 수지나 스파이시한 허브 향이 나는 베르베논(verbenone)을 얻었다[6](그림 4-32). 이 방법은 환경친화적이며 효율적인 생명공학적 접근으로, 기존의 화학적 합성을 보완하거나 대체할 수 있는 가능성을 제시한다. 이를 통해 천연자원의 활용을 극대화하고, 유용한 화합물들을 효율적으로 생산할 수 있다.

---

6) doi:10.1007/s00253-016-8066-7

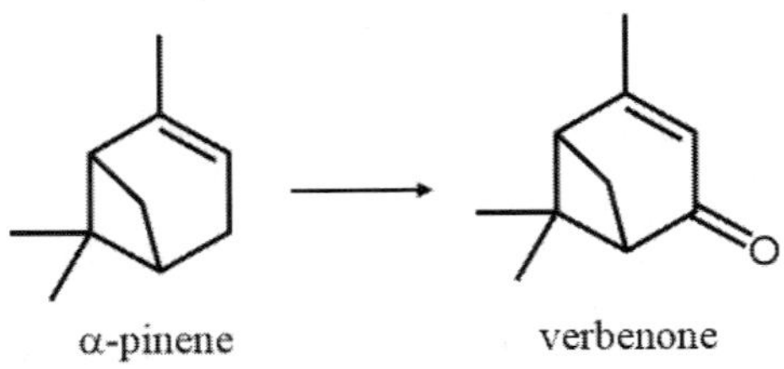

그림 4-32 α-피넨에서부터 베르베논(verbenone) 합성

향수에 사용되는 다른 이중 고리형 모노테르페노이드 유도체로는 신선한 나무 향과 꽃 향이 혼합되어 독특한 향이 나는 아세트산 노필(nopyl acetate)이 있다. 아세트산 노필은 노폴(nopol)과 아세트산을 이용하여 에스터화 반응을 통해 생성되는데, 노폴은 β-피넨과 폼알데하이드의 Prins 반응을 통해 얻을 수 있다.

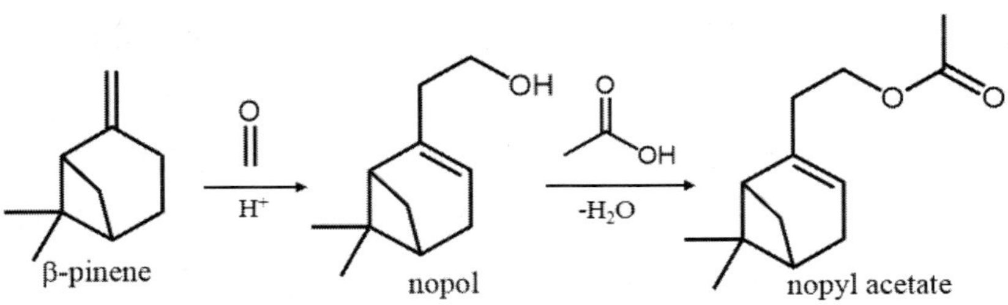

그림 4-33 β-피넨으로부터 아세트산 노필(nopyl acetate) 합성

6) 세스퀴테르페노이드(Sesquiterpenoids)

세스퀴테르펜 또는 세스퀴테르페노이드는 세 개의 이소프렌 분자가 결합하여 형성된 화합물을 말한다. 세스퀴테르페노이드는 자연계에 널리 존재하며, 이성질체의 수가 많고 대부분 액체 상태이기 때문에 순수한 물질을 얻기 어려워, 상대적으로 늦게 연구되었다.

1920년경에 오토 왈라흐(Otto Wallach)는 세스퀴테르페노이드인 파르네솔(farnesol)의 구조를 처음으로 결정하였다.

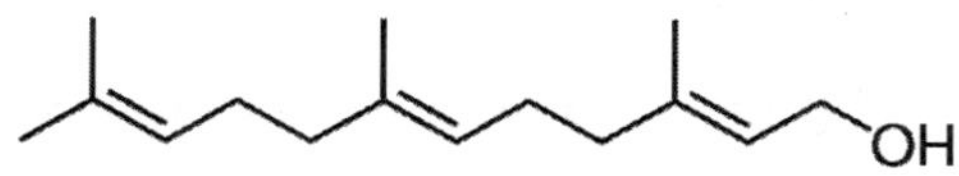

파르네솔은 시트로넬라, 네롤리, 시클라멘, 레몬그라스, 튜베로즈, 장미, 사향, 발삼과 같은 많은 에센셜 오일에 함유되어 있는 비고리식 세스키테르펜 알코올이다. 화장품이나 향수에 은방울꽃이나, 달콤한 과일 향이 더해진 꽃 향수의 냄새를 강조하기 위해 사용하거나, 항균 활성 성분으로 사용된다.

파르네솔처럼 네롤리돌(nerolidol) 역시 천연에서 발견되는 세스키테르펜 알코올이다. 꽃과 나무를 연상시키는 향이 나며, 비누와 세제의 향료에 많이 사용된다. 네롤리돌 합성은 〈그림 4-34〉에 나타내었다. 리날로올을 출발 물질로 하여 디케텐과 반응시켜 제라닐아세톤(geranylacetone)을 만든 후, 아세틸렌(C_2H_2)을 반응시켜 디하이드로네롤리돌(dehydronerolidol)로 환원시키는 과정을 거친다. 이후, 디하이드로네

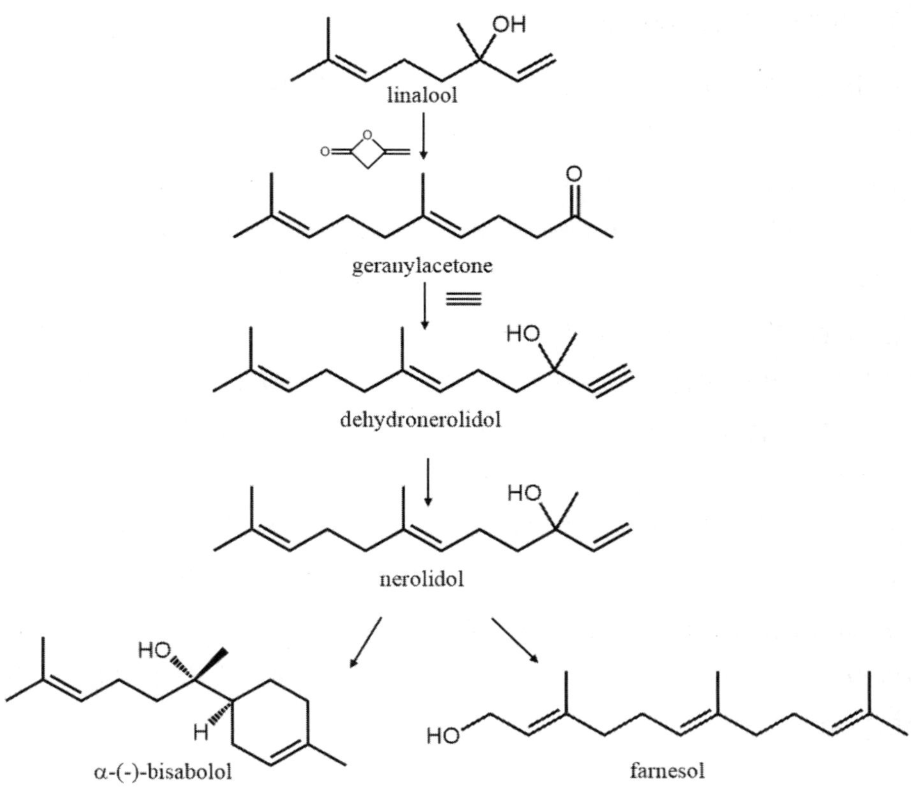

그림 4-34 네롤리돌 합성 및 응용

롤리돌을 추가로 환원시키면 네롤리돌을 얻을 수 있다.

카모마일 오일의 주성분인 α-(-)-비사보놀(bisabolol)은 네롤리돌로부터 얻을 수 있다. 이 화합물은 그린하고 후추 같은 뉘앙스가 느껴지는 달콤한 꽃 향을 지니고 있지만, 그 향의 강도는 비교적 약하다. α-(-)-비사보놀은 피부 보호 작용이 있다고 알려져 예로부터 화장품에 사용되었다. 또한, 항염증 및 항박테리아 특성도 가지고 있다.

향에 있어서 중요한 세스키테르페노이드는 모두 복잡한 고리구조를 갖고 있다. 복잡한 입체구조는 고리 내의 이중결합으로 인해 매우 경직되어 있다. 결과적으로 다양한 화학 반응에 쉽게 참여할 수 있어 산업적으로 이성질체와 산화된 유도체를 얻기 위한 전구체로 사용되며, 이러한 유도체는 향수, 식품, 담배 제품에서 향료 성분으로 사용된다. 카리오필렌, 롱기폴렌, 시더우드 오일의 세드렌과 투욥센, 산탈올 등 단리 향료를 이용해, 고부가가치의 새로운 향료를 합성하는 예를 자세히 알아보기로 하자.

① 카리오필렌(caryophyllene)

카리오필렌은 정향에서 유제놀을 추출하고 남는 부생성물로, 달콤하고 드라이하면서도 스파이시한 우디 향을 가진 탄화수소 화합물이다.

〈그림 4-35〉에서 볼 수 있듯이 β-카리오필렌은 독특한 구조를 갖고 있다. 9개의 탄소원자로 이루어진 고리와 4개의 탄소원자로 이루어진 고리가 두 개의 탄소 원자를 공유하는 경직된 구조이다. 이러한 구조는 β-카리오필렌이 나무 향을 내는 데 중요한 역할을 하는 것으로 생각된다. β-카리오필렌의 경직된 구조 때문에, 다양한 반응물과 반응하여, 다환식(polycyclic) 생성물을 만들 수 있다. 한 예로, 피르메니히사에서 제공하는 caryolane은 나무 향의 특성을 가진 혼합물 조성에 사용되며, 이는 산 촉매하에 β-카리오필렌을 아세틸화하여 얻는다.[7]

또한, 특정 조건에서 카리오필렌은 클로븐(clovene)이나, 산화시켜 전체적으로 따뜻한 나무 향, 이끼 향, 매콤한 향, 그리고 흙 내음이 나는 카리오필렌 알코올(caryophyllene alcohol)을 만들 수 있다. 이러한 다양한 반응을 통해 β-카리오필렌은 다양한 향료와 화합물로 변환될 수 있으며, 이는 향수 및 향료 산업에서 매우 중요한 역할을 한다.

---

7) https://www.sciencedirect.com/science/article/abs/pii/S2468823123003863

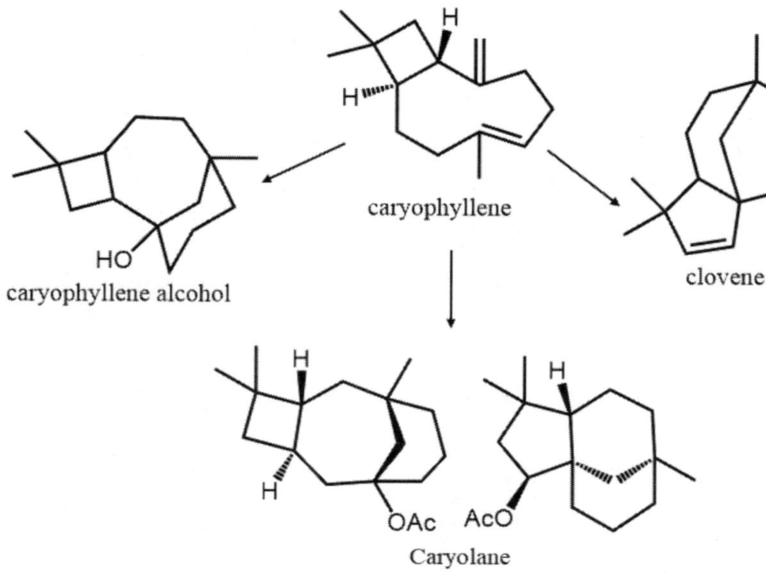

그림 4-35 카리오필렌으로부터 생성되는 향

② 롱기폴렌(longifolene)

롱기폴렌은 히말라야 소나무(*Pinus Longifolia*, 현재 Pinus roxburghii로 알려짐)의 학명에서 유래되었고, 히말라야 소나무 정유에 약 5~10% 들어있다. 만다린과 계피 같은 에센셜 오일에도 포함된 3고리 세스키테르펜인 (+)-롱기폴렌은 새로운 향 소재를 제조하기에 이상적인 출발 물질이다.

롱기폴렌을 산으로 처리하면 재배열되어 따뜻한 우디 향이 나는 이소롱기폴렌(isolongifolene)을 만들 수 있다. 유기화학에서 옥소 합성 또는 옥소 공정으로도 알려진 하이드로포르밀화(hydroformylation)를 통해 탄소-탄소 이중결합에 포르밀기와 수소 원자를 순차적으로 첨가시키는데, 이 과정을 통해 상업명이 Amboryl Acetate®인 아세톡시메틸 이소롱기폴렌(acetoxymethyl isolongifolene)이 생성되며, 전형적인 앰버 향에 약간의 우디한 느낌도 난다.

이소롱기폴렌을 과산(peracid)으로 처리하면 에폭시기가 치환된 유도체를 얻을 수 있는데, 이는 우디하면서 스파이시한 향을 내는 이소롱기폴렌옥사이드(isolongifolene oxide)이다. 이 화합물은 지보단사에서 Folenox®이라는 상품명으로 출시했다. 이소

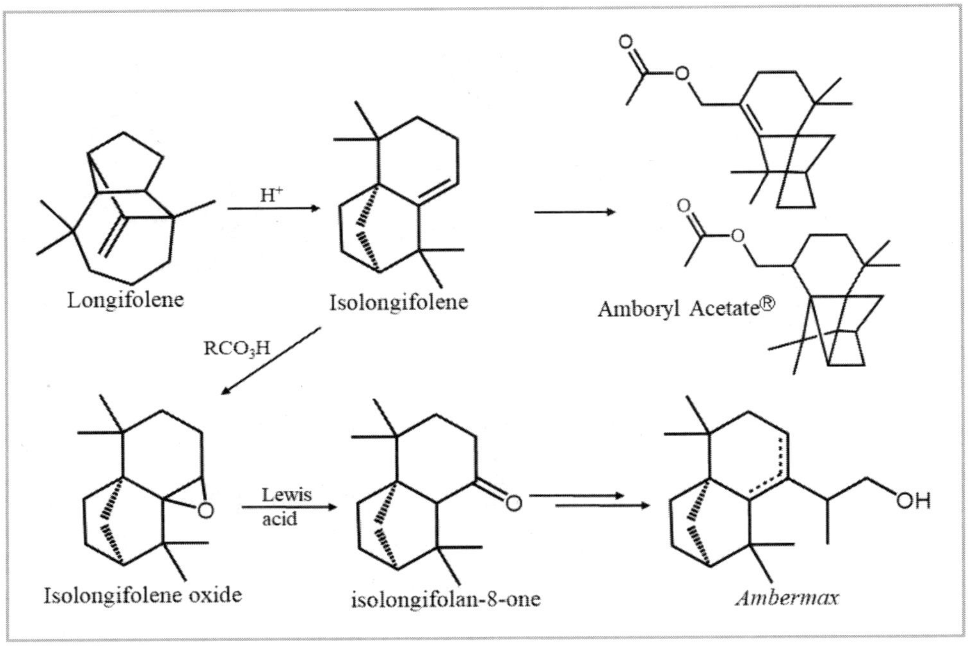

그림 4-36 롱기폴렌으로부터 생성되는 향

롱기폴렌옥사이드를 루이스 산으로 처리하면 이소롱기폴란-8-온(isolongifolan-8-one)이 되며, 이는 Piconia(IFF)나 Isolongifolanone(지보단)이라는 상품명으로 팔리고 있다. 이 화합물은 우디 향과 대지의 향, 그리고 용연향 같은 향을 낸다. 여기에 두 번의 반응을 더하면, 지보단사에서 판매하고 있는 강력하고 풍부한 앰버 노트와 약간은 우디한 시더우드 특성을 지닌 Ambermax®를 얻을 수 있다.

③ 세드렌(cedrene)과 투욥센(thujopsene)

시더우드 오일(Juniperus virginiana L., Cupressaceae)의 주성분은 세드롤(cedrol), 세드렌, 그리고 투욥센이다. 이들 향은 매우 약하고 딱히 어떤 특정한 향을 지니고 있지 않지만, 시더우드 오일의 주요 성분은 모두 향료로 사용될 뿐 아니라 다양한 향 성분을 합성하는 반응물로 사용된다.

〈그림 4-37〉에서 볼 수 있듯이 세드롤은 산성 조건에서 쉽게 탈수되어 세드렌으로 바뀐다. 세드롤을 아이오도메테인(iodomethane) 등으로 메틸화(methylation)하면 세드릴 메틸 에테르(cedryl methyl ether)가 되며, 드라이한 시더우드 향이 나서 남성용 향수에 사용되는 우디와 앰버 어코드에 들어있다. IFF에서는 Cedramber®라

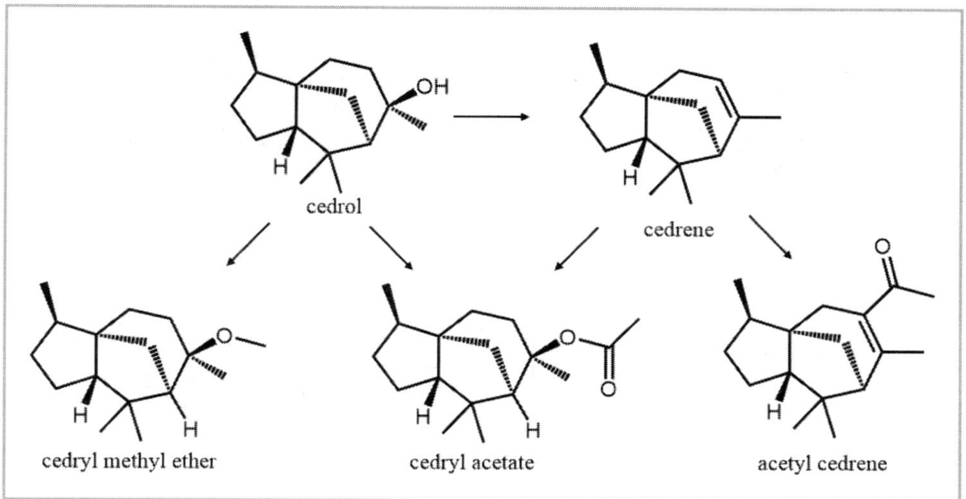

그림 4-37 시더우드의 세드롤, 세드론에서부터 얻는 향

는 상품명으로 판매하고 있다. 세드롤을 아세트산으로 에스터화하면 시더우드 향이 나는 아세트산 세드릴(cedryl acetate)를 얻을 수 있다. 또한, 세드렌에 아세트산을 부가하여도 아세트산 세드릴을 얻을 수 있다. 아세틸화는 루이스 산이 있는 상태에서 아세틸 클로라이드를 사용하거나, 폴리인산/무수초산 또는 황산/무수초산과 같은 브뢴스테드 산 시스템을 사용하여 반응시킬 수 있다. 세드롤은 반응 조건에서 탈수되어 세드렌으로 변하므로, 생성물의 주요 성분은 아세틸세드렌(acetylcedrene)이다. 여기서 얻는 아세틸세드렌은 시더우드 오일에서부터 얻는 가장 중요한 유도체로, 강한 우디 향에 엠버 노트로, Cedramber®보다 향이 강하다. 이 화합물은 메틸 세드릴 케톤(methyl cedryl ketone)이나 Lixetone®, Vertofix®라는 이름으로 시장에 나왔다.

시더우드의 또 다른 주성분인 투욥센은 이중결합에 프로톤이 첨가되면서 반응이 시작된다. 투욥센의 반응을 〈그림 4-38〉에 나타내었다. 이 과정에서 경직된 3개의 고리가 열리며, 탄소 7개로 이루어진 고리의 카르보늄 이온(carbonium ion)이 형성된다. 이후 더 안정한 나선형 모양의 스파이로 화합물 시스템(spirocyclic six-membered ring system)으로 변환된다. 이를 아세틸화하고 몇 번의 반응 단계를 거치면 강한 우디 향과 앰버 향을 지닌 산화된 유도체를 얻을 수 있다. 이 유도체는 Vertofix Cœur (IFF), Lignofix (Symrise), Cedartone V (Givaudan)라는 상품명으로 판매되고 있다. 이 유도체들은 1970년대 가장 인기 있는 우디 향의 소재가

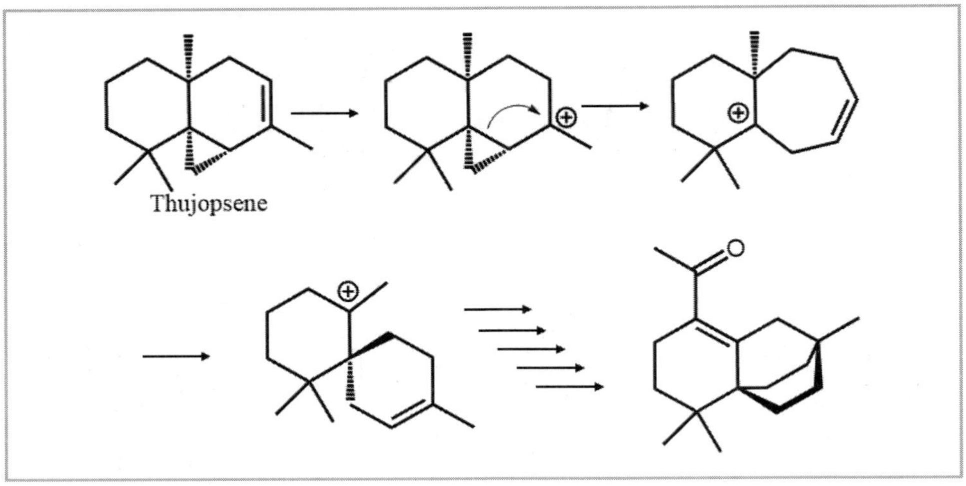

그림 4-38 시더우드의 투욥센에서부터 얻은 향

되었으며, 《샤넬 No. 19》에는 12%, 에스티 로더의 《White Linen》에는 20%가 들어있고, YSL의 《오피움》 등 유명한 향수를 구성하는 데 사용되었다.

④ 산탈올(santalol)

샌달우드 오일은 백단향(Santalum album) 나무를 증류하여 얻으며, 주성분은 산탈올이다. 동인도 샌달우드 오일의 70~90%는 7:3 비율로 존재하는 (+)-(Z)-α-산탈올과 (-)-(Z)-β-산탈올이다. (+)-(Z)-β-산탈올은 향이 나지 않는 반면, (-)-(Z)-β-산탈올은 오일에 동물성 백단향, 즉 소변과 같은 냄새가 난다.

최근까지 (-)-(Z)-β-산탈올을 상업적으로 생산할 방법이 개발되지 않았다. 그러나 2009년, 피르메니히 연구소의 찰스 페어(Charles Fehr)와 그의 동료들이 (-)-(Z)-β-산탈롤을 전합성하는 데에 성공하였다. 〈그림 4-39〉에서 볼 수 있듯이 이들은 부테날(butenal)과 사이클로펜타-1,3-다이엔(cyclopenta-1,3-diene)을 출발 물질로 하여 반응을 시작했다. 이 과정을 통해 5번 탄소에 이중결합, 1번 탄소에 삼중결합, 3번 탄소에 OH기가 치환된 중간화합물을 만들었고, 이를 구리 촉매를 사용해 선택적으로 (-)-(Z)-β-산탈올을 합성하였다. 그림에서 볼 수 있듯이 전합성 과정은 쉽지 않으며 경제성 문제로 아직 상업적으로 판매되지 않고 있다.

그러나 샌달우드향에 대한 높은 수요와 샌달우드 나무의 멸종 위기로 인해 합성 샌달우드에 대한 기대는 높다. 샌달우드향이 나는 합성 물질로는 앞서 소개한 디하

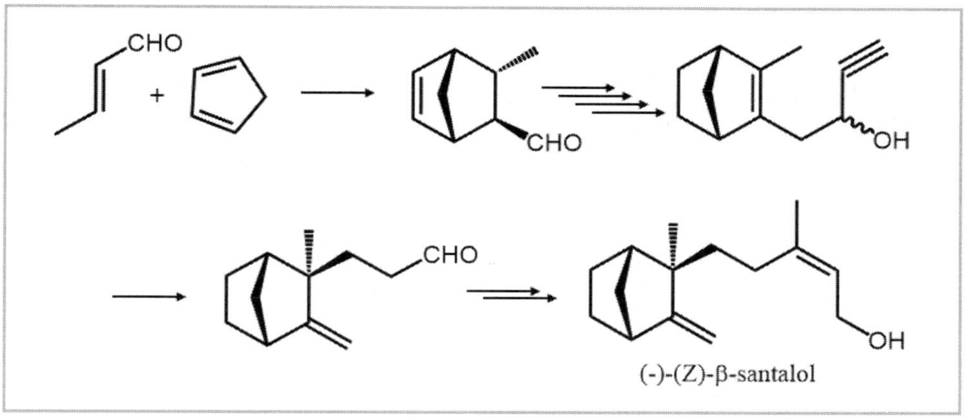

그림 4-39 (-)-(Z)-β-산탈롤 전합성

이드로미르센으로부터 합성된 오시롤(Osyrol)이 있으며, 이는 1960년대부터 상업화 되었다.

샌달우드향의 합성 향료는 크게 두 가지로 분류된다. 일반적으로 테르펜 페놀(terpene phenol) 계열과 캄폴레닉 알데하이드(campholenic aldehyde) 유도체를 기반으로 합성된다. 고온에서 (-)-캄펜을 루이스산 촉매하에 페놀과 반응시키면, 주로 ortho-와 para- 위치에 치환된 테르페닐페놀(terpenylphenol)이 77:22 비율로 생성된다(그림 4-40). 이 반응에서는 다양한 혼합물이 생성되며, 메타위치에 치환된 *m*-이소캄파닐페놀(isocamphanylphenol)은 매우 소량 얻어진다. 이 복잡한 생성물 중에서 강한 샌달우드향이 나는 물질은 그림에 원으로 표시된 axial 3-

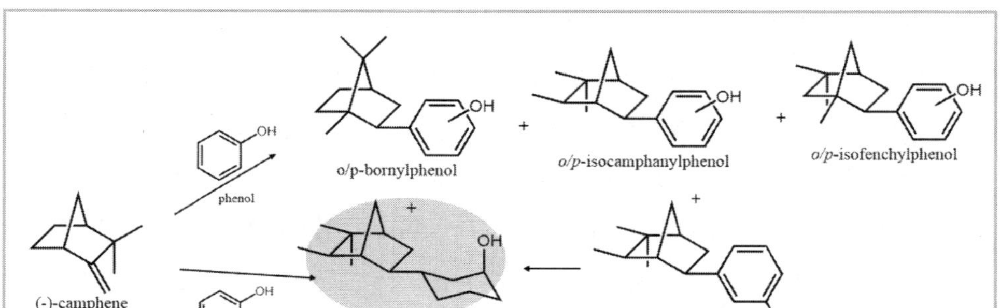

그림 4-40 (-)-캄펜으로부터 샌달우드향 합성

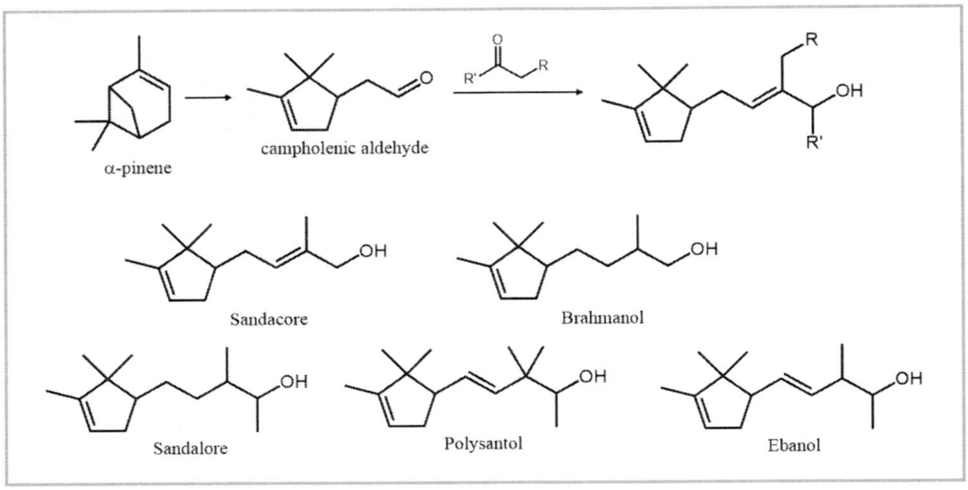

그림 4-41 캄폴레닉 알데하이드로부터 얻는 샌달우드향

hydroxycyclohexyl 유도체이다. 가장 강력한 샌달우드 노트는 이 화합물의 이성질체로, 이 이성질체는 반응 과정에서 소량 얻어지는 *m*-이소캄파닐페놀을 수소화하여 얻을 수 있다. 고압에서 수소화 반응으로 얻어진 생성물은 더 복잡한 혼합물로 구성된다.

페놀 대신 과이어콜과 (-)-캄펜을 반응시키면 ortho, para 위치뿐만 아니라 meta 위치에 치환된 테르페닐페놀이 약 10% 정도 생성된다. 이를 이용해 매년 1,000톤 이상의 샌달우드향이 생산된다. 혼합물의 조성은 각각 다르지만, 이 합성 샌달우드향료는 Sandela®(Givaudan), Sandiff®(IFF), Indisan(IFF), Santalex®(Takasago), Santalidol®의 상품명으로 팔리고 있다.

더 효과적으로 샌달우드 향을 얻는 방법은 α-피넨으로부터 얻는 (+)-R-캄폴레닉 알데하이드(campholenic aldehyde)를 사용하는 것이다(그림 4-41). 캄폴레닉 알데하이드는 α-피넨 옥사이드(pinene oxide)를 루이스산 촉매와 염화아연(zinc chloride) 또는 염화브롬(zinc bromide) 촉매하에서 재배열 반응을 통해 얻을 수 있다. 이 캄폴레닉 알데하이드에 프로파날(propanal)을 첨가하여 알돌축합을 진행한 후, $NaBH_4$로 알데하이드를 환원시키면 Sandacore®(Kao)가 생성된다. 이는 샌달우드 향이 나는 첫 번째 캄폴레닉 알데하이드 유도체이다. 이 화합물은 다양한 회사에서 Sandal Mysore Core®(Kao), Santalaire®(Fabriques De Laire), 등의 이름으로 판매되고 있다.

Sandacore®를 부분적으로 수소화시키면 더 강한 향을 가진 Brahmanol®

(Dragoco, 현재 Symrise)를 얻을 수 있다. 또한, 더 강하고 천연 샌달우드에 가까운 향을 가진 Sandalore®(Givaudan), Polysantol®(Firmenich), Ebanol®(Givaudan)도 발견되었다. 특히 Sandalore®는 1996년에 출시된 도나 카란(Donna Karan)의 《카오스(Chaos)》 향수에 약 5% 정도 포함된 것으로 알려져 있다.

7) 디테르페노이드(Diterpenoids)

정의에 따라 디테르페노이드는 20개의 탄소 원자를 갖는다. 이는 분자량이 커서 휘발성이 떨어지며, 따라서 향을 내는 물질의 수가 적음을 의미한다. 그러나 일부 디테르페노이드는 자체적으로 향을 내지 않지만, 향 제품에 사용되기도 한다. 주로 용매로 사용되며, 소수성과 낮은 휘발성 덕분에 고정제 특성을 갖는다.

디테르페노이드 중 하나인 아비에트산(abietic acid)은 천연 송진의 주성분으로, 테레빈유를 증류하고 남은 성분을 로진(rosin)이라고 하는데, 이 로진의 주성분을 이루는 혼합물이다. 피르메니히사에서는 에스터화와 수소화를 통해 아비에트산을 이용해 Abalyn®과 Hercolyn®를 얻는다. 이 방법은 〈그림 4-42〉에 나타나 있다.

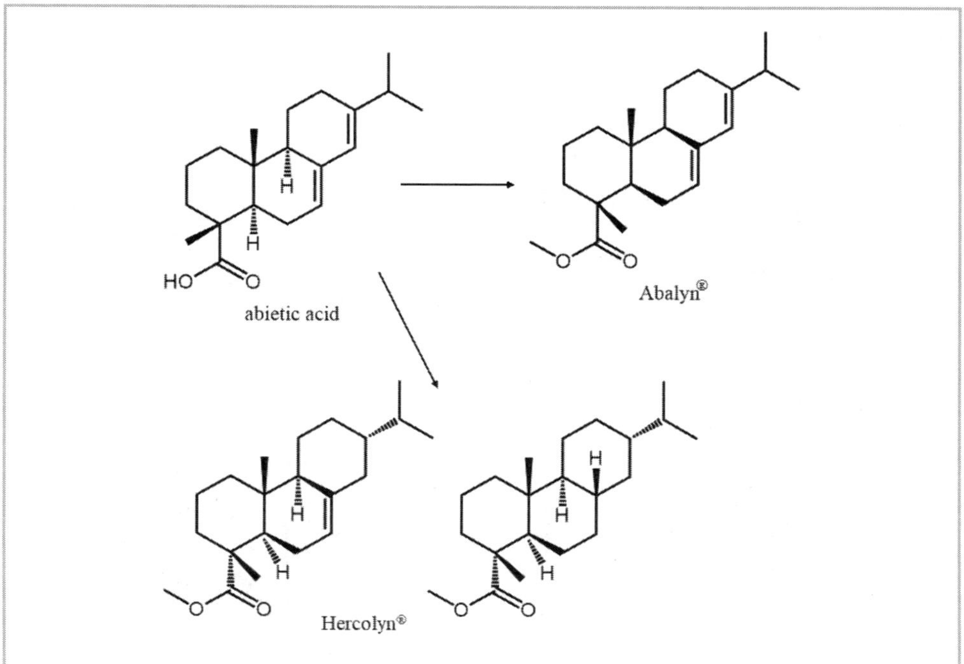

그림 4-42 아비에트산으로부터 얻는 용매

매우 약한 시더향이 나는 Abalyn®은 주로 향수에서 고정제나 용매로 사용된다. 마찬가지로 아주 약하게 드라이한 우디 향이 나는 Hercolyn®은 점도가 높은 두 개의 디테르페노이드 혼합물로, 주로 고정제로 사용된다.

8) 트리테르페노이드(triterpenoids)

용연향은 천연에서 얻는 테르페노이드 향 성분 중 가장 중요한 성분 중 하나로, 큰 구조에서부터 분해가 되어 생긴 향 성분이다. 향유고래의 장관에서 생산된 트리테르페노이드는 암브레인(ambreine)이라고 불린다. 고래가 암브레인을 만들어 내는 이유는 아직 명확히 밝혀지지 않았다. 고래가 약 100 kg 정도 크기의 용연향 덩어리를 바다로 뱉어내면 이 덩어리 속 암브레인은 해수에서 공기와 태양빛에 의해 분해 반응을 거쳐 다양한 생성물의 혼합체로 변하게 된다(그림 4-43). 이 혼합물을 용연향 또는 앰버그리스(ambergris)라고 한다. 이 성분 중 가장 중요한 것은 암브록사이드로, 용연향 특유의 동물적인 향이 난다. 상업명으로는 Ambrox®(Firmenich), Ambrofix®(Givaudan), Ambroxan®(Kao), Ambermox® 등이 있다.

용연향이 향료로서의 가치가 높아, 피르메니히사는 1930년대에 앰버그리스 성분에 대한 광범위한 연구를 시작했다. 막스 스톨(Max Stoll) 그룹이 레오폴드 루지치

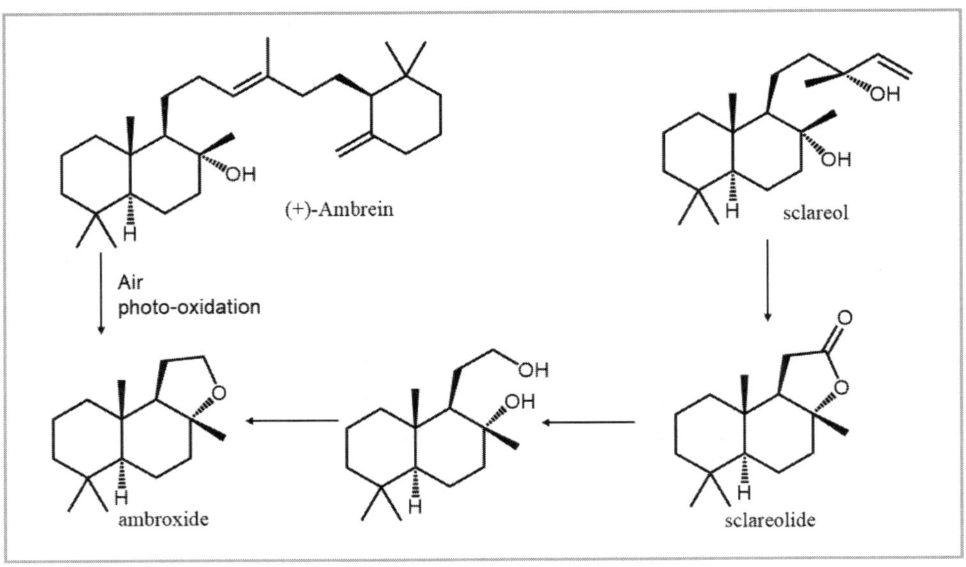

그림 4-43 용연향 분해와 합성

카와 협력하여 수행한 이 연구는 앰버그리스의 약 25~45%를 차지하는 트리테르페노이드인 암브레인에 초점을 맞추었다. 분해 시 암브레인은 디테르펜인 마놀(manool) 및 스클라레올(sclareol)과 관계가 있는 것으로 나타났다. 파리의 에드가 레더러(Edgar Lederer)와 루지치카 그룹은 1946년에 암브레인의 구조를 보고했다. 1942년에 루지치카는 스클라레올을 $KMnO_4$로 산화시켜 스클레올라이드(sclareolide)를 얻고, 이 락톤으로부터 디올(diol)이 생성되어 탈수, 고리화된 암브록사이드를 포함한 용연향 특유의 향을 내는 생성물을 얻었다. 실제로 용연향 특유의 향은 그 생성물 속에 암브록사이드가 있었기 때문이지만, 당시에는 정확하게 밝혀지지는 않았다.

피르메니히사는 암브록사이드를 약 10% 함유한 Fixateur 404를 1952년에, 암브록사이드와 β-암브리놀(ambrinol)을 함유한 Grisambrol을 1954에 출시하였다. Fixateur 404는 1950년대와 1960년대에 고급 향수를 제조하는 데 주로 사용되었고, 1970년대에는 비누와 세제 등 다른 제품에도 암브록사이드가 사용되기 시작했다. 1970년대에 헨켈(Henkel)이 Ambroxide를 현재는 카오(Kao)에서 판매하고 있는 앰브록산(Ambroxan®)이라는 상품명으로 출시했을 때, 피르메니히사는 그동안 판매했던 성분이 암브록사이드임을 밝혔다. 이에 따라 다른 회사들도 다양한 이름으로 출시하면서 공급이 확대되었다. 1977년에 이르러서야 IFF 연구자가 Ambrox®가 앰버그리스 팅크제(tincture)에 존재한다는 사실을 보고했다.

1950년대부터 상업적으로 합성된 암브록사이드의 원료인 스클라레올은 향수에 사용되는 클라리 세이지(clary sage) 정유의 증류 잔해물에서 얻었다. 암브록사이드는 원래 클라리 세이지에서 추출한 스클라레올로만 생산되었기 때문에, 때때로 공급이 부족해지는 상황이 발생하기도 했다. 이에 따라 향료 회사와 학계는 더 낮은 비용으로 안정적인 공정을 찾기 위한 광범위한 연구를 시작했다. 1990년대 초, 총비용을 낮추기 위한 노력의 일환으로, 인공적으로 합성된 Ambrox 라세믹체 혼합물을 Ambrox DL(Firmenich, 1988), Synambran(Wacker, 현재 Symrise), Fixambrene (Givaudan-Roure)이라는 상표명으로 출시되었다. 상업적 합성을 위한 다양한 시작물질에 대한 연구 결과로, 피르메니히사가 공급하는 주요 인공 합성 버전의 Ambrox는 모노사이클로호모파르네솔(monocyclohomofarnesol)에서 유래한 Ambrox DL이다. 1993년에 도입된 Cetalox는 모노사이클로호모파르네식산(monocyclohomofarnesic acid)에서 유래하였으며, 2004년에 도입된 Cetalox Laevo(〉99% (-)-Ambrox)는 아마도 중간체인 (±) sclareolide의 광학적 분해를 통해 되었다고 한다.[8] 현재 모든

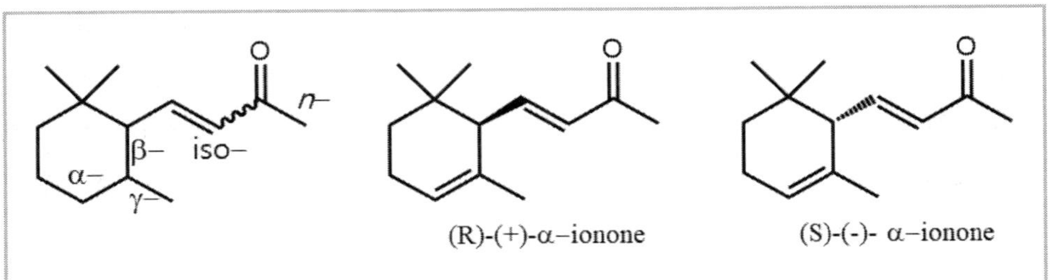

그림 4-44 이오논 명명법 및 α-이오논의 광학이성질체

암브록사이드 계열 제품은 용연향, 애니멀, 앰버, 우디 향으로 향수에 광범위하게 사용된다.

9) 카로티노이드(carotenoids) 대사 산물

수요가 많은 제비꽃 정유는 매우 값비싼 향료이기 때문에, 오랜 기간 이를 대체하거나 효율적으로 생산하기 위한 많은 연구가 진행되었다. 최근 헤드스페이스 분석에 따르면, 제비꽃 향은 35.7% α–이오논, 21.1% β–이오논, 18.2% 디하이드로–β–이오논(dihydro–β–ionone)으로 구성되어 있는 것으로 밝혀졌다. α–, β–, γ–이오논은 모두 2장에서 설명한 카로티노이드의 2차 대사물질이다. 이오논에는 이중결합의 위치에 따라 α–, β–, γ– 세 가지 이성질체가 있으며, α–와 γ–에는 광학이성질체도 존재한다. 이오논의 명명법은 α–, β–, γ–와 같은 그리스 문자가 고리에 있는 이중결합의 위치를 나타낸다. α–이오논의 광학이성질체 구조는 〈그림 4–44〉에 나타나 있다.

α–이성질체는 모두 플로럴하고 우디한 향이 나는 달콤한 제비꽃 향에 가깝다. β–이오논은 산딸기 향을 띠면서 시더우드 나무 향을 포함하고 있으며, 주로 장미 향에 기여한다. γ–이성질체는 광학이성질체에 따라 향이 크게 달라진다. (S)–(+)–이성질체는 부드러운 제비꽃 향을 띠지만, (R)–(–)–이성질체는 전혀 다른 풀 향이나 파인애플 같은 향이 나며, 향의 세기도 (S)–이성질체의 1/150 정도에 불과하다. 디하이드로–β–이오논은 이오논의 곁사슬에 있는 이중결합이 포화된 형태이다. 디하이드로–β–이오논의 향의 강도는 중간 정도이며, 주로 제비꽃 향이 나지만, 그 뒤에 은

8) http://www.leffingwell.com/Chem_Spec_Mag–1.pdf

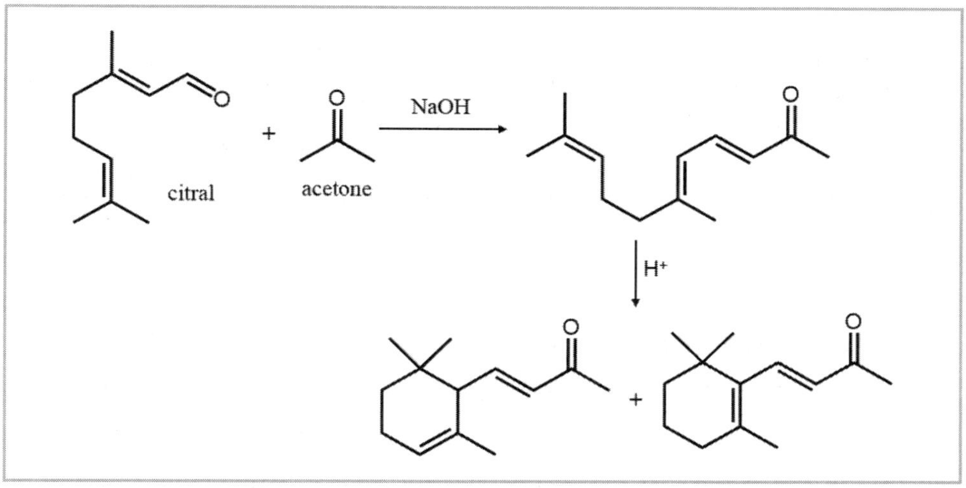

그림 4-45 시트랄로부터 이오논 합성

은하게 나무 향이나 용연향이 함께 느껴져서, '우디 이오논'으로도 불린다. 초기에는 α-이오논이 제비꽃 향에 더 인기가 있었으나, 최근에는 역치가 25배 정도 낮은 β-이오논과 디하이드로-β-이오논이 향수에 더 많이 사용되고 있다.

1893년, 빌헬름 하르만은 하르만 & 라이머사에서 시트랄로부터 α-이오논과 β-이오논을 합성하는 공정을 개발하고 특허를 받았다. 〈그림 4-45〉에 반응을 나타내었다. 시트랄은 염기성 환경에서 아세톤과 반응하여 슈도이오논을 생성한다.

이 슈도이오논을 가열하면서 희석된 산으로 고리화 반응을 시키면 α-와 β-이오논 혼합물을 얻을 수 있다. 이 혼합물에서 α-대 β-이오논의 비율은 반응 조건에 따라 달라진다. 예를 들어, 황산과 같은 강산 촉매 조건에서 고리화 반응이 일어나면 β-이오논이 주로 형성되고, 인산에서는 α-이오논이 주로 생성된다. 디메틸포름아미드(dimethylformamide)와 같은 중성 비양성자성(dipolar aprotic) 용매 속에서 루이스 산에 의해 반응이 진행되면 γ-이오논이 생성된다.

〈그림 4-45〉의 반응에서 아세톤 대신 메틸에틸케톤(methyl ethyl ketone)을 사용하면 메틸이오논(methylionone)이 얻어진다. 이렇게 아세톤보다 더 많은 탄소를 갖는 케톤과 알돌 축합반응이 일어나는 경우, 얻어지는 생성물 이름에는 n-이나 iso-라는 전치사가 사용된다(그림 4-44). 〈그림 4-46〉에는 이오논보다 탄소수가 한 개 더 많은 메틸이오논과 그중 하나의 구조를 나타내었다.

이오논 결사슬의 카보닐기 옆 탄소 원자(C3)에 메틸기(〈그림 4-46〉의 R_2 위치)가

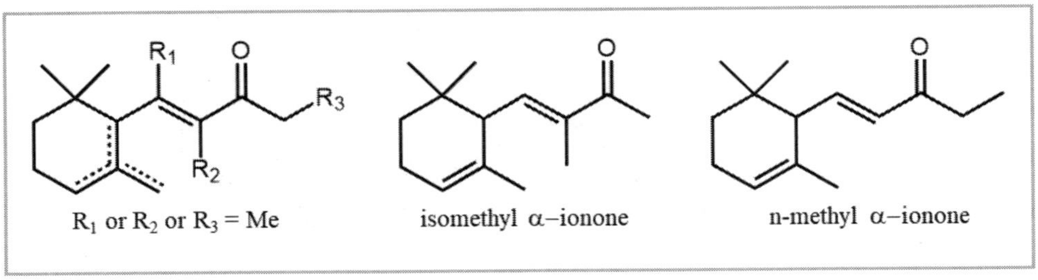

그림 4-46 메틸이오논

붙은 이소메틸이오논(isomethyl ionone)은 무색 또는 옅은 갈색의 액체로, 꽃 향, 특히 제비꽃 향이 나며, 나무 향이나 오리스(orris) 같은 향이 난다. 이오논보다 향이 훨씬 더 강하다. 이오논 및 이소메틸 이오논은 제비꽃 외에도 붓꽃의 뿌리에서 얻는 향료인 오리스에도 함유되어 있다. 이오논과 메틸이오논은 제비꽃 향과 우디 향을 동시에 지니고 있어, 미들 노트에 주로 사용된다. 천연물질이 아닌 메틸이 치환된 알파 이오논 유도체인 이소메틸 α–이오논과 n–메틸 α–이오논은 각각 Isoraldeine®과 Raldeine®이라는 상품명으로 생산되었다. 이들은 천연 α–이오논보다 더 낮은 역치 값을 가지며, β–이오논처럼 천연 바이올렛 향이 난다. Raldeine®과 Isoraldeine®은 시트랄이나 제라니올/네롤로부터 합성된다. 반응 조건에 따라 차이가 있지만, 이소메틸 α–이오논이 주성분이며, 그 함유량이 다른 제품들이 Iralia®(Firmenich)나 Isoraldeine Cetone Alpha®(Givaudan)라는 이름으로 상품화되어 있다.

Iralia®를 아이리스 향의 주요 성분이라고 소개받은 프랑소와 코티는 이를 1905년에 출시한 향수 《로리간(L'origan)》에 넣었다. 중심에 바이올렛 꽃과 헬리오트로프꽃 향이 나면서 파우더리하면서도 달콤한 꽃 향이 나는 이 향수는 당시에 엄청난 인기를 끌었다. 프랑소와 코티는 이오논을 대중적으로 알리는 데 중요한 역할을 했다. 1912년에 출시된 겔랑의 《뢰 르 블루(L'Heure Bleue)》, 1985년에 출시된 디올의 《쁘아종(Poison)》, 1987년에 출시된 카샤렐(Cacharel)의 《루루(Loulou)》과 같

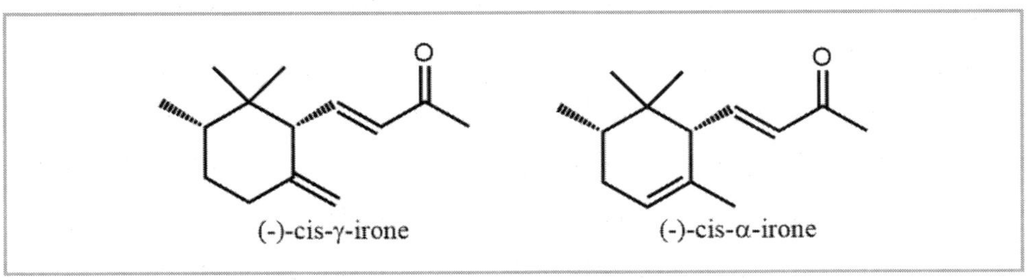

그림 4-47 오리스 정유의 성분인 이론(irone)

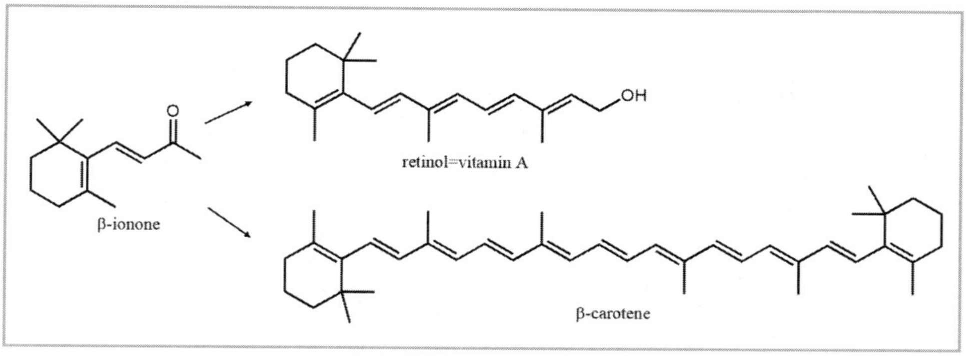

그림 4-48 비타민 A와 β-카로틴 합성

은 성공한 향수에도 이소메틸 α-이오논이 들어갔다.

실제 오리스 오일(orris root oil)에 들어있는 향은 메틸기가 치환된 이오논인 이론(irone)이다. 천연 오리스 오일에는 (Z)-γ-이론이 30~40%, (Z)-α-이론이 20~30% 들어있다. 현재 피넨으로부터 α-이론만이 상업적으로 생산되고 있지만, 이오논을 합성하는 것과 비교해 합성 단계도 많고 어려워 가격이 비싸다.

β-이오논의 중요성은 향료뿐만 아니라 비타민 A와 카로틴(carotene) 합성에도 사용된다는 점에 있다. 1937년에 리하르트 쿤(Richard Kuhn)과 콜린 모리스(Colin J.O.R. Morris)는 β-이오논과 브로모 아세트산 에스터(bromoacetic acid ester)를 출발 물질로 비타민 A 합성을 처음으로 보고했다. 비록 수율이 낮아 상업화되지는 못했지만, 이후 수많은 실험실 수준의 합성 방법이 개발되었고, 5개 이상의 공정이 산업화되었으며 그중 3개는 오늘날까지도 여전히 운영되고 있다.

β-이오논으로부터 비타민 A를 합성하는 과정은 1946년 아렌스(Arens)와 반 도로프(van Dorp)가 Arens-van Dorp 합성법(Organon 회사)을 발표한 이후, 1947년에 오토 이슬러(Otto Isler) 등이 그리냐르 반응(Grignard reaction)을 도입한 합성 방법을 개발하면서 발전했다. 이어 1948년, 호프만-라로슈(F. Hoffmann-La Roche)사는 최초로 합성 비타민 A(아세테이트)를 kg 단위 이상으로 생산하였다. 이는 비타민 A를 얻기 위해 더 이상 천연 공급원에서 중요한 화합물을 추출할 필요가 없음을 의미했다. 이후 1956년 BASF가 비티히 반응(Wittig reaction)을 통해, 1974년 Rhône-Poulenc(현재 아디세오(Adisseo))사가 1971년에 특허를 받은 Julia 반응 공정을 통해 비타민 A를 생산하고 있다. 이 모든 공정에서 β-이오논을 출발 물질로 사용하여 비타민 A가 합성된다. β-이오논은 비타민 A 외에도 카로틴

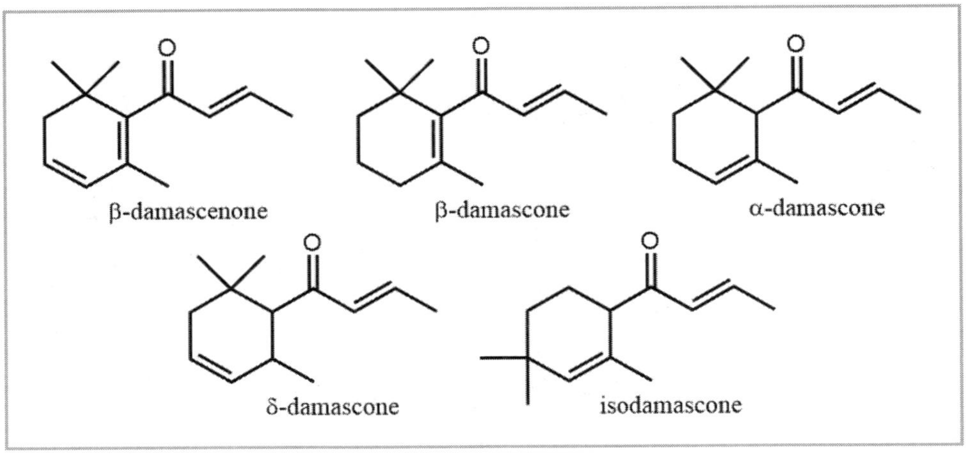

그림 4-49 로즈 케톤

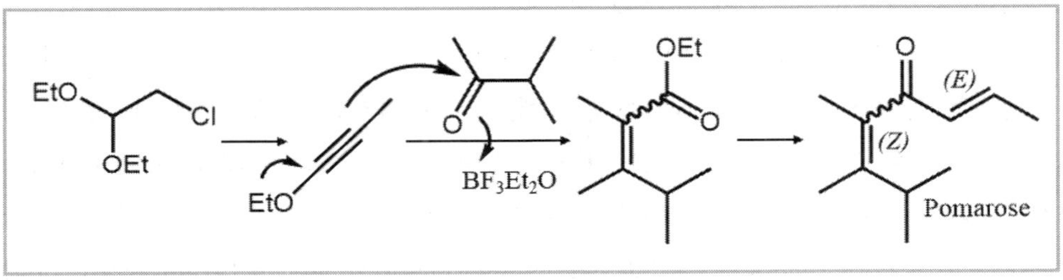

그림 4-50 Pomarose® 합성

합성에도 사용된다.

이오논과 구조적 및 생물학적으로 관련된 케톤, 예를 들어 다마스크 장리 정유의 주성분인 β-다마세논, β-다마스콘, 그리고 담배나 차에 있는 α-다마스콘 등을 '로즈 케톤(rose ketone)'이라고 한다. 이들의 화학구조는 〈그림 4-49〉에 나타내었다. 합성 향의 역사에서도 소개했듯이, 로즈 케톤은 겔랑의 향수 《나헤마(Nahema)》에 처음 사용된 이래로 장미 향의 선구자였다. 천연에는 없지만 비슷한 향을 내는 물질들도 로즈 케톤 범주에 들어간다.

다마스콘과 다마세논류는 장미나 딸기와 같은 베리류에 미량 존재하지만, 그 향기 공헌도가 매우 높아 향장품 같은 향료 조합에 효과적으로 활용되고 있다. β-다마세논이나 β-다마스콘 합성을 위한 많은 연구가 진행 중이지만, 경제적이고 효율적인 합성 방법은 아직 개발되지 않았다. 반면, δ-다마스콘과 이소다마스콘(isodamascone)은 상업적으로 생산되고 있다.

장미 향이 나는 향료로 화학적 구조는 다르지만 최근에 합성된 지보단사의 Pomarose®가 있다. 이 향료는 루이스 산 조건하에 에톡시 프로파인(ethoxypropyne)을 이소프로필 메틸 케톤(isopropyl methyl ketone)과 반응시켜 얻은 향료이다. 이때 생성물의 Z/E 비율은 45:55이다.

자연에서 발견되지 않는 이중 불포화 케톤인 Pomarose®는 사과, 자두, 건포도의 뉘앙스를 지닌 매우 강한 과일과 장미 향을 가지고 있으며, 이는 거의 전적으로 (2*E*, 5*Z*) 입체이성질체에 의한 것으로 알려져 있다. 반면, (2*E*, 5*E*) 이성질체는 거의 향이 나지 않는다. Pomarose®는 천연 다마스콘계 화합물과 화학구조 측면에서 보면 완전히 다르지만, Superposition analysis를 통해 β-다마스콘과 거의 일치하는 공간구조를 갖는 것으로 나타났다. 이는 화학조성이 다르더라도 형태가 비슷하면 비슷한 향을 낼 수 있는 사례로 볼 수 있다.

Pomarose®는 2004년에 출시된 DKNY의 《비 딜리셔스 포 멘(Be Delicious for Men)》에 처음으로 0.36% 포함되어 사과와 장미 향의 완벽한 조화를 보여주었다. 이후 2006년에 출시된 션 존(Sean John)의 《언포기버블(Unforgivable, 2006)》에는 0.43%가 포함되었다. 그 외에도 파코 라반(Paco Rabanne)의 《1 Million, 2008》, 후제르계 향수인 캘빈클라인의 《CK Free, 2009》, 몽블랑(Montblanc)의 《레전드(Legend, 2011)》 등의 향수에 로즈 성분으로 애용되었다. 특히 몽블랑의 《레전드》에서는 오크모스 합성 향인 에버닐(Evernyl)과 말린 과일과 장미 향인 Pomarose®가 중심 노트를 이루고 있다.

4.5 머스크(musk)

머스크는 향 산업에서 매우 중요한 향이다. 머스크는 주로 향수의 베이스 노트에 사용되는 방향족 물질로, 여기에는 사향노루와 시벳과 같은 동물의 분비물, 비슷한 향을 내는 여러 식물, 그리고 비슷한 냄새를 내는 합성 물질이 포함된다. 머스크는 우리말로 '사향'이라고 하며, 이는 사향노루의 분비선에서 얻은 강한 냄새가 나는 물질에 붙여진 이름이다. 사향노루는 중앙아시아에서 발견되며, 천연 사향의 원산지를 나타내기 위해 종종 '사향 통킨(musk Tonkin)'이라 불렸다. 그러나 오늘날 이러한 원

그림 4-51 천연 머스크 향. 무스콘과 시베톤, 암브렛톨라이드

료는 윤리적이고 환경적인 이유로 더 이상 사용되지 않는다.

세 가지 주요 천연 머스크의 구조를 〈그림 4-51〉에 나타냈다. 무스콘과 시베톤은 각각 사향노루와 시벳에서 얻는 냄새 성분이다. 암브렛톨라이드(ambrettolide)는 암브레트(ambrette plant, Abelmoschus moschatus Moench)라는 식물의 씨앗에서 생성되는 식물성 향이다. 이 향은 천연 식물성 머스크 노트로, 배와 같은 향도 난다.

사향을 얻기 위해서는 멸종 위기에 처한 동물을 죽이거나 고통을 주어야 하기 때문에 오늘날 향수에 사용되는 거의 모든 사향 향료는 합성 머스크이다. 합성 머스크는 동물성 사향의 배설물 향이 없이 깨끗하고 매끄럽고 달콤한 향을 가지고 있다. 좁은 의미의 합성 머스크는 사향노루와 시벳의 향, 즉 무스콘과 시베톤의 거대고리 케톤을 모델로 한 화학물질이다. 그러나 화학구조적으로 다르지만 기능적으로 유사한 다른 화합물도 머스크 향으로 구분된다. 합성 머스크는 크게 네 개의 그룹으로 나눌 수 있다. 이 네 그룹의 합성 머스크는 각각 고유의 화학적 특성과 향기 프로파일을 가지며, 현대 향료 산업에서 중요한 역할을 한다.

1) 니트로 머스크(nitro musk)

최초로 상업화된 합성 머스크는 니트로 작용기($-NO_2$)가 달려 있는 니트로 머스크다. 1888년에 폭발물을 연구하던 알버트 바우어가 니트로 머스크를 합성하였다. 이를 '머스크 바우어(Musk Baur)'라고 명명했으나, 실제 '머스크 톨루엔(Musk Toluene)' 또는 사향 통킨(musk Tonkin)과 냄새가 비슷하여 '통키놀'이라고도 불렸다.

바우어는 연구를 계속해서 머스크 자일렌(Musk Xylene, 1893), 머스크 케톤

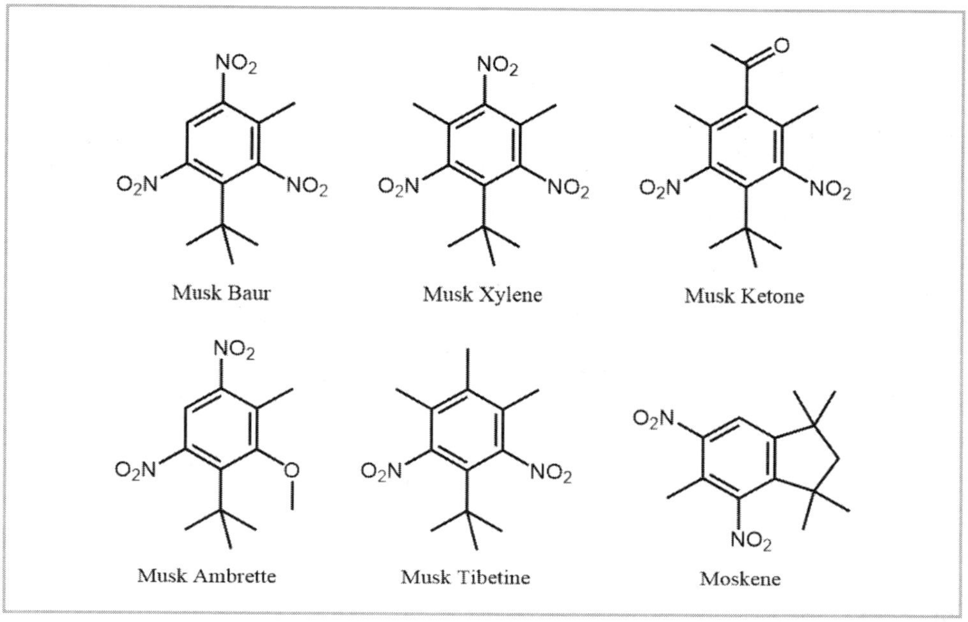

그림 4-52 니트로 머스크

(Musk Ketone, 1894), 머스크 암브레트(Musk Ambrette)를 합성했다. 머스크 케톤은 천연 머스크와 가장 비슷한 향을 내었고, 머스크 암브레트는 이름처럼 암브레트 씨앗의 향과 같은 향이 났다. 머스크 티베틴(Musk Tibetine)과 모스케네(Moskene)를 포함한 여러 니트로 머스크계 합성 향들을 〈그림 4-52〉에서 볼 수 있다.

20세기 중반까지 니트로 머스크는 향 산업에 많이 사용되었다. 그러나 니트로 머스크는 폭발성이 있는 TNT로부터 만들어진다. 비록 최종 생성물인 니트로 머스크는 폭발성이 없지만 중간체나 반응물들이 위험성을 내포하고 있었다. 게다가 니트로 머스크는 햇빛에 노출되면 피부에 알레르기를 일으키는 등 안전성에 문제가 많았다. 광에 의해 알레르기를 일으키는 화학물질을 피부에 바르는 경우가 많은 화장품이나 향수에 사용하는 것은 치명적인 단점이었다. 머스크 암브레트는 광독성과 신경독성으로 인해 1981년에 사용이 금지되었고, 1932년에 출시된 모스케네나 머스크 티베틴 역시 국제향료협회(International Fragrance Association, IFRA)에 의해 유럽에서 사용이 금지되었다. 니트로 머스크는 전체적으로 가장 파우더리한 머스크 향이 나고, 많은 인기를 끌었으나 안전성과 관련된 문제들로 인해 향료 시장에서 퇴출되었다. 더 안전하고 안정한 다환식 머스크(polycyclic musk)가 대체품으로 자리 잡게 되었다.

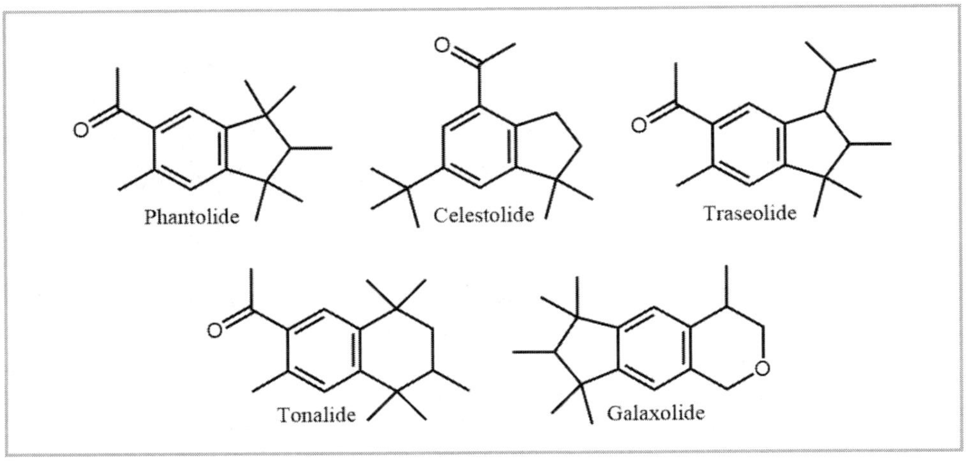

그림 4-53 다환식 머스크

2) 다환식 머스크(polycyclic musk)

다환식 머스크는 여러 개의 다환 고리구조를 가지는 합성 향료로, 20세기 중반에 개발되어 니트로 머스크의 대체품으로 널리 사용되기 시작했다. 대부분 인단(indane), 테트랄린(tetralin) 또는 이소크로메인(isochromane) 구조를 갖고 있으며, 메틸기와 같은 작은 알킬기들로 치환되어 있다. 대표적인 다환식 머스크의 구조를 〈그림 4-53〉에 나타내었다.

일반적인 상품명을 보면, 인단계 머스크에는 Phantolide®(Haarmann & Reimer), Crysolide로 알려진 Celestolide(IFF), Traseolide(Quest) 등이 있다. 테트랄린계의 경우에는 Fixolide®로 알려진 Tonalide®, Tetralide®가 있으며, 이소크로메인(isochroman)계의 경우는 Abbalide®, Galaxolide®가 있다.

Fixolide로 알려진 Tonalide의 화학명은 6-acetyl-1,1,2,4,4,7-hexamethyltetralin이다. Tonalide는 테레빈유에서 얻을 수 있는 저렴한 출발 물질인 *p*-시멘을 사용해 합성할 수 있다(그림 4-54). *p*-시멘은 2개의 네오헥센(neohexene)과 반응해, $AlCl_3$ 존재하에서 Friedel-Crafts 반응을 통해 bicyclic hydrocarbon을 형성하고, 염화아세틸(acetyl chloride)/$AlCl_3$와 같은 아실화제(acylating agent)에 의해 아세틸화하여 Tonalide가 합성된다. 또는 산성 조건에서 α-*p*-디메틸스티렌(dimethylstyrene)과 테트라메틸에틸렌(tetramethylethylene)

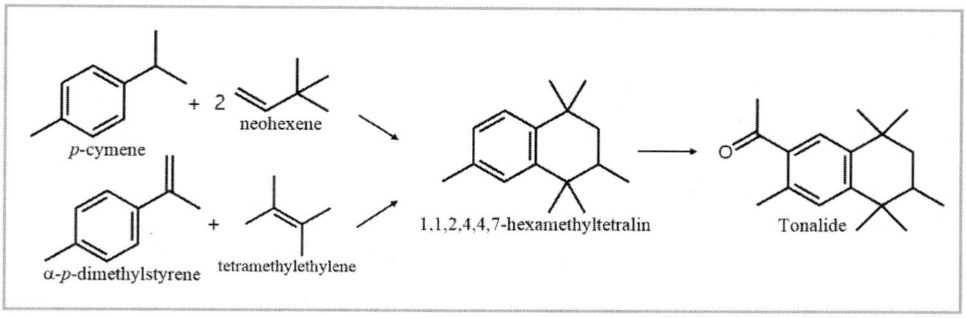

그림 4-54 Tonalide 합성

이 반응해서 생성된 1,1,2,4,4,7-hexamethyltetralin으로부터도 얻을 수 있다. Tonalide는 우디한 흙 향을 가지며, 중간 정도의 강도를 가진다. 그 향은 달콤하고 과일 향이 느껴지는 앰버 느낌의 머스크 향이다.

이와 유사한 반응으로 이소아밀렌(isoamylene)과 쿠멘(cumene)이 고리화 반응을 통해 4,6,6,7,8-hexamethyl 1,3,4,6,7,8-hexahydrocyclopenta[g] isochromene, 즉, Galaxolide를 합성할 수 있다. 합성 메커니즘을 〈그림 4-55〉에 나타내었다.

반응물인 쿠멘은 아세톤과 페놀 합성의 중간체로, 벤젠과 프로필렌으로부터 대규

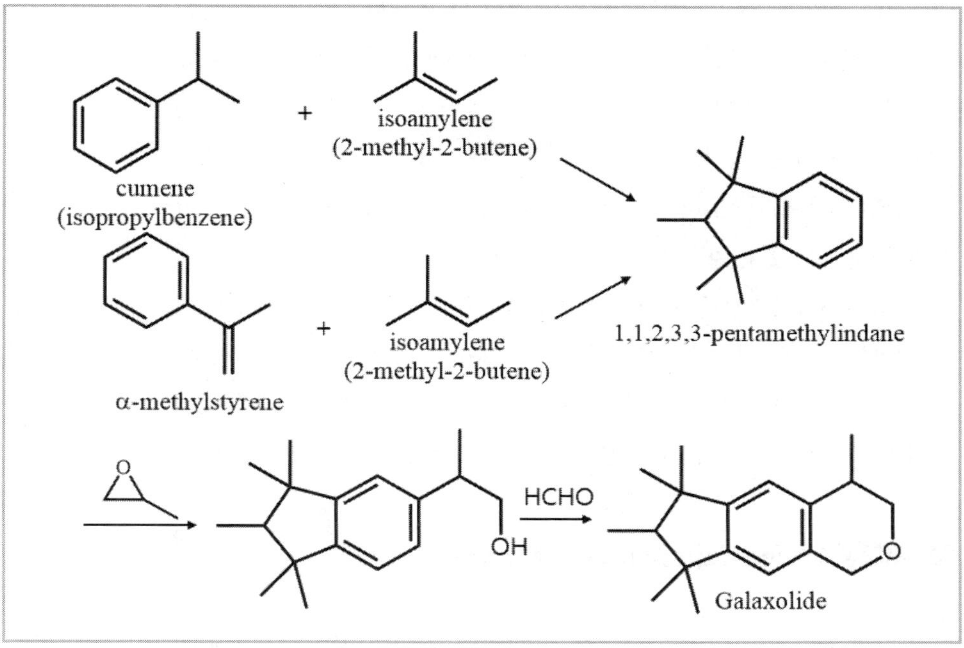

그림 4-55 Galaxolide 합성

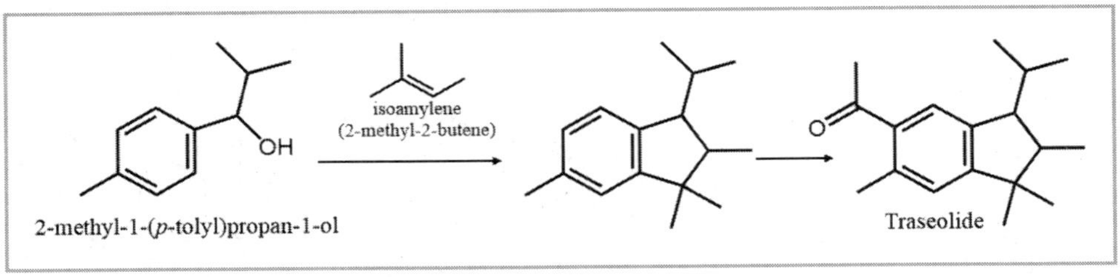

그림 4-56 Traseolide 합성

모로 생산된다. 따라서 Tonalide 합성에 사용하는 p-시멘처럼, Galaxolide를 생산하는 데에도 싸고 쉽게 구할 수 있는 출발 물질이 사용된다. 먼저 이소아밀렌을 쿠멘에 첨가하여 1,1,2,3,3-펜타메틸인단(pentamethylindane)을 형성하는 것으로 시작한다. 이 중간체는 $AlCl_3$ 촉매하에서 Friedel-Crafts 반응 중에 프로필렌 옥사이드와 반응하여 하이드록시알킬화(hydroxyalkylate)된다. 두 번째 중간체의 알코올은 포름알데히드와 반응하여 헤미아세탈을 통해 고리화되어 최종적으로 이소크로메인 구조의 Galaxolide가 생성된다. 중간체인 1,1,2,3,3-펜타메틸인단은 α-메틸스티렌(α-methylstyrene)을 이용해서도 만들 수 있다. Tonalide의 구조이성질체인 Galaxolide는 깨끗하고 달콤하며 꽃 향이 나는 우디 머스크 향이 난다. 향의 세기는 중간 정도이다. 1960년에 발견되었고, 1965년에 처음으로 합성되었다. 매우 고가이며, 생분해되지 않아 주된 환경문제를 일으켜서 현재 대부분의 회사는 사용을 꺼리고 있다.

이소아밀렌은 〈그림 4-56〉에 나타낸 Traseolide 합성에서 반응물로도 사용된다. 이 과정에서 이소아밀렌은 2-메틸-1-(p-톨릴)프로판-1-올(2-methyl-1-(p-tolyl)propan-1-ol)과 반응한다. 이 알코올은 톨루엔으로부터 합성된 후, Friedel-Crafts 이소뷰틸화(Friedel-Crafts isobutyrylation)에 의해 만들어진 케톤을 환원시켜 만들 수 있다. 이 생성물을 아세틸화하면 Traseolide를 얻을 수 있다.

1955년에서 1970년 사이에 합성된 다환식 머스크는 20세기 말까지 새로운 물질이 개발되기 전까지 널리 사용되었다. 현재도 다환식 머스크는 사용되고 있지만, 생분해 특성이 상대적으로 낮아 문제가 되고 있다. 현재는 거대환상 머스크나 지방족 고리 머스크 합성이 가능해지면서 점점 사용량은 감소하고 있다.

3) 거대환상 머스크(macrocyclic musk)

무스콘이나 암브레톨리드와 같은 천연 머스크 향 성분은 거대환상 머스크이다. 천연 머스크는 매우 비싸며, 그들의 거대 환상 구조를 합성하는 것은 매우 어려워 1926년 레오폴트 루지치카가 합성 방법을 찾아내기 전까지 고가로 거래되었다. 거대환상 머스크의 기본 화학구조는 탄소수가 14~19개인 고리구조이며, 적어도 하나 이상의 작용기를 포함하고 있다. 주로 연구된 합성법은 대환상 케톤, 락톤, 에스터, 옥사이드로, 대표적으로 cyclopentadecanone, 무스콘, cyclopentadecanolide, ethylene brassylate 등 합성 향료가 있다.

천연에 존재하는 복잡하거나 드문 화학구조를 흔한 원료(출발 화합물)로부터 합성하는 일을 전합성(total synthesis)이라 한다. 거대환상 머스크는 천연 머스크 향을 지닌 장점이 있어 20세기 초 레오폴트 루지치카에 의해 활발히 연구되었다. 루지치카가 무스콘의 화학구조를 발표한 이후, 많은 유기 화학자가 그 전합성에 도전하였다. 그 결과 1934년에 카를 지글러(Karl Ziegler)와 루지치카가 거의 동시에 무스콘 합성에 성공하였다.

거대환상 머스크를 합성하는 데는 엔트로피(entropy)가 주요 문제였다. 큰 고리를 만드는 가장 간단한 방법은 긴 사슬의 양 끝에 작용기를 붙이고, 사슬의 두 끝이 반응하여 새로운 탄소-탄소 결합을 형성함으로써 고리를 닫는 것이다. 그러나 엔트로피 관점에서 한 개의 사슬에서 두 말단이 만날 확률은 한 사슬의 한쪽 끝이 다른 사슬의 끝과 반응할 확률보다 낮다. 따라서 긴 탄소 사슬의 말단이 다른 쪽 끝과 결합되기 위해 가까이 있어야 하는데, 이는 엔트로피 면에서 매우 어렵다. 이로 인해 많은 경우, 거대환상 구조의 분자를 얻지 못하고 사슬 간 결합으로 인해 고분자가 중합된다. 1920년대에 레오폴트 루지치카는 묽은 반응물을 사용하여 사슬 내에서 반응이 일어나도록 함으로써 거대 환상 구조의 머스크를 합성했다. 그러나 이 방법은 반응기의 활용도가 낮고 많은 용매를 사용해야 하기 때문에, 용매를 회수하고 처리하는 과정이 필요하여 경제성이 없어 상업화되지 못했다.

1955년, 독일 화학자 귄터 빌케(Günther Wilke)는 타이타늄-니켈을 함유한 지글러(Ziegler) 촉매 존재하에서 부타디엔(butadiene)을 고리화하여 사이클로도데카-1,5,9-트리엔(cyclododeca-1,5,9-triene)을 합성하였다. 이 방법을 더욱 발전시켜, 부타디엔을 2개, 3개, 4개 연결하여 저렴하게 환상 화합물을 얻을 수 있게 되었다. 이 방법으로 얻은 물질은 화학적으로 모노올레핀(mono-olefin), 케톤, 알코올 등으로 전환될 수 있다. 사이클로도데카트리엔(cyclododecatriene)으로부터 저렴하게 만들어진 사이클로도데카논(cyclododecanone)부터 무스콘을 합성할 수 있다. 사이클로도데카논으로부터 무스콘을 합성하는 메커니즘을 〈그림 4-57〉에 나타내었다.

3-하이드록시-1-부틴(3-hydroxy-1-butyne)은 탈프로톤화(deprotonation) 되어, 카르보음이온을 형성하고, 이 카르보음이온은 사이클로도데카논의 카보닐기와 반응하여 아세틸렌 다이올(acetylenic diol)을 형성한다. 이 분자는 나자로프 반응(Nazarov reaction)을 통해 불포화된 바이사이클릭 케톤(bicyclic ketone)으로 바뀐다. 불포화된 바이사이클릭 케톤에 염기성 조건에서 과산화수소를 첨가하면 에폭사이드로 전환된다. 여기에 메탄 설포닐 히드라진(methanesulfinyl hydrazine)을 첨가하면 히드라존(hydrazone)을 얻을 수 있다. 히드라존을 처리하면 질소 원자에 부착된 수소가 떨어지고, 그 결과 음전하가 형성되어 에폭사이드 고리가 열리게 된다. 그런 다음, 이 음전하는 다른 경로를 통해 전체 분자에 퍼지게 되며, 자유 질소로 이동하게 된다. 이 과정의 결과로 아세틸렌 케톤(acetylenic ketone)이 형성된다. 생성된 아세틸렌 케톤은 쉽게 수소화시켜 무스콘을 얻을 수 있다. 이 과정은 상대적으로 저렴한 사이클로도데칸(cyclododecane) 유도체로부터 시작되지만, 무스콘을 얻는 합성 과정이 다단계로 이루어져 있어 산업적 규모로 생산할 경우 공정 비용은 여전히 비싸다.

실제 천연 무스콘은 (R)-(−)-3-메틸사이클로펜타데카논(methylcyclopentadecanone) 형태인데 비해, 합성으로 생산된 무스콘은 라세믹 혼합물, 즉 (R)-(−)-3-체와 (S)-(+)-3-체의 1:1 혼합물로 구성된다. 천연형인 (R)-체만을

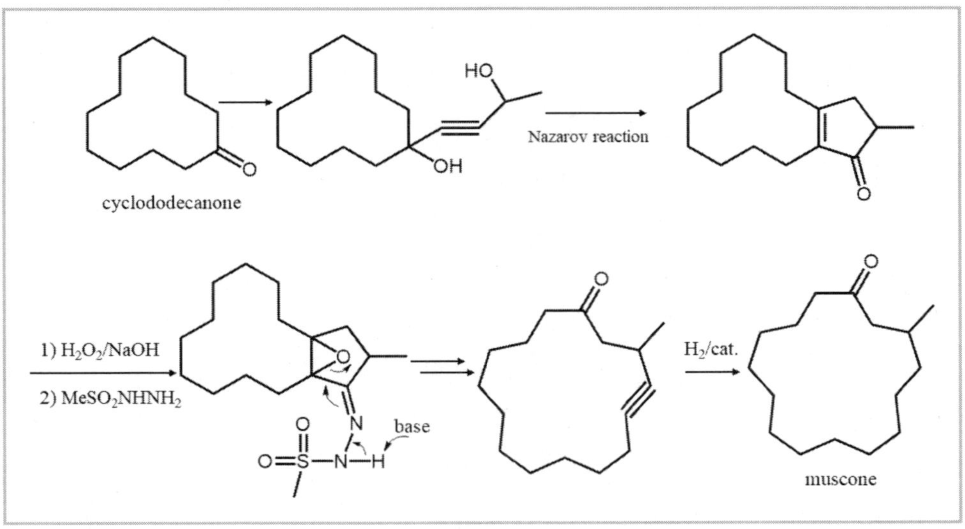

그림 4-57 무스콘 합성

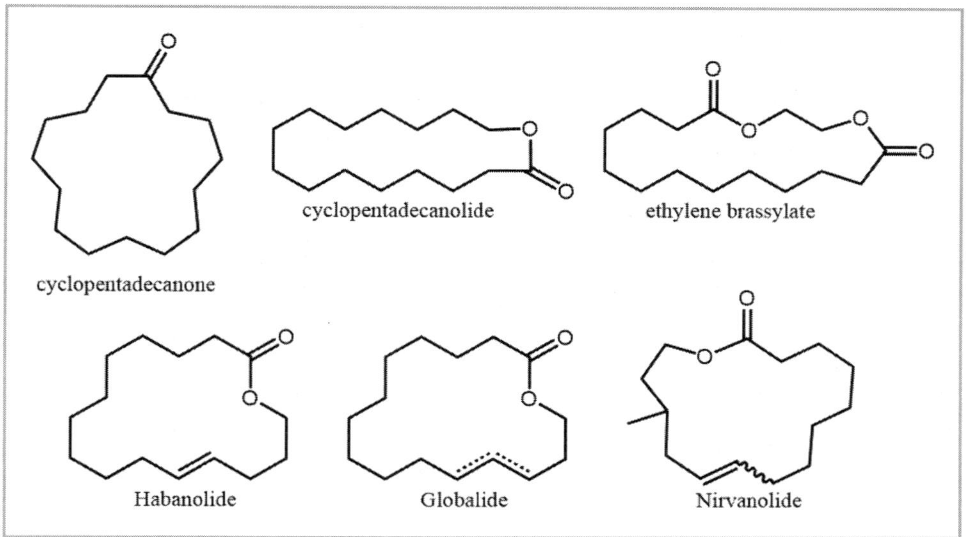

그림 4-58 거대환상 합성 무스콘

산업적으로 생산하기는 어렵다. 생산가능한 라세믹 혼합물에는 우수한 냄새를 가진 천연형이 절반만 포함되어 있어, 천연에서 얻어지는 무스콘의 매력에 비교하면 뒤떨어진다.

이런 상황에서 무스콘의 구조를 참고로 하여 사향과 같은 냄새를 갖는 화합물을 탐색하게 되었다. 그 결과, 현재까지 수많은 유용한 합성 화합물이 발견되었다. 이 화합물들은 합성 무스콘이라 하며 그 중에는 천연에서 아직 발견되지 않은 구조를 가진 화합물, 즉, '아티피셜 향료(artificial fragrance)'도 있다. 〈그림 4-58〉에 대표적인 거대환상 합성 무스콘을 나타내었다.

화합물은 모두 무스콘과 같은 큰 고리형 구조를 갖고 있다. 향료에 있어서 이러한 큰 고리형 구조를 가진 화합물들은 무스콘과 유사한 중후한 향조를 지니는 경우가 많다. 이 화합물은 각각 고유한 사향 냄새를 가지고 있고, 비대칭탄소를 포함하고 있지 않아 간편하게 제조할 수 있다.

머스크 향이 강하게 나는 사이클로펜타데카논(Cyclopentadecanone)은 거대고리 케톤구조로, 피르메니히사에서 exaltone이라는 상품명으로 팔고 있다. 가장 훌륭하고 효율적인 고정제로 평가받고 있다. 거대고리 락톤 구조인 사이클로펜타데카놀리드(Cyclopentadecanolide)는 천연 향료인 안젤리카(angelica) 뿌리 기름에서 얻을 수 있어 천연 향료와 동일한 향 성분이다. 1920년대에 하르만 & 라이머사의 연구자

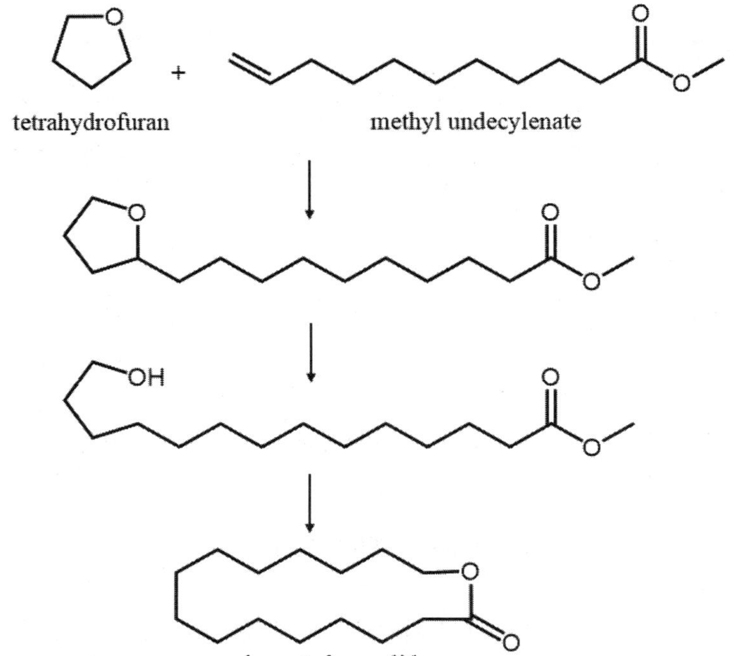

그림 4-59 cyclopentadecanolide 합성

에 의해 확인되었다. 사이클로펜타데카놀리드 합성은 〈그림 4-59〉에 나타내었다.

사이클로펜타데카놀라이드의 합성은 피마자유를 열분해하고 에스터화하여 얻은 메틸 운데실레네이트(methyl undecylenate)로부터 시작된다. 우선, 라디칼 개시제를 이용하여 테트라하이드로푸란(tetrahydrofuran, THF)의 산소 원자 옆의 탄소에 라디칼을 형성한다. 이 라디칼은 메틸 운데실레네이트의 말단 이중결합에 추가되며, 이로 인해 메틸 운데실레네이트 라디칼이 생성된다. 생성된 라디칼은 다른 THF 분자에서 수소 원자를 추출하여 라디칼 연쇄 반응을 전파한다. 이를 통해 메틸 1-(2'-테트라하이드로푸릴)운데카노에이트가 형성된다. 생성된 메틸 1-(2'-테트라하이드로푸릴)운데카노에이트는 제거, 수소화 및 가수분해 반응을 통해 15-하이드록시펜타데카노산(15-hydroxy-pentadecanoic acid)을 얻는다. 최종적으로, 15-하이드록시펜타데카노산은 중합 및 재중합 과정을 통해 사이클로펜타데카놀라이드를 생성한다. 이 과정을 통해, 비교적 간단한 출발 물질인 메틸 운데실레네이트로부터 다양한 화학적 변환을 거쳐 사이클로펜타데카놀라이드를 효율적으로 합성할 수 있다.

한편 Degussa에서 생산되는 에틸렌 브라실레이트(ethylene brassylate)는 아직 천연에서 발견되지 않아 인공향료로 분류된다. 에틸렌 브라실레이트는 일본 타카사고사에서 Musk T라는 상품명으로 판매되고 있다. 비록 천연에 존재하지 않는 합성향료이지만, 그 안전성은 법에 의해 정해진 다양한 시험 결과로 확인되었으며, 그 사용도 엄밀히 관리되고 있다(7장 참조). 에틸렌 브라실레이트는 여러 가지 합성 경로를 통해 제조될 수 있다. 1933년에 발견된 에틸렌 브라실레이트는 바닐라 향도 나는 머스크 향이다.

1969년에 발견되고 피르메니히사의 특허인 Habanolide®나 심라이즈의 Globalide®는 머스크 향에 오렌지꽃 향이 더해져 클린한 느낌을 주고, 지보단에서 1997년에 출시한 Nirvanolide®[9]도 역시 천연에는 없는 인공 머스크 향료로, 샤넬의 《블루(Bleu, 2010)》에 사용된 것으로 유명하다.

거대환상 머스크는 니트로계 머스크보다 인체에 안전하고, 다환식 머스크보다 생분해성이 뛰어나 환경에는 덜 해롭지만 거대환상 머스크를 생산하는 비용이 높아, 사용량이 제한적이었다. 그러나 기술이 발전하면서 거대환상 머스크의 합성 및 상업적 생산에 대한 연구가 활발히 이루어지고 있어, 그 비용 차이는 점차 줄어들고 있다.

4) 지방족고리 머스크(Alicyclic musks)

'사이클로알킬 에스터(cycloalkyl ester)' 또는 '선형 머스크(linear musk)'로 알려진 '지방족고리 머스크'는 비교적 새로운 종류의 머스크 향을 지닌 화합물이다. 지방족고리 머스크는 고리구조와 지방족 성질을 모두 가진 고리형 포화탄화수소를 포함하며, 변형된 알킬 에스터라는 점에서 기존의 방향족 니트로 머스크, 다환식 또는 거대환상 머스크와는 전적으로 다른 구조를 가진다. 몇 가지 지방족 고리 머스크를 〈그림 4-60〉에 나타내었다.

실제 지방족고리 머스크는 1969년 IFF 과학자들이 발견한 과일과 장미 뉘앙스의 머스크 향이 나는 Rosamusk®와 1975년 BASF에서 발견한 사이클로머스크(cyclomusk)를 기원으로 보고 있다. 그러나 상업적 규모로 지방족고리 머스크가 생산된 것은 1990년 피르메니히사에서 Helvetolide®를 발견하고 상품화하면서 비로

9) https://jglobal.jst.go.jp/en/detail?JGLOBAL_ID=200907007996878770

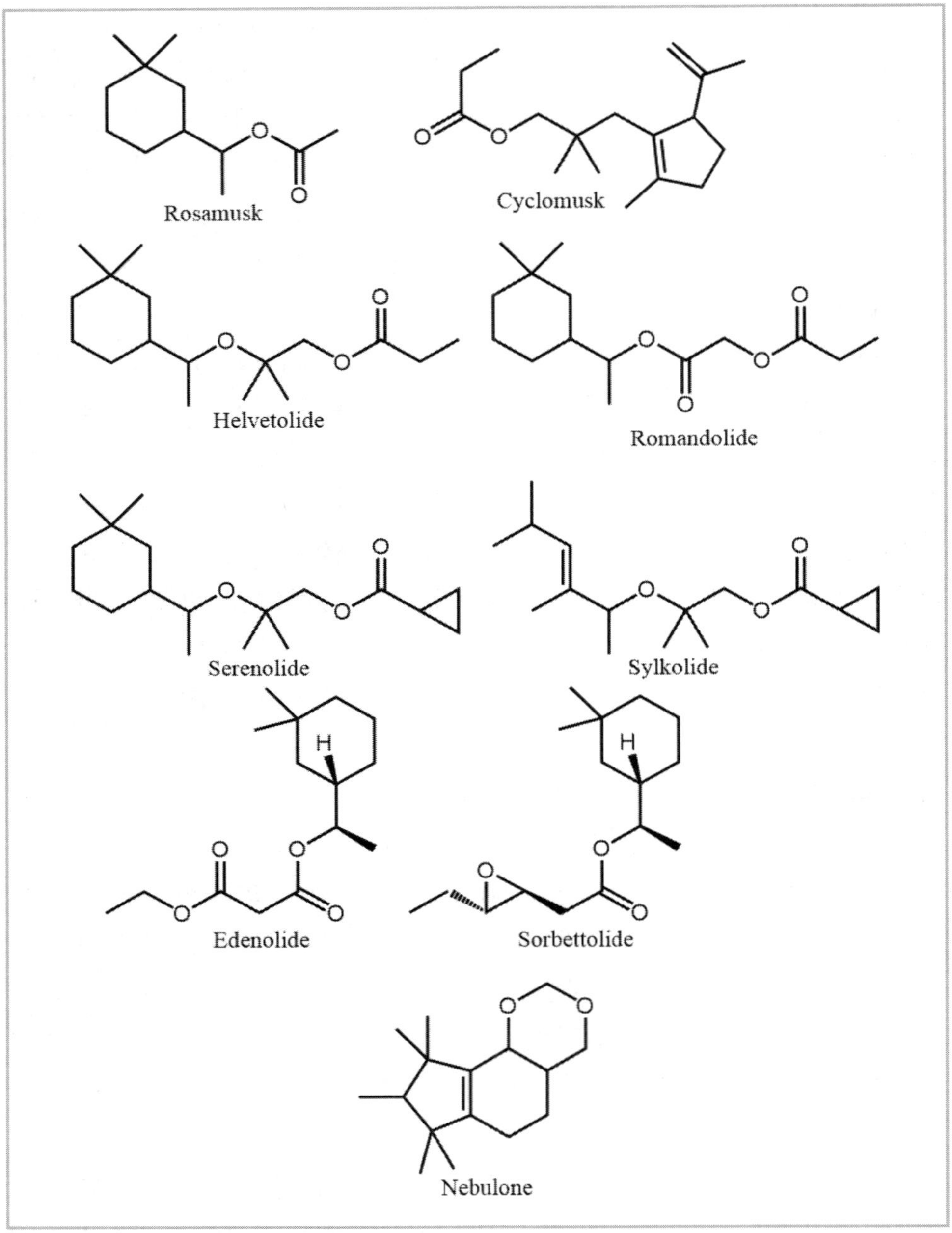

그림 4-60 지방족 고리 머스크

소 이루어졌다. Helvetolide®는 깨끗하고, 흰 우유와 과일 같은 향이 난다.[10)]

10) https://www.sylvaine-delacourte.com/en/guide/the-musky-facet

Helvetolide®는 Rosamusk®의 골격에 사이클로머스크의 알킬 에스터 구조에 두 개의 메틸기를 더한 구조를 가지고 있어, 결과적으로 Rosamusk®의 뉘앙스를 느낄 수 있는 머스크 향이 난다. Helvetolide®는 루이 비통(Louis Vuitton)의 《레 사블르 로즈(Les Sables Roses, 2019)》에 36%, 랑콤(Lancôme)의 《라 뉘 트레조 머스크 디아망(La Nuit Trésor Musc Diamant, 2019)》에 40% 사용되었다.

Helvetolide®가 상업화된 지 8년 후, 피르메니히는 Romandolide®를 상업화하였다. Romandolide®는 Helvetolide®와 거의 비슷한 구조를 가지고 있으며, 합성이 상대적으로 수월하다. Romandolide®는 Helvetolide®에 비해 암브레트(ambrette) 향이 강하며, 배의 과일 향은 줄어들고, 블랙베리 향이 추가되었다. Romandolide®는 발렌티노(Valentino)의 《발렌티나 핑크(Valentina Pink, 2015)》에 40% 사용되었다.

이와 같이 지방족고리 머스크는 독특한 화학구조와 향을 지니고 있으며, 다양한 향수에 중요한 성분으로 사용되고 있다. 이들의 구조적 다양성과 향의 특성으로 인해 향료 산업에서 지속적인 연구와 발전이 이루어지고 있다.

2001년에 피르메니히의 Romandolide® 특허가 만료되면서 여러 회사에서 유사한 지방족고리 머스크 제품들을 상품화하였다. 예를 들어, 지보단의 Serenolide는 사이클로헥실기의 반대편 알킬 사슬에 사이클로프로필 고리(cyclopropyl)를 치환한 구조로, Helvetolide®보다 6배 더 강한 향을 지니고 있다. Serenolide는 존 바바토스(John Varvatos)의 《아티산(Artisan, 2009)》과 메종 마틴 마르지엘라(Maison Martin Margiela)의 《untitled, 2010》에 사용되었다. Serenolide의 사이클로헥실기를 이중결합 구조로 바꿔 생분해성을 높인 지보단의 Sylkolide는 2002년에 출시되었다. Sylkolide는 달콤한 과일 향을 지닌 머스크 향이 난다. Sylkolide는 마크 제이콥스(Marc Jacobs)의 《오 롤라!(Oh, Lola!, 2011)》에 처음 사용되었고, 모스키노(Moschino)의 《토이 보이(Toy Boy, 2019)》에서 중요한 역할을 하고 있다.

IFF는 2004년에 복잡한 향을 지닌 Edenolide를 출시하였다. Edenolide는 우디, 스파이시, 앰버리, 플로럴, 프루티 등 다양한 향을 가진 머스크 향료로, 특히 사과 향이 특징이다. Edenolide는 빅터 & 롤프(Victor & Rolf)의 《Spicebomb Extreme, 2015》에 5% 사용되었고, 에스카다(Escada)의 《Fiesta Carioca, 2017》에서도 그 향을 맡을 수 있다. 파우더리한 스파이시 향을 갖는 머스크 향의 Nebulone은 랑콤의 《Miracle Forever, 2006》에 5.7% 들어갔다. 가장 최근에 시장에 나온 피르메니히사의 Sorbettolide는 블랙베리 향이 특징이다. 이러한 다양한 지방족고리 머스크 제품들은 각각의 독특한 향과 특성으로 향수 시장에서 중요한 역할을 하고 있다.

합성 사향은 샴푸, 비누, 세제, 향수, 탈취제 등 가정용 제품에 널리 사용되기 때문에 주로 폐수 배출을 통해 환경에서 발견된다. 이에 따라 생분해성에 대한 관심이 높아지고 있다. 예를 들어, Sylkolide는 62일 동안 72%가 분해되는 것으로 알려져 있으며, Sorbettolide는 28일 동안 41%가 분해되는 것으로 보고되고 있다. 심라이즈사 역시 2022년 머스크 향, 파우더리향, 그리고 머스크 앰브레트 향과 함께 사과와 붉은 과일의 향을 혼합한 독특한 향을 지닌 Ecomusk R을 출시했는데, 생분해성이 60% 이상이라고 보고되었다. 이 생분해성 특성은 합성 사향이 환경에 미치는 영향을 최소화하는 데 중요한 요소로 작용하고 있다. 같은 해에 심라이즈사는 생분해성 외에도 플로랄 머스크 향의 거대고리 분자인 Globanone을 출시하는 등 새로운 합성 사향에 대해 계속 연구되고 출시되고 있다.

4.6 석유화학 원료로부터 향료 합성

지금까지 아세톤, 아세틸렌, 이소부텐과 같은 기본 석유화학 물질로부터 테르페노이드 방향제 성분을 생산하는 과정을 살펴보았다. 석유화학(石油化學, petrochemistry)은 석유에서 얻은 탄화수소 등을 원료로 하여 다양한 유기화합물을 합성하는 공업이다. 이 절에서는 이러한 석유화학 물질로부터 제조되는 몇가지 중요한 향 성분들을 알아보자.

1) 장미 향

벤젠으로부터 만들어지는 가장 중요한 향 소재 중 하나는 장미 정유의 주성분인 페네틸알코올로, 이는 사용량이 많은 소재 중 하나이다. 벤젠으로부터 얻는 페네틸알코올뿐 아니라 유도체의 반응을 〈그림 4-61〉에 나타내었다.

삼염화 알루미늄($AlCl_3$) 존재하에 벤젠과 에틸렌옥사이드의 프리델-크래프츠(Freidel-Crafts) 반응을 통해 높은 효율로 페네틸알코올을 얻을 수 있다. 그러나

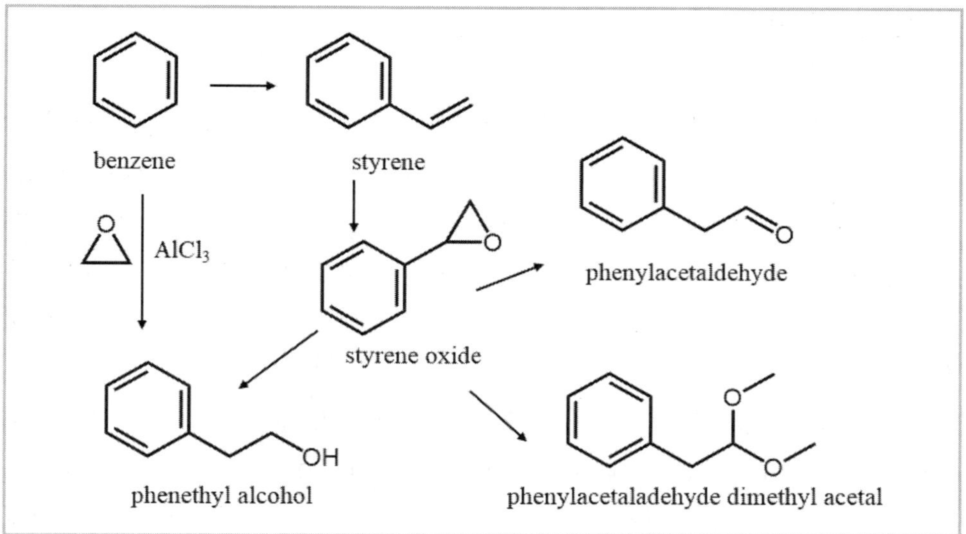

그림 4-61 벤젠으로부터 얻는 페네틸알코올과 유도체

이 방법에는 몇 가지 단점이 있다. 첫째, 에틸렌옥사이드가 벤젠에 결합하여 다양한 알킬화된 벤젠 유도체를 생성하는 문제가 있다. 둘째, 반응물인 에틸렌옥사이드는 위험물로 취급이 까다로워 추가적인 안전 경비가 소요된다. 다른 방법으로는 벤젠으로부터 스타이렌을 합성하고, 이를 스타이렌 옥사이드(styrene oxide)로 만든 후 수소화(hydrogenate)하는 방법이 있다. 스타이렌은 고분자인 폴리스타이렌을 합성하는 출발 물질로, 이 방법을 통해 순수한 페네틸알코올뿐만 아니라 응용 가능한 중간체인 스타이렌 옥사이드를 만들 수 있다. 이 중간체는 다른 향료나 고분자 물질을 만드는 데 사용될 수 있다. 예를 들어, 에폭사이드를 재배열하면 그린 향을 지닌 페닐아세트알데하이드(phenylacetaldehyde)가 생성된다. 페닐아세트알데하이드는 수선화의 특징적인 그린 탑 노트를 주어 플로럴 향수에서 수선화와 유사한 효과를 내는 데 사용된다. 하지만 이 화합물은 화학적으로 불안정하다는 단점이 있다. 이를 개선하기 위해 여기에 메탄올을 반응시키면, 화학적으로 안정한 페닐 아세트알데하이드 디메틸 아세탈(Phenyl Acetaldehyde Dimethyl Acetal, PADMA)이 생성된다. PADMA는 알데하이드의 그린 특성을 유지하면서도 꽃향기와 장미 향이 나는 안정한 향료이다. Viridine®이라는 상품명으로 팔리고 있는 이 아세탈은 장미, 히아신스 같은 다양한 플로럴 노트에 사용될 뿐 아니라, 우디-파촐리-베티버 노트에, 잘 익은 과일 뉘앙스를 주는 데 효과적으로 사용된다.[11)]

2) 은방울꽃 향

은방울꽃 향, 즉 뮤계(muguet) 향은 현대의 과학기술로도 천연 은방울꽃에서 직접 추출할 수 없는 향료이다. 은방울꽃은 그 앙증맞은 꽃 모양과 아름다운 향기로 인해 오랫동안 많은 사람들이 그 향을 재현하기 위해 노력해 왔다. 다양한 합성 향료들이 개발되었으나 여러 이유로 많은 제품들이 사라졌다. 이 절에서는 벤젠이나 톨루엔과 같은 석유화학 원료를 이용해 합성된 은방울꽃 향과 그 합성 방법에 대해 소개한다.

〈그림 4-62〉에는 벤젠으로부터 유도되는 하이드로신나믹 알데하이드(hydrocinnamic aldehyde)를 비롯한 뮤계 알데하이드(muguet aldehyde) 합성 과정을 나타내었다.

그림 가운데 있는 은방울꽃 향으로 사랑받았던 Lilial®은 디하이드로 신나믹 알데하이드(dihydrocinnamic aldehyde)이다. Lilial®, Lilistralis®, 또는 lily aldehyde 이라는 다양한 상품명이 있다.

이 제품은 1929년에 발견된 시클라멘 알데하이드(cyclamen aldehyde)에서 유래하였다. 벤젠에 프로필렌(propylene, R=H)을 반응시키면 쿠멘(cumene)을 얻는다. 이 쿠멘을 포름화(formylation)시키면 쿠민알데하이드(cuminaldehyde)를 얻을 수 있다. 쿠민알데하이드를 프로피온알데하이드(propionaldehyde)와 교차 알돌축합 반응을 통해 합성한 후, 촉매 존재하에 수소화하면 시클라멘 알데하이드를 얻을 수 있다. 시클라멘 알데하이드는 은방울꽃의 향을 조향하는 데 사용되며, 플로럴-그린 어코드 형성에 주로 활용되어 왔다.

벤젠에 이소뷰틸렌(isobutylene, R=CH_3)을 반응시키면 터셔리-뷰틸벤젠(tert-butylbenzene)을 얻는다. 여기에 아크롤레인 디아세테이트(acrolein diacetate, R′=H)를 반응시키면, 에놀 에스터(enol ester) 중간체가 가수분해된 뒤, Bourgeonal®이 생성된다. 한편, Bourgeonal®은 치환된 톨루엔을 산화시켜 터셔리-부틸벤즈알데하이드(t-butylbenzaldehyde)로 만들고, 이를 아세트알데하이드(acetaldehyde, R″=H)와 알돌축합 반응을 거친 후, 이중결합을 수소화하여 얻을 수 있다. 여기서 사용하는 터셔리-부틸벤즈알데하이드는 톨루엔을 전기화학적으로 산화시키거나, 염소화(chlorination) 후 가수분해를 통해 얻을 수 있으며, 상응하는 알킬벤젠(alkylbenzene)의 포름화를 통

11) https://www.scentree.co/en/Viridine%C2%AE.html

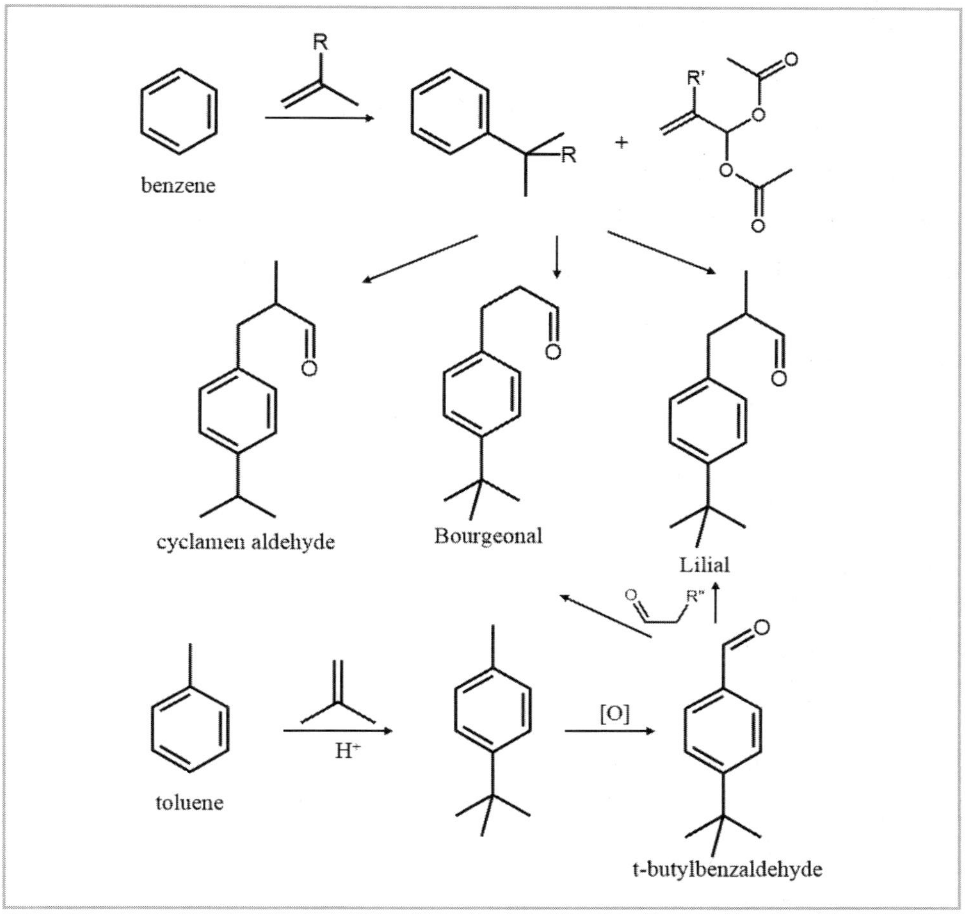

그림 4-62 뮤계 알데하이드(muguet aldehyde) 합성

해서도 얻을 수 있다. Bourgeonal®은 플로럴-알데하이딕 그린 노트를 가진 향료로, 1959년에 발견된 이래, 향수뿐만 아니라 비누나 세제에도 널리 사용되어 왔다.

1956년에 발견된 Lilial® 역시 시클라멘 알데하이드와 같은 방법으로 벤젠이나 톨루엔으로부터 합성할 수 있다. 위에서 얻은 터셔리-뷰틸벤젠에 메타크롤레인 디아세테이트(methacrolein diacetate, R′=CH_3)를 반응시키면, 상응하는 하이드로신나믹알데하이드, 즉 Lilial®이 생성된다. 또는, Bourgeonal® 합성에서 소개한 방법처럼 터셔리-부틸벤즈알데하이드와 프로피온알데하이드(propionaldehyde, R″=CH_3)의 알돌축합 반응 후 이중결합을 수소화하여 Lilial®을 얻을 수 있다. 이 Lilial®은 1956년 Givaudan에서 특허를 받았다. 시클라멘이나 은방울꽃 향이 강하게 나는 Lilial®은 시클라멘 알데하이드보다 더 안정하여 많은 분야에서 은방울꽃 향으로 사용되었다. Lilial®은 제초제의 중간 물질로도 사용되기 때문에, 제초제 회사에서는 농약과 함께 향을 얻어 효율을 극대화할 수 있었다.

Bourgeonal®이나 Lilial®은 모두 알데하이드이므로, 에탄올 베이스 향료에서 디에틸 아세탈(diethylacetal)을 형성한다. 한편, Lilial®은 메틸이나 인돌과 같은 아민과 쉬프 베이스(Schiff base)를 형성한다. 이는 냄새에는 영향을 미치지 않지만, 시간이 지나면 벤젠 고리에 의해 색이 변할 수 있다. 생식 독성과 발암성으로 인해 2022년 화장품에서 사용이 금지되기 전까지 고급 향료, 세제, 샴푸, 세면도구, 가정용 청소기 등 모든 범주에서 매년 1만 톤 이상 사용되었다.

Lilial® 이후로 가장 많이 사용된 향료는 1958년에 발견된 은방울꽃이나 시클라멘꽃 향을 강하게 가진 합성 향료인 Lyral®이었다(그림 4-6). Lyral의 화학명은 하이드록시이소헥실-3-시클로헥센카복시알데히드(hydroxyisohexyl-3-cyclohexencarboxyaldehyde)이며, 화학적으로 안정하여 경이적으로 긴 보유시간(향이 향냄새를 내는 시간)을 가지고 있어 많은 향수에 사용되었다.

그러나 유감스럽게도 2011년 유럽연합 소비자안전과학위원회(SCCS)에서 Lyral이 알레르기를 일으킬 가능성이 있다고 발표한 이후, 유럽연합 집행위원회에서 Lyral을 화장품 및 개인 위생용품에 사용을 금지하는 목록에 추가하였다. 이로 인해 Lyral은 더 이상 유럽에서 화장품과 개인 위생용품에 사용될 수 없게 되었고, 이를 대체할 새로운 합성 향료에 대한 연구가 지속적으로 이루어지고 있다.

독성 문제로 인해 사용이 제한된 Lilial®을 대체할 은방울꽃 향이 나는 물질을 찾는 연구는 2008년 이후 매우 활발히 진행되었다. 그 결과, 다양한 은방울꽃 향료가 개발되었으며, 〈그림 4-63〉에는 몇 가지 Lilial® 대체 은방울꽃 향료를 나타내었다.

이 중에서도 강한 그린 향이 나는 스타플뢰르(Starfleur), 릴리벨(Lilybelle), 파우더리하고 워터리한 미모살(Minosal), 그리고 Lilial과 비슷한 향을 내는 Mugoxal과 Lilyflore 등이 새로운 은방울꽃 향을 가진 합성 향료로 제시되었다. 특히 Lilial과 유사한 향을 가진 님페알(Nympheal)은 2014년에 특허를 받고 2016년부터 사용되고 있다. 님페알은 지보단사 연구자들이 알레르기 반응을 일으키는 생물학적 원인을 규명하고 이러한 문제를 갖지 않는 향료로 개발하였다. Lilial과 달리 생식 독성을 나타내지 않아, 2017년에 출시된 킬리안(Kilian)의 《Woman in Gold》에 처음 사용되었다. 2014년에 출시된 하이드록시 알데히드인 Mahonial은 향이 강하고, 오래 지속되는 플로럴-그린 뉘앙스의 은방울꽃 향이 난다. 이 성분은 2018년에 출시

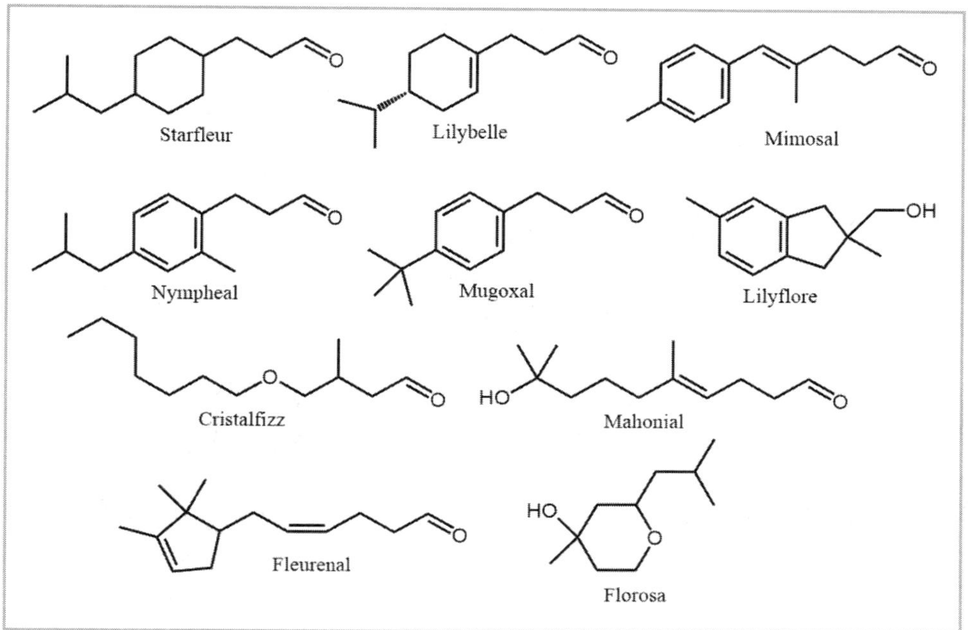

그림 4-63 Lilial 대체 은방울꽃 향

된 클로에(Chloe)의 《노마드(Nomade)》나 2016년에 출시된 프라다(Prada)의 《르 옴므 프라다(L'Homme Prada)》에 천연의 흰색 꽃 효과를 제공하고 있다. 꽃향기의 신선함을 강조하는 측면에서, 옥사 알데히드인 Cristalfizz는 2019년에 출시된 파코 라반(Paco Rabanne)의 《지니어스 미(Genius Me)》에서 특징적인 금속적 신선한 향을 담당하고 있다. 끝으로, 샌달우드향을 합성하려는 시도에서 얻은 Fleurenal은 놀랍게도 우디계 노트보다 오히려 플로럴한 은방울꽃 향을 가지고 있는 것으로 밝혀져, Lyral의 대체 향으로 사용될 가능성이 높아 보인다. 이처럼 다양한 새로운 합성 향료들은 Lyral을 대체하면서도 독특하고 지속적인 향을 제공하여, 향수와 다양한 향 제품에 널리 사용되고 있다.

3) 재스민꽃 향

톨루엔을 공기 중에서 산화시켜 얻는 벤질알코올이나 벤즈알데하이드로부터 재스민 향을 내는 향료를 얻을 수 있다. 향 산업에서 벤질알코올은 다양한 에스터를 만드는 데 사용되며, 그중 가장 중요한 것은 재스민 정유의 주성분인 아세트산 벤질이

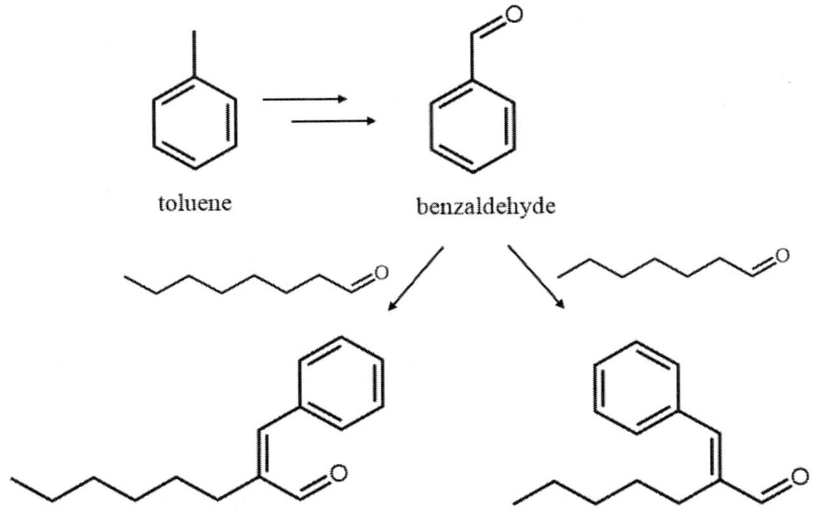

그림 4-64 벤즈알데하이드로부터 얻는 재스민 성분

다. 달콤한 재스민 같은 향이 나는 아세트산 벤질은 재스민뿐만 아니라, 히아신스, 치자나무 등에서 얻는 정유에도 포함되어 있다. 아몬드 특유의 향을 갖고 있는 벤즈알데하이드는 다양한 다른 향의 주요한 원료로 사용된다. 그중 재스민 향에 기여하는 주요 향 성분을 〈그림 4-64〉에 나타내었다.

다른 알데하이드와 알돌축합 반응을 통해 α-치환된 신남알데하이드 유도체들이 얻어진다. 예를 들어, 과일 향이 나는 옥탄알과 반응하면, 향수에 많이 사용되는 첨가제인 헥실신남알데하이드(hexylcinnamic aldehyde, HCA)를 얻는다. 비록 재스민 정유에서는 발견되지 않지만, 재스민에서 느껴지는 기름 같은 향이 난다.

벤즈알데하이드를 헵탈알과 반응시키면 재스민 향기를 내는 재스민 알데하이드, 특히 Jasmonal A®가 생긴다. self-condensation을 막기 위해 과량의 벤즈알데하이드를 사용하고, 헵탈알은 천천히 부가하여 재스민 알데하이드를 얻는다. Jasmonal A®는 향수에 재스민, 라일락, 튜베로즈 꽃에서 느껴지는 부드러운 흰색 꽃 계열의 향을 표현하는 데 사용된다. 재스민꽃과 은방울꽃 향이 나는 Jasmonal H®라는 상품명을 가진 헥실신남 알데하이드는 뒤에 설명할 헤디온(Hedione®) 대신에 사용되기도 했다. 두 재스민 알데하이드는 천연에서는 극미량만 존재하므로, 주로 합성하여 사용된다. 대부분 합성 재스민을 사용한 향수는 이들 중 하나나 둘을 사용하고 있다. 또한, 이들은 섬유에 잘 부착되는 성질로 인해 세제나 섬유유연제에도 많이 사용된다.

이제 전형적인 재스민 향이 나는 합성 향료인 헤디온에 대해 알아보자. 화학명은 디하이드로재스몬산메틸로, 재스민 오일에 함유된 재스몬산메틸의 이중결합을 수소화한 물질이다. 즉, 천연 재스몬산메틸과 비슷하면서도 투명감과 따뜻한 느낌을 주며, 레몬의 신선함과 플로럴한 부드러움을 동시에 갖고 있다. 또한 재스민 오일에서 느껴지는 관능적인 향을 발산한다. 디하이드로재스몬산메틸은 1958년 피르메니히사의 의뢰를 받은 에두아르 드몰에 의해 처음 합성되어, 1960년 특허를 받고 Hedione이라는 이름으로 시장에 출시되었다. Hedione은 그 독특한 재스민 향과 다양한 향수와의 조화로 인해 향수 산업에서 중요한 위치를 차지하고 있어, 현재 매년 수천 톤이 합성되거나 거래되는 주요 향료이다. Hedione은 1966년에 출시된 디올의 향수 《오 소바쥬(Eau Sauvage)》에 처음 사용되었으며, 이후 파코 라반(Paco Rabanne)의 《칼랑드르(Calandre)》, 이브 생 로랑(Yves Saint Laurent)의 《리브 고슈(Rive Gauche, 1971)》 등에도 사용되었다. 장 폴 겔랑이 샌달우드와 재스민 노트를 같은 비율로 조향한 《삼사라(Samsara, 1990)》에는 Hedione이 25% 함유되어 있다.

〈그림 4-65〉에 나타낸 헤디온의 합성 과정을 보자. 첫 단계는 사이클로펜타논(cyclopentanone)과 펜테날(pentanal)이 반응하여 2-펜틸리덴사이클로펜타논(pentylidene cyclopentanone)이 되는 것으로 시작한다. 이 2-펜틸리덴사이클로펜타논을 산성 촉매나 백금족 금속 촉매와 반응시키면, 이중결합의 위치가 좀 더 안

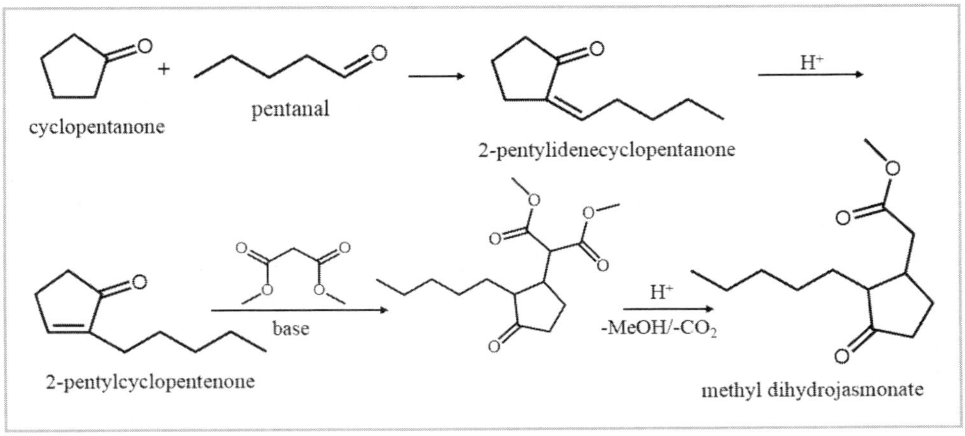

그림 4-65 cyclopentanone으로부터 재스민 향 성분 합성

정적인 위치로 이동하여 2-펜틸사이클로펜텐온(pentylcyclopentenone)이 된다. 이 물질은 Michael 반응의 좋은 수용체(acceptor)이므로, 염기성 조건에서 말론산 다이메틸(dimethyl malonate)로부터 유도된 음이온과 1,4-첨가 반응을 통해 Michael 부가체(Michael adduct)를 형성한다. 즉, 이중결합의 아래쪽에 또 다른 작용기가 치환된다. 이 물질에서 하나의 에스터기만 가수분해하는 부분 가수분해를 하고, 카복실산으로부터 카복실기 제거 반응을 하면 디하이드로재스몬산메틸을 얻는다.

헤디온은 실제로 9:1의 trans:cis 부분입체이성질체 혼합물이다. *cis* 이성질체가 더 강한 향을 가지며, 임계값이 *trans* 형태보다 약 1/70배 정도 낮기 때문에, *cis* 이성질체의 양이 많은 제품이 시장에 나와 있다. 현재 *cis* 이성질체의 양이 많은 등급으로, IFF의 카리스말(Kharismal, >57% *cis*), 제온(Zeon)의 슈퍼 세피오네이트(Super Cepionate, >70% *cis*), 피르메니히의 헤디온 HC(Hedione HC, ~75% *cis*) 등이 있다. 그러나 유기화학적 관점에서 보면, *cis* 형태보다 *trans* 형태가 화학적으로 더 안정하기 때문에, 이렇게 농축된 *cis* 이성질체 제품들은 전통적인 헤디온보다 안정성이 떨어진다. *cis* 이성질체는 pH가 5~7의 좁은 범위를 벗어나면 불안정해져 *trans* 형태로 이성질화되는 경향이 있다. 따라서 고급 향료에 사용할 때 제한을 받는다.

한편, 거울상 선택적 촉매 수소화에 의해 합성된 (+)-디하이드로재스몬산메틸(methyl dihydrojasmonate)는 Paradisone®이라는 상품명으로 인기를 얻고 있다.

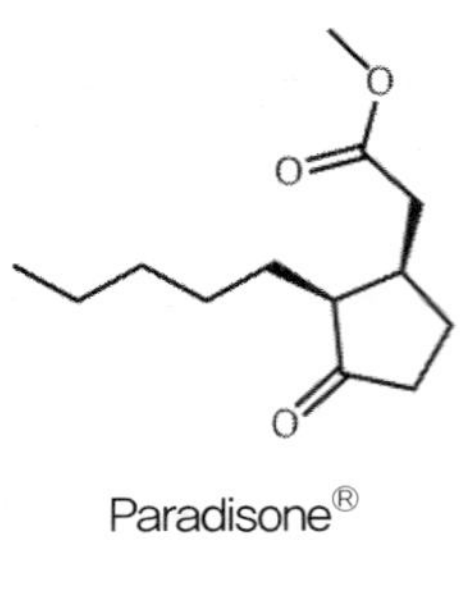

Paradisone®

조향할 때 Hedione은 스스로 향을 낼 뿐 아니라, 다른 성분을 고정하여 향을 강화하는 효과가 있다. 이러한 특성으로 인해 향료 중 가장 중요한 성분 중 하나가 되었다.

4) 바닐린

일상생활에 중요한 고분자인 폴리에스터나 폴리아마이드를 중합하는 반응물이기

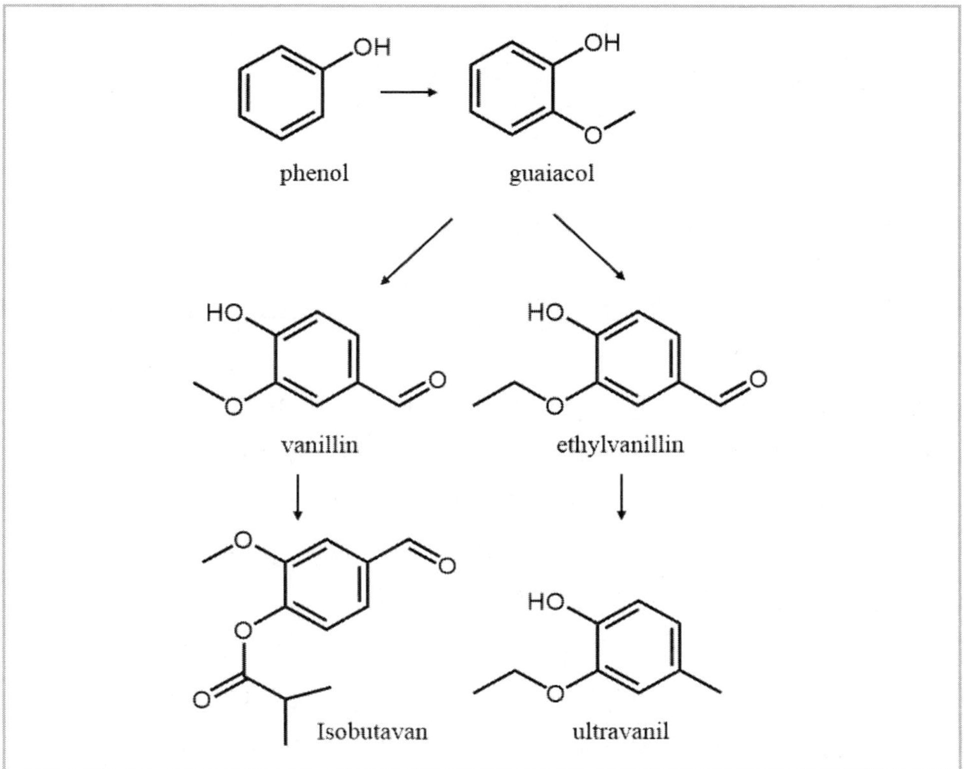

그림 4-66 과이어콜로부터 합성되는 바닐라 향

도 한 페놀은 향 화학물질을 합성하는 데 중요한 중간 물질이다. 페놀의 방향족 고리를 산화시키면 과이어콜이 얻어지는데, 이 물질은 달콤한 향 성분을 만드는 데 중요한 반응물이다. 예를 들어, 〈그림 4-66〉에 나타낸 과이어콜로부터 바닐린 향을 합성하는 것에 대해 알아보자.

바닐린은 1858년에 바닐라콩에서 처음으로 단리되었다. 1874년, 티만과 하르만이 코니페린을 가수분해하는 것을 시작으로 합성한 바닐린은 과이어콜을 포밀화(formylation)하여 얻을 수 있다. 바닐린보다 더 강한 향을 가진 에틸바닐린(ethyl vanillin)도 비슷한 방법으로 제조할 수 있다. 현재는 리그닌(lignin)을 염기성 조건에서 산화하는 방법과 카테콜(catechol)을 원료로 하는 방법으로 바닐린을 생산한다.

바닐린과 에틸바닐린은 알데하이드기와 페놀기를 모두 가지고 있어서 화학적으로 불안정하다. pH가 중성이 아닌 환경에서는 다양한 반응을 일으켜 변색을 일으킬 수 있다. 예를 들어, 흰색 비누에 바닐린을 넣으면 몇 시간 후에 초콜릿과 같은 색으로

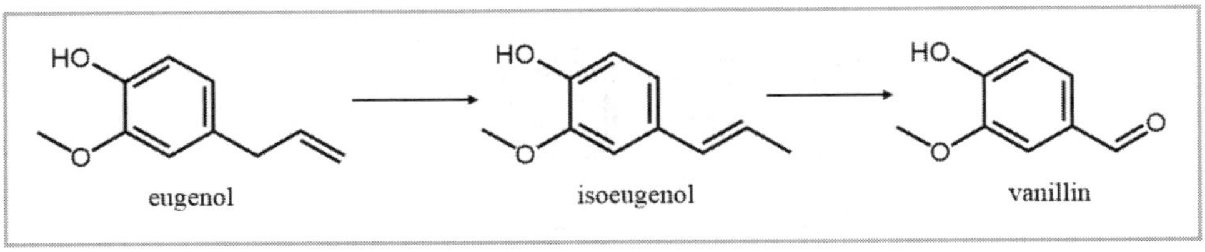

그림 4-67 유제놀로부터 합성되는 바닐린

변한다. 에틸바닐린은 빛에 의해 붉은색으로 변하기도 하므로, 양초나 샤워젤 베이스에는 사용하기 어렵다.

퀘스트(Quest)의 화학자들은 강한 산성 조건에서 2-methylpropanoic acid와 바닐린을 에스터화하여 바닐린의 페놀기를 보호함으로써 화학적으로 안정한 이소부타반(isobutavan®)을 합성하여 이 문제를 해결했다. 이소부타반은 달콤하고 크리미한 바닐라 특성을 가지며, 화이트초콜릿, 크림소다, 부드러운 살구 느낌이 나는 향을 지닌다. 샴푸, 비누, 섬유 세제 및 표백제에서도 안정적으로 사용할 수 있다. 또한, 에틸 바닐린의 알데하이드기를 메틸기로 환원하면 지보단사에서 상품화한 울트라바닐(ultravanil®)을 얻을 수 있다. 울트라바닐 역시 바닐린보다 안정적이다.

페놀을 이용하여 합성된 바닐린은 저렴한 천연 소재를 원료로 사용하여 합성할 수 있다. 예를 들어, 인도네시아나 마다가스카르 등에서 저가로 구입할 수 있는 정향 오일을 원료로 사용할 수 있다. 정향 오일의 주성분은 유제놀인데, 〈그림 4-67〉에서처럼 유제놀을 이용해 바닐린을 합성할 수 있다.

이 과정을 통해 유제놀을 원료로 하여 바닐린을 저렴하게 합성할 수 있다. 이는 천연원료를 이용한 합성 방법으로, 경제적이고 효율적인 바닐린 생산을 가능하게 한다.

4.7 지방족 반응물로부터 유도된 향

복숭아 향이 나는 δ-데카락톤(decalactone), 배와 같은 과일 향이 나는 아세트산 헥실(hexyl acetate), 신선한 그린 노트와 함께 금속적이고 왁스 같은 느낌의 알데하이드 MNA(Aldehyde MNA) 등 다양한 종류의 지방족(aliphatic) 향 성분이 향수에 사용되고 있다. 이들은 향이 매우 강하거나 푸르티계 탑 노트에 소량 정도 사용되므로 수요는 적다. 대부분 천연 재료나 석유화학에서 나오는 화합물에서 산화나 환원 같은 화학 반응으로 작용기를 치환하여 생산된다.

한편, 지방산으로부터 다양한 향 성분을 만들 수 있다. 유채씨유의 긴 사슬에 있는 이중결합을 분해해서 브라실산을 만들고, 이를 통해 머스크 향을 내는 에틸렌 브라실레이트를 합성할 수 있다. 이와 유사하게, 호모알릴알코올(homoallylic alcohol)을 포함하는 지방산의 경우, 열분해를 통해 사슬을 끊어 다양한 화합물을 얻을 수 있다. 예를 들어, 피마자유의 주요 지방산 성분인 리시놀레산(ricinoleic acid)으로부터 헵타날과 불포화 탄화수소를 가진 1-운데실렌산(undecylenic acid)을 얻을 수 있다. 얻어진 운데실렌산은 다양한 향 소재의 출발 물질로 사용될 수 있다. 〈그림 4-68〉에 운데실렌산을 이용해 얻을 수 있는 알데하이드, 락톤 및 합성 머스크 향을 소개한다.

운데실렌산의 카복실기에 있는 하이드록실기를 염소로 치환한 산염화물(acid chloride, R-COCl)을 사용하고 로젠문트(Rosenmund) 환원반응을 통해 알데하이드인 10-운데세날(10-Undecenal)을 만들 수 있다. 10-운데세날은 말단에 불포화 탄화수소를 가지고 있다. 시트러스한 뉘앙스가 있는 꽃 향이 나는 10-운데세날은 '알데하이드 C11 운데실렌(Aldehyde C11 undecylenic)' 또는 간단히 '알데하이드 C11'로 불린다. 운데실렌산을 강한 산으로 처리하면 이중결합이 양성자화와 탈양성

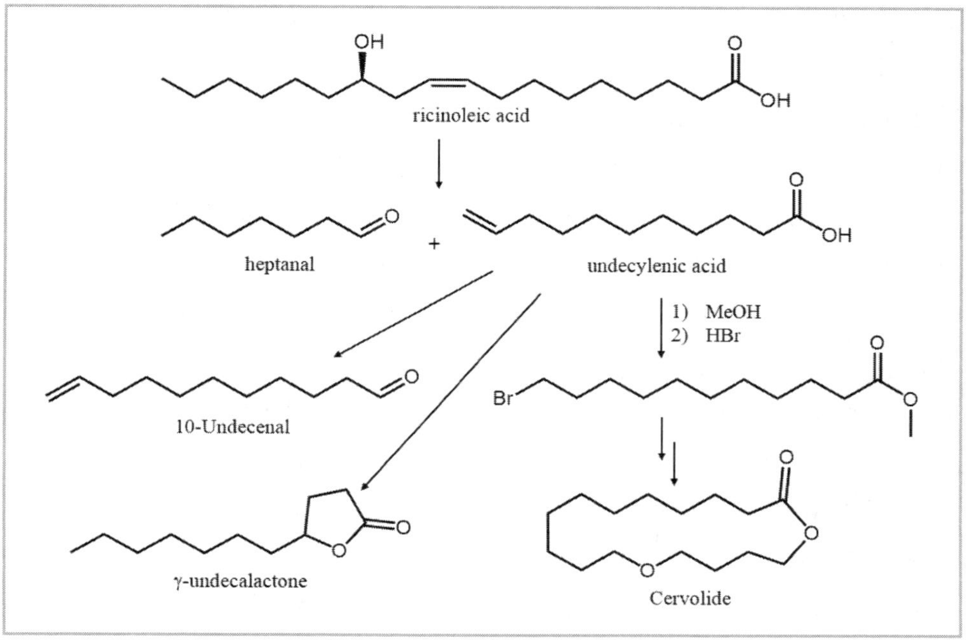

그림 4-68 운데실렌산으로부터 얻는 향 성분

자화를 반복하며 사슬을 따라 이동하게 된다. 이 과정에서 사슬의 네 번째 탄소에서 탄소양이온이 형성되고, 이는 카복실산 그룹에 의해 포획되어 고리구조를 만들 수 있다. 따라서 안정적인 γ-락톤인 γ-운데칼락톤(γ-undecalactone)이 형성되며, 이 물질은 코코넛과 같은 매우 강력한 냄새를 풍긴다. 운데실렌산을 에스터화한 다음 브롬화수소를 첨가하여 anti-Markovnikov addition을 하면, ω-브로모에스터(ω-bromoester)가 얻어진다. 여기에 1,4-부탄디올(1,4-butanediol)을 첨가하고 중합과 해중합을 거치면 머스크 향이 나는 Cervolide®를 얻을 수 있다. 지보단사에서 판매하는 과일과 우디한 느낌이 있는 좋은 합성 머스크 향료이다.

4.8 요약

천연 향료는 그 고유의 매력에도 불구하고 몇 가지 한계를 가지고 있다. 높은 가격, 생산지에 따른 품질과 향의 차이, 그리고 기후 변화에 민감하다는 점이 대표적인 문제다. 게다가, 리날로올과 시트랄과 같은 주요 성분에 대한 수요는 천연자원으로는 충족할 수 없을 만큼 증가하고 있다. 이러한 한계로 인해 현재 많은 양의 향료가 합성 과정을 통해 생산되고 있다. 또한, 사향이나 용연향 같은 동물 유래 향료는 멸종 위기 동물 보호와 국제 규제 때문에 확보가 어렵다. 이러한 상황에서, 유기화학의 발전은 천연자원의 한계를 극복하고 보다 효율적이고 지속 가능한 대안을 제공하는 데 중요한 역할을 하고 있다. 합성 향료는 테레빈유, 정향 오일과 같은 대량으로 저렴하게 구입가능한 천연원료나 벤젠, 톨루엔과 같은 석유화학 원료를 사용해 만들어진다. 이렇게 풍부하고 저렴한 원료를 사용함으로써 재생 가능하고 지속 가능한 방식으로 고부가가치의 향료를 확보할 수 있게 되었다. 덕분에 현대에는 안정성과 안전성이 높고 향 성능이 우수한 합성 화합물을 쉽게 구할 수 있다. 합성 향료는 철저한 품질 관리하에 원료들이 일관된 비율로 조합되어 생산되므로, 천연 향에 비해 품질과 공급이 일정하다. 합성 향료의 주요 장점은 다음과 같다. 첫째, 저렴한 가격이다. 합성 향료는 대량 생산이 가능하므로 경제적인 측면에서 유리하다. 둘째, 천연 향의 대체 가능성이다. 합성 향료는 천연 향의 특성을 모방할 수 있어, 자연 자원의 제한을 극복할 수 있다. 셋째, 안정된 품질 및 공급이다. 합성 향료는 일정한 품질을 유지하며, 자연재해나 기후 변화에 영향을 받지 않고 안정적으로 공급 가능하다. 넷째, 새로운 향의 노트와 콘셉트를 창조할 수 있다. 합성 향료를 통해 기존에 존재하지 않던 독창적인 향을 개발할 수 있다. 이는 향료 산업에 다양성과 창의성을 불어넣으며, 제조업자와 소비자 모두에게 새로운 가능성을 제공한다.

최근 친환경을 표방하는 브랜드들이 늘어나면서, 석유화학 성분에 대한 부정적인 인식이 커지고 있다. 그러나 실제로 천연 향료는 복잡한 혼합물로 알레르기 유발 성분이나 독성을 포함할 수 있어 합성 향료에 비해 안전하다는 인식은 잘못된 것이다. 합성 향료는 화학적으로 명확하게 정의되어 있어 다루기 쉬우며, 필요에 따라 특정 성분을 배제할 수 있는 장점이 있다. 또한, 유기합성을 통해 천연원료 성분을 대체함으로써 샌달우드나 사향노루와 같은 멸종 위기 식물이나 동물의 보호에도 기여하고 있다. 합성 향료의 또 다른 장점은 천연 향료가 일으킬 수 있는 부작용을 해결할 수 있다는 점이다. 예를 들어, 바닐린이 비누를 변색시키는 문제는 합성 바닐린인 isobutavan을 사용하여 해결할 수 있으며, 정향 오일의 주요 성분인 유제놀은 산화에 취약하지만 이를 디하이드로유제놀로 전환하여 산화 안정성을 높일 수 있다. 이처럼 합성 과정을 통해 천연 물질의 약점을 보완하고 더 나은 향 성능을 지닌 새로운 화합물을 개발하고 있다. 이러한 성과에도 불구하고, 합성 향료에 대한 인식은 여전히 부정적이다. 이는 합성 화학적인 요소들이 인공적이거나 자연에 반하는 것으로 여겨지기 때문이다. 이러한 오해를 해소하기 위해, 화학자를 비롯한 향 관련 과학기술자들은 친환경 화학을 통해 지속 가능한 개발을 이루는 것이 필수적이고, 이는 향료 산업의 발전에도 중요한 역할을 할 것이다. 향료 회사들은 이러한 역할의 하나로 새로운 천연원료 개발에 집중하고 있다. 이는 조향에 새로운 영감을 제공하고, 시장의 요구에 부응하며, 친환경적인 추출법이나 규제에 의해 금지된 원료의 대체품을 개발하기 위함이다. 특히 최근에는 업사이클링 개념도 도입되어 강황의 잎에서 새로운 에센스를 개발하거나, 와인 및 증류주 통 제조 과정에서 나오는 오크나무 조각을 재사용하는 등 폐기물로 간주되던 자원들을 향료 원료로 활용하고 있다. 또한, 일부 향료 회사들은 생물공학을 통해 미생물이나 효소 발효를 이용해 새로운 분자를 만들어 내고 있다. 예를 들어, 피르메니히의 Clearwood®는 파출리 에센셜 오일을 대체하며, 지보단의 바이오 공정으로 제조된 Akigalawood는 천연 파출리에서 유래한 성분으로 우디하고 스파이시한 향을 제공하며, IFRA에 의해 천연물로 간주되는 등, 좋은 사례가 나오고 있다.

향 산업이 발전하기 위해서는 대규모로 향을 합성하는 데에 경제성이 보장되어야 한다. 합성 단계를 최소화하고, 테레빈유와 같은 쉽게 구할 수 있는 천연물이나 석유화학 원료를 사용하여 비용을 절감해야 한다. 예를 들어 오렌지에서 추출한 리모넨을 활용해 민트나 아니스에서 추출하는 카르본을 얻는 방법 등이 연구되고 있다. 또한, 독성이 낮은 시약과 적은 양의 용매를 사용하고, 에너지 사용을 줄이며 폐기물을 최소화하는 방식으로 환경 영향을 줄이려는 노력이 필요하다. 향료의 안전성은 생산과 사용 과정에서 모두 보장되어야 하며, 소량의 성분이 전체 냄새에 큰 영향을 미칠 수 있으므로 엄격한 품질 관리가 필수적이다. 환경 부담이 큰 제조 방법은 지양하고, 바이오 원료 사용이나 생화학적 방법을 통한 친환경 제조 공정을 개발하며 생분해성을 고려한 새로운 물질도 연구 중이다. 이러한 노력의 결과로 바닐린과 같은 오래된 분자의 합성 과정도 지속적으로 개선되고 있다. 이렇게 향 산업은 경제성과 환경 지속 가능성을 모두 고려하며 발전해 나가고 있다.

끝으로, 후각 연구에서는 냄새 인지 메커니즘에 대한 연구가 계속되고 있으며, 미래에는 화학구조와 향 사이의 상관관계를 더 명확히 규명할 수 있을 것으로 기대된다. 그러나 그 시점까지는 새로운 향을 발견하기 위해 여전히 시행착오(trial & error) 방식이 진행될 것이다. 향 산업은 과학, 예술, 상업적 기술이 모두 결합된 복합적이고 도전적인 분야로, 지속 가능한 발전을 목표로 끊임없이 혁신하고 있다.

05장

향 분석

기체 크로마토그래피(GC), 질량분석법(MS), 핵자기공명법(NMR)과 같은 기기들은 향료의 복잡한 혼합물을 분석하여 개별 성분을 분리하고 식별하는 데 필수적이다. GC는 성분을 효과적으로 분리하고, MS는 분리된 성분의 분자량과 구조적 정보를 제공하여 성분을 확인할 수 있게 한다. 특히 GC를 MS와 결합하여 사용하면 개별 성분의 분자 구조와 특성을 정밀하게 분석할 수 있다. NMR은 화합물의 구조와 화학적 환경을 이해하는 데 사용되며, 이들 기법은 상호 보완적으로 작용해 복잡한 향료를 정밀하게 분석할 수 있게 한다. 향의 품질 평가를 위한 전자코와 관능 평가도 다루며, 이러한 다양한 분석 기법들은 향 성분의 구조적 이해와 상업적 응용에 필수적인 기초 자료를 제공하고, 향기 연구에서 중요한 역할을 한다.

5.1 서론

분석 기술의 발전 덕분에 1960년대부터 향료 연구는 크게 진전되었다. 향기 성분 분석에는 가스 크로마토그래피(GC), 질량 분석기(MS), 핵자기공명(NMR) 등이 사용된다. 과학적 분석을 통해 향 성분을 분석하고, 향에 큰 영향을 미치는 성분들을 발견할 수 있다.

향료 연구를 위해서는 천연 물질에서 오일을 추출하고, 이 오일에 포함된 각각의 향 화합물을 분리해서 분석해야 한다. 추출된 정유는 수많은 화합물이 포함된 소수성 특성의 혼합물로, 일부는 극히 미량으로 존재하기 때문에 검출이 어렵거나 검출되지 않기도 한다. 또한, 같은 식물에서 추출한 정유라고 해도 수확 시기나 재배 환경에 따라 성분 구성이 달라진다. 일반적으로 라벤더로 알려진 천연물도 종류에 따라 향이 다르다. 〈표 5-1〉에는 2012~2014년 사이에 프랑스에서 채취한 라벤더(*Lavandula angustifolia*), 스파이크 라벤더(*Lavandula latifolia*), 라반딘(*Lavandula x intermedia*) 품종의 정유를 크로마토그래피로 분석한 성분을 나타내었다.[1][2]

표 5-1 라벤더, 스파이크 라벤더, 라반딘 정유의 성분(%)

	라벤더	스파이크 라벤더	라반딘
아세트산 리날릴(linalyl acetate)	32.98		29.08
리날로올(linalool)	28.92	49.47	36.74
β-카리오필렌(β-caryophyllene)	4.62	2.10	3.67~6.12
유칼립톨(eucalyptol)		25.91	6.18
(*Z*)-β-오시멘(ocimene)	4.44		
(*E*)-β-오시멘(ocimene)	3.09		1.02~7.42
아세트산 라반둘릴(lavandulyl acetate)	4.52		0.71~5.53
β-파르네센(farnesene)	2.73		1.76~2.92
캠퍼(camphor)	0.85	13.00	6.71
보르네올(borneol)		1.43	3.80

1) S. Lafhal, P. Vanloot, I. Bombarda, J. Kister, N. Dupuy, Chemometric analysis of French lavender and lavandin essential oils by near infrared spectroscopy, Ind. Crops Prod., 80 (2016), pp. 156-164

2) Marincaş, Olivian; Feher, Ioana (2018-12-01). "A new cost-effective approach for lavender essential oils quality assessment". Industrial Crops and Products. 125: 241-247. doi:10.1016/j.indcrop.2018.09.010. ISSN 0926-6690. S2CID 104553013.

라벤더와 라반딘 오일은 아세트산 리날릴, 리날로올, 캠퍼, 보르네올, 유칼립톨, β-카리오펠렌 등 100가지 이상의 화합물을 포함하고 있으며, 각 화합물은 오일의 화학적 및 향기 특성에 기여한다. 라벤더 오일에서 아세트산 리날릴과 리날로올은 전체 성분의 약 60%를 차지하는데, 같은 품종이라도 재배지의 토양이나 기후에 따라 성분 차이가 크다.

스파이크 라벤더와 라반딘의 성분은 상당히 다르다. 일반적으로 라벤더 정유에는 아세트산 리날릴이 리날로올보다 많고, 스파이크 라벤더와 라반딘 정유에는 리날로올이 아세트산 리날릴보다 많이 포함되어 있다. 특히 캠퍼와 β-카리오펠렌의 함량 차이가 두드러지는데, 스파이크 라벤더와 라반딘은 라벤더에 비해 장뇌향이 나는 캠퍼 함량이 더 높다. 이러한 성분 차이를 보면, 라벤더 정유가 주로 향수에 사용되고, 라반딘 정유가 화장품이나 위생용품에 주로 사용되는 이유를 알 수 있다.

원료가 같아도 추출 방법에 따라 정유의 향기는 달라진다. 예를 들어, Boswellia 속 나무에서 추출한 유향의 경우를 보자. 헥세인을 사용한 용매 추출법으로 얻은 오일에는 인센솔(insensole) 유도체인 다이테르펜(diterpene)이 주요 성분으로 포함되어 있다. 반면, 수증기 증류법으로 얻은 오일에는 아세트산 옥틸(octyl acetate)이나 옥탄올(octanol) 같은 지방족 화합물이 주성분이다. 헥세인 추출법으로 얻은 오일은 43%의 높은 추출률을 보이며, 원료인 유향과 유사한 향을 낸다. 반면, 수증기 증류법으로 얻은 오일은 헥세인 추출물이나 유향 원료와는 다른 향을 가지고 있다.[3)]

또 다른 예로 〈표 5-2〉에는 그리스산 베르가모트 열매의 껍질과 잎(Citrus aurantium subsp. bergamia)으로부터 냉압착과 수증기 증류법을 통해 얻은 정유

표 5-2 냉압착 방법과 수증기 증류로 얻은 그리스산 베르가모트 정유의 성분

	냉압착	수증기 증류
리모넨(limonene)	25.58%	31.66%
γ-테르피넨(terpinene)	10.04%	10.32%
리날로올(linalool)	15.33%	31.76%
아세트산 리날릴(linalyl acetate)	40.51%	10.72%
리날로올/아세트산 리날릴의 비율	0.38	2.96
(−)-리날로올 : (+)-리날로올	99.7 : 0.3	90 : 10

3) 하세가와 토시오, 냄새분자가 만드는 향의 세계, 향료화학, 자유아카데미

의 크로마토그래피 분석 결과를 나타내었다.[4)]

서로 다른 추출 방법으로 얻은 정유의 성분을 비교해 보면, 냉압착으로 얻은 오일의 주요 성분은 광학 순도가 99.9% 이상인 (–)–아세트산 리날릴이다. 이외에도 (–)–리날로올, (+)–리모넨, γ–테르피넨이 중요한 성분으로 나타났다. 리날로올과 아세트산 리날릴의 비율은 최대 0.38이며, 두 성분의 합은 최대 55.8%에 달한다. 반면, 동일한 원료로부터 수증기 증류법으로 추출해서 얻은 경우, 아세트산 리날릴의 비율은 40.5%에서 10.7%로 감소했다. 리날로올과 아세트산 리날릴 성분의 합은 42.48%로 양이 10% 이상 감소했을 뿐 아니라, 리날로올과 아세트산 리날릴의 비율은 2.96으로 나타났다. 이는 아세트산 리날릴의 분해와 리날로올의 이성질화로 인해 품질이 떨어졌음을 보인다. 증류 과정에서 발생하는 열로 인해 리날로올이 부분적으로 이성질체화되었기 때문이며, (–)–리날로올 대 (+)–리날로올 비율이 9:1로 (+)–리날로올의 양이 증가한 것을 알 수 있다.

향기 연구와 분석에서는 단순히 성분의 양을 측정하는 것만으로는 충분하지 않다. 과학적 분석을 통해 비록 소량이어도, 향에 큰 영향을 미치는 역치가 낮은 중요한 성분들을 찾아내는 것이 중요하다. 이러한 성분들은 극미량으로도 전체 향의 특성을 좌우하거나 큰 영향을 미칠 수 있기 때문에, 신중한 평가가 필요하다.

향기 연구를 위해서는 충분한 양의 향료를 수집하는 것이 필수적이다. 뛰어난 향기를 발견하더라도 그 향료를 즉시 분석하는 것은 간단하지 않다. 향을 연구하는 데는 고려해야 할 사항이나 변수가 많아, 향료 연구자는 이를 염두에 두고 특정 목적에 맞는 다양한 추출 기술과 적절한 분석 기술을 선택해야 한다.

에센셜 오일을 분석하는 연구는 전통적인 방법과 현대적 장비를 결합하여 중요한 향기 성분을 식별하고 재구성하는 것부터 시작한다. 전통적인 분석 방법은 수증기 증류 또는 용매 추출법 등으로 향 성분을 추출한 다음, 에센셜 오일 또는 추출물을 분별 증류하고 크로마토그래피 기법으로 개별 성분을 분리한 후, 분광법으로 식별하는 과정으로 이루어진다. 각 분획물들은 가스 크로마토그래피–질량 분석법(GC–MS)으로 분석하여 조성을 결정하는데, 일부 분획물은 단일 성분을 포함할 수도 있고 복잡한 혼합물일 수도 있다. 조향사는 각 분획물을 평가하여 원재료의 가장 특징적인 향이 남아있는 것으로 선택한다. 선택된 분획물은 GC–sniffing으로 분석되며,

4) Molecules 2009, 14(2), 839–849; https://doi.org/10.3390/molecules14020839

혼합물의 개별 성분 중 특징적인 냄새가 있는 경우 해당 물질을 분리하고 식별하는 작업을 진행한다. 각 단계에서 분획물과 분리물의 냄새를 평가하고, 원하는 특성을 가진 성분을 추가로 조사한다. 분획물의 구성이 결정되면 조향사는 개별 성분으로 분획물을 재구성하여 원재료의 냄새가 나타나는 어코드를 만든다.

향 화학자는 향 성분의 화학적 구조를 결정하고, 상업적으로 응용하기 위해 향 성분을 합성하는 것도 필요하다. 또한 실제 향을 평가하는 관능 평가도 중요한 부분이다. 향 성분의 분리와 분석뿐만 아니라, 특정 성분이 전체 향에 미치는 기여도를 측정하는 방법은, 기존에 조향사의 개인 능력에 의존하던 조향 방식에 큰 변화를 일으키고 있다. 현재 조향 과정에서는 화학적 정보를 적극적으로 활용하고 있다. 이 장에서는 향 성분의 분리, 향 분자의 구조 분석 및 관능 평가에 대해 알아보도록 하자.

5.2 기체 크로마토그래피

냄새는 특정 휘발성 물질이 공기 중에 존재할 때 인간의 후각에 의해 감지되는 현상이다. 이러한 냄새 물질을 분석하기 위해서는 기체 상태로 존재하거나 농축된 상태에서 분석장치를 통해 측정하는 것이 가장 적합하다. 기체 크로마토그래피(Gas Chromatography, GC)는 냄새 물질을 분석하는 데에 일반적으로 사용되는 방법이다. GC가 개발되기 전에는 증류, 칼럼 크로마토그래피, 박층 크로마토그래피 등을 통해 정유나 향수 성분을 분리했으나, 이 방법으로 분리가능한 성분의 수는 극히 제한적이었다. 그러나 GC의 등장으로 다양한 성분을 분석하는 것이 가능해졌다. 현재는 질량 분석기(Mass Spectrometer, MS)와 결합된 GC-MS를 사용하여 조합 향료의 90% 이상의 성분을 확인할 수 있다. 이를 통해 비전문가도 GC 분석 결과를 바탕으로 유사한 향을 재현할 수 있다. 물론 모든 성분을 완벽하게 분석할 수는 없다. 향수는 수백 가지의 서로 다른 화합물로 구성될 수 있으며, 이들 화합물은 서로 복잡하게 상호작용하여 특정한 냄새를 만들어내므로, 향수에는 항상 미지의 요소가 남게 된다. 이러한 이유로 인해 향수는 단순한 향료의 조합을 넘어 예술 작품으로 간주되기도 한다.

1) 크로마토그래피란

향기가 좋은 정유를 추출하고 그 성분을 연구하기 위해서는 정유에 포함된 다수의 화학 물질을 분리해야 한다. 수천 종류나 되는 향료 중에서 개별적인 향기 물질을 찾아내는 것은 매우 어렵지만, 크로마토그래피 기술의 발달로 향 연구가 크게 발전하였다. 1900년대에 개발된 크로마토그래피 기술을 발전시킨 공로로 아처 마틴(Archer Martin)과 리처드 싱(Richard Synge)은 1952년에 노벨 화학상을 수상했다.

크로마토그래피(Chromatography)라는 단어는 그리스어에서 유래되었으며, '크로마(chroma)'는 '색'을, '그래피(gráphein)'는 '쓰기'를 의미한다. 종합하면, 크로마토그래피는 물질이 분리되어 다양한 색상으로 나타나는 현상을 의미한다. 즉, 이러한 색상 변화를 통해 물질의 성질과 성분을 시각적으로 표현하는 방법이다. 예를 들어, 혼합물인 잉크를 종이와 같은 표면(고정상)에 떨어뜨리고 물(이동상)을 통해 이동시키면, 이동상 속에 있는 다양한 색소 입자들이 각각의 속도로 이동한다. 이러한 이동속도 차이에 의해 혼합물인 잉크가 분리된다. 이렇게 분리된 색상은 서로 다른 물질의 특성을 나타내며, 이를 통해 화학적 분석과 물질의 구성을 알 수 있다.

혼합물의 성분이 고정상과 이동상의 상호작용에 따라 이동속도가 달라져 궁극적으로 분리되는 이 원리를 응용한 크로마토그래피는 액체를 이동상으로 사용하는 것과 기체를 이동상으로 사용하는 것으로 나눌 수 있다. 크로마토그래피 기술은 향료 연구뿐만 아니라 다양한 화학적 분석에 있어 매우 중요한 도구로 자리 잡았다.

향기 성분은 휘발성 성분이므로, 주로 이동상이 기체인 기체 크로마토그래피(GC)를 분석에 사용한다. GC는 분해되지 않고 기화될 수 있는 화합물을 분리하고 분석하는 데 적합하며, 특정 물질의 순도를 검사하거나 혼합물의 구성 요소를 분리하는 데 활용된다. 또한, 분취 크로마토그래피에서 혼합물로부터 순수한 화합물을 분리하는 데도 GC가 사용될 수 있으며, 이렇게 분리된 순수한 향기 성분을 통해 그 물질의 구조를 해석하는 데 필요한 분석 데이터를 얻을 수 있다. GC의 검출기에서 검출된 결과는 크로마토그램(chromatogram)이라고 하며, 이는 크로마토그래피 기술로 얻은 '기록'을 의미한다.

GC의 구조를 알아보기 전에, 광학이성질체를 분리하는 데 크로마토그래피 원리가 어떻게 응용되는지 살펴보자. 향료뿐만 아니라 의약품을 합성할 때도 광학이성질체 혼합물인 라세믹 혼합물이 생성된다. 이러한 라세믹 혼합물은 크로마토그래피의 원

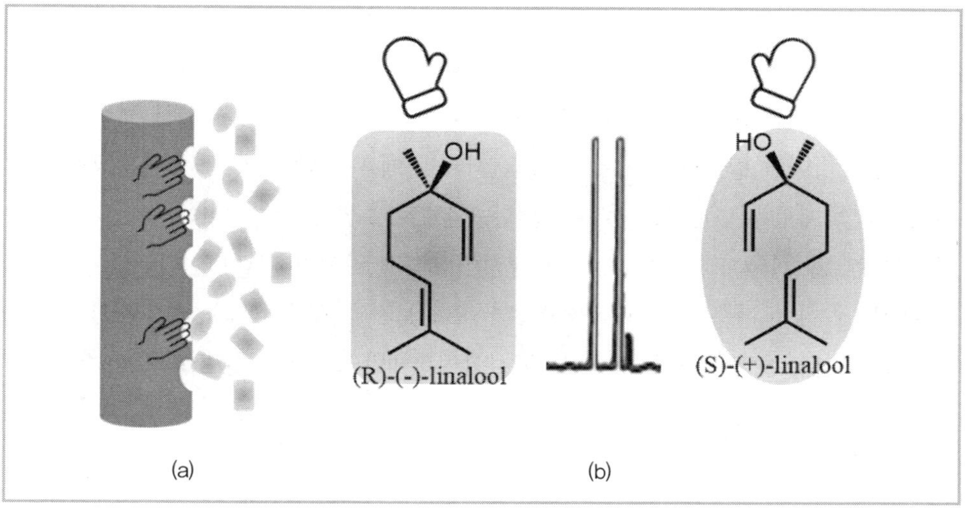

그림 5-1 광학활성 리날로올 라세믹체의 광학활성 분리 개념도

리를 이용해 개별 이성질체로 분리할 수 있다. 예를 들어, 리날로올의 경우 (−)−리날로올의 향이 더 좋지만 (+)−리날로올도 나쁘지 않아서 이들이 1:1로 혼합된 리날로올이 상품으로 팔리기도 한다. 그러나 특정 광학이성질체, 예를 들어 (−)−리날로올만을 사용하고자 할 때는 광학이성질체 혼합물을 각각의 개별 물질로 분리해야 한다. 이렇게 혼합되어 있는 광학이성질체를 개별적으로 분리하는 과정을 '광학분할'이라 한다. 광학활성 분리에 대한 개념도는 〈그림 5−1〉에 나타내었다.

광학활성 분리의 원리는 광학이성질체를 포함한 혼합물을 특정 물질과 선택적으로 상호작용하게 하여, 이동속도의 차이를 통해 분리하는 것이다. 통 모양의 칼럼에 광학활성을 가진 고정상을 채운 뒤, 혼합물이 녹아있는 용액을 칼럼에 흘려보낸다. 이 과정에서 고정상과의 상호작용에 따라 각 이성질체의 이동속도가 달라지게 된다. 이후 용매를 사용하여 칼럼에 흡착된 분자를 씻어내어 분리한다. 칼럼에 광학활성 물질을 사용하면 (+) 이성체와 (−) 이성체는 서로 다른 방식으로 흡착된다. 〈그림 5−1〉에서처럼 칼럼을 '손'에 비유하고 흡착하는 분자를 '장갑'에 비유하면 이해하기 쉽다. 칼럼이 오른손만으로 만들어져 있다고 가정하면 라세믹 혼합물, 즉 오른쪽 장갑과 왼쪽 장갑의 혼합물이 컬럼에 들어가면 오른쪽 장갑은 오른손에 꽉 들어맞지만, 왼쪽 장갑은 덮일 뿐 오른손에 들어가지 못한다. 용매를 흘려보내면 완전히 들어가지 않은 왼쪽 장갑이 우선 칼럼을 빠져나오게 된다. 계속 용매를 흘려보내면 얼마 지나지 않아 오른쪽 장갑도 빠져나오게 된다. 따라서 오른쪽 장갑과 왼쪽 장갑을 분리할 수 있다. 이렇게 칼럼에서 빨리 녹아 나오는 분자와 늦게 나오는 분자를 분리할 수 있다. 이와 같이 라세믹 혼합물을 분리하는 데 사용하는 칼럼을 카이랄 칼럼(chiral column)이라 한다. 실제로 사이클로덱스트린(cyclodextrin)과 같은 광학활성 분자가 카이랄 칼럼에 사용된다. 〈그림 5-1〉에 나타난 (b)의 크로마토그램은 이 방법으로 실제로 분리된 모습을 나타낸다. 라세믹 혼합물을 분리하는 것은 가능하지만 비용이 많이 들기 때문에 순수한 광학이성체는 라세믹체보다 비싸진다.

광학활성 향 분자뿐만 아니라 광학활성 의학 분자를 제조할 때도 광학분할 방법은 매우 중요하다. 의약 분자의 경우 특정 광학이성체만이 약으로 작용할 수 있으며, 다른 이성질체는 효과가 없거나 독성을 나타낼 수 있기 때문이다. 이처럼 광학이성질체를 분리하는 데 크로마토그래피 원리를 응용할 수 있다.

2) GC의 구조

기체 또는 액체 시료를 이동상 역할을 하는 기체와 함께 칼럼에 주입하고, 고정상을 채운 칼럼을 통과해 이동시키면서 혼합물에서 개별 화합물을 분리하는 장치인 기체 크로마토그래피(GC)의 구조는 〈그림 5-2〉에 나타내었다. 여기서 이동상으로는 보통 냄새 분자와 화학 반응을 일으키지 않는 불활성 기체가 사용되며, 헬륨이 가장 일반적이지만 아르곤, 질소, 수소와 같은 비반응성 기체도 사용된다. 공기는 적합하

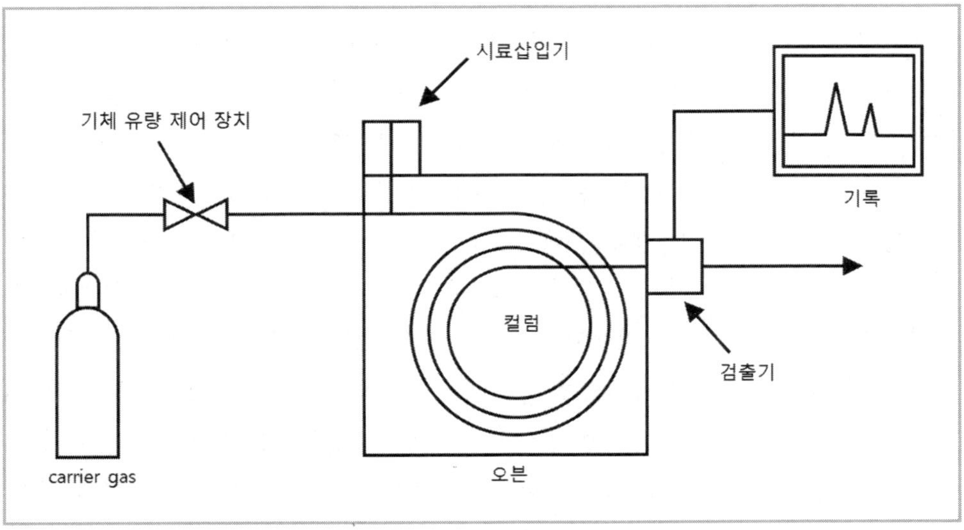

그림 5-2 Gas chromatography 장치의 개념도

지 않다. 이동상 기체는 이동용으로 사용하는 기체라는 뜻으로 '운반기체(carrier gas)'라고도 불린다.

GC에서는 주로 충전(packed) 칼럼과 모세관(capillary) 칼럼이라고도 하는 열린 관(open tubular) 칼럼이 사용된다. 고정상으로는 유기 분자를 잘 흡착하지만 화학 반응을 일으키지 않는 실리카 겔, 활성탄, 합성 제올라이트, 알루미나 등이 사용된다. 이들은 분말이나 입자 형태로 유리관이나 금속 튜브 내부에 채워진다. 충전 칼럼의 길이는 대략 1~5 m이며, 모세관 칼럼은 수 m에서 100 m까지 다양하다. 칼럼이 길수록 이동상이 길어져 분자가 효과적으로 분리되므로, 칼럼 길이를 조절하여 분리 능력을 높일 수 있다. 칼럼의 온도는 분리가 일어나는 데에 중요한 변수이다. 따라서 실험의 정밀도를 위해 칼럼은 보통 10~30 cm 지름의 코일 형태로 감아져, 항온 오븐 안에 설치된다. 시료는 시료 주입 장치를 통해 적절한 양이 빠르게 주입되어야 하며, 너무 많은 양을 천천히 주입하면 분리 능력이 떨어진다. 마지막으로 칼럼에서 나온 용출물은 검출기에서 검출되어 데이터로 변환된다.

3) 전처리 방법

플레이버를 비롯해 향 분석 대상 시료에 비휘발성 성분이 들어 있는 경우가 많다. 이런 비휘발성 성분을 함유하는 시료를 도입하지 않아야 분리가 잘 된다. 비휘발성 성분이 도입되면 도입부의 높은 온도에 의해 열분해나 고분자 중합 반응 등을 일으켜 분석에 방해될 수 있기 때문이다. 따라서 전처리를 통해 휘발성 성분만을 분리해 둘 필요가 있다.

휘발성 성분을 분석하기 위해서는 냄새 성분을 농축해야 한다. GC 분석에서는 분석용 시료 중 냄새 성분의 농도가 높으면 향 성분을 검출하기 쉽지만, 농도가 낮으면 검출하기 어렵기 때문에 측정 전에 농도를 높여야 할 필요가 있다. 농축을 위해 유기용매 추출법과 끓는점 차이를 이용한 증류법이 사용된다. 증류 작업은 유기용매 등으로 추출하기 전이나 후에 수행하는 것이 좋고, 분석 대상 시료의 특성을 고려하여 진행한다. 주로 헤드스페이스법이 사용되고, 플레이버 분석에서는 동결건조법도 사용된다.

① 동결 건조법

이 방법은 시료를 동결한 상태에서 증류하는 것이다. 기본 개념은 감압 상태에서 동결 건조를 진행할 때 시료 내 수분과 함께 휘발해 나오는 성분을 포집하는 것이다. 이후 얻은 수용액에서 유기용매를 사용해 냄새 성분을 추출하고, 유기용매를 제거하여 냄새 성분을 농축한다. 이 방법은 시료에서 수분이 증발할 때 생기는 기화열을 제거하고, 증류 중인 시료는 동결 상태로 유지되기 때문에 과일과 같은 신선한 냄새를 포집하는 데 적합하다.

② 헤드스페이스법

향을 추출할 때 증류 방법이나 용매를 사용하는 경우, 추출된 향 성분의 끓는점이 사용한 용매의 끓는점과 같거나 더 낮으면, 용매를 제거하고 냄새 성분을 농축하는 과정에서 향 성분도 함께 제거될 수 있다. 이러한 문제로 인해 일부 성분이 완전히 추출되지 않거나 추출 중이나 농축 중에 손실될 수 있다. 이를 방지하기 위해 용매를 사용하지 않는 농축 방법이 필요하다. 이를 위해 흡착제를 이용한 방법이 종종 사용된다. 분석 시료를 특정 공간에 가두어두면 끓는점이 낮은 성분은 헤드스페이스 부분에 가득 차게 된다. 이 헤드스페이스부에 있는 냄새 성분을 흡착제에 흡착시켜 농축하는 방법이다. 이 방법은 동적 헤드스페이스법과 정적 헤드스페이스법 두 가지로 나뉜다.

• 동적 헤드스페이스법

동적 헤드스페이스(Dynamic Headspace, DHS)법은 불활성 기체를 일정한 속도로 헤드스페이스부에 주입하여, 그 안의 냄새 성분을 흡착제에 흡착시키는 방법이다. 〈그림 5-3 (a)〉와 같은 흡착제가 장착된 실험기구를 이용하여 포집한다. 우선, 분석할 시료를 밀폐된 플라스크 용기에 넣어 휘발성 화합물이 용가 내에 축적될 수 있도록 한다. 시료로부터 휘발성 화합물이 방출되어 용기 내부 공기에 포화되도록 일정한 온도와 시간 조건을 설정한다. 일반적으로 질소 등 불활성 기체를 이용해 플라스크 내에 충만한 냄새 성분을 밀어내서 흡착제가 채워진 공간을 통과시킨다. 흡착 효율을 높이기 위해 충전 방식의 흡착제가 자주 이용된다. 흡착제로는 Tenax TA나 Porapak Q가 주로 사용된다. 흡착제에 포집된 향기 성분은 유기용매나 열을 이용해 이탈시켜 분석 기기에 주입하여 분석한다.

• 정적 헤드스페이스법

정적 헤드스페이스(Static Headspace, SHS)법은 흡착제를 넣은 밀폐된 공간에

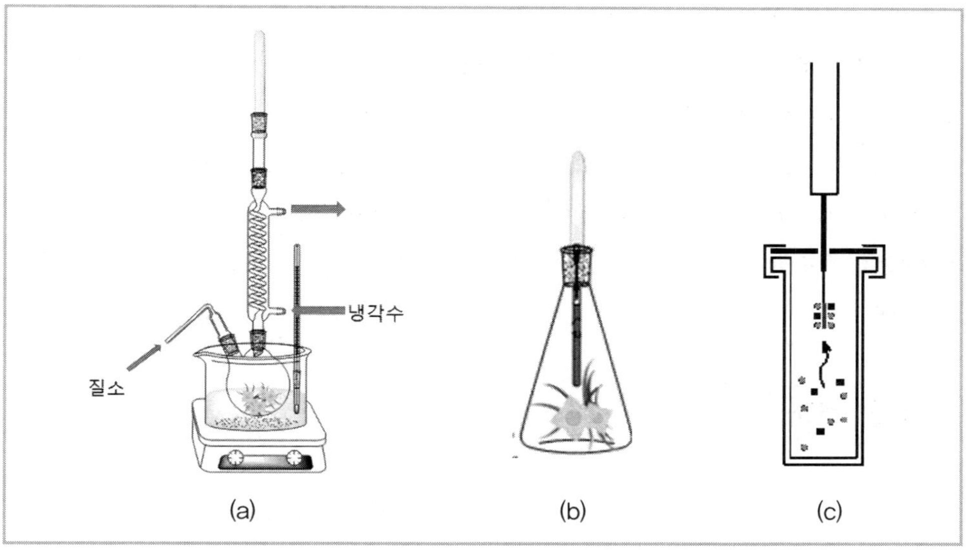

그림 5-3 (a) 동적헤드스페이스법, (b) 정적헤드스페이스법, (c) solid phase microextraction (SPME) 장치

서 냄새 성분을 포집하는 방법으로 장치는 〈그림 5-3 (b)〉에 나타내었다. 이 방법 역시 동적 헤드스페이스법처럼 시료가 들어 있는 용기를 일정한 온도로 유지하여 휘발성 화합물이 시료에서부터 방출되어 용기 내부의 공기 중에 포화되도록 한다. 이 방법은 공기 중에 있는 향 물질을 분석하는 것이므로 포집되는 향 물질의 양이 적을 수 있다. 따라서 이 과정에서 온도와 시간 조건을 신중하게 설정하여 휘발성 화합물의 방출을 최적화한다. 이를 위해 다양한 흡착제가 시판되고 있다.

흡착제에서 흡착된 냄새 성분을 빼내는 방법으로는 용매 탈부착과 열 탈부착 방법이 있다. 이 과정에서는 주사기나 특수한 샘플링 장치를 사용하여 헤드스페이스 기체를 채취하는데, 용기 내부의 압력 변화나 시료의 교란을 최소화하도록 주의해야 한다. 채취된 헤드스페이스 기체는 주로 GC나 GC-MS와 같은 분석 기법을 통해 정성 및 정량 분석이 이루어진다. 사용자 편의를 위해, 시판되는 GC 장비 중에는 고체상 미세 추출(Solid Phase Microextraction, SPME)이라는 특수 열탈착 장치를 갖춘 경우도 있다(그림 5-3 (c)). SPME는 선단부에 흡착부가 도포된 파이버 부와 보호를 위한 홀더 부로 구성되어 있다. 분석 대상 시료가 들어간 공간 중에 파이버 부를 노출시켜 한동안 놓아두면 냄새 성분이 흡착된다. 흡착 후에는 그대로 GC 분석이 가능하다.

전처리 과정에서 가장 주의해야 할 점은 휘발성 성분을 수집하여 얻은 냄새 성분 농축물이 실제 분석 대상 시료의 원래 냄새를 정확하게 반영하고 있는지 여부이다. 전처리 과정에서 냄새 성분의 손실이나 변형이 발생할 수 있기 때문에 최종 농축물이 원래 시료의 향기 프로파일을 그대로 유지하고 있는지 확인하는 것이 매우 중요하다. 이러한 점을 고려하지 않으면 분석 결과가 실제 시료의 향기와 다르게 나타나 오차를 유발할 수 있다. 그러므로 각 단계에서 얻은 시료의 냄새를 확인하며 전처리를 해야 한다.

4) 칼럼 선택

향료 산업에서 가장 일반적으로 사용되는 GC 칼럼은 벽코팅 개방형 관형(wall-coated, open tubular type, WCOT) 칼럼으로, 액체 정지상의 막을 칼럼 내벽에 입혀 놓은 모세관 형태의 칼럼이다. 많이 사용되는 칼럼은 용융실리카 벽코팅 개방형 칼럼(fused-silica wall-coated open tubular)으로, 외부는 보호를 위해 폴리이미드로 강도를 높이고 유연성을 증가시켜 코일 형태로 만들 수 있게 되었다.

분리 효율에 영향을 미치는 요소는 모세관 칼럼에 사용되는 정지상의 종류, 길이, 그리고 내경의 굵기이다. 내경이 좁고 칼럼 길이가 길수록 분리가 더 잘 된다. 주로 사용되는 용융 실리카 제품은 내경이 0.53~0.1 mm이며, 칼럼 길이가 30 m 또는 60 m이고, 모세관 칼럼의 내부에는 폴리에틸렌글리콜과 같은 정지상이 코팅되어 있다. 칼럼의 길이가 길면 피크 분리가 잘 되지만, 길이를 두 배로 늘려도 분리 효율이 두 배로 좋아지는 것은 아니다. 대략 1.4배 정도의 효과가 있으나, 측정 시간은 두 배로 늘어난다. 일반적으로 칼럼의 온도는 분당 2~5℃씩 상승시켜 60℃에서 200℃ 범위에서 조절한다.

다성분을 포함한 냄새 분석에는 분리 목적에 맞는 칼럼을 선택하는 동시에 운반기체 종류나 유량 등의 조건을 최적화할 필요가 있다. 예를 들어, 냄새 분석에 사용되는 칼럼의 액체상으로는 무극성 칼럼, 저극성 칼럼, 중극성 칼럼, 고극성 칼럼 등이 중요한 역할을 한다. 이 외에도, 앞에 설명한 카이랄 화합물을 정지상으로 사용하여 거울상 이성질체 분리가 가능한 칼럼도 있다. 특히 키라믹스(Chiramix®)는 2종류 이상의 사이클로덱스트린 유도체를 이용한 혼합액체상을 사용함으로써 광범위한 분석을 가능하게 한 칼럼이다.

조건을 최적화하더라도 많은 유기화합물로 구성된 냄새를 하나의 조건으로 모든 성분을 완전히 분리하기는 어렵다. 따라서 다른 종류의 칼럼이나 운전 조건을 변경하면서 분리해야 한다.

5) GC에 시료 주입

GC에서 이동상이 이동할 때, 정지상과 이동상 간의 흡착, 분배, 또는 이온 교환과 같은 상호작용 원리에 의해 화합물의 분리가 일어난다. 시료가 향 물질인 경우에는 주로 끓는점 차이와 극성 차이를 이용하여 분리한다.

에센셜 오일은 휘발성 액체이므로 주사기를 사용해 칼럼에 주입한다. 기존 주입 방법은 미세한 바늘이 달린 주사기로, 시료 희석액을 소량(약 1 pL) 주입하는 방식이다. 실리콘 고무 격막을 뚫고 가열된 챔버로 시료를 넣어 기화시킨 후 이동상 기체의 흐름을 따라 칼럼으로 운반하는 것이다. 기화된 시료 중 일부는 칼럼으로 전달되는 시료의 양을 줄이기 위해 주 칼럼 흐름에서 분리되어 배출될 수 있으며, 이를 '분할 주입'이라고 한다. 일반적으로 주입구인 인젝터의 온도가 250℃로 높아서, 이 방법은 열분해가 일어날 수 있는 분석물에는 적합하지 않다. 이러한 물질의 경우 시료 용액을 미세한 바늘로 좁은 모세관 칼럼에 직접 주입하는 '온-칼럼 주입' 방법(On-column injection techniques)이 바람직하다.

최근에는 온도를 프로그래밍할 수 있는 기화기(Programmable Temperature Vaporiser, PTV)가 장착된 주입 시스템이 사용된다. 온도 제어가 정확한 기화 챔버를 사용하면 분석 물질이 끓는점 이상의 온도에 노출되지 않고 칼럼으로 들어가게 할 수 있다. 직접 주입할 수 없는 비휘발성 물질이나 세제와 같은 부식성 성분 속에 있는 향료가 분석물인 경우, 헤드스페이스 주입 기법을 사용하는 것이 바람직할 수 있다.

기화된 물질은 칼럼 내부에 코팅된 정지상과의 상호인력이나 각 화합물의 휘발성 등의 조건에 따라 이동하는 데 걸리는 시간이 달라져, 결과적으로 분리되어 칼럼 끝에서 빠져나오게 된다. 정지상과의 상호인력이 약한 화합물이 처음에 나오고, 상호작용이 강한 화합물이 나중에 나온다. 이렇게 분리된 향 성분은 칼럼을 빠져나와 검출기에서 검출된다.

6) 검출기

칼럼 속에서 분리된 향 성분은 칼럼 끝에 연결된 검출기에서 검출된다. 검출기는 화학 물질의 특성에 따라 신호를 생성하며, 이 신호는 크로마토그램으로 나타난다. GC에 사용되는 검출기는 목적에 따라 여러 종류가 있으며, 냄새 분석에서는 불꽃이온화검출기(Flame Ionization Detector, FID), 열전도도검출기(Thermal Conductivity Detector, TCD), 질량 분석기(Mass Spectrometer, MS) 등이 이용된다.

불꽃이온화검출기는 칼럼에서 나온 용출물을 수소 불꽃으로 태워 발생하는 전자와 이온이 이동하면서 생기는 전류를 검출하는 방법으로, GC에서 가장 널리 사용되고 응용성이 넓은 검출기이다. FID는 미량 성분이라도 유기화합물을 검출할 수 있지만, 검출된 성분이 무엇인지 확인할 수는 없다. 특정 측정 조건에서 특정 시간에 유기화합물의 모임인 수많은 피크가 나타난다는 것만 확인할 수 있다. 또한, 분석 성분을 태워버리기 때문에 그 냄새를 맡을 수 없는 단점이 있다.

성분을 태우지 않고 출구에서 나오는 성분의 냄새를 확인할 수 있는 검출기로는 열전도도검출기가 있다. TCD 장치는 일정한 전력으로 가열되어 있는 전기가열 부분장치를 갖추고 있으며, 이 장치는 주변 기체의 열전도도에 따라 온도가 달라진다. 따라서 운반기체와 냄새 분자 기체의 열전도도 차이를 이용하여 검출기에 용출된 분자를 전기신호로 변환해 출력하는 방식이다. TCD는 분석 성분을 태우지 않기 때문에, 성분의 냄새를 맡을 수 있는 장점이 있다.

한편, GC에 질소 또는 황 전용 검출기를 사용하면 소량의 질소 또는 황을 함유한 분자를 검출할 수도 있다. 예를 들어, 갈바넘 오일에서 나는 강한 풀이나 잘린 잔디나 피망의 독특한 향이 나는 2–이소부틸–3–메톡시피라진(2–isobutyl–3–methoxypyrazine)이나 ppb 범위의 농도에서도 강력한 자몽 향이 나는 자몽 메르캅탄(그림 2–57)을 검출할 수도 있다.

검출기에서 분자가 검출된 것을 전기신호로 변환하여 기록지에 출력하면 〈그림 5–4〉와 같은 크로마토그램을 얻는다.

크로마토그램에서 가로축은 측정 시간, 즉 유지 시간(retention time)을 나타내며, 단위는 분이다. 세로축은 해당분자의 검출 강도를 나타낸다. 각 성분은 산 모양의 피크로 나타나며, 피크의 크기는 그 성분의 양을 반영한다. 기본적으로는 탄소화합물의 탄소 수에 따라 감도가 상승하므로 용매 피크는 오히려 적게 검출된다. 분리

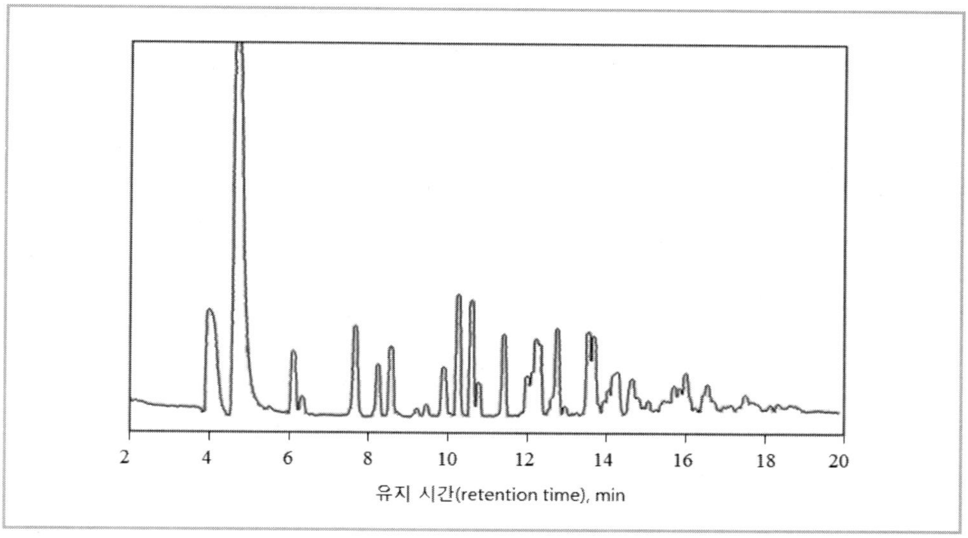

그림 5-4 GC 크로마토그램(chromatogram)

가 잘 되면 날카로운 피크 모양을 보여준다. 피크가 날카롭지 않고 좌우로 퍼져 있는 경우, 칼럼의 분리 능력이 떨어지는 것을 의미한다. 신호의 진폭은 검출기를 통과하는 물질의 양에 정비례하므로 기록된 크로마토그램의 피크 아래 영역은 시료에 포함된 해당 물질의 양에 비례하지만, 검출기의 특성으로 인해 정확한 정량 분석을 위해서는 보정 인자를 계산해야 한다. 결과는 일반적으로 혼합물의 성분을 가장 간단하게 정량적으로 측정할 수 있는 총 상대 피크 면적(%RPA)의 백분율로 표시된다.

향 분자의 피크 위치가 차이가 나는 이유는 끓는점 차이나 고정상과 상호인력의 차이 때문이다. 실험 조건을 동일하게 유지한다면, 동일한 분자는 항상 같은 유지 시간에 피크가 나타난다. 이는 크로마토그래피의 매우 중요한 특성이다. 예를 들어, 순수한 A 분자 시료를 동일한 조건에서 GC로 분석할 경우, 그 분자의 피크 위치와 아로마 정유의 피크를 비교하여 피크 위치가 일치한다면, 그 아로마 정유에 A 분자가 포함되어 있음을 확인할 수 있다. 비록 개별 향 성분이 무엇인지 확인할 수 없더라도, 향 분야에서는 제조일이 다른 향료 제품이 동일한 조성을 하고 있는가를 확인하는 데 유용하게 사용된다.

한편, 질량분석법은 분자를 이온화하여 생긴 이온이나 그것이 분해되어 생긴 이온의 질량을 측정하는 기법이다. 이 방법으로 화합물의 분자량이나 부분 구조를 알 수 있으며, 많은 냄새 성분을 특정할 수 있다. MS에 대한 자세한 내용은 다음 절에서

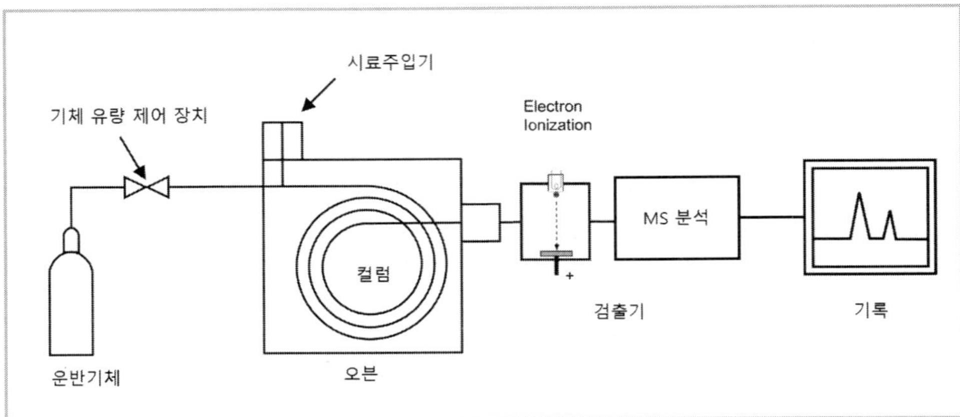

그림 5-5 GC-MS 장치도

소개하고, 여기서는 간단히 GC에 연결된 GC-MS로부터 얻는 결과만 설명한다. 〈그림 5-5〉에는 검출기로 MS가 사용된 GC의 모식도를 나타내었다.

모세관 칼럼에서 나오는 시료의 흐름속도는 일반적으로 매우 낮으므로 칼럼 용출물을 질량분석계의 이온화 장치에 직접 주입할 수 있다. 칼럼에서 분리되어 유출된 냄새 성분은 검출기 내의 이온화 소스에서 이온화되어 분자 이온으로 된다. 질량 분석기는 각 분자를 이온화된 조각으로 분해하고, 질량 대 전하 비율(m/z)을 사용하여 이러한 조각을 검출하여 질량 스펙트럼을 생성한다. 생성된 질량 스펙트럼은 라이브러리의 알려진 스펙트럼과 비교하여 화합물을 식별할 수 있다. 이 방법을 통해 에센셜 오일이나 향수와 같은 혼합물에서, 개별 성분을 식별하고 정량화할 수 있다.

MS 검출기를 이용해 어떤 휘발성 화합물이 함유되어 있는 가를 분석할 수 있지만, 이것만으로는 냄새 분석을 충분히 실시했다고 할 수는 없다. 이 측정기기에서는 성분이 가진 냄새 정보를 얻을 수 없기 때문이다. 각 성분의 냄새 특성(향조)을 포함한 분석을 위해서는 사람의 코를 검출기로 이용할 수 있다.

〈그림 5-6〉에 나타낸 장치와 같이, GC의 칼럼 출구를 분기시켜 한쪽은 검출기(FID, MS 등)에, 다른 한쪽은 냄새를 맡을 수 있는 포트에 연결한다. 검출기와 포트에서 동시에 검출할 수 있도록 컨트롤함으로써 각 성분의 특성을 밝힐 수 있다. 이를 GC와 후각 감지기(olfactometry)를 결합한 기술로, Gas Chromatography-Olfactometry(GC-O) 또는 GC-sniffing이라고 한다.

GC-O는 화학적 성분 분석과 후각 감지를 결합한 강력한 분석 도구로, 화합물의 냄새 특성과 화학적 특성을 동시에 평가할 수 있다. 이를 통해 향료, 식품, 음료 및

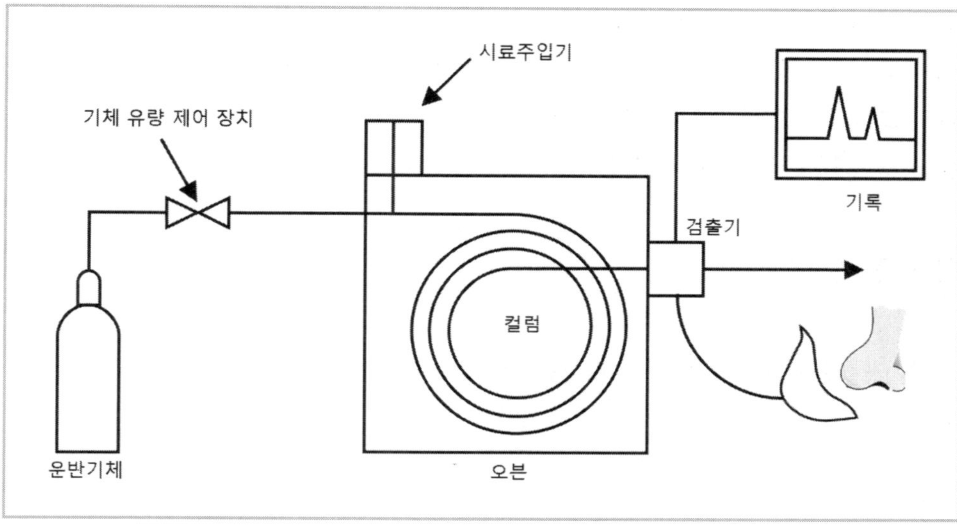

그림 5-6 Gas Chromatography-Olfactometry (GC-O) 장치도

기타 분야에서 복합 혼합물을 상세히 분석할 수 있다.

5.3 향 구조 분석

천연 소재에서 추출한 정유는 수십 가지 이상의 다양한 향 분자가 혼합된 상태이다. 이 화합물을 파악하기 위해 혼합물을 분리하는 가장 편리한 방법 가운데 하나가 GC이다. GC를 사용하면 혼합물 속에서 각 성분이 어떤 유지시간에 검출되는지 알 수 있지만, 그 성분이 어떤 화학 구조를 가진 분자인지는 알 수 없다. 따라서 천연 소재로부터 추출한 향 혼합물을 GC로 분리한 후에는 각 향 성분 분자가 무엇인지 확인하는 과정이 필요하다.

익숙한 화학 물질의 경우, 일반적으로 주어진 GC에서의 체류 시간과 질량 스펙트럼이 기준 물질과 일치하면 동일한 물질로 간주한다. 그러나 세스키테르페노이드와 같이 질량 스펙트럼이 유사한 물질을 식별하려면 극성이 다른 두 종류의 GC에서의 분리 결과가 필요하다. 만약 참조할 수 있는 데이터 라이브러리에서 화학 물질의 질량 스펙트럼을 찾을 수 없거나 질량 스펙트럼에서 구조를 명확하게 추론할 수 없는 경우, 핵자기공명스펙트럼법(NMR), 적외선흡수스펙트럼법(IR) 또는 자외선-가시선 스펙트로스코피(UV-vis)를 이용한 측정 외에도 물질을 합성하거나, X-선 결정학(X-ray crystallography) 등 다양한 분석 기법을 종합적으로 활용하여 분자의 화학 구조를 결정한다. 이 과정을 통해 천연 소재에서 추출된 복잡한 향 혼합물의 개별 성분을 정확하게 이해하고 분석할 수 있다. 이들에 대해 간단히 살펴보도록 하자.

1) 질량분석법

향기 물질을 포함한 모든 유기화합물의 분자량을 측정하는 분석법으로, 영어로는 mass spectrometry, 또는 간단히 'MS'라고 하며, 우리말로는 '질량분석법'이라고 한다. 수많은 분자 중에서 질량이 완전히 같은 분자는 많지 않기 때문에, 어떤 분자의 질량을 알면 그 분자의 화학 구조를 어느 정도 범위로 좁힐 수 있다.

질량분석법은 고에너지 전자로 분자에 충격을 가했을 때 기체상 분자로부터 생성되는 이온을 조사하는 방법이다. 고진공 속에서 70 eV 전자로 시료에 충격을 가하면, 그 결과, 양으로 하전된 조각 이온들과 분자 이온이 생성된다. 이러한 이온들은 자석으로 둘러싸인 분석기의 시험관으로 향하게 된다. 자석은 이온들을 본래의 궤도에서 빗나가게 하여 원형으로 구부러지게 한다. 이 원형 행로의 반지름은 질량 대 전하 비율(m/z)에 따라 달라진다. 이때 이온의 질량 차이에 의해 굴절의 정도가 다르므로, 그 정도를 측정하면 물질의 질량을 계산할 수 있다. 즉, m/z가 작은 이온들은 m/z가 더 큰 이온들보다 더 많이 빗나가게 된다. 따라서, 자장에 의해 구부러진 정도에 따라 질량이 다른 이온을 구분할 수 있다.

자기장의 세기 또는 이온들이 분석기로 들어갈 때 가속되는 정도를 조절함으로써 특정한 m/z 이온들을 선택적으로 모아 검출기로 보내는 것이 가능하다. 검출기는 들어온 이온들의 양을 측정한다. m/z 값들을 모두 훑어보면서 양이온들의 분포를 측정할 수 있으며, 이 양이온들의 분포를 '질량 스펙트럼(mass spectrum)'이라고 한다. 질량 스펙트럼은 특정 화합물의 특성을 나타낸다. 장치 모식도를 〈그림 5-7〉에 나타내었다.

질량분석법은 고진공 상태(10^{-3}~10^{-4} Pa)에서 수행된다. 이 과정에서는 필라멘트에서 방출되는 70 eV의 열전자를 조사하여 분자를 이온으로 바꾸고, 운반기체(헬륨 가스) 등의 분자와 충돌하지 않도록 이온을 고전압으로 한 방향으로 밀어내어 강력한 자기장을 통과시킨다. 이러한 이온화 방법은 전자충격법(Electron Impact,

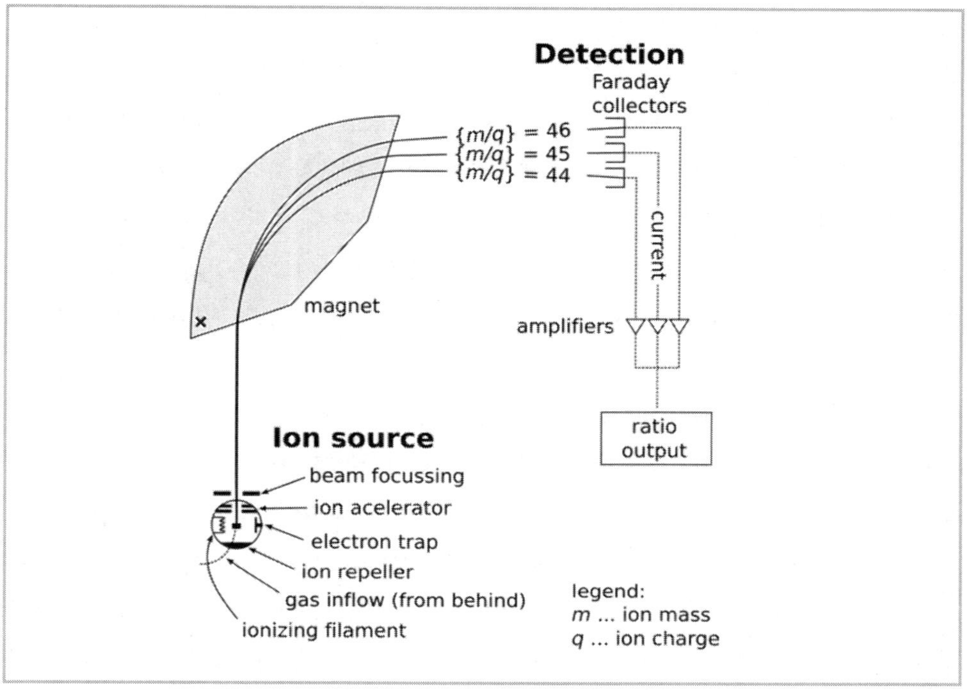

그림 5-7 질량분석법의 원리

EI)이라고도 한다. 질량에 따라 생성된 이온의 구부러짐 정도가 다르기 때문에, 그 차이를 기록하여 분석한다. 마지막으로 표준물질과 비교하여 질량을 계측한다.

분자에 전자를 부딪혀서 분자 전체로부터 단 한 개의 전자가 튀어나오면, 그 분자는 그 분자의 질량에 상당하는 이온이 된다. 이를 통해 그 분자의 질량을 정확히 알 수 있다. 안정한 분자의 경우에는 이 방법이 가능하지만, 대부분의 불안정한 분자는 전자에 부딪히면 곧바로 파괴되어 조각 조각으로 분해된다. 이를 '단편화(fragmentation)'라고 한다. 비록 분자들이 단편화되지만, 생성되는 조각 이온들은 해당분자 특유의 것이므로 이 조각 이온들이 어떤 형태로 단편화되는지를 알면 그 분자의 화학 구조를 추정할 수 있다.

〈그림 5-8〉에 전자충격법(EI)에 의한 톨루엔의 질량 스펙트럼을 나타내었다. 가로축은 단편화된 분자의 질량 대 전하비(m/z)를, 세로축은 단편화된 분자 이온의 양을 나타낸다. 또한, 톨루엔이 이온화법에 의해 단편화될 때 생성가능한 생성물도 함께 나타내었다.

톨루엔의 분자량은 92이므로, 전자 충격을 받은 톨루엔이 (+) 이온(parent ion)

으로 되면 질량 스펙트럼에서 m/z = 92 근방에 피크가 나타날 것이다. 그러나 톨루엔은 전자 충격에 의해 쉽게 파괴되므로, parent ion뿐만 아니라 daughter ion이라 불리는 단편화된 이온들도 생성된다. 예를 들어, m/z = 65나 39 위치에 톨루엔의 단편화된 이온의 질량을 볼 수 있다. 단편화는 그 물질 고유의 패턴을 나타내기 때문에, 이미 알려진 물질의 단편화 패턴과 대조하여 어떤 물질인지 추정할 수 있다. 이러한 단편화에 의한 질량 스펙트럼 패턴은 어떤 기기에서 측정해도 거의 동일하다. 그러므로 단편화된 화학 구조와 결과를 비교하여 이 스펙트럼이 톨루엔이라는 것을 유추할 수 있게 되는 것이다.

지금까지 기술한 단편화는 논리적으로 잘 맞아서 〈그림 5-8〉에 나타낸 스펙트럼이 톨루엔에 의한 것임을 알 수 있다. 단편화 패턴까지 동일한 분자는 거의 없으므로, 이 분자가 톨루엔이며 그 화학 구조는 그림에서와 같을 것이라고 예상할 수 있다.

한편, 톨루엔은 구조가 간단하기 때문에 물질을 예측하기 쉬우나, 복잡한 구조의 화합물에서는 더욱 복잡한 질량 스펙트럼을 얻기 때문에 화학 구조에 대한 정보가 없는 경우 MS 분석만으로 화학 구조를 완전히 알아내기란 매우 어렵다. 그러나 향 분자를 분석할 때는 포함되어 있는 분자의 종류를 미리 알고 있는 경우가 많으므로, 어떤 분자가 포함되어 있는지를 아는 상태에서 MS 분석은 간편하고 유효한 수단이

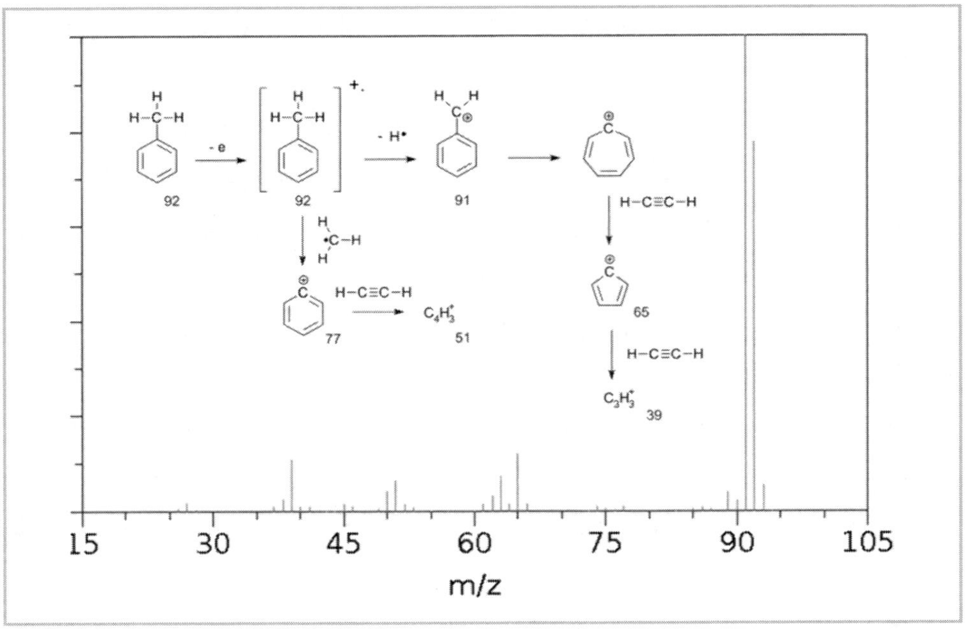

그림 5-8 톨루엔의 질량 스펙트럼

다. 이를 위해 각각 알려진 표준 화합물에 대해 질량 스펙트럼을 측정하고 데이터베이스화하여 검색하는 것이 필요하다. 분자량 측정뿐만 아니라 EI-MS의 단편화 패턴을 이용하여 이미 알려진 물질에 대해서는 데이터 검색을 통해 물질을 추정할 수 있다. 최근에는 구조를 알 수 있는 핵자기공명 장치를 통해 데이터 얻는 것이 보편화되었기 때문에, MS로부터 얻은 추정된 부분 구조 정보는 단지 참고 자료로 사용되는 추세이다. MS에서는 ng 이하의 미량 시료도 측정이 가능하기 때문에, 극히 적은 양의 시료에서도 데이터를 얻을 수 있는 것이 큰 장점이다. 그러나 분광학적 수단과는 달리, 측정 시료는 소비되어 회수할 수 없다. 향 연구에 있어서 GC로 분리한 분자를 바로 질량분석계에 입력하면 각 유지 시간 위치에서 나오는 분자의 화학 구조에 관한 정보를 얻을 수 있어 매우 편리하다. 실제로 GC와 MS 측정을 결합한 GC-MS는 상업화되어 향 성분 분석에 널리 활용되고 있다.

2) 핵자기공명법

핵자기공명법은 분자의 물리적, 화학적, 전기적 성질을 알아내기 위한 분자 분광법의 일종이다. 이 방법을 통해 분자 내 인접한 탄소 원자 간 수소 수나 위치 관계 등을 알 수 있으며, MS에서 규명되지 못한 분자의 화학 구조도 파악할 수 있다. 핵자기공명법은 화학 구조를 몰라도 분자의 구조를 규명할 수 있는 매우 유용한 기기이다.

핵자기 공명법은 자기장 속에 놓인 원자핵이 특정 주파수의 전자기파와 공명하는 현상을 이용해 분자의 물리적, 화학적, 전기적 성질을 알아내는 분자 분광법이다. NMR은 핵스핀과 자기 모멘트를 이용해 분자의 구조와 원자 간의 관계를 상세히 분석할 수 있는 유용한 도구로, 특히 유기화학 분야에서 매우 중요한 역할을 한다.

유기화학에서 구조 분석에 중요한 ^{1}H와 ^{13}C와 같은 원자핵은 팽이의 회전과 같은 스핀 운동을 한다. 양성자는 스핀 양자수 +1/2와 −1/2인 두 가지 스핀 상태를 가진다. 핵스핀을 가진 원자핵은 자전하면서 자기 모멘트를 생성하여 작은 자석과 같은 성질을 갖는다. 외부 자기장이 없는 경우, 핵스핀의 방향은 제멋대로이지만, 외부에서 자기장을 걸어주면 유도 자기장이 생긴다. 이때 핵스핀이 외부 자기장과 같은 방향으로 정렬되는 경우 에너지 준위가 낮아지며, 반대 방향으로 정렬되는 경우 에너지 준위가 높아진다. 이 정렬에 따라 에너지 준위가 달라지며, 기존 에너지 준위에서 높아지거나 낮아지는 에너지의 정도는 서로 같다.

초전도자석으로 만든 강력한 자장 속에 놓이면, 동일 방향과 역방향에 거의 반반씩 낮은 에너지 상태와 그다음 높은 에너지 상태로 들뜬다. 이때 라디오파 정도의 주파수(즉, 에너지)를 제공하면, 스핀이 에너지를 받아 외부 자기장과 반대 방향으로 스핀 상태를 변화시킬 수 있다. 이 현상을 '공명'이라고 하며, 저에너지 상태에서 고에너지 상태로의 여기를 의미한다. 전자기파 조사(즉, 에너지 공급)를 중단하면 불안정한 배열을 한 작은 자석의 방향은 원래 안정한 상태로 돌아가게 된다. 이 과정에서 불안정한 상태와 안정한 상태의 에너지 차이를 전자기파의 에너지로 방출한다. NMR은 이 공명을 관측하는 기술이다. 자장 강도가 강할수록 NMR 기기의 성능은 높아진다.

화합물에서 각각의 원자가 가지는 핵스핀의 강도는 다르므로, 같은 세기의 자기장을 걸어주어도 흡수하는 주파수가 다르다. 따라서 NMR에서 흡수하는 주파수를 측정함으로써 주변에 어떤 원자가 존재하는지 추론할 수 있다. 이 정보를 통해 분자의 구조를 해석할 수 있다.

NMR 분석은 주로 여러 유기화합물의 구조 분석과 화합물 합성을 확인하기 위해 사용된다. 이때 가장 일반적으로 사용되는 분석이 바로 수소 원자의 스핀 공명을 통해 수소 원자를 분석하는 양성자 핵자기 공명(^{1}H−NMR) 스펙트럼이다. 수소는 가장 기본적인 원자로 대부분 유기 분자에 포함되어 있으므로, ^{1}H−NMR은 가장 대중적으로 사용된다. ^{1}H−NMR 스펙트럼을 통해 수소 원자가 어떤 원자와 결합하고 있는지, 나아가 어떤 작용기에 포함되어 있는지, 공간적 배열은 어떤지에 대해 알 수 있다. ^{1}H−NMR을 사용할 때 분석하고자 하는 물질을 녹인 용매에 존재하는 수소 원자도 함께 분석되기 때문에, 이를 방지하기 위해 용매 내 모든 수소를 중수소로 대체한 용매를 사용한다.

유기 분자 내의 양성자(수소원자)는 탄소, 산소, 질소 등의 원자와 공유결합을 통해 결합하고 있다. 결합을 형성하는 전자들은 해당 결합에 있는 양성자의 자기장 환경에 영향을 미친다. 양성자는 외부 자기장뿐만 아니라, 결합된 전자들이 외부 자기장에 반응하여 생성하는 국부적 자기장의 영향을 받는다. 결합 전자들의 운동에 의해 유도된 자기장은 외부 자기장과 반대 방향으로 작용하여, 양성자가 실제로 느끼는 알짜 자기장을 감소시킨다. 이를 양성자가 '가려져 있다(shielded)'고 한다. 따라서 분자 내 양성자가 놓인 환경에 따라 각 핵의 공명 위치가 달라지며, 이를 '화학적 이동(chemical shift)'이라고 한다.

화학적 이동 값은 매우 작기 때문에 절댓값을 측정하는 대신, 테트라메틸실란(tetramethylsilane, TMS)이라는 표준물질에 대해 상대적으로 측정한다. TMS의 양성자들은 대부분 유기화합물의 양성자들보다 더 많이 가려져 있으므로, 시료의 신호들은 보통 TMS 기준 신호보다 낮은 자기장에서 나타난다. 기준값을 0으로 지정한 TMS로부터 화학적 이동을 백만분율(ppm)로 환산하여 간단하게 나타낼 수 있으며, 화학적 이동은 δ 기호로 표시한다. 핵스핀은 외부 자장의 영향을 받을 뿐만 아니라 분자 내 전자적 환경의 영향을 받는다. 같은 메틸(methyl)기라도 옆에 CH_2가 있는 경우와 C=O가 있는 경우, 전자 환경이 다르기 때문에 δ 값이 달라진다. 이러한 차이를 통해 분자 내에서 각 원자의 주변 환경을 추론할 수 있으며, 이는 분자 구조를 해명하는 데 중요한 정보를 제공한다.

한편, 수소 원자에 대응하는 피크는 단일선(singlet, s)인 경우도 있지만, 이중선(doublet, d), 삼중선(triplet, t) 혹은 그 이상으로 분열하는 경우도 있다. 각 신호는 옆자리 탄소와 결합한 수소의 수를 n이라 하면 n+1개로 분열된다. 이를 통해 탄소 골격 구조를 파악할 수 있으며, 이를 '스핀-스핀 분열(spin-spin splitting)'이라고 한다. 예를 들어, 메틸기의 수소는 옆에 다른 수소가 없으면 단일선으로 관측되지만, 옆에 CH_2가 있으면 2+1=3으로 삼중선으로 분열된다. 이러한 분열 폭은 스핀 결합 상수(J, coupling constant)로 표시된다. 이러한 NMR 분석을 통해 분자의 화학 구조와 작용기를 상세히 이해할 수 있으며, 유기화합물의 구조 해명에 필수적인 도구로 활용된다.

NMR 분광기는 핵스핀을 배열하기 위한 자석, 에너지원으로 사용하는 라디오 주파수 송신기, 라디오 주파수 복사선의 흡수를 검출하는 수신기, 그리고 스펙트럼을 기록하는 기록기로 구성되어 있다. NMR 스펙트럼을 얻기 위해 일반적으로 푸리에 전환(Fourier-transform) 핵자기공명(FT-NMR) 분광계를 사용한다. FT-NMR은 펄스 기술을 사용하여 매우 짧은 시간에 신호를 생성하고 이를 분석하는 방식으로 매우 빠르고 효율적인 스펙트럼을 얻는 것이 가능하다.

NMR 스펙트럼

- ^1H-NMR 스펙트럼

톨루엔의 ^1H-NMR 스펙트럼을 〈그림 5-9〉에 나타내었다. NMR 스펙트럼의 가

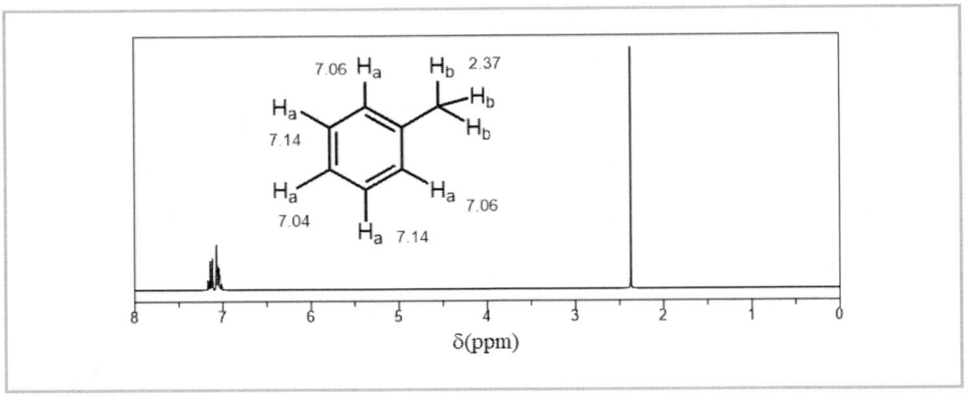

그림 5-9 톨루엔의 ^{1}H-NMR 스펙트럼

로축은 화학적 이동을 나타내며, δ(ppm)로 표시된다. 신호의 면적비는 세로축으로 표시되고, 이는 수소 원자의 수를 나타낸다.

톨루엔 분자에는 총 8개의 수소 원자핵이 있다. 이 수소 원자핵은 크게 두 그룹으로 나눌 수 있다. 첫 번째 그룹은 벤젠 고리에 결합한 5개의 수소 원자(H_a)이고, 두 번째 그룹은 메틸기에 결합한 3개의 수소 원자(H_b)이다. 벤젠 고리의 탄소 원자 간 화학결합은 단일결합과 이중결합의 중간 성질을 가지며, 벤젠 고리 내부에서는 전자가 자유롭게 이동한다. 자유롭게 전자가 흐르는 곳에 자기장을 걸어주면 그 자기장 방향과 반대 방향의 자기장이 이 전자에 의해 생성된다. 즉, 벤젠 고리에 결합한 수소 원자핵에 자기장을 걸어주면 벤젠 고리 내의 전자 영향으로 반대 방향의 자기장이 생성되어 일부가 상쇄된다(이를 자기 차폐라고 한다). 그러므로 공명에 더 높은 주파수가 필요하고, 따라서 downfield(높은 ppm)에 나타난다. 반면, 메틸기에 있는 수소 원자핵의 작은 자석을 반전시키기 위해서는 특별히 추가적인 에너지가 필요하지 않다. 따라서 벤젠 고리에 결합한 수소 원자와 메틸기에 결합한 수소 원자는 다른 주파수에서 공명한다.

〈그림 5-9〉를 보면, 피크는 2.37 ppm의 피크와 7 ppm 영역에 걸쳐 있는 두 개의 집단으로 나타나 있다. 여기서 7 ppm 근처에 있는 피크들은 벤젠 고리에 결합한 수소 원자에 의한 것이며, 2.37 ppm에 있는 피크는 메틸기의 수소 원자에 의한 것임을 추정할 수 있다. 각 피크의 면적은 톨루엔에 있는 수소 원자의 수에 비례하며, 이 스펙트럼에서 피크의 면적을 재면 5:3의 비율이 된다.

이와 같이, NMR 스펙트럼은 분자 내에 포함된 수소 원자 주변의 화학적 환경에 대한 정보를 제공한다. 유기화합물에는 많은 수소 원자가 포함되어 있으므로, 각 수소 원자가 어떤 화학적 환경에 있는지를 아는 것은 그 분자의 화학 구조를 이해하는 데 매우 유용하다.

• ^{13}C NMR 스펙트럼

^{1}H-NMR이 분자의 골격에 관한 많은 정보를 제공할 수 있지만, ^{13}C-NMR은 그 화합물의 탄소 수와 각 탄소의 전자적 환경을 알 수 있게 한다. 탄소 원자들의 화학적 이동은 특정한 화학적 환경과 관련이 있다. ^{1}H-NMR과 마찬가지로, ^{13}C-NMR에서도 TMS의 탄소가 화학적 이동 척도의 영점으로 사용된다. 그러나 ^{13}C 원자핵이 내는 신호의 세기가 ^{1}H에 비해 현저히 약하기 때문에, ^{13}C-NMR이 구조 결정에 유용한 기술이 되기 위해서는 신호대 잡음비가 매우 커야 한다. 이를 가능하게 하기 위해 FT-NMR(푸리에 전환 핵자기공명)이 개발되었다.

^{13}C-NMR 스펙트럼은 매우 간단하게 나타난다. 각 탄소에 대해 별개의 분명한 피크가 관찰되며, ^{13}C 신호들이 잘 분리되어 있다. 일반적으로 유기 분자들의 양성자 신호 범위는 약 12 ppm인 반면, ^{13}C 화학적 이동은 200 ppm 이상의 범위에 걸쳐 있어 스펙트럼 해석은 더 쉽다. ^{1}H-NMR과 달리, ^{13}C-NMR에서는 적분된 넓이나 갈라짐 양식이 중요하지 않으며, 피크는 모두 단일선으로 나타난다. 실제 $\pm\frac{1}{2}$ 스핀을 가진 ^{13}C 원자핵은 ^{1}H에 적용된 것과 동일한 갈라짐 규칙의 지배를 받지만, ^{13}C-NMR 스펙트럼은 ^{13}C를 자연 존재비 수준으로 함유하는 시료를 측정한다. 그런데 시료에 있는 모든 탄소의 약 1%만이 ^{13}C이며, 한 분자가 한 개 이상의 ^{13}C 원자를 함유할 확률은 매우 작다. 게다가 ^{13}C 신호는 탄소에 직접 결합한 양성자뿐 아니라, 2개, 3개 또는 그 이상의 결합들에 의해 분리되어 있는 양성자들 때문에도 갈라지므로 스펙트럼이 매우 복잡해진다. 이를 해결하기 위해 넓은 띠 짝풀림(broadband decoupling)이라는 조건에서 측정하며, 이로 인해 피크가 단순해진다.

〈그림 5-10〉에 톨루엔의 ^{13}C-NMR 스펙트럼을 나타내었다. 주위 환경에 따라 탄소의 위치가 간단하게 나타나는 것을 볼 수 있다.

^{13}C NMR 스펙트럼에서 톨루엔의 탄소 원자는 다음과 같이 분류될 수 있다. 첫 번째는 메틸기 탄소(CH_3)로, 이 탄소는 벤젠 고리에 직접 결합된 메틸기 탄소로 다른 탄소와는 다른 고유한 화학적 이동을 가진다. 두 번째는 벤젠 고리의 탄소들이다. 벤젠 고리의 탄소 중 파라 위치 탄소는 메틸기와 반대쪽에 있는 탄소로 고유한 화학적 이동을 가진다. 오르토 위치 탄소들은 메틸기 바로 옆에 위치한 탄소들로 동일한

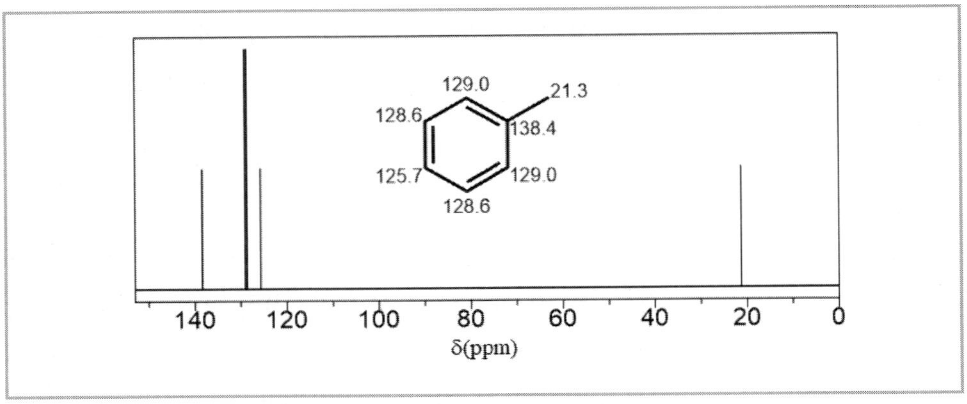

그림 5-10 톨루엔 ^{13}C-NMR 스펙트럼

화학적 이동을 가지며, 메타 위치 탄소들은 오르토 위치 탄소와 파라 위치 탄소 사이에 있는 탄소들로 이들도 동일한 화학적 이동을 가진다.

톨루엔의 ^{13}C NMR 스펙트럼에서 관찰되는 피크를 해석하면 다음과 같다. 21.3 ppm에서 나타나는 피크는 메틸기 탄소(CH_3)에 해당하며, 약 125.7 ppm에서 나타나는 피크는 파라 위치 탄소에 해당한다. 약 129 ppm에서 나타나는 피크는 오르토 위치 탄소들에 해당하며, 약 128 ppm에서 나타나는 피크는 메타 위치 탄소들에 해당한다. 메틸기 탄소는 고리 외부에 위치하므로 가장 낮은 화학적 이동을 보이며, 벤젠 고리의 탄소들은 고리 내 전자구름의 효과를 받아 더 높은 화학적 이동을 보인다. 특히, 오르토 위치 탄소들은 메틸기의 전자 밀도 효과를 직접적으로 받기 때문에 가장 높은 화학적 이동을 나타낸다.

• 2차원 NMR (2D-NMR) 스펙트럼

NMR 스펙트럼에서 얻을 수 있는 정보가 많을수록 구조 해석의 기회가 더 많아진다. 지금까지 본 스펙트럼은 진동수 축을 x 축으로 사용하는 1D 스펙트럼이었다. 그러나 2D-NMR(이차원 핵자기공명 분광법)에서는 표준 펄스 순서에 두 번째 파수 축을 추가하여 더 많은 정보를 얻을 수 있다. 2D-NMR은 두 개의 화학적 이동 축을 사용하여 신호를 대각선으로 정렬함으로써 분자의 스핀 시스템 간 상호작용을 탐구한다. 대각선 바깥의 교차 신호는 두 축 사이의 상관관계를 나타낸다. 이러한 교차 신호를 통해 원자들 간의 결합 관계나 공간적 근접성을 확인할 수 있다. 2D-NMR 기법으로는 스핀 결합된 양성자에 관련된 신호를 통해 구조를 결정할 수 있는 COSY(Correlated Spectroscopy) 스펙트럼과, 두 개의 파수 축이 ^{1}H와 ^{13}C의 화학적 이동값을 가지는 HETCOR(Heteronuclear Chemical Shift Correlation) 방법 등이 있다. 상황에 따라 필요한 방법을 선택하여 사용할 수 있다. 더 전문적인 내용은 전문 서적을 참조하길 바란다.

3) 적외선 분광법

적외선 분광법(赤外線分光法) 또는 IR 분광법(infrared spectrometry)은 분자 내 작용기를 확인하는 데 유용한 분석 기법이다. 이 방법은 다양한 파장의 적외선을 사용하여 분자의 화학적 구조를 해석하며, 화합물을 동정(identification)하는 데도 중요한 역할을 한다. 특히, 분자 내 특정 작용기를 식별하는 것은 물질을 분석하는 데 있어 중요한 정보이다. 하지만 NMR(핵자기공명 분광법)이 보편화되면서 향기 성분 분석 영역에서는 IR 분광법의 중요성이 다소 감소한 측면이 있다.

적외선 분광법은 분자의 작용기들이 특정 방식으로 진동하는 원리를 이용한다. 작용기를 포함하는 분자는 고유한 그룹 진동(group vibration)을 가지며, 이 진동은 적외선을 흡수하는 방식으로 나타난다. 적외선 영역의 전자기파가 분자에 흡수되면 분자의 결합과 작용기들은 고유한 진동수를 나타낸다. 즉, 각 분자는 고유한 화학적 구조에 따라 특정 파장의 적외선을 흡수하며, 이러한 흡수된 파장을 분석함으로써 물질을 구성하는 분자의 화학적 구조에 대한 정보를 얻을 수 있다.

적외선은 전자기 스펙트럼에서 가시광선보다 파장이 길고 진동수(ν)가 작은 영역에 해당한다. 이 범위의 적외선은 분자 내 원자 결합의 진동과 밀접하게 관련되어 있다. 실온에서 분자를 구성하는 원자들은 결합 축을 중심으로 진동하며, 이러한 진동은 다양한 진동 에너지 준위에 걸쳐 분포한다.

분자에 특정 파장의 적외선을 조사하면, 분자는 이 에너지를 흡수하여 결합의 신축과 수축을 일으키는 진동 운동(신축)과 결합각의 열림과 굽힘을 포함한 진동 운동(변각)을 하게 된다. 이러한 진동 운동과 그에 따른 에너지는 양자화되어 있으며, 이는 분자가 특정한 진동 에너지 준위만을 가질 수 있음을 의미한다. 진동 에너지 준위 간 에너지 차이는 다음의 식으로 표현된다.

$$\Delta E = h\nu \tag{5.1}$$

여기서 ΔE는 에너지 차이, h는 플랑크 상수, ν는 진동수이다. 분자가 낮은 에너지

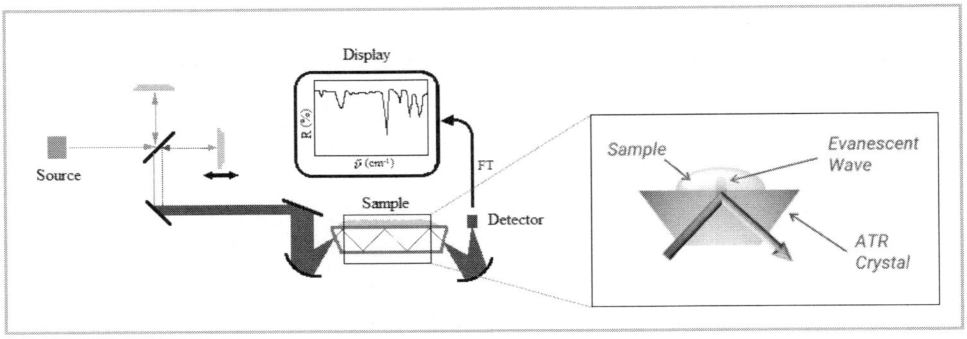

그림 5-11 ATR-FTIR의 작동 원리
자료: Ubed junejo - Own work, wikimedia

상태에서 높은 에너지 상태로 전이할 때, 진동의 진폭이 증가한다.

분자는 진동 에너지 준위 차이에 해당하는 진동수를 흡수하게 된다. 이 진동수는 전자기 스펙트럼의 적외선 영역에 해당하며, 2.5~16 μm의 파장 범위에 걸친다. 적외선 분광법에서는 파장 대신 파수(wavenumber, λ^{-1})를 사용하여 cm^{-1}의 단위로 나타낸다. 따라서 2.5~16 μm는 4,000~625 cm^{-1}에 해당한다.

적외선 스펙트럼은 시료의 물리적 상태와 관계없이, 즉 고체, 액체, 기체 또는 용액 상태에서도 얻을 수 있다. 주어진 시료에 대해 적외선 분광계(또는 광도계)를 사용하여 스펙트럼을 측정한다. 적외선 분광 기기는 물질이 흡수하는 적외선 영역의 전자기파 데이터를 수집하고, 이 데이터를 푸리에 변환법(FT)으로 처리하여 최종적으로 스펙트럼을 얻는다. 현재 널리 사용되는 적외선 분광기기는 푸리에 변환 데이터 분석기와 감쇠 전반사(attenuated total reflectance, ATR) 기술이 결합된 구조이며, 〈그림 5-11〉에서 ATR-FTIR(Attenuated Total Reflectance-Fourier Transform Infrared Spectroscopy) 구조를 나타내었다. 이 방법은 시료 준비가 간편하고 다양한 상태의 시료를 분석할 수 있어, 화학적 성분 분석에 널리 사용된다. ATR-FTIR의 주요 장점 중 하나는 시료 전처리가 거의 필요없다는 점이다. 고체, 액체, 젤, 분말 등 다양한 형태의 시료를 직접 분석할 수 있어 편리하다. 또한, 이 기술은 비파괴적이기 때문에 소량의 시료로도 충분히 분석이 가능하다.

ATR-FTIR에서 시료는 'window'라고 불리는 ATR 크리스털 위에 놓인다. 조사된 적외선 빛은 고굴절률의 ATR 결정에 입사하여 시료 표면에서 전반사된다. 이렇게 반사된 빛은 FTIR 검출기로 이동하게 된다. 이때 시료와의 경계면에서 반사된 빛의 일부는 에바네센트파(evanescent wave) 형태로 생성된다. 에바네센트파는 결정체 표면에서 외부로 방사되지 않으며, 경계면을 따라 전파되면서 시료 내부로 매우 얕게 침투한다. 이 침투 깊이는 일반적으로 수 마이크로미터 이내로 적외선 파장의 길이, 입사각, 그리고 시료와 ATR 결정체 사이의 굴절률 차이에 의해 결정된다. 에바네센트파가 시료 내부로 침투하면 시료의 분자들은 특정 파장의 적외선을 흡수할 수 있다. 이러한 흡수로 인해 에바네센트파의 강도는 감소(즉, attenuated)하며, 이 감소는 ATR 결정체에서 전반사된 빛의 강도에도 영향을 미친다. 결과적으로, 흡수된 에너지를 통해 특정 파수에서의 흡수 스펙트럼을 얻을 수 있다.

이 흡수 스펙트럼은 일반적으로 파수 400~4,000 cm^{-1}의 범위에서 기록되며, 이를 적외선 스펙트럼(IR spectrum)이라 한다. 적외선 스펙트럼에서 x축에는 진동수(또는 파장)를 표시하고, y축에는 해당 진동수에서의 % 흡광도(또는 % 투과도)를 표시한다.

적외선 스펙트럼은 분석가능한 피크들 또는 분석이 필요한 피크들을 다수 포함하고 있다. 특정한 주 피크만으로 화합물의 구조를 명확히 밝히기는 어렵기 때문에, 적외선 스펙트럼을 분석할 때는 다양한 구조적 단위에 따른 적외선 흡수 영역에 대한 레퍼런스가 필요하다. 특정 작용기 특유의 진동들은 4,000~1,600 cm^{-1} 영역에서 중요한 피크를 나타내며, 1,500~500 cm^{-1} 영역은 지문영역(fingerprint region)이라 불린다. 이 지문영역은 화합물마다 피크들의 모양이 가장 많이 달라지는 영역으로, 이 영역의 패턴은 지문처럼 각 화합물의 고유한 스펙트럼을 확인하는 데 중요한 역할을 한다.

〈그림 5-12〉에 에탄올 분자의 적외선 흡수 스펙트럼이 나타나 있다. 이 스펙트럼에서 x축은 조사된 적외선의 파장을, y축은 통과한 적외선의 강도를 나타낸다. y축에서 값이 1인 지점은 조사된 적외선 빛이 전부 통과했음을 의미한다. 아래로 향한 피크는 적외선이 흡수된 부분을 나타내며, 이는 에탄올 분자가 해당 파장의 적외선을 흡수했음을 의미한다.

일반적으로 적외선 스펙트럼에서 1000 cm^{-1} 부근의 피크는 H-C-H의 날개춤(bending) 운동에, 3,000 cm^{-1} 부근의 피크는 C-H의 신축 운동에 해당한다. 에탄올 분자에서 C-H 결합의 전자들은 실제로 복잡한 움직임을 보이기 때문에, 이 영역 외에도 다양한 복잡한 피크들이 나타난다.

〈그림 5-12〉에 같이 나타낸 레퍼런스를 참고하면, 구조 결정을 위해서는 작용기 특유의 흡수대에 주목해야 한다. 예를 들어, 에탄올의 IR 스펙트럼에서 3,200~

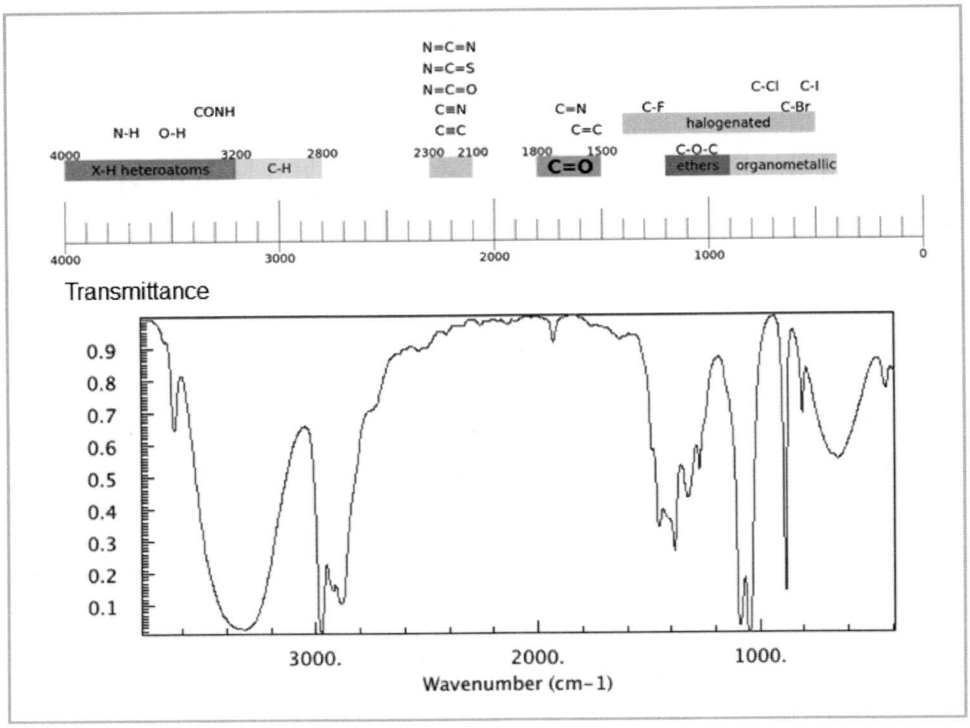

그림 5-12 에탄올의 IR 스펙트럼과 주요 IR 스펙트럼 밴드
자료: Faverik – Own work, wikimedia

3,600 cm^{-1} 사이에 나타나는 큰 흡수대는 O–H 결합의 신축 운동에 의한 것으로, 이로 인해 이 분자가 하이드록시기(–OH)를 포함하고 있음을 확실히 알 수 있다. 이러한 간단한 측정을 통해, 최소한 이 화합물에 C–H 결합과 O–H 작용기가 존재한다는 것을 알 수 있다. 물론 이런 데이터만으로 에탄올의 화학 구조를 바로 알 수는 없다. 그러나 적외선 스펙트럼은 분자의 작용기를 포함한 부분적 화학 구조에 대해 중요한 정보를 제공할 수 있다. 이 분석 방법은 오래전부터 사용되어 왔지만, 현재까지도 매우 유용한 이유가 바로 여기에 있다.

4) 자외선–가시광선 분광법

UV–vis 분광법(Ultraviolet–visible spectroscopy)은 자외선(UV)과 가시광선(vis) 영역의 전자기파를 이용하여 물질의 흡광도를 측정하는 분석 기법이다. 이 기법은 분자의 전자 전이와 관련된 정보를 제공하며, 화합물의 공액된 π 전자계, 공액

구조, 농도, 반응 메커니즘 등을 파악하는 데 유용하다.

전자기파 스펙트럼에서 핵스핀 상태들 사이의 에너지 차보다 진동 상태 사이의 에너지 차가 더 크고, 전자 상태 사이의 에너지 차는 더욱 크다. 한 전자 상태에서 더 높은 상태로 전자를 올리는 데 필요한 에너지는 전자기 스펙트럼의 가시광선과 자외선 범위에 해당한다. UV-vis 범위의 복사선에서 가시광선 영역은 대략 360~780 nm에 해당하며, 자외선은 200~360 nm 범위의 파장을 가진 빛을 포함한다. 시료에 UV 또는 가시광선을 조사하면 시료를 구성하는 분자는 이 빛 에너지를 흡수하여 전자가 낮은 에너지 상태(기저상태)에서 높은 에너지 상태(들뜬 상태)로 전이하게 된다. 자외선이나 가시광선을 흡수하면 일반적으로 결합 전자가 들뜨게 된다. 이러한 전이로 인해 흡수된 빛의 파장을 측정하여 흡수 스펙트럼을 얻을 수 있다. 이때 전자의 에너지 상태 변화는 빛의 파장에 따라 달라지며, 이를 통해 물질을 식별하거나 농도를 측정할 수 있다. 따라서 흡수 피크의 파장은 시료를 구성하는 분자의 결합 형태와 밀접한 관련이 있으며, 분자 내 작용기를 확인하는 데 유용하다.

흡수 스펙트럼은 파장(x축)과 흡광도(y축)으로 표현되며, 특정 파장에서 흡광도가 높은 피크가 나타난다. 이러한 피크는 분자 내 특정 결합이나 작용기에 해당하는 전자 전이와 관련이 있다. 예를 들어, $\pi-\pi^*$ 전이 또는 $n-\pi^*$ 전이와 같은 전자는 자외선이나 가시광선 영역에서 흡수 피크를 나타낸다. 이 정보는 화합물의 정성 분석에 활용될 수 있으며, 흡광도 법칙(Beer-Lambert 법칙)을 이용하면 시료의 농도도 정량적으로 분석할 수 있다.

UV-vis 분광광도계는 주로 광원, 시료 홀더, 모노크로메이터, 그리고 감지기로 구성되어 있다. 광원에서 발생한 빛은 투명한 유리나 석영으로 만들어진 큐벳이라는 셀에 들어 있는 시료를 통과한 후, 모노크로메이터를 통해 특정 파장으로 분리된다. 감지기는 이 빛의 강도를 측정하여 시료의 흡광도를 계산하며, 포토다이오드, 포토다이오드 어레이, CCD 등이 감지기로 사용된다.

향 분자들은 일반적으로 색이 없어 UV-vis 스펙트럼에서 강한 흡수가 나타나는 경우가 드물다. 〈그림 5-13〉에서 디하이드록시벤조산 유도체인 바닐산의 UV-vis 스펙트럼을 볼 수 있다. 바닐산은 산화된 형태의 바닐린으로, 플레이버로 사용된다. 그림에서 볼 수 있듯이, 200 nm 이상에서 강한 흡수가 나타나 공액계 구조가 존재함을 나타낸다.

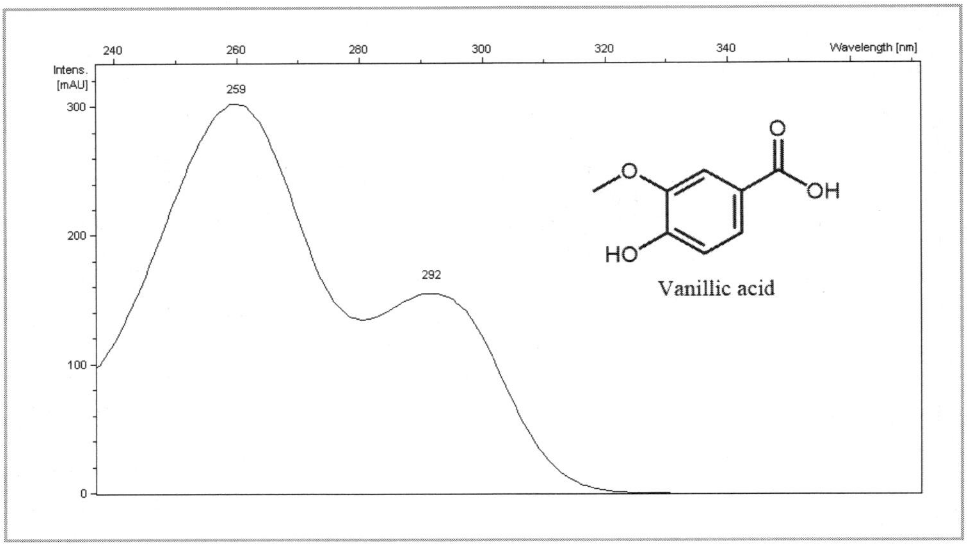

그림 5-13 바닐산의 UV-vis 스펙트럼
자료: Nono64, Wikimedia

5.4 향 분석

이미 GC를 통해 아로마 정유에 포함된 다양한 화학 분자를 분석할 수 있음을 설명했다. 이번에는 크로마토그래피를 이용한 향 성분 분석 방법 가운데 하나인 아로마 추출 희석 분석(aroma extract dilution analysis, AEDA)법과, 동위원소를 이용하여 정밀한 정량 분석을 수행하는 SIDA(stable isotope dilution assay)법을 소개한다. 또한, 지속적으로 발전하고 있는 전자코를 활용한 향 분석 방법도 함께 다루겠다.

GC에 FID나 MS 검출기를 이용하면 어떤 휘발성 화합물이 포함되어 있는지를 분석할 수 있지만, 이 방법만으로는 냄새를 충분히 분석하기 어려울 수 있다. 이를 보완하기 위해, 사람의 코를 검출기로 사용하는 기기인 Gas Chromatography-Olfactometry (GC-O) 또는 GC-sniffing이 향 분석에 이용된다.

GC-O는 〈그림 5-6〉 및 〈그림 5-14〉에 나타낸 장치처럼 GC의 칼럼 출구를 분기시켜 한쪽은 검출기(FID, MS 등)에 연결하고, 다른 한쪽은 냄새를 맡을 수 있는 유출구(sniffing port)에 연결하여 구성된다. 이 장치를 통해 칼럼을 통과하며 분리

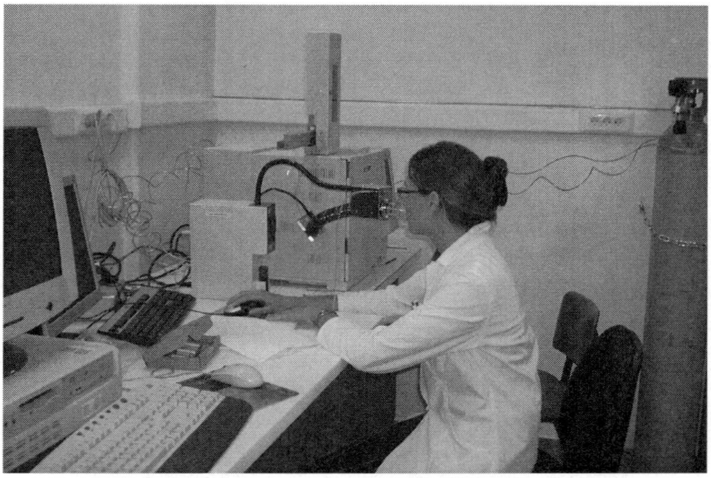

그림 5-14 Gas chromatography-olfactometry(GC-O)

된 향기 성분 하나하나의 냄새를 맡을 수 있다. 검출기와 유출구에서 동시에 분석이 가능하도록 조정하여 각 성분의 특성을 파악할 수 있다. 특히, GC-O에 질량분석계가 결합된 GC-MS가 함께 사용되면, 피크를 확인하여 어떤 물질인지도 판정할 수 있어 더욱 정확한 분석이 가능하다.

이 장치를 사용한 일반적인 분석 결과는 〈그림 5-15〉에 나타내었다. 일반적인 GC 크로마토그램에서 볼 수 있는 것처럼, 유지 시간에 따라 나오는 성분의 농도가 y축에 표시되는 대신, GC-O로 얻는 크로마토그램에서는 유지 시간(retention time) 동안 칼럼에서 배출되는 분자의 냄새를 사람이 직접 맡아 그 분자의 향 감각 정보를 기록하게 된다.

한편, 분석을 진행하면서 크로마토그램에 피크가 검출되었지만 냄새를 느끼지 못

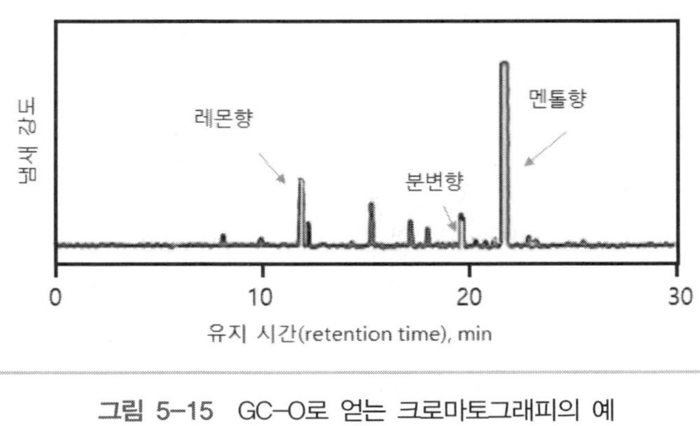

그림 5-15 GC-O로 얻는 크로마토그래피의 예

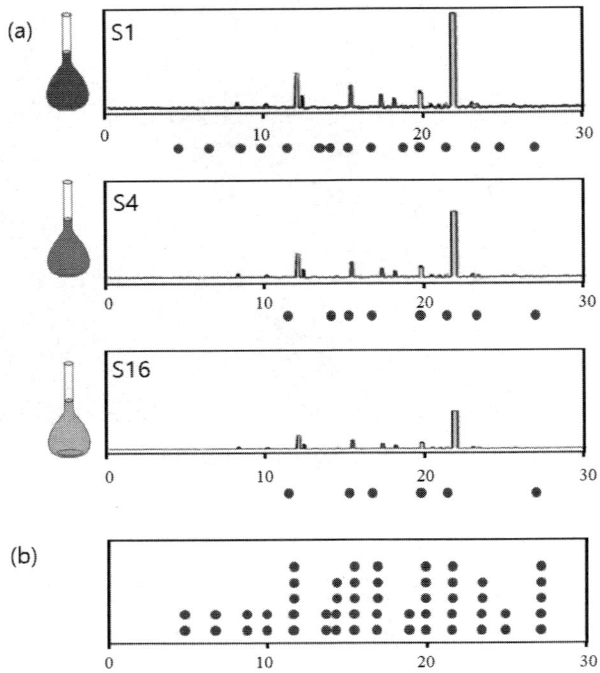

그림 5-16 (a) 농도별 GC-O로 구한 크로마토그램, (b) AEDA법으로 구한 아로마그램

하거나, 반대로 피크는 검출되지 않았지만 냄새를 느끼는 경우가 발생할 수 있다. 이는 냄새 성분의 특성 중 하나인 '역치' 때문이다. 피크가 검출되지 않지만 강한 냄새를 가진 화합물(즉, 역치가 낮은 화합물)은 전체 향의 중요한 요소가 될 수 있다. 이러한 문제를 해결하기 위해 아로마 추출 희석 분석(AEDA)법이 개발되었다.

AEDA 방법은 시료를 일정한 비율(예: 2, 2^2, 2^3, 2^4...2^n배)로 희석한 후, 각 희석된 시료를 GC 분석하여 발생하는 피크의 냄새를 맡아 어느 농도까지 냄새를 느낄 수 있는지를 그래프로 나타낸다. 시료를 2배, 4배, 8배 등으로 희석하고, 이때 시료를 각각 S2, S4, S8, S16 등으로 명명한다. 희석 전 냄새 성분 농축물(S1)에서 가장 많은 냄새가 검출되지만, 시료를 희석할수록 검출되는 피크의 수와 강도는 감소한다. S1에서 냄새가 검출된 각 위치에서 어떤 희석 배율까지 냄새를 감지할 수 있는지를 동일한 시간 축에 따라 그린 것을 아로마그램이라 하며, 그 예시는 〈그림 5-16 (b)〉에 나타내었다.

이 아로마그램으로부터 어느 향기 성분이 전체 향기에 크게 기여하고 있는지를 파악할 수 있다. 특히, 많이 희석된 시료에서도 검출되는 피크일수록 해당 성분이 향기에 높은 공헌도를 가지고 있음을 알 수 있다. 이 방법의 장점은 단순히 한 농도에서 시료를 GC-O 분석했을 때, 향이 강하게 느껴졌거나 약하게 느껴졌다는 감각적인 평가가 아닌, 각 성분의 기여도를 객관적으로 평가할 수 있다는 점이다.

이상의 분석 방법을 통해 냄새를 성분별로 분리하여 각각의 냄새 특성을 확인하고, 대상물의 냄새 중 어떤 성분이 중요한지를 파악할 수 있다. 특히, 중요한 냄새 성분에 대해서는 원래 대상물에 어느 정도 포함되어 있는지를 정량 분석하기도 한다. 이를 위해 순도가 확인된 일정량의 표준 화합물(내부 표준)을 원래 대상물에 첨가한 후, 휘발성 성분을 분리하여 GC 분석을 수행한다. 이 과정에서 정량하고자 하는 성분과 첨가한 표준 화합물의 측정 결과의 비율을 통해 해당 성분의 함유량을 도출할 수 있다. 다만, 냄새 분석에서 비휘발성 성분을 분리하기 위해 추출, 증류 등의 전처리를 실시할 경우, 오차가 발생할 가능성이 있다. 이로 인해 원래 시료에 들어있는 양을 정확히 정량하는 것은 어려울 수도 있다. 이러한 문제는 SIDA(stable isotope dilution assay) 방법을 통해 해결할 수 있다. 높은 정확도로 측정할 수 있는 SIDA 방법을 위해 정량하고자 하는 화합물의 화학 구조와 동일하지만 일부 원자가 동위원소로 치환되어 있는 라벨-화합체를 표준 화합물로 사용한다. 이 라벨 화합물은 물리적, 화학적 성질은 측정 대상과 동일하지만, 분자량이 다르다는 특징이 있다. 이 라벨 화합물을 내부 표준 물질로 시료에 혼합하여, 내부 표준과 분석 대상화합물의 상대적 피크 강도를 비교하여, 정확한 정량 분석을 할 수 있다.

5.5 전자 코

인간의 코를 대신하여 다양한 센서를 사용해 냄새를 감지하고 식별하는 방법을 총칭하여 전자 코(electronic nose 또는 E-nose)라고 한다. 전자 코는 냄새를 인식할 수 있는 전기화학 센서 어레이와 적절한 패턴 인식 시스템으로 구성되어 있다. 이 장치는 인간의 복잡한 후각 시스템 기능을 모방하여, 감지된 신호를 수집하고 분석된 신호를 인공지능 알고리즘을 통해 처리함으로써 냄새를 인식하는 정교한 소프트웨어 시스템을 포함하고 있다.

전자 코의 핵심은 냄새를 감지하는 센서 어레이에 있다. 냄새 물질은 센서 표면과

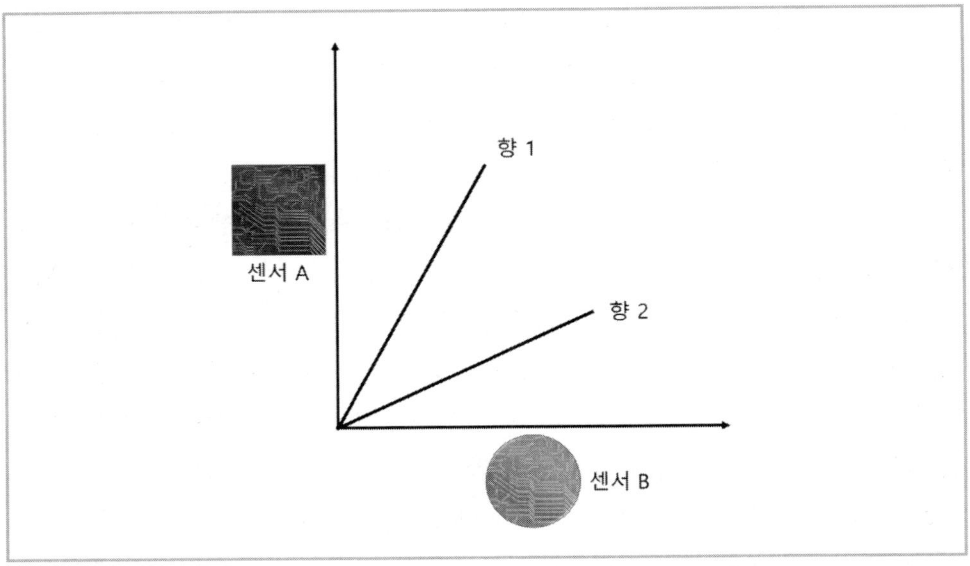

그림 5-17 서로 다른 센서에 흡착량이 다른 것을 이용하여 향을 분석할 수 있다.

상호작용하여 물리적 또는 화학적 특성의 변화를 일으킨다. 이 변화는 센서에 의해 감지되어 전기신호로 바뀐다. 일반적으로 사용되는 전자 코 센서에는 특정 냄새 성분을 흡착하여 전기 저항이 변하는 금속–산화물–반도체(Metal-Oxide-Semiconductor, MOS) 센서, 전도성 고분자나 고분자 복합체 센서, 또는 석영 크리스탈 공진기의 주파수 변화를 통해 흡착된 기체에 의해 변화된 단위면적당 질량 변화를 측정하는 Quartz Crystal Microbalance(QCM) 등이 있다. 이 외에도 광학센서나 전기화학 센서 등이 사용된다. 일부 장치는 고분자 코팅된 QCM과 같이 여러 센서 유형을 결합하여 보다 정확한 냄새 분석이 가능하도록 설계되어 있다.

인간이 400개 정도의 후각 수용체를 가지고 있는 것을 모방하여 냄새 센서를 개발하고 있다. 하지만 하나의 센서로 모든 냄새를 정확히 판단하기는 어려우므로, 어떤 센서들을 조합하느냐가 효과적인 전자 코를 개발하는 데 있어서 중요한 문제이다. 따라서 여러 센서를 조합하여 냄새의 질적 차이를 판단하려는 시도가 이루어지고 있다. 예를 들어, 레몬 향이 나는 리모넨(향 1)과 멘톨(향 2)이 있다고 가정하자. 두 개의 서로 다른 특성을 가진 센서에 이 화합물들이 흡착되는 양을 조사하여, 이를 기준(reference)으로 설정해 둔다면, 미지의 냄새가 있을 때 두 센서에 흡착되는 정도를 측정하여 각 냄새를 판단할 수 있을 것이다(그림 5-17). 이 원리를 바탕으로 센서의 수를 늘리면 인간처럼 냄새를 감지하여 객관적으로 측정할 수 있는 전자 코

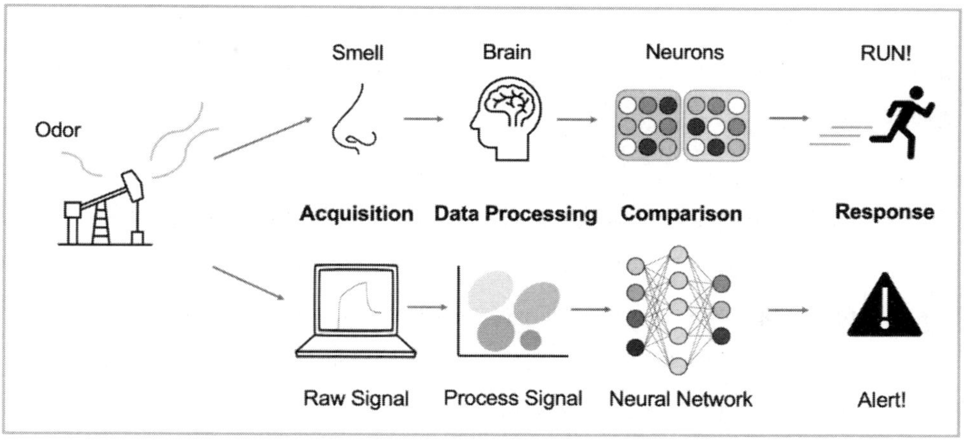

그림 5-18 인간과 전자코를 이용한 냄새 인식
자료: Nanomaterials21-Own work, wikimedia

를 만들 수 있겠지만, 아직은 인간의 후각과 동일한 수준에 도달하기에는 갈 길이 멀다.

사람이 냄새를 인지하는 데는 기본적으로 두 가지 과정이 있다. 첫 번째는 냄새를 감지하는 것이고, 두 번째는 그 정보를 종합하여 냄새를 판단하고 이에 반응하는 것이다. 〈그림 5-18〉에서는 위험한 냄새를 인지하고, 그 위험을 판단하여 위험으로부터 피하는 행동을 묘사하고 있다. 이러한 과정을 전자 코를 이용해 구현할 수 있다.

이를 위해서는 먼저 인간의 후각 수용체에 필적하는 능력을 가진 센서가 필요하다. 후각 메커니즘에 대한 연구를 바탕으로, 후각수용체 단백질을 센서로 사용하는 시도도 이루어지고 있다. 또한, 여러 센서에서 나오는 출력 정보를 바탕으로 냄새의 질을 구체적으로 판단하는 알고리즘과 정보처리는 인공지능 기술을 활용하여 구현되고 있다.

5.6 관능 평가

우리 주위에는 다양한 향이 존재하지만, 그 정체를 정확히 파악하기는 어렵다. 앞서 소개한 GC나 GC-MS와 같은 분석 기기를 통해 향 물질의 이름이나 조성, 함유량 등을 측정할 수 있지만, 이러한 기기들로는 향의 질이나 냄새의 강도, 기호성을 평가하기는 어렵다. 이러한 특성들은 사람의 오감을 이용해 관능적으로 평가하고 있다. 이 장에서는 사람의 감각을 이용하여 향을 평가하는 '관능 평가(sensory evaluation)'에 대해 소개한다.

인간의 삶에서 음식과 미각은 기본적인 욕구를 넘어 문화와 연계되기 때문에, 식품 과학과 미각에 대한 연구는 상대적으로 향이나 후각에 대한 연구보다 더 많이 이루어져 왔다. 따라서 식품 분야에서 개발된 관능 평가의 지식을 향 연구에 적용하고 있다.

식품과학기술대사전에 따르면, "관능적 평가란 계획된 조건에서 여러 사람의 감각을 통해 제품의 질을 판단하고, 보편타당성이 있는 결론을 얻어내는 하나의 수단"으로 정의된다. 현대 과학기술이 발달했음에도 불구하고, 식품의 맛과 향의 특성을 완전히 파악하고 정량화하기는 여전히 어렵다. 그래서 맛과 향의 차이점을 감지하고 평가하는 과정은 대부분 인간의 감각에 의존하고 있다. 이 관능 평가 방법은 빠르고 간편하다는 장점이 있지만, 동시에 여러 한계도 존재한다.

인간의 감각은 개인의 생리적, 심리적 상태뿐만 아니라 나이, 건강 상태, 개인의 취향 등 다양한 요소에 의해 영향을 받는다. 이는 감각을 이용한 관능 평가 결과가 주관적일 수 있음을 의미하며, 이러한 주관성은 데이터의 일관성과 신뢰성을 확보하는 데 어려움을 가져올 수 있다. 따라서 관능 평가를 수행할 때는 이러한 변수를 철저히 이해하고 관리하여 신뢰할 수 있는 결과를 얻기 위한 조치가 필요하다. 예를 들어, 소음이 없고 무채색 벽으로 이루어진 개별 부스에서 관능 평가를 진행하며, 시료에 대한 사전 정보가 없도록 하여 오직 냄새만 평가될 수 있도록 해야 한다. 이를 통해 외부 변수의 영향을 최소화하고, 평가 과정의 일관성이 유지된다. 또한, 동일한 제품이라도 사람마다 감수성, 경험, 기대치 등의 차이로 인해 다르게 인식될 수 있다. 이러한 개인차는 감각 평가 결과에 영향을 미칠 수 있으므로 변수를 최소화하는 것이 필수적이다. 외부 변수나 영향을 최소화했다면 남은 주요 변수는 패널리스트이다. 모든 패널리스트는 후각에 대한 민감도와 단기간 냄새 기억력을 기준으로 신중하게 선발해야 한다. 수집된 데이터의 통계 처리는 관능 평가의 신뢰도와 타당성을 확보하는 데 핵심적인 역할을 하며, 통계 분석을 통해 개별 평가에서 발생할 수 있는 차이를 보정하고, 전반적인 경향을 파악하여 보다 객관적이고 신뢰성 있는 결론을 도출해야 한다.

일반적인 평가 방법은 (1) 특성 차이의 유무를 식별하는 방법, (2) 순위를 결정하는 방법, (3) 특성을 종합적으로 평가하는 방법으로 구분된다. 각 방법에는 질문 방식, 시료 제시 방법, 데이터 처리 방법 등이 정해져 있다. 이러한 관능 평가는 향뿐만 아니라 식품, 의류, 자동차, 전기제품(생활가전, 종합 가전), 건축 등 다양한 분야에 폭넓게 적용되며, 특히 신제품 개발에 유용하게 사용된다.

1) 관능 평가의 종류

관능 평가는 목적에 따라 '분석형(analytical type)'과 '기호형(affective type)'으로 나눈다.

① 분석형 관능 평가

분석형 관능 평가는 시료 간 차이점을 식별하거나, 제품의 품질과 같은 특성을 평가하는 것을 목적으로 한다. 이 평가는 제품 출하 전 검사, 생산 공정 및 품질 관리, 제조 공정 개선, 품평회, 신제품 개발 등 다양한 분야에 활용된다. 이 평가 과정에 참여하는 사람들을 '패널(panel)'이라 하며, 이들에게는 뛰어난 식별 능력과 객관적이며 일관된 판단 능력이 요구된다. 따라서 패널은 선발 시험을 거친 후, 평가 목적에 맞는 특별한 훈련을 받은 경험자들로 구성하는 것이 이상적이다. 훈련 과정에서는 패널리스트들의 평가 결과를 공개하고, 평가의 모순이나 인식의 차이 등 평가 기준, 평가 용어 및 해석에 대해 논의함으로써 평가에 대한 이해를 높이는 것이 좋은 결과를 도출하는 데 도움이 된다. 이렇게 특별히 훈련된 패널을 '전문 패널(expert panel)'이라 한다. 전문 패널에 의한 평가는 평가자 수가 많지 않아도 충분하며, 대체로 1명에서 10명 사이의 전문 패널이 참여하여 평가가 이루어진다.

② 기호형 관능 평가

기호형 또는 정서적 관능 평가는 사람들의 선호도, 수용성 또는 이미지를 측정하는 것을 목적으로 한다. 이 평가에서는 평가 대상에 대한 개인의 선호나 반응을 기준으로 하기 때문에, 누구나 패널 구성원이 될 수 있다. 기호형 관능 평가는 주로 소비자 대표를 통한 기호 조사나 소비자 조사에 활용된다. 이 평가에서 패널은 주관적인 판단을 내리는 역할을 하므로, 일반 소비자나 특정 타겟층을 대표하는 '일반 패널(preference panel)'이 평가한다. 단, 패널을 선발할 때는 그들의 개인적 특성(예:

나이, 성별, 생활환경, 흡연 여부 등)이 평가 결과에 영향을 미칠 수 있는지를 고려해야 한다. 일반적으로 패널 규모는 100명 이상이 권장되지만, 제품개발 중이거나 연구실 수준의 조사에서는 약 30명 정도의 패널로 진행하는 경우가 많다. 패널의 수가 많을수록 시장 상황을 더 정확하게 반영할 수 있지만, 조사에 소요되는 시간과 비용도 함께 고려해 최소한으로 진행하는 것이 필요하다.

2) 관능 평가 준비[5)]

① 패널 구성

패널이란 관능 평가에 참여하는 평가자들의 집단을 의미하며, 이들을 '패널리스트(panelist)'라고 부른다. 패널리스트가 되기 위해서는 건강 상태가 좋고, 표현력과 의사소통 능력이 필요하다. 관능 평가의 핵심은 패널리스트의 관심과 참여 의욕이다. 이를 유지하려면 평가 후 시료 정보나 정답률을 공개하는 피드백이나, 사례금을 제공하는 것이 효과적이다.

패널은 평가 목적에 맞게 '전문 패널'과 '일반 패널'로 나누어 구성한다. 향료에 대한 전문 패널을 선발할 때는 냄새를 식별하는 능력과 농도 차이를 구별하는 능력이 특히 중요하다. 냄새 식별 능력을 평가하기 위해 기준 시료를 준비해 패널리스트가 냄새의 질을 정확히 판단할 수 있는지를 확인한다. 냄새는 역치, 강도, 품질(냄새 프로파일 또는 정성적 설명 분석)과 같은 다양한 감각 테스트를 통해 측정할 수 있다.

• 역치

1.3절의 4)에서 소개한 역치는 냄새를 감지하고 식별할 수 있는 최소한의 자극 강도를 의미하며, 이를 '절대 역치'와 '식별 역치'로 구분하여 시험한다.

• 강도

지각된 냄새의 강도(intensity)를 측정하는 데는 여러 유형의 감각 척도가 사용되며, 이를 1.3절의 5)에서 소개한 향의 6단계 강도로 나타낼 수 있다.

향의 농도 차이를 판단하는 실험에서는 특정 향료 시료를 단계적으로 희석하여 농도에 따라 순위를 매기는 방법을 사용한다. 예를 들어, 장미 향을 기준으로 할 때,

---

5) 藤森嶺, 食品香粧学 への招待, 2011, 三共出版

페네틸알코올을 기준 향료로 선택하고 그 농도를 100 ppm으로 설정한다. 또는 복숭아와 유사한 과일 향인 γ-운데카락톤(undecalactone)을 기준 향료로 하여 32 ppm으로, 똥냄새나 구취와 같은 악취는 스카톨(skatole)을 기준 향료로 하여 10 ppm 농도로 설정한다. 이러한 방식으로 각각의 기준 농도를 정해놓고 향의 농도 차이를 평가하는 시험을 수행한다. 농도 차이를 평가하는 또 다른 시험에서는 시트랄, 아세트산 이소아밀(isoamyl acetate), 바닐린 등의 시료를 기준 향으로 설정하고, 각각의 시료를 1%, 3%, 5%의 농도로 단계별로 희석하여 농도 차이에 따른 향의 변화를 평가한다. 전문 패널의 경우, 시료의 향기 질뿐만 아니라 그 강도를 정확하게 평가하는 것이 중요하기 때문에 농도 차이를 구별하는 훈련이 필수적이다. 이러한 훈련을 통해 패널의 감별 능력은 더욱 향상되며, 향에 대한 감도를 지속적으로 유지하는 것이 중요한 목표가 된다.

또한, 냄새를 식별하기 위한 시험은 세 개의 시료 중 두 개는 동일하고 나머지 하나는 다른 시료일 때, 서로 다른 시료를 정확히 식별할 수 있는지를 평가한다. 이 시험에서는 말톨과 에틸말톨, 제라니올과 시트로넬롤, 아세트산 이소아밀과 부티르산 이소아밀(isoamyl butyrate) 등의 시료가 짝을 이루어 사용된다. 이러한 3점 식별 시험 방식은 향의 미세한 차이를 구별하는 능력을 강화하는 데 도움을 준다.

• 품질

냄새 품질(quality)은 냄새 프로파일링(olfactory profiling) 테스트로 진행한다. 정확하고 재현가능한 양질의 데이터를 확보하기 위해서는 고도로 훈련되고 숙련된 감각 패널리스트만이 수행할 수 있다.

이 방법은 복합적인 냄새의 다양한 성분을 분리해 내고, 각각의 성분이 냄새에 어떻게 기여하는지 이해하는 데 중점을 둔다. 결과적으로, 특정 냄새의 전반적인 특성을 프로파일(즉, 프로필)로 작성하게 된다. 이 작업은 복합적인 냄새에서 개별적인 향기 성분을 구별해내는 냄새 성분 구별로 시작해서, 각 성분의 강도(향의 세기)와 지속 시간(얼마나 오래 지속되는지)을 평가한다. 이후 향이 '신선하다', '따뜻하다', '달콤하다' 등과 같은 구체적인 냄새 특성을 평가하여 종합적인 냄새의 전체 프로필을 작성한다.

② 평가 용어와 향 평가

향의 특성을 평가할 때, 평가할 특성과 사용될 평가 용어를 명확하게 하는 것이 중요하다. 특히, 향을 묘사하는 용어로는 향조나 원료나 식물, 화학 물질 등에서 유래한 표현, 그리고 감각적이거나 추상적인 개념을 나타내는 용어가 포함된다(1장 및 부록 참조). 특히 감각적이거나 추상적인 용어는 주관적인 표현이 많아, 모든 패널리스트가 동일한 향을 인식하고 있다고 확신하기 어렵다. 따라서 평가 용어의 의미를 실험 집행자와 패널 간에 충분히 공유하는 과정이 필요하다. 이를 위해 먼저 평가 용어를 작성한 후, 실제 시료를 준비하여 패널과 함께 시료의 특성이나 차이점을 분석하고 논의한다. 이 과정에서 유사한 표현은 묶어서 정리하고, 애매한 표현은 더 구체적이고 명확한 용어로 수정한다. 예를 들어, '그린(green)'이라는 용어가 '깎인 잔디의 냄새', '오이 냄새', '풋과일 냄새' 등 다양하게 해석된다면, '오이향 같은 그린'과 같이 구체적인 용어로 변경한다. 또한, 평가 용어의 정확한 이해와 공유를 위해 기준 향을 사용하는 것이 좋다. 기준 향을 통해 패널리스트 간의 경험 차이를 최소화하고, 평가의 정밀도를 높일 수 있다.

③ 시료

향의 관능 평가는 향료를 에탄올과 같은 용매로 희석한 후, 병에서 직접 또는 시향지로 향을 맡아 진행한다. 시장에서 판매되고 있는 제품을 활용할 때는 조사 목적에 맞는 시료를 선정하며, 시료의 상태를 동일하게 유지하도록 조정하고 이를 기록한다. 세탁 세제, 유연제, 샴푸 등과 같은 제품의 경우, 원액의 향뿐만 아니라 실제 사용 시 발생하는 향도 평가해야 한다.

시료 제공 시, 용기의 색상, 형태, 크기, 재질을 모두 동일하게 하고 냄새가 나지 않는 용기를 사용해야 한다. 또한, 제품명을 비롯한 추가 정보를 유추할 수 없도록 시료는 숫자로 코드화하여 표시한다. 시료의 제시 순서는 편향을 방지하기 위해 무작위로 정하거나 균형을 맞춰 정한다. 한 번의 평가에서 제시할 시료 수는 패널의 숙련도와 질문 수에 따라 다르지만, 일반적으로 3~5개로 제한한다.

④ 평가 환경

관능 평가는 냄새, 소음, 조도, 실내 온도, 습도 등 다양한 환경 요소에 영향을 받으므로, 적절한 환경 조건을 갖춘 공간이 필요하다. 평가 공간은 적당한 조도의 쾌적한 실내 온도(20~22℃)와 습도(60~65%)를 유지하고, 소음이 없어야 한다. 특히 환기나 탈취 기능을 갖춘 설비가 중요하며, 실험자와 패널리스트는 화장품, 향수, 담배 등을 반입하지 않도록 주의해야 한다.

식별 테스트나 역치 측정처럼 집중이 필요한 경우, 개인실 형태의 평가 부스나, 파티션을 이용해 간이 부스를 만드는 것이 좋다. 이러한 개별 평가 방식은 '폐쇄형 패널' 또는 '개인실법'이라고 한다. 반면, 패널들이 한 테이블에 모여 평가와 토론을 하는 '개방형 패널' 또는 '원탁법'은 예비조사나 평가 용어 정의 작업에 주로 사용된다.

3) 관능 평가 시험

관능 평가는 패널의 특성뿐만 아니라 패널이 시료를 평가하는 방식에 따라 다양한 방법으로 분류된다. 그 중 조사 목적에 가장 적합한 평가 방식을 선택한다. 또한, 평가 결과는 적절한 통계 기법을 사용하여 분석해야 한다. 더 전문적인 통계 분석 방법에 대해서는 관련 전문 서적을 참고하기를 바란다.

① 구별 시험

관능 평가에서의 구별 시험(discrimination test, 또는 차별화 시험)은 평가자가 두 개 이상의 시료에서 차이를 평가하는 방법이다. 이러한 시험은 제품개발, 품질 관리, 또는 경쟁 제품 간의 비교 분석 등 다양한 목적에서 사용된다.

가장 기본적인 구별 시험은 앞에서도 소개한 3점 식별 시험(three-point test)이다. 삼점 시험의 변형으로는 '듀오-트리오 시험(Duo-Trio Test)'과 '삼각 시험(Triangle Test)'이 있다. 듀오-트리오 시험은 참가자에게 기준 시료를 먼저 제공한 후, 두 개의 테스트 시료 중 하나가 기준 시료와 같고 다른 하나는 다른 시료일 때, 참가자가 기준 시료와 동일한 시료를 식별하는 시험이다. 이 시험은 기준 시료와의 일관성을 평가하는 데 유용하다. 삼각 시험은 세 개의 시료 중 두 개가 동일하고 하나만 다른 경우, 참가자가 어느 시료가 다른 두 시료와 다른지를 식별하도록 하는 방법이다. 이 시험은 시료 간 미세한 차이를 감지하는 데 매우 유용하며, 세 개의 시료가 동시에 제공되므로 참가자의 집중력이 요구된다.

쌍별 비교 시험(Paired Comparison Test)은 두 개의 시료를 제공하고, 특정 특성에 대해 어느 시료가 더 강한지 또는 더 선호되는지를 평가한다. 이 방법은 두 시료 사이의 차이를 간단하게 비교하고자 할 때 사용되며, 상대적인 차이를 쉽게 평가할 수 있다. 마지막으로, 다중 비교 시험(Multiple Comparison Test)은 쌍별 비교 시험과 유사하지만, 세 개 이상의 시료를 비교하는 방법이다. 참가자는 기준 시료와 비교했을 때 각 시료가 어느 정도 다른지를 평가하며, 여러 시료를 동시에 평가할 수 있어 다양한 제품의 특성을 비교 분석하는 데 적합하다.

② 순위 결정법

관능 평가에서 시료 간 순위를 결정하는 방법에는 여러 가지가 있으며, 각 방법은 평가 목적이나 상황에 따라 적절하게 설계된다. 대표적인 순위 결정 방법으로는 순위법(Ranking), 일대비교법(Method of Paired Comparisons), 그리고 등급법이 있다.

먼저 순위법은 세 개 이상의 시료를 평가자에게 제시하여 향의 강도나 선호도 같은 특정한 특성에 따라 순서를 정하는 방법이다. 평가자는 주어진 시료들을 가장 강한 것에서 가장 약한 것, 또는 가장 선호하는 순서로 배열한다. 순위법은 간단하고, 빠르게 평가할 수 있지만, 시료 간의 절대적인 차이보다는 상대적인 순서를 매기는 데 적합해 주로 패널 선발이나 훈련, 또는 좋아하는 시료를 골라낼 때 시행한다.

일대비교법은 두 개의 시료를 한 쌍으로 제시하여 그 특성의 크기나 선호도를 비교하는 방법이다. 이 방법은 각 쌍에 대해 평가자가 두 시료 중 어느 것이 더 강하거나 선호되는지를 판단하도록 한다. 일대비교법은 시료 간 미세한 차이를 감지하는 데 유용하며, 평가자가 명확하게 선택할 수 있도록 돕는다.

등급법은 시료를 미리 정해진 등급(예: 1급, 2급, 3급 등)으로 분류하는 방법이다. 평가자는 각 시료를 시험한 후, 특정 특성이나 선호도에 따라 미리 정해진 등급 체계에 따라 시료를 분류한다.

③ 종합적 평가

시료의 특성을 종합적으로 평가하기 위해 여러 가지 방법이 사용되며, 대표적인 방법으로는 채점법(Scoring Method), SD법(Semantic Differential Method), 정량적 기술 분석법(Quantitative Descriptive Analysis, QDA), 그리고 관능 프로파일 방법(Sensory Profile Method) 등이 있다.

채점법은 시료의 각 특성에 대해 미리 정해진 척도(예: 1에서 7점, 또는 −3점에서 +3점 등)를 기반으로 점수를 부여하는 방법이다. 이 방법은 시료 간 차이를 검출하고 분석하기 위해 사용되며, 수집된 점수는 t−검정, F−검정, 다중비교검정 등의 통계적 분석으로 처리된다.

SD법은 시료가 갖고 있는 특성을 정확하고 상세하게 기술하는 데 사용된다. 이 방법은 대조적인 개념(예: 무거움-가벼움, 남성적-여성적)을 양 끝에 두고, 그 사이에 5~9개의 평가 척도를 설정하여 평가를 진행한다. 각 항목의 평균값을 그래프화하여 시각적으로 표현하며, 인자분석이나 주성분 분석과 같은 다변량 해석을 통해 기본적인 이미지 구조를 파악할 수 있다.

정량적 기술분석법인 QDA는 평가자가 느낀 시료의 관능적 특성의 강도를 정량적으로 기록하는 방법이다. 특정한 관능 용어(예: 신선한 향, 달콤한 향 등)를 기반으로 하여 그 특성을 정량화한다. 평가자는 선형 척도를 사용하여 감각의 강도를 나타내고, 이를 길이로 계측한다. QDA는 제품의 향을 다른 제품과 비교하여 어느 정도 차이가 있는지를 명확히 하는 데 유용하다. 분산분석이나 주성분 분석과 같은 통계 해석을 통해 제품의 품질 특성을 레이더 차트로 시각화할 수 있다.

마지막으로, 관능 프로파일 방법은 시료의 감각적 특성을 구체적으로 프로파일링하는 데 사용된다. 이 방법은 제품의 다양한 감각적 속성을 체계적으로 분석하여, 각 속성의 강도와 특성을 종합적으로 묘사한다. 이를 통해 다른 제품과 비교 및 평가를 할 수 있다.

이러한 종합적 평가 방법들은 각각의 특성과 장점을 활용하여 시료의 다양한 관능적 특성을 정밀하게 평가하고 이해하는 데 유용하다.

5.7 요약

향에 대한 많은 연구가 이루어졌고, 첨단 과학 장비를 사용하여 향 성분, 구성, 농도를 정확히 측정할 수는 있지만, 여전히 향의 품질, 강도, 기호성을 평가하는 것은 어려운 과제로 남아있다. 특히, 향 자체뿐만 아니라 향이 첨가된 제품까지 평가하기 위해서는 인간의 감각, 특히 후각을 활용한 관능 평가가 필수적이다.

관능 평가를 과학적이고 신뢰할 수 있는 과정으로 확립하기 위해서는 철저한 준비와 엄격한 지침의 설정 및 준수가 필요하다. 관능 평가에서는 패널을 신중하게 선정하고, 이들을 체계적으로 교육하는 것이 필수적이며, 이를 위해 상당한 시간과 노력이 요구된다. 단기간에 신뢰할 수 있는 관능 평가 결과를 얻는 것은 어려운 과제이지만, 장기적인 관점에서 패널 육성에 대한 투자는 매우 중요하다.

관능평가의 표준화를 위해 평가 대상 시료에 적합한 실험 조건과 평가 방법을 설계하는 것이 더욱 중요해지고 있다. 신뢰할 수 있는 데이터를 확보하기 위해서는 창의적이고 혁신적인 연구가 필요하며, 이러한 노력은 관능 평가의 과학적 기반을 강화하여 향후 향 연구와 제품개발에 중요한 기여를 할 것이다.

06장

향 응용

인류는 오랜 역사를 통해 향을 다양한 방식으로 활용해 왔다. 유향과 몰약은 종교 의식에서 신성함을 더하기 위해 사용되었으며, 클레오파트라는 안토니우스를 유혹하기 위해 장미 향으로 가득 찬 배를 타고 그를 만났다는 이야기가 전해진다. 이러한 향의 활용은 현대에도 이어져, 향수는 여전히 개인의 표현과 매력을 발산하는 중요한 도구로 사용된다. 최근에는 유명 가수의 콘서트에서 그 가수의 이미지와 어울리는 향이 사용되기도 하며, 샴푸, 비누, 세제 등 다양한 생활용품에도 널리 사용된다. 이러한 향의 대중적 활용은 유기합성 기술의 발전과 산업혁명으로 가능해진 대량 생산 덕분이다.

6.1 서론

근대 이후 과학기술의 발전으로 향료를 안정적으로 공급할 수 있게 되면서 향은 더 이상 특권 계층의 전유물이 아니라 일반인도 일상생활 속에서 사용할 수 있게 되었다. 향수뿐만 아니라 화장품, 주방 및 가정용품, 방향제, 세탁 세제, 섬유유연제, 샴푸, 비누, 세정제, 욕실 및 화장실 세제, 염색제 등 다양한 상품에 사용되는 향료를 '프레그런스(fragrance)'라 한다. 이러한 향료를 사용하는 조향은 크게 둘로 나눈다. 하나는 알코올 용매 기반의 오드 퍼퓸, 오드 뚜왈렛과 같은 향수 제품과 관련된 고급 조향의 의미인 '파인 프레그런스(fine fragrance)'이고, 다른 하나는 비누, 샴푸, 화장품 같은 바디 제품과 세제, 방향제 같은 가정용품에 사용되는 '실용 조향(functional perfumery)'이다. 비누나 샴푸, 세제와 같은 생활용품은 향이 없어도 세척과 청소 등의 목적을 달성할 수 있지만, 향이 있으면 삶에 색채를 더하고 마음에 풍요로움을 주어 우리 삶의 질 향상에 도움을 준다. 이제 향은 사람뿐만 아니라 제품의 인상을 결정하는 중요한 요소가 되었다.

이미 오래전부터 기대된 향 치료 분야도 과학기술 및 의료 기술의 발전과 함께 점점 더 정량화되고 체계화되고 있다. 아로마테라피뿐만 아니라 냄새가 심리적 효과를 유발하는 과정을 연구하는 아로마콜로지(aromacology)에서는 스트레스 완화 등에서 향의 응용이 주목받고 있다. 한편, 일상생활 속에 퍼져 있는 향에 의한 부작용과 피해에 대한 관심도 증가하고 있다. 향의 안전성에 대해서는 다음 장에서 자세히 다룬다.

향 산업은 변화하는 라이프스타일과 복잡해지는 시장의 요구에 부응하기 위해 새로운 부가가치를 추구하고 있다. 따라서 향을 개발하고 조향하는 데 있어 단순히 '기분 좋은 향'을 만드는 것에 그치지 않고, 콘셉트와 일치, 안전성을 포함한 향 재료의 특성, 제품에 적합한 확산성과 안정성, 각국의 문화적 기호, 경제 상황, 관련 법규 및 유행 등을 종합적으로 이해해야 한다.

향기는 예술이자 과학이다. 오늘날 제품에 향기로운 메시지를 전달하는 일은 매우 복잡하며, 조향사와 화학자의 전문 지식과 기술이 필요하다. 이 장에서는 향을 응용하는 제품에 대해 고려해야 할 사항들을 소개한다. 특히 '향'하면 바로 '향수'라고 생각하는 만큼, 향수와 같은 향 제품의 조향 방법에 대해 자세히 설명한다. 이어서, 향이 포함된 제품을 제조하기 위해 과학적으로 향을 도입하는 방법을 알아보자.

6.2 향 응용

향 응용 제품에는 다양한 종류가 있으며, 그 범위는 전통적인 제품에서부터 새로운 응용 분야까지 확장되고 있다. 전통적인 향응용 제품에는 향수를 비롯해 화장품 및 개인용품, 바디 케어 제품, 헤어 제품, 가정용품, 의류용품, 방향제 및 부향 제품 등이 포함된다. 이 제품들은 주로 향기를 통해 소비자의 감각적 경험을 향상시키는 데 중점을 두고 있다. 또한, 최근에는 향테리어나 향기 마케팅과 같은 새로운 응용 분야도 등장하고 있다. 향기 마케팅은 특정한 향기를 사용해 브랜드 이미지를 강화하거나 소비자의 행동을 유도하는 전략으로, 상점, 호텔, 자동차 쇼룸 등 다양한 공간에서 활용되고 있다. 최근에는 유명 가수의 콘서트에서 그 가수의 이미지와 어울리는 향이 사용되기도 한다.

향 제품을 개발할 때 고려해야 할 중요한 요소는 여러 가지가 있다. 우선, 화학물질의 안전성과 안정성을 철저히 검토해야 하며, 특히 피부에 직접 닿는 제품의 경우 피부 자극이나 알레르기 반응을 일으키지 않도록 주의해야 한다. 또한, 향기의 확산성과 지속성은 제품의 사용 환경과 목적에 맞게 조절되어야 한다. 마지막으로, 각국의 문화적 기호와 관련 법규를 준수하며 시장에 맞는 제품을 개발하는 것도 중요한 요소 중 하나이다. 이런 요소들을 종합적으로 고려하여 향응용 제품을 개발하여, 소비자에게 안전하고 만족스러운 향 경험을 제공해야 한다.

1) 향수 제품

'파인 프레그런스'에는 향료의 첨가량에 따라 파르펭(perfume), 오 드 뚜왈렛(eau de toilette), 오 드 콜로뉴(eau de cologne) 등으로 구분되는 이름이 있다. 이 제품들은 실제로 피부에 직접 닿고, 다른 향응용 제품보다 향료의 사용량이 많아 화학물질의 안전성 및 안정성에 특히 주의해야 한다. 또한, 의복이나 다른 소재에 닿았을 때 착색이나 변색이 발생하지 않도록 유의해야 한다.

2) 화장품 및 개인용품

① 페이스 케어 제품

페이스 케어 제품에는 화장수, 로션, 파운데이션, 크림, 세안제 등이 포함된다. 이 제품들은 얼굴에 직접 사용되고, 씻어내지 않는 경우가 많으므로 고도의 안전성이 요구된다. 따라서 향을 설계할 때 더욱 엄격한 기준을 적용한다.

② 바디 케어 제품

바디 케어 제품군에는 비누, 바디 비누, 바디 로션, 핸드 비누, 그리고 제한제(制汗劑)가 포함된다. 이 제품들은 얼굴 이외의 피부와 접촉하는 상품들이다.

• 비누

비누는 일반적으로 염기성 기제(基劑)이며, 개봉 후 공기와 만나 산화되기 쉽다. 따라서 비누용 향료는 염기성 조건에서 안정적이며 산화에 강해야 한다.

• 바디 비누

액체 형태의 바디 비누는 약산성에서 약염기성까지 다양한 종류가 있으며, 고체 비누에 비해, 조합할 수 있는 향료 성분의 선택 폭이 넓다.

• 제한제

제한제는 스프레이, 롤-온(roll-on), 시트 등 다양한 형태로 제공되며, 청결감을 주는 향이 주로 사용된다. 시원한 느낌을 주기 위해 (-)-멘톨을 사용하는 경우가 많다.

• 목욕제

목욕제는 분말, 고체, 액체, 입자 등 다양한 형태로 제공되며, 사용 시 탄산가스를 발생시켜 목욕 효과를 높이는 거품 형태의 제품도 있다. 목욕제 향은 개봉할 때, 욕조에 넣을 때, 그리고 사용 후 장시간에 걸쳐 지속되는 향까지 모두 고려하여 설계한다.

③ 헤어 케어 제품

헤어 케어 제품군에는 샴푸, 컨디셔너, 스타일링제, 헤어 염색제, 파마제 등이 포함된다.

• 샴푸, 컨디셔너, 트리트먼트

이 제품들은 사용 중, 세정 후, 그리고 다음 날까지 남는 잔향까지 고려하여 향을 설계한다.

• 헤어 스타일링 제품

폼, 젤, 왁스, 스프레이 등 다양한 형태가 있으며, 일반적으로 제품 기제 본연의 불쾌한 냄새를 마스킹하고, 샴푸, 컨디셔너 등 다른 헤어 케어 제품의 향과 조화를 이루도록 설계한다.

• 헤어 염색제

헤어 염색제는 염기성 암모니아를 포함하는 기제를 사용하기 때문에 마스킹 효과가 높은 향료가 필요하다. 또한, 염기성 조건에서 안정적인 향료가 사용되어야 한다.

• 파마제

파마제는 헤어 염색제와 유사하게 강한 염기성 액체 기제를 사용하며, 황 냄새가 강한 싸이오글리콜산(thioglycolic acid)을 포함하는 경우가 많다. 이 냄새를 마스킹할 수 있는 향료가 필요하며, 시술 중뿐만 아니라 시술 후 장기간에 걸쳐 향을 평가해야 한다.

3) 가정용품

가정용품에서 향은 중요한 역할을 한다. 예를 들어, 식기용 세제는 음식 찌꺼기를 깨끗하게 씻어내는 동시에 사용 시 깔끔한 느낌을 주어야 한다. 그러나 세제의 향은 바로 사라져야지 접시에 세제의 흔적이 남아서는 안 된다. 반면, 세탁 세제는 그와 반대로, 세탁 후에도 은은한 향이 옷에 남아 빨래가 마른 후에도 꿉꿉한 냄새가 나지 않도록 하는 것이 중요하다.

① 세정제

세정제에는 식기용 세제, 화장실용, 욕실용, 유리 닦기용 등 주거용 세제들이 포함된다.

• 식기용 세제

식기용 세제의 향은 주로 레몬, 라임, 오렌지 등 시트러스 타입이 일반적이었으나, 최근에는 과일 향이나 플로럴 향을 추가한 제품들이 늘어나고 있다. 또한, 도마나 세제용 스펀지의 제균 기능이나 손의 거칠어짐을 방지하기 위한 보습 기능이 포함된 제품도 있다.

• 주거용 세제

주거용 세제는 화장실, 욕실, 유리 청소 등 다양한 용도에 맞춰 강산성, 강염기성, 중성 등 여러 형태로 제공된다. 이러한 세제들은 기제 속에서 향의 안정성을 고려한 설계가 필요하며, 악취를 마스킹할 수 있는 상쾌한 민트 향이나 오렌지와 같은 시트러스 타입의 향이 주로 사용된다.

② 섬유 케어 제품

섬유 케어 제품에는 세탁 세제, 섬유유연제, 세탁풀 등이 포함되며, 최근 향에 대한 관심이 높아지면서 이 분야는 꾸준히 성장하고 있다.

• 세탁 세제

세탁 세제는 크게 분말과 액체로 나눈다. 분말 세제는 녹지 않는 찌꺼기가 남을 수 있는 단점이 있다. 이에 비해 액체 세제는 사용이 간편하다. 분말 세제는 강한 염기성으로 액체 세제에 비해 표면적이 크기 때문에 향료에는 비누와 같이 산화에 대한 높은 안정성이 요구된다. 반면, 액체 세제는 향료 선택에 제한이 적어 좋은 향과 높은 잔향성을 추구하는 제품들이 많다. 세제의 향은 제품의 형태뿐만 아니라 세탁 후와 건조 후도 평가하여 설계한다.

• 섬유 유연제

유연제는 원래 세탁 시 의류를 부드럽게 하기 위한 목적으로 개발되었으나, 최근에는 세탁물에 향을 더하는 역할이 더욱 중요해지고 있다. 이로 인해 의류에 은은한 향을 남기는 제품들이 많다.

4) 기타 부향 제품

전통적으로 향은 방향제, 잉크, 구두약, 도시가스 부취제 등에 널리 사용되어 왔다. 최근에는 향이 사람의 신체나 정신에 긍정적인 효과를 발휘할 수 있다는 연구 결과를 바탕으로 하여 이를 응용한 새로운 기술과 제품들을 개발하고 있다.

① 방향제

방향제는 공간의 냄새를 디자인하는 중요한 요소로, 다양한 형태와 용도로 사용된다. 1960년대의 향 스틱과 1970년대의 방향 스프레이에서 발전하여 오늘날에는 향초, 디퓨저, 아로마 램프 등 다양한 제품이 사용되고 있다. 방향제는 실내용, 화장실용, 차량용 등으로 분류되며, 액체, 젤, 비즈, 스프레이 등 다양한 형태로 제공된다. 특히, 액체 형태가 가장 일반적이며, 향료, 물, 계면활성제로 구성된다. 최근에는 자연의 풍경을 이미지화한 향조의 제품들이 인기를 얻고 있다.

② 향기 마케팅

향기 마케팅은 향의 기억 효과를 활용해 브랜드의 인상을 강화하는 전략이다. 특정 장소에서 특정한 향기를 사용하여 고객이 그 향기와 브랜드를 연관 짓도록 유도하고, 재방문 시 그 이미지를 더욱 강화할 수 있다. 우디, 스파이시한 향으로 중후한 인상을, 플로럴한 향으로 여성적이고 상냥한 인상을 줄 수 있다. 매장에서 향기를 사용하면 고객의 체류 시간이 늘어나고, 충동구매도 증가할 수 있다. 또한, 향은 직원들의 스트레스 감소와 집중력 향상에도 긍정적인 영향을 미칠 수 있다. 글로벌 럭셔리 호텔들은 브랜드 이미지를 통일하기 위해 전 호텔에 동일한 향을 사용하여, 향기와 브랜드의 일관성을 유지하고 있다.

③ 기타

과학기술의 발전과 향 분석 연구를 통해 밝혀진 향이 인체에 미치는 영향을 다양한 제품과 응용에 활용하고 있다. 예를 들어, 라벤더는 진정 효과가 있으며, 고추 냄새는 뇌를 활성화시켜 매운 느낌을 유발한다. 반대로, 페퍼민트 냄새는 콧속의 냉기 수용체를 활성화해 약 15도 정도의 시원함을 느끼게 한다. 이러한 특성을 활용한 사례로, 대형 쇼핑몰에서 난방과 에어컨 비용을 줄이기 위해 겨울에는 고추 향, 여름에는 페퍼민트 향을 실내에 미세하게 퍼뜨려 체감 온도를 변화시키는 방법을 사용한 적이 있다. 여름에 페퍼민트 향을 사용하자 실내 온도가 실제보다 2~3도 더 시원하게 느껴지는 체감 온도 변화 효과를 얻을 수 있었다고 한다.

6.3 조향

1) 서론

향 원료를 조합하여 원하는 향을 만드는 과정을 '조향'이라 하며, 이를 수행하는 사람을 '조향사'라 부른다. 조향사는 작업대 주위에 여러 개의 향료 병을 나열하고 향을 조합하는데, 이 작업대는 반원 모양으로 배열된 수많은 작은 병들이 파이프 오르간과 닮아서 '향수 오르간(perfume organ)'이라 불린다(그림 6-1).

조향사는 일반적으로 2,000종 이상의 천연 및 합성 향료의 향을 기억하고, 이를 재현하는 능력과 상상력, 인내심, 감성을 바탕으로 독창적인 향을 만들어낸다. 이들은 각 향료의 조합이 어떤 냄새를 만들어낼지 기억하며, 조합의 균형에 따른 미세한

그림 6-1 향수 오르간
자료: Tristan Mimet – Imported from 500px (archived version) by the Archive Team, wikimedia

차이를 식별할 수 있다. 조향사로서 독립적으로 조향하기 위해서는 5~10년의 훈련이 필요하다고 한다.

조향사 중에서 샴푸나 비누 등 일용품에 사용되는 향장품 향료를 만드는 사람을 '퍼퓨머(Perfumer)'라고 하며, 프랑스에서는 그들의 뛰어난 후각을 가리켜 '코'를 뜻하는 '네(nez)'라고 부르기도 한다. 한편, 식품 향료를 만드는 사람은 '플레이버리스트(flavorist)'라 부르는데, 플레이버리스트는 특정 식물의 향을 실용적으로 재현하는 데 초점을 맞추는 반면, 프레그런스 조향사는 상상력을 발휘해 추상적인 향의 이미지에 맞는 향을 창조한다.

조향사는 자신이 만들고자 하는 향을 머릿속에 이미지화한 후, 어떤 원료를 어떤 비율로 조합할지를 생각하면서 필요한 원료들을 골라내어 저울에 올려놓고 혼합한다. 조향 과정은 한 방울씩 향료를 추가하면서 그 무게를 기록하고, 냄새를 확인하며 천천히 진행된다. 물론, 한 번에 완벽한 향이 만들어지지 않으며, 다양한 원료를 시험하고, 비율을 조금씩 바꾸면서 여러 번의 시행착오를 거쳐 이미지화된 향의 배합을 결정하게 된다. 이 배합을 기록한 문서를 '처방전(recipe)' 또는 '포뮬라(formula)'라고 하며, 이는 조향사의 작품이다. 〈표 6-1〉에 처방전을 작성하기 위한 sheet의 예를 나타내었다.

처방전의 목표는 향수 원액을 대규모로 완벽하게 재생산할 수 있도록 하는 것이다. 일반적으로 처방전의 첫 번째 열에는 향조, 잔향성, 중요도 순으로 원료들을 적고 각 원료의 공급자와 등급 등의 정보는 각 특징 열에 기록한다. 그다음 열에는 원료의 질량 백분율을 적고, 값이 비싸거나 농도가 강한 원료의 경우 희석률 등은 비고란에 기재한다.

조향된 향수는 사용 직후부터 수 시간 후, 그리고 다음날까지 피부에 남는 향까지 평가되며, 평가 패널의 승인을 받으면 조향사는 비누, 샴푸, 샤워 및 목욕 젤, 발한 억제제 등 향이 들어가는 실용 제품들을 위한 버전 개발을 시작할 수 있다.

표 6-1 처방전

명칭								
시작일/완료일								
이미지								
			배합 비율(%)					
향조	원료명		1	2	3	4	5	특징
1)	1							
	2							
	3							
	4							
	5							
	6							
	7							
2)	1							
	2							
	3							
	4							
	5							
	6							
	7							
3)	1							
	2							
	3							
	4							
	5							
	6							
	7							
합								
비고								

2) 향의 창조

본격적으로 향을 창조해 보자. 프레그런스 크리에션(Fragrance Creation)이라고도 한다. 향이 들어간 제품의 향은 대부분 '파인 프레그런스'로 불리는 향수가 기준이 된다. 현대 향수는 향료, 에탄올, 증류수로 구성되며, 다른 제품과 구별할 때는 알코올성 향수(alcoholic perfume)라고도 불린다.

조향사는 천연 향료, 합성 향료, 조합 향료를 사용하여 향의 상태를 조정하고 조합하여 하나의 향수를 창작한다. 이 과정을 위해 조향사는 각 향료의 특성, 휘발성, 강도 등을 이해하고 있어야 한다.

대부분 향료는 용매인 물이나 알코올에 안정적이어서 화학적 제약이 없다. 다만, 알데하이드나 케톤 작용기를 가진 향료는 알코올과 상호작용하여 아세탈을 형성할 수 있는데, 이는 종종 향을 부드럽게 만드는 효과를 내므로 큰 문제가 되지 않는다. 그러나 조향 과정에서는 한 성분이 다른 성분의 효과를 압도하거나 지배하지 않도록 균형을 유지해야 한다.

최근에는 새로운 천연 향료들이 계속 추출되고 있다. 따라서 조향사는 기존에 사용되고 있는 원료뿐만 아니라, 새로 시장에 나오는 원료에 대해서도 지속적인 관심을 기울여야 한다.

① 향조 분류

향수의 향은 특징적으로 사용된 향료나 향의 콘셉트에 따라 여러 가지 향조로 분류된다. 이러한 향조를 표현하는 언어로는 '노트', '~향조', 또는 '~계' 등이 사용된다.

새로운 향 화합물이 등장하거나 특정 향수가 인기를 끌 때마다 새로운 향조가 생겨나기도 한다. 예를 들어, 《헝가리 워터》는 에탄올 정제와 함께 등장한 향수이며, 신선한 시트러스 계열의 향은 《오 드 콜로뉴》와 그 후속작 《4711》에 그 기원을 두고 있다. 라벤더의 허브 향과 쿠마린 향을 베이스로 한 후제르 노트나, 베르가모트, 베티버, 오크모스 향이 특징인 시프레 향조는 각각 우비강의 《후제르 로얄》과 코티의 《시프레》 같은 향수의 성공에 기인한다. 《샤넬 No. 5》는 플로럴 노트에 합성 향료인 데카날, 도데카날, 2-메틸운데카날 등 지방족 알데하이드를 추가하여 알데하이딕이라는 새로운 향조를 개척했다. 또한, 칼론이라는 합성 물질에서 비롯된 마린 향조는 깨끗한 바다나 폭풍이 지나간 후의 습한 느낌을 전달하며, 여름철에 특히 인기가 많다.

향조의 분류는 전문가들이 향의 이미지를 이해하기 쉽도록 만든 것으로, 향료 회사나 단체마다 다르게 분류할 수 있다. 따라서 같은 향수라도 분류된 향조나 명칭이 다를 수 있으며, 어느 것이 더 옳다고 할 수는 없고 각각의 분류는 독자적인 스타일을 갖고 있다. 〈표 6-2〉에는 향조와 그 특징을 간단히 정리했으며, 자세한 설명과 대표적인 향수들은 부록에 첨부하였다.

향조의 특징을 이해하면 향을 비교하거나 선택하는 데 도움이 된다. 예를 들어, 수많은 향수 중에서 자신에게 어울리는 향을 찾을 때, 계절을 기준으로 선택해 보자. 여름에는 신선한 시트러스 계열이나 플로럴 계열의 향수가 인기를 끌고, 겨울에는 머스크 향이 강조된 향조나 파촐리 향이 더 잘 어울린다.(이런 이유로 일부 향수 제조사들은 여름용과 겨울용으로 각각 다른 향수를 출시하기도 한다.)

향수는 또한 사용되는 상황에 따라 다르게 선택될 수 있다. 예를 들어, 밤에 외출할 때와 낮에 사무실에서 사용하는 향수는 각각 다른 분위기와 목적에 맞춰 선택한다. 그뿐만 아니라, 조향사들이 새로운 향을 창조할 때도 특정 향조의 향수를 참고하

표 6-2 향조의 분류

향조	특징
구르망 (gourmand)	음식에서 나는 달콤하고 맛있는 향기를 모방하거나 강조한 향으로, 귀엽고 사랑스러우며, 생기발랄한 느낌을 주는 향
그린 (green)	나뭇잎이나 나무줄기를 찢을 때 나는 신선하고 투명한 향조로, 싱싱하고 상쾌한 향
마린 (marine)	해초나 합성 향료인 Calone을 사용하여 바다나 하늘을 연상시키는 투명하고 시원한 느낌의 향
스파이시 (spicy)	다양한 향신료에서 비롯된 따뜻하고 풍부한 향
시트러스 (citrus)	오렌지, 레몬 등 감귤류를 중심으로 한 청량하고 상쾌한 향
시프레 (chypre)	1917년 코티사의 향수 《시프레》에서 유래된 향조로, 베르가모트, 베티버, 파출리, 오크모스 향을 주축으로 한 신비롭고 깊이 있는 향
알데하이딕 (aldehydic)	알데하이드라는 화학적 작용기를 가진 합성 향료를 사용해 신선하고 깨끗한 느낌을 주는 확산성 큰 향
오리엔탈 (oriental)	바닐라, 머스크, 시나몬, 카다멈 같은 중동에서 유래된 향신료로 구성된, 동양적이고 중후한 느낌의 향
우디 (woody)	나무나 숲에서 느껴지는 차분하고 따뜻한 향
프루티 (fruity)	감귤계를 제외한 숙성된 과일의 달콤하고 쥬시한 향으로, 귀엽고 생기발랄한 느낌의 향
플로럴 (floral)	장미, 재스민, 은방울꽃 등 꽃향기를 중심으로 한 우아하고 로맨틱하며 달콤한 향
후제르 (fougere)	1882년 우비강의 향수 《후제르 로얄》에서 유래된 향조로, 라벤더를 중심으로 한 자연스러운 허브 향에 쿠마린이 더해져 상쾌한 느낌을 주는 향

여 새로운 조합을 만들어내는 경우가 많다.

최근에는 유니섹스 향수가 대세이지만, 편의상 여성용과 남성용으로 구분하여 대표적인 향조를 소개한다.

• 여성용 향수의 향조

일반적인 여성용 향수의 향조는 시트러스, 플로럴, 오리엔탈, 구르망, 시프레 타입이 있다.

- 시트러스: 탑 노트에서 레몬, 베르가모트, 오렌지 등 감귤류 향이 중심을 이루는 향조로, 상쾌하고 생기 넘치는 느낌을 준다. 시트러스 향 계열은 여름과 태양의 분위기를 연상시키며, 계절에 상관없이 상쾌함을 선사한다. 대표적인 시트러스 타입의 향수로 《4711 오리지널》이 있다.
- 플로럴: 장미, 재스민, 은방울꽃 등 꽃 향을 중심으로 구성된 플로럴 노트는 관능적인 느낌부터 우아한 느낌까지 다양한 분위기를 연출할 수 있는 향조이다. 플로럴 향조는 다른 향조와도 잘 어울려 플로럴-그린, 플로럴-알데하이드, 플로럴-프루티 등 다양한 조합으로도 사용된다. 겐조의 《플라워 바이 겐조(Flower by Kenzo, 2000)》, 에스티 로더의 《비욘드 파라다이스(Beyond Paradise, 2003)》, 그리고 대담하게 장미 노트를 사용한 클로에의 《클로에(Chloé, 2008)》 등이 있다.
- 오리엔탈: 오리엔탈이라는 용어는 '동양적'이라는 의미를 가지지만, 향수에서 오리엔탈은 주로 중동이나 인도를 연상시키는 향조를 의미한다. 이 향조는 베이스 노트에 바닐라나 발삼 등 단맛이 나는 성분이 특징이며, 엠버 노트와 향신료 향의 스파이스 노트가 탑 노트에 더해져 이국적인 꽃과 같은 향이 나는데, 관능적이고 화려한 향을 만들어낸다. 대표적인 향수로 겔랑의 《샬리마(Shalimar, 1925)》가 있다.
- 구르망: 설탕을 뿌린 듯한 달콤한 향을 내는 말톨이나 에틸말톨 같은 성분을 대담하게 사용해 구운 과자나 디저트를 연상시키는 향조이다. 대표적으로는 티에리 뮈글러가 1992년에 출시한 《엔젤(Angel)》이 있으며, 이 향수의 성공 이후 비슷한 트렌드를 따른 수많은 향수들이 출시되었다.
- 시프레: 시프레 향조는 코티사의 창업자 프랑수아 코티가 1917년에 지중해 사이프러스 섬의 이미지를 조향하여 만든 향수 《시프레(Chypre)》의 성공에서 유래되었다고 알려져 있다. 이 향조는 베르가모트, 파촐리, 오크모스를 사용해 이국적이고 신

비로운 분위기를 자아낸다. 이후 시프레 향조는 여러 변형을 거치며 발전했다. 예를 들어 탑 노트에 지방족 알데하이드를 첨가한 시프레-알데하이드, 복숭아나 자두 같은 프루티 노트와 조화된 시프레-프루티 등 다양한 변종이 생겨났다.

• 남성용 향수의 향조

남성용 향수로 시트러스, 후제르, 우디, 오리엔탈, 시프레 타입을 소개한다.

- 시트러스: 탑 노트에 레몬, 베르가모트, 오렌지 등 감귤류를 중심으로 상쾌하고 에너제틱한 느낌을 준다. 깔끔하고 청량한 인상을 주기 때문에, 특히 여름철에 인기가 높다. 대표적인 향수로는 디올의 《오 소바쥬(1966)》가 있다. 시트러스 향조는 단독으로 사용되기도 하지만, 스파이시, 허브, 우디 노트와 조화되어 더욱 깊이 있는 향을 만들어내기도 한다.
- 후제르: 원래 '고사리'를 의미하는 용어로, 1882년 우비강의 향수 《후제르 로얄》에서 유래한 향조이다. 이 향조는 라벤더, 제라늄, 쿠마린을 중심으로 한 어코드로 구성되어 있으며, 남성다운 자연스러운 느낌을 강조하는 것이 특징이다. 대표적인 후제르 향수로는 1973년에 출시된 클래식한 매력을 지닌 파코 라반(Paco Rabanne)의 《파코라반 뿌르 옴므(Paco Rabanne Pour Homme)》가 있다.
- 우디: 시더우드, 파출리 등 나무 향을 중심으로 한 강하고 따뜻한 느낌이 특징이다. 이 향조는 신록이 우거진 숲이나 잎에서 느껴지는 신선하고 투명한 그린 향으로, 자연의 향기를 일상에서 떠올리고자 하는 사람들에게 특히 매력적이다. 대표적인 남성 향수로는 샤넬의 《에고이스트(Égoïste, 1990)》가 있다. 최근에는 천연향료보다 Iso E Super® 같은 합성 향료를 대량으로 사용한 향수가 많이 출시되고 있다. 에르메스(Hermès)의 《떼르 데르메스(Terre d'Hermès, 2006)》는 Iso E Super®를 대량으로 사용한 대표적인 우디 향수이다.
- 오리엔탈: 여성용 향수와 마찬가지로 바닐라와 발삼처럼 따뜻하고 달콤한 노트를 베이스로 하는 중후한 느낌의 향조이다. 겔랑의 《해빗 루즈(Habit Rouge, 1965)》와 캘빈 클라인의 《옵세션 포 멘(Obsession for men, 1986)》이 있다. 또한 여성용에서 설명한 구르망 향조처럼 달콤한 커피향도 더해진 티에리 뮈글러의 《A*Men, 1996》이 있다.
- 시프레: 여성용 향수처럼 베르가모트와 오크모스 향을 특징으로 하지만, 남성용에서는 여기에 가죽을 연상시키는 레더 노트나 파출리와 같은 우디 노트가 더해진다.

이러한 조합은 시프레 향조에 강렬하고 남성적인 느낌을 부여하며, 깊이 있고 세련된 향을 만들어낸다. 대표적인 남성용 향수로는 에스티 로더의 《아라미스(Aramis, 1964)》가 있다. 이 향수는 클래식한 시프레 구조에 레더 노트와 우디 노트를 더해, 남성적인 강인함과 동시에 우아한 매력을 표현하고 있다.

이처럼 향수에는 기본적인 향 타입이 존재하며, 앞서 소개한 것처럼 플로럴-그린, 플로럴-알데하이드, 플로럴-푸르티, 시프레-알데하이드, 시프레-프루티 등과 같이 특징적인 향조가 악센트로 사용되어 다양한 변형 향조가 많이 만들어지고 있다. 이렇게 조향된 향은 단지 향수에만 머무르지 않고, 샴푸나 섬유 유연제 등의 다양한 제품의 향기로도 활용된다.

② 부향률

향수는 주로 향료, 에탄올, 그리고 증류수를 혼합하여 만든다. 향수를 제작할 때 사용되는 알코올은 보통 95% 변성알코올이 사용되며, 여기에 증류수를 더해 알코올의 날카로운 향을 부드럽게 한다. 최종 제품인 향수에 포함된 향료의 비율을 '부향률(賦香率)'이라 하며, 이는 일반적으로 질량 백분율(w/w %)로 표시된다. 예를 들어, 부향률이 10% w/w라는 것은 알코올 용액 100 g 중에 향 원액이 10 g 포함되어 있음을 의미한다.

부향률이 높을수록 향의 지속 시간이 길어지며, 낮을수록 지속 시간이 짧아진다. 이에 따라 향수 명칭도 달라지며, 동일한 향을 가진 향수가 부향률에 따라 다른 형태로 출시되기도 한다. 또한 원료의 농도가 높을수록 가격이 비싸지는 경향이 있으며, 부향률에 따라 향수의 향 조성이나 느낌이 달라지기도 한다.

부향률은 법적으로 규정된 것이 아니며, 회사마다 다르게 설정할 수 있다. 또한, 회사마다 부향률에 따른 명칭이 다를 수 있지만, 일반적으로 통용되는 명칭들이 있다.

• 파르팽(Parfum)

부향률이 15~30%로, 발향 시간이 약 10~24시간 정도 유지된다. 파르팽은 향이 가장 풍부하며, 향수의 완성도가 가장 높은 형태로 평가된다. 이는 향료와 최소량의 알코올이 혼합된 형태로, 영어로는 '퍼퓸(Perfume)'이라 부른다. 파르팽은 조향사가 표현하고자 하는 이미지를 가장 순수하고 완벽하게 담아낸 예술품으로 여겨지며, 그 지속성이 강해 소량만 사용해도 충분하다.

• 오 드 파르팽(Eau de Parfum)

오 드 파르팽은 파르팽(Parfum)과 오 드 뚜왈렛(Eau de Toilette) 사이의 중간 정도의 부향률을 가지며, 지속성이 있으면서도 오 드 뚜왈렛에 가까운 가벼운 느낌을 제공한다. 오 드 파르팽은 향 원액 8~15%가 포함되어 있으며, 파르팽 다음으로 농도가 높고, 약 5시간 정도 향이 지속된다. 단순히 파르팽을 묽게 만든 것이 아니라, 나름대로 가장 아름다운 향이 발산되도록 정교하게 조향된다.

• 오 드 뚜왈렛(Eau de Toilette)

프랑스어로 '오(Eau)'는 '물', '뚜왈렛(Toilette)'은 '몸단장'을 의미하며, 이를 합쳐 '몸차림을 정돈하기 위한 물'이라는 뜻을 가진다. 오 드 뚜왈렛은 향이 아주 강하지 않고, 은은하게 지속되며, 신선하고 상쾌하여 전신에 간편하게 사용할 수 있다. 향 원액의 농도는 4~8% 정도로, 향수 초심자도 쉽게 사용할 수 있는 농도이다. 남성용 향수의 대부분이 이 농도를 채택하고 있어, 일상적으로 사용하기에 적합하다.

• 오 드 콜로뉴(Eau de Cologne)

향료 원액이 2~4% 함유된 제품으로, 향의 잔향이 1~2시간 정도로 비교적 짧다. 레몬과 같은 시트러스 계열의 신선하고 상쾌한 향으로 구성된 제조법을 사용한다. 오 드 콜로뉴는 독일 쾰른에 살던 조반니 파올로 페미니스가 개발한 '아쿠아 미라빌리스(Aqua Mirabilis)'라는 제품에서 유래되었다. 이 제품은 원래 향수보다는 약용으로 사용되었다. 1756년부터 1763년까지 이어진 7년 전쟁 동안 쾰른이 프랑스에 점령되면서 쾰른의 물이라는 뜻의 '오 드 콜로뉴(Eau de Cologne)'라는 이름으로 불리게 되었다. 당시 파르팽은 주로 여성용으로 사용된 반면, 오 드 콜로뉴는 남성들이 주로 사용했을 뿐만 아니라 욕실, 거실, 병실 등 다양한 공간에서 위생 목적으로도 활용되었다. 이 제품은 오늘날까지도 가벼운 시트러스 향을 선호하는 이들 사이에서 인기가 있다.

• 샤워 콜로뉴(Shower Cologne)

향료 원액이 1~4% 정도로 낮은 농도로 함유된 제품으로, 향이 은은하고 가벼워 몸을 산뜻하고 상쾌하게 유지해 주며, 불쾌한 체취 제거 효과도 기대할 수 있다. 샤워 콜로뉴는 향이 강하지 않아 일상적으로 사용하기 좋으며, 특히 여름철이나 운동 후에 상쾌함을 더해주는 제품으로 인기가 많다. 일반적인 콜로뉴보다 농도가 낮고,

주로 개인위생과 기분 전환을 위해 사용하는 목적으로 만들어졌다고도 한다.

• 바디 미스트(Body Mist)

부향률이 2~4% 정도로, 오 드 콜로뉴와 같은 캐주얼 타입의 향수이다. 알코올 함량이 거의 없어서 얼굴을 제외한 전신에 사용이 가능하다. 가벼운 향과 촉촉한 사용감 덕분에 젊은 여성들에게 인기가 많다. 일부 바디 미스트에는 보습과 스킨케어 효과가 포함된 제품도 있어, 피부를 촉촉하게 유지하는 데 도움을 준다. 지속 시간은 약 1~2시간 정도로, 가볍게 상쾌한 느낌을 원할 때 사용하기 좋다.

③ 구성

향 분자는 후각세포에 기체 상태로 도달해야 하기 때문에 각 성분의 휘발성은 조향에서 매우 중요한 인자이다. 단일 분자의 휘발성을 알아내는 것은 비교적 간단하지만, 천연 아로마 정유나 향수처럼 수많은 성분이 포함된 복합 혼합물의 경우에는 각 분자의 휘발성을 정확히 파악하기가 어렵다. 각 분자 간 상호작용이 개별 분자의 휘발성에 큰 영향을 미치기 때문이다. 일반적으로 각 향 성분의 휘발성은 세 단계로 나누어 생각한다. 프레그런스의 구성은 주로 피라미드 형태의 도표로 나타내며, 이를 통해 각 향 성분이 시간에 따라 증발하는 과정과 후각에 인식되는 방식을 시각적으로 표현하고 있다.

향의 피라미드는 휘발성이 높은 순서에 따라 탑 노트(top note), 미들 노트(middle note), 그리고 베이스 노트(base note)로 구성된다. 이 피라미드 구조는 향

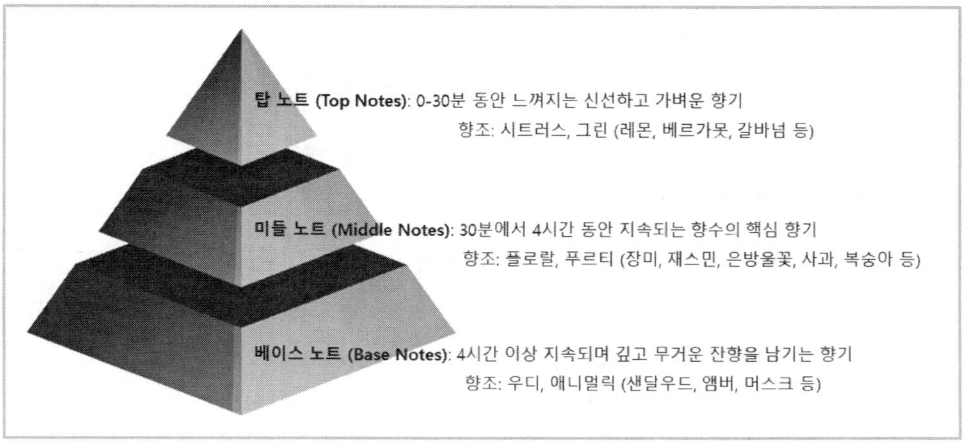

그림 6-2 향의 피라미드 구조

수뿐만 아니라 섬유유연제에도 적용되어 향의 지속성을 유지하는 데 도움을 준다. 이 접근법은 향의 특징을 이해하기 쉽게 해주고, 우리의 실제 경험과도 잘 맞는다. 그러나 실제 향수의 발향 과정은 이처럼 단순하지 않다. 모든 노트가 일정 부분 비슷한 시점에서 향이 나기 시작하며, 베이스 노트 역시 몇 분 안에 감지될 수 있다.

가장 빨리 휘발되어 첫인상을 결정하는 것은 탑 노트로, 약 10~30분 정도 지속된다. 탑 노트는 빠르게 사라지기 때문에 향수의 전체적인 성격을 완전히 반영하지 않는다. 따라서 향수를 선택할 때 탑 노트만 맡고 판단하는 것은 적절하지 않다. 탑 노트가 휘발되면 미들 노트에 자리를 넘겨준다. 미들 노트는 향의 성격을 대표하는 부분으로, '하트 노트(heart note)'라고도 불린다. 미들 노트는 탑 노트가 사라진 후 약 10분 정도가 지나서 본격적으로 복합적인 향기를 발산하며, 30분에서 4시간 정도 지속되어 향의 중심 역할을 한다. 이 노트는 탑 노트와 베이스 노트 사이에서 섬세하고 조화로운 화음을 이루며, 특히 플로럴 계열의 향조가 주를 이룬다. 베이스 노트에 포함된 일부 향 분자들이 초기에는 불쾌한 느낌을 줄 수 있는데, 미들 노트는 이를 중화시키고 향의 지속성을 높이는 데 중요한 역할을 한다. 향수에서 탑 노트는 첫인상을 결정하지만, 조향사의 의도와 컨셉은 주로 미들 노트에 나타나므로 향수를 선택할 때는 탑 노트가 날아간 상태에서 평가하는 것이 일반적이다. 베이스 노트는 '라스트 노트(last note)'라고도 불리며, 향수의 기반을 형성한다. 이 노트는 향수를 뿌린 후 약 1시간 정도 지나면 나타나며, 사용자의 피부와 결합하여 향기를 발산한다. 같은 향수라도 사용하는 사람에 따라 다르게 느껴지는 이유는 베이스 노트가 피부의 pH 값이나 체온 등에 영향을 받기 때문이다. 베이스 노트는 향수 사용자의 개별적인 향의 분위기를 형성하며, 피부가 건조할수록 향의 아로마가 약하게 나타날 수 있다. 향 분자가 피부의 지방질, 특히 인지질에 달라붙어 향을 퍼뜨리기 때문이다. 따라서, 향수를 선택할 때는 자신의 피부와 잘 맞는 제품을 찾는 것이 중요하다.

④ 주로 사용되는 향료

조향사가 작품에 사용할 수 있도록 준비한 향의 팔레트(palette)에는 천연원료와 함께 합성 향료도 많이 있다. 〈표 6-3〉에는 파트별로 분류된 향조, 대표적인 천연 향료, 그리고 합성 향료를 정리하였다.

표에서 볼 수 있듯이 다양한 휘발 성분들이 혼합되어 있는 천연 정유는 휘발 속도와 특성에 따라 여러 노트로 분류된다. 같은 천연 향에서 추출된 앱솔루트는 끓는점

표 6-3 피라미드 파트별 향조, 천연 향료, 합성 향료

	탑 노트(T)	미들 노트(M)	베이스 노트(B)
향조	시트러스 그린 푸르티	플로럴 그린 허벌	우디 발삼 머스크
천연 향료	레몬 오렌지 베르가모트 라벤더 로즈메리 페퍼민트 유칼립투스 라임 페티그레인 만다린 마조람 코리앤더 갈바넘(M)	로즈 재스민 abs 네롤리(T) 제라늄 쥬니퍼베리 카모마일 일랑일랑(B) 클로브 타임 시나몬(T) 유향(B) styrax(B)	샌달우드 벤조인 오렌지 플라워 abs (M) 오크모스 abs 클라리 세이지 시더우드 베티버 파촐리 바닐라 오리스(M)
합성 향료	limonene camphor octanal linalyl acetate rose oxide linalool benzyl acetate ethyl acetate borneol citronellal(M) benzaldehyde aldehyde C-8(octanal)	terpineol geraniol citronellol geranyl acetate citronellyl acetate citral eugenol Hedione phenethyl alcohol linalyl acetate thymol(B) cinnamyl alcohol(B) aldehyde	*cis*-jasmone ionone farnesol methyl ionone vanillin coumarin heliotropin Iso E Super Ambrox musk γ-decalactone(M)

*(T), (M), (B)는 지정 노트 외에 다른 노트에도 사용될 수 있음을 의미함
abs = absolute

이 높은 분자까지 포함하고 있어, 주로 베이스 노트에 많이 사용된다. 탑 노트는 향수에서 가장 먼저 느껴지는 상쾌하고 가벼운 향을 포함하며, 시트러스, 그린, 과일 노트 등이 주로 사용된다. 미들 노트는 플로럴, 그린, 허벌 향을 중심으로 하며, 장

미, 재스민, 일랑일랑 등이 포함된다. 베이스 노트는 향의 최종 인상을 결정하는 우디, 앰버리, 스파이시 노트로 구성되며, 파출리, 샌달우드 등이 사용된다.

향수는 수백 종의 성분이 조합되어 만들어지며, 각 노트(top, middle, base)가 완전히 시간차를 두고 기화하지는 않는다. 베이스 노트의 향도 초기 단계에서 약간 느껴질 수 있으며, 이로써 탑 노트, 미들 노트, 베이스 노트의 섬세한 혼합이 향수의 개성을 형성한다. 조향된 향료는 부향률에 따라 지속 시간이 달라지며, 이러한 다양한 변수들이 조화를 이루면 명품 향수가 탄생한다. 현재로서는 향 분자 간의 상호작용을 예측하여 향을 만드는 것이 어렵지만, 과학기술의 발전으로 이를 가능하게 할 수 있을 것으로 기대된다.

⑤ 향수 창조

일상생활 속에서 우리는 다양한 향기에 둘러싸여 있다. 최근 이슈가 되고 있는 '향해'를 생각해 보면, 냄새를 느끼지 않아도 삶에 큰 불편은 없다고 여길 수도 있다. 그러나 가스 누출을 미리 감지할 수 있는 부취제와 같이 안전성을 확보하는 측면에서뿐만 아니라, 현대의 일상용품이나 가공식품에도 '냄새=향료'가 사용되며 우리의 삶을 더욱 풍요롭게 만든다. 이때 안전하고 신뢰할 수 있는 재료를 사용해 기분을 좋게 하는 향을 창조하기 위해, 조향사는 창의적인 상상을 통해 향을 만들고, 기술자들은 과학적 지식을 바탕으로 이를 실현시킨다.

향기를 창조하기 위해서는 각 향료에 대한 깊은 이해가 필수적이다. 예를 들어, "레몬 향은 상쾌한 감귤계 향이며, 탑 노트이기 때문에 향이 오래 지속되지 않는다", "샌달우드 향은 차분한 나무 향이며, 베이스 노트이기 때문에 휘발이 느리지만 지속성이 있다"는 식으로 각 향료의 특징을 정확히 파악해서 조향을 해야 한다.

• 향료 선택

조향 과정에서는 제품의 이미지나 목적에 맞는 향료를 선택하는 것이 첫 단계이다. 예를 들어, 천연 여성용 장미 향을 조향한다고 가정해 보자. 천연의 이미지를 살리기 위해 천연 향료를 골라보자. 우선 향의 휘발 속도를 고려하여 탑 노트에는 상큼한 레몬, 미들 노트에는 장미, 베이스 노트에는 바닐라 향이 나는 벤조인을 사용해 만들자. 여기서 레몬, 장미, 벤조인이라는 간단한 이름을 사용하지만, 각 천연 정유에는 다수의 향 성분이 포함되어 있다. 이러한 성분들은 주성분 외에도 미량 성분들이 전체 향의 인상에 복잡한 영향을 미친다. 예를 들어, 레몬 정유의 주성분은 60~70%가 (+)-리모넨이지만, 레몬 향을 결정짓는 중요한 성분은 2~13% 정도 함유된 시트랄이다. 또한, 같은 레몬 정유라 해도 성분 비율은 식물의 산지나 채취 시기에 따라 달라질 수 있다. 이로 인해, 천연 향료로 조향할 때는 같은 비율로 혼합해도 향의 인상이 매번 달라질 수 있다. 이러한 미량 성분은 재현가능한 향을 만드는 데 있어 도전이 되지만, 동시에 독창적이고 매력적인 향을 창조할 수 있는 기회를 제공하기도 한다.

이번에는 경제성을 살펴보자. 천연 향료는 기후변화나 자연재해로 인해 수확량과 품질이 변동하기 쉬워 그에 따른 가격 변동이 발생한다. 일반적으로 천연 향료는 가격이 비싸며, 특히 장미 정유는 매우 비싸다. 이런 경우, 장미 향 성분과 유사한 제라늄 정유로 일부를 대체할 수 있다. 제라늄 정유는 장미 향에도 들어있는 시트로넬롤과 제라니올 등의 성분을 포함하고 있어 장미 향을 대체할 수 있지만, 과도하게 제라늄 오일을 넣으면 장미와는 다른 제라늄 특유의 향이 강해져 향취가 달라질 수 있다. 이처럼 천연 향료로 조향하는 것은 독특하고 매력적인 향을 창조할 수 있지만, 다양한 변수로 인해 재현가능한 향을 만드는 것은 쉽지는 않다.

• 조향 방법

향을 조향할 때는 향 이미지뿐만 아니라 각 향료의 휘발 속도를 고려하고, 두 가지 이상의 향료를 조합하여 조화로운 향을 만드는 것이 기본이다. 이러한 조화를 '어코드'라고 부르며, 여러 향료가 조합될 때 향의 균형을 의미한다. 어코드의 개념에는 여러 가지가 있다. 예를 들어, 레몬과 오렌지처럼 유사한 향을 조합하는 경우, 레몬과 인돌처럼 대조적인 향을 조합하는 경우, 또는 물리적 특징이 비슷한 향을 조합하는 경우가 있다. 실제로는 많은 향료를 조합하여 조화로운 향을 창출하기가 매우 어렵다. 어코드가 잘 잡히면 향을 뿌렸을 때 자연스럽고 편안한 느낌을 주지만, 어코드가 잘 맞지 않으면 향이 조화롭지 않고 불편한 느낌을 줄 수 있다. 향수 내에서 어코드의 균형을 유지하는 것은 조향사의 능력에 달려 있다.

조향사는 소재 간 새로운 조합을 탐구하거나 기존에 연구된 처방을 바탕으로 새로운 향을 창조하는 등 다양한 방법으로 조향을 하는데, 이 과정에는 정해진 규칙이 없다. 선택되는 향료의 종류와 비율은 모두 조향사의 상상력에 따라 결정된다. 이렇게 만들어진 향의 레시피는 수백, 수천 번의 시행착오를 거쳐 시험되며, 그 결과로 새로운 향이 탄생한다.

조향 방법은 크게 두 가지로 나뉜다. 하나는 목표하는 향을 설정한 후 단계적으로 향료를 추가하는 '스텝법', 다른 하나는 전체적인 균형을 고려하며 조합하는 '밸런스법'이다. 스텝법은 먼저 기본 골격이 되는 향료들을 모두 혼합한 후, 추가적으로 하나씩 향료를 첨가하며 향을 완성해 나가는 방식이다. 예를 들어, 장미 향을 스텝법으로 조향하는 과정을 살펴보자. 장미 향을 구성하는 주제 향료와 포인트 향료를 〈표 6-4〉에 나타내었다.

표 6-4 장미 향의 주제와 포인트 향료

주제가 되는 향료(70~80%)	페네틸알코올, 시트로넬롤, 제라니올, 네롤
포인트가 되는 향료(20~30%)	유제놀, 로즈옥사이드, 알데하이드, 리날롤, 다마세논, 에스터류

먼저 페네틸알코올 등 기본 골격이 되는 향료를 혼합하여 베이스를 만든다. 이 베이스는 조향 과정에서 향수의 방향을 결정하는 기초가 되며, 이를 기조제 또는 베이스라고 한다. 그런 다음, 이 베이스에 차례대로 포인트 향료를 추가하면서 원하는 장미 향으로 세련되게 다듬어 나간다. 예를 들어, 베이스에 투명감을 더하고 생생한 장미꽃 느낌을 주기 위해 페닐에틸아세테이트를 첨가한다. 다음으로 장미 향을 더욱 강조하기 위해 로즈옥사이드를 넣고, 장미에 싱싱함과 확산 특성을 부여하기 위해 알데하이드 C-9를 첨가한다. 마지막으로, 향기에 달콤함을 더하기 위해 메틸이소유제놀을 추가한다. 이러한 과정에서 단계마다 향료의 농도와 비율을 조정하며 원하는 향을 완성해 나가는 것이 스텝법의 핵심이다.

한편, 밸런스법은 주어진 향료를 한 번에 조합하고, 그 조합을 부분적으로 개량해 나가는 방법이다. 이 방법에서는 향료의 향조나 휘발 속도를 고려하여, 목표하는 향기에 맞게 비율을 조정하며 향을 완성한다. 예를 들어, 장미 앱솔루트 타입의 향을 조향할 때, 이미 알려진 조성대로 먼저 조향을 시작하고, 그런 다음 각 성분의 비율을 바꿔가며 향을 조정해 나가는 식이다.

밸런스법의 예를 들어보자. 〈표 6-5〉에 나타난 것처럼, 기본이 되는 로즈 앱솔루트 타입의 향에서 로즈 정유 타입의 향을 만드는 경우를 살펴보자. 이 경우, 원하는 향을 만들기 위해 기본 골격 자체의 비율을 조정한다. 예를 들어, '로즈 오일(A)'에서는 페네틸알코올의 양을 줄이고, 제라니올의 양을 늘려 본다. 제라니올의 비율을

표 6-5 밸런스 법으로 조향의 예

향료 명	로즈앱솔루트 타입	로즈 오일(A)	로즈 오일(B)	...
페네틸알코올	40.0	10.0	10.0	
시트로넬롤	30.0	20.0	20.0	
제라니올	19.0	35.0	35.0	
네롤	3.0	"	1?	
리날로올	5.0	"	6?	
아세트산 시트로넬릴	1.0	"	1?	
아세트산 제라닐	0.5	"	1?	
유제놀	1.5	"	1?	

35%까지 늘리고, 상대적으로 페네틸알코올의 비율을 40%에서 10%로, 시트로넬롤의 비율도 10% 정도 줄인다. 또는 '로즈 오일(B)'과 같이, 포인트가 되는 향료의 양을 한 번에 바꿔가며 조향을 시도할 수 있다. 밸런스법은 이처럼 각 향료의 비율을 조정하거나, 전체적으로 향을 조율해 가며 원하는 향을 만들어 나가는 방법이다.

조향사는 조향 과정에서 처방이 의도한 대로 되었는지 확인하기 위해 에탄올에 향을 희석한 후, 시향지에 묻혀 냄새를 맡는다. 향의 원액을 그대로 시향하지는 않는다. 조향 과정에서 향기의 완성도를 좌우하는 중요한 요소는 조합된 향료와 그 비율이다. 조향사는 여러 향료의 비율을 최적의 밸런스로 조정하여 최상의 향을 만들어 내는 것을 목표로 한다. 이를 통해 최종적으로 처방전을 작성하게 된다.

• 새로운 조향 트렌드: 단품 합성 향료

합성 향료가 등장하면서 천연 향료로 조향되던 향수는 여러 향조가 혼합된 형태로 발전하게 되었다. 오늘날, 대부분의 향수는 천연 향료 대신 합성 향료를 사용하여 제조된다. 예를 들어, 앰버, 머스크, 샌달우드 향을 나타내는 화합물, 플로럴 향을 가진 생분해성 화합물, 그리고 바다를 연상시키는 향을 가진 화합물 등이 있다. 합성 향료의 발전은 조향 방식도 바꾸고 있다. 예를 들어, Iso E Super, 거대고리 머스크 화합물, 지환식 머스크 화합물을 베이스로 하고, 천연 식물향료를 변조제로 첨가하는 방식이 등장했다. 이에 따라 과거에 널리 사용되던 탑 노트, 미들 노트, 베이스 노트의 피라미드형 조향 방식에서 벗어난 새로운 접근법이 발전하게 되었다.

대표적인 예로 4장에서 소개한 Iso E Super를 중심으로 한 조향이 있다. Iso E Super는 드라이하고 투명한 우디 향을 가지며, 앰버와 머스크 노트와 조합되어 새로운 향조의 기초가 되었다. 예를 들어, 1988년에 출시된 크리스찬 디올의 《파렌하이트(Fahrenheit)》는 Iso E Super를 25% 함유하여, 기존의 후제르 향조에서 벗어난 새로운 향조를 선보였다. 이 제품은 소비자들 사이에서 큰 인기를 끌었고, 피라미드 구조를 탈피한 조향 세계를 재편하는 데 큰 역할을 했다. 또한, 1990년에 소피아 그로이스만(Sophia Grojsman)은 랑콤(Lancôme)의 《트레조(Trésor)》를 조향하면서 Iso E Super를 18% 함유한 어코드를 사용했다. 이 어코드는 galaxolide, hedione, α-메틸 이오논(α-methyl ionone)과 함께 조화를 이루어, 당시 수많은 꽃 향수의 기초가 된 완벽한 조합을 만들어냈다.

Iso E Super를 43%까지 넣은 예는 1992년에 피에르 부르동(Pierre Bourdon)과 크리스토퍼 셸드레이크(Christopher Sheldrake)가 조향한 여성용 향수인 《시세이도 페미니테 뒤 보아(Shiseido Feminite du Bois)》로, 삼나무와 우디 향을 중심으로 말린 과일과 꽃 향이 정교하게 어우러져 있다. 이때까지 우디 향수는 주로 남성용으로 여겨졌지만, 《페미니테 뒤 보아》는 우디와 오리엔탈 향조를 결합하여 새로운 여성 향수 트렌드를 선도했다. 크리스토퍼 셸드레이크는 이 아이디어를 발전시켜 세르주 루텐(Serge Lutens) 라인을 위해 여러 향수를 만들었다. 그 예로 《보아 디 비올레뜨(Bois de Violette)》, 《보아 에 프뤼(Bois et Fruits)》, 《보아 에 뮈스크(Bois et Musc)》, 《엉 보아 세피아(Un Bois Sepia)》, 《엉 보아 바닐(Un Bois Vanille)》 등이 있다. 또한, 1994년에 피에르 부르동은 디올의 《돌체 비타(Dolce Vita)》에서도 비슷한 조합을 사용하여 우디 향조를 더욱 발전시켰다.

⑥ 처방의 완성

새로운 향수의 처방전이 완성되면 다음 단계는 실제로 향료를 계량하고 혼합하는 과정이다. 각 성분이 정확한 비율로 혼합되어야 최종적으로 의도한 향을 구현할 수 있다. 원료는 액체, 분말, 페이스트 등 여러 형태로 존재하기 때문에, 상을 균일화해야한다. 고체나 분말상 원료는 용매에 녹여야 하고, 이 과정에서 가열이 필요할 때도 있다. 균일하게 혼합된 액체상 원료를 최종 농도로 알코올에 희석하여 향의 원액을 완성한다. 이 원액은 향들이 조화롭게 섞이도록 며칠간 숙성시킨다.

실제 향 개발은 단순히 조향으로 끝나지 않는다. 향수를 위한 조향이 상대적으로 간단하다면, 세제나 개인용품, 일용품에 향을 도입하는 과정은 더 복잡하다. 다음 절에서 자세히 소개하겠지만, 이러한 제품에서는 원료 자체의 냄새를 마스킹하거나, 향을 더하여 제품의 부가가치를 높이는 것이 목적이다. 제품이 매장에 진열되었을 때 소비자에게 선택받을 수 있도록 최적의 향을 유지해야 하며, 사용 중에도 긍정적인 향이 나야 한다. 따라서 먼저 조향된 향료를 제품에 넣어 원하는 향이 제대로 나는지 확인해야 한다. 같은 향료라도 제품의 종류나 혼합 방식에 따라 향이 달라질 수 있기 때문에 이에 맞춰 조정해야 한다. 조향의 마지막 단계는 조향한 향료를 실제 상품에 적용하고, 제품의 성능과 소비자 경험을 고려하여 최종적인 조정을 거치게 된다.

결국, "향을 만든다"는 것은 단순히 예술적 감각과 창의력만을 요구하는 것이 아니다. 조향사는 향을 조합할 때, 제품의 물리적·화학적 성질을 깊이 이해하고, 각 성분이 서로 어떻게 반응하고 조화를 이루는지 신중히 고려해야 한다. 또한, 조향사는 제조 공정과 관련된 공학적 지식도 필요하다. 이는 다양한 제품에 향료를 적용할 때 생산 과정에서 발생할 수 있는 물리화학적 변화를 예측하고, 이러한 변화가 최종 제품의 향에 미치는 영향을 예측하고 조정할 수 있어야 한다. 이러한 과학적·공학적 지식을 바탕으로 조향사는 향수 처방전을 완성한다.

3) 향기를 시각화하는 향수병

향수는 조향을 통해 이미지를 구현하지만, 향은 눈에 보이지 않기 때문에 그 이미지는 향수병을 통해 시각적으로 표현된다. 향수병은 브랜드의 개성과 스타일에 따라 다양한 형태와 크기로 제작되며, 각각의 디자인은 그에 맞춰 달라진다. 주로 유리나 플라스틱으로 만들어지며, 제품의 브랜드 이미지와 고객의 시선을 사로잡기 위해 예술적인 디자인이 적용되기도 한다. 대표적인 향수병 디자인 몇 가지를 살펴보자.

단순하면서도 세련된 디자인을 강조한 가브리엘 샤넬은 자신의 패션을 완성하기 위해 향수를 액세서리로 활용했다. 샤넬 브랜드 최초의 향수인 《샤넬 No. 5》는 알데하이드를 과감하게 도입한 참신한 향수로, 패션의 일부로 자리 잡았다. 이 향수병 디자인은 샤넬의 미니멀리즘과 모던함을 그대로 반영했다. 당시 화려하고 장식적인 디자인과는 대조적으로 《샤넬 No. 5》의 향수병은 깔끔한 직사각형 형태로 제작되었으며, 투명한 유리 소재는 향수의 색상을 돋보이게 하여 제품의 고급스러움을 강조하고 있다. 여기에 방돔 광장에서 영감을 얻었다는 직사각형 뚜껑은 병과 함께 세련된 균형을 이루고 있다.

1925년에 처음 출시된 오리엔탈 향수의 대표작 중 하나인 겔랑의 《샬리마》 향수와 그 향수병은 무굴 제국의 황제 샤 자한의 사랑과 샬리마르 정원에서 영감을 받아 디자인되었다고 한다. 레이몬드 겔랑(Raymond Guerlain)이 디자인한 병은 정원의 분수 모양에서 영감을 얻었으며, 부채 모양의 블루 보틀 토퍼는 겔랑 가문이 소유한 은식기에서 착안했다고 한다. 병목을 감싸는 금색 캡은 향수의 고급스러움을 더욱 강조하며, 파란색과 금색의 조화는 고전적이면서도 우아한 분위기를 연출한다. 이 향수병은 바카라 크리스탈(Baccarat Crystal)에 의해 제조되었으며, 1925년 장식 예술 전시회(Decorative Arts Exhibition)에서 상도 받았다.

1969년 파코 라반(Paco Rabanne)은 공업 소재와 금속을 향수 디자인에 도입하여 《칼랑드르(Calandre)》를 발표했다. 이 향수는 알데하이드 노트의 플로럴과 메탈릭한 노트가 혼합되어 냉철하고 차분한 느낌과 동시에 미래지향적인 향을 표현했다. 향수병 디자인은 UN 본부 빌딩과 롤스로이스 자동차의 쿨링 그릴(cooling grille)에서 영감을 받아 금속 프레임이 돋보이는 현대 사회의 기계적인 느낌을 강조했다. 투명한 유리로 제작된 병은 금속 프레임으로 견고하게 고정되어, 차가우면서도 우아한 느낌을 준다. 이 디자인은 당시 전통적 여성 향수에서 벗어나 새로운 여성성을 표현하며, 파코 라반의 혁신적이고 미래지향적인 브랜드 이미지를 강화한 상징적인 작품이다.

1994년 켈빈 클라인은 최초의 남녀 공용 향수인 《CK one》을 출시했다. 이 향수는 상쾌한 그린 티를 탑 노트로, 파인애플과 플로럴 부케가 어우러지며, 라스트 노트에 엠버를 사용해 남성과 여성 모두에게 어필할 수 있는 향을 갖고 있다. 《CK one》의 향수병은 매트한 유리로 만들어졌으며, 군더더기 없는 직선적인 라인과 간결한 원통형 형태로 중성적이고 현대적인 심플함을 강조한다. 실버 캡과 나사식 스프레이 노즐을 제공해 실용성을 높였다. 표면에는 단순한 'CK one' 로고만 새겨져 있어, 향수병 자체를 하나의 아이콘으로 만들었다. 이 미니멀리즘 디자인은 새로운 세대의 개방적이고 자유로운 라이프스타일을 상징하며, 성별의 경계를 허물고자 하는 메시지를 담았다고 한다.

이처럼 향수병 디자인은 시대의 트렌드를 반영하고 향기의 이미지를 시각적으로 전달하는 중요한 요소이다.

6.4 제품에서의 향

1) 소비재 성분

향료는 향수뿐만 아니라 페이스 제품, 헤어 제품, 바디 제품, 섬유 관리 제품, 방향제, 세정제 등 다양한 일상용품에 사용된다. 이러한 제품들에는 고부가가치를 더하거나, 성분 자체의 불쾌한 냄새를 가리기 위해 향료가 첨가된다. 제품 내부에서 일어나는 향과 성분 간 화학 반응은 주로 향에 영향을 미치며, 제품 성분이 산성이나 염기성일 경우 부가된 향을 손상시킬 수 있다. 반대로 향이 제품의 주요 성분에 영향을 미쳐 제품의 기능을 손상시킬 수도 있다. 따라서 향료를 첨가할 때는 제품의 안정성과 활성 성분에 방해가 되지 않도록 신중하게 선택해야 한다.

이 절에서는 먼저 제품을 구성하는 성분의 종류와 특성을 살펴보고, 향 성분이 최종 제품에 어떻게 사용되는지 살펴본다. 제품의 용도에 따라 사용되는 향료나 관련 법규 및 규제가 다르므로 향료는 주로 용도에 맞게 주문 제작된다. 또한 각 제품의 용도에 따라 유행하는 향의 경향과 향료에 요구되는 기준이 있다. 제조업체는 경쟁사와 차별화되는 고유한 성분 및 배합 처방전을 가지고 있으며, 이는 비밀로 유지된다. 이로 인해 화학적 변화를 정확하게 알 수는 없지만, 일반적인 성분을 바탕으로 화학적 측면을 살펴보자.

① 계면활성제

비누, 샴푸, 세탁 세제, 주방용 세제의 주요 성분은 계면활성제로, 이는 화장품의 주요 성분 중 하나이기도 하다. 계면활성제는 주로 탄소 사슬을 포함한 화합물로 구성되며, 분자 내에는 극성 부분(친수성)과 비극성 부분(소수성)으로 이루어진 양친매성 구조를 가진다. 〈그림 6-3〉에 계면활성제의 일반적인 구조를 나타냈다. 계면활성제는 친수성 부분이 이온성(양이온성, 음이온성, 양쪽성)인 것과 비이온성으로 나눌 수 있으며, 이에 대한 더 자세한 내용은 전문 자료를 참고하길 바란다.

계면활성제는 기름과 물처럼 서로 섞이지 않는 물질 사이에서 표면장력을 감소시켜 이들을 섞이게 하는 역할을 한다. 표면장력은, 액체의 계면 부근에서 표면 자유에너지가 증가하여 불안정해지므로, 이를 안정시키기 위해 그 표면적을 최소화하려

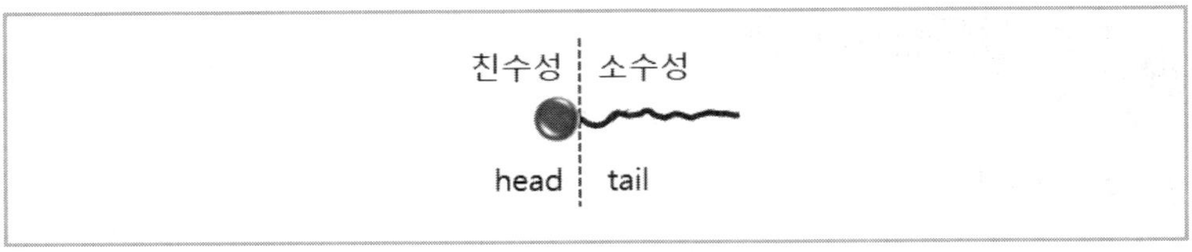

그림 6-3 계면활성제의 일반적인 구조

는 힘이다. 양친매성 구조를 가진 계면활성제가 물과 기름 같은 서로 다른 물질의 계면에 정렬되면, 이 불안정한 상태가 완화되어 계면 자유 에너지가 감소하고, 그 결과 서로 다른 물질이 섞이는 효과가 나타난다. 〈그림 6-4〉에 물과 같은 극성 용매에 계면활성제를 첨가했을 때의 특성을 나타내었다.

〈그림 6-4 (a)〉에 나타난 것처럼 계면활성제가 첨가되면 먼저 물 표면에 배열되어 얇은 층을 형성하여 물의 표면장력을 낮춘다. 계면활성제의 양이 적을 경우 대부분의 소수성 부분이 용매 표면에서 공기를 향해 배열되고, 친수성 부분은 물을 향하게 된다.

첨가되는 계면활성제의 양이 증가하여 표면에 자리를 잡지 못한 계면활성제가 물 속에서 서로 만나게 될 정도의 농도에 이르면 계면활성제 분자들이 물 안에서 뭉친 구조를 형성하기 시작한다. 소수성 꼬리 부분은 물과의 접촉을 최소화하기 위해 서로 응집하려는 경향이 있다. 이로 인해 계면활성제 분자들이 모여 소수성 꼬리는 내부로 향하고 친수성 머리 부분은 외부로 노출되는 구형의 구조를 형성하게 된다. 이런 구조를 마이셀(micelle)이라고 한다(그림 6-4 (b)). 반대로, 계면활성제가 기름과 같은 비극성 용매에 섞이면 소수성 꼬리가 외부로 향하고 친수성 머리가 내부로

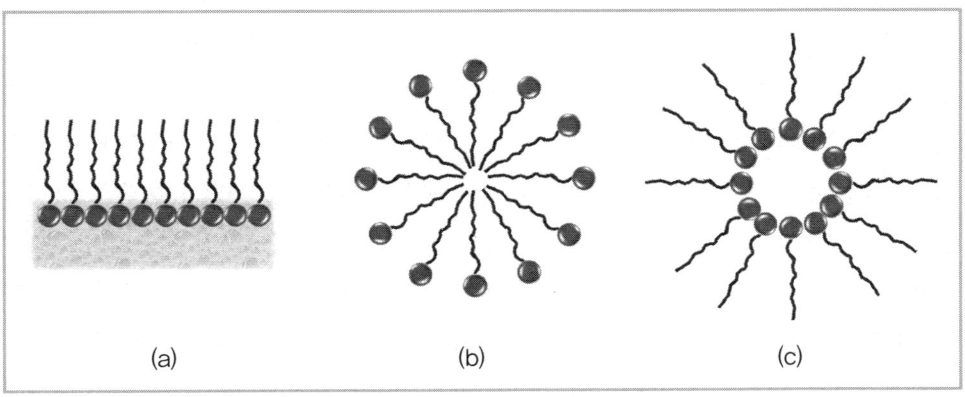

그림 6-4 농도에 따른 마이셀 형성 및 역마이셀 구조

모이는 구조를 형성한다. 이런 구조를 역마이셀(reverse micelle)이라고 한다(그림 6-4 (c)). 이러한 마이셀 형성은 계면활성제가 어느 정도 농도에 도달해야 가능하며, 이 농도를 임계 마이셀 농도(critical micelle concentration, CMC)라 부른다. CMC는 온도, pH, 이온 농도 등 외부 요인에 따라 영향을 받는다.

마이셀이 형성되면 외부 환경과 다른 특성을 가진 물질이 마이셀 내부로 흡수될 수 있기 때문에, 계면활성제가 존재하면 극성과 비극성 물질이 균일하게 혼합된 용액을 만들 수 있다. 이 과정에서 계면활성제는 원래 용매에 녹지 않는 물질을 마이셀 내부에 가두어 마치 녹은 것처럼 보이므로, 즉, '용해'시킬 수 있으며, 이를 가용화(solubilization)라고 한다. 이처럼 용매에 대한 어떤 물질의 용해도를 높이는 역할을 하는 계면활성제를 가용화제(solubilizer)라고 한다.

계면활성제의 주요 용도 중 하나는 세척이다. 기름이 묻은 식기를 물로만 씻을 경우 기름때가 남아 있지만, 세제를 사용하면 기름때가 깨끗이 제거된다. 계면활성제가 하는 중요한 역할 때문이다.

빨래에 사용하는 세제도 계면활성제이다. 〈그림 6-5〉에서 볼 수 있듯이, 옷에 묻은 기름때는 세제 속 계면활성제의 소수성 꼬리 부분과 상호작용을 하며 이 과정에서 계면장력이 줄어들어 수용액이 직물에 쉽게 스며들게 된다. 계면활성제의 소수성 꼬리 부분이 기름때와 결합하고, 외부로 향한 친수성 머리 부분 때문에 물에 용해될 수 있는 기름 덩어리로 만든다. 이로 인해 기름때는 직물에서 떨어져 수용액에 분산되며, 마지막으로 물로 헹구면 이 기름때가 제거된다. 이처럼 계면활성제는 비극성 분자 간 상호작용을 통해 때를 직물에서 분리하고, 친수성 상호작용을 통해 물에 녹아 씻겨나가도록 하는 역할을 한다.

물과 기름처럼 서로 섞이지 않는 물질도 계면활성제를 첨가하면 분리되지 않고 탁

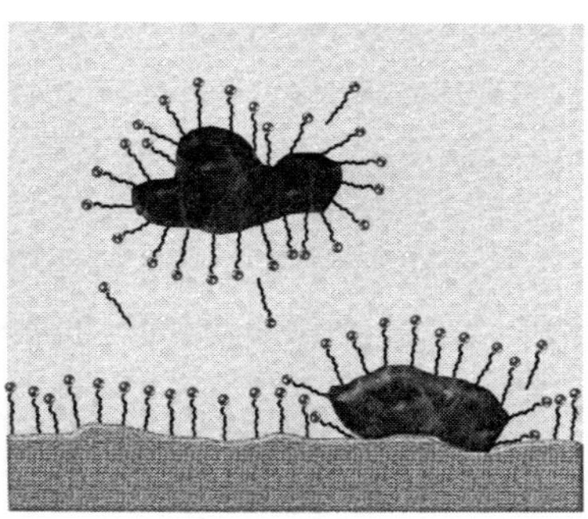

그림 6-5 세제 효과

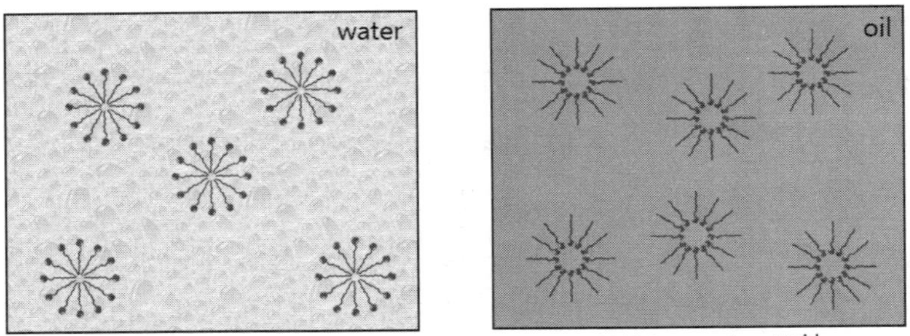

O/W(oil in water)형 W/O(water in oil)형

그림 6-6 O/W형과 W/O형 에멀전

하지만 균일한 용액을 형성할 수 있다. 이런 탁한 액체를 '에멀전(emulsion)'이라고 하며, 이 과정을 '유화(乳化)'라고 한다. 따라서, 화장품 분야에서는 계면활성제가 때때로 유화제(乳化劑, emulsifier)와 동의어로 사용된다. 일반적으로 화장품은 수성 원료(물)와 유성 원료(오일 성분), 그리고 이 둘을 섞어주는 계면활성제로 구성된 에멀전이다. 여기에 점도 조절제, 색소, 기능성 성분, 향료 등이 추가된다. 계면활성제, 즉, 유화제는 이러한 성분들을 균일하게 혼합하여 적절한 유동성을 제공하는 역할을 한다. 예를 들어, 〈그림 6-6〉에서 볼 수 있듯이 화장수처럼 물이 많고 유성 성분이 적은 경우는 마이셀이 물속에 기름이 분산된 오일 인 워터(O/W) 형태로 존재하며, 크림처럼 기름이 주성분이고 물이 상대적으로 적은 경우는 역 마이셀이 기름 속에 분산된 워터 인 오일(W/O) 형태로 존재한다.

유화제는 이런 에멀전 구조에서 균일하게 섞임과 유동성을 제공하며, 고체처럼 보이는 크림상 화장품이 피부에 부드럽게 발리도록 돕는다. 즉, 마이셀이 응고된 것처럼 보이지만, 크림에 압력을 가하면 분산된 입자 간의 상호작용이 일시적으로 끊어져 유동성이 생긴다. 이 입자들이 다시 응집되어 응고되는 데는 시간이 걸리므로, 피부에 바를 때 바로 굳지 않고 부드럽게 펴 바를 수 있다. 향장용 유화제로는 피부 자극이 적고, 무독성이며, 색이나 냄새가 없고, 화학적 안정성이 요구되기 때문에, 이러한 조건을 만족시키는 비이온성 계면활성제가 주로 사용된다.

계면활성제의 유화 능력은 친수성-소수성 균형(Hydrophilic Lipophilic Balance, HLB) 값으로 평가할 수 있다. HLB 값에 따라 계면활성제의 용도가 달라지며, 〈그림 6-7〉에서 이를 확인할 수 있다. HLB 값이 낮을수록 W/O 유화에 적합하고, O/W 유화제는 HLB 값이 높은 쪽이 적합하다.

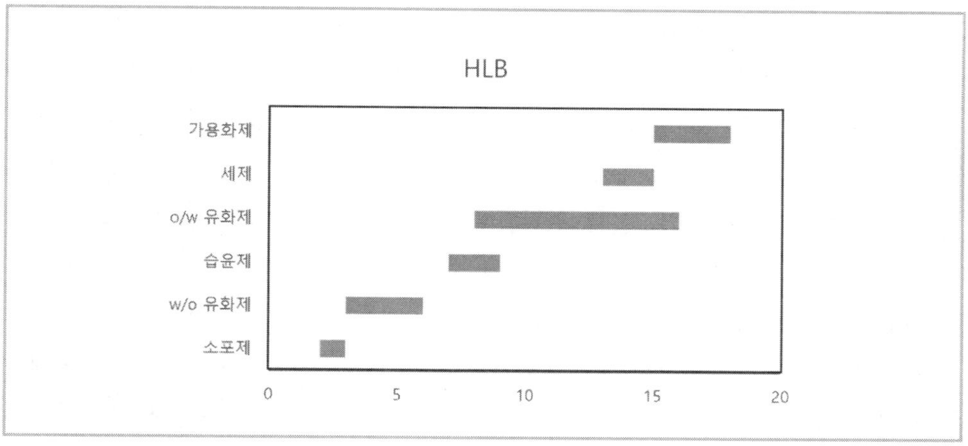

그림 6-7 친수성-소수성 균형 값

또한, 계면활성제는 일반적으로 물에 잘 녹지 않는 유기 화합물과 이온 물질 사이에서 중개자 역할을 하며, 표면을 개질하는 데 사용된다. 기체/액체 계면에서 효과적인 계면활성제는 유리, 의류 등의 표면에 도포되어 다양한 기능을 발휘한다. 예를 들어, 발수제, 김서림 방지제, 윤활제, 정전기 방지제, 매염제, 녹 방지제 등의 용도로 사용된다.

계면활성제는 일반적으로 향 성분에 대해 화학적으로 안정한 편이지만, 특정 상황에서는 향 성분과 덜 친화적일 수 있다. 이로 인해 향료 성분이 과도하게 노출되거나 감소할 수 있다. 예를 들어, 유리 세정제에 포함된 차아염소산염 표백제는 강한 염기성으로 향료의 화학적 안정성을 떨어뜨릴 수 있다. 이를 방지하기 위해 향료는 에멀젼 형태로 분산되지만, 계면활성제로 인해 향료가 높은 pH에 노출되면 특히 에스터 성분이 가수분해될 위험이 있다. 따라서 이러한 화학적 특성을 이해하는 것이 중요하다. 이제 응용 매질에 대해 자세히 알아보자.

② 산성 소비재

소비재가 산성인 경우는 주로 효소 세제나 발한 억제제와 같이 제품 자체가 산성이거나, '물의 때'를 제거하기 위해 세정제에 일부러 산을 넣은 경우이다.

우선 소비재 자체가 산성인 세탁용 효소 세제를 보자. 세탁용 세제는 옷감에 묻은 얼룩, 특히 기름과 같은 소수성 물질을 제거하는 것이 주 용도이다. 최근에는 초콜릿, 혈액같이 제거하기 어려운 얼룩을 효소 세제를 사용해 제거하는 추세이다. 효소 세제에는 단백질 제거용 프로테아제(Protease) 또는 펩티다아제(Peptidase), 지방질 제거용 리파아제(Lipase), 탄수화물 제거용 아밀라아제(Amylase) 등이 사용된다. 이런 모든 효소를 조합한 '토탈아제'라는 세제도 있다. 이 효소들은 산성 및 염기성 촉매제로 지방, 단백질, 탄수화물을 가수분해하는 데 매우 효과적이다. 특히 아밀라아제는 pH 4.5~7의 범위에서 최적의 활성을 나타낸다. 그러나 이 효소들은 얼룩을 제거할 뿐만 아니라 향기 분자에 포함된 에스터 및 아미드 결합을 공격하여 향료의 특성을 바꿀 수 있다. 따라서 이런 소비재에 향을 부가할 때는 화학적 안전성을 고려하여 적합한 성분의 향을 선택해야 한다.

자체가 산성인 또 다른 예로는 발한 억제제(antiperspirant)가 있다. 발한 억제제는 땀을 억제하거나 땀의 양을 줄여 박테리아가 번식하기 쉬운 습한 환경을 줄이는 역할을 하며, 주로 가격 경쟁력이 높은 알루미늄염이 사용된다. 알루미늄염은 땀샘의 관을 막아 땀의 분비를 차단하며, 시간이 지나면서 피부의 각질이 자연적으로 제거될 때 함께 제거된다. 또한, 알루미늄염은 수렴 효과를 통해 모공을 수축시켜 땀 배출을 줄이는 역할도 한다. 주로 사용하는 알루미늄염으로 염화알루미늄(Aluminium chloride, $AlCl_3$), 알루미늄 클로로하이드레이트(Aluminium chlorohydrate, $Al_2Cl(OH)_5$), 그리고 AZG라고 불리는 알루미늄 지르코늄 테트라클로로하이드렉스 글리신(Aluminium zirconium tetrachlorohydrex glycine) 등이 있다. 염화알루미늄은 강한 루이스 산이고, 알루미늄 클로로하이드레이트 역시 물에 녹아 제품의 pH를 상당히 낮춘다. AZG의 경우, 염화알루미늄의 산성도에 더해 아미노기를 가진 글리신 분자가 포함되어 있는데, 이 글리신은 카보닐기와 반응성이 높아 향 성분과 화학 반응을 일으킬 가능성이 매우 높다.

'물의 때'를 제거하기 위한 경우처럼 세정제에 일부러 산을 넣어주는 경우도 있다. 석회암이 많은 지역에서는 상수도에 탄산수소칼슘($Ca(HCO_3)_2$)이 용해되어 있는 경우가 많다. 이러한 물을 가열하면 주전자나 세탁기에 하얀 침전물이 생기는데, 이는 물속에 녹아있던 칼슘 이온이 석회질이라고 하는 불용성 탄산칼슘($CaCO_3$)으로 변하기 때문이다. 이 과정을 아래 반응식 (6.1)로 나타낼 수 있다.

$$Ca^{2+} + 2HCO_3^{-} \rightleftharpoons Ca^{2+} + CO_3^{2-} + CO_2 + H_2O \tag{6.1}$$

물이 가열되어 물속에 녹아있던 이산화탄소가 기체로 되어 날아가면, 반응은 오른쪽 생성물 쪽으로 진행되고, 그 결과 물속의 칼슘 이온(Ca^{2+})과 탄산 이온(CO_3^{2-}) 농도가 높아지면서 불용성 탄산칼슘이 침전된다. 이 과정은 반응식 (6.2)로 표현할 수 있으며, 일반적으로 '석회 찌꺼기(limescale)'라고 불린다.

$$Ca^{2+} + CO_3^{2-} \rightarrow CaCO_3(s) \quad (6.2)$$

물이 증발하면 탄산칼슘이 침전되어 욕조나 샤워기 등에 물의 때가 쌓이게 된다. 이러한 석회질을 제거하기 위해 산이 사용된다. 탄산칼슘이 프로톤 이온(H^+)과 반응하면, 물에 녹는 염과 이산화탄소 기체가 생성되어 '때'를 쉽게 씻어낼 수 있게 된다. 이 반응은 아래 반응식 (6.3)으로 나타낼 수 있다.

$$CaCO_3(s) + 2H^+(aq) \rightarrow Ca^{2+}(aq) + CO_2(g) + H_2O(l) \quad (6.3)$$

이렇게 산은 불용성 침전물을 제거하는 데 효과적이므로, 세정 성능을 보장하기 위해 제품에 산을 첨가한다. 가장 일반적으로 사용되는 산으로는 구연산, 아세트산, 술팜산(sulfamic acid), 그리고 묽은 염산 등이 있다.

소비재 대부분은 물을 함유하고 있거나 물속에서 사용되므로, 이들 제품에 포함된 산은 에스터의 가수분해 반응이나 알데하이드 및 케톤의 알돌 반응을 촉진할 수 있다. 이러한 반응은 결국 향 손실을 초래할 수 있다. 더욱 심각한 문제는 이런 반응으로 인해 손실되는 향 성분이 특정 화학물질에 집중된다는 점이다. 즉, 향기 성분의 손실이 모든 향료에 균일하게 일어나지 않기 때문에, 전체 향의 조화가 변할 뿐만 아니라 악취 성분이 생성될 가능성도 있다. 예를 들어, 과일 향을 내는 에스터가 가수분해되면 땀 냄새나 부패 냄새가 나는 카복실산이 생성될 수 있어, 전체 향을 왜곡하고 제품의 인상을 크게 손상시킬 수 있다.

③ 염기성 소비재

산의 경우처럼, 다양한 이유로 pH 조절을 위해 소비재에 염기가 첨가된다. 앞서 언급한 효소 세제 중 리파아제(lipase)와 프로테아제(protease)는 염기성 조건에서 최적의 활성을 나타낸다. 주로 사용되는 염기로는 수산화나트륨, 중탄산나트륨($NaHCO_3$), 탄산나트륨(Na_2CO_3), 탄산칼슘($CaCO_3$) 등이 있다. 또한, 에탄올아민($HO(CH_2)_2NH_2$)과 같은 아민기를 포함한 알킬 알코올인 알카놀아민(alkanolamine)도 사용된다. 이들은 유기화합물이므로 일부 유기 용매에 잘 녹는 장점이 있다.

염기는 산에 의해 촉매되는 반응과 유사하게 향료 물질과 반응을 촉매하여 유사한 향 손실을 일으킬 수 있다. 염기의 한 가지 장점은, 화학 반응으로 악취가 나는 산이 생성될 경우에 그 산을 중화시켜 냄새가 나지 않도록 염을 형성할 수 있다는 점이다. 그러나 염기에 의한 가수분해는 산성 조건보다 빠르게 진행되는 경우가 많으며, 이러한 염이 형성되면 제품의 염기 수준이 감소하여 제조업체가 의도한 pH보다 낮아질 수 있다. 이로 인해 제품의 성능이 떨어져 원하는 효율을 얻지 못하는 경우가 있다.

④ 친핵체가 있는 소비재

소비재에 들어 있는 염기성 물질은 친핵성 특성이 있다. 친핵체(nucleophile) 라고도 하는데, 이는 핵을 의미하는 'nucleus'와 사랑을 의미하는 'philos'의 합성어로, '핵을 좋아하는 물질'이라는 뜻이다. 유기화학 반응 메커니즘에서 종종 'Nu'로 표시되며, 자유 전자쌍이나 음전하를 띠거나 부분적으로 전자밀도가 높아 상대적으로 전자가 풍부한 특성을 가진 분자가 친핵체가 된다. 친핵성 화학 반응에서는 전자가 한 분자에서 다른 분자로 이동하여 반응이 일어난다. 이때 전자쌍을 받아들이는 화학종을 친전자체(electrophile)라고 하며, 친핵체는 이 친전자체에 전자쌍을 제공하여 화학결합을 형성한다.

많은 향료 성분은 이중결합이나 알데하이드, 케톤과 같은 카보닐기를 포함하고 있다. 이중결합은 두 개의 탄소 원자가 하나의 시그마(σ) 결합과 하나의 파이(π) 결합으로 연결된 구조이다. 파이 결합은 전자밀도가 높아 상대적으로 반응성이 크기 때문에 반응에 참여할 가능성이 크다. 이 과정에서 파이 결합이 끊어지고 새로운 결합이 형성되며, 이중결합은 단일 결합으로 변환되고 새로운 원자나 원자 그룹이 탄소 원자에 추가된다. 친핵체는 알데하이드나 케톤과 같은 카보닐 화합물에서 친핵성 반응을 일으킬 수 있다. 카보닐기의 탄소 원자는 산소 원자에 비해 전자밀도가 낮아 부분적으로 양전하를 띠고 있으며, 이로 인해 전자밀도가 높은 친핵체에 의해 쉽게 공격받을 수 있다. 친핵체가 카보닐기의 탄소 원자를 공격하면 탄소-산소 이중결합이 일시적으로 끊어지면서 탄소에 새로운 결합이 형성된다. 이 과정에서 알데하이드는 알코올로, 케톤은 이차 알코올로 전환될 수 있다. 에탄올아민이나 디에탄올아민($HN(CH_2CH_2OH)_2$)과 같은 1차 및 2차 알카놀아민과 같은 경우, 이들은 자유 전자쌍을 가지고 있어 알데하이드계 또는 케톤계 향료 성분의 카보닐기와 반응할 수 있다. 이 반응에서 물이 빠져나가면서 시프 베이스(Schiff's base) 또는 에나민(enamine)을 형성할 수 있으며, 이로 인해 향료의 안정성에 문제가 발생할 수 있다.

이러한 반응은 소비재에 포함된 향료 성분의 화학적 구조를 변화시켜 향의 안정성

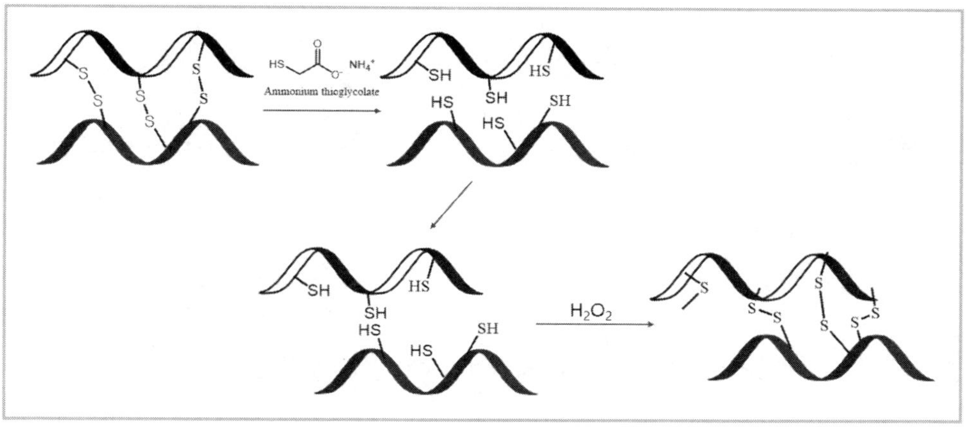

그림 6-8 헤어 펌의 원리

에 영향을 미치고 특성을 변화시킬 수 있다. 따라서 소비재에 염기성 물질이 포함되어 있는 경우, 향 성분의 화학적 안정성을 충분히 고려하여 친핵성 반응이 발생하지 않도록 주의해야 한다.

끝으로 모발의 펌이나 스트레이트제처럼 강력한 환원제가 필요한 경우, 티오글리콜산(thioglycolic acid, $HSCH_2CO_2H$)과 암모니아로 만들어진 암모늄 티오글리콜산(ammonium thioglycolate, $HSCH_2CO_2NH_4$)이 주로 사용된다. 〈그림 6-8〉에 나타내었듯이 이 환원제는 모발의 케라틴 단백질에 함유된 시스틴의 이황화 결합을 메르캅토기로 환원시켜 단백질 구조를 분해하는 역할을 한다. 이후 원하는 모양으로 모발을 세팅한 뒤, 과산화수소와 같은 산화제를 사용하여 새로운 이황화 결합을 형성함으로써 새로운 헤어스타일을 고정시키는 원리이다.

헤어 펌의 효과는 매우 뛰어나지만, 티오글리콜산에는 강력한 친핵성을 지닌 티올기가 포함되어 있어 알데하이드, 케톤, 또는 에스터 기능을 가진 향료 성분을 공격할 수 있다. 이로 인해 사용할 수 있는 향료 성분이 제한된다. 게다가 암모니아와 티오글리콜산에서는 특유의 강하고 불쾌한 냄새가 난다. 일반적인 향료만으로는 헤어 펌과 헤어 스트레이트제의 강한 냄새를 완전히 제거하거나 개선하기 어려운 문제가 남아있다.

⑤ 환원제가 있는 소비재

대기 중 산소에 의한 산화를 방지하기 위해 소비재에 일반적으로 환원제를 첨가한

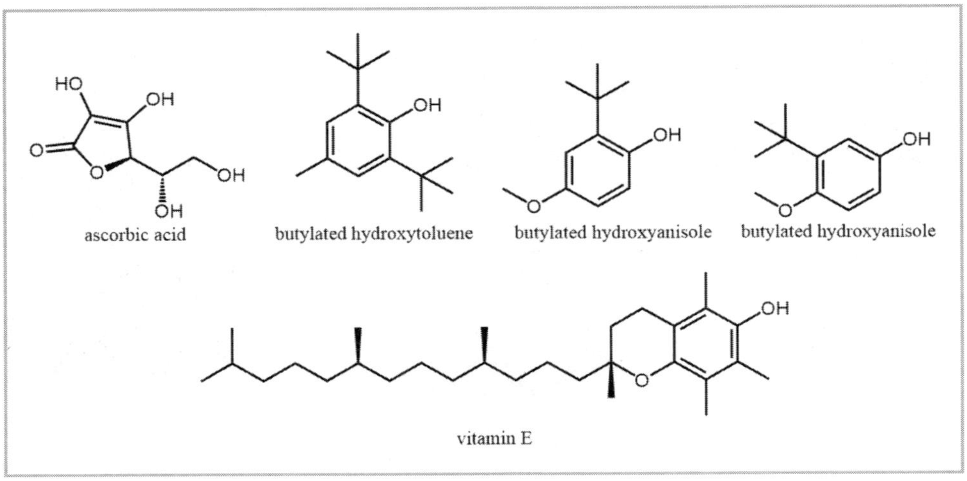

그림 6-9 유기 환원제의 예

다. 친핵 특성이 있는 아황산수소나트륨(Sodium bisulfite, $NaHSO_3$) 외에도 소비재에서 많이 사용하는 유기 환원제로는 비타민 C로 알려진 아스코르브산(ascorbic acid), 부틸화하이드록시톨루엔(Butylated hydroxytoluene, BHT), 부틸화하이드록시아니솔(butylated hydroxyanisole, BHA), 그리고 비타민 E로 알려진 토코페롤(tocopherol) 등이 있다. 이들은 제품의 자기산화를 방지하기 위해 산화방지제로도 사용된다. 특히 토코페롤은 자연에서 발견되는 형태와 동일한 구조이므로, 소비자들에게 신뢰를 얻어 널리 사용된다. 이러한 유기 환원제들의 구조는 〈그림 6-9〉에서 볼 수 있다.

⑥ 산화제가 있는 소비재

표백제는 색을 탈색하여 희게 하거나 옷 색깔을 선명하게 하기 위해 사용된다. 염소는 강력한 산화제이지만, 순수한 염소는 독성이 강하고 부식성 기체이다. 그래서 염소를 방출할 수 있는 차아염소산나트륨(sodium hypochlorite, NaOCl)과 같은 염소 기반의 표백제가 가정용 표백제로 사용된다. 또한, 염소를 포함하지 않는 과산화수소와 같은 과산화물 기반의 산화성 표백제도 있다.

차아염소산나트륨은 반응이 빠르고 저렴하여 널리 사용된다. pH가 7 이하로 떨어지면 염소 기체가 발생하여 산화력이 감소하므로, 표백제의 산화 효과를 유지하기 위해서는 제품의 pH를 염기성으로 유지해야 한다. 따라서 가정용 표백제는 일반적으로 3~8%의 차아염소산나트륨과 0.01~0.05%의 수산화나트륨을 포함하고 있다.

과산화물 기반 표백제는 유기염소화합물을 생성하는 염소계 표백제에 비해 친환경적 소재로 간주된다. 과산화물 표백제 대부분은 과산화수소의 유도체이며, 예외적으로 과붕산나트륨(sodium perborate, $NaBO_3 \cdot nH_2O$)이 있다. 과붕산나트륨은 물에서 과산화수소와 중탄산나트륨으로 분해된다. 1907년 독일 헨켈(Henkel)사가 최초로 표백제와 세제를 결합한 세탁 세제 '퍼실(Persil)'을 출시했는데, 이 이름은 세제에 들어있는 과붕산나트륨과 규산나트륨(sodium silicate)에서 유래했다. 과붕산나트륨은 염소 기반 표백제보다 염료나 직물의 열화를 줄일 수 있지만, 60℃ 이상의 온도에서만 산소를 방출하므로 저온으로 세탁할 때는 활성화제인 테트라 아세틸 에틸렌디아민(tetraacetylethylenediamine, TAED)과 혼합해 사용해야 한다. 이 경우 과산화수소의 역할을 하는 과초산(peracetic acid, CH_3CO_3H)이 생성되어 산화제로 작용한다. 그러나 부생산물인 붕산염(borate)이 제거되지 않고 하수로 유입되어 환경 오염 문제를 일으키는 것으로 알려져 최근에는 과탄산소다(sodium percarbonate, $Na_2CO_3 \cdot 1.5H_2O_2$)와 같은 과탄산염이 대체제로 사용되고 있다. 이러한 성분은 Oxyper, OxiClean, Tide, Vanish 등의 제품에 들어있다.

차아염소산나트륨과 과산화수소계 표백제는 강한 산화력을 지니고 있어 그 자체만으로도 향료 성분에 큰 위협이 된다. 게다가 차아염소산나트륨의 활성을 발휘하도록 제어한 염기성 조건은 향료 성분에 더욱 불리하게 작용한다. 알데하이드, 케톤, 에스터, 이중결합을 가진 올레핀, 그리고 다양한 방향족 화합물은 이러한 환경에서 쉽게 반응하여 변질될 수 있다. 따라서, 이러한 작용기를 포함한 향 성분을 사용할 때는 표백제와의 상호작용을 충분히 고려해서 선정해야 한다.

⑦ 광활성화제가 있는 소비재

세탁용 세제에는 직물의 색상을 더욱 밝아 보이게 하는 '미백' 효과를 주는 형광증백제 또는 형광백색 염료도 포함되어 있다. 형광백색 염료(optical brighteners 또는 fluorescent brightening agents)는 전자기 스펙트럼의 근자외선 영역(300~400 nm)에서 빛을 흡수하고, 형광 현상을 통해 청색 영역(400~470 nm)의 가시광선으로 재방출하는 염료이다. 이 과정에서 발생하는 청색광을 형광이라고 한다. 섬유를 형광 염료로 염색하면, 청색의 보색인 황변이 눈에 덜 띄게 되는 원리이다.

이러한 특성을 가진 화합물 중에서 가장 일반적인 종류는 스틸벤(stilbene) 계열

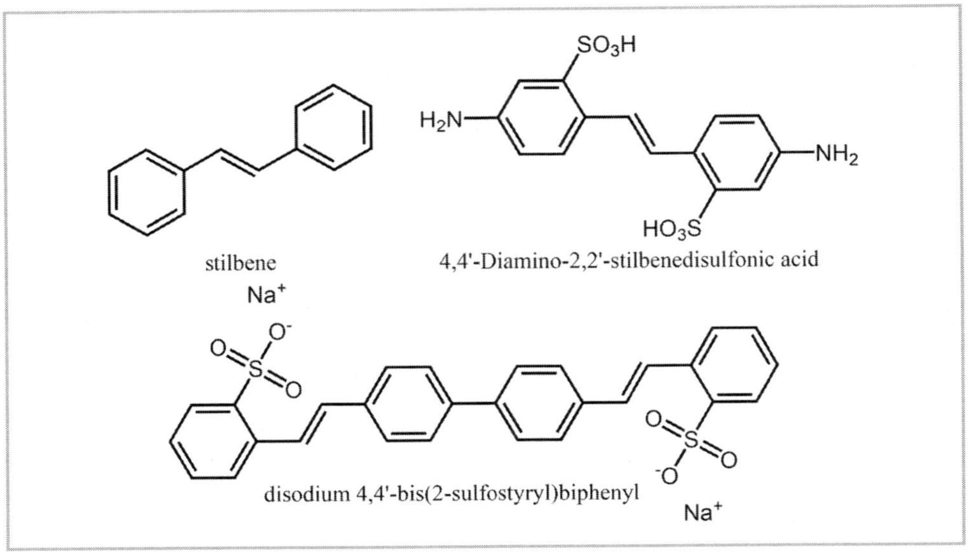

그림 6-10 스틸벤과 스텔벤계 형광증백제

이다. 예를 들어, 4,4'-디아미노-2,2'-스틸벤디설폰산(4,4'-diamino-2,2'-stilbenedisulfonic acid)이 사용되며, 대표적인 스틸벤계 형광증백제인 disodium 4,4'-bis(2-sulfostyryl)biphenyl이 자주 사용된다(그림 6-10).

세탁 과정에서 형광증백제는 직물 섬유에 결합하지만, 이 과정은 평형 반응이므로 일부 형광증백제는 세탁 후 하수로 들어간다. 그 결과, 폐수 처리장으로 들어가게 된다. 형광증백제의 최대 50%는 하수 슬러지에 남고, 나머지는 수역으로 배출된다. 수역과 지표면에서 이 물질은 햇빛에 의해 천천히 광분해가 일어나게 된다. 그러나 잘 분해되지 않아 토양과 수역에 축적될 수 있으며, 시간이 지나면서 환경 오염을 유발할 수 있다. 특히 형광증백제의 내성으로 인해 미생물 분해가 어려워 장기적인 생태계 피해가 우려된다.

형광증백제는 화장품에서도 사용되며, 특히 헤어 컨디셔너 제품에 첨가된다. 이 성분은 머리카락의 광택과 반짝임을 높이는 데 도움을 준다. 또한, 일부 고급 페이스 및 눈 파우더에는 피부의 어두운 부분을 밝게 하는 데 도움이 되는 형광증백제 마이크로스피어가 포함되어 있다.

이러한 염료 분자는 빛으로부터 에너지를 받은 후 그 에너지를 단순히 열로 방출하지만, 산소가 있는 경우에는 여기 상태의 염료 분자가 다른 분자, 예를 들어 향 분자로 에너지를 전달할 수 있다. 이로 인해 향료 성분의 안정성에 영향을 미칠 수 있다.

2) 소비재의 종류

향수 하우스와 소비재 회사마다 향이 포함된 제품을 분류하는 방식은 다를 수 있다. 여기서는 향수, 화장품, 개인 세정제, 세탁 제품, 그리고 가정용 제품의 다섯 가지 카테고리로 나누어 각 제품에서 주의해야 할 화학 반응에 대해 살펴보자.

① 고급 향수

향료 성분은 상온에서 액체나 고체 상태로 존재한다. 따라서 향수를 제조할 때는 모든 성분이 용매에 완전히 녹아 균일한 혼합물을 형성해야 한다. 앞에서 본 향수의 부향률을 다시 보자. 향수 하우스마다 향수 처방전(recipe)은 비밀이지만, 성분을 보면 주용매는 알코올이고 그 외에 물이 용매로 사용된다. 보통 변성 에탄올이 용매로 사용되는데, 이 에탄올의 공급원(예: 합성, 천연 곡물 전분, 사탕무, 또는 당밀 알코올)에 따라 최종 제품의 향이 미묘하게 달라질 수 있으므로, 어떤 종류의 알코올을 사용할지 신중하게 선택해야 한다. 에탄올은 상온에서 안정한 화합물로, 일반적으로 향 성분에 큰 영향을 미치지 않는다. 그러나 공기 중 산소와 빛에 노출되면 에탄올은 향료에 있는 에스터와 에스터 교환 반응을 일으킬 수 있다. 또한, 에탄올이 산화되어 아세트알데하이드를 생성할 수 있으며, 이 아세트알데하이드는 카보닐기를 포함한 향료 성분과 알돌 반응을 일으킬 수 있다. 이러한 반응들은 향료 성분의 구성을 변화시키므로, 시간이 지남에 따라 향이 바뀐다.

$$CH_3CH_2OH + \frac{1}{2}O_2 \rightarrow CH_3CHO + H_2O \tag{6.4}$$

또한, 차별화된 브랜드화를 위해 패션 하우스나 마케팅 회사에서는 고유한 색상을 얻기 위해 향수에 염료를 추가하기도 한다. 향료의 색은 보관 환경 및 시간이 지남에 따라 색이 변할 수도 있다. 이는 최종 제품의 색상에도 영향을 미쳐, 안정적인 색상 유지에 어려움을 초래할 수 있다. 더불어, 빛에 의해 에너지를 받은 염료가 산소와 반응하여 어떤 영향을 미칠지도 고려해야 한다.

결론적으로, 향수는 공기 중 산소, 빛, 열, 그리고 용매로 사용된 알코올의 반응성을 고려하여 제조하고, 보관해야 한다. 열과 빛으로부터 보호하기 위해 향수를 냉장고에 보관하고, 뚜껑을 단단히 닫아 공기에 노출되는 것을 최소화하는 것이 가장 좋다.

② 향장 제품

14세기에 이미 로즈워터나 허브워터가 사용된 기록이 있지만, 당시에는 이런 향 제품이 매우 비싸서 왕족이나 귀족들만 사용할 수 있었다. 따라서 대량으로 합성 향료 생산이 가능해진 19세기 중반에 이르러서야 대중이 사용하는 일용품에 본격적으로 향이 사용되기 시작했다.

향장 제품에 사용되는 향료의 안정성은 크게 두 가지로 나눌 수 있다. 첫째, 화장품, 헤어 컨디셔너와 같이 기질이 향료에 큰 영향을 미치지 않는 경우이다. 둘째, 발한 억제제나 티오글리콜산을 함유한 헤어 펌 제품처럼 기질 자체가 산성을 띠어 향료의 안정성에 영향을 미치는 경우이다.

화장품에 향이 첨가되는 이유는 다양하지만, 주로 화장품의 가치를 높이고 브랜드 이미지와 소비자에게 전달하는 메시지를 표현하기 위해 향이 사용된다. 또한, 제조 과정에서 원료 자체가 독특한 냄새를 가지고 있을 때 이를 가리기 위해 향료가 첨가되기도 한다. '무향'으로 표시된 제품도 원료의 냄새를 억제하기 위해 특정 향료가 포함되어 있을 수도 있다.

향장 제품에 사용되는 향료의 부향률은 제품의 종류, 예를 들어 화장수나 크림류 등 기제에 따라 다르다. 화장품과 세면용품의 일반적인 부향률은 〈표 6-6〉에 나타내었다.

얼굴에 직접 닿는 화장품의 향은 피부를 청결하게 유지하는 이미지를 전달하면서도 편안함을 주어야 한다. 이와 동시에, 향수와 달리 피부에 강하게 남지 않으면서 온화하고 적당한 강도의 향기를 유지하는 것이 중요하다. 즉, 향기가 주된 기능이 아닌 제품에서 향은 그 기능을 보조하는 역할에 머물러야 한다.

소수성 특성인 향료는 일반적으로 물과 잘 섞이지 않아 계면활성제의 도움을 받는

표 6-6 화장품 종류에 따른 부향률

향장 제품	부향률(%)
화장수	0.001~0.050
크림	0.05~0.20
파운데이션	0.05~0.50
립스틱	0.03~0.30
아이 메이크업	0.01~0.10
샴푸	0.20~0.60
린스	1.00~1.50

다. 그런데 화장수와 크림의 예와 같이 향장 제품은 서로 유화 상태가 다르므로, 동일한 향료를 사용해도 사용된 제형에 따라 향이 다르게 느껴질 수 있다. 예를 들어, 화장수는 물속에 기름이 분산된 오일 인 워터(O/W) 형태로 존재하고, 크림은 기름 속에 물이 분산된 워터 인 오일(W/O) 형태로 존재한다. 따라서 향료가 어디에 존재하는가에 따라 발향이 달라진다. 최근에는 유화 기술이 발전하여 W/O/W, O/W/O 뿐만 아니라 리포좀 등 다양한 유화 기술이 사용되고 있다. 이러한 제형에 향료를 안정적으로 도입하는 것은 단순한 첨가 이상의 연구가 필요하다. 한편, 화장품, 헤어 컨디셔너, 데오도란트, 헤어 젤, 보습 크림 등 다양한 제품에 포함된 향료는 시간이 지남에 따라 향을 잃을 수 있다. 소비자는 제품을 구매하기 전에 뚜껑을 열었을 때 나는 냄새를 기준으로 선택하는 경우가 많다. 따라서, 제품 사용 주기 동안 향이 사라지면 매출 감소로 이어질 수 있음에 유의해서 향을 도입해야 한다.

티오글리콜산을 함유한 헤어 펌 제품이나 산성을 띠는 발한 억제제는 향료 안정성에 더 심각한 문제를 일으킬 수 있다. 예를 들어, 산성 알루미늄 클로로하이드레이트를 기반으로 한 발한 억제제에 은방울꽃 향을 넣고자 하는 경우를 생각해 보자. 이 경우 hydroxycitronellal, cyclamen aldehyde와 같은 향료 성분은 화학적 안정성이 떨어질 수 있다. 이런 경우, 안정성이 높은 Florosa®로 대체할 수 있다. 은방울꽃 향이 나는 향료의 화학구조는 〈그림 4-63〉에 나타내었다.

따라서, 다양한 제품에서 향료를 효과적으로 사용하기 위해서는 제형의 특성과 향료의 화학적 안정성을 고려한 세심한 접근이 필요하다.

③ 개인 세정용품

세정제 중 가장 오래된 것은 비누로, 기원전 2500년경부터 사용된 기록이 있다. 시간이 흐르면서 신체의 다양한 부위를 위한 세정제가 개발되었다. 예를 들어 바디 워시, 세안제, 샴푸, 린스 등이 있다. 세정제의 향기는 상쾌함과 청결감, 부드러움과 편안함을 제공하는 목적으로 첨가된다.

비누는 동식물성 유지를 수산화나트륨과 같은 염기로 비누화하여 만든 계면활성제로, 종종 불쾌한 냄새가 난다. 고형 비누에 향을 첨가하는 것은 쉽지 않지만, 특정 비누들은 브랜드를 대표하는 향을 가지고 있다.

바디 워시는 주로 지방산을 베이스로 하고, 피부에 자극이 적은 활성제를 사용하는 경우가 많다. 보조 활성제나 첨가 성분은 다양하다. 비누와 바디 워시는 모두 중간 정도의 염기성 pH를 가지므로, 에스터와 같이 염기에 민감한 향료 성분은 화학 반응으로 인해 향을 잃을 위험이 있다. 또한, 일부 향료 성분은 제품의 성능에 부정적인 영향을 미칠 수 있다. 예를 들어, 바닐린은 비누의 색을 빠르게 갈색으로 바꾼다. 이 변색은 비누의 높은 pH로 인해 화학 반응이 발생하고, 빛에 노출되면 이 반응이 가속화되어 쉽게 막을 수 없다. 이를 방지하기 위해 바닐린 대신 에틸바닐린이 사용된다. 에틸바닐린은 바닐린보다 약 3배 강한 향을 가지고 있어 바닐린의 1/3만 사용해도 동일한 효과를 얻을 수 있다. 또한, 소량의 Ultravanil®을 사용해 변색 없이 바닐라 향을 강화할 수 있다. 바닐린 외에도 흰색 비누의 색을 변화시킬 수 있는 향료로 유제놀, 이소유제놀, 헬리오트로핀, 시트랄, 인돌 등이 있다. 이러한 문제를 해결하기 위해 색상 변화 없이 동일한 효과를 내거나 고가의 천연 향을 대체할 수 있는 물질을 찾는 연구가 지속되고 있다. 그 결과 어린이부터 특정 개인을 대상으로 하는 향 제품까지 다양화되고 있다.

샴푸는 다양한 성분으로 구성되며, 향기 종류도 매우 다양하고 복잡하다. 조향의 관점에서 샴푸는 고급스러움과 화려함을 강조하면서도 머리카락을 부드럽고 자연스럽게 가꿔주는 느낌을 주어야 한다. 또한, 기분 좋은 향기가 은은하게 머리카락에 남도록 설계되어야 한다. 사용자는 샴푸를 사용할 때나 뚜껑을 열었을 때 나는 향이 머리를 감을 때 다시 나고, 머리를 말린 후에도 그 향이 머리카락에 남아 있기를 기대한다. 이는 각각 상황에서 향 화학물질의 성능을 관리해야 함을 의미한다. 구체적으로 살펴보자. 예를 들어, 사과 향이 나는 에틸 헥사노에이트(ethyl hexanoate)나 리모넨과 같은 분자량이 작은 향료는 샴푸의 뚜껑을 열었을 때 빠르게 확산된다. 확산을 판단하는 요소로 화합물의 지용성과 수용성을 나타내는 척도인 분배상수(log P) 값을 이용한다. Log P는 화합물이 n-옥탄올과 물 사이에 어떻게 분배되는지를 나타내며, 값이 양수일 경우 화합물은 지용성이 크고 비극성 환경에서 더 잘 용해된다. 반면, 값이 음수일 경우 화합물은 수용성이 크고 극성 환경에서 잘 용해된다. 샴푸는 주로 수성 환경에서 사용된다. 따라서 Log P 값이 큰 화합물은 향기 성분이 물에 잘 녹지 않고 빠르게 확산된다는 것을 의미하므로, 공기 중으로 더 빠르게 휘발된다. 예를 들어, 분자량이 비슷한 리모넨(Mw=136.238)과 페네틸알코올(Mw=122.167)의 경우, Log P 값이 4.46인 리모넨은 1.52인 페네틸알코올보다 더 쉽게 확산된다. 이렇게 Log P 값을 이용해 향료의 휘발성과 향의 지속성을 판단할 수 있다.

헤어 린스의 경우, 샴푸의 향과 조화를 이루면서도 기분 좋은 향이 오래도록 모발에 남게 하는 것이 중요하다. 이때 상대적으로 분자량이 큰 향료 분자들은 헹굼과 건조 과정 후에도 모발에 잔류하는 경향이 있다. 하지만 모발 표면에 남는 분자의 수가 적기 때문에, 그 냄새는 코로 감지될 만큼 충분히 강해야 한다.

최근 샴푸에는 단순한 세정 기능을 넘어, 헤어 손상 케어, 수면 중 건조와 마찰로 인한 손상으로부터 머리카락을 보호하는 기능성 화장품의 개념이 적용되고 있다.

샤워젤이나 바디 워시에서도 변색과 향이 중요한 요소이다. 특히, 샴푸나 린스에서 요구되는 잔향성은 신체에 남는 잔향성에서도 중요하게 고려되고 있다. 일반적으로 샤워젤이나 목욕 제품에 들어있는 향료 함량은 샴푸보다 두 배 정도 많으므로, 변색 가능성이 있는 성분이 포함될 경우 그 영향이 더욱 크게 나타난다. 향료 함량이 높을수록 향의 지속성은 증가하지만, 사람의 피부는 상대적으로 온도가 높아 향의 기화율이 높아진다. 또한, 피부 표면에서 지속적으로 분비되는 다른 화학물질들과 상호작용을 할 가능성도 있다. 더욱이 피부는 모발보다 다공성이 낮아 향수 분자가 결합할 수 있는 부위가 적다. 이러한 다양한 변수들을 종합적으로 고려하여 조향 및 향의 배합을 신중히 결정해야 한다.

④ 세탁용 세제

세탁용 세제는 산성 또는 염기성 성질을 지니고 있어 첨가되는 향 성분의 화학적 안정성을 신중하게 고려해야 한다. 분말형 세제의 경우 pH가 9를 넘고, 표백제와 효소가 함유된 제품이 많아 향료 성분이 염기성 가수분해, 알돌 반응, 산화 반응 같은 화학적 반응이 일어날 가능성이 높다.

세제에 향을 첨가하는 주된 목적은 세탁 후 의복에서 신선하고 깨끗한 느낌을 주기 위함이다. 하지만 세제의 본래 역할은 천에 묻은 유기 오염물을 제거하는 것이다. 여기서 모순이 발생하는데, 향료 또한 유기물이라는 점이다. 따라서 오염된 유기물은 제거하면서도 향기 성분은 의도적으로 남겨야 하는 딜레마가 생긴다. 이 문제를 해결하기 위해 초기에는 물에 잘 녹지 않는 향료를 사용하여 세탁 후에도 향이 남도록 하는 방법이 시도되었다. 이러한 특성 때문에 향료가 하수 처리 과정에서 쉽게 분해되지 않아 환경 문제가 발생하여, 생분해성 소재의 개발이 요구되었다.

1980년대에는 기존 분말 세제의 1/4 크기인 콤팩트 세제가 출시되면서 세제 사용량의 변화가 향에도 영향을 미쳤다. 당시 일반적으로 세탁 세제 파우더의 향료 함량은 0.3~0.5%로 매우 낮았지만, 세제의 양이 줄어든 만큼 소량만 사용해도 세탁 후 향의 임팩트가 느껴져야 했다. 이로 인해 사과, 배와 같은 프루티 악센트가 추가되는 등 향료 구성에 변화가 생기기 시작했다. 2000년대에는 분말 세제에서 취급이 쉬운 액체 세제로 전환이 이루어졌고, 액체 세제도 점차 콤팩트화 되었다. 이 과정에서 다양한 향이 도입되었으며, 당시 유행하는 향수의 향과 비슷한 향이 인기를 끌기도 했다. 최근에는 코로나19로 인해 바이러스 제거에 대한 요구가 높아지면서 항균, 항곰팡이, 세정력 향상 등 기능성이 강조된 제품들이 등장하고 있다. 이들 제품은 허벌-플로럴, 리피-그린 등 자연의 이미지를 담은 지속성이 뛰어난 향을 통해,세탁 효과와 함께 청결감을 제공하고 있다.

섬유 컨디셔너는 pH가 약 3 정도로 산성 영역에 속한다. 이 제품의 주된 목적은 양이온성 계면활성제의 일종인 4급 암모늄 화합물(quaternary ammonium compounds, quats)을 섬유 표면에 침착시켜 섬유를 부드럽게 컨디셔닝하는 것이다. 섬유 컨디셔너는 세탁 과정의 마지막 단계에서 사용되기 때문에, 이 단계에서 향 침착도 매우 중요하다. 따라서 조향사는 산성 환경에서도 안정적인 재료를 선택해야 한다. 이러한 제한 때문에 산성 조건에서 불안정한 은방울꽃 향과 같은 향료는 사용하지 못하는 한계가 있다. 의류용 섬유 컨디셔너의 원래 목적은 의류를 부드럽게 마무리하는 것이지만, 최근에는 향기를 즐기는 기능도 중시되고 있다. 일부 섬유 컨디셔너는 향료를 캡슐화하는 기술을 통해 세탁 후에도 며칠간 향기가 지속되도록 설계되는 등 새로운 연구와 개발이 이루어지고 있다.

⑤ 가정용품

가정용 제품 중 몇 가지 주요 예를 살펴보자.

범용 세정제나 유리 세정제에는 세제와 차아염소산염과 같은 표백제가 포함되어 있어, 첨가된 향료 성분이 산화될 위험이 있다. 또한, 물리적 세정력을 높이기 위해 실리카나 방해석과 같은 연마제가 포함된 경우, 향료가 이들에 흡착되어 향의 강도가 감소할 수 있다.

기계식 식기 세척제에는 거품이 적게 발생하는 비이온성 계면활성제가 포함되며, 세척력은 주로 강한 염기성인 메타규산염(metasilicates), 알칼리 금속 수산화물(alkali metal hydroxides), 탄산나트륨(sodium carbonate)과 표백제가 담당한다. 표백제로 처음에는 염소계 표백제가 사용되었으나, 최근에는 과붕산염과 과탄산염으로 대체되고 있다. 따라서 첨가되는 향료는 염기성 조건과 강력한 표백 조건에서 안정한 화합물을 선택해야 한다.

화장실 세정제는 국가마다 구성 성분이 다르다. 예를 들어, 영국에서는 차아염소산염 표백제가 포함되어 있어 산화력이 강하고 염기성이다. 반면, 다른 유럽 국가들에서는 석회질을 제거하기 위해 구연산, 아세트산, 폴리인산(poly-phosphoric acid), 술팜산, 심지어 염산과 같은 산이 포함된 제품을 사용한다. 따라서, 이러한 제품에 사용되는 향료 성분은 해당 pH와 산화 조건을 견딜 수 있는 안정한 재료를 선택해야 한다.

액체 표백제는 주로 수산화나트륨 수용액에 차아염소산나트륨 용액이 포함된 형태이다. 이 경우에도 염기성 조건과 산화에 안정한 향료가 첨가되어야 한다.

끝으로 방향제를 보자. 방향제에서는 향수가 핵심 요소이며, 향을 어떻게 오래, 지속적으로 전달할지가 주요한 관심사이다. 처음에는 주로 화장실에서 사용되었지만, 시간이 지나면서 화장실 이외의 공간에서도 향을 사용하는 추세이다. 사람들은 다양한 꽃, 삼림, 복숭아 같은 과일 향을 즐기기 시작했고, 최근에는 인테리어 요소로 꾸밀 수 있는 제품들이 등장하면서 방향제 시장에 큰 변화가 일어났다. 예를 들어, 라벤더 향을 사용해 기분을 편안하게 하거나, 감귤류 향을 통해 상쾌한 분위기를 조성하는 등 실내 공간에서 향기로 편안함을 연출하는 사례가 많아지고 있다. 현재 방향제는 사용자가 원하는 장소에 좋아하는 향을 두고 편안히 쉴 수 있도록 돕는 역할을 하며, 기분에 따라 제품을 바꿔 리프레시할 수 있는 감성적 가치를 지닌 제품으로 발전하고 있다. 최근에는 의도적으로 향기를 맡으며 기분을 전환하거나 향테리어로 공간을 연출하는 사람들도 점차 늘어나고 있다.

방향제의 형태는 매우 다양하다. 액체나 고체형, 젤 형태의 거치형 타입부터 트리거 스프레이나 에어로졸형 분무식, 전기 가열을 통해 방향 성분을 기화시키는 전기 가열식 액체 방향제, 줄여서 ELAF(electrically heated liquid air freshener) 방식, 그리고 나무 스틱 등을 방향제 액에 넣어 모세관 현상으로 향을 퍼뜨리는 센트스틱(scent stick)을 이용한 디퓨저 방식이 있다. 이 외에도 전통적으로 사랑받아 온 향이나 향초 타입의 방향제도 여전히 인기를 끌고 있다. ELAF 방식의 방향제를 사용할 때는 향수 성분이 장치에서 발생하는 온도에 열적으로 안정해야 한다. 향초의 경우, 매체는 단지 왁스나 탄화수소이기 때문에 제품에서 나오는 향에 대한 위험은 적지만, 향료가 기름 성분이기 때문에 양초가 타는 방식에 심각한 영향을 줄 수 있다. 따라서 각 용도에 적합한 재료를 신중하게 선택하여 조향해야 한다.

최근에는 방향제보다 탈취와 향기의 기능을 동시에 갖춘 '방향탈취제'가 나오고 있다. 이러한 제품들은 인간의 후각수용체 메커니즘을 활용해 화장실 악취를 감지하기 어렵게 만드는 등 기능성을 제공하는 것이 특징이다. 탈취 기술로 자주 사용되는 방법 가운데 하나는 향기를 이용한 '마스킹'이다. 이는 악취보다 더 강한 향으로 악취를 덮어 불쾌감을 줄이는 방식이다. 그러나 지나치게 강한 향은 사용자에게 오히려 불쾌감을 줄 수 있어 모두에게 기분 좋게 받아들여지는 향을 이용한 탈취가 중요한 과제로 남아 있다. 이 문제를 해결하기 위해 후각수용체의 기능을 활용한 새로운 과학적 기술이 주목받고 있다. 이러한 기술은 불쾌한 냄새를 단순히 덮는 것이 아니라, 후각수용체에 작용하여 악취를 효과적으로 감지하기 어렵게 만드는 방식으로 발전하고 있다.

3) 안정성 테스트

향료는 향수를 비롯해 화장품, 비누, 샴푸, 방향제 등 다양한 제품에 들어가 그 용도를 넓히고 있다. 여러 용도의 제품에 사용되기 때문에 제품별로 요구되는 법규나 안전성 기준도 다르다. 이 모든 사항을 고려하고 향료와 응용 제품의 물리화학적 특성을 고려해서 향료를 제품에 성공적으로 주입했다고 해서 작업이 끝난 것은 아니다. 가장 기본은 향료가 포함된 제품에서 향이 고르게 분산되고 시간이 지나도 물리적, 화학적 특성이 크게 변하지 않아야 한다. 따라서, 제품에 들어간 향료의 안정성을 평가해야 한다.

제품의 안정성은 다양한 조건에서 가속 보관 시험을 통해 확인한다. 각 실험 조건에서 여전히 좋은 향기가 나는지, 그리고 가속 실험 후에도 처음 제품을 만들었을 때와 향이 동일하거나 매우 유사한지를 평가한다. 향료의 안정성을 평가할 때는 각각의 기제에 향료를 첨가하고, 이를 항온조를 사용한 다양한 온도 조건에서 실험, 페이드 미터(fade meter)를 사용한 자외선 노출 시험 등 가혹한 조건에서 시험을 진행한다. 이 과정에서 장기간 보존 후에 향료의 향, 점도 변화, 침전물 발생 여부, 변색 정도 등을 측정하고 평가하여 제품의 품질을 유지할 수 있는지 확인한다. 테스트에 대해 간단히 살펴보자.

① 가속 테스트

가속 테스트에서는 화학 반응 속도의 온도 의존성을 설명하는 아레니우스 방정식(Arrhenius equation)을 사용한다. 이 이론에 따르면, 온도가 10℃ 상승할 때마다 반응 속도가 두 배 정도 증가한다.

$$k = Ae^{\frac{-E_a}{RT}} \tag{6.5}$$

여기서 k는 반응 속도 상수, T는 절대온도, A는 각 화학 반응에 대한 상수인 지수 앞 인자이다. E_a는 반응에 대한 활성화 에너지, R은 기체상수이다.

이 식은 온도가 상승할수록 반응 속도가 어떻게 증가하는지를 설명한다. 제품을 고온 환경에 노출시켜 반응 속도를 측정하는 실험을 통해, 장기적인 안정성을 예측할 수 있다. 먼저 특정 온도에서 제품의 안정성을 테스트하여 기본 데이터를 수집하고, 이때 반응 속도 k_1을 측정한다. 그런 다음 제품을 40°C, 50°C, 60°C 등의 다양한 온도 조건에서 보관하고, 각 온도에서의 반응 속도 k_2, k_3, k_4 … 등을 측정한다. 이를 통해 다양한 온도에서 제품의 변질 또는 반응이 얼마나 빠르게 진행되는지를 평가할 수 있다. 이후, 아레니우스 방정식에 따라 $\ln(k)$를 $1/T$에 대해 그래프를 그리면 속도 상수와 활성화 에너지를 계산할 수 있다. 이를 통해 고온에서의 테스트 결과를 바탕으로 상온에서 제품이 얼마나 오래 안정적으로 유지될 수 있을지를 추정할 수 있다.

향수 회사들은 이론적으로 다음과 같은 공식을 적용하여 제품의 수명을 예측하기도 한다.

20℃에서 12개월 = 40℃에서 12주 = 50°C에서 6주 = 60°C에서 3주

일반적으로 실험은 체온에 해당하는 37°C나 40°C에서 진행되지만, 빠른 결과가 필요하거나 제품이 반복적으로 고온 환경에 노출될 가능성이 있을 경우, 45°C 또는 50°C에서도 테스트를 진행하기도 한다.

② 조명 테스트

조명을 이용한 안정성 테스트는 제품이 강한 햇빛에 노출될 때 발생할 수 있는 변화를 가속 조건에서 평가하는 방법이다. 이 테스트는 빛에 의한 향료나 제품의 분해,

변색, 발향 특성의 변화를 평가하여 제품의 품질을 유지하기 위한 최적의 보관 조건을 결정하는 데 중요한 역할을 한다.

일반적으로, 제논 아크 램프를 사용하여 300~800 nm 파장 범위에 시료를 노출시킨다. 이 램프는 400 W 또는 1,000 W 버너를 장착해 작동되며, 시료를 설정된 광원 아래에서 일정 시간 동안 노출한다. 이 과정에서 온도와 습도를 통제하여 보다 정확한 테스트를 진행할 수 있다.

테스트가 끝난 후에는 GC-MS 등을 사용해 휘발성 성분의 분해나 변화를 측정하고, 노출 전후의 발향 강도와 지속성을 비교하여 향료의 변화도 평가한다. 빛에 의해 발생할 수 있는 색상 변화, 점도 변화, 침전물 발생 여부 등을 확인하여 제품의 물리적 특성을 평가한다.

4) 안정한 향기를 찾는 시도

오늘날 조향사들의 팔레트에는 천연 향료, 합성 향료, 자연 동일 향료, 아티피셜 향료 등 수천 가지 이상의 다양한 향료가 있다. 그럼에도 불구하고 화학자들은 새로운 향료를 끊임없이 연구하고 있다. 세상에 없는 새로운 향 물질을 발견하기 위해서뿐만 아니라, 다양한 제품에 안정적인 향을 제공할 수 있는 새로운 향료를 개발하기 위해서이다.

강한 염기성을 띠는 표백제나 산성인 발한 억제제와 같이 화학적으로 가혹한 조건의 기제에 향을 첨가할 때는 알코올 기반 향수에 사용할 수 있는 향료의 수에 비해 사용가능한 향료의 종류는 매우 제한적이다. 조향사의 선택은 안정성, 비용 등의 요인으로 인해 크게 제약을 받는다. 예를 들어, 〈그림 4-63〉에 나타낸 은방울꽃 향료를 생각해 보자. 발한 억제제에 이 향료를 도입하고 싶어도 알데하이드기를 가진 hydroxycitronellal, cyclamen aldehyde, Lilial® 등은 도입한 지 12주 만에 거의 향이 사라진다. 반면, 알데하이드기가 없는 Florosa®는 본래의 향을 안정적으로 유지하지만, Florosa®의 향기는 장미에 가까워 Lilial®처럼 은방울꽃에서 느껴지는 그린한 느낌이 부족하다. 따라서 Florosa®의 화학적 안정성과 Lilial®의 향 특성을 모두 갖춘 새로운 은방울꽃 향료 성분이 필요하다. 한편, 환경부하를 줄이기 위해 생분해성이 요구되지만, 화학적 안정성이 높은 소재는 일반적으로 생분해가 어려운 단점이 있다. 이러한 문제를 해결하려면 사용량을 줄이면서도 향이 강한 소재가 필요하다. 이것이 바로 조향 화학자들이 해결해야 할 과제이다.

새로운 성분은 기존 성분에 비해 더 독창적인 냄새를 제공하거나, 생산 비용을 절감하거나, 생분해성을 개선하거나, 확산성 향상 같은 장점이 있어야 한다. 또한, 탈취, 방충, 항균 등 추가 기능도 필요하다. 이러한 모든 혁신적인 성분의 개발은 결국 화학자들의 손에 달려 있다.

6.5 요약

과거에는 제품에 사용되는 향료는 주로 동식물에서 추출된 천연 향료에 의존했으나 합성 향료의 발전으로 인해 향료의 응용 범위가 크게 확장되었을 뿐 아니라 기존에 없던 새로운 향조를 창조할 수 있게 되었다. 기술의 진보로 향의 표현 범위가 더욱 넓어지고 있고, 앞으로도 독창적이고 다양한 특성을 지닌 합성 향료들이 지속적으로 개발될 것으로 기대된다. 그러나 향료가 화학물질인 만큼 시대와 환경에 맞춘 안전한 제품을 제공하는 것이 무엇보다 중요하다. 이러한 요구로 인해 창의적인 표현이 제한되는 것은 아쉬운 일이지만, 지속 가능한 미래를 위해서는 주어진 조건 안에서 도전하는 자세가 필요하다. 특히 소비자들의 냄새와 향에 대한 인식이 높아짐에 따라 향의 역할 역시 더욱 중요해지고 있다. 이에 따라 향 산업은 인간의 건강과 환경을 고려한 혁신적인 접근 방식을 모색해야 하며, 이러한 변화와 혁신을 통해 지속 가능한 발전을 추구할 수 있을 것이다. 또한, 가격 경쟁 속에서도 향이 담긴 제품의 가치를 유지하고 화학과 예술이 결합된 향료의 고유한 가치를 강조함으로써 사람들의 삶을 더욱 풍요롭게 만드는 것이 향 산업에 종사하는 사람들의 역할이다.

07장

향의 안전성과 향해

향료는 화학물질이다. 일반적으로 화학물질의 안전성 또는 위험성은 그 물질 자체가 가진 독성과 폭로량에 의해 결정된다. 여기서 독성은 사람뿐만 아니라 환경에 대한 영향을 포함한다. 향수, 샴푸, 그리고 화장품에 포함된 향료는 피부에 직접 닿아 흡수되거나 접촉성 알레르기를 유발할 수 있다. 또한, 피부나 호흡을 통해 인체에 흡수된 물질은 대사 경로가 식품과 다르므로 식품 향료와는 다른 방식으로 평가해야 한다. 세제와 같은 제품은 하천이나 해양에 배출되므로 생분해성과 환경 독성 평가도 필수적이다. 최근 조금씩 논의되고 있는 '향해(香害)'는 기업이 제조하거나 판매하는 제품에 포함된 향료와 화학물질로 인해 발생하는 건강 피해와 환경 오염을 의미한다. 이러한 화학물질이 알레르기 반응이나 호흡기 질환 등 건강에 부정적인 영향을 미치고, 동시에 환경에도 악영향을 끼치는 문제를 포괄하는 개념이다.

7.1 향료의 안전성

1) 서론

산업이 급속도로 발전하면서 환경 오염과 지구 온난화 문제가 대두되자, 과거 천연물만 존재했던 환경을 그리워하며 "천연 향은 안전하고 합성 향은 위험하다"고 생각하는 경향이 있다. 그러나 자연계에도 독성물질이 존재한다. 독을 가진 뱀, 복어, 독버섯, 디기탈리스꽃처럼, 생물들은 생존을 위해 독성을 발휘하기도 한다.

천연 향료는 수많은 화합물이 혼합된 복합체로, 그중 일부 성분은 알레르기를 유발하거나 내분비 교란 작용, 신경독성, 발암성 등을 가진다. 예를 들어, 라벤더 정유의 주성분인 리날로올이나 오렌지와 자몽에서 추출되는 (+)-리모넨은 피부 자극을 일으킬 수 있다. 몇개의 머스크 계열 향료는 내분비 교란 작용뿐만 아니라, 분해가 어려워 환경 오염을 초래하고, 결국 인간의 지방조직에 축적되어 모유 수유를 통해 태아에게까지 전이될 수 있다고 알려져 있다. 또한 쿠마린은 발암성을 가진 물질로 잘 알려져 있다. 이러한 특성은 합성 향료에서도 나타난다. 예를 들어, 은방울꽃 향이 나는 합성 향료인 Lilial®은 EU에서 2022년 3월부터 화장품 및 개인용품에 사용이 금지되었다. 벤조산은 향뿐만 아니라 살충 및 방충 효과가 있어 다양한 제품에 사용되었으나, 궁극적으로 수생 생물에 해를 끼쳐 환경 오염 물질로 지정되었다. 감귤류 과피에서 추출되는 정유 중 베르가프텐(bergapten)과 같은 프로쿠마린류는 광독성이 있어 실제 사용할 때는 증류를 통해 제거한 후 사용하고 있다.

한편, 향료를 제품에 사용할 때는 용매를 비롯해 유해성이 있는 화학물질이 포함되는 경우가 많다. 향료의 용매로 사용되는 화학물질에는 에탄올, 프탈산 에스터(phthalate ester)류 등이 있다. 이 중 프탈산 에스터는 환경 호르몬 작용이 있어 실내 공기 농도값이 지정될 정도로 유해 물질이다. 대체 물질로 알려진 텍사놀(texanol, 2,2,4-trimethyl-1,3-pentadiol monoisobutyrate)이나 그 대체 물질인 2,2,4-trimethyl-1,3-pentadiol diisobutyrate(TXIB) 등이 사용되고 있으나, 이들 역시 유해성이 의심되고 있다. 이러한 물질들은 휘발성 유기화합물(VOC)로, 새집증후군, 화학물질 민감증, 그리고 최근 주목받기 시작된 '향해' 등 현대사회에서 문제를 일으키는 물질들이다.

그러면 해결책은 무엇인가? 간단히 이런 안전성 문제가 있는 성분을 인지하고 피하거나 사용하지 않으면 된다. 그러나 최근 '블루밍 부케 향'이나 '흰색 꽃 향'처럼 이미지화된 향료가 증가하면서 소비자들은 혼합된 향의 최종 이미지나 느낌만 알 수 있을 뿐 개별 향료 성분에 대한 정보는 제공받지 못하고 있다. 이로 인해 알레르기나 민감성을 가진 소비자들이 제품을 안전하게 선택하기 어려워지고 있다.

끝으로, 휘발성 유기화합물 관점에서 아로마테라피에 사용되는 향료도 인체에 미치는 영향을 고려해야 한다. 아로마테라피라는 단어가 일반화되면서, '아로마 오일은 좋은 것'으로 생각될 수 있다. 그러나 그 작용을 보면, "아로마 향으로 심신을 편안하게 한다", "아로마 향으로 숙면을 유도한다", "아로마 향으로 상쾌함을 준다" 등, 궁극적으로 향이 인간의 뇌에 영향을 미친다는 사실을 알 수 있다.

일반적으로 향료는 다른 첨가물에 비해 최종제품에 들어가는 양이 극히 적어 안전성 위험이 적다고 생각해 왔다. 또한 전 세계에서 사용되는 향료 화합물은 수천 종에 이르며, 이들을 하나하나 독성 시험으로 평가하는 데는 막대한 비용과 시간이 소요된다. 이런 한계로 인해 국제적으로 효율적인 안전성 평가가 본격적으로 이루어지기 시작한 것은 비교적 최근의 일이다. 향장품 향료 업계에서는 안전성을 확보하기 위해 향료 소재의 안전성 평가와 자율 규제 기준을 설정하고자 국제향료협회(International Fragrance Association, IFRA)와 국제향료연구소(Research Institute for Fragrance Materials, RIFM)를 설립하여 자율 규제를 시행하고 있으며, 회원국인 한국도 정해진 지침을 준수하도록 의무화되어 있다. 이런 배경으로 향의 독성과 규제 및 안전한 향의 이용 등에 대해 알아보기로 하자.

2) 독성학

독성학(toxicology)은 독극물에 대한 연구를 다루는 학문으로, 독성학자는 이러한 물질들을 이해하고 관련된 위험을 파악하기 위해 노력한다. 예를 들어, 가장 안전하다고 생각되는 물조차도 일정한 양을 초과하면 치명적일 수 있다. 단시간에 3리터의 물을 마시면 체내 전해질 균형이 무너져 위험할 수 있으며, 0.5리터의 물이 폐에 들어가면 혈액 내 헤모글로빈의 산소 흡수를 방해해 사망에 이를 수 있다. 이는 독성학에서 가장 중요한 원칙 중 하나로, 15세기 스위스 과학자 파라셀수스(Paracelsus)가 말한 "모든 물질은 독성이 있으며, 오직 용량만이 독성을 결정한다"는 개념이다.

독성은 크게 전신 독성과 국부적 독성으로 구분할 수 있다. 전신 독성은 화학물질이 체내에 흡수되어 전신에 영향을 미치는 경우를 말하며, 국부적 독성은 피부나 눈과 같은 특정 부위에 국한되어 발생하는 독성을 의미한다. 전신 독성의 다양한 유형에 대해 알아보자.

① 급성 독성(Acute Toxicity)

급성 독성은 단기간에 다량의 화학물질에 노출되었을 때 나타나는 독성 반응을 의미한다. 이러한 노출은 일반적으로 1회 또는 24시간 이내에 발생하며, 바로 증상이 나타난다. 급성 독성의 주요 증상으로는 메스꺼움, 구토, 현기증, 호흡 곤란 등이 있으며, 심각한 경우 사망에 이를 수 있다. 급성 독성은 일반적으로 LD_{50}(치사량 50%, 즉 50%의 시험 동물이 사망하는 물질의 양)으로 평가된다.

② 생식독성(Reproductive Toxicity)

생식독성은 화학물질이나 물리적 요인이 생식 기능과 관련된 기관에 미치는 유해한 영향을 의미한다. 이러한 독성은 남성의 정자 생산이나 여성의 배란에 영향을 줄 수 있으며, 성기능 장애, 불임, 태아의 발달 이상 등을 초래할 수 있다. 특히 임신 중에 화학물질에 노출되면 태아의 기형이나 성장 장애를 일으킬 수 있다. 이러한 영향은 화학물질이 체내 호르몬 시스템에 개입하거나 생식 기관에 직접적인 손상을 줄 때 발생할 수 있다.

③ 유전독성(Genotoxicity)

유전독성은 방사선이나 화학물질이 생물의 세포나 유전자에 장해를 일으켜 세포에 돌연변이를 유발, 특히 DNA에 손상을 일으켜 유전적 변이를 초래하는 독성을 의미한다. 유전독성은 다음 세대로 전달될 수 있는 유전적 변이를 초래할 수 있어 심각한 위험을 내포하고 있다. 유전독성 평가는 일반적으로 세포 실험에서 돌연변이 유발 능력을 평가하거나 동물 모델을 통해 유전적 손상을 관찰해 이루어진다.

④ 발암성(Carcinogenicity)

발암성은 화학물질이 암을 유발하거나 암 발생 위험을 증가시키는 능력을 의미한다. 발암성 물질은 세포의 정상적인 성장 조절 메커니즘을 방해하여, 세포가 비정상적으로 증식하게 만들 수 있다. 발암성은 일반적으로 장기간에 걸쳐 반복적인 노출로 인해 나타나며, 종양 발생과 관련이 깊다.

이러한 전신 독성의 유형들은 화학물질의 안전성을 평가하고, 인체에 미치는 잠재적 위험을 이해하는 데 중요한 역할을 한다. 각 유형의 독성은 상이한 기전과 영향을 주므로 다양한 측면에서의 평가가 필요하다.

일반적으로 독극물이라 불리는 물질은 매우 낮은 용량으로도 부작용을 일으킬 수 있는 물질로 정의되며, 그 용량은 물질의 종류와 투여 대상에 따라 다르다. 따라서 어느 정도 섭취가 치명적인지를 나타내는 지표가 필요하며, 이를 평가하는 데 LD_{50} 값이 사용된다. LD_{50}은 'Lethal Dose 50 percent'의 약자로, 실험동물, 특히 쥐(rat)에게 특정 물질을 투여했을 때 그 동물의 50%가 사망할 것으로 추정되는 용량을 나타낸다. LD_{50} 값은 일반적으로 동물의 체중 킬로그램당 물질의 밀리그램(mg/kg)으로 표시된다. 이 값이 낮을수록 적은 양의 물질로도 치명적인 효과를 나타낸다. 또한, LD_{50} 값은 종마다 다르다. 그리고 물의 예에서 볼 수 있듯이, 물질의 투여 경로도 독성 평가에서 중요한 요소이다. 따라서 독성 테스트에는 투여 방법도 포함된다. 가장 일반적인 투여 경로로는 입으로 섭취하는 '경구' 방법과 피부를 통해 흡수되는 '경피' 방법이 있다.

LD_{50} 수치는 급성 독성, 즉 단일 용량에 의한 즉각적인 영향을 평가하는 지표이다. 반면, 만성 독성은 장기간에 걸친 지속적인 노출의 영향을 평가하는 것으로, 이에 대한 측정은 '관찰할 수 없는 영향 수준(No Observable Effect Level, NOEL)' 또는 '관찰할 수 없는 부작용 수준(No Observable Adverse Effect Level, NOAEL)'으로 알려진 임계 수치를 사용한다. 더 자세한 내용은 다른 전문 서적을 참조하길 바란다.

〈표 7-1〉에 쥐를 대상으로 한 여러 화학물질의 LD_{50} 값을 정리하였다.

비록 LD_{50} 시험은 현재 일반적으로 사용되지 않지만, 그 값은 여전히 위험을 평가하는 데 도움을 준다. 예를 들어, 〈표 7-1〉을 보면 자연에 존재하는 물질이 항상 안전하다는 생각은 편견임을 바로 알 수 있다. 천연 물질 중에서도 유해하거나 독성이 매우 강한 물질들이 많으며, 이는 '천연'이 '안전하고 건강함'을 의미하지 않음을 보여준다. 예를 들어, 담배에 포함된 니코틴의 LD_{50} 값은 50 mg/kg으로 매우 독성이 강하며, 몸에 좋다고 알려진 비타민 C의 LD_{50} 값도 11.9 g/kg이다. 이러한 예시들

표 7-1 독성물질과 LD_{50}

물질	LD_{50}(mg/kg)
보툴리눔 독소	0.000001
사린	0.172
테트로도톡신	0.334
시안화수소	3
디기톡신	3.9*
비타민 D	37
니코틴	50
코카인	95
카페인	192
쿠마린	293
리날로올	2790
β-시트로넬롤	3450
제라니올	3600
파르네솔	5000
(+)-리모넨	5200
에탄올	7060
비타민 C	11900
설탕	29700

*rat, iv

은 자연계에 있는 물질이 인공적으로 합성된 물질보다도 독성이 높을 수 있음을 시사한다. 따라서 물질의 안전성은 그 출처가 천연인지 합성인지가 아니라, 그 물질이 어떤 성분을 포함하고 있으며 그 성분이 어느 정도 양으로 사용되는지에 따라 결정된다. 예를 들어, 디기탈리스 잎에서 추출한 독성물질인 디기톡신은 적정량을 사용하면 심장 질환 치료에 유용한 의약품이 된다. 이처럼 독성물질이라도 적절한 용량으로 사용하면 유용할 수 있으며, 반대로 물처럼 무해해 보이는 물질도 과도하게 섭취하면 독이 될 수 있다.

〈표 7-1〉에는 리날로올, 시트로넬롤, 제라니올, 파르네솔, 리모넨과 같은 대표적인 향료 성분들의 LD_{50} 값을 볼 수 있다. 많은 향 분자들은 설탕, 소금, 알코올과 달리 입으로 섭취되지 않으므로 LD_{50} 값만으로 그 독성을 바로 판단하기 어렵다. 그래서 산업계와 정부 기관은 독성학자의 유해성 데이터를 활용하여 물질 사용의 위험성을 평가한다. 일반적으로 안전성(위험성의 크기)은 독성의 크기와 그 물질에 노출될 확률의 조합으로 결정된다.

위험의 크기 = 독성 × 위험을 만날 확률 × 폭로량

향 분자는 공기 중에 확산되며, 주로 흡입을 통해 인체에 노출되므로 이러한 경우의 독성이 중요하게 고려된다. 예를 들어, 0.2 mL의 향수를 피부에 바르면 몇 시간 동안 향이 지속된다. 이 향수에 10%의 특정 향 분자가 포함되어 있다면 그 양은 0.02 mL가 된다. 이 향수가 공기 중에 확산되어 한 사람 주변 1 m 이내의 정육면체 공간에서 향이 퍼진다고 가정하면 약 8 m^3의 공간에 이 분자가 확산된다. 이 분자의 비중을 단순히 1로 가정하면 0.02 mL의 분자 무게는 20 mg이 된다. 공기의 밀도를 고려했을 때, 이 분자의 농도는 약 2.5 ppm이 된다. 이 계산은 모든 향 분자가 한꺼번에 휘발하는 상황을 가정한 것이므로 실제 농도는 이보다 훨씬 낮을 것이다. 시판되는 향수에 포함된 향 분자들은 우리가 일반적으로 사용하는 방법에서는 매우 미량이기 때문에 흡입에 의한 독성은 걱정할 필요가 없다. 물론 특정 향을 싫어하는 사람에게는 불쾌감을 줄 수 있지만, 사람이 죽을 정도의 독성을 가지는 경우는 거의 없다. 그러나 향 분자는 향수나 화장품에 포함되어 사용 시 피부에 접촉되므로, 피부에 미치는 영향을 우선적으로 고려해야 한다.

3) 향료의 안전성: 규제와 평가의 중요성

향료의 안전성을 논할 때 향료의 본질을 이루는 향 성분은 화학물질이므로, 각 물질에 대해 사람의 건강, 환경, 법적 안전성 평가가 필수적이다. 사람과 환경에 대한 안전성을 보장하기 위해 여러 나라에서는 다양한 법적 기준을 마련하고, 이를 바탕으로 안전관리체제를 구축하고 있다.

향장품/향료업계 입장에서 보면 화장품이나 육모제와 같은 의약부외품은 피부에 직접 사용되기 때문에, 그 안전성을 보장하는 것이 필수적이다. 고객의 안전을 우선시하지 않으면 업계의 신뢰와 이익에 부정적인 영향을 미칠 수 있다. 따라서 20세기 후반부터 향장품/향료업계는 '국제향료연구소(Research Institute for Fragrance Materials, RIFM)'[1]와 '국제향료협회(International Fragrance Association, IFRA)'[2]를 설립하였다. 향료 소재의 안전성 평가와 자율 규제 기준을 정립하고 운영함으로써, 각국이

1) https://rifm.org/
2) https://ifrafragrance.org/

협력하여 안전한 화학물질을 사용하여, 소비자 안전을 보장하고 있다. 이 두 기관에 대해 알아보자.

1966년에 미국 뉴욕에 설립된 RIFM은 향료 및 향료 원료의 안전성 평가를 전문으로 하는 비영리단체이다. 여기서 말하는 '향료(fragrance)'는 향수뿐 아니라 화장품, 위생용품, 가정용 제품, 방향제 등에 사용되는 향료를 의미하며, RIFM은 이러한 향료 성분의 안전성을 평가하는 것을 목적으로 한다. 이 독립기관은 세계적인 향료회사나 화장품 회사 등 민간 기업들에 의해 운영되며, 국제적인 독물학자, 약리학자, 피부과학자, 환경과학자 등으로 이루어진 독립된 전문가 패널(RIFM Expert Panel, REXPAN)이 안전성을 평가한다.

RIFM은 안전성에 관한 연구와 데이터베이스를 관리하며, 연구 결과는 종종 'Food and Chemical Toxicology'와 같은 학술지에 발표하고 있다. 또한, RIFM은 과학 문헌과 향료 화학물질 제조업체로부터 해당 성분에 대한 모든 정보를 수집하여 이를 논문집에 포함한다. RIFM의 연구와 안전성 평가 결과는 향료 산업의 표준으로 채택되며, 제품 개발과 규제에 중요한 역할을 한다. 만약 위험 평가를 하기에 데이터가 불충분하다고 판단되는 경우, RIFM은 자체로 테스트를 하기도 한다. 특정 성분을 사용하는 데 대해 우려할 만한 이유가 있는 경우, RIFM은 자문 서한을 발행하여 업계에 즉시 알리고, IFRA에서 필요한 조치를 취하도록 한다.

RIFM에서 수행하는 기본 테스트 유형에는 급성 경구 독성, 급성 피부 독성, 피부 자극 및 민감성, 자외선 범위에서의 광 독성 등이 포함된다. 필요한 경우 더 상세한 연구가 수행되기도 한다. 또한 RIFM은 IFRA를 통해 향료 성분에 대한 소비자 노출 데이터를 업계로부터 수집하며, 이를 통해 테스트 데이터가 실제 시장 상황과 관련이 있는지 확인하고, 향후 연구 방향에 대한 지침을 제공한다. RIFM은 이러한 데이터를 검토하며, 특정 성분이 초기 테스트 때보다 더 넓은 범위의 제품이나 더 높은 농도로 사용되는 경우 추가적인 연구도 한다.

IFRA는 전 세계 향 산업의 공식 자율 규제 기관으로, 1973년에 설립되었다. 이 기관은 향료 물질의 안전성 정보를 확보하기 위한 프로그램을 운영하며, 본사는 스위스 제네바에, 운영센터는 벨기에 브뤼셀에 있다. IFRA는 향료의 안전성에 관한 데이터를 수집하는 RIFM의 조사 결과를 바탕으로 원료 사용을 제한하거나 금지하는 'IFRA 표준(IFRA Standard)'을 발표한다. 이렇게 IFRA와 RIFM은 긴밀히 협력하며, 향료의 제한 또는 금지 조치는 RIFM의 전문가 패널(REXPAN)과 IFRA 과학위원회의 충분한 논의를 거쳐 결정된다. 표준의 문구와 내용에 대한 최종 결정은 REXPAN이 내리며, 이를 실천 강령과 IFRA 웹사이트를 통해 전달하고 이행하는 것은 IFRA 사무국 책임이다. 이 표준은 전 세계적으로 채택되어 향료의 품질과 안전성을 유지하는 데 기여하고 있다.

IFRA는 과학적 연구와 규제 협력을 통해 소비자 안전을 보장하며, 환경친화적이고 지속 가능한 향료 개발을 촉진한다. 또한, 소비자, 규제 기관, 산업계와의 소통을 통해 향료 안전성에 대한 정보를 제공하고, 업계 전체가 이 표준을 준수하도록 권고하고 있다. 이러한 활동은 각국 정부 기관이나 국제보건기구와 협력하여 진행되며, 이들을 선도하는 역할을 한다. 한국향미향협회(KFFA)도 IFRA의 23개 국가 협회 중 하나로 참여하고 있다.

비록 IFRA에서 제시한 규제들이 충분한 배경 데이터를 바탕으로 하지 않은 경우도 있다고 하지만, 이들 조직의 관리 아래 판매되는 천연 향료와 합성 향료는 다양한 규제를 받으며 사용량에 대한 엄격한 규정이 적용된다. 그 결과, 일정 수준의 안전성은 확보되었다고 볼 수 있다. 그러나 앞서 언급한 것처럼 독성에 대한 과학적 이해는 아직도 충분하지 않다. 예를 들어, '무향료'라고 기재된 비누나 방향제는 상대적으로 안전할 수 있지만, '흰색 꽃의 향'과 같은 이미지 향료를 사용하는 경우, 성분 목록에 단순히 '향료'라고만 표시되는 경우가 많아 소비자는 정확한 성분을 알 방법이 없다. 더욱이 독성의 발현 정도는 개인의 체질, 사용 환경, 사용 상황에 따라 크게 달라진다. 따라서 안전성에 의문이 생긴 경우에는 사용하는 개인이 즉시 사용을 중지하는 것이 중요하다.

4) 사용 시 안전성

물론 모든 제품이 완전히 안전하다고 증명하는 것은 현실적으로 불가능하지만, 알려진 피해 사례가 없다는 점은 강조할 수 있다.

천연 향료이든 합성 향료이든 향료는 화학물질이다. 책임감 있는 기업들은 제품을 사용하는 소비자들에게 피해를 주지 않기 위해 상당한 노력을 기울이고 있다. 그러나 초기에는 훌륭한 진통제로 사용되었으나 후에 태아 기형 유발 가능성이 밝혀져 퇴출된 탈리도마이드(thalidomide)(그림 7-1 (a))의 사례처럼, 모든 제품이 완전히 안전하다고 증명하는 것은 현실적으로 불가능하다. 그러나 향료 업계의 독성학자들은 새

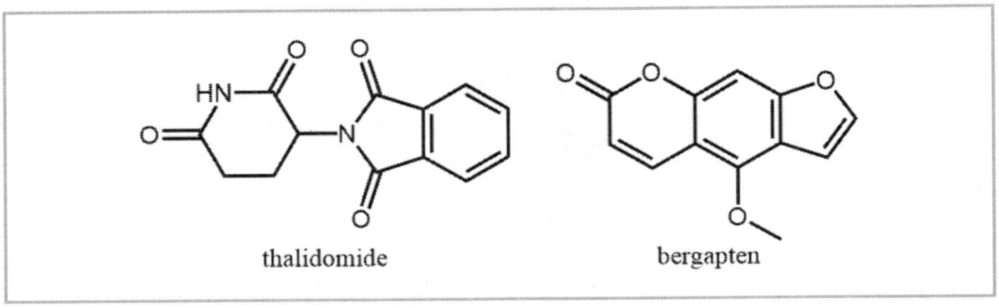

그림 7-1 (a) 탈리도마이드 (b) 베르가프텐

로운 문제를 사전에 인지하여 불미스러운 사태가 발생하지 않도록 노력하고 있다.

예를 들어, 일부 성분에서 독성 특성이 발견되었을 때 향료회사들의 대응을 보자. 베르가모트 오일에 포함된 베르가프텐(그림 7-1 (b))의 경우, 증류를 통해 이 성분을 제거하고 분석적 제어를 통해 완전히 제거되도록 조치했다. 유사하게 니트로 머스크에서 문제점이 발견되었을 때, 해결책은 시장에서 해당 성분을 철수하는 것이었다. 몇 개의 향료에서 변이원성, 피부 민감성, 광 독성 등의 문제가 밝혀졌으므로, 향료 성분을 철저히 테스트하여 유해성을 확인하고 있다. 이를 위해 모든 관련 분야의 최신 정보를 지속적으로 갱신하고, 독소, 돌연변이원, 알레르겐, 광 독소, 기형 유발 물질 및 기타 원치 않는 효과에 대한 생화학적 메커니즘에 대한 이해를 넓혀가고 있다. 이러한 노력은 안전한 새로운 향료를 설계하거나 기존 성분을 개선하는 데 중요한 역할을 하고 있다.

소비자의 입장에서는 향을 사용할 때 위험 요인(hazard)과 위험성(risk)을 명확히 구분할 필요가 있다. 최근 몇 광고에서는 '천연'을 강조하며 안전성을 주장하고 있지만, 이것이 반드시 옳다고 할 수는 없다. 현대적인 합성 방법으로 제조된 분자는 순도가 매우 높고, 광학이성질체나 불순물 함유량에 대한 정보도 투명하게 공개되는 경우가 많다. 반면 천연 향료의 경우, 소비자는 재배지의 토양오염 등과 같은 정보를 알기 어려울 뿐 아니라 포함된 불순물이나 제품에 포함된 성분 분자의 종류나 조성도 명확히 알기 어렵다. 이제는 천연이냐 합성이냐 하는 향 분자의 출처보다는 어떤 화학성분이 어느 정도 포함되어 있는지를 정확히 밝히는 것이 중요하다.

① 폭로량 추정

우리 주변에 있는 다양한 제품에는 향료가 들어 있다. 향료의 종류와 사용 용도가 다양해지면서, 소비자가 제품을 안전하게 사용할 수 있도록 사용하는 향료의 종류나 사용 목적은 법률에 따라 규제되어 있다. 향료 성분에 대한 위해성 평가를 수행하기 전에 우선 노출 경로를 고려해야 한다. 일반적인 사용조건에서는 향의 흡입이 큰 위험이 되지는 않지만, 향료가 피부에 노출될 때는 물질이 자극을 유발하거나 피부를 통해 체내로 침투하여 면역 체계와 신체 기관에 영향을 미칠 가능성이 있는가를 고려해야 한다.

예를 들어, 어떤 성분의 독성이 명확하더라도, 제품의 종류에 따라 노출량이 다를 수 있다. 향수와 같이 피부의 일부에만 사용하는 제품도 있고, 바디 샴푸처럼 전신에 사용하는 제품도 있다. 향수의 경우는 향료 성분이 날아가기 전까지 피부에 남아 있지만, 바디 샴푸는 씻어내므로 피부에 남지 않는다. 이러한 이유로 향료의 위험성은 도포량이나 잔존 시간 등을 고려해 사용 용도에 따라 정량적으로 나눠 평가된다. IFRA가 설정한 표준에는 12개의 카테고리로 제품을 분류하여 관리하고 있다(표 7-2).

표 7-2 IFRA 제품 Category[3)]

category		제품 type	예시
1		입술에 적용되는 제품	립스틱, 립밤
2		겨드랑이에 적용되는 제품	데오도란트, 제한제
3		손가락으로 얼굴/몸에 바르는 제품	아이크림, 페이스 크림, 기타 페이셜 제품
4		향수류	향수, 오 드 뚜왈렛
5	5A	손으로 얼굴과 몸에 바르는 제품(주로 바르고 씻어내지 않는 제품)	바디로션 및 보습제
	5B		페이셜 보습제
	5C		핸드크림
	5D		베이비 크림, 베이비 오일, 베이비 파우더
6		입과 입술에 적용되는 제품	치약, 구강 세정제
7	7A	일부 손과 접촉되는 모발 제품	헹궈내는 제품(예: 샴푸, 컨디셔너)
	7B		헹궈내지 않는 제품(예: 헤어스프레이)
8		항문 및 생식기 부위에 적용되는 제품	아기 물티슈, 탐폰
9		주로 헹궈내는 바디 및 손 노출 제품	비누, 샤워 젤

3) GUIDANCE FOR THE USE OF IFRA STANDARDS, May 4, 2020.

표 7-2 IFRA 제품 Category (계속)

category		제품 type	예시
10	10A	주로 손과 접촉하는 가정용 제품	에어로졸을 제외한 가정용 제품
	10B		가정용 에어로졸/스프레이 제품
11	11A	비활성 기질에서 피부에 향이 미치는 제품(피부에 직접 접촉하는 제품)	자외선 노출이 없는 제품(예: 여성 위생 라이너)
	11B		자외선 노출 가능성이 있는 제품
12		직접적인 피부 접촉이 의도되지 않은 제품, 피부로의 전이 정도가 미미한 제품	공기 청정제, 향초

각 카테고리는 다양한 소비자 제품에 사용되는 향료 성분에 대한 규제를 설명하고 있다. 이 카테고리들은 소비자 제품에 사용되는 향료 성분의 안전 기준을 설정하는 데 사용되며, 이를 통해 소비자의 안전한 사용을 보장하고 있다.

② 피부 독성

피부에 미치는 영향은 가벼운 자극에서부터 중독에 이르기까지 다양하다. 독성학에서 본 것처럼 모든 물질은 그 양에 따라 독성을 발휘할 가능성을 가지고 있다. 향수 등에 포함된 향 분자 대부분이 자연계에서 유래했더라도 피부에 자극을 줄 수 있는 물질로 분류된다. 물론 시판 제품에는 자극성이 낮은 분자만 사용되므로, 일반적인 사용조건에서는 대부분의 사람에게 큰 자극을 주지는 않는다.

향료 성분의 안전성 테스트라고 하면 과거에는 동물실험이 주로 사용되었으나, 현재 업계에서는 에임스 테스트(Ames test)와 같이 돌연변이 유발성을 확인하여 발암성을 예측할 수 있는 비동물 실험 방법으로 전환하고 있다. 향료 성분에서 가장 큰 문제는 아마도 피부 감작성일 것이다. 과거에는 실험동물과 인간 지원자를 대상으로 테스트를 진행했으나, 최근에는 화학물질의 피부 자극 가능성을 테스트하는 체외(*in vitro*) 방법을 주요 향료회사들이 공동으로 개발했다. 이 체외 방법은 실험동물보다 윤리적일 뿐만 아니라 비용도 훨씬 절감된다.

향료 성분의 안전성에서 특히 주의해야 할 주요 요소로는 피부 자극, 피부 감작성, 눈 자극(eye irritation), 광 독성, 변이원성/발암성(mutagenicity/carcinogenicity), 생태독성(ecotoxicity) 등이 있다. 이러한 요소들은 향료 성분의 안전성을 평가하고 규제하는 데 있어서 매우 중요한 부분을 차지하며, 업계와 규제 기관이 긴밀히 협력하여 소비자의 안전을 보장하고 있다. 각 요소에 대해 살펴보자.

• 피부 자극(skin irritation)

피부 자극은 특정 물질이 피부에 직접 접촉했을 때 발생하는 가벼운 염증 반응이나 손상을 의미하며, 이는 면역계를 거치지 않고 처음 접촉 시 즉시 나타난다. 이러한 반응은 주로 국소적이며, 발적(홍반)이나 부종 형태로 나타난다. 피부 자극은 일반적으로 물질과 접촉이 중단되면 사라지지만, 지속적인 노출은 장기적인 피부 문제로 발전할 수 있다. 대부분의 향료 성분은 높은 농도에서 경미하거나 중간 정도의 자극을 유발할 수 있지만, 소비재에 포함된 향료 성분의 농도는 자극 위험이 거의 없을 정도로 낮다.

• 피부 감작성(skin sensitisation)

피부 감작성은 화학물질이 반복적으로 피부에 노출될 때 면역 체계가 과민반응을 일으켜 염증을 유발하는 현상이다. 이는 알레르기 접촉 피부염(Allergic Contact Dermatitis, ACD)으로 이어질 수 있다. 피부는 외부 이물질의 침입을 막는 방호벽 역할을 하지만, 일부 화학물질은 피부를 통해 흡수될 수 있다. 특정 향료 분자가 피부에 침투하면 면역반응을 유발해 알레르기성 접촉 피부염이나 피부 가려움증을 초래할 수 있다. 이 과정에서 면역 체계는 항체를 생성해 이물질을 인식하고 제거하려고 하며, 이때 피부의 랑게르한스 세포가 활성화되어 림프절로 이동, T세포를 활성화시킨다. 처음에는 눈에 띄는 증상이 없지만, 반복적인 노출이 계속되면 감작(感作) 상태가 되어 알레르기 반응이 유발될 수 있다. 이 상태에 이르면 자극을 유발하지 않는 낮은 농도에서도 알레르기 반응이 나타나게 된다. 이때 면역 시스템은 이미 해당 물질에 대해 감작된 상태이므로 빠르고 강한 면역반응이 일어나며, 피부 발진, 가려움증, 홍반 등의 증상이 나타난다. 피부 감작성 반응은 보통 접촉 후 1~2일 후에 나타나며, 며칠 안에 증상이 악화될 수 있다. 이 반응은 단순한 자극성 반응과는 달리 노출 후 며칠 또는 몇 주간 지속될 수 있으며, 심한 경우 원인 물질이 포함된 제품에 소량만 접촉해도 반응이 나타난다.

화장품 업계에서는 알레르기를 유발할 가능성이 있는 물질이 포함된 제품에 라벨을 부착해 소비자가 해당 제품을 피할 수 있도록 권장하고 있다. 이러한 알레르기를 유발하는 물질을 알레르겐(allergen)이라고 하며, 일부 향료 성분은 강한 감작성을 가지고 있어 사용이 규제되거나 엄격히 제한된다. 피부 감작성은 시간이 지나도 과

표 7-3 착향제의 구성성분 중 알레르기 유발성분[4)]

연번	성분명
1	아밀신남알(Amyl Cinnamal)
2	벤질알코올(Benzyl Alcohol)
3	신나밀알코올(Cinnamyl Alcohol)
4	시트랄(Citral)
5	유제놀(Eugenol)
6	하이드록시시트로넬랄(Hydroxycitronellal)
7	이소유제놀(Isoeugenol)
8	아밀신나밀알코올(Amylcinnamyl Alcohol)
9	살리실산 벤질(Benzyl Salicylate)
10	신남알(Cinnamal)
11	쿠마린(Coumarin)
12	제라니올(Geraniol)
13	아니스알코올(Anise Alcohol)
14	신남산 벤질(Benzyl Cinnamate)
15	파르네솔(Farnesol)
16	부틸페닐메틸프로피오날(Butylphenyl Methylpropional) (Lilial)
17	리날로올(Linalool)
18	벤조산 벤질(Benzyl Benzoate)
19	시트로넬롤(Citronellol)
20	헥실신남알(Hexyl Cinnamal)
21	리모넨(Limonene)
22	메틸 2-옥티노에이트(Methyl 2-octynoate)
23	α-이소메틸아이오논(α-Isomethyl Ionone)
24	참나무이끼추출물(Oakmoss) extract
25	나무이끼추출물(Treemoss) extract

민반응이 지속될 수 있어 소비자 안전을 위해 철저한 평가와 규제가 필요하다.

2020년 1월 1일부터 우리나라도 화장품 성분 중 향료의 경우, 향료에 포함되어 있는 알레르기 유발성분을 표시하는 것이 의무화되었다. 관련하여 '착향제의 구성성분 중 알레르기 유발성분' 25개의 리스트를 〈표 7-3〉에 나타내었다.

한편 유럽연합의 화장품 규정(Regulation (EC) No 1223/2009)에 따르면, 25종 외에 Hydroxyisohexyl 3-cyclohexene carboxaldehyde (Lyral)이 포함되어 있다.

4) 개정 화장품법 시행규칙(총리령 제1516호, 공포일 2018. 12. 31., 시행일 2020. 1. 1.) 제19조, 별표 4 및 식약처 고시「화장품 사용 시의 주의사항 및 알레르기 유발성분 표시에 관한 규정」

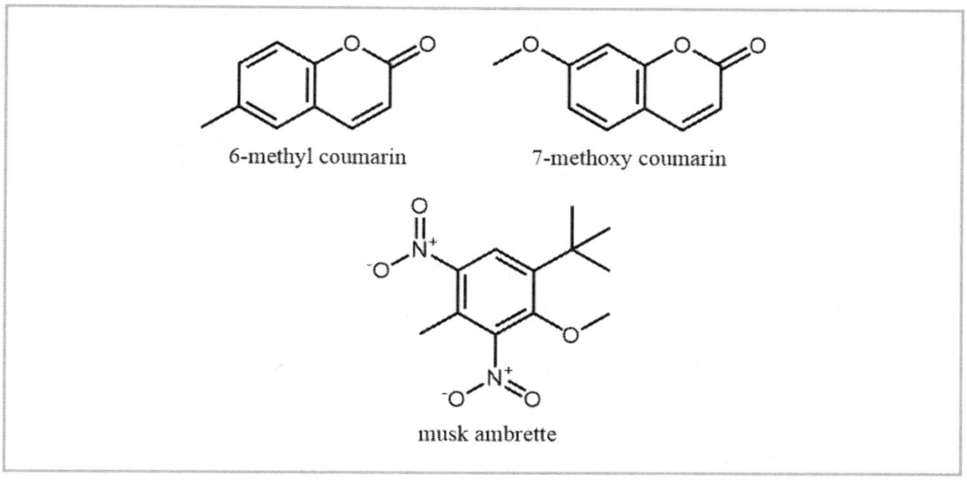

그림 7-2 6- 및 7-메틸쿠마린(methyl coumarin)과 musk ambrette®

규정에 따르면 사용 후 씻어내는 제품에서는 0.01% 초과, 사용 후 씻어내지 않는 제품에서는 0.001% 초과하는 경우에는 해당 성분의 이름을 기재하게 되어 있다. 이러한 규정은 소비자들이 자신에게 알레르기 반응을 일으킬 수 있는 성분을 식별하고 피할 수 있도록 돕기 위해 도입되었다.

과거에 알레르기 반응을 경험한 사람은 적어도 이 표에 열거된 물질을 포함한 제품 사용을 피하거나 주의해야 한다. 특히 시트로넬롤, 유제놀, 제라니올과 같은 식물 유래 성분이 포함되어 있음도 유의해야 한다. 천연원료나 천연 에센셜 오일에 포함된 성분들이 모두 안전하지는 않다는 사실을 앞서 언급한 독성 표나 알레르겐 표에서 확인할 수 있다. 물질명이 전혀 표시되지 않은 제품을 사용할 때는 소비자가 충분히 주의할 필요가 있다. 독성은 개인의 체질이나 사용조건에 따라 크게 달라질 수 있으므로 우리는 항상 화학물질을 사용하는 것에 대해 조심해야 한다.

③ 광 독성(phototoxicity)과 광감작성(photoallergy)

피부에 닿은 물질 때문이 아닌, 물질과 햇빛의 조합으로 인해 알레르기 반응이 발생할 수 있다. 1970년대 후반, 자외선 차단제를 사용한 사람들 사이에서 비정상적으로 많은 피부염 사례가 보고되었는데, 이는 제품에 포함된 향료 성분인 6-메틸쿠마린(6-methylcoumarin) 때문이라는 것이 밝혀졌다. 이후 여러 쿠마린 유도체가 햇빛에 노출되었을 때 피부 민감성을 유발할 수 있다는 사실이 밝혀졌고, 그림 7-2에서 볼 수 있는 아몬드나 바닐라 향이 나는 6-메틸쿠마린과 7-메톡시쿠마린(7-methoxycoumarin)이 광감작성 물질로 확인되자마자 IFRA는 이들의 사용을 금지했다.

광 독성 물질은 피부의 면역계와 상관없이 햇빛에 노출되면 자외선을 흡수하여 새로운 반응성 물질을 생성하고, 자극이나 염증을 유발하는 물질을 말한다. 한편, 광감작성은 특정 물질이 자외선에 노출될 때 면역반응을 유발하여 알레르기 반응을 일으키는 현상이다. 광감작성은 물질이 피부에 흡수된 후 자외선에 의해 변형되어 면역시스템이 이를 항원으로 인식하고 과민반응을 일으키는 면역학적 반응이다.

대표적인 광 독성 및 광감작성 물질로는 일부 등급의 베르가모트 오일에 포함된 강력한 광 독성 물질인 5-메톡시프소랄렌(5-methoxypsoralen), 일명 베르가프텐으로 알려진 성분이 있다(그림 7-1 (b)). 0.3% 이상의 베르가프텐을 포함한 등급의 베르가모트 오일은 사용이 제한된다. 베르가모트 오일에서 베르가프텐은 오일의 향기 성분보다 끓는점이 높아 조심스럽게 증류하면 제거할 수 있으며, 이러한 제품의 라벨에는 'FCF(furanocoumarin free)'라는 표시가 붙는다. 또한 무화과 잎 앱솔루트에도 푸로쿠마린(furanocoumarin)이라는 광 독성 성분이 포함되어 있으며, 이는 0.001%의 농도에서도 광알레르기 반응을 유발할 수 있어 사용이 금지되어 있다. 무화과 추출물로 인한 반응은 그 심각성 때문에 향료 업계에서 자발적으로 사용을 금지할 정도였다.

합성 머스크인 musk ambrette®(4-tert-butyl-3-methoxy-2,6-dinitrotoluene)(그림 7-2)은 한동안 신경독성 물질로 의심되었으나, 연구 결과 이 분자가 피부에 잘 흡수되지 않아 초기의 신경독성 우려는 해소되었다. 그러나 광 독성 문제가 밝혀지면서 결국 musk ambrette®은 사용 금지되었다.

④ 유전독성물질(mutagenic materials)

실제 향료로 사용하는 물질에서 심각한 유전독성이 밝혀진 건 없지만, 비동물 실험 차원으로 진행되고 있는 에임스 테스트와 같이 화학물질이 돌연변이를 유발할 수 있는 가를 평가하기 위해 개발된 생물학적 검사법을 소개한다.

유전독성 물질은 핵산과 반응하여 원래와는 약간 다른 형태의 핵산을 생성하는 물질로, 이로 인해 유전자 코드가 변형되어 유기체가 변할 수 있다. 이러한 변형이 발생하면 경우에 따라 세포가 변형되어 암으로까지 발전할 수도 있다. 이러한 물질을

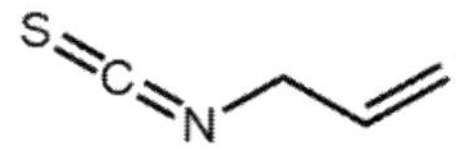

allyl isothiocyanate

그림 7-3 이소티오시안산 알릴

발암 물질(carcinogens)이라 한다. 박테리아는 인간보다 돌연변이 유발 물질에 훨씬 더 민감하므로, 돌연변이된 살모넬라 타이피뮤리움(Salmonella typhimurium)이라는 박테리아를 이용한 간단한 테스트를 통해 돌연변이 유발 물질을 식별할 수 있다. 이 테스트는 개발자의 이름을 따서 에임스 테스트라고 불리며, 새로운 물질의 돌연변이 유발 활성을 쉽게 스크리닝할 수 있는 방법이다.

〈그림 7-3〉에 나타낸 천연 겨자유의 주성분인 이소티오시안산 알릴(allyl isothiocyanate)은 주로 식품과 향신료에 사용되며, 겨자, 고추냉이(와사비), 브로콜리 등에서 발견된다. 이 물질은 그 강한 매운 맛과 자극적인 향으로 잘 알려져 있다. 테스트 결과, 이소티오시안산 알릴이 염색체에 손상을 유발할 수 있는 잠재력을 가진 것으로 나타났다. 그러나 다행히도 이 물질은 향료로는 거의 사용되지 않으며, 이러한 손상이 발생할 수 있는 양은 극히 적다. 따라서 우리가 식품이나 향신료로 겨자유를 섭취하더라도 일상적인 사용량에서는 건강에 부작용을 일으킬 가능성은 매우 낮다.

⑤ 신경독성(neurotoxicity)

피부에서 흡수된 화합물은 혈관을 통해 전신으로 퍼지며, 체내에 들어간 향료 성분은 단순히 피부에 국한되지 않고, 면역 체계뿐만 아니라 신경계, 내분비계 등 신체의 모든 시스템에 영향을 미칠 수 있는 잠재력을 가진다. 이러한 점에서 특히 주목할 만한 예로, 〈그림 7-4〉의 (a)에 나타낸 상품명 Versalide®인 7-acetyl-6-ethyl-1,1,4,4-tetramethyltetralin(AETT)이라는 합성 머스크 화합물이 있다.

AETT는 쥐의 피부에 도포되었을 때 신경계에 손상을 일으키는 것으로 밝혀졌으며, 이러한 신경독성으로 인해 2006년 IRFA는 AETT의 사용을 금지했다.

그런데 흥미롭게도, AETT와 매우 유사한 구조를 가진 또 다른 합성 머스크 화합물로 상품명이 Tonalide®인 7-acetyl-1,1,3,4,4,6-hexamethyltetralin은 신경

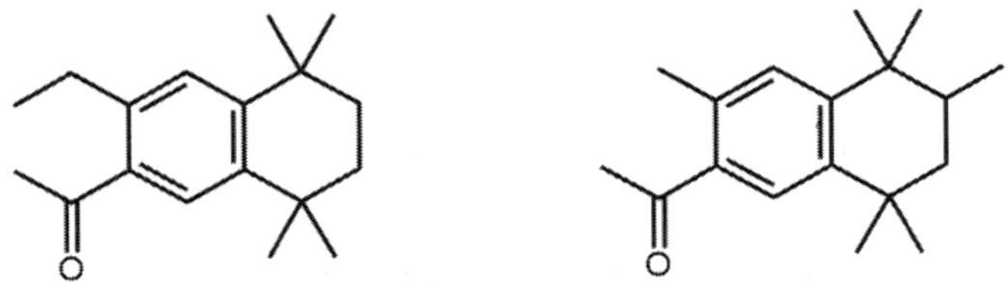

7-acetyl-6-ethyl-1,1,4,4-tetramethyltetralin 7-acetyl-1,1,3,4,4,6-hexamethyltetralin

(a) (b)

그림 7-4 (a) AETT과 (b) Tonalide®의 화학 구조

독성을 나타내지 않는다(그림 7-4 (b)). Tonalide®는 앰버 계열의 향을 가지고 있으며, 과일 향 뉘앙스를 가진 머스크 향이 난다. AETT와 Tonalide®는 화학 구조에서 단지 한 개의 메틸기만 차이가 있는데 이 작은 차이가 AETT에서는 신경독성을 유발하는 반면, Tonalide®에서는 그런 독성을 나타내지 않는다. 단순히 메틸기 위치 변화가 신경독성 유발 여부를 결정할 수 있다는 점에서 화학 구조와 독성의 상관관계를 이해하는 것이 얼마나 중요한지 잘 알 수 있다. 이처럼 독성의 문제는 구조적 특성에 따라 예측하기 어려운 경우가 많으므로, 개별 화합물의 독성을 실험적으로 확인하는 것이 필수적으로 보인다.

⑥ 환경에 대한 안전성

환경에 미치는 화학물질의 안전성은 현재 중요한 이슈이다. 예를 들어, 세제나 샴푸 등에 사용되는 난분해성 향료 물질이 하천이나 그곳에 서식하는 물고기에서 검출되는 사례가 있으므로 이러한 향료를 사용하는 데에 주의가 필요하다. 환경 문제는 특정 국가나 지역에 국한되지 않고 전 세계적으로 관리해야 한다.

화학물질이 환경에 미치는 영향을 평가하기 위해 다양한 연구와 테스트가 진행되며, 이 과정에서 고려되는 주요 요소로는 생태독성, 생분해성, 생물 농축, 지속성이 있다. 생태독성은 화학물질이 수생생물, 식물, 동물 등에 미치는 유해성을 평가하는 것이며, 생분해성은 화학물질이 자연환경에서 미생물에 의해 얼마나 빠르게 분해되는지를 평가하는 것이다. 생분해성이 낮은 물질은 환경에 오랫동안 남아 있어 생태계에 축적될 수 있다. 또한, 생물 농축은 화학물질이 생물체 내에 축적되는 정도를 평가하고, 지속성은 화학물질이 환경에서 얼마나 오랫동안 남아있는가를 평가하여 장기적으로 환경에 미칠 수 있는 영향을 예측한다.

특정 화학물질이 환경에 미치는 영향은 환경 '위해성 평가'를 통해 수행된다. 이 평가는 '예측 환경 농도(Predicted Environmental Concentration, PEC)'와 무영향 농도 추정치(Predicted No-Effect Concentration, PNEC)의 비율로 계산한다. PEC는 환경 내 특정 화학물질의 농도를 예측하는 개념으로, 주로 화학물질이 환경에 방출될 때 그 농도가 어느 수준에 도달할지를 예측하는 것이다. 이러한 예측은 환경 중에서 분해, 분배, 이동 경로 등을 고려한 모델을 통해 이루어지며, 휘발성, 유기용매와의 분배 계수, 토양 표면과의 흡착계수 등과 같은 물리화학적 데이터나 생분해성 데이터를 기반으로 하고, 다음 식을 통해 계산할 수 있다.

$$PEC = \frac{Q \times (1-R) \times A}{V \times D} \tag{7.1}$$

여기서 Q는 단위 시간당 배출량으로, 하루 동안 배출되는 화학물질의 양(kg/day)이다. R은 제거율을 나타내며, 이는 처리 시스템에서 제거되는 화학물질의 비율을 의미한다. A는 노출 경로의 가중치로, 배출된 화학물질이 어떤 경로를 통해 환경으로 들어가는지를 고려한 값이다. V는 특정 환경 매체의 전체 부피(m^3)를 나타낸다. 마지막으로 D는 화학물질의 분해 속도로, 해당 화학물질이 분해되는 데 걸리는 시간을 일(day) 단위로 표현한 것이다.

PNEC는 특정 환경 매체(예: 물, 토양, 공기)에서 화학물질이 생태계에 유해한 영향을 미치지 않을 것으로 예상되는 최대 농도이다. PNEC 값을 산출하기 위해서는 어류, 물벼룩(daphnia), 해조류(algae)와 같은 생물에 대한 독성 데이터를 활용하며, 여기에 안전 계수를 곱해서 산출한다. PNEC는 실험을 통해 도출된 NOEC(무영향 농도) 등의 값을 안전 계수(Safety Factor)로 나누어 구하거나, 관련 데이터가 부족한 경우에는 유사 물질의 독성 데이터를 기반으로 추정할 수 있다.

환경 위험 평가(risk ratio)는 예측 환경 농도와 무영향 농도 추정치의 비율을 통해 환경에 대한 잠재적 영향을 평가할 수 있으며, 이러한 평가는 〈표 7-4〉에 맞춰 진행될 수 있다.

$$\text{환경위험평가(risk ratio)} = \frac{PEC}{PNEC} \tag{7.2}$$

PEC/PNEC가 1 이하이면 환경에서 예측되는 화학물질의 농도(PEC)가 생태계에

표 7-4 환경 위험 평가

환경 위험 평가	평가
< 1	환경에 유해한 영향을 미칠 가능성이 낮다.
1 ~ 10	방출량이 증가하면 고려한다.
10 ~100	데이터가 더 필요하다.
100 ~ 1,000	환경에 유해한 영향을 미칠 가능성이 높기에 즉시 위험을 배제하고 추가적인 관리 조치나 대책이 필요하다.

무해한 수준으로 예상되는 농도(PNEC)를 초과하지 않기 때문에 해당 화학물질이 환경에 유의미한 위험을 초래하지 않을 것으로 평가하고, 이 경우 추가적인 관리 조치가 필요하지 않을 수 있다. 반면, PEC/PNEC가 1을 초과한다면 환경에서 예측되는 화학물질의 농도(PEC)가 생태계에 유해한 영향을 미치지 않는 것으로 예상되는 농도(PNEC)를 넘어서게 된다. 이는 해당 화학물질이 환경에 유해할 가능성을 나타내며, 이 비율이 클수록 환경에 미치는 영향이 더 크다는 것을 의미한다. 비율이 더 큰 경우에는 환경에 대한 잠재적 영향이 더 심각할 수 있다.

현대의 향료 산업에서는 제품 안전을 보장하기 위해 '요람에서 무덤까지'의 접근 방식을 채택하며, 그 일환으로 생태독성을 중요하게 고려하고 있다. 생태독성은 소비자가 제품을 사용한 후 물질이 환경에 방출될 때 그로 인해 환경에 피해를 줄 수 있는 잠재력을 의미한다. 향료는 대부분 소비 후 하수 시스템을 통해 폐기되므로 이러한 과정에서 환경 영향을 평가하는 것이 중요하다.

생분해성은 점점 더 중요한 이슈로 떠오르고 있다. 유기체는 화학물질을 처음 만들 때 사용된 과정과 반대 과정을 통해 이를 분해할 수 있다. 따라서 모든 1차 대사산물은 유기체에 의해 쉽게 분해될 수 있다. 그러나 대부분 향료 물질은 2차 대사산물 또는 이와 유사한 물질에 해당한다. 인간 활동, 식물, 또는 기타 수단에 의해 환경에 방출되는 모든 유기화학물질은 산화 반응을 통해 결국 이산화탄소와 물로 분해된다. 이러한 산화 과정에는 자기산화, 생물체의 효소에 의한 촉매적 산화, 광촉매 반응, 또는 기타 다양한 과정이 포함된다.

세제에 포함된 향이 하수 슬러지 처리 과정에서 어떻게 분해되는지 예를 들어보자. 하수 처리의 첫 번째 단계에서는 박테리아가 사용되며, 이후에는 곰팡이(fungi)가 사용될 수 있다. 초기 단계는 물에서 진행되기 때문에 수용성이 낮은 물질의 경우, 박테리아가 접근하기 어려울 수 있다. 이러한 이유로 업계에서는 하수 처리의 첫 단계에서 쉽게 분해될 수 있는 소재를 설계하여 제품의 환경적 영향을 줄이기 위해 노력하고 있다.

물질의 생분해성은 하수 처리장에서의 박테리아 처리 과정을 기준으로 평가된다. OECD에서 고안한 표준 테스트는 투입된 물질을 하수 슬러지에 첨가한 후, 산소 소비량이나 이산화탄소 생성 속도를 측정하여 박테리아가 물질을 얼마나 빠르게 분해하는지를 평가한다. 그러나 박테리아는 일부 탄소를 자신의 세포 구성 요소를 만드는 데 사용하기 때문에 모든 탄소가 이산화탄소로 전환되지는 않는다는 사실을 기억해야 한다.

물질이 환경에 얼마나 오래 잔류할 가능성이 있는지와 잔류하는 동안 발생할 수 있는 위해성도 고려해야 한다. 실제 또는 예상되는 생산량이 클수록 규제 전문가들은 해당 물질이 허용 가능한지를 확인하기 위해 더 많은 테스트를 실시한다. 만약 1톤 수준의 제조 허가를 받은 후에 생산량이 증가하면 이러한 추가 테스트를 수행해야 하며, 테스트에서 실패할 경우, 시장에서 해당 물질이 강제적으로 퇴출될 수 있다.

5) 지속가능한 미래의 향

기후 변화와 신종 코로나바이러스로 인해 환경, 건강, 안전에 대한 인식이 높아지면서 기업들은 지속가능한 개발 목표(SDG)와 사회적 책임(CSR)에 더욱 적극적으로 대응하고 있다. 특히 유럽연합(EU) 법률에 따라 많은 기업이 환경 보호를 의무화하고, SDG를 브랜드 전략에 반영하며 원료 정보를 공개함으로써 소비자 신뢰를 높이고 있다. 향기 산업 역시 이러한 흐름에 맞춰 환경친화적이고 신뢰할 수 있는 제품을 제공하기 위해 노력하고 있으며, 원료 정보 공개, 비건 대응, 재활용이 가능한 패키지 사용 등을 통해 친환경 메시지를 전달하고 있다.

최근 향료 산업은 국제향료협회(IFRA)와 EU의 규제 강화, 기후 변화로 인한 원료 비용 상승 등으로 인해 여러 어려움을 겪고 있다. 이로 인해 향료 크리에이션에 대한 제약이 커지고 있으며, 지속가능성을 고려한 제품 개발의 중요성이 더욱 강조되고 있다. 프레그런스 제품 분야에서는 사람의 건강과 환경 보호를 위한 알레르겐 정보 표시, 생분해성이 뛰어난 향료 사용, 유기농 및 공정무역 인증을 받은 천연 향료 도입 등의 노력이 이루어지고 있다. 또한, 비건 및 할랄 기준을 충족하고, 온실가스 배출량 등 환경 영향을 투명하게 공개하여 지속 가능한 소비를 장려하고 있다.

이러한 세계적 지속가능성 추구 흐름에 따라 천연 향료뿐만 아니라 유기농 제품에 대한 수요가 증가하고 있으며, 합성 향료에서도 석유 기반 원료에서 재생 가능 원료로의 전환 움직임이 있다. 앞으로는 생분해성을 갖춘 환경 부담이 적은 그린 화학(Green Chemistry)이 중심이 될 것이다.

더불어, 생성형 AI의 발전은 향기 산업에 새로운 가능성을 열어주고 있다. 최근 AI는 화학 구조와 약물 속성을 대규모로 학습해 신약 뿐 아니라 새로운 분자의 특허 가능성, 합성 가능성, 그리고 실제로 어떤 냄새가 날지까지 추론할 수 있다. 이를 통해 AI는 가상 시뮬레이션에서 분자를 합성하고, 향료로 개발가능한 후보 물질로 발전시키는 데 활용되고 있으며, 새로운 향기 분자의 생성, 알레르기 유발 가능성이 적은 향료 개발, 모기 기피 향기 개발 등 다양한 분야에 적용되고 있다. 이러한 AI의 도입은 향 산업이 지속가능성과 인간 복지를 동시에 추구할 수 있는 새로운 길을 제시하며, 향료 개발, 안전성 평가, 환경 부하 저감에 큰 기여를 하고 있다.

향 제품은 시대와 환경에 맞춰 안전하고 신뢰할 수 있는 제품을 제공해야 하며, 이는 창의적 표현에 제약이 될 수 있지만 지속 가능한 미래를 위해 필수적이다. 프레그런스 제품은 원료부터 최종제품까지 사람과 환경에 안전해야 하며, 가격 경쟁으로 가치를 떨어뜨리지 않으면서도 향기를 통해 사람들의 삶의 질을 향상시키고 지속가능한 환경 보호에 기여해야 한다. 이렇게 향이 삶의 질 향상과 심신의 만족을 통해 well-being에 기여하며, 동시에 지속 가능한 환경 보호에 기여함으로써 더 큰 가치를 창출할 수 있을 것이다.

6) 요약

지금까지 설명한 바와 같이 최종제품에 사용되는 향료의 양은 극히 소량이지만 안전성이 검증된 향료만 사용되며, 소비자에게 거의 위험을 초래하지 않는다. 아직까지 향료 사용과 관련된 문제는 거의 일어나지 않았고, RIFM과 IFRA는 소비자가 안전하게 향료를 사용할 수 있도록 기존 향료와 새로운 향료의 안전성을 지속적으로 조사하고 있다. 과학기술 발전에 따라 평가 기술도 진보하고 있으며, 이에 따라 규제도 변하고 있다. 전문가들은 안전성을 최우선으로 하여 기존 제품을 개선하고 신제품을 개발하고 있다. 또한, 생분해성과 수생 독성과 같은 특성에 대한 테스트도 개발되고 있다. 컴퓨터 모델링과 인공지능 시스템도 안전성 테스트에서 점점 더 중요한 역할을 하고 있으며, 예측 정확도가 향상됨에 따라 향후 테스트를 대체할 수 있는 신뢰할 수 있는 도구로 인정받을 수 있을 것이다. 이는 더 신속하고 저렴한 스크리닝 과정을 통해 조향사의 팔레트에 새롭고 안전한 성분을 추가하는 데에도 크게 기여할 것이다.

7.2 향해

1) 향해의 정의

'향해'는 기업이 제조하고 판매하는 제품에 포함된 향료 등의 화학물질로 인해 발생하는 건강 피해와 환경 오염을 의미한다. 이는 제품의 안전성에 대한 기업의 충분한 고려 부족에서 비롯되며, 합성세제, 섬유유연제, 제균 · 소독용 스프레이, 방향제, 향수, 샴푸, 린스, 제습제 등 향이 포함된 제품을 소비자가 사용함으로써 발생하는 문제이다.

사람마다 화학물질에 대한 반응은 다를 수 있지만, 제품이 사용되는 모든 곳에서 이러한 피해가 발생할 가능성이 있으며 그 영향 범위는 매우 넓다. 향해는 제품에 포함된 화학물질, 향, 제균 및 소취 효과를 지속시키기 위해 사용되는 마이크로캡슐(microcapsule)로 인한 대기, 수질, 토양오염 등 환경 오염 문제와 함께 건강 피해를 동시에 고려해야 한다. 건강 피해와 관련해서는 향료뿐만 아니라 제품에 첨가된 다양한 화학물질들이 복합적으로 영향을 미치는 것으로 추정된다. 특정 화학물질이 원인일 가능성이 있지만, 아직까지 이를 확정 짓기에는 연구가 충분히 이루어지지 않았다. 또한, 기업의 비밀 유지로 인해 제조사들이 제품의 모든 성분을 공개하지 않아 이에 대한 분석에도 어려움이 따른다.

향해로 인한 건강 피해는 다양한 증상으로 나타날 수 있다. 두통, 구토, 기침과 같은 호흡기 증상, 눈과 코의 점막 자극으로 인한 알레르기 반응, 사고력 저하, 피부 질환, 감각기능 저하, 소화기 장애, 중독 증상, 자율신경계 이상 등이 대표적이다. 많은 피해자들은 향료 등의 화학물질에 노출되어 건강 상태가 나빠진다. 그러나 깨끗한 환경에서 휴식을 취하면 점차 회복되는 경향이 있다. 회복 시간은 개인차가 크며, 수 시간에서 수일 이상 걸릴 수 있다.

심각한 경우, 화학물질과민증이 발생할 수 있다. 화학물질과민증은 보통 사람들에게는 문제가 되지 않는 생활 환경 속에서, 극히 미량의 화학물질에도 과민반응을 보이며 다양한 증상이 나타나는 질환이다. 중증일 경우, 주변의 거의 모든 것에 의해 상태가 악화되어 일상적인 사회생활이 어려워질 수 있다. 현재로서는 화학물질과민증 치료법이 제한적이어서 완전한 회복이 어렵다고 알려져 있다.

2) 향해의 원인

향해의 주요 원인은 섬유유연제, 향이 나는 합성세제, 향수, 제균제, 소취제, 아로마 제품 등에서 비롯된다. 이외에도 비누, 샴푸, 방향제, 화장품, 핸드크림, 향료가 첨가된 식품, 담배, 화장실 휴지, 방충제, 바디 워시 등이 향해의 원인이 될 수 있다. 이러한 제품들을 사용하거나 사용한 사람과 접촉할 때 발생하는 향해를 '일차 피해'라고 한다.

최근에는 유연제와 합성세제에 포함된 마이크로캡슐이 문제가 되고 있다. 이 마이크로캡슐에는 향료나 소취 성분이 들어 있으며, 마찰이나 온도 변화에 의해 캡슐이 터지면서 향료나 화학물질이 휘발되어 공중에 퍼진다. 이렇게 퍼진 마이크로캡슐은 공기 중에 부유하다가 주변에 부착되면서 '이차 향해'를 유발할 수 있다.

마이크로캡슐은 나노 크기부터 30 μm 크기의 작은 입자로, 주로 약물, 향료, 소취 성분 등을 담고 그 내용물을 서서히 방출시키는 역할을 한다. 이러한 방식은 제품의 품질이나 내부 성분의 안정성을 높이는 데 기여하지만, 동시에 환경 오염 문제를 야기하는 '마이크로플라스틱'의 일종이다. 마이크로캡슐의 외벽은 알긴산(alginate), 셀룰로스, 젤라틴, 고분자 등으로 만들어지며, 이 벽이 압력 같은 외부 자극에 의해 파괴되어 내부 물질이 방출된다. 이는 제약에서 약물의 방출을 조절하는 데 주로 사용되는 '서방' 기술에 기반한 것이다.

마이크로플라스틱은 환경 오염의 주요 원인 중 하나로, 천연 분해성이 낮아 장기간 환경에 남아 있으며 대부분 회수가 어렵다. 마이크로플라스틱은 크게 일차적 마이크로플라스틱과 이차적 마이크로플라스틱으로 구분된다. 일차적 마이크로플라스틱은 처음부터 미세한 크기로 제조된 것이다. 이차적 마이크로플라스틱은 큰 플라스틱이 자연적으로 분해되면서 미세한 크기로 변한 것이다. 마이크로플라스틱은 자연으로 돌아가기 어렵고, 환경호르몬 작용을 하는 첨가제가 용출될 위험이 있다. 자외선이나 산화 작용으로 분해된 플라스틱은 미세 플라스틱으로 변한다. 이러한 미세 플라스틱은 해양 생물에 의해 섭취되어 생태계에 악영향을 미칠 뿐만 아니라, 대기 중 부유 입자로 존재하다가 사람의 몸속에서도 검출되고 있다. 이는 면역계에 영향을 미치며, 장기적으로 폐질환을 유발할 수 있다. 또한, 마이크로플라스틱이 체내로 유입되면 첨가제가 녹아 나와 생물체에 흡수될 위험이 있다.

세탁 시 사용되는 합성세제나 유연제에 포함된 마이크로캡슐이 하수로 유입되면서 해양 오염을 일으킬 수 있다. 수생생물이 이 마이크로캡슐을 섭취하면 그 속의 화학물질이 생물체 내에 축적되어 궁극적으로 인체에 유해한 영향을 미칠 수 있다. 또한, 마이크로캡슐이 부착된 의류를 착용할 경우 대기 중으로 방출되어 대기 오염뿐 아니라 호흡을 통해 인체에 들어와 폐 조직에 축적되고 장기적으로 폐질환을 유발할 수 있다.

지금까지 설명한 것처럼 마이크로캡슐 기술은 약물 방출 등의 응용면에서 유익하지만, 그 사용에는 주의가 필요하다. 특히, 유연제 등에 사용되는 마이크로캡슐은 환경이나 건강에 문제를 일으킬 수 있다. 따라서 플라스틱 사용 감소, 재활용 확대, 대체 소재 개발 등의 노력이 필요하다.

3) 향해의 특징

① 약한 냄새도 향해

휘발성 유기화합물(VOC)은 냄새가 강하지 않거나 일상용품에서 발생해 쉽게 감지되지 않는 경우에도 건강에 해를 끼칠 수 있다. 일반적으로 '향해'는 강한 향이 나는 제품에 의해 발생한다고 인식되기 쉽지만, 실제로는 향료뿐만 아니라 다양한 VOC가 복합적으로 작용하여 '향해'를 유발한다.

최근에는 합성세제나 섬유유연제 등에 항균이나 소취 효과를 위해 사용하는 제품이 늘어나고 있으며, 이러한 제품들은 향이 강하지 않아 냄새를 감지하기 어려운 경우가 많다. 그러나 냄새에 민감한 사람들은 이러한 물질의 냄새를 감지할 수 있으며, 이로 인해 건강에 피해를 입을 수 있다. 냄새가 강하지 않더라도 화학물질이 다량 배출되는 상황에서는 그 강도와 무관하게 건강 피해가 발생할 수 있으며, 화학물질의 총량이 많거나 종류가 다양한 경우 피해 가능성은 더욱 높아진다.

또한, 개인마다 냄새에 대한 민감도가 다르며, 향 제품을 자주 사용하는 사람들은

'후각 피로(olfactory fatigue)' 또는 '후각순응(olfactory adaptation)'으로 인해 일상에서 냄새에 둔감해질 수 있다. 따라서 향료 제품 사용자가 '냄새가 약하다'고 느끼더라도 실제로는 냄새가 강할 수 있다. 이처럼 사람마다 냄새를 감지하는 정도에 차이가 있어 '향해'에 대한 공통의 이해를 얻기가 어려운 것이 문제이다.

② 향해와 화학물질과민증

'향해'와 '화학물질과민증(Multiple Chemical Sensitivity, MCS)'은 모두 화학물질에 대해 민감한 반응을 보이지만, 그 특성, 원인, 증상의 정도에 차이가 있다. 향해는 특정 냄새나 향료에 민감하게 반응하는 현상으로, 주로 후각이나 피부의 신경센서가 자극을 받아 증상이 나타나는 경우가 많다. 이러한 민감성은 개인의 건강 상태에 따라 달라질 수 있다. 예를 들어, 임신 중인 여성이나 항암 치료를 받는 환자는 후각이 예민해져 특정 향에 불편함을 겪을 수 있다. 반면, 화학물질과민증은 대량으로, 혹은 미량의 화학물질에 반복적으로 장기간 노출된 후 다양한 신체 증상을 동반하며 전반적인 건강 상태가 악화되는 질환이다. MCS는 향해보다 더 광범위한 화학물질에 민감하게 반응하며, 증상도 훨씬 심각하다. MCS 환자는 피해야 할 화학물질이 많고, 증상이 지속되어 일상생활에 큰 지장을 줄 수 있다.

요약하면 향이 있는 제품을 피하는 것만으로 일상생활을 할 수 있는 경도의 향해 피해자와 달리 화학물질과민증 환자는 다양한 화학물질에 매우 광범위하게 민감한 반응을 보이며, 그 민감성 범위가 매우 넓다. 이들은 특정 화학물질뿐만 아니라 일상생활에서 흔히 접할 수 있는 다양한 화학물질에 대해서도 과민반응을 나타낸다.

③ 향해와 새집증후군

'새집증후군'과 향해는 모두 화학물질 노출로 인한 건강 문제라는 점에서 공통점이 있지만, 발생 원인과 양상, 피해 범위에서 차이가 있다.

새집증후군은 주로 건물 신축이나 증·개축 시 사용된 화학물질들(예를 들어, 방부제, 접착제, 도료, 가구 방충제 및 방습제 등)이 실내 공기 중에 휘발되면서 몸 상태가 나빠지는 것으로 알려져 있다. 반면, 향해는 특정 향을 내는 화학물질이나 향료에 민감하게 반응하는 현상으로, 이 화학물질의 발생원이 고정되어 있지 않고 이동하며 실내외를 불문하고 피해가 발생할 수 있다. 특히, 마이크로캡슐로 인해 화학물질 노출이 쉽게 감소하지 않는 특징이 있다. 또한 피부 접촉에 의한 피해도 있다.

과거에는 새집증후군 환자가 시간이 지나면서 MCS로 발전하는 경우가 많았으나, 최근에는 향해 피해자들 사이에서도 MCS 발병 사례가 증가하고 있다. 이는 지속적인 화학물질 노출과 반복적인 과민반응이 누적되면서 발생하는 현상으로 해석된다.

4) 향해의 대책

① 개인의 노력

굳이 구분하자면 향해의 가해자는 해당 화학물질이 포함된 제품을 생산하는 제조사로 볼 수 있지만, 피해자의 입장에서는 이러한 제품을 사용하는 개인도 가해자가 될 수 있다. 향해 피해를 예방하려면 화학물질 노출을 최소화하는 것이 핵심이다.

향해 피해를 방지하기 위해서는 실내 공기 중 화학물질 농도를 줄이는 것이 중요하다. 화학물질 함량이 적거나 무향료 제품으로 교체함으로써 실내 공기 중 화학물질 농도를 낮출 수 있으며, 이를 통해 자신과 타인의 향해 피해를 예방할 수 있다. 또한, 천연 소재 제품을 사용함으로써 화학물질 노출을 줄이는 동시에 환경에 미치는 부담도 줄일 수 있다.

사회적으로는 이미 향해 피해를 받고 있는 화학물질에 취약한 사람들의 존재를 인식하고, 개인이 가능한 범위에서 화학물질 사용을 줄이고 배려하는 노력이 필요하다.

② 사회의 노력

냄새로 인한 불편함 또는 건강 문제를 일으키는 향해를 줄이기 위해서는 우선 그 원인을 정확히 파악해야 한다. 화학물질 사용이 환경과 건강에 미치는 영향은 다방면으로 심각하다. 제품 생산 과정에서 에너지 소비, 제품의 폐기 처리 방식, 그리고 폐기물이 환경에 미치는 영향을 고려할 때, 화학물질이 끼치는 부정적 영향은 매우 심각하다. 특히, 이러한 화학물질은 소비자 건강에도 심각한 영향을 미치며, 과거에는 흔하지 않았던 질병이 증가하고 있는 것은 화학물질의 영향과 관련이 깊다.

향해 문제는 주로 제품 제조업체의 책임으로 볼 수 있으며, 이들이 제품의 안전성을 보장하고, 국가가 적절한 규제를 시행하며, 향해를 유발하는 제품의 판매를 자제할 경우, 자연스럽게 향해는 감소할 것이다. 따라서 제품 안전성에 대한 높은 기준과 강력한 국가 규제가 필수적이다. 제조업체는 제품의 안전성을 최우선으로 고려해야 하며, 국가는 화학물질 사용을 엄격히 규제해야 한다. 장기적인 관점에서 환경 보존과 건강을 위해 유해한 화학물질 사용을 줄이고, 환경과 건강을 보호하는 사회로의 전환이 필요하다.

제조업체들은 지속 가능한 개발 목표(SDG)에 따라 환경, 사회, 거버넌스(ESG)를 고려하여 화학물질 사용을 줄이고자 노력하고 있지만, 현실적으로 향해를 유발하는 제품을 계속 생산하고 있다. 이를 해결하기 위해서는 소비자의 현명한 소비 행동이 필요하다. 환경과 건강에 해로운 제품을 구매하지 않는 태도가 중요하다.

세계의 몇 정부들은 향해 문제의 심각성을 인식하고 이를 줄이기 위한 노력을 시작하고 있다. 예를 들어, 공공장소를 무향화(fragrance free)하는 정책을 추진하고 있다. 이는 향료 등의 화학물질에 민감한 사람들을 배려하는 것이며, 이를 통해 향해를 줄일 수 있다. 이러한 변화를 위해서는 사회 전체의 의식이 바뀌어야 한다.

결론적으로, 향해를 줄이기 위해서는 유해한 화학물질 사용을 줄이고, 환경과 건강을 지키는 사회로의 전환을 추구해야 한다. 이를 위해 우리 모두의 의식 변화와 패러다임 전환이 필요하며, 이러한 변화를 이끌어 가는 것은 우리 모두의 책임이다.

5) 요약

향해는 제품에 포함된 향료나 화학물질로 인해 발생하는 건강 피해와 환경 오염을 의미한다. 합성세제, 섬유유연제, 방향제 등 일상적으로 사용하는 제품들이 주요 원인이다. 마이크로캡슐 기술은 향료를 장기간 유지하지만, 이는 대기 및 수질 오염뿐 아니라 폐질환을 유발할 수 있는 환경 문제를 야기한다. 화학물질에 민감한 사람들은 향해로 인해 두통, 호흡기 문제 등 다양한 건강 피해를 입을 수 있다. 화학물질과민증과 관련된 사례도 증가하고 있으며, 이러한 문제를 해결하기 위해선 개인적인 노출을 줄이는 노력과 제조사의 책임 있는 제품 생산 및 강력한 국가 규제가 필요하다.

부록

부록 1. 쉬프 베이스

향료 화학에서 쉬프 베이스(Schiff's base) 또는 쉬프의 염기는 다양한 향료 분자의 합성과 개발에 중요한 역할을 한다. 많은 향료는 알데하이드나 케톤 같은 카보닐기(C=O)를 포함한 구조를 가지고 있다. 이러한 카보닐기는 일차 아민($R-NH_2$)과 반응하여 물 분자가 탈수되고, 결과적으로 이민 결합(C=N)이 형성된 쉬프 베이스를 생성한다. 이 과정으로 향의 안정성을 높이고, 향기의 지속 시간을 연장하는 효과를 얻을 수도 있다.

향료에서 자주 사용되는 쉬프 베이스의 대표적인 예는 안트라닐산 메틸(methyl anthranilate)의 쉬프 베이스이다. 안트라닐산 메틸은 벤젠 고리, 카복실산 에스터($-COOCH_3$), 아미노기($-NH_2$)를 가진 방향족 화합물로, 달콤한 꽃향기, 특히 포도향과 유사한 향이 난다. 이 화합물은 자연에서 포도나 재스민 같은 식물에서 발견된다. 안트라닐산 메틸은 알데하이드와 반응하여 쉬프 베이스를 형성하며, 만약 알데하이드가 α-수소 원자를 가지고 있으면, 생성된 쉬프 베이스와 에나민(enamine) 사이에서 평형상태가 형성된다. 알데하이드 구조에 따라 쉬프 베이스와 에나민의 비율이 달라진다. 향료 업계에서는 이러한 화합물을 구성 성분에 상관없이 일반적으로 쉬프 베이스라고 부른다.

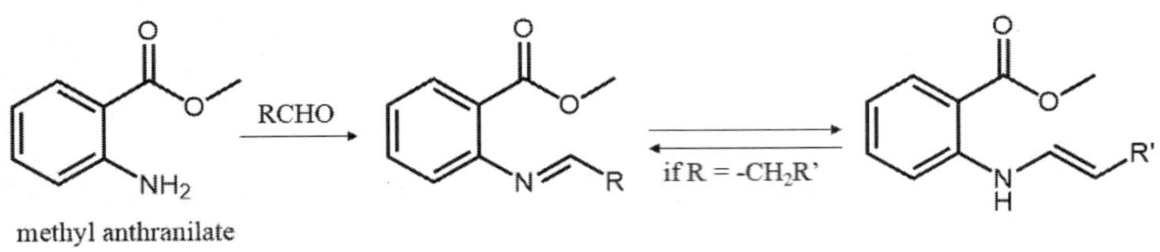

안트라닐산 메틸의 쉬프 베이스

안트라닐산 메틸의 쉬프 베이스는 원래의 달콤하고 플로럴한 특성을 유지하면서도 향료의 안정성과 지속성을 향상시킨다. 이민 결합이 형성되면서 분자 구조가 변해 향 특성에도 변화가 발생할 수 있다. 예를 들어, 특정 알데하이드의 강한 향이 쉬프 베이스로 바뀌면 더 부드럽거나 복잡한 향이 될 수 있다. 쉬프 베이스를 형성한 알데하이드는 자유 알데하이드보다 반응성이 낮아 안정화되며, 분자의 크기와 무게가 증가해 휘발성이 감소하므로 향이 더 오래 유지된다. 이러한 구조 변화는 열과 빛에 대한 향의 저항성을 높여 향료의 효율성을 높이며, 쉬프 베이스가 가수분해될 때 알데하이드와 안트라닐산 메틸이 방출되어 강한 향과 긴 지속 효과를 제공한다. 안트라닐산 메틸의 쉬프 베이스는 플로럴, 프루티, 오리엔탈 향조에서 중요한 역할을 하며, 다양한 계열의 향에 안정성과 고정성을 부여한다. 예를 들어 하이드록시시트로넬랄(hydroxycitronellal)은 안트라닐산 메틸과 쉬프 베이스를 형성하여 아우란티올®(Aurantiol®)을 만든다.

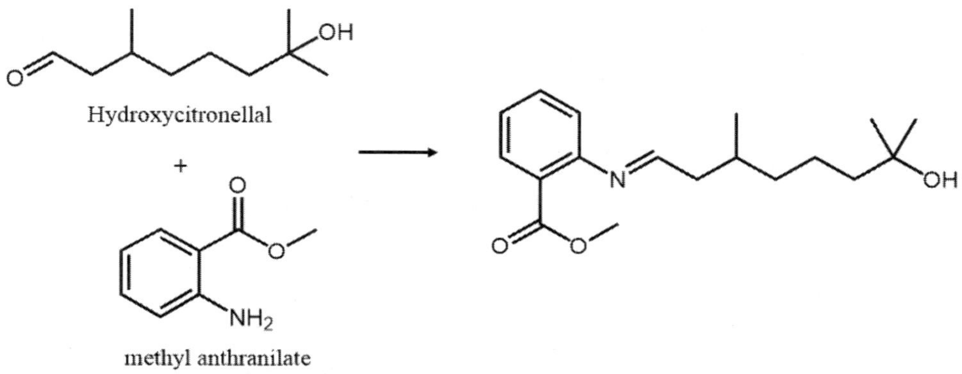

아우란티올은 천연에는 없지만, 오렌지꽃, 네롤리, 라임, 미모사, 튜베로즈와 같은 향에 사용되는데, 이 향은 오 프레쉬(Eaux Fraîches)와 오 드 콜로뉴의 탑 노트의 지속력을 높이고 상쾌한 느낌을 강화한다. 또한 시프레 향조에 오리엔탈 뉘앙스를 부여한다. 그러나 섬유 유연제를 제외한 산성 제품이나 염기성 세제에서는 불안정하다.

쉬프 베이스를 활용한 초기 사례로, 강한 꽃 향을 지닌 알데하이드를 안트라닐산 메틸과 반응시켜 매우 강렬하고 풍부한 플로럴 향을 얻었다. 이를 잘 활용한 향수로는 1981년에 출시된 조르지오 비버리힐즈(Giorgio Beverly Hills)의 강한 플로럴 계 향수인 《조르지오(Giorgio)》가 있다. 한편, 강한 그린 향 알데하이드를 사용한 디올의 《쁘아종》은 달콤한 안트라닐산 메틸과 그린 향의 대조로 성공을 거둔 예이다.

부록 2. 향을 표현하는 단어: 향조별

향을 표현하는 용어는 향의 특성과 느낌을 한층 정확하게 전달하는 데 중요한 역할을 한다. 다음은 다양한 향조를 묘사하는 주요 용어들이다. 대부분의 용어는 원어 발음에 기반하여 정리했다.

• 그린(green)

신선하고 투명한 느낌을 주는 향으로, 잔디, 풀, 잎, 줄기 등을 연상시킨다. 주로 탑 노트에 사용되어 향에 특별한 악센트를 부여한다.

• 레더(leather)

가죽 제품에서 나는 향을 의미하며, 스모키하고 페놀릭(phenolic)한 냄새로 묘사된다.

• 마린(marine)

시원한 바다를 떠올리게 하는 향으로, 약간의 비린내가 포함될 수 있다. 해초 또는 합성 칼론 향료로 표현되며 청량감을 준다.

• 머스키(musky)

사향노루 생식선에서 추출한 사향과 유사한 향을 지니며, 따뜻하고 성숙한 느낌을 준다. 시간이 지나도 피부에 오래 남아 지속되며, 관능적이면서도 청결한 이미지를 동시에 전달할 수 있는 매력적인 특성을 가진다.

• 메디시날(medicinal)

약품 냄새를 연상시키는 향으로, 윈터그린 오일(wintergreen oil)이나 그 주성분인 살리실산 메틸(methyl salicylate)에서 느낄 수 있는 향이다.

• 모시(mossy)

숲속의 이끼를 연상시키는 촉촉하고 차분한 향이다. 우디한 느낌을 포함하며, 시프레 향조에서 중요한 역할을 한다.

• 민티(minty)

천연 스피어민트나 페퍼민트 같은 민트(박하) 향을 의미한다.

• 발사믹(balsamic)

달콤하고 부드러운 특성을 지니며, 발삼과 수지 추출물에서 비롯된다. 주로 오리엔탈 계열 향수에 사용되어 독특한 향을 부여한다. 바닐라, 페루발삼, 바닐린, 쿠마린 같은 합성 향료가 이에 해당한다.

• 스위트(sweet)

바닐라처럼 달콤한 향을 의미한다.

• 스파이시(spicy)

생강, 후추, 고추, 커민 등의 향신료처럼 자극적이고 강렬하며 상쾌한 향을 의미한다.

• 시트러스(citrus)

감귤류(레몬, 스위트오렌지, 베르가모트, 자몽, 만다린, 라임 등) 특유의 시원하고 신선한 향이다. 레몬이나 자몽은 상쾌하고, 오렌지나 베르가모트는 달콤한 느낌도 있다. 시트러스 노트의 신선한 특징을 가진 다양한 합성 향료도 존재한다.

• 시프레(chypre)

오크모스, 베르가모트로 이루어진 따뜻하고 우아하며 다소 육감적이면서도 세련된 향이다. 축축하고 그을은 듯한 나뭇잎 향이 특징이다. 코티(Coty)사의 향수 《시프레(Chypre, 1917)》에서 유래된 향조이다. 현대에는 신선한 '오 드 콜로뉴' 스타일의 탑 노트와 오크모스, 랍다넘 수지, 파촐리에서 나는 베이스 노트를 조합한 향을 총칭하기도 한다.

• 아니스(anise)

스타 아니스(star anise)처럼 달콤하면서도 한약 같은 냄새를 의미한다.

• 아로마틱(aromatic)

라벤더, 로즈마리, 바질 같은 허브와 비슷한 단맛이 나는 향을 의미하며, 허벌(herbal)과 같은 의미로도 사용된다.

• 알데하이딕(aldehydic)

지방족 알데하이드 합성 향을 의미한다. 탄소수(C_8–C_{18})에 따라 향이 다르지만, 공통적으로 지방 냄새가 나는 특징이 있다. 패티(fatty), 워터리(watery), (산화된)

동물성 지방 향이 난다고 묘사되며, 우아한 느낌을 주고 확산성이 뛰어나 여성용 향수에 많이 사용된다. 향이 매우 강하고 자극적이므로 소량만 사용한다.

• 애니멀릭(animalic)

동물계에서 유래된 향으로, 농도가 높으면 강하고 불쾌한 냄새가 날 수 있지만, 적절히 희석하면 향수에 따스함과 풍부함을 부여하는 데 사용된다.

• 앰버리(ambery)

호박(amber)은 나무의 수지가 수백만 년 동안 화석화된 결과로 생성된 준보석이다. 이 용어에서 유래된 엠버리 향조는 부드럽고 달콤하며 파우더리한 향이 특징이다. 약간의 스모키한 향과 수지의 향기가 섞여 있으며, 동물적 특성이 없는 대신 자연스러운 수지의 향이 두드러진다. 주로 바닐라, 벤조인, 랍다넘 같은 재료가 사용되어 따뜻하고 포근한 느낌을 준다.

• 앰브라(ambra)

향유 고래에서 나오는 용연향(ambergris)같은 향으로, 달콤하고 끈적끈적한 느낌의 향이다.

• 얼씨(earthy)

마른 대지에 비가 내리거나 숲속 토양에서 나는 흙, 먼지 등이 어우러진 향을 의미한다. 베티버(vetiver)나 파촐리(patchouli)에서 특징적으로 느껴지는 향으로, 무겁고 지속성이 강하다.

• 에스페리데(hesperide)

시트러스계와 관련된 향조로, 그리스 신화에서 세 명의 님프가 황금사과를 지켰던 에스페리데스 정원에서 유래한 용어이다.

• 오리엔탈(oriental)

미지의 이국적인 꽃을 연상시키는 동양적이고 중후한 향조로, 따뜻하고 묵직하며 달콤하다. 풍부하고 강렬한 스파이시, 우디한 향이 특징이다. 관능적이고 이국적인 느낌을 강조한다.

• 왁시(waxy)

왁스의 향처럼 느끼하면서도 불투명한 느낌을 주는 향이다.

• 우디(woody)

시더우드(cedarwood), 백단(sandalwood)과 같은 나무나 숲의 향을 의미한다.

• 코니퍼러스(coniferous)

소나무, 전나무 등에서 느껴지는 향을 의미한다. 이 향은 시원하고 상쾌하며, 종종 숲속의 청량한 느낌을 연상시킨다.

• 타바코(tobacco)

잎담배나 궐련의 향을 나타내며, 부드럽고 달콤한 느낌이 가미된 향이다.

• 파우더리(powdery)

헬리오트로핀(heliotropin), 바닐라, 쿠마린(coumarin) 등에서 주로 느껴지는 달콤하고 가루 같은 건조한 향을 의미한다.

• 푸루티(fruity)

감귤류를 제외한 복숭아, 사과, 멜론 등 숙성된 과일을 연상시키는 달콤하고 상쾌한 향을 의미한다.

• 플로럴(floral)

꽃의 향을 의미한다. 향수 대부분은 플로럴 성분을 어느 정도 포함하고 있으며, 장미, 은방울꽃 같은 특정 꽃의 노트이거나 여러 가지 꽃의 노트가 섞인 꽃다발(부케) 향일 수 있다.

- 싱글 플로럴(single floral): 한 가지 꽃 향.
- 플로럴 부케(floral bouquet): 여러 종류의 꽃으로 이루어진 꽃다발 향.
- 플로럴 그린(floral green): 플로럴 부케 노트에 그린 노트를 추가한 신선한 꽃 향.
- 플로럴 알데하이드(floral aldehyde): 플로럴이 베이스이고 알데하이드의 확산성을 가미한 현대적이고 세련된 느낌의 향.
- 플로리엔탈(floriental): 플로럴과 오리엔탈의 중간적 향조로, 세미 오리엔탈이라고도 불린다. 오리엔탈의 중후함은 줄어들고 플로럴 노트의 경쾌함이 살아있는 향.

• 허니(honey)

꿀 같은 달콤한 향을 의미한다. 설탕의 달콤한 향인 구르망 향조와는 구별된다.

• 허벌(herbal)

약이나 향신료로 사용되는 라벤더, 로즈메리, 세이지와 같은 허브의 향을 의미한다. 약초 냄새와 함께 허브 향 속에서 화려함과 강력함이 느껴진다.

• 헤이(hay-like)

쿠마린이나 통카빈(tonka bean)에서 나는 마른 풀, 건초 같은 향을 의미한다.

• 후제르(fougere)

프랑스어로 '양치식물'을 뜻하는 상상의 용어로, 신선한 라벤더와 오크모스, 쿠마린 등으로 조향된 깊은 숲속에서 자라는 녹색 양치식물을 연상시키는 향이다. 우비강(Houbigant)사의 향수 《후제르 로얄(Fougere Royale, 1882)》에서 유래되었으며, 특히 남성 향수에서 자주 사용된다.

부록 3. 향을 표현하는 용어: 오감으로 표현

• 나르코틱(narcotic)

재스민이나 튜베로즈 같은 강렬한 꽃 향이나 애니멀릭 향 성분이 고농도로 포함된 향을 의미. 꽃이 시들 때의 느낌을 연상시키며, 관능적이고 중독적인 매력을 지님.

• 더스티(dusty)

오래된 책을 펼쳤을 때나 방에서 나는 먼지 냄새와 같이 텁텁하고 건조한 느낌의 향.

• 드라이(dry)

메마른 느낌의 향. 우디, 모스, 허브 계열의 향에서 흔히 나타나며, 차가운 공기와 마른 나뭇잎을 연상시킨다. **▲비교: 스위트(sweet), 웜(warm)**

• 라이트(light)

레몬이나 베르가모트 같은 시트러스계 가벼운 향으로, 공기 중에서 빨리 사라지거나 강도가 약한 경우. **▲비교: 헤비(heavy)**

• 리치(rich)

풍부하면서 성적인 느낌을 주는 깊고 무거운 향. 특히 재스민 같은 화이트 플로럴 향에 많이 사용된다. **▲비교: 프레쉬(fresh)**

• 리프팅(lifting)

공기 중에서 확산되며 밝고 가벼운 느낌을 주는 향.

• 매스컬린(masculine)

(주관적이지만) 남성적인 느낌을 주는 향으로, 레더, 우디, 모스 등의 드라이 노트가 포함된다. **▲비교: 페미닌(feminine)**

• 메탈릭(metallic)

금속을 만졌을 때의 차갑고 매끄러운 느낌처럼, 쿨하고 클린한 향.

• 모던(modern)

알데하이드 같은 합성 향이 주를 이루는 향으로, 현대적인 느낌을 준다.

• 밸런스드(balanced)

향의 여러 성분이 잘 조화되어 하나의 성분이 튀지 않고 균형 잡힌 향.

• 비터(bitter)

베티버 뿌리, 약쑥(wormwood), 가죽 등에서 느껴지는 쓴 느낌의 향.

• 샤프(sharp)

레몬이나 시트러스 계열처럼 날카롭게 찌르는 듯한 강렬한 향.

• 소프트(soft)

부드럽고 강하지 않은 향으로, 후각적으로도 자극이 적고 편안한 느낌의 향.

• 스모키(smoky)

불에 그을린 나무나 담배 연기와 비슷한 향을 묘사할 때 자주 사용된다.

• 스무드(smooth)

우디 계열 향에서 자주 사용되며, 부드럽고 매끄러운 느낌의 향.

• 스위트(sweet)

바닐라나 캐러멜처럼 달콤하고 향기로운 느낌의 향. 보통 부드럽고 풍부한 느낌을 준다. **▲비교: 드라이(dry)**

• 액티브(active)

활기차고 생동감 있는 향. 로즈메리, 유칼립투스처럼 강하고 자극적인 향을 뜻한다. **▲비교: 젠틀(gentle)**

• 에로틱(erotic)

플로랄 향과 함께 웜(warm), 애니멀(animal) 노트가 섞여, 사람의 피부 같은 따뜻하고 관능적인 느낌을 주는 향.

• 웜(warm)

따뜻한 느낌을 주는 향으로, 동물적 특징이 있어 사람 피부와 비슷한 느낌을 준다. **▲비교: 쿨(cool)**

• 젠틀(gentle)

꽃향기처럼 부드럽고 온화한 느낌의 향. **▲비교: 액티브(active)**

• 쿨(cool)

민트나 마린 노트처럼 시원하고 청량한 느낌의 향. **▲비교: 웜(warm)**

• 클래식(classic)

천연 플로럴 노트가 중심을 이루는 전통적이고 고전적인 향을 표현할 때 사용한다.

• 트랜스패런트(transparent)

투명하고 깨끗한 느낌의 향. 시클라멘 알데하이드나 하이드록시시트로넬롤 같은 향이 사용되었을 때 주로 표현된다. 향이 강하지 않고 가볍게 퍼지는 느낌.

• 패티(fatty)

기름이나 왁스 같은 무거운 느낌의 향을 나타내며, 촉각적으로 끈적거리는 기름의 감촉을 떠올리게 하는 향.

• 펀전트(pungent)

맵고 독하거나 자극적인 향을 표현하는 용어로, 일부 향신료, 마늘, 양파 등에서 나는 강한 냄새를 묘사할 때 사용된다.

• 프레쉬(fresh)

신선하고 생동감 있는 향. 마치 방금 잘라낸 허브나 과일의 상큼한 향. **▲비교: 리치(rich)**

• 플랫(flat)

향에 별다른 특징이 없고 구분하기 어려운, 단조롭고 무난한 향.

• 하쉬(harsh)

여러 냄새가 조화롭지 않고 거칠며, 균형이 맞지 않아 불쾌하고 날카로운 향. 성분들이 과도하게 들어가서 혼합이 잘 이루어지지 않았을 때 사용된다.

• 헤비(heavy)

모스(moss)나 애니멀 노트처럼 휘발성이 낮고 무거운 느낌의 향. 주로 시프레나 오리엔탈 노트에 사용된다. **▲비교: 라이트(light)**

부록 4. 천연 정유 기억 훈련표

[일본 타카사고(高砂)사의 향기억훈련표 참조]

향조	천연 정유						
시트러스 (Citrus)	레몬 (Lemon)	베르가모트 (Bergamot)	스위트 오렌지 (Sweet Orange)	만다린 (Mandarine)	라임 (Lime)	자몽 (Grapefruit)	유자 (Yuzu)
우디 (Woody)	샌달우드 (Sandalwood)	시더우드 (Cedarwood)	오크모스* (abs. Oakmoss)	베티버 (Vetiver)	파촐리 (Patchouli)		
스파이시 (Spicy)	클로브 (Clove)	시나몬 (Cinnamon)	쥬니퍼 베리 (Juniperberry)	셀러리 (Celery)	페퍼 (Pepper)	코리앤더 (Coriander)	육두구 (Nutmeg)
오렌지 플라워 (Orange flower)	네롤리 (Neroli)	쁘띠그레인 (Petitgrain)	오렌지 플라워* (abs. orange flower)				
아니스 (Anise)	스타 아니스 (Star anise)	캐러웨이 (Caraway)	에스트라곤 (Estragon)	바질 (Basil)	커민 (Cumin)		
로즈 (Rose)	로즈 앱솔루트* (abs. Rose)	로즈 (Rose)	제라늄 (Geranium)				
러스틱 & 캠퍼 (Rustic & Camphor)	라벤더 (Lavender)	라반딘 (Lavandin)	로즈메리 (Rosemary)	유칼립투스 (Eucalyptus)	타임 (Thyme)		
발삼 & 앰버 (Balsam & Amber)	페루 발삼 (Peru Balsam)	통카 빈* (abs. Tonka Bean)	랍다넘* (abs. Labdanum)	바닐라* (abs. Vanilla)	스티락스 (Styrax)	클라리 세이지 (Sage clary)	
플로럴 (Floral)	재스민* (abs. Jasmine)	미모사* (abs. Mimosa)	제비꽃 잎* (abs. Violet leaves)	일랑일랑 (Ylangylang)			
레진 (Resin)	유향† (Res. Olibanum)	벤조인† (Res. Benzoin)	갈바넘† (Res. Galbanum)	몰약† (Res. Myrrh)			
시트로넬라 (Citronella)	시트로넬라 (Citronella)	레몬그라스 (Lemongrass)					
민트 (Mint)	페퍼민트 (Pepermint)	스피어민트 (Spearmint)					

*앱솔루트=abs.

† 레진=res.

부록 5. 향조와 향수

1. 구르망(gourmand)

- **특징:** 귀여움, 사랑스러움, 생기발랄함, 젊음, 독특함, 과자와 디저트를 연상시키는 달콤하고 맛있는 향.
- **대표적 향료:** 사탕, 초콜릿, 캐러멜, 커피, 카카오, 비터 아몬드, 꿀, 프랄린(praline), 밀키 노트.
- 구르망 향조는 프랑스어로 '식도락을 즐기는 사람'을 의미하며, 음식에서 나는 달콤하고 맛있는 향기를 모방하거나 강조하는 향이다. 이 향은 디저트나 과자 같은 달콤한 향을 연상시키며, 어린 시절의 추억을 떠올리게 한다.

  구르망 향조는 1992년 티에리 뮈글러(Thierry Mugler)가 출시한 《엔젤(Angel)》이라는 향수에서 처음으로 등장했다. 《엔젤》이 출시되기 전에는 캐러멜이나 초콜릿 같은 달콤한 향이 강하게 나는 향수가 거의 없었으며, 초기에는 몸에서 달콤한 향이 나는 것에 대한 거부감으로 인해 판매가 저조했다. 하지만 시간이 지나면서 프랑스에서 큰 인기를 얻어 구르망 향조가 자리 잡게 되었다.

  이 향조는 달콤한 향이 주를 이루지만, 단순한 달콤함만으로는 향수의 완성도가 부족하기 때문에 머스크나 우디 노트를 더해 균형을 맞추는 경우가 많다. 구르망 향조는 특히 젊은 세대에게 인기가 높으며, 특별한 기념일이나 귀여움을 강조하고 싶을 때, 또는 평소와는 다른 이미지를 연출하고 싶을 때 선택하기 좋은 향이다.
- **대표 향수**
  - 티에리 뮈글러(Thierry Mugler)의 《엔젤 에이 멘(Angel A*Men)》, 쥬시 꾸뛰르(Juicy Couture)의 《쥬시 꾸뛰르(Juicy Couture)》, 니나 리치(Nina Ricci)의 《니나(Nina)》나 《리치 리치(Ricci Ricci)》, 하나에 모리(Hanae Mori)의 《하나에 모리(Hanae Mori)》, 세르주 루텐(Serge Lutens)의 《미에르 드 브와(Miel De Bois)》, 롤리타 렘피카(Lolita Lempicka)의 《롤리타 렘피카(Lolita Lempicka)》, 랑콤(Lancome)의 《라 비 에 벨(La Vie est Belle)》

2. 그린(green)

- **특징**: 윤이 나고 싱싱함, 산뜻함, 상쾌함, 순수함, 내추럴, 지적인 이미지.
- **대표적 향료**: 갈바넘, 제비꽃잎, 잔디와 같은 녹색 잎, 무화과나무, 천연향료는 갈바넘, 제비꽃잎 정도이고, 나머지는 그린 향을 재현한 합성 향료.
- 그린 향조는 신록이 우거진 초원이나 잎에서 느껴지는 신선하고 투명한 향이 특징으로 초록의 잎, 목초지, 또는 덜 익은 과일의 싱그러운 향이 대표적이다. 잔디를 깎을 때 나는 풀냄새, 피망, 오이 같은 야채 향, 녹차 향 등도 사용되며, 상쾌하고 건강한 느낌을 주면서 생명력 넘치는 자연의 향기이다.

  천연 갈바넘은《샤넬 No. 19》같은 플로럴 향수의 탑 노트로 사용되어 현대적이고 세련된 인상을 준다. 이 향조는 자연과 연결되는 느낌을 주고 일상생활에서 자연의 향기를 떠올리고자 하는 사람들에게 인기가 많다. 플로랄 향에 그린 노트를 추가하면 향의 이미지는 진지하고 성숙한 인상을 준다.

  그린 향조는 세부적으로 다양한 종류가 있다. 잎 냄새가 강한 '리피 그린(Leafy Green)', 바다와 물을 연상시키는 '마린 그린(Marine Green)', 토마토 잎이나 피망 같은 야채 향을 강조한 '베지탈 그린(Vegetal Green)' 등이 있다.
- **대표 향수**
  - 갈바넘: 샤넬의《샤넬 No. 19》, 기 라로쉬(Guy Laroche)의《피지(Fidji)》, 피에르 발망(Pierre Balmain)의《방베르(Vent Vert)》
  - 제비꽃잎: 디올의《파렌하이트(Fahrenheit)》, 나르시소 로드리게즈(Narciso Rodriguez)의《나르시소 로드리게즈 포 힘(Narciso Rodriguez for Him)》
  - 잔디밭 같은 그린: 시슬리(Sisley)의《오 드 캄파뉴(Eau de Campagne)》, 엘리자베스 아덴(Elizabeth Arden)의《그린 티(Green Tea)》, 샤넬의《크리스탈 오베르뜨(Christalle Eau Verte)》
  - 무화과나무: 라티장 파흐퓌뫼르(L'Artisan Parfumeur)의《프리미어 피기에(Premier Figuier)》, 조 말론 런던(Jo Malone London)의《와일드 피그 앤 캐시스(Wild Fig & Cassis)》

3. 마린(marine)

- **특징:** 윤이 나고 싱싱함, 투명감, 발랄하고 경쾌한 느낌, 개방적인 분위기.
- **대표적 향료:** 칼론(Calone) 등 합성 향료, 해초.
- 깨끗한 바다나 폭풍이 지나간 후의 습한 느낌을 주며, '워터리(watery)' 향으로도 불린다. 시원한 바다를 연상시키며, 비린내가 약간 섞인 투명하고 가벼운 향으로 신선한 느낌을 준다. 실제로 이 향조는 합성 향료인 칼론(Calone)에 의해 형성되었다. 천연 재료로는 해초에서 추출한 향료만 있다.

  1985년 아라미스(Aramis)에서 출시한 《뉴 웨스트(New West)》 향수를 시작으로 1990년대에 상쾌한 바다 느낌의 향수가 인기를 끌기 시작했다. 1991년에 캘빈 클라인(Calvin Klein)이 출시한 《에스케이프(Escape)》는 수박 향이 나는 것으로 유명하며, 바다의 청량함을 상징한다. 마린 향수는 사용자가 해변에서의 휴가나 휴양지 경험을 떠올리게 하며, 여름철에 특히 인기가 많다. 바다의 상쾌함과 여유로움을 전달해 휴식과 평온함을 느끼게 한다.

  마린 향조는 프루티(fruity) 향조처럼 향수의 기본 베이스로 사용되지는 않지만, 가볍고 상쾌한 특성으로 인기가 많다. 다른 향조와 조합될 때 마린 향조의 느낌은 크게 달라진다. 그린 플로럴 노트와 결합하면 자연스럽고 편안함을 시트러스 노트와 함께하면 시원하고 활기찬 느낌을 강화한다. 프루티 플로럴 노트와 결합하면 사랑스럽고 달콤한 분위기를 만들어내며, 이러한 조합의 다양성은 후제르 향조와 유사하다. 대표적으로 다비도프(Davidoff)의 《쿨 워터(Cool Water)》는 상쾌한 dihydromyrcenol을 탑 노트에 사용해 독특한 상쾌함을 연출한 사례이다.
- **대표 향수**
  - 조르지오 아르마니(Giorgio Armani)의 《아쿠아 디 지오(Acqua di Gio)》, 로샤스(Rochas)의 《아쿠아 우먼(Aquawoman)》, 캘빈 클라인의 《에스케이프(Escape)》, 다비도프의 《쿨 워터(Cool Water)》, 겐조(Kenzo)의 《겐조 푸르 옴므(Kenzo pour Homme)》와 《로파 겐조 푸르 옴므(L'Eau par Kenzo pour Homme)》, 아라미스의 《뉴 웨스트(New West)》와 《뉴 웨스트 포 허(New West for Her)》, 클리니크(Clinique)의 《클리니크 해피 포 멘(Clinique Happy for Men)》, 이세이 미야케(Issey Miyake)의 《로 디세이(L'Eau d'Issey)》와 《로 디세이 푸르 옴므(L'Eau d'Issey Pour Homme)》

4. 스파이시(spicy)

• **특징:** 자극적이고 강렬한 향으로, 임팩트가 크고 파워풀하며 따뜻한 느낌.

• **대표적 향료:** 후추, 시나몬, 카더몬, 샤프란, 쥬니퍼베리, 카네이션, 생강, 고추, 커민 등 비교적 천연향료가 많다. 또한, 천연 향신료의 특징 성분을 인공적으로 재현한 합성 향료도 사용된다.

• 스파이시 향조는 다양한 향신료의 영향을 받아 형성된 향기 유형으로, 마치 소량의 향신료가 음식에 깊이 있는 맛을 더하듯이 향수에도 풍부하고 다층적인 느낌을 부여한다. 카더몬에서 느껴지는 시원한 느낌부터 생강의 따뜻한 이미지를 포함한다. 한편 '스파이시' 향조가 반드시 향신료만을 의미하는 것은 아니다. 예를 들어, 카네이션꽃의 향도 이 범주에 속한다. 비록 카네이션에서 직접 추출한 천연향료는 없지만, 이를 모방한 조합향료가 사용된다. 대표적인 예로는 플로럴 향에 카네이션의 스파이시한 특성을 가미한 니나 리치(Nina Ricci)의 《레 흐 뒤땅(L'Air du Temps)》이 있다. 남성 향수에 스파이시 향조를 추가하면 세련되면서도 야성적인 이미지를 연출할 수 있다.

캘빈 클라인의 《이터너티(Eternity)》는 여성스러운 꽃향기와 세련된 스파이시 노트가 절묘하게 조화를 이룬 현대적인 향수이다. 겐조의 《겐조 파워(Kenzo Power)》는 쿨한 스파이시 노트가 도시적인 이미지를 연상시키며, 매운 향이 특징이다. 에르메스(Hermès)의 《보야쥐 데르메스(Voyage D'Hermès)》는 여행을 테마로 한 생동감 넘치는 향수로, 빙글빙글 도는 독특한 향수병 디자인과 함께 에르메스의 경쾌한 멋을 느낄 수 있다.

• **대표 향수**

- 후추: 라티장 파흐퓌뫼르(L'Artisan Parfumeur)의 《푸아브르 피캉(Poivre Piquant)》, 프레데릭 말(Frederic Malle)의 《느와 에삐스(Noir Epices)》
- 시나몬: 샤넬의 《에고이스트(Égoïste)》
- 카더몬: 겐조의 《겐조 파워》, 에르메스의 《보야쥐 데르메스》
- 쥬니퍼: 디올의 《하이어 에너지(Higher Energy for Men)》, 샤넬의 《시코모르(Sycomore for Women and Men)》
- 카네이션: 니나 리치의 《레 흐 뒤땅》, 캘빈 클라인의 《이터너티》

5. 시트러스(citrus)

- **특징:** 신선함, 쾌활함, 청량함, 생기발랄함.
- **대표적 향료:** 오렌지, 자몽, 베르가모트, 만다린, 라임, 레몬 등 감귤류 천연향료 및 합성 향료
- 시트러스 향조는 오렌지, 레몬 등 감귤류가 주는 청량한 향이 특징이다. 신선하고 깨끗한 느낌을 주며, 강하지 않고 상큼한 향이 스포티한 이미지를 준다. 시트러스 향조에는 주로 레몬, 라임, 오렌지, 자몽, 베르가모트, 만다린 같은 시트러스 과일의 향과 관련된 원료가 사용된다. 이 향조는 경쾌하고 에너지가 넘치는 분위기를 전달하며, 주로 낮이나 여름철에 인기가 많다.

  시트러스 향료는 오 드 콜로뉴의 기원이다. 천연 시트러스 향료는 상쾌하고 활기찬 향을 지니지만, 지속력이 짧은 단점이 있다. 이 때문에 디하이드로미르세놀(dihydromyrcenol), 헬리오날(Helional)® 같은 뉴 프레시 노트(new fresh note) 같은 합성 향료가 사용되며, 이는 시트러스 향이 나면서도 더 오래 지속되는 특징이 있다. 《CK One》이 대표적인 예로, 시트러스 향과 뉴 프레시 노트가 결합되어 오랜 시간 상쾌함을 유지한다. 이 향수는 청결한 미국 스타일의 향수가 프랑스에서 인기를 끌기 시작한 사례로도 주목받았다.
- **대표 향수**
  - 레몬: 뮤렌즈(Mülhens)의 《4711》*, 겔랑(Guerlain)의 《오 드 콜로뉴 앙페리알(Eau de Cologne Impériale)》, 캘빈 클라인의 《씨케이 원(CK One)》, 디올의 《오 소바쥬(Eau Sauvage)》, 로샤스(Rochas)의 《오 드 로사스(Eau de Rochas)》, 아닉 구딸(Annick Goutal)의 《오 다도리앙(Eau d'Hadrien)》
  - 베르가모트, 비터 오렌지: 아쿠아 디 파르마(Acqua di Parma)의 《베르가모토(Bergamotto)》, 더 디퍼런트 컴퍼니(The Different Company)의 《베르가모트(Bergamote)》
  - 오렌지, 만다린: 에르메스(Hermès)의 《오 도랑쥬 베르트(Eau d'Orange Verte)》, 오노레 데 프레(Honore des Pres)의 《트립(Trip)》
  - 자몽: 클리니크의 《해피(Happy)》, 겔랑의 《아쿠아 알레고리아 팜플룬(Aqua Allegoria Pamplelune)》, 에르메스의 《앵 자르댕 쉬흐 르 닐(Un Jardin Sur Le Nil)》

*현재는 마우러 앤트 비르츠(Mäurer & Wirtz)에서 생산

6. 시프레(chypre)

- **특징:** 나뭇잎이 축축하고 그을린 듯한 향, 우아함, 세련미, 기품, 성숙함.
- **대표적 향료:** 베르가모트, 파촐리, 랍다넘, 오크모스
- 시프레 향조는 플로럴, 시트러스, 그린 향조에 비해 향의 이미지가 잘 떠오르지 않는 복합적인 향조로, 신선한 베르가모트와 파촐리로 시작하여 우디한 오크모스를 중심으로 한 깊고 성숙한 향이 특징이다. 신비롭고 성숙하면서도 고급스러운 느낌을 주는 복잡하고 감각적인 향조이다. 이를 '클래식 시프레 향조'라고 한다.

  '시프레'라는 이름은 지중해에 있는 사이프러스 섬의 프랑스어 이름에서 유래되었다. 1917년 코티사가 출시한 향수 《시프레》에서 비롯되었다고 알려져 있으나, 장 클로드 엘레나의 최근 책[1]에 따르면 시프레 향은 이미 15세기부터 유럽인들에게 익숙한 향이었다고 한다.[2] 프랑수아 코티가 《시프레》 향수를 출시하면서 이 향조가 유행하게 되었고, 《시프레》는 활기차고 개성 넘치는 여성들에게 많은 사랑을 받았다. 그러나 시프레 향조의 핵심인 오크모스에 포함된 알레르기 유발 물질이 문제가 되면서, 오크모스 사용이 제한되었다. 이로 인해 클래식 시프레 향조 조향이 한동안 어려움을 겪었지만, 대체 향료를 활용하여 재현한 새로운 형태의 시프레가 등장하게 되었고, 이를 '모던 시프레(Modern Chypre)'라고 부른다.

- **대표 향수**
  - 클래식 시프레: 겔랑(Guerlain)의 《미츠코(Mitsouko)》, 그레(Grès)의 《카보샤(Cabochard)》, 에스티 로더(Estée Lauder)의 《노잉(Knowing)》, 디올(Dior)의 《미스 디올》, 랄프 로렌(Ralph Lauren)의 《폴로(Polo)》
  - 모던 시프레: 구치(Gucci)의 《구치 바이 구치(Gucci by Gucci)》, 에르메스의 《켈리 칼레슈(Kelly Calèche)》, 디젤(Diesel)의 《퓨얼 포 라이프 펨(Fuel For Life Femme)》, 디올의 《미스 디올 쉐리》, 사라 제시카 파커(Sarah Jessica Parker)의 《러블리(Lovely)》, 카샤렐(Cacharel)의 《리베르테(Liberté)》

---

1) 장 클로드 엘레나 지음, 향수가 된 식물들, 아멜리에 북스, 2023

2) 셀리아 리틀턴, 도희진 옮김, 향기 탐색, 향수의 발상지를 가다, 뮤진트리

7. 알데하이딕(aldehydic)

- **특징:** 알데하이드 작용기로부터 유래된 합성 향으로, 탄소수나 작용기에 따라 플로럴, 시트러스, 그린 등 다양한 향을 낼 수 있다.
- **대표적 향료:** 알데하이드 C_8–C_{18} 등이 주로 사용되며, 합성 향료만 존재한다.
- 알데하이드 향조는 확산성이 큰 알데하이드 작용기를 가진 합성 향료를 향수에 사용한 것에서 유래된 것으로, 신선하고 청결한 느낌의 향을 전달한다. 화학적으로 알데하이드기를 갖는 물질들은 특유의 물리 · 화학적 특성 덕분에 천연향료와는 다른 인공적인 향 특성을 나타낸다. 이를 구별하기 위해 '알데하이딕'이라는 용어를 사용했다. 알데하이드 향조는 20세기 중반에 향수에 도입되었고, 주로 시트러스 또는 플로럴 향과 결합해 사용되며, 그 자체로도 다른 향료에 변화를 주는 중요한 역할을 한다.

  알데하이드를 포함한 화합물들은 각각 고유의 독특한 향을 지니며, 향수 제조에서는 주로 탄소 수가 C_8에서 C_{18} 사이인 지방족 알데하이드가 사용된다. 알데하이드는 종류에 따라 다양한 향을 가지지만, 그 특성상 강렬하고 자극적일 수 있어 소량만 첨가된다. 알데하이드 노트는 특정 향을 직접적으로 나타내기보다는 다른 성분들을 감싸며 그들의 확산력을 높이고 다른 성분들에 생기를 불어넣는 등 조화를 이루게 하여 전체적인 향의 풍부함과 변화를 극대화하는 데 기여한다. 예를 들어, 플로럴 향과 결합하면 알데하이드가 그 향을 가볍고 쾌활하게 만드는 동시에, 향 자체를 부드럽게 한다. 이를 '플로랄–알데하이드 노트'라고 하며, 이러한 특징으로 인해 주로 우아한 여성용 향수에 많이 사용된다. 향을 가볍고 부드럽게 발산시키는데 가장 많이 쓰이므로 '소프트 플로랄 향조'로 분류하기도 한다. 또한, 그린 노트와 결합하면 더욱 신선하고 활기찬 느낌을 준다.

  대표적인 향수로는《샤넬 No. 5》가 있으며, 이 향은《럭스》비누에서도 느낄 수 있다. 다양한 알데하이드 향의 특성은 2장에서 자세히 설명되어 있다.

8. 오리엔탈(oriental)

- **특징:** 동양적 느낌의 중후한 향.
- **대표적 향료:** 바닐라, 발삼, 앰버, 머스크 같은 동물성 성분, 파촐리, 카다몸 같은 향신료
- 향수에서 '오리엔탈'이라는 용어는 주로 유럽의 관점에서 동쪽, 특히 중동, 인도, 나아가 중국, 일본 등의 문화와 깊이 연관된 향기를 의미한다. 바닐라, 머스크, 시나몬, 카다몸 같은 향신료들이 오리엔탈 노트를 구성하는 주요 요소로, 이러한 재료들은 대개 동방에서 유럽으로 전해진 것이 많아 이런 이름이 붙었다.

  유럽인들에게 오리엔탈 국가들은 매혹적이고 이국적이며, 때로는 관능적인 이미지를 떠올리게 한다. 일반적으로 오리엔탈 향수는 복합적이고 풍부한 향기를 지니며, 깊이와 지속력이 강한 것이 특징이다. 여성용 오리엔탈 향수는 성숙한 여인의 관능적이고 요염한 느낌을 주면서도 따뜻하고 묵직하다. 특히 바닐라의 달콤한 향이 더해져 부드럽고 온화한 분위기를 연출하며, 주로 저녁 시간이나 겨울의 건조한 계절에 잘 어울리는 향조로 평가된다. 한편, 남성용 오리엔탈 향수는 댄디하고 기품 있는 느낌을 주며, 풍부한 향의 조화가 세련된 이미지를 형성한다. 1921년에 출시된 클래식 오리엔탈 향수인 코티의 《에메로드(Emeraude)》는 당시 향수계에 큰 영향을 미쳐 오리엔탈 계열 향수의 선구자 역할을 했고, 후에 출시된 겔랑의 《샬리마(Shalimar)》에도 영향을 준 것으로 알려져 있다.

- **대표 향수**
  - 오리엔탈–바닐라 타입: 겔랑(Guerlain)의 《샬리마(Shalimar)》, 쇼파드(Chopard)의 《위시(Wish)》, 랑콤(Lancôme)의 《히프노즈(Hypnôse)》, 카르티에(Cartier)의 《머스트 드 카르티에(Must de Cartier)》
  - 오리엔탈–스파이시 타입: 다나(Dana)의 《타부(Taboo)》, 입생로랑(Yves Saint Laurent)의 《오피움》, 샤넬의 《코코(Coco)》, 에스티 로더의 《유스듀》, 조르지오 아르마니(Giorgio Armani)의 《아르마니 코드(Armani Code)》
  - 오리엔탈–플로럴 타입: 까롱(Caron)의 《나르시스 느아르(Narcisse Noir)》, 겔랑(Guerlain)의 《뢰르 블루(L'Heure Bleue)》

9. 우디(woody)

- **특징:** 나무나 숲의 향, 조용함, 섬세함, 온화함, 평온함, 침착함, 차분함
- **대표적 향료:** 시더우드, 백단, 베티버, 편백나무 등 천연향료와 합성 향료
- 우디 향조는 주로 나무 향을 모방하거나 강조하며, 다양한 나무 원료를 사용해 만들어진다. 이 향조는 풍부하고 몽환적이며, 우아하다. 갓 잘린 나무의 신선한 우디 향의 대표적 예는 디올의 《파렌하이트(1988)》이다.

  1957년 까르뱅(Carven)에서 《베티베르(Vetiver)》 향수를 발표한 이후, 1960년대 전후로 다수의 향수 회사들이 베티베르라는 이름의 남성용 향수를 출시하면서 우디 노트는 주로 남성용 향수로 인식되었다. 그러나 1992년 세르주 루텐(Serge Lutens)이 여성용 향수 《페미니떼 드 부와(Féminité du bois)》를 발표하면서 우디 향조는 여성용 향수에도 점차 사용되기 시작했다.

  시더우드, 백단, 베티버, 파출리와 같은 대표적인 우디 향이 두드러지는 향수뿐만 아니라, 오리엔탈 향조와의 조화나 풍부한 과일과 꽃 향과의 결합을 통해 다양한 변형이 나타나고 있다. 예를 들어, 드라이-우디(Dry-Woody) 향조는 마른 나무를 태울 때의 연기와 가죽의 냄새를 특징으로 하며, 샤넬의 《안테우스(Antaeus, 1981)》가 그 대표적이다. 모시-우디(Mossy-Woody) 향조는 숲속의 축축한 이끼와 흙의 향을 담고 있으며, 핼스톤(Halston)의 《핼스톤 Z-14(1974)》에서 잘 표현되고 있다. 우디-오리엔탈(Woody-Oriental) 향조는 우디 향과 바닐라, 머스크가 조화를 이루며, 티크 나무와 파출리, 바닐라, 머스크, 그리고 랍다넘의 향이 어우러진 던힐(Dunhill)의 《디자이어 포 맨(Desire for a Man, 2000)》이 그 대표적이다.

- **대표 향수**
  - 시더우드: 까르띠에(Cartier)의 《데끌라라시옹(Declaration)》, 세르주 루텐(Serge Lutens)의 《페미니떼 드 부와(Féminité du bois)》
  - 백단: 겔랑의 《삼사라(Samsara)》, 딥티크의 《탐다오(Tam Dao)》
  - 베티버: 라티장 파흐퓌뫼르의 《꾀르 드 베티버 샤크레(Coeur de Vetiver Sacre)》, 에르메스의 《떼르 데르메스(Terre d'Hermès)》, 디올의 《디올 옴므(Dior Homme)》, 겔랑의 《베티베르(Vetiver)》
  - 파출리: 레미니센스(Reminiscence)의 《파출리(Patchouli)》

10. 프루티(fruity)

- **특징:** 감귤계를 제외한 잘 익은 과일의 달콤한 향. 귀여움, 생기발랄함, 쾌활함
- **대표적 향료:** 복숭아, 살구, 딸기, 파인애플, 사과, 바나나, 포도, 멜론, 배, 체리, 산딸기, 망고, 서양배, 카시스 잎 등, 주로 합성 향료.
- 프루티 향조는 달콤하고 상큼한 과일 향을 중심으로 구성되며, 생기발랄하고 상쾌한 느낌이 특징이다. 과일의 자연스러운 단맛과 신선함을 표현하며, 경쾌하고 쾌활한 분위기를 연출한다. 귀엽고 순진하며 싱그러운 느낌을 더해 향수에 활력을 부여하며, 일상에서 활기차고 행복한 기분을 느끼게 하는 깔끔하고 경쾌한 향조로 적합하다.

  자두, 사과, 배, 복숭아, 살구와 같은 향은 '과수원 과일 향', 딸기, 산딸기, 오디, 체리 같은 향은 '붉은 과일 향', 파인애플, 패션프루트, 망고, 바나나 등의 향은 '열대과일 향'으로 불린다. 과일 향들은 대부분 화학물질의 조합으로 만들어지며, 실제 천연 상태에서 과일 향이 향수에 사용되는 경우는 드물다. 예외적으로 서양 자두는 천연 상태로 사용되며, '부호종 드 카시(Bourgeon de Cassis)'는 블랙커런트(Ribes nigrum L.)의 꽃봉오리에서 추출되어 그린 노트의 향을 지닌다.

  프루티 계열 향수라 하더라도 전체가 과일 향만으로 구성되는 것은 아니다. 쥬시한 과일 향은 처음에는 매력적일 수 있지만, 과도하면 향수가 음식처럼 느껴질 수 있어 주로 플로럴, 우디, 오리엔탈 등 다른 향조와 함께 사용되어 매력적이고 귀여운 다차원적인 향기를 만들어낸다. 에스까다(Escada)의 《쉬폰 소르베(Chiffon Sorbet, 1993)》는 플로럴-프루티 향수의 전형적인 사례이다.
- **대표 향수**
  - 복숭아: 겔랑의 《나헤마(Nahema)》, 랑콤의 《트레조(Tresor)》, 조 말론(Jo Malone)의 《넥타린 블로썸 앤 허니(Nectarine Blossom & Honey)》
  - 딸기: 하나에 모리(Hanae Mori)의 《하나에 모리(Hanae Mori)》
  - 망고: 휴고 보스(Hugo Boss)의 《보스 우먼(Boss Woman)》
  - 부호종 드 카시: 에르메스(Hermès)의 《아마조네(Amazone)》
  - 서양배: 디올의 《자도르(J'adore)》, 구딸(Goutal)의 《쁘띠뜨 쉐리(Petite Chérie)》
  - 블랙베리: 라티장 파흐퓌뫼르의 《뮈흐 에 뮈스크(Mure et Musc)》
  - 체리: 구딸(Goutal)의 《깰 아모르!(Quel Amour!)》

11. 플로럴(floral)

- **특징:** 수많은 꽃향기를 중심으로 하여 우아, 로맨틱, 화사하고 달콤한 향
- **대표적 향료:** 장미, 재스민, 은방울꽃, 튜베로즈, 플루메리아, 백합 등. 플로럴 향조는 크게 '장미 계열(장미, 작약, 제라늄 등 페네틸알코올이 주된 성분인 향)'과 '화이트 플로럴 계열(재스민, 오렌지꽃, 튜베로즈 등 인돌이 있는 향)'로 구분한다. 천연향료와 합성 향료가 모두 사용된다.
- 플로럴 향조는 주로 여성적이고 우아한 느낌을 전달하며, 로맨틱하고 섬세한 향기를 선호하는 사람들에게 매력적이다.

플로럴 향수는 기본적으로 크게 두 가지로 나뉜다. 하나는 《디오리시모》와 같이 하나의 꽃 향만을 중심으로 구성된 '싱글 플로럴(Single Floral)' 향수이고, 다른 하나는 《샤넬 No. 5》나 《조이(Joy)》처럼 여러 꽃 향을 조합하여 부케 같은 풍부한 향을 조합한 '플로럴 부케(Floral Bouquet)' 향수이다. 그 외에 플로럴 향조는 다른 향조와 잘 어우러지며, '플로럴-우디', '플로럴-푸르티', '플로럴-그린'과 같은 혼합 향조도 많다. 《샤넬 No. 5》는 '플로럴-알데하이드', 겐조의 《플라워 바이 겐조(Flower by Kenzo, 2000)》는 '플로럴-오리엔탈', 에스티 로더의 《플레져(Pleasures)》나 랑콤의 《미러클(Miracle)》은 '플로럴-그린', 돌체 앤 가바나의 《라이트 블루(Light Blue, 2001)》, 디올의 《자도르(J'adore)》는 '플로럴-푸르티' 향조의 향수이다. 메종 마틴 마르지엘라(Maison Martin Margiela)의 《언타이틀드(Untitled)》는 '플로럴-우디-머스크' 계열로, 남녀 모두 사용할 수 있는 향수다.

과거에는 주로 여성용 향수에만 사용되었지만, 최근에는 남성용 향수에도 플로럴 향료가 적극적으로 사용된다.

- **대표 향수**
  - 장미: 클로에(Chloe)의 《클로에(Chloe)》, 플로리스(Floris)의 《화이트 로즈(White Rose)》, 구딸(Goutal)의 《로즈 압솔뤼(Rose Absolue)》
  - 재스민: 불가리(Bvlgari)의 《재스민 느와르(Jasmin Noir)》, 디올의 《퓨어 쁘와종(Pure Poison)》
  - 은방울꽃: 디올의 《디오리시모(Diorissimo)》
  - 튜베로즈: 로베르 피게(Robert Piguet)의 《프라카스(Fracas)》, 장 폴 고티에(Jean Paul Gaultier)의 《프레질(Fragile)》, 디올의 《쁘아종(Poison)》
  - 장미와 제비꽃: 입생로랑의 《파리(Paris)》, 랑콤의 《트레조》

12. 후제르(fougère)

- **특징:** 라벤더, 베르가모트, 오크모스 노트가 어우러져 댄디하고, 고상하며, 품위 있는 전형적인 남성용 향수의 향.
- **대표적 향료:** 라벤더, 베르가모트, 제라늄, 베티버, 오크모스, 쿠마린.
- 후제르는 프랑스어로 '고사리'를 의미하며, 상쾌하고 습기가 느껴지는 이끼의 향을 떠올리게 한다. 이 향조는 그늘진 숲속의 푸르름을 연상시키며, 유명한 향수인 우비강(Houbigant)의 《후제르 로얄(Fougère Royale, 1882)》에서 유래되었다. 후제르 향조는 신선한 허브 향이 나는 라벤더의 탑 노트에 이어, 이끼 향이 베이스 노트로 이어지는 독특한 조합을 특징으로 한다. 주요 향료로는 라벤더, 베르가모트, 제라늄, 오크모스, 파출리, 베티버, 그리고 합성 향료인 쿠마린이 사용되었다. 특히 오크모스의 떫은 향과 쿠마린의 단맛이 조화된 후제르 향조는 당시 새로운 향으로 큰 반향을 일으켰다. 비슷한 시기에 조향된 겔랑의 《지키(Jicky, 1889)》가 있다. 100년도 넘게 사랑받는 이 향수는 깨끗함과 부드러운 바닐라 향 덕분에 여전히 많은 애용자가 있다.

  후제르 향조의 탄생에는 쿠마린의 화학적 합성이 중요한 역할을 했다. 쿠마린은 통카빈에서 발견된 건초 향이 나는 성분으로, 상업용 향수에 처음으로 사용된 합성 향료 중 하나였다. 후제르 향조는 쿠마린의 합성 덕분에 탄생한 향조라 할 수 있다.

  후제르 향조는 주로 남성용 향수에서 많이 찾아볼 수 있으며, 대표적인 예로 캘빈 클라인(Calvin Klein)의 《이터너티 포 멘(Eternity for Men, 1990)》이 있다. 그러나 시프레(chypre) 향조가 여성용으로 시작되어 남성용 향수에도 사용된 것처럼 후제르 향조도 여성용 향수로 확장되었다.
- **대표 향수**
  - 아자로(Azzaro)의 《아자로 뿌르 옴므(Azzaro pour Homme)》, 기라로쉬(Guy Laroche)의 《드라카 누와르(Drakkar Noir)》, 파코 라반(Paco Rabanne)의 《파코 라반 뿌르 옴므(Paco Rabanne Pour Homme)》, 입생로랑(Yves Saint Laurent)의 《리브 고쉬 뿌르 옴므(Rive Gauche pour Homme)》

참고 자료

대한화학회, 유기화합물 명명법
로베르트 뮐러-그뤼노브, 송소민 옮김, 마음을 움직이는 향기의 힘, 2020, 글담출판사
박기채 외 6인, 기기분석의 이해, 제6판, 2008, 사이플러스
유기화학교재연구회 옮김, Carey의 유기화학, 9th Ed., 2013, 녹문당
장 클로드 엘레나 지음, 향수가 된 식물들, 아멜리에 북스, 2023
정미순, 나만의 향수 만들기, 넥서스BOOKS, 2005, 서울
콜렉티프네 지음, 잔 도레 엮음, 김태형 옮김, 후각의 탄생부터 조향의 비밀까지, 향수 A to Z, 2022, 미술문화
하세가와 토시오, 냄새분자가 만드는 향의 세계, 향료화학, 2022, 자유아카데미
한상길, 천연향료백과, 2006, 신광출판사
한상길, 향료문화의 발달사, 2004, 신광출판사
화학교재연구회 옮김, 맥머리의 유기화학, 8th Ed., 2012, 사이플러스

長谷川香料株式会社, 香料の科学, 2013, 講談社
長谷川香料株式会社, 絵でわかるにおいと香りの不思議, 2022, 講談社
櫻井和俊, 佐無田靖, 日野原千恵子, 藤森嶺, エッセンス！フレーバー・フレグランス, 2018, 三共出版
平野 奈緒美, 香りのチカラ 調香師が知っている､においと人の深いつながり, 2023, 笠間書院
光田 恵, 一ノ瀬 昇, 跡部 昌彦, 長谷 博子, 今日からモノ知りシリーズ トコトンやさしい香料の本, 2023, 日刊工業新聞社
藤森嶺, 食品香粧学への招待, 2011, 三共出版
平山令明,「香り」の科学 匂いの正体からその効能まで, 2017, 講談社
新間美也, 香水のゴールデンルール, 2010, 原書房
深谷桂子, 香害入門[日用品に含まれる化学物質による新たな公害], 2022/2023, 緑風出版
岡田 幹治, 香害, 2017, 金曜日

Charles S. Sell Ed., The Chemistry of Fragrances, From Perfumer to Consumer, 2nd Edition, RSC Publishing, 2006

Charles S. Sell, Fundamentals of Fragrance Chemistry, 2019, Wiley-VCH

Günther Ohloff, Wilhelm Pickenhagen, Philip Kraft, Scent and Chemistry: The Molecular World of Odors, 2012, Wiley-VCH

E. Joy Bowles, The chemistry of armatiherapeutuc oils, 3rd Ed. Allen & Unwin, 2003

wikipedia, naver

chatGPT

찾아보기

|ㅈ|

|A|

|B|

|C|

|D|

|E|

|F|

|T|

|V|

|W|

저자 소개

원종옥
연세대학교 화학과 졸업
미 미네소타 대학교 화학과(재료화학 박사)
한국과학기술연구원 책임연구원
현) 세종대학교 화학과 교수

향과학의 세계

저 자 원종옥
발 행 인 김지영
발 행 처 자유아카데미
주 소 경기도 파주시 회동길 37-42
파주출판도시
전 화 031-955-1321
팩 스 031-955-1322
홈페이지 www.freeaca.com
전자우편 main@freeaca.com (대표)
editor@freeaca.com (편집)
crm@freeaca.com (영업)
등 록 제406-2003-017호, 1980. 7. 12
제1판1쇄 2025년 2월 28일 발행

저자와의 협의하에 인지생략

ISBN 979-11-5808-664-0 93430